U0219851

中国轻工业“十三五”规划教材

食品添加剂

（第二版）

高彦祥　主编

中国轻工业出版社

图书在版编目（CIP）数据

食品添加剂/高彦祥主编. —2 版 .—北京：中国轻工业出版社，2024. 1

中国轻工业“十三五”规划立项教材

ISBN 978-7-5184-1770-4

Ⅰ. ①食… Ⅱ. ①高… Ⅲ. ①食品添加剂—高等学校—教材 Ⅳ. ①TS202. 3

中国版本图书馆 CIP 数据核字（2018）第 268978 号

责任编辑：马 妍　　责任终审：劳国强　　整体设计：锋尚设计

策划编辑：马 妍　　责任校对：吴大朋　　责任监印：张京华

出版发行：中国轻工业出版社（北京鲁谷东街 5 号，邮编：100040）

印　　刷：三河市国英印务有限公司

经　　销：各地新华书店

版　　次：2024 年 1 月第 2 版第 5 次印刷

开　　本：787×1092　1/16　印张：25. 25

字　　数：570 千字

书　　号：ISBN 978-7-5184-1770-4　定价：52. 00 元

邮购电话：010-85119873

发行电话：010-85119832　010-85119912

网　　址：http：//www. chlip. com. cn

Email：club@ chlip. com. cn

如发现图书残缺请与我社邮购联系调换

232093J1C205ZBQ

本书编委会（第二版）

主　　编　高彦祥

副 主 编　袁　芳　许洪高

参编人员（以姓氏拼音为序）

陈　帅　代　蕾　范红俊

何晓叶　李蕊蕊　李孝莹

吕沛峰　马翠翠　毛立科

苏佳琪　孙翠霞　郇克东

王　迪　王媛莉　韦　阳

吴晓静　许洪高　杨　洁

袁　芳

前言（第二版）| Preface

《食品添加剂》一书自2011年出版以来，深受读者欢迎，多次重印。近年来，食品添加剂的安全使用在我国受到空前的关注和重视，随着《中华人民共和国食品安全法》的颁布及后续修订，食品安全监管体系出现了较大的变化，食品添加剂生产、使用、检测等相关的法规和标准也进行了相应的规范和更新。为了及时反映食品添加剂应用现状，满足读者对食品添加剂最新知识了解的需求，我们对原书进行了修订，更新相关的法律法规，修正原书中欠妥之处，补充新内容及相关文献。

由于《中华人民共和国食品安全法》将食品工业用加工助剂中的部分清洗消毒物料列为食品相关产品，GB 2760—2014《食品安全国家标准 食品添加剂使用标准》也已不再将营养强化剂归类为食品添加剂，本次修订工作在延续内容一致性的基础上，保持第一版的优势和特色，将内容分为六章进行介绍。第一章绪论部分参考国内外食品添加剂相关法律法规，介绍了食品添加剂的定义、分类、安全及科学管理等基础知识。第二章至第六章根据GB 2760—2014允许使用的食品添加剂，按照功能性分为食品保存剂、食品色泽调节剂、食品风味添加剂、食品质构改良剂、其他食品添加剂分章编写，其他食品添加剂一章中仍对营养强化剂进行了介绍。本书重点介绍各种食品添加剂的理化性质、使用方法及应用范围。

本书在修订过程中得到各参编人员和中国轻工业出版社的大力支持，在此谨致谢忱。

由于作者水平有限，疏漏和错误恐仍存在，敬请读者批评赐教，编者将不胜感激。

高彦祥

2019年4月于中国农业大学

前言（第一版）| Preface

食品添加剂在改善食品色、香、味和质构，提高食品营养价值，加快新产品开发等方面发挥着重要作用，已成为食品工业科技创新的推动力。

我国改革开放三十多年来，《食品添加剂使用卫生标准》（GB 2760）的制定与修订见证了我国食品添加剂行业的迅速发展。随着《中华人民共和国食品安全法》《中华人民共和国食品安全法实施条例》与《食品安全国家标准管理办法（草案）》的颁布与实施，我国《食品添加剂使用卫生标准》将成为"食品安全国家标准"之一。为了使我国食品相关专业学生及食品科技人员及时了解 GB 2760 中食品添加剂的性能、特点、使用方法及应用范围，本人组织相关人员编写了本书。

掌握食品添加剂的相关法律法规以及各种食品添加剂的功能特性是科学使用食品添加剂的基础，由于各国食品添加剂的分类、允许使用的品种及法律法规不尽相同，本书分六篇对食品添加剂进行介绍。第一篇绪论部分参考国内外食品添加剂相关法律法规，介绍了食品添加剂的定义、分类、安全及科学管理等基础知识。第二篇至第六篇根据我国 GB 2760 允许使用的食品添加剂，按照功能性分为食品保存剂、食品色泽调节剂、食品风味添加剂、食品质构改良剂、其他食品添加剂分篇编写，重点介绍各种食品添加剂的理化性质、使用方法及应用范围。本书可作为食品相关专业"食品添加剂"课程的教学用书，也可作为食品生产、科研和管理人员的参考用书。

编者自 2005 年着手编写本书，随着我国食品安全法律法规的颁布，书稿经多次修改，力求反映国内外食品添加剂发展趋势和最新研究成果。在此特别感谢各位编者的密切配合，同时感谢中国轻工业出版社对本书出版所作的贡献。

由于食品添加剂涉及内容广泛，编者水平有限，书中存在疏漏、不当乃至谬误之处，敬请读者批评赐教，编者将不胜感激，以便改正。

高彦祥
2010 年 12 月于中国农业大学

目录 Contents

第一章 绪论

CHAPTER 1

[学习目标]

本章主要介绍了食品添加剂的定义、作用、分类、安全评价及食品添加剂法律管理相关知识。

通过本章的学习，应对食品添加剂有一个总体的认知。掌握食品添加剂的定义、作用、分类及快速查阅 GB 2760《食品添加剂使用标准》。了解食品添加剂的安全性评价程序及不同国家和地区管理食品添加剂的相关法规。

随着食品工业的发展，食品添加剂已经成为加工食品不可或缺的成分。它们对改善食品的色、香、味、形，以及对食品及原料的保鲜、提高食品的营养价值、开发食品加工新工艺等方面均起着十分重要的作用。

第一节 食品添加剂概述

普通食品可能含有一种到几种食品添加剂，如：食用植物油、方便面含有抗氧化剂；豆腐含有凝固剂；面粉含有面粉处理剂、漂白剂；酱油含有色素、防腐剂；巧克力含有增稠剂、色素；饮料含有稳定剂、色素、香精等。据统计，国际上使用的食品添加剂有 14000 余种（包括非直接使用的），其中直接使用的有 5000 余种，常用的有 2000 种左右。截至 2016 年 12 月 31 日，我国 GB 2760—2014《食品安全国家标准 食品添加剂使用标准》及后续原国家卫生和计划生育委员会发布的增补公告批准使用的食品添加剂有 2415 种，其中包括普通食品添加剂 279 条目（约 346 种）、食用香料 1870 种（393+1477）、加工助剂 169 种（38+77+54），胶基糖果中基础剂物质（不包括胶基中使用的乳化剂、软化剂、抗氧化剂、防腐剂、填充剂等）30 种。另外 GB 14880—2012《食品安全国家标准 营养强化剂使用标准》批准使用的营养强化剂有 37 小类（128 种），食品添加剂的品种之多、应用范围之广，需要进行系统地认知和了解，才能实现科学、安全、高效地使用。

一、 食品添加剂定义与分类

（一）食品添加剂的定义

什么是食品添加剂？世界各国对食品添加剂的定义不尽相同，所规定的添加剂种类也有区别。

GB 2760—2014《食品安全国家标准　食品添加剂使用标准》将食品添加剂定义为：“为改善食品品质和色、香、味，以及为防腐、保鲜和加工工艺的需要而加入食品中的化学合成或者天然物质。食品用香料、胶基糖果中基础剂物质、食品工业用加工助剂也包括在内。”

联合国粮农组织（FAO）和世界卫生组织（WHO）联合组成的食品法典委员会（CAC）颁布的《食品添加剂通用法典》（Codex Stan 192—1995，2015 修订版）规定：“食品添加剂指其本身通常不作为食品消费，不用作食品中常见的配料物质，无论其是否具有营养价值。在食品中添加该物质的原因是出于生产、加工、制备、处理、包装、装箱、运输或贮藏等食品的工艺需求（包括感官），或者期望它或其副产品（直接或间接地）成为食品的一个成分，或影响食品的特性。不包括污染物，或为了保持或提高营养质量而添加的物质”。这里的污染物指“凡非故意加入食品中，而是在生产、制造、处理、加工、充填、包装、运输和贮存等过程中带入食品中的任何物质”。

日本《食品卫生法》（2005 修订版）规定“生产食品的过程中，或者为生产或保存食品，用添加、混合、浸润/渗透等方法在食品里或食品外使用的物质称为食品添加剂”。

美国食品和药品管理法规第 201 款规定：食品添加剂是指在食品生产、制造、包装、加工、制备、处理、装箱、运输或贮藏过程中使用的、直接或间接地变成食品的一种成分或影响食品性状的任何一种物质，也包括达到上述目的，在生产、制造、包装、加工、制备、处理、装箱、运输或贮藏过程中所使用的辐照源。在其应用条件下，该物质经科学程序评估安全，但未经过“公认安全”评估。食品添加剂不包括：①农药残留；②农药；③着色剂；④根据 21 U. S. C 451、34 Stat. 1260、21 U. S. C. 71 及增补法案使用的物质；⑤新兽药；⑥维生素、矿物质、中草药、氨基酸等膳食补充剂。美国将食品添加剂粗分为直接食品添加剂和间接食品添加剂两大类；直接食品添加剂指直接加入到食品中的物质；间接食品添加剂指包装材料或其他与食品接触的物质，在合理的预期下，转移到食品中的物质。根据这个定义，食品配料也是食品添加剂的一部分，这是美国与大多数国家对食品添加剂定义的不同之处。

欧盟食品添加剂法规（No 1333/2008）中将食品添加剂定义为：不作为食品消费的任何物质及不作为食品特征组分的物质，无论其是否具有营养价值。添加食品添加剂于食品中是为了达到生产加工、制备、处理、包装、运输、贮藏等技术要求的结果，食品添加剂（或其副产物）在可以预期的结果中直接或间接地成为食品的一种组分。但食品添加剂不包括下列物质：①因甜味特性而被消费的单糖、双糖、低聚糖及含有这些物质的食品；②因香气、滋味、营养特性及着色作用而添加的含香精的食品；③应用于包装材料的物质，因其并不能成为食品的组分，且不与食品一起被消费；④含有果胶的产品及干苹果渣、柑橘属水果皮或番木瓜/榅桲皮及其混合物通过稀酸水解、再用钠盐或钾盐进行部分中和得到的湿果胶产品；⑤胶基糖果中基础剂物质；⑥白糊精或黄糊精、预糊化淀粉、酸或碱处理淀粉、漂白淀粉、物理改性淀粉和酶改性淀粉；⑦氯化铵；⑧血浆、可食用胶、蛋白水解物及其盐、牛乳蛋白及谷蛋白；⑨没有加工功能的氨基酸及其盐，但不包括谷氨酸、甘氨酸、半胱氨酸、胱氨酸及其盐；⑩酪蛋白及其盐；⑪菊粉。

（二）食品添加剂的作用

食品添加剂对食品工业发展和人民生活水平提高的影响面之广、力度之深主要源于食品添加剂具有以下作用。

1. 防止食品腐败变质，延长食品保存期，提高食品安全性

根据统计数据，以我国水果损失为例，每年平均损失达 3000 万 t，占总产量的 20%，按 1.0 元/kg 计算，直接的经济损失高达 300 亿元人民币，蔬菜的采后损失也十分惊人，若再考虑因果蔬风味、质量等造成的损失，其损失超过千亿！大部分加工食品营养丰富，微生物极易生长繁殖，自然状态下食品会很快变质而失去食用价值，有些微生物在生长繁殖过程中还会产生有毒有害的代谢产物而引发食物中毒。选择合适的食品添加剂，如保鲜剂、抗氧化剂等，可以有效延长果蔬、食品的保存期，同时通过抑制微生物的生长繁殖和有害物质的产生防止食物中毒，提高食品的安全性。此外，延长食品保存期可方便远距离运输，调节市场供应。

2. 改善食品的感官性状，使食品更易于被消费者接受

食品的感官性状包括色、香、味、形态和质地等，是衡量食品质量的重要指标，感官性状在很大程度上影响着人们对食品的喜好程度和消费欲望。但是，很多天然产品的色泽、口感和质地因生产季节、产地、年份的不同而存在差异，并且在加工和贮藏过程中发生明显变化，使用色素、香料以及乳化剂、增稠剂等，可以保持食品感官品质的一致性，保持食品原有外观，掩盖不良风味，提高食品的感官质量。

3. 有利于食品加工操作，适应生产的机械化和连续化

如在制糖工业中添加乳化剂可缩短糖膏煮炼时间，消除泡沫，使晶粒分散均匀，提高过饱和溶液的稳定性，降低糖膏黏度，提高热交换系数，稳定糖膏质量；使用葡萄糖酸-δ-内酯作为豆腐的凝固剂，有利于豆腐的机械化、连续化生产；果蔬汁生产过程中添加酶制剂，可以提高出汁率、加速澄清过程、有利于过滤。

4. 保持食品的营养价值

营养丰富的食品在加工过程中不可避免地存在营养损失。选择合适的食品添加剂可以减少营养损失，保持其营养价值。如在肉制品加工过程中添加磷酸盐，在提高原料肉保水性的同时避免了水溶性营养物质的流失。

5. 满足不同人群的饮食需要

不同人群由于年龄、职业、身体状况等因素的差异对食品、营养的需求各不相同，食品添加剂的使用可以满足不同人群的饮食需求。例如：含低热量甜味剂的食品可满足肥胖人群和糖尿病患者的需要，添加膳食纤维的食品有益于改善消费者肠道功能，而富含 DHA 的食品则非常适合儿童脑发育的需求。

6. 丰富食品种类，提高食品的方便性

食品添加剂的使用极大地促进了方便食品、快餐食品和半成品的发展，使人们在快节奏的生活中仍可以享用各种美食。

7. 提高原料利用率，节省能源

很多食品添加剂可以使原来被认为只能丢弃的物质重新得到利用。如在果汁生产过程产生的果渣可以通过使用某些添加剂成为果酱原料，还可以从中提取色素等物质再利用；橙皮渣中加入果胶酶、纤维素酶，通过现代化工艺方法可以生产饮料混浊剂；生产豆腐的副产品豆渣通过加入合适的添加剂可以制成可口的膨化食品。

8. 降低食品的成本

尽管没有研究表明使用食品添加剂可以降低食品的成本，但许多加工食品如果完全不用添

加剂而想获得同样品质就会使成本增加。例如，在人造黄油制造过程中必须使用添加剂，否则人们只能选择价格高的天然黄油。另一方面，如果不使用添加剂，就可能需要增加新的加工工序，或者改进包装，这势必会增加成本。

综上所述，食品添加剂具有诸多功能，已经成为食品工业不可或缺的一部分。毋庸置疑，食品添加剂使人类的生活变得更加丰富多彩。

（三）食品添加剂的分类

食品添加剂按其来源可分为天然食品添加剂与化学合成食品添加剂两大类，目前使用最多的是化学合成食品添加剂。天然食品添加剂是利用动植物或微生物代谢产物等为原料，经提取分离，纯化或不纯化所得的天然物质。而化学合成食品添加剂通过化学手段，使元素或化合物发生包括氧化、还原、缩合、聚合、成盐等合成反应所得的物质。从安全性、成本和方便性等方面考虑，天然食品添加剂具有高安全性、高成本、不方便运输和保藏等特点，而化学合成食品添加剂具有价格低廉，使用、运输、保藏方便等优点。

由于各国对食品添加剂定义的差异，食品添加剂的分类也有区别（表1-1）。我国GB 2760根据功能将食品添加剂分为22类。而联合国FAO/WHO食品添加剂和污染物法规委员会（CCFAC）在1989年制定的《食品添加剂分类及国际编号体系法典》（Codex Class Names and the International Numbering System for Food Additives，CAC/GL 36—1989）中按用途将食品添加剂分为23类，在2008年7月召开的第31届会议上通过了修订版，将食品添加剂分为27类。除不含我国规定的酶制剂、营养强化剂和香料外，其他19类均包括，此外还有碳酸充气剂、载体、填充剂、乳化盐、固化剂、发泡剂、包装用气和推进剂等几大类。美国联邦法规（21 CFR §170.3）将食品添加剂分为32类。截至2010年5月28日，日本使用的指定添加剂共403种，并根据用途和功能分为27类。欧盟在2008年新颁布的食品添加剂法规（No 1333/2008）中将食品添加剂分为26类。

表1-1　　不同国家和组织对食品添加剂的分类

序号	中国	FAO/WHO	美国	日本	欧盟
01	酸度调节剂	酸度调节剂	pH调节剂	酸度调节剂	酸度调节剂
02	抗结剂	抗结剂	抗结剂与自由流动剂	抗结剂	抗结剂
03	消泡剂	消泡剂		消泡剂	消泡剂
04	抗氧化剂	抗氧化剂	抗氧化剂	抗氧化剂	抗氧化剂
05	漂白剂	漂白剂		漂白剂	
06	膨松剂	膨松剂	膨松剂	膨胀剂	膨松剂
07	胶基糖果中基础剂物质			胶姆糖基础剂	
08	着色剂	食用色素	着色剂和助色剂	食用色素 助色剂	着色剂
09	护色剂	护色剂		护色剂	
10	乳化剂	乳化剂 乳化盐	乳化剂和乳化盐	乳化剂	乳化剂 乳化盐
11	酶制剂		酶类		
12	增味剂	增味剂	增味剂	调味料	增味剂
13	面粉处理剂	面粉处理剂	面粉处理剂	面粉处理剂	面粉处理剂

续表

序号	中国	FAO/WHO	美国	日本	欧盟
14	被膜剂			被膜剂	
15	水分保持剂	水分保持剂	水分保持剂	水分保持剂	水分保持剂
16	防腐剂	防腐剂	抗微生物剂	防腐剂	防腐剂
17	稳定剂和凝固剂	稳定剂	固化剂		稳定剂
		固化剂			固化剂
18	甜味剂	甜味剂	非营养型甜味剂	非营养型甜味剂	甜味剂
			营养型甜味剂		
19	增稠剂	增稠剂	稳定剂和增稠剂	增稠剂或稳定剂	增稠剂
20	食品用香料		香味料及其辅料	食用香料	
21	食品工业用加工助剂		加工助剂		
22	其他		营养增补剂	膳食增补剂	
		螯合剂	螯合剂		螯合剂
		包装用气	推进剂、充气剂和气体		包装用气
		碳酸充气剂			推进剂
		推进剂			
		上光剂	表面光亮剂		上光剂
			熏蒸剂	杀虫剂	
			润滑和脱模剂	防粘剂	
			溶剂和助溶剂	溶剂或萃取剂	
		胶凝剂	氧化剂和还原剂	品质保持剂	胶凝剂
			干燥剂	消毒剂	
		膨胀剂	表面活性剂	防霉剂	膨胀剂
		发泡剂	成型助剂	其他（包括：吸附剂、酿造剂、发酵调节剂、助滤剂、加工助剂、品质改良剂）	发泡剂
		载体	增效剂		载体
			质构或组织形成剂		改性淀粉
			腌制和酸渍剂		
			面团增强剂		

（四）食品添加剂编码系统

为了便于食品添加剂的查找和应用，一般对食品添加剂进行编码。各个国家及国际组织对食品添加剂有不同的编码系统。但各编码系统均具有开放的特点，以便食品添加剂的增补和删减。

FAO/WHO 下属的食品法典委员会（Codex Alimentarius Commission，CAC）在 1989 年为替代复杂冗长的食品添加剂名称、协调食品添加剂命名系统而创立了食品添加剂国际编码系统（International Numbering System for Food Additives，INS 系统），必须指出的是，纳入 INS 系统的部分化学物质可能并没有通过食品添加剂联合专家委员会（JECFA）的评估。INS 系统不包含食用香料、胶基糖果中基础剂物质、膳食增补剂及营养强化剂等几类添加剂的编码。作为食品添加剂发挥功能的酶制剂已经纳入到 INS 系统的 1100 系列中。INS 编码通常由 3~4 位数字组成，比如 100 为姜黄、1001 为胆碱盐及其酯类。实际上，一个号码并不指代唯一的一种食品添加剂，可能指代一类相似的化合物，可以通过字母后缀和括起来的小写数字后缀进行区分。如焦糖色有 150a、150b、150c、150d 四种，均表示具有相同色调、编号为 150 的食品褐色色素，后缀字母 a、b、c、d 表示按照不同加工方法获得的不同焦糖色产品；另外，姜黄素的 INS 码为 100（i），姜黄的 INS 码为 100（ii），均表示具有相似功能、编号为 100 的食品黄色素，后面的（i）、（ii）等括起来的小写数字表示该添加剂符合不同的产品标准。另外根据食品添加剂号码数值范围可以将添加剂进行归类。其中 100~199 为色素；200~299 为防腐剂；300~399 为抗氧化剂和酸度调节剂；400~499 为增稠剂、稳定剂和乳化剂；500~599 为酸度调节剂和抗结剂；600~699 为增味剂；700~899 为饲料添加剂；900~999 为被膜剂、气体、甜味剂等；1000~1999 为其他添加剂（表 1-2）。在准备 INS 系统之初已经对相似功能的食品添加剂进行了归类处理，但由于食品添加剂名录的开放性及食品添加剂名录的不断增补，几乎每一个三位数都对应于一种添加剂，因此，食品添加剂在 INS 系统中的位置已经不再被认为是与原先既定的功能目的相对应。

表 1-2　　CAC 食品添加剂编码系统（INS 系统）

编码大类	编码小类
100~199 色素	100~109 黄色
	110~119 橙色
	120~129 红色
	130~139 蓝色和紫色
	140~149 绿色
	150~159 褐色和黑色
	160~199 其他
200~299 防腐剂	200~209 山梨酸盐
	210~219 苯甲酸盐
	220~229 亚硫酸盐
	230~239 联苯酚、生物防腐剂和甲酸盐
	240~259 硝酸盐
	260~269 乙酸盐
	270~279 乳酸盐
	280~289 丙酸盐
	290~299 其他
300~399 抗氧化剂和酸度调节剂	300~305 抗坏血酸盐
	306~309 生育酚
	310~319 没食子酸盐和异抗坏血酸盐
	320~329 BHA、BHT 乳酸盐
	330~339 柠檬酸盐和酒石酸盐
	340~349 磷酸及正磷酸盐
	350~359 柠檬酸盐、苹果酸盐和己二酸盐
	360~369 丁二酸盐及富马酸盐
	370~399 其他
400~499 增稠剂，稳定剂和乳化剂	400~409 海藻酸盐
	410~419 天然胶类
	420~429 糖醇及其他天然物质
	430~439 聚氧乙烯类
	440~449 天然乳化剂
	450~459 多磷酸盐
	460~469 环糊精及纤维素类
	470~489 脂肪酸及其化合物
	490~499 其他
500~599 酸度调节剂及抗结剂	500~505 碳酸盐
	507~523 氯化物及硫酸盐
	524~528 碱
	529~549 碱金属化合物
	550~560 硅酸盐
	570~580 硬脂酸盐及葡萄糖酸盐
	585~599 其他
600~699 增味剂	620~629 谷氨酸盐
	630~635 肌苷酸盐
	640~649 其他
900~999 其他	900~909 蜡类及矿物油
	910~915 合成上光剂
	916~930 膨松剂
	940~949 包装用气
	950~969 甜味剂
	990~999 起泡剂
1000~1999 其他添加剂	1000~1399 其他添加剂
	1400~1499 淀粉衍生物
	1500~1999 其他添加剂

注：编号 700~899 属饲料添加剂。

我国根据食品添加剂的类别拥有自己的编码系统——中国编码系统（Chinese Numbering System for Food Additives，CNS 系统）。我国食品添加剂的编码，由食品添加剂的主要功能类别代码和在本功能类别中的顺序号组成，以五位数字表示，前两位数字码为类别标识，小数点以下三位数字表示在该类别中的编号代码。如阿拉伯胶的中国编码（CNS 号）为 20.008，表示阿拉伯胶归属第 20 类——增稠剂类，顺序号为 008，表示阿拉伯胶是序列号为第 8 号的食用增稠剂。但我国的食品添加剂编码系统并不涵盖 GB 2760 附录 B、附录 C 所列食品添加剂、食品营养强化剂和胶基糖果用基础剂物质。因为附录 B 食用香料并不要求在最终食品的外标签上进行标识，所以其编码自成体系，这将在本书第四篇单独叙述。另外附录 C 为食品工业用加工助剂，一般应在制成成品之前除去，所以也未列入 CNS 编码系统，而附录 D 胶基糖果中的基础剂物质未列入 CNS 编码系统，这与国际通用编码系统相一致。GB 2760 中所包含的食品添加剂如禁止使用，其代码废止，新增加允许使用的食品添加剂在相应的类别内顺序后排。如溴酸钾已经在 2005 年 7 月 1 日被禁止使用，其 CNS 编号 13.002 也在新 GB 2760 中删除。在 GB 2760—2014 版的食品添加剂分类中删除了营养强化剂这一类别，但 CNS 系统中其他类别食品添加剂的编号未发生变化，如防腐剂仍属于第 17 类，苯甲酸的 CNS 号仍为 17.001。

欧盟编码系统（E numbers）采用食品添加剂国际编码系统（International Numbering System for Food Additives，INS 系统），但不包括那些不被欧盟批准使用的食品添加剂。每一个添加剂编号前有前缀 E 字母，意即欧洲（Europe）。

（五）食品添加剂的使用原则

1. 使用前提

食品生产加工过程中，使用食品添加剂可达到以下目的：①保持或提高食品本身的营养价值；②作为某些特殊膳食用食品的必需配料或成分；③提高食品的质量和稳定性，改进其感官特性；④便于食品的生产、加工、包装、运输或者贮藏。

2. 使用基本要求

食品添加剂的使用应符合如下基本要求：①不应对人体产生任何健康危害；②不得掩盖食品腐败变质；③不应掩盖食品本身或加工过程中的质量缺陷或以掺杂、掺假、伪造为目的而使用食品添加剂；④不应降低食品本身的营养价值；⑤在达到预期效果的前提下尽可能降低在食品中的使用量。

3. 带入原则

按照 GB 2760 使用的食品添加剂应当符合相应的质量标准（增补公告目录）。在下列情况下，食品添加剂可以通过食品配料（含食品添加剂）带入食品中：①根据 GB 2760，食品配料中允许使用该食品添加剂；②食品配料中该添加剂的用量不应超过允许的最大使用量；③应在正常生产工艺条件下使用这些配料，并且食品中该添加剂的含量不应超过由配料带入的水平；④由配料带入食品中的该添加剂的含量应明显低于直接将其添加到该食品中通常所需要的水平。

二、食品添加剂的现状及发展趋势

（一）食品添加剂现状

食品添加剂行业是一个涉及多学科、多领域的行业，也是一个技术密集、科研成果频出的领域。食品添加剂行业发展快速，生产能力和产量都实现了快速增长，整体呈现快速增长的态势。我国食品添加剂行业的具体现状如下：

1. 食品添加剂品种不断增多、产量持续上升，部分品种出现产能过剩

随着全球食品工业的发展，食品总量的快速增加和科学技术的进步，全球食品添加剂品种不断增加，产量持续上升。我国食品添加剂实际允许使用的品种也由1982年的621种扩展到2600多种（截至2018年底），其中80%为食用香料。

自2008年美国次贷危机以来，我国实体经济各行业的发展增速幅度随大环境的影响而出现减缓甚至下降，食品添加剂的产量从年均增长12%降到了2016年的6%。2016年，我国全行业食品添加剂的产量达1056万t，销售额达1035亿元，相比2015年增长约5.8%；出口额约37.5亿美元，与2015年基本持平。

天然着色剂领域的辣椒红、红曲红、红曲黄、栀子黄等，防腐剂领域的丙酸钙等存在产能过剩，行业竞争激烈的问题。

2. 产业结构、产业布局不断优化

近几年，通过产业结构调整，我国对那些可能对消费者存在潜在风险、或其生产过程中会对环境造成污染、高耗能的食品添加剂产品，已经完全或大部分被其他新型食品添加剂产品取代。主要变化有：产品质量的提高和品种结构的调整，产品结构的升级换代，以及产业布局的变化。

另外，随着食品加工技术的不断深化，食品配料的复杂程度会越来越高，分工的专业化会越来越强，必然会出现专业的配料公司为食品加工企业提供产品和技术服务，而食品企业对添加剂的要求会越来越趋向简单易用，功能完善。复合型食品添加剂因具有很多优势，在短短的十几年内在我国得到迅猛发展，从最早的几个应用品种发展到如今包括肉制品、烘焙食品、饮料、保健品、膨化食品等各种食品加工的上百个品种。复合添加剂产品也正受到广大应用企业的普遍欢迎，产生了明显的经济效益和社会效益。

3. 食品添加剂的加工技术和装备水平不断提高

在现代食品工业里，许多食品创新是通过食品添加剂来实现的，借助食品添加剂已经成为食品创新的重要手段之一。几年来，全国科技发明奖和技术进步奖获奖成果中与食品添加剂有关的成果在整个食品行业获奖成果中的比例较高。据报道。2016年由浙江新和成股份有限公司完成的《重要脂溶性营养素超微化制造关键技术创新及产业化》以及由山东龙力生物股份有限公司完成的《木质纤维生物质多级资源化利用关键技术及应用》两个项目均荣获国家技术发明奖二等奖。食品高新技术与工程化食品的出现为食品添加剂的发展提供了良好的发展机遇。我国食品添加剂行业在生物技术、高新分离技术、发酵技术方面发展非常迅速。微胶囊技术、真空冷冻干燥技术、膜分离技术、超临界二氧化碳萃取技术、色谱分析技术以及高压食品加工技术、超微粉碎技术等高新技术正广泛应用于我国食品添加剂的研究、开发中。

我国食品添加剂部分企业生产装置也居于世界领先地位，食品添加剂企业普遍通过采用高新分离技术提高产品纯度和收率，提高产品档次，降低成本，改善生态环境，实现多重收益。如辣椒红采用超临界萃取技术、香精油采用分子蒸馏技术、木糖醇采用膜分离技术、柠檬酸采用色谱分离技术等。

4. 食品添加剂标准和法规不断完善

我国政府已建立了比较完善的食品添加剂管理法规和标准。卫生部也对食品添加剂的使用实行了科学、严格的审批制度。我国食品添加剂工业20世纪60年代开始起步，改革开放以来

得到迅速发展。政府从20世纪50年代开始，对食品添加剂实行管理；60年代后加强了对食品添加剂的生产管理和质量监督。根据食品添加剂的特殊情况制定了一系列法规。目前我国除了GB 2760—2014《食品安全国家标准　食品添加剂使用标准》和GB 14880—2012《食品安全国家标准 食品营养强化剂使用标准》两个使用标准外，已制定食品添加剂产品的国家和行业标准约400项，其中添加剂的产品标准主要为GB 1886系列，营养强化剂的产品标准主要为GB 1903系列；食品添加剂检测标准（微生物检测标准、含量检测标准、金属元素毒素、农药残留等检测标准）、毒理学评价标准都与食品相关标准共享，主要包括GB 4789、GB 5009、GB 15193系列等。

（二）食品添加剂发展趋势

伴随着我国食品工业的快速发展，食品添加剂行业也表现出强劲的发展势头。一般认为，推动食品添加剂行业发展的原因主要有如下几方面：①人们对于健康和营养认识程度的提高，食品安全意识的增强；②快捷方便食品的盛行；③科学技术的进步；④不断健全和完善的法律法规和监管机制。综合近几年国内外食品添加剂市场现状，食品添加剂行业主要表现出以下发展趋势：

1. 安全是食品添加剂发展的基本原则

安全是食品工业永恒的话题，而这其中食品添加剂的安全性则受到更多的关注，尽管国际组织对现行食品添加剂品种进行了严格、细致的毒理学研究和评价，制定了详细的使用标准，人们对食品添加剂安全性的质疑似乎从未消除过。保障食品添加剂的安全性是食品添加剂发展的前提条件。研究开发安全的食品添加剂，严格控制食品添加剂的使用量和使用范围，强化食品添加剂生产管理，不断增强监管执法力度，提高消费者的判断分析能力，共同促进食品添加剂的安全使用。

2. 天然食品添加剂备受青睐

“天然”的概念不断得到普及，也越来越为广大消费者所接受。与合成添加剂受到安全性质疑相反，天然食品添加剂通常来源于我们经常食用的动植物食品或原料，具有相对较高的安全性，而且往往具有多重营养保健功能，已经成为消费者追逐的热点。我国拥有丰富的动植物资源，目前得到产业化生产的天然抗氧化剂茶多酚、天然甜味剂甘草提取物、天然抗菌剂大蒜素、天然色素和天然香料等天然提取物在国内外市场上广受好评，已经成为我国食品添加剂行业新的增长亮点。

3. 高效、多功能的食品添加剂得到广泛应用

食品添加剂使用的一个基本特点是在较低使用量的情况下满足食品生产需要，改善食品感官品质，这同时也是对食品添加剂安全使用的一个有力保障，因此开发高效、多功能的食品添加剂成为食品科技工作者努力的重点。β-胡萝卜素、番茄红素等类胡萝卜素直接从植物中提取（或通过生物技术制造），具有清除自由基、抗癌、增强人体免疫力等保健功能，可兼做抗氧化剂、色素、营养强化剂；竹叶抗氧化物不仅具有很强的抗氧化作用，还有降低胆固醇浓度和低密度脂蛋白含量的功效，此外还能有效抑制沙门菌、金黄色葡萄球菌、肉毒梭状芽孢杆菌。这些多功能的食品添加剂正在不断得到开发和应用。

4. 复配型食品添加剂应用越来越普遍

很多食品添加剂经过复配可以产生增效作用或派生出一些新的效用，在低使用量的情况下达到很好的应用效果，是食品添加剂行业研究的重点。复配大体分为两种情况：一是两种以上

不同类型的食品添加剂复配起到多功能、多用途的作用，如茶多酚与柠檬酸复配后抗氧化效果显著增强。另一种是同类型两种以上食品添加剂复配以发挥协同、增效的作用，如明胶与CMC复配可获得低用量高黏度的特性。

此外，与上述发展趋势相对应的是提取技术、生物发酵工程、酶工程、微乳化、微胶囊缓释包埋等高新技术在食品添加剂工业中得到越来越广泛的应用，朝着天然、安全、高效、便捷的食品添加剂工业前行。食品添加剂行业将成为我国食品工业新的增长点。

三、食品添加剂传递系统

（一）概述

所谓“传递系统”，即用于包埋、传递和释放一种或多种功能性成分的体系。传递系统广泛应用于药品、化妆品、食品等领域。在食品生产加工过程中，许多食品添加剂不能直接添加到食品当中，而是需要通过一定的传递系统间接的引入至食品中，进而保障其应有的功能特性，同时不影响食品应有的感官品质。这其中的原因包括：

1. 低溶解度

水溶性差的食品添加剂不容易直接添加到基于水相的产品，包括部分抗氧化剂（如丁基羟基茴香醚、二丁基羟基甲苯、维生素E），部分色素（如β-胡萝卜素、叶黄素），一些营养强化剂（如维生素E、维生素D、多不饱和脂肪酸）以及大部分香精。同样的，油溶性差的食品添加剂不能添加到基于油相的产品，如黄油、人造奶油等。通过一定的传递系统，可以改变食品添加剂的水分散状态，进而扩展其应用。

2. 不恰当的物理状态

有的食品添加剂不能以其常见的物理状态添加到食品当中。如一种添加剂的晶体态通常不能够为产品提供受欢迎的外观、质地、口感以及稳定性。因此，晶体成分需要加热至高于其熔点的温度或溶解至饱和以确保它在食品中呈液态。香气物质通常以气体形式存在，无法添加到大部分食品当中，通过传递系统可以将香气物质以粉末、液滴等形式添加于不同的食品当中。

3. 理化稳定性差

许多食品添加剂在食品的加工、运输、贮藏或利用时具有物理或化学不稳定性。例如，多不饱和脂肪酸、β-胡萝卜素，经历一系列复杂的化学变化发生氧化反应会严重影响产品的质量。这些化学变化在高温、光照、高氧含量或氧化剂（过渡金属）的存在下会加速。有的添加剂则可能在贮存过程中天然色泽和口味的化学降解。通过传递系统，可以将此类添加剂与外界环境隔离，提高其理化稳定性。

4. 不良风味

一些食品添加剂具有不受欢迎的气味或滋味，如涩味、苦味。通过传递系统可以掩盖这些食品添加剂的风味。

5. 加工性能差

有的食品添加剂在加工过程易与其他食品成分发生反应（如铁盐可能作为助氧化剂与脂肪发生反应），进而影响其功能和食品品质。部分添加剂（如香精、膨松剂）在食品生产过程中释放过快或提前释放，无法确保其应有作用。

食品功能性成分的传递系统可以通过许多不同方法，利用不同物质（如脂类、表面活性剂、蛋白质、碳水化合物）进行构造。目前，人们已经构造出不同组成和结构的传递系统，它们大多用于制药、保健品和化妆品行业，只有少量用于食品工业。一般的，构造传递系统的方法可分为以下几类：自上而下、由下而上或两者结合。自上而下的方法中，利用机械力、超声波、电场等外界作用力将大块原料分解为小颗粒。自下而上的方法中，食品组分原料分子或胶体粒子组装成具有一定尺寸的微粒结构。组装过程可以是自组装（以胶束或微乳形式），也可以是定向组装（如静电沉降作用）。许多传递系统的制备过程中需要同时使用以上两种方法。

相比于医药行业，食品行业对传递系统的要求更为苛刻，主要体现在：

①食品级原料，并且简单易得：制备传递系统的原料必须完全来源于食品，制备过程必须符合相关法律法规。用于组装传递系统的食品级原料有油脂、表面活性剂、蛋白质、碳水化合物等。传递系统所利用的原料应经济廉价。

②与食品基质相容：含有功能性成分的传递系统添加到食品当中后能与食品基质相容，不影响食品应有的感官品质。

③提高功能因子稳定性：传递系统必须能够保证在制造、贮存及使用过程中所包埋功能因子的物理和化学稳定性。

④较高的包埋效率：传递系统体应具有较高的活性物质包埋率，确保有效剂量的功能因子得到保护。

⑤控制释放：传递体系应有助于控制活性物质的释放，包括释放速度、释放强度以及释放靶点。

⑥提高生物利用率：传递系统应有助于增强被包埋物质的生物利用率。

（二）常见食品添加剂传递系统

1. 乳状液

乳状液通常包含油水两相，一相（分散相）以小液滴的形式分散到另一相（连续相）当中，可以分为水包油（O/W）型乳状液和油包水（W/O）型乳状液。乳状液属于热力学不稳定体系，通常需要添加乳化剂在油水界面形成保护膜而确保乳状液一定的稳定性。常见的食品，如牛乳、冰淇淋、黄油、奶油、杏仁露都属于乳状液。此外，很多食品的加工工艺都包含乳化，如巧克力、橙汁。因此，乳状液与食品体系具有很好的兼容性。关于乳状液制备工艺、稳定机理的详细介绍请查阅本书第五章第一节（乳化剂）相关内容。

各种形式的乳状液作为传递系统广泛应用于食品、制药、化工、日化等行业领域中。在食品领域，应用最多的是 O/W 型乳状液，其可以作为脂溶性功能性成分的载体，进而应用至水溶性食品体系中。脂溶性食品添加剂溶解或分散于乳状液的油相中，受到界面膜和连续相水相的保护而与外界环境隔离，从而提高其理化稳定性。另一方面，乳状液水相、油相、界面相的结构都可以进行一定的设计，从而有针对性地去改变被包埋添加剂的释放特性，包括释放速率和释放靶点，进而提高添加剂的使用性能。相应的，水溶性食品添加剂可以通过 W/O 型乳状液添加到脂溶性产品中。传统的乳状液由于组分和结构较为简单，容易发生颗粒聚结、油滴上浮等不稳定现象，对功能性物质的包埋保护作用有限，很难达到缓释控释的作用。

2. 新型乳状液

（1）多层界面乳状液　普通的乳状液其油水界面上只含有单一的乳化剂膜，容易受外界环境刺激而发生膜破裂，进而破坏乳状液稳定并影响其作为传递系统的应用。多层界面乳状液的油水界面上分布有多层界面膜，它们通过静电作用力相互吸引而吸附在界面上。最内层的界面膜通常由离子型乳化剂（也可以是具有表面活性的荷电聚合物，如蛋白质）组成，之后吸附的界面可以是离子型乳化剂也可以是带电的生物聚合物（如蛋白质、多糖）。由于聚合物较高的分子质量，其形成的界面膜具有更高的机械强度和致密性，有助于提高被包埋成分的稳定性；聚合物容易改性，进而获得具有不同界面性质的多层界面乳状液。因此，多层界面乳状液多采用乳化剂-聚合物或聚合物（荷电）-聚合物的界面稳定体系。

多层界面乳状液的形成主要受静电作用力的影响，因此乳状液体系的 pH、离子强度对界面膜的性质（如层数、厚度、致密性、孔隙度、渗透性）具有重要影响。另一方面，通过调节体系的 pH 和离子强度可以获得具有不同特性的界面膜，以应对不同环境应力，控制被包埋物质的释放。值得一提的是，多层界面乳状液与单层界面乳状液可以在一定环境下相互转换（外层膜脱落和再吸附），从而有效调控被包埋物质的稳定性和释放特性（释放强度、释放位点等）。制备多层界面乳状液工艺较为复杂，技术要求高，相应的生产成本也更高些。

（2）多重乳状液　多重乳状液包括水包油包水（W/O/W）型和油包水包油（O/W/O）型乳状液。其重要特征是分散相液滴里还有更小的分散液滴，也就是说具有两个不同性质的分散体系（含有油-水和水-油两个界面）。多重乳状液一般通过二次均质法制备：首先制备传统的乳状液；然后，将其（整体作为分散相）分散至连续相中再次均质。为避免二次均质对初始乳状液稳定性的影响，二次均质一般在较为温和的条件下进行。多重乳状液作为传递系统最大的优点在于：①可以同时包埋水溶性和油溶性功能性成分；②包埋于内相中的功能因子释放路径延长，可以延缓其释放。此外，W/O/W 型多重乳状液可以应用至低脂食品中，因为乳状液中的油相部分被水相替代而减少了脂肪的应用量，但仍可以获得接近全脂食品的感官品质（风味、质地等）。但是，由于含有两个热力学不稳定的界面，多重乳状液制备困难；受可使用的食品乳化剂种类和使用量限制，多重乳状液往往具有较差的稳定性，易转换成传统的单层乳状液或发生油水分离。

（3）纳米乳液与微乳液　纳米乳液与传统乳状液在制备方法上较为接近，其最大的特点是分散相液滴粒径在纳米尺寸范围内，因此在制备过程中需要使用较大的机械力。因为粒径小，纳米乳液对光散射很弱，所以纳米乳液可以表现出透明的状态，使得其可以应用于透明的产品体系（如饮料）。相比普通乳液，纳米乳液具有更高的动力学稳定性，因为纳米颗粒往往具有更强的布朗运动，而且颗粒间相互吸引力比较弱。但纳米乳液仍属于热力学不稳定体系，当发生颗粒聚结后，乳液透明性消失。当食品添加剂被包埋于纳米乳液后，因为液滴比表面积较大，颗粒运动快，添加剂往往具有很高的释放速率。

与纳米乳液类似，微乳液也具有纳米尺寸的分散相颗粒。但不同的是，微乳液属于热力学稳定体系，而且其制备属于自发过程，通常不需要引入外力。制备微乳液时，高浓度的乳化剂（一般还需要助乳化剂）分散在水相中，乳化剂分子可以自组装形成具有巨大比表面积的胶束结构（其内部为脂溶性区域）。与其他乳状液传递系统相比，微乳液可以包埋更高含量的功能成分。但适用于制备微乳液的食品级乳化剂种类不多，而且由于其添加量可能超出食品中允许的添加量，因此微乳液在食品领域的应用目前仍处在开发阶段。

（4）固体脂肪颗粒　固体脂肪颗粒指的是 O/W 型乳状液中完全或部分固化的分散相油滴，现在研究比较多的是固体脂肪纳米颗粒。制备固体脂肪颗粒一般需要先制备普通的乳状液（一定的温度，确保油相处于液态），然后通过降温的方式使油相结晶从而形成脂肪颗粒。通过合理的控制降温过程（温度、降温速率、时间等），可以制备具有不同形貌特征和晶体堆积形式的脂肪颗粒，从而获得具有不同功能特性的固体脂肪颗粒。将固体脂肪颗粒作为食品添加剂传递系统，一般需要在乳状液制备阶段（高温阶段）将添加剂溶解/分散至油相中，油相结晶时将添加剂包裹在固体颗粒中。固体脂肪颗粒较为致密的结构可以显著降低添加剂的扩散和传质速率，进而延缓其释放。此外，通过控制温度，可以控制固体脂肪颗粒的融化过程，从而控制被包埋添加剂的释放。另一方面，固体脂肪颗粒通常具有较好的抵抗外界压力的能力，可以保护包埋的添加剂免受温度、盐、金属离子、酶等因素的影响而提高添加剂的化学稳定性。最新研究表明，含有单一油脂的固体脂肪颗粒，由于形成的脂肪晶体中分子高度有序排列，易导致排斥被包埋物现象的发生，进而导致较低的包埋率。采用混合脂肪体系（通常同时包含固体和液体油脂），可以获得分子排列有序度较低的晶体（纳米结构化脂肪颗粒，NLC），改善固体脂肪颗粒的包埋率。由于固体脂肪颗粒通常需要在较高的环境温度下制备（乳化均质过程中），该法不适用于热敏性食品添加剂。此外，为了使脂肪颗粒具有较高的熔点，固体脂肪颗粒的制备通常选择饱和程度较高的脂肪，而其潜在的健康风险则会限制此类乳状液的应用。

（5）Pickering 乳状液　Pickering 乳状液特指由固体颗粒稳定分散相液滴的乳状液，可以是 O/W 型，也可以是 W/O 型。由于不需要添加乳化剂，此类乳状液尤其适用于制备不含乳化剂的食品。参与稳定 Pickering 乳状液的固体颗粒并不要求具有双亲性（乳化性）。固体颗粒被油相和水相部分润湿后可以强有力地锚定在油水界面上，进而稳定分散相液滴。相比于普通的乳化剂界面膜，固体颗粒形成的界面膜机械强度大，不容易破裂，可以有效保护被包埋物。有研究表明，固体颗粒越小越有助于稳定乳状液。目前开发的适用于食品体系 Pickering 固体颗粒包括纤维素纳米颗粒、几丁质纳米颗粒、脂肪颗粒、黄酮颗粒、高粱醇溶蛋白颗粒等。由于这些固体颗粒不具有双亲性，因此其吸附至油水界面的速率较低。有研究表明，添加适量的表面活性剂有助于加快固体颗粒的吸附，并保障乳状液更高的稳定性。但当前适用于食品体系的 Pickering 固体颗粒种类较少，限制了该乳状液作为传递体系的进一步应用。

3. 脂质体

脂质体，或称脂质胶囊，是由磷脂在水中分散形成的双分子层结构。在该结构中，磷脂分子的亲油性尾部位于双分子层中间，而亲水性的头部位于双分子层的内外表面。因此，脂质体包含水溶性区域和脂溶性区域，可以同时包埋水溶性与脂溶性物质。结构上，脂质体由单一或多个双分子层组成，每个双分子层包括两层非极性尾部相互接触的表面活性剂层。根据结构的不同，脂质体常被分成以下几种：类似气球形状的，由单一双分子层构成的单层脂质体结构在大小上分为小单室脂质体（SUV，$r<100$nm）和大单室脂质体（LUV，$r>100$nm），许多大单室脂质体构成同心圆形状，为多层大单室脂质体（MLV），多层囊泡载体结构是一个大单室脂质体中包含多个小单室脂质体。

即使双分子层可自发形成，但是简单地将磷脂质通过混合分散到水相中也不易形成脂质体结构，需要通过特定的制备方式来达到所需要的特性，包括流变学特性、大小、载药量和包埋率等。以下将列出主要脂质体制备方式。

（1）溶剂蒸发再水化法　磷脂质溶解于有机溶剂后，通过蒸发将有机溶剂去除，容器内壁形成一层薄薄的磷脂质层，水相的加入使磷脂质层从内壁上剥离并自发形成脂质体结构。这种方法一般形成大室多层脂质体，通过其他辅助措施，例如超声、高压均质或者微射流等技术，使之变成小单室脂质体。

（2）溶剂置换法　磷脂质溶剂于乙醇等有机溶剂中，并注射到水相，有机溶剂进入水相，而磷脂质可自发形成脂质体结构。

（3）表面活性剂置换法　与溶剂置换法类似，但将两亲有机试剂换成水溶性表面活性剂，将磷脂质溶解于表面活性剂溶液中，该混合物注入水相中，表面活性剂进入水相，磷脂质自发形成脂质体结构。

（4）均质法　磷脂质和水相混合在一起形成粗混悬液，通过高压均质等乳化手段形成小单室脂质体，载体囊泡大小可经由均质参数进行调节。

磷脂双分子层属于热力学稳定体系，但由双分子层形成的脂质体颗粒具有热力学不稳定性，容易受 pH、离子强度、温度以及溶剂性质的影响产生颗粒聚结、絮凝等不稳定现象。这也是限制脂质体广泛应用的重要原因。脂质体间阻止聚集现象主要依靠静电斥力，一旦降低这一作用力，容易产生聚集现象。例如，改变 pH 使脂质体失去带电性，或者加入盐提高离子强度来使脂质体失去稳定性。研究表明：在脂质体外层包覆一层生物大分子可显著提高脂质体的稳定性，例如带正电的壳聚糖。脂质体在高温条件下，磷脂膜渗透性和结构发生变化，容易引起脂质体相互聚集并加速包埋物的释放。脂质体双分子层有一个热变性温度 T_c，低于此温度，表现为固态特征；高于此温度，表现为流动态特征。在此温度范围附近，由于磷脂分子排序的无序性，脂质膜的渗透性最高，一方面可促进产品释放，另一方面则影响产品的贮藏。饱和磷脂质的热变性温度高于不饱和磷脂质，提高胆固醇或其他固醇含量，可显著提高热变性温度。

4. 水凝胶

生物大分子水凝胶是一种半固态的亲水聚合网络，可以保存大量的水，是理想的生物活性分子控释系统。水凝胶传递系统最大的特点是：它可以提供一个独特的生物友好环境来保存生物活性物质的天然结构和功能。水凝胶的高含水率和柔软度可以最大程度地减少使用过程中造成的机械损伤，因此这种胶体可以在生物体内应用而不引起排斥。在食品领域，多糖和蛋白质是制备水凝胶的主要原料，它们固有的生物相容性和生物降解性使得其制备的水凝胶被认为具有很高的安全性（GRAS）。蛋白和多糖可以各自形成水凝胶，也可以形成复合凝胶。水凝胶是通过可溶于水的聚合物相互交联作用形成的，这些作用力包括物理作用（疏水作用、范德华力、氢键等）和共价作用。

（1）蛋白凝胶

①球蛋白通常通过交联形成水凝胶颗粒。通常是使球蛋白加热变性来形成水凝胶颗粒，因为这可以通过疏水作用和二硫化物的形成来促进蛋白质的自缔合。可通过改变 pH、离子强度和加热条件来操纵分子间的相互作用来改变颗粒的性质。

②水凝胶颗粒也可通过控制如酪蛋白和明胶这样结构多无规则卷曲的蛋白的聚合来形成。酪蛋白凝胶可通过调节其 pH 至等电点、加入多价抗衡离子或加入凝乳酶来形成。明胶凝胶可通过将生物聚合物溶液温度调节至螺旋-卷曲转变温度之下，促进螺旋线和氢键交联来形成。

③谷氨酰胺转氨酶可用来形成蛋白中的氨基酸之间的共价交联。酶交联体系可在生物聚合物传递系统中用于形成稳定的水凝胶颗粒。

（2）多糖凝胶　因不同种类多糖的分子间形成键的性质不同，其交联方式也有所不同，如冷硬化胶凝、热定型胶凝和离子定型胶凝。某些通过加热改性的纤维素凝胶，随着温度的增加，非极性基团之间的疏水引力增强。其他种类的多糖，如琼脂、海藻酸钠和卡拉胶的冷致凝胶是由于它们之间通过氢键形成螺旋线而形成的。漆酶可通过酚基之间的共价交联的形成从而形成甜菜果胶凝胶。漆酶被用于制备多种生物聚合物传递系统。

水凝胶的组成及其网状结构的形成决定了活性物质的释放率和释放方式。通过选择合适的蛋白-多糖组分，控制环境因素（pH、温度、离子强度、电场等），可以有效地调控水凝胶的结构，进而实现生物活性物质的缓释和控释。已有研究表明，水凝胶可以作为抗氧化剂、生物活性多肽、益生菌等多种活性物质的传递系统而在食品中应用。

5. 有机凝胶

有机凝胶是一种被束缚在热可逆的、三维凝胶网络的半固态基质的有机液体，它是一种有机的不同于水凝胶的液体。形成凝胶需要三个条件：凝胶因子、适当的溶剂、分子间相互作用力。凝胶因子和油脂结合形成凝胶时，凝胶因子的含量一般小于10%，有的甚至低至0.5%~2%。凝胶因子在某种基质中通过物理或化学作用力自动聚集形成网状结构，通过表面张力阻止溶剂流出，又可以分为聚合有机凝胶、低分子质量有机凝胶。物理作用包括范德华力、π-π相互作用、氢键、金属配位键等。有机凝胶因子可以在有机溶剂中形成各种形貌、各种尺寸的自组装体，如纤维状、片状、囊泡状等结构。有机凝胶通常由低分子质量有机化合物如烃类、脂肪醇类等聚合而成。有机凝胶具有安全、无毒、可生物降解、对皮肤刺激性小、生物相容性良好等优点，因此被广泛作为药物载体。

凝胶因子是构成有机凝胶的必要条件。可食用油凝胶因子包括：三酰甘油、二酰甘油、单酰甘油、脂肪酸、高级醇、蜡、蜡脂、山梨糖醇单硬脂酸盐，还包括几种混合物：脂肪酸和高级醇、卵磷脂和山梨糖醇三硬脂酸盐、植物固醇和谷维素。12-羟基硬脂酸、反蓖油酸、小烛树蜡、β-谷固醇和γ-谷维素、硬脂酸和硬脂醇、卵磷脂和山梨糖醇三硬脂酸盐、磷脂质和乙基纤维素的使用相对较多。尽管这些凝胶因子都是食品级的，但在食品中的应用仍比较有限。

有机凝胶作为传递体系，主要适用于脂溶性功能成分，如姜黄素、多不饱和脂肪酸、类胡萝卜素、脂溶性维生素等。

6. 微胶囊粉末

微胶囊粉末的制备通常基于上述液态传递体系，通过添加适当的壁材，并通过脱水干燥、造粒等技术将液体传递体系转为固体（粉末/颗粒）传递体系，可以进一步拓展食品添加剂传递体系的应用范围。微胶囊粉末最初用于制备粉末香精，现已拓展应用到各类食品添加剂和营养强化剂。

微胶囊传递体系中，被包埋的活性物质通常称为芯材，胶囊材料即包埋材料称为壁材。壁材是决定微胶囊包埋率、芯材释放速率等性能的重要因素之一。针对不同的芯材及使用环境，通常需要选择不同的壁材。微胶囊体系对壁材的基本要求是：安全无毒、性质稳定、无刺激性、成膜性好、能与芯材配伍，形成的膜结构具有合适的黏弹性、渗透性、水溶性及耐机械力，可以有效保护芯材并控制其释放。新型微胶囊壁材还应具有良好的生物相容性，可以实现生物降解。食品工业中应用较多的壁材包括：脂类（卵磷脂、石蜡），碳水化合物类（琼脂、淀粉、糊精、纤维素）、蛋白质类（阿拉伯胶、明胶、乳清蛋白）及一些合成聚合物材料（聚乙二醇、聚乙烯醇）。

喷雾干燥、流化床法（喷雾包衣法）、挤压法等是目前应用较多的微胶囊制备技术。喷雾干燥技术由于设备易获取，操作过程经济、灵活、连续性好，产品回收率高、流动性好，在食品产业中也是应用最为广泛的包埋方法。此外，喷雾干燥用时短，蒸发发生在颗粒表面，达到所要求的干燥状态时，样品仍保持较低温度，因此，喷雾干燥广泛应用于热敏感性材料。喷雾干燥的基本过程是将活性物质稀料加入喷雾干燥器，热空气借助雾化器和旋转杆将其雾化成液滴，液滴与热空气在干燥室内接触，并依靠热空气将液滴表面的溶剂（水）迅速汽化，干燥后的成品从旋风分离器排出。喷雾干燥后形成的颗粒多为球形，粒径分布范围较广，一般为10~50μm。喷雾干燥法制备微胶囊颗粒的主要缺点包括：操作设备体积大、一次性投入高、设备运行维护成本高、产品包埋率偏低。流化床法又称喷雾包衣法或空气悬浮包埋法。此法利用流化床将芯材颗粒悬浮于承载空气流中，然后将溶解或熔融的壁材喷洒于循环流动的芯材颗粒上，从而达到微胶囊化的目的。最后利用承载气流的温度来实现脱水干燥。相比于喷雾干燥法，流化床法设备成本低，产品包埋率高，微胶囊颗粒更为均匀。但是，该工艺只适用于具有一定密度的固体芯材，较细的颗粒容易被排出空气带走而造成产品损失。此外，该法制备的微胶囊颗粒往往外观较为粗糙。挤压法属于低温微胶囊化技术，更适用于热敏性功能性物质的包埋。颗粒制备过程中，芯材分散于熔融的碳水化合物壁材中，通过挤压装置将芯材-壁材混合物挤压进入脱水剂（含有促进壁材固化的因子）中，实现壁材脱水固化进而包埋芯材。后续工艺中，通常还需要将颗粒进一步干燥以获得感官品质和贮藏性能更佳的产品。

第二节　食品添加剂的安全性

近几年来我国相继爆发出“瘦肉精”“吊白块”“苏丹红”“孔雀石绿”“阜阳奶粉”“三聚氰胺”等重大食品安全事件，国外食品也因为“农药残留”“大肠杆菌超标”而广受非议，食品安全问题成为全社会关注的焦点。这其中，食品添加剂安全性受到的质疑最多。许多食品生产企业在食品外包装上显著标识“本品不含任何添加剂”“本品绝不含防腐剂”等歧视性宣传用语，“致癌”“致畸”“中毒”等词似乎成了食品添加剂的代名词。消费者陷入对食品添加剂的认知误区，一方面由于消费者缺乏食品及食品添加剂的相关知识；另一方面则是缺乏专业知识的部分媒体过度宣传所致。

食品添加剂对食品工业发展的重要性已为大家所认可。按照GB 2760—2014《食品添加剂使用标准》使用食品添加剂，不会对人体产生危害作用。但是，受当前科技水平的限制，并不是所有食品添加剂绝对安全，某些添加剂的使用仍存在争议。例如，JECFA在1992的第39届会议上认定溴酸钾存在遗传毒性，且新实验数据证明其用作面粉处理剂存在安全风险，故撤销了JECFA第33届会议所推荐的面粉中60mg/kg的最大使用量，取消其作为面粉处理剂。我国也于2005年7月1日从食品添加剂目录中删除了溴酸钾。但日本仍允许溴酸钾作为面粉处理剂使用，最大用量为30mg/kg。

本章在介绍食品添加剂的危害作用的基础上，着重分析食品添加剂安全性和摄入量评价方法，全面认识食品添加剂的安全性。

一、食品添加剂的危害分析

根据引起危害的因素及危害程度，目前食品领域危害人体健康的最主要因素是微生物污染引起的食物中毒，其次是营养缺乏、营养过剩所导致的营养健康问题，第三是环境污染，第四是误食某些天然物（如毒蘑菇等）所引起的食物中毒，最后才是食品本身和食品添加剂引起的安全性问题。

尽管食品添加剂按照 GB 2760—2014《食品添加剂使用标准》的规定使用不存在任何安全问题，但超范围、过量添加食品添加剂仍然存在安全隐患，会对人体产生一定危害。一般认为，食品添加剂的危害包括间接危害和潜在毒害作用。此外，部分人群存在添加剂过敏，即在正常情况下食用食品添加剂时出现的不良反应。

（一）食品添加剂的间接危害

食品添加剂产生的间接危害，可以认为是其广泛使用所带来的负面影响。添加剂的使用虽然丰富了食品种类，但也正是食品添加剂的使用产生了一些营养价值极低的“垃圾食品”，包括部分快餐食品、休闲食品和饮料。上述“垃圾食品”往往热量高、营养效价低，因为感官性状良好而误导消费者，长期食用此类产品，容易引起肥胖、营养不良等疾病；但这种影响并不对人体产生直接的危害作用，一般通过合理选择、控制消费量就不会产生不良作用。

有消费者认为，在丰富的食品市场，应该允许这些所谓的“垃圾食品”的存在，它们并不一定具有很高的营养价值，但能满足人们休闲娱乐的需求，增加生活的乐趣，而且对人体无明显害处。消费者在掌握一定营养知识的前提下，可以自由选择是否消费此类食品。

（二）食品添加剂与过敏反应

过敏反应（Allergic reaction）是指机体对某些抗原初次应答后，再次接受相同抗原刺激时发生的一种以生理功能紊乱或组织细胞损伤为主的特异性免疫应答。有些过敏反应发作急促，可在几分钟内出现；但有的作用缓慢，病症在数天后才出现。引起过敏反应的抗原性物质称为过敏原（Allergen）。日常生活中的许多物质都可以成为过敏原，如异种血清（如破伤风抗毒素）、某些动物蛋白（鸡蛋、羊肉、鸡肉、鱼、虾、蟹等）、细菌、病毒、寄生虫、动物毛皮、植物花粉、尘螨，以及油漆、染料、化学品、塑料、化学纤维和药物等，甚至淀粉也可导致过敏。但是，过敏反应程度与过敏原数量不成正比，即症状的出现或严重程度与数量无直接关系。过敏反应对人类生命和健康的危害日益严重，据统计，全球过敏症受害人群超过 25%。近年来，由于工业发展加速，环境污染加剧，过敏症发病率呈明显上升趋势。

食品添加剂通常都是小分子物质，由其引起的过敏反应并不多见或者症状较轻，不会对人体造成明显的危害。对食品添加剂过敏的病人通常都有遗传性过敏症状，如湿疹、鼻炎、哮喘，而有遗传性过敏症的人比非遗传性过敏症的人对食品添加剂更敏感。有调查显示，成人比儿童更容易出现食品添加剂过敏反应，其中的原因尚不清楚，可能是长期累积的结果，也可能是由于成人过强的心理作用所致。

食品添加剂引起的过敏反应包括皮肤过敏反应和呼吸道过敏反应等。

1. 常见皮肤过敏反应

常见的由食品添加剂引起皮肤过敏症包括急性荨麻疹、血管神经性水肿、紫斑症、接触性荨麻疹、原始刺激性皮炎、光照性皮炎、接触性皮炎。部分由病毒引起的病症与这些过敏症症状相近，因而常被怀疑为食品或食品添加剂所致。

（1）荨麻疹和血管神经性水肿　可能引起慢性和周期性荨麻疹或血管性水肿的食品添加剂包括：苯甲酸（盐）、山梨酸（盐）、偶氮类色素（柠檬黄、日落黄等）、β-胡萝卜素、胭脂红、二丁基羟基甲苯（BHT）、丁基羟基茴香醚（BHA）、硝酸盐及亚硝酸盐、香辛料（肉桂、丁香、白胡椒等）和乙醇等。

血管神经性水肿是慢性和周期性荨麻疹常见的伴随症状，在约 2/3 的病人身上会同时发生，最常见的是在脸（嘴唇、眼睑、脸颊）和舌头上，还有手和脚。慢性荨麻疹病人一般还有其他症状反应，如血管收缩、鼻炎、腹泻和腹胀。

接触性荨麻疹也被认为是接触性荨麻疹综合征，它除了局部的荨麻疹和湿疹的皮炎外也包括无显著特点的荨麻疹或长期的哮喘症状。根据荨麻疹反应的不同机制，接触性荨麻疹分为两种主要类型，即免疫性（ICU）和非免疫性（NICU）接触性荨麻疹。

接触性荨麻疹的主要症状包括接触部位发痒、刺痛感、发红。对于免疫性接触性荨麻疹，症状可能在几分钟内表现出来，而非免疫性荨麻疹的症状通常需要在30~50min甚至更长时间后才会表现出来。

食品添加剂中，免疫性接触性荨麻疹最常见的过敏原有：各种香辛料（肉桂、芥末、辣椒、小豆蔻、香菜等）、吐温80、海藻酸钠、瓜尔豆胶、卡拉胶等。芥末、肉桂和辣椒能产生免疫性和非免疫性接触性荨麻疹反应，但许多其他香辛料，如小豆蔻、香菜，通常只会导致免疫性接触性荨麻疹的发生。烤肉馆和脆饼店的工作人员由于经常接触粉状香辛料，因此容易在手部和脸部出现免疫性接触性荨麻疹皮炎，症状为唇炎、传染性口角炎、湿疹以及口腔黏膜性水肿等。

香辛料中，肉桂、芥末和辣椒是研究最多的接触性荨麻疹的过敏原。苯甲酸（盐）、山梨酸（盐）、苯乙烯酸、肉桂酸及肉桂醛接触皮肤时易引起非免疫性接触性荨麻疹。引起非免疫性接触性荨麻疹的浓度依赖于暴露的皮肤部位及暴露方式，食品厂工人经常用手接触食品添加剂，因此容易发生非免疫接触性荨麻疹反应。

（2）紫斑症　紫斑症主要表现为发烧、不适、腹部及关节疼痛等。对有荨麻疹和经常性紫斑症的病人来说，经口摄入10mg柠檬黄后，过敏性紫斑症3h后就会出现。

（3）接触性皮炎　食品生产者接触性皮炎发病一般是由潮湿的工作环境或清洁剂引起的，但一些食品添加剂由于具有刺激性也可能引起手部皮炎。面包师是常见的接触性皮炎患者，这与其经常接触乙酸、乳酸、重碳酸钾、乙酸钙、漂白剂、乳化剂等食品添加剂有一定关系。

对羟基苯甲酸酯类、山梨酸（盐）、BHA、BHT、没食子酸丙酯（PG）、维生素E、香辛料、过氧化苯甲酰、卡拉胶、偶氮类色素和其他调味剂能引起延迟型接触性过敏症。BHA是引起厨师职业性手炎、嘴炎和唇炎的主要原因。此外，由于PG广泛应用于皮肤护理品，由其引起的炎症也时有发生。

香辛料也是强有力的接触性过敏原，但是对于导致过敏症的确切成分目前尚不清楚。丁香酚、肉桂醛、肉桂酸和肉桂醇是已知的存在于许多香辛料中的过敏原。

（4）光照性皮炎　光照性皮炎俗称晒斑，一般在暴晒后数小时内于暴露部位出现皮肤红肿，也可起水疱或大疱，破损部位有烧灼感、痒感或刺痛。在许多食品添加剂中，糖精是目前有报道的唯一一种属于过敏性机制引起光照性皮炎的食品添加剂。

2. 常见呼吸道过敏反应

哮喘、鼻炎和鼻息肉是主要的呼吸道过敏症状。常见的引起呼吸道过敏反应的食品添加剂有偶氮类色素、苯甲酸盐、硫化物、香辛料等。

3. 其他过敏反应

与皮肤和呼吸道相比，其他器官很少发生由食品添加剂引起的过敏反应。因偶氮类色素或硫化物而导致呼吸道和皮肤过敏反应的病人，可能会出现晕船、腹泻、疼痛、腹胀和呕吐等症状，但是当过敏症状消失时，与添加剂有关的肠胃症状随之消失。有研究证实：仅有少数肠胃病人的症状是由食品或食品添加剂引起的，大多数病人是心理作用所致。

（三）食品添加剂的毒性与危害

毒性指某种物质对机体造成损害的能力。毒害指在确定的数量和方式下，使用某种物质引起机体损害的可能性。食品添加剂对人类的毒性概括起来有致癌性、致畸性和致突变性，这些毒性的共同特点是对人体作用较长时间才能显露出来，即对人体具有潜在危害，这是人们关心食品添加剂安全性的主要原因。

当然，毒性与毒害不仅与物质的化学结构、理化性质有关，也与其有效浓度或剂量、作用时间及次数、接触部位与途径，甚至物质的相互作用及机体的机能状态等有关。构成毒害的基本因素是物质本身的毒性及剂量。一般说，某种物质不论其毒性强弱，对人体都有一个剂量-效应关系，或剂量-反应关系，即一种物质只有达到一定的浓度或剂量水平，才能显示其毒害作用。因此，评价一种物质是否有毒，应视情况而定，只要某种物质在一定条件下使用时不呈现毒性且没有潜在的累积毒害作用，这种物质就可以认为是安全的。

不可否认，当前科技水平有限，可能部分食品添加剂具有潜在的危害作用。但随着科学技术的发展，食品添加剂的使用和管理制度日趋严格。凡是对人体有害，对动物有致癌、致畸作用并且有可能危害人体健康的食品添加剂品种已被禁止使用；对那些疑似有害的添加剂在使用前需要进行严格的安全性分析，以确定其是否可用、许可使用的范围、最大使用量与残留量，以及建立更高标准的质量规格、分析检验方法等。同时，各种新型、作用效果显著、安全性高的食品添加剂正在得到不断开发和应用。

食品添加剂知识的普及宣传，产品中使用食品添加剂的标识，使消费者具有充分的选择依据，从而有效降低因食品添加剂而产生食品安全事件的概率。

二、　食品添加剂安全性评价

食品添加剂安全是食品安全的重要组成部分。为了加强食品添加剂管理，保障食品添加剂安全，世界上许多国家都成立了专门机构制定食品添加剂使用的标准法规，对食品添加剂实行严格的评估、审批和监管。其中，由联合国粮农组织（FAO）和世界卫生组织（WHO）共同建立的食品添加剂联合专家委员会（JECFA）是食品添加剂和污染物安全性评价最重要的国际性专家组织，各国制定标准一般都以 JECFA 的评价结果为参考。

JECFA 成立于 1956 年，由各国该领域的专家组成，其主要职责是评估食品添加剂和食品中污染物的安全性。JECFA 每年根据食品添加剂法典委员会（CCFA）提出的需要进行安全性评价的食品添加剂和污染物的重点名单，按照《食品添加剂和污染物安全评估原则》，充分考虑申请者和政府部门提供的相关信息资料，进行广泛深入的文献调研，对 CCFA 提交的物质进行毒理学评价，并根据各种物质的毒理学资料制定相应的 ADI 值（Acceptable Daily Intake，每日允许摄入量）。CCFA 每年定期召开会议，对 JECFA 通过的各种食品添加剂标准、试验方法和安全性评价进行审议，再提交国际食品法典委员会（CAC）复审后公布，以期在国际贸易中制定统一的规格标准和检验方法。

（一）食品添加剂安全性评价原则和方法

JECFA 目前已对数千种食品添加剂进行了安全性评价，其研究结果被各国食品添加剂管理部门广为引用。JECFA 食品添加剂评价遵循的主要原则是 1987 年由世界卫生组织发布的《食品添加剂和食品中污染物的安全性评价原则》，可概括如下：①再评估原则：因食品添加剂使用情况的改变（添加量增减、摄入量和摄入模式改变等），对食品添加剂认识程度的加深，以及检测技术和安全性评价标准的改进，需要对添加剂安全性进行再评估。②个案处理原则：不同添加剂理化性质、使用情况各不相同，因此没有统一的评价模式。③分两个阶段评价：先搜集相关评价资料，再对资料进行评价。

食品添加剂安全性评价主要包括化学评价和毒理学评价。化学评价关注食品添加剂的纯度、杂质及其毒性、生产工艺以及成分分析方法，并对食品添加剂在食品中发生的化学作用进行评估。

毒理学评价是识别添加剂危害的主要数据来源，它又可分为体外毒理学评价和动物毒理学评价。体外毒理学研究指的是用培养的微生物或来自于动物或人类的细胞、组织进行的毒性研究。体外系统主要用于毒性筛选以及积累更全面的毒理学资料，也可用于局部组织或靶器官的特异毒性效应研究，研究细胞毒性、细胞反应、毒物代谢动力学模型等。体外毒理学评价无法获得 ADI 值数据，但其对于分析毒性作用的机制有重要意义。

动物毒理学研究在食品添加剂的危害识别中具有重要作用，它能够识别被评价物质的潜在不良效应，确定效应的剂量-反应关系，明确毒物的代谢过程，并可将动物实验数据外推到人类，以确定食品添加剂的 ADI 值。JECFA 及世界各国在对食品添加剂进行危险性评估时，一般均要求进行毒理学评价，并根据被评价物质的性质、使用范围和使用量，被评价物质的结构-活性和代谢转化，被评价物质的暴露量等因素决定毒理学试验的程度。

JECFA 认为香料化学结构简单、毒性弱、人群暴露量低，因此其安全性评价可以不采用普通食品添加剂的安全评价方法。JECFA 现在采用的香料安全性评价方法是在其 1995 年的会议上确认通过的，主要依据香料的自然存在状况、人体摄入量（经食品）、化学结构与活性关系，以及现有的毒理学和代谢学资料来判定使用某种香料是否存在安全风险。由于食用香料品种多，很难对每种食用香料予以评价，而只能根据用量，以及从分子结构上可能预见的毒性等来确定优先评价的次序，到目前为止，JECFA 只评价了约 900 种食用香料。

（二）食品添加剂毒理学评价

1. 毒理学常用术语

①半数致死量（Median lethal dose，LD_{50}）：指引起受试对象 50%个体死亡所需的剂量，单位为 mg/kg 体重。

②绝对致死剂量（Absolute lethal dose，LD_{100}）：指引起受试对象中一组受试动物全部死亡的最低剂量，单位为 mg/kg 体重。

③最小致死剂量（Minimal lethal dose，MLD、MLC 或 LD_{01}）：指引起受试对象中个别动物死亡的剂量，低一档剂量即不再引起动物死亡，单位为 mg/kg 体重。

④最大耐受剂量（Maximal tolerance dose，MTD 或 MLC 或 LD_{01}）：指不引起受试对象中动物死亡的最大剂量，单位为 mg/kg 体重。

⑤最小有作用剂量（Minimal effective dose）或称阈剂量或阈浓度：是指在一定时间内，一种毒物按一定方式或途径与机体接触，能使某项灵敏的观察指标开始出现异常变化或使机体开始出现损害作用所需的最低剂量，也称中毒阈剂量，单位为 mg/kg 体重。

⑥最大无作用剂量（Maximal no-effective dose，MNL）或可观察的无副作用剂量（No observed adverse effect level，NOAEL）：是指在一定时间内，一种外源化学物按一定方式或途径与机体接触，根据目前的认识水平，用最灵敏的实验方法和观察指标，未能观察到机体任何损害

作用的最高剂量，单位为 mg/kg 体重。最大无作用剂量根据亚慢性试验的结果确定，是评定毒物对机体损害作用的主要依据。

⑦未观察到有害作用剂量（Not-observed-adverse-effect level）：通过动物试验，以现有的技术手段和检测指标未观察到任何与受试物相关的毒性作用的最大剂量。

2. 食品添加剂毒理学评价

对于任何一种食品添加剂，每个国家都严格规定了其使用范围和最大使用量，以保证食品安全，这些规定都建立在科学严密的毒理学评价基础上。我国食品添加剂毒理学评价遵循国标 GB 15193. 1—2014～GB 15193. 25—2014，其中 GB 15193. 1—2014《食品安全性毒理学评价程序》参考国际上的通用法则而制定，详述了毒理学评价的内容、受试物的要求、不同受试物选择毒性试验的原则、毒理学试验的目的和结果判定、安全性评价时需要考虑的因素等。

（1）毒理学评价的内容

①急性经口毒性试验。

②遗传毒性试验（细菌回复突变试验、哺乳动物红细胞微核试验、哺乳动物骨髓细胞染色体畸变试验、小鼠精原细胞或精母细胞染色体畸变试验、体外哺乳类细胞 HGPRT 基因突变试验、体外哺乳类细胞 TK 基因突变试验、体外哺乳类细胞染色体畸变试验、啮齿类动物显性致死试验、体外哺乳类细胞 DNA 损伤修复（非程序性 DNA 合成）试验、果蝇伴性隐性致死试验）。

一般根据受试物的特点和试验目的，遵循原核细胞与真核细胞、体内试验与体外试验相结合的原则，推荐下列遗传毒性试验组合：

组合一：细菌回复突变试验；哺乳动物红细胞微核试验或哺乳动物骨髓细胞染色体畸变试验；小鼠精原细胞或精母细胞染色体畸变试验或啮齿类动物显性致死试验。

组合二：细菌回复突变试验；哺乳动物红细胞微核试验或哺乳动物骨髓细胞染色体畸变试验；体外哺乳类细胞 TK 基因突变试验或体外哺乳类细胞染色体畸变试验。

其他备选遗传毒性试验：果蝇伴性隐性致死试验、体外哺乳类细胞 DNA 损伤修复（非程序性 DNA 合成）试验、体外哺乳类细胞 HGPRT 基因突变试验。

③28d 经口毒性试验。

④90d 经口毒性试验。

⑤致畸试验。

⑥生殖毒性试验和生殖发育毒性试验。

⑦毒物动力学试验。

⑧慢性毒性试验。

⑨致癌试验。

⑩慢性毒性和致癌合并试验。

（2）毒理学评价的目的和结果评价

①急性经口毒性试验：目的：了解受试物的急性毒性强度、性质和可能的靶器官，测定 LD_{50}，为进一步进行毒性试验的剂量和毒性观察指标的选择提供依据，并根据 LD_{50}进行急性毒性剂量分级。结果判定：如 LD_{50}小于人的推荐（可能）摄入量的 100 倍，则一般应放弃该受试物用于食品，不再继续进行其他毒理学试验。

②遗传毒性试验：目的：了解受试物的遗传毒性以及筛查受试物的潜在致癌作用和细胞致

突变性。结果判定：如遗传毒性试验组合中两项或以上试验阳性，则表示该受试物很可能具有遗传毒性和致癌作用，一般应放弃该受试物应用于食品。

如遗传毒性试验组合中一项试验为阳性，则再选两项备选试验（至少一项为体内试验）。如再选的试验均为阴性，则可继续进行下一步的毒性试验；如其中有一项试验阳性，则应放弃该受试物应用于食品。

如三项试验均为阴性，则可继续进行下一步的毒性试验。

③28d 经口毒性试验：目的：在急性毒性试验的基础上，进一步了解受试物毒性作用性质、剂量-反应关系和可能的靶器官，得到 28d 经口未观察到有害作用剂量，初步评价受试物的安全性，并为下一步较长期毒性和慢性毒性试验剂量、观察指标、毒性终点的选择提供依据。结果判定：对只需要进行急性毒性、遗传毒性和 28d 经口毒性试验的受试物，若试验未发现明显毒性作用，综合其他各项试验结果可做出初步评价；若试验中发现有明显毒性作用，尤其是剂量-反应关系时，则考虑进行进一步的毒性试验。

④90d 经口毒性试验：目的：观察受试物以不同剂量水平经较长期喂养后对实验动物的毒作用性质、剂量-反应关系和靶器官，得到 90d 经口未观察到有害作用剂量，为慢性毒性试验剂量选择和初步制定人群安全接触限量标准提供科学依据。结果判定：根据试验所得到的未观察到有害作用剂量进行评价，原则是：a. 未观察到有害作用剂量小于或等于人的推荐（可能）摄入量的 100 倍表示毒性较强，应放弃该受试物用于食品；b. 未观察到有害作用剂量大于 100 倍而小于 300 倍者，应进行慢性毒性试验；c. 未观察到有害作用剂量大于或等于 300 倍者则不必进行慢性毒性试验，可进行安全性评价。

⑤致畸试验：目的：了解受试物是否具有致畸作用和发育毒性，并可得到致畸作用和发育毒性的未观察到有害作用剂量。结果判定：根据试验结果评价受试物是不是实验动物的致畸物。若致畸试验结果阳性则不再继续进行生殖毒性试验和生殖发育毒性试验。在致畸试验中观察到的其他发育毒性，应结合 28d 和（或）90d 经口毒性试验结果进行评价。

⑥生殖毒性试验和生殖发育毒性试验：目的：了解受试物对实验动物繁殖及对子代的发育毒性，如性腺功能、发情周期、交配行为、妊娠、分娩、哺乳和断乳以及子代的生长发育等。得到受试物的未观察到有害作用剂量水平，为初步制定人群安全接触限量标准提供科学依据。结果判定：根据试验所得的未观察到有害作用剂量进行评价，原则是：a. 未观察到有害作用剂量小于或等于人的推荐（可能）摄入量的 100 倍表示毒性较强，应放弃该受试物用于食品；b. 未观察到有害作用剂量大于 100 倍而小于 300 倍者，应进行慢性毒性试验；c. 未观察到有害作用剂量大于或等于 300 倍者则不必进行慢性毒性试验，可进行安全性评价。

⑦毒物动力学试验：目的：了解受试物在体内的吸收、分布和排泄速度等相关信息；为选择慢性毒性试验的合适实验动物种、系提供依据；了解代谢产物的形成情况。

⑧慢性毒性试验和致癌试验：目的：了解经长期接触受试物后出现的毒性作用以及致癌作用；确定未观察到有害作用剂量，为受试物能否应用于食品的最终评价和制定健康指导值提供依据。结果判定：根据慢性毒性试验所得的未观察到有害作用剂量进行评价，原则是：a. 未观察到有害作用剂量小于或等于人的推荐（可能）摄入量的 50 倍者，表示毒性较强，应放弃该受试物用于食品；b. 未观察到有害作用剂量大于 50 倍而小于 100 倍者，经安全性评价后，决定该受试物可否用于食品；c. 未观察到有害作用剂量大于或等于 100 倍者，则可考虑允许使

用于食品。

根据致癌试验所得的肿瘤发生率、潜伏期和多发性等进行致癌试验结果判定的原则是（凡符合下列情况之一，可认为致癌试验结果阳性。若存在剂量-反应关系，则判断阳性更可靠）：a. 肿瘤只发生在试验组动物，对照组中无肿瘤发生；b. 试验组与对照组动物均发生肿瘤，但试验组发生率高；c. 试验组动物中多发性肿瘤明显，对照组中无多发性肿瘤，或只是少数动物有多发性肿瘤；d. 试验组与对照组动物肿瘤发生率虽无明显差异，但试验组中发生时间较早。

⑨其他：若受试物掺入饲料的最大加入量（原则上最高不超过饲料的10%）或液体受试物经浓缩后仍达不到未观察到有害作用剂量为人的推荐（可能）摄入量的规定倍数时，综合其他的毒性试验结果和实际食用或饮用量进行安全性评价。

（3）食品添加剂的毒理学评价　食品添加剂的毒理学评价根据食品添加剂的使用目的分为香料、酶制剂和普通食品添加剂。

①香料：凡属世界卫生组织（WHO）已建议批准使用或已制定日容许摄入量者，以及香料生产者协会（FEMA）、欧洲理事会（COE）和国际香料工业组织（IOFI）四个国际组织中的两个或两个以上允许使用的，一般不需要进行试验。

凡属资料不全或只有一个国际组织批准的先进行急性毒性试验和遗传毒性试验组合中的一项，经初步评价后，再决定是否需要进行进一步试验。

凡属尚无资料可查、国际组织未允许使用的，先进行急性毒性试验、遗传毒性试验和28d经口毒性试验，经初步评价后，决定是否需进行进一步试验。

凡属用动、植物可食部分提取的单一高纯度天然香料，如其化学结构及有关资料并未提示具有不安全性的，一般不要求进行毒性试验。

②酶制剂：由具有长期安全食用历史的传统动物和植物可食部分生产的酶制剂，世界卫生组织已公布日容许摄入量或不需规定日容许摄入量者或多个国家批准使用的，在提供相关证明材料的基础上，一般不要求进行毒理学试验。

对于其他来源的酶制剂，凡属毒理学资料比较完整，世界卫生组织已公布日容许摄入量或不需规定日容许摄入量者或多个国家批准使用，如果质量规格与国际质量规格标准一致，则要求进行急性经口毒性试验和遗传毒性试验。如果质量规格标准不一致，则需增加28d经口毒性试验，根据试验结果考虑是否进行其他相关毒理学试验。

对其他来源的酶制剂，凡属新品种的，需要先进行急性经口毒性试验、遗传毒性试验、90d经口毒性试验和致畸试验，经初步评价后，决定是否需进行进一步试验。凡属一个国家批准使用，世界卫生组织未公布日容许摄入量或资料不完整的，进行急性经口毒性试验、遗传毒性试验和28d经口毒性试验，根据试验结果判定是否需要进一步的试验。

通过转基因方法生产的酶制剂按照国家对转基因管理的有关规定执行。

③普通食品添加剂：凡属毒理学资料比较完整，世界卫生组织已公布日容许摄入量或不需规定日容许摄入量者或多个国家批注使用，如果质量规格与国际质量规格标准一致，则要求进行急性经口毒性试验和遗传毒性试验。如果质量规格标准不一致，则需增加28d经口毒性试验，根据试验结果考虑是否进行其他相关毒理学试验。

凡属一个国家批准使用，世界卫生组织未公布日容许摄入量或资料不完整的，则可先进行急性经口毒性试验、遗传毒性试验、90d经口毒性试验和致畸试验，经初步评价后，决定是否需进行进一步试验。凡属国外有一个国际组织或国家已批准使用的，则进行急性经口毒性试验、遗传毒性试验和28d经口毒性试验，经初步评价后，决定是否进行进一步试验。

三、食品添加剂摄入量评价方法

（一）食品添加剂摄入量评价的范围和目的

1. 每日允许摄入量（ADI）及安全系数的制定

每日允许摄入量（Acceptable Daily Intake，ADI），是指人体终生每日摄入某种物质，而不产生可检测到的对健康产生危害的量，以每天每千克体重可摄入的量表示，即mg/(kg体重·d)。ADI值是在最大无作用剂量（MNL或NOAEL）的基础上制定的。根据毒理学资料的充分与否，JECFA将食品添加剂分为GRAS（General Recognized As Safe，公认安全）类、A类、B类和C类。GRAS类可按正常需要使用。A类，又分为A1和A2类。A1类：经JECFA评价，认为毒理学资料清楚，能制定正式ADI值；A2类：JECFA认为毒理学资料不够完善，制定暂时ADI值。B类，JECFA曾进行过安全性评价，但毒理学资料不足，未能制定ADI值。第四类为C类，经JECFA评价，认为在食品中使用不安全，或者仅可在特定用途范围内严格控制使用。

对于没有规定具体ADI值的情况，JECFA有以下几条术语解释：①可接受（Acceptable）：是指该物质在使用中无毒理学意义，或者由于技术或感官原因能够自我限制摄入量，因此没有安全问题；②未限制性规定（Not specified）：是指该物质的毒性很小，以现有的化学、生化、毒理或其他方面的资料和总膳食摄入水平，不会对人体造成健康危害，因此不必用一个数值表示ADI值，符合这一标准的添加剂必须按照良好生产规范（Good Manufacturing Practices，GMP）原则使用；③无结论（Not Allocated or Not Evaluated）：是指该物质的毒理学资料不够完善，未制定出ADI值；④暂定（Temporary）：是指现有的毒理学资料能够证明在短期内食用该物质的安全性，但是不足以证明终生食用的安全性。暂定ADI值以更高的安全标准制定；待毒理学资料完善后，修订ADI值。

鉴于从有限的动物试验推论到人群时，存在固有的不确定性，在考虑种属间和种属内敏感性的差异，试验动物与接触人群数量上的差别，人群中复杂疾病过程的多样性，人体摄入量估算的困难程度及食物中多种组分间可能的协同作用等基础上，有必要确定一定的安全性界限，常用的方法是使用安全系数。

安全系数一般定为100，即假设人比试验动物对受试物敏感10倍，人群内敏感性差异为10倍。但是100的安全因子也不是固定不变的，安全系数的确定要根据受试物的性质，已有的毒理学资料的数量和质量，受试物毒性作用性质及实际应用范围、数量、适用人群等诸多因素进行相应的增大和减小，只有在全部资料综合分析的基础上，才能确定适宜的安全系数。

100是通用的安全系数，但在一些特殊情况下也可选用其他系数。当人类已经掌握某种添加剂对人类的剂量-效应关系及其对人类的毒性时，可取10作为安全系数。另外，安全系数100不适用于微量元素（维生素、矿物质等）。为了满足营养需要和身体健康，一些微量元素的安全系数会缩小，安全系数为10的食品添加剂有：维生素A、维生素D、一些特殊氨基酸等。此外，作为人类能量来源的一些物质同样不能以100作为安全系数。

当长期的动物实验研究证明一种食品添加剂具有不可避免的毒性时，FDA一般会将其安全系数扩大为1000，以至达到“无副作用”的目的。毒理学家同样也可以根据毒性大小来判定合适的安全系数。例如，当一种食品添加剂产生一系列的副作用或有致畸等毒性时，毒理学家会将该食品添加剂的安全系数定为1000。

2. 食品添加剂摄入量估算的范围和目的

通过估算某种食品添加剂摄入量和该添加剂的ADI值，可以确定此摄入量对人体是否有害。但是ADI值没有考虑人群消费量的差异，包括最大消费量在内。因此只有当平均摄入量远低于已制定的ADI值时，该添加剂才被认为是安全的。当某种添加剂的摄入量接近ADI值时，有必要对含有该添加剂的各种食品进行调查。假设某种添加剂仅限于膳食中的某一种食物时，该食物最大消费量（特殊人群）也不会超过此食物平均消费量的3倍。如果此假设成立，该添加剂的最大摄入量就可能超过其ADI值，而一般消费者的摄入量是ADI值的1/3左右。

实际生活中，成年人摄入某种添加剂的平均量很少超过ADI值的30%，一般都在各自ADI值的0~10%。尽管各种添加剂的大众消费量都远低于各自的ADI值，但某些添加剂的摄入量还是有可能超过其ADI值。出现这种情况时，政府职能部门以及专家委员会应该确定含有这些添加剂的食品以及大量消费此类食品的人群。与此同时，应重新审查和这些添加剂相关的法规标准并作适当修改。

FAO/WHO联合食品污染监控计划项目（Joint FAO/WHO Food Contamination Monitoring Program，JFCMP）曾指出，某种食品的最大消费量不会超过该食品一般消费量的3倍，据此我们可按安全性高低将食品添加剂分为三类：首先是那些人均摄入量低于ADI值30%的食品添加剂，它们适用于所有人群，并且是安全无害的。但是，对于糖精、甜蜜素等添加剂，其最大消费量和平均消费量差异很大，因此平均摄入量低于ADI值30%也不能保证最大摄入量消费者的安全。其次是平均摄入量在ADI值30%~100%的添加剂，它们对一般的消费者是安全的，但对于最大摄入量可能超过ADI值的消费者，存在一定风险。出现这种情况时就有必要限制此类添加剂的使用。第三类，如果某种添加剂的平均摄入量远超过其ADI值，可以肯定所有人群都存在安全风险，因此必须通过有效的方法降低此类添加剂的使用量。

（二）食品添加剂最大允许使用量计算方法

食品添加剂在食品中的最大允许使用量，每个国家都有相应的规定。计算人体生理条件允许所能摄入食物和饮料的最大数量，可以计算添加剂在食品中的最大限量。所有人群中，儿童对于食物和饮料的摄入量最大（每千克体重每天约50g食物和100mL饮料）。可以使用这些数据和ADI值计算食品中添加剂的最大允许平均浓度。以山梨酸（ADI=25mg/kg体重）为例，假设其只存在于食物中，饮料中不含有，后续的计算表明这种添加剂在食品中的添加量最高不能超过500mg/kg。由于山梨酸并未被添加到所有食品中，因此从科学角度而言其真正允许摄入量可以超过所规定的量。

参考人体每日能量需求量计算添加剂的每日摄入量，也可以确定添加剂在食品中的最高限量。以色素为例，含色素食品提供的能量占每日总能量摄入量的比例p可通过调查每日食品消费量来计算，应用这一数据可确定系数f：

$$f=\frac{\text{每日能量平均摄入总量}-\text{每日从不含色素的食品中摄入的能量}}{\text{每日从已知的含色素的食品中摄入的能量}} \tag{1-1}$$

f值结合p值就可以计算每日色素摄入量的理论值。该方法的优点是可以估算添加剂的最大摄入量。

在英国，有研究表明从不含色素的食品中获得的能量可定为人均 4668kJ/d，从添加色素的食品中获得的为 3831kJ/d，则总和为 8499kJ/d。但是人均每日能量消耗在 8373~12560kJ/d，有些干重体力活的群体则高达 20934kJ/d。假设超过 8499kJ/d 的那部分能量完全来自含有色素的食品，一个成年人的每日能量平均摄入量定为 10467kJ/d，则

$$f=\frac{10467-4668}{3831}=1.5$$

对于高能量消耗者，即能量摄入量为 20934kJ/d 的人，也可以用相同的方法计算出 f 值（f=3.0）。利用这两个系数可以计算出从各种食品中摄入的色素量。此方法虽然简单方便，但可能会高估了实际摄入量，因为它过分强调了某些特定的食品，因此在实际使用中需要乘以一修正因子 α。α 的计算公式见式（1-2）。

$$\alpha=\frac{\text{每年所消费的这些特定食品中添加的色素总量}}{\text{每年所生产的这些特定食品中添加的色素总量}} \tag{1-2}$$

采用以上这些方法，可以确定添加剂摄入量的最高限值。当某种添加剂的应用范围拓宽时，应参照 ADI 值重新审定每日平均摄入量。当平均摄入量和 ADI 值接近时，尽可能不在这些新范围内使用。如果技术上要求必须使用时，应减少此添加剂在其他食品的应用，这时可以选用具有类似功能的其他添加剂代替。

（三）膳食中食品添加剂摄入量的估算方法

膳食中添加剂摄入量的估算方法可分为单因素法和双因素法。单因素法的信息来源一般集中于食品添加剂的生产和使用；双因素法的信息来源主要是添加剂在食品中的浓度和食品的消费信息。在双因素法中，调查者需要明确怎样才能把两方面的信息联系起来以估算出添加剂的摄入量。有关膳食中添加剂摄入量的估算方法的信息来源和方法概括如图 1-1 所示。

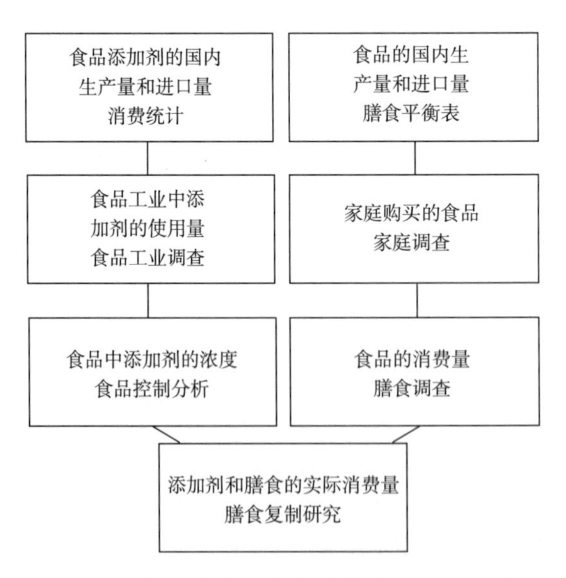

图 1-1　食品添加剂和食品消费信息来源流程图

膳食中添加剂摄入量的估算方法所需要的信息均来自图 1-1 的各种调查分析。单因素法需要关于添加剂生产和使用的信息，而双因素法需要添加剂在食品中的浓度和食品的消费信息。

在膳食复制研究中，所有相关信息来源一致，因此，该方法对膳食中添加剂摄入量的估算具有较高的准确性。

不管是单因素法，还是双因素法，由于存在大量假设，因此都存在很大的系统误差，误差程度视计算方法而异。有些方法中，为方便计算统计，假设食品中含有的添加剂浓度是最大允许浓度，这明显会导致估算结果偏高。调查过程中，由于无法获得所有必需的数据，调查者可能选择其他来源的调查数据，而根据此数据的计算结果的有效性值得怀疑。由于调查涉及的因素太多，很难做到全面考虑，误差在所难免，但是选用经过精心设计的方法，其调查结果仍然具有很高的参考价值。

1. 单因素法

（1）基于国内生产和进口的食品添加剂的估算　一个国家的食品添加剂消费量可以通过计算添加剂的生产量、进口量和出口量而获得，这一数据除以这个国家的人口总量就可以计算出人均食品添加剂的摄入量。由于未考虑到添加剂在食品工业外的应用，例如卡拉胶还被广泛应用于牙膏行业中，这种方法得出的食品添加剂的摄入量并不准确，一般只是作为参考方法使用。

（2）食品工业添加剂使用调查　搜集食品工业添加剂购买量或使用量的记录，可以估算出每年添加剂的消费量，这一数字除以总的消费者数所得值就可以计算人均添加剂摄入量。

采用这种方法估算某一种添加剂的摄入量，通常需要：①根据各个生产厂家反馈的信息得出的食品中每种添加剂的浓度；②每天食用含有某种添加剂的食品的次数；③平均每次摄入食品的质量。

利用以上三类数据就可以基本估算出该添加剂人均每日摄入量。在实际操作中，一般将这一数据乘以 14d 调查期内食用该食品的次数，然后再除以 14，这样得到的平均每日摄入量具有较高的可信度。但是，有调查者指出采用此方法计算得到添加剂的摄入量高于实际摄入量。因此，此方法得出的数据可被认为是添加剂摄入量范围的上限。

（3）膳食复制研究　估算各种食品添加剂摄入量最准确的方法是膳食复制研究。采用这种方法既可以结合食品消费量信息进行，也可以单独进行。前者可视为双因素法，后者是单因素法。该方法进行时需要选择几个有代表性的人群，并在固定的间隔内获得膳食复制样品。膳食复制样品一般在厨房获得，除厨房加工的食品外，同时还需考虑其他副食，包括糖果、休闲食品、饮料等，因为它们有可能在进餐时被同时食用。

在这种方法中，家庭主妇是主要的信息提供者，因为她们可以记录家中消费的所有食品。这些样品可以贮存在冰箱里直到被送至实验室进行分析。从大型餐厅如医院的食堂，比较容易搜集和制备样品，因此这些地方也在实验范围内。每种食品中添加剂的分析次数与膳食复制的样品数量一致，如果实验设计中提供样品的人群分布于不同的季节或不同的地区，那么分析次数就应该相应增加。

尽管采用膳食复制研究来估算添加剂的摄入量也会遇到不少困难，但这种方法还是有很多优点。首先，它估算出的添加剂摄入量比较准确，而且可以反映不同人群之间摄入量的真实差异。其次，此项研究中并不需要某一种食品消费和分析的数据。这一方法还可以用来评价其他方法的准确性，同时还能校对由这些方法得出的结果。此外，利用这种方法还可以确定在家庭膳食制备过程中是否有某种添加剂含量显著减少或增加。

2. 双因素法

（1）食品添加剂最高允许水平的假设　在这一方法中，假设食品中添加剂的浓度是最高允许量。这样，添加剂的最高允许浓度（mg/kg）与平均每日食品消费量（g/d）相乘就可以估算出每日添加剂的摄入量。这一方法适用于所有含有添加剂的食品，将这些食品累加起来就可以得出某种添加剂总的摄入量；如果人群发生变化，如儿童、少数民族，那么一些具体的数据也需相应变化，从而估算出这些特殊人群的添加剂摄入量。

（2）选择有代表性的食品来做研究调查　通过选择对某种添加剂摄入量影响较大的食品，计算这些食品中该种添加剂的含量，从而估算出该种添加剂的摄入量。选择标准：添加剂仅限应用于被选择的食品并且所选食品的消费频率较高或所选食品中添加剂浓度较大。通过计算每日食品摄入量与添加剂浓度的乘积，估算添加剂的摄入量。当某种添加剂仅允许在很小食品范围内使用时，这种方法尤为适合。

（3）市场菜篮子研究　市场菜篮子研究，也称为全膳食调查，这是针对所消费食品中有代表性的食品进行研究的方法。这些食品购买后经过加工（通常加入香辛料、调味酱等调料），在制备过程中添加剂含量可能发生变化。应用此方法时，先将食品分成几类（如谷物、鱼类、水果、肉、油、蔬菜等），将每一类食品按膳食中各自的比例混合（这个比例可从膳食消费分析数据获得），然后对各类食品进行打浆或粉碎处理使其均匀混合。每日从某类食品中摄入的添加剂量就可以通过计算添加剂浓度和每日消费该类食品的数量的乘积得出。然后将计算出的各类食品中添加剂的摄入量累加起来即为每日添加剂摄入量。

由于使用范围有限，市场菜篮子法研究估算添加剂摄入量并不十分合适。使用此方法时，需将食品中的添加剂作稀释处理，这可能会导致所测值低于仪器的分析检测限，因此用这种方法估算出的添加剂摄入量可能偏低。

3. 食品消费数据

（1）食物平衡表　全国食物平衡表结合了联合国粮农组织（FAO）提供的数据，这些数据涉及全国食品的生产量、进出口量、净消费量以及每种食品对能量、蛋白质、脂肪摄入的影响。人均摄入量由净消费量除以全国的人口数得到。用食物平衡表估算食品添加剂的摄入量并不十分准确，其主要原因有：①食物平衡表调查法不能反映不同饮食习惯引起的食品消费差异；②食品种类有限（一般只有 50~100 种，而家庭调查列出的食品多达 250~300 种），无法包含所有含有添加剂的食品。另外食物平衡表所列的主要是食品原材料，如小麦、大麦等，而同样经常食用的加工食品如面包、蛋糕、饼干则未列入。

（2）家庭调查　家庭调查在西方国家较为流行，主要是用来估算食品和其他商品的消费支出，进而计算经济指数。这项调查要求户主每天记录购买的食品，但这种记录并不能完全反映食品的消费量。进行此项调查时，假设所有购买的食品不久就被家庭成员完全消费。

家庭调查利用每个家庭购买的食品数量的平均值来估算添加剂的摄入量，但这项调查也存在不足之处：①在该调查中食品消费单位是家庭而不是个人（单身家庭除外）；②餐厅、学校食堂以及酒店等用餐消费并未统计。

因此，家庭调查提供的食品消费数据并不是最全面的，但包含的食品种类更丰富，因此参考价值高于食物平衡调查。

（3）营养调查　很多国家都进行过营养调查以监测国民的营养摄入情况，从而可以确定膳食营养是否充分。营养调查通常有三种方法：食物每日记录，食品消费量记录，膳食回忆。营养摄入量虽然也可以通过食物平衡调查和家庭调查估算出来，但这两种方法都过于粗略，因此很少用它们来计算营养的摄入量。

（4）食品消费数据在估算添加剂摄入量中的作用　尽管营养调查存在不少误差，但从中获得的食品消费数据从很多方面证明其非常有用。当一项研究是估算全国人均食品添加剂的摄入量时，很有必要使用食品消费数据，因为它可以反映所有人群的情况。另一方面，也可以将食品消费数据收集作为流行病学调查的一部分，因为流行病学调查往往需要非常广泛的资料。从小规模调查中收集的信息只有当其涉及的人群有利于添加剂摄入量调查研究时，才能显示出此类调查的作用，如调查人群是儿童、年轻人或老人。

评价食品消费数据作用的另一个标准，是判断调查研究中个人消费数据的可获得性。如果调查获得的数据不包括个人消费数据，那么人们就无法总结出添加剂摄入量估算的基本特点，如摄入量估计值的范围、标准偏差以及根据年龄、社会经济地位等分出的消费人群的比例。如果某项研究是为了确定哪种添加剂的摄入量超过了儿童人群允许量的10%，那么就需要分析个人消费记录。但是如果消费数据已经按不同人群来进行有效分类，并且包含相关的统计信息，那么这时个人消费数据就不显得那么必要了。如果需要对人群重新分类，这时就有必要察看含有个人记录的原始数据。

总的来说，我们在估算添加剂摄入量时应尽可能采用营养调查的消费数据，尤其是当调查对象中人群分布较为平衡时。但是如果无法从营养调查中获得数据，那么也可以用家庭调查的数据来估算添加剂摄入量。

食品添加剂摄入量估算方法较多，但它们往往有较大的有效性差异，而且都有一定的局限性。操作方便的方法往往具有很多假设，而且通常不考虑消费人群变化带来的影响。相反，那些更准确的方法一般都不容易操作进行，而且往往需要巨大的资金投入。引入新的食品添加剂或者扩充某种添加剂的用途时，可以根据生理极限最大消费量或不同食品能量获得的比例来估算其最大允许摄入量。这些方法也可以结合来自添加剂的生产、出口、进口和食品工业的添加剂使用资料及食品中添加剂最大允许量的假设、消费平衡调查和家庭调查方法，反映添加剂总体的摄入量。如果市场菜篮子试验和营养调查的每一步都经过充分设计，那么估算出来的摄入值就比较准确。但这些方法都存在一个缺点，即不详细考虑人与人之间的差异性，因此得到的摄入量只是平均值。而食品选择调查和膳食复制调查这两种方法可以反映个体间的差异，因此比较适合实际应用中对添加剂摄入量的估算。膳食复制调查的资金投入较大，但这种方法可以用来评价其他方法的准确性，并能对其他方法的估算结果进行修正。

尽管添加剂摄入量估算方法存在诸多局限性，但从中获得的数据具有重要意义。估算添加剂的摄入量不仅能保证食品的安全，而且还可以反映添加剂在食品中使用的变化以调整跟消费者和食品加工者密切相关的添加剂法律法规。

四、 食品添加剂的利弊平衡

食品工业离不开食品添加剂，日常生活同样离不开食品添加剂。但食品添加剂有利有弊，在日常使用中可以采用“利-弊”分析法或“弊-弊”分析法对食品添加剂进行利弊平衡。

“利-弊”分析，即对比使用添加剂带来的利与不使用添加剂产生的弊，权衡利弊，最终确定是否使用食品添加剂及其用量。这方面的一个典型案例就是糖精（学名为邻苯甲酰磺酰亚胺）的使用。有利的一方面，糖精作为一种无热量甜味剂，可用于糖尿病患者和肥胖者消费的食品（饮料）。弊处即是有动物试验证明糖精有致癌性，尽管目前尚无证据表明人类摄入少量糖精会诱发癌症。正是由于这个原因，早在20世纪70年代，美国FDA就下令禁止在食品中添加糖精。但是，更多的消费者认为，糖精作为一种甜味剂，其对人类的益处大于其潜在危害。不久后美国国会认识到消费者对于低能量食品的需求，延缓实施此项法令，糖精也因此得以继续流通。此次法令的延缓实施，实质上是人们第一次认识到食品添加剂利弊平衡的重要性，并允许人们自由选择是否消费含添加剂的食品。这一延缓政策持续到现在，毫无疑问它对添加剂的继续使用和发展产生了重大而深远的影响。“利-弊”分析的另一个案例是亚硝酸钠（硝酸钠）的使用。

“弊-弊”分析从另一个角度权衡食品添加剂的利弊关系，即对比使用与不使用添加剂带来的弊处，权衡两种弊处，最终确定是否使用食品添加剂及其用量。溴酸钾的使用是这方面的典型案例之一。溴酸钾在焙烤工业曾被认为是最好的面粉调节剂之一，其可使面粉中所含的类胡萝卜素褪色，同时抑制蛋白分解酶，能够赋予面筋较强的弹性和强度，改善面团的结构和流变性，对于受过冻伤的小麦粉的效果尤其显著，能使焙烤制品获得理想的发酵效果及令人满意的产品外观。溴酸钾作为一种慢速氧化剂，能够提高面筋的持气性，提高面团的机械适应性等。在1992年，溴酸钾即被证实存在遗传毒性，且认定经溴酸钾处理的面粉制作的面包中存在溴酸钾残留，基于食品中不能存在溴酸钾的基本原则，JECFA取消了溴酸钾作为面粉处理剂的合法地位。我国于2005年7月1日也从食品添加剂名录中删除了溴酸钾。但早在1988年因当时检测水平所限，对添加62.5mg/kg溴酸钾的面粉按GMP规范所制作的面包中未检测出溴酸钾残留，设定了面粉中溴酸钾的最大添加量为60mg/kg。另外，防腐剂的使用也可以采用此分析方法。我国目前食品生产中使用的防腐剂绝大多数为人工合成品，使用不当会产生一定的副作用，长期过量摄入会对人体健康造成损害。传统的肉制品、果脯蜜饯、糕点等食品不添加防腐剂很难长期保存，不利于调节市场供应。综合考虑，我国允许食品中使用防腐剂，但必须在合理范围内适量添加，确保食品安全。

总之，只要严格遵照国家相关法律法规，正确使用食品添加剂，可以保证食品的安全性，而且还可以在充分发挥添加剂作用的同时，最大限度地消除其可能给人类带来的不良影响。

五、 食品添加剂与食品安全

食品安全是这些年我国乃至全世界都高度关注的话题，大量有关食品质量的问题屡见报端，但这其中有些报道缺乏公正性和客观性，主观地把食品添加剂与食品生产过程中出现的质量问题混为一谈，使消费者误认为“食品添加剂对人体有害”。目前备受社会各界关注的食品质量、安全问题主要来自以下几个方面：

1. 食品生产中超量使用食品添加剂

如面粉中超标使用过氧化苯甲酰，粉丝等食品中超标使用明矾，酱菜中超标使用苯甲酸钠等防腐剂，泡菜等食品中超标使用食用色素等。如前所述，食品添加剂按规定量使用可以充分发挥其功能，在不影响人体健康的前提下提高食品品质。如果添加剂超标使用，就会给消费者带来一定危害。

2. 食品生产中超范围使用食品添加剂

在GB 2760—2014《食品添加剂使用标准》中明确规定了各种添加剂的使用范围，超范围使用可能带来许多不良后果。罐头产品中添加糖精、防腐剂，婴儿食品中添加色素、甜味剂、防腐剂等，都属于超范围使用食品添加剂。

3. 滥用非食用物质

如甲醛、硼砂、吊白块、沥青、苏丹红等。这些工业用化学品在食品生产中的非法应用，经媒体曝光后，消费者由于不能正确区分“食品添加剂”和“非食用物质”，误将食品安全的责任归咎于食品添加剂。

4. 使用工业级（非食品级）原料

如工业级过氧化氢、二氧化硅、氢氧化钠、染料用色素等。由于部分生产人员素质低下，生产技术薄弱，食品生产基础知识不健全，不了解“食品级”的真实含义，本着低成本的初衷，购买同名工业级原料用于食品生产。

5. 食品生产过程污染导致食品质量低劣，主要的污染有以下几方面。

（1）原料污染　如采购的原料不新鲜；原料菌落总数超标；原料保存过程中被污染或遭遇细菌繁殖；原料预处理不当等。如方便面汤料用酸价和过氧化值超标的油脂进行制作，这成为方便面汤料理化指标不合格的原因之一。

（2）机器设备的污染　如器件杀菌不彻底、清洗不够或不净、消毒剂或清洁剂残留、残渣污染、工具不清洁等；用过氧乙酸溶液清洗设备时，浓度不够导致生产的食品菌落总数超标。

（3）环境污染　如生产场所细菌源（加工场所无定期消毒、车间卫生状况差、周围环境卫生差等），生产场所的残油、油漆、蜘蛛网等附着在生产的食品表面形成的污染等。

（4）包装污染　如包装间管理不严，包装材料存放时染菌；包材损坏；包装方式不当发生油墨化学污染等。

（5）水源污染　如水源卫生不良（含大量杂质或异物、消毒不够、菌落总数超标等）。

（6）人员污染　如手套或手不干净、员工患有肝炎等疾病、工作服不干净、脱落毛发、饰物污染、工作过程中吸烟或饮食等。

（7）贮存污染　如成品库卫生不良、湿度或温度控制不当、成品和原料混存交叉污染等。

6. 有的食品包装标识不当，导致消费者的误解

尤其是“不加防腐剂”“不添加防腐剂”“不含防腐剂”等语句使消费者误认为“加了食品添加剂就是不安全的”“加了防腐剂就是不安全的”。

正确认识食品添加剂，需要通过政府、企业和媒体的共同努力，向消费者普及食品添加剂知识，并着力创造安全消费、科学消费、明白消费的社会环境。

第三节　国内外食品添加剂法律法规

了解食品添加剂的相关法规，正确使用食品添加剂对于食品安全、社会稳定具有重要的作用。但不同国家和地区拥有各自的食品添加剂法律法规。

一、中国食品添加剂法律法规

为保证食品质量安全，原中华人民共和国卫生部等职能部门采取了一系列卫生管理措施，并制定了有关食品添加剂的卫生法规，对食品添加剂的使用和生产进行严格的管理。自新中国

成立以来，经过60年的发展，我国有关食品添加剂管理法规和标准的发展已经初具规模。中国食品添加剂法规发展历程见图1-2。

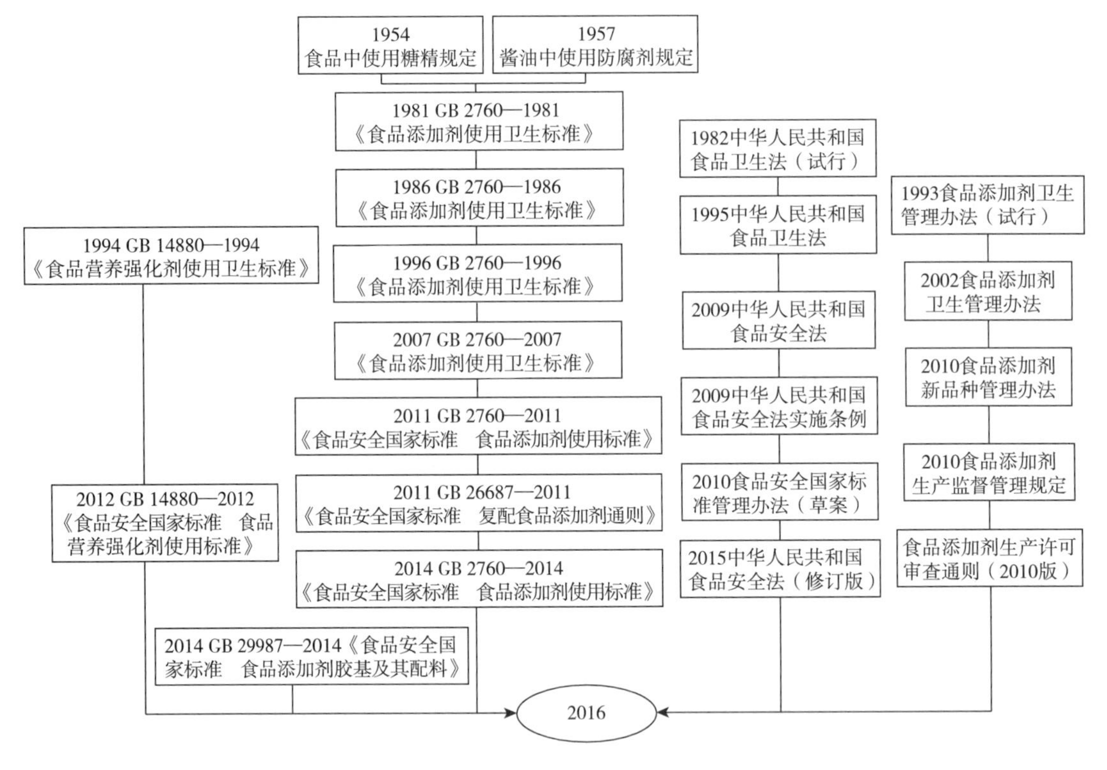

图1-2　中国食品添加剂发展框架

上述法规的颁布和实施，为我国食品添加剂的卫生管理奠定了法律基础和组织保证，逐步形成了现行管理法规与标准体系。下面仅对一些重要法规的主要内容进行介绍。

（一）法规一：《中华人民共和国食品安全法》（修订版）

从2015年10月1日开始实施的《中华人民共和国食品安全法》（修订版）适用于食品的生产和加工、流通和餐饮服务；适用于食品添加剂、食品包装材料、容器、洗涤剂、消毒剂和食品用工具、设备的生产经营；适用于食品生产经营者使用食品添加剂及食品相关产品；还适用于对食品、食品添加剂和食品相关产品的安全管理。《中华人民共和国食品安全法》是《中华人民共和国食品卫生法》的进一步发展，对食品安全风险监测与评估、食品安全标准、食品生产经营、食品检验、食品进出口、食品安全事故处理、监督管理、法律责任等几方面进行约定和管理。《中华人民共和国食品安全法》中对食品添加剂做出特殊约定包括：

1. 食品安全风险监测与评估

第十八条　应当进行食品安全风险评估的情形：

通过食品安全风险监测或者街道举报发现食品添加剂可能存在安全隐患；

为制定或者修订食品安全国家标准提供科学依据需要进行风险评估的；

第二十一条　食品安全风险评估结果是制定、修订食品安全标准和实施食品安全监督管理的科学依据。

经食品安全风险评估，得出食品、食品添加剂、食品相关产品不安全结论的，国务院食品药品监督管理、质量监督等部门应当依据各自职责立即向社会公告，告知消费者停止食用或者使用，并采取相应措施，确保该食品、食品添加剂、食品相关产品停止生产经营；需要制定、修订相关食品安全国家标准的，国务院卫生行政部门应当会同国务院食品药品监督管理部门立即制定、修订。

2. 食品安全标准及管理

第二十六条 食品安全标准应当包括：

食品添加剂中的致病性微生物，农药残留、兽药残留、生物毒素、重金属等污染物质以及其他危害人体健康物质的限量规定；

食品添加剂的品种、使用范围、用量。

3. 食品生产经营

第三十四条 禁止生产经营下列食品、食品添加剂、食品相关产品：

用非食品原料生产的食品或者添加食品添加剂以外的化学物质和其他可能危害人体健康物质的食品，或者用回收食品作为原料生产的食品；

致病性微生物，农药残留、兽药残留、生物毒素、重金属等污染物质以及其他危害人体健康的物质含量超过食品安全标准限量的食品、食品添加剂、食品相关产品；

用超过保质期的食品原料、食品添加剂生产的食品、食品添加剂；

超范围、超限量使用食品添加剂的食品；

营养成分不符合食品安全标准的专供婴幼儿和其他特定人群的主辅食品；

腐败变质、油脂酸败、霉变生虫、污秽不洁、混有异物、掺假掺杂或者感官性状异常的食品、食品添加剂；

病死、毒死或者死因不明的禽、畜、兽、水产动物肉类及其制品；

未按规定进行检疫或者检疫不合格的肉类，或者未经检验或者检验不合格的肉类制品；

被包装材料、容器、运输工具等污染的食品、食品添加剂；

标注虚假生产日期、保质期或者超过保质期的食品、食品添加剂；

无标签的预包装食品、食品添加剂；

国家为防病等特殊需要明令禁止生产经营的食品；

其他不符合法律、法规或者食品安全标准的食品、食品添加剂、食品相关产品。

第三十七条 利用新的食品原料生产食品，或者生产食品添加剂新品种、食品相关产品新品种，应当向国务院卫生行政部门提交相关产品的安全性评估材料。国务院卫生行政部门应当自收到申请之日起六十日内组织审查；对符合食品安全要求的，准予许可并公布；对不符合食品安全要求的，不予许可并书面说明理由。

第三十九条 国家对食品添加剂生产实行许可制度。从事食品添加剂生产，应当具有与所生产食品添加剂品种相适应的场所、生产设备或者设施、专业技术人员和管理制度，并取得食品添加剂生产许可。生产食品添加剂应当符合法律、法规和食品安全国家标准。

第四十条 食品添加剂应当在技术上确有必要且经过风险评估证明安全可靠，方可列入允许使用的范围；有关食品安全国家标准应当根据技术必要性和食品安全风险评估结果及时修订。

食品生产经营者应当按照食品安全国家标准使用食品添加剂。

第五十二条　食品、食品添加剂、食品相关产品的生产者应当按照食品安全标准对所生产的食品、食品添加剂、食品相关产品进行检验，检验合格后方可出厂或者销售。

第五十九条　食品添加剂生产者应当建立食品添加剂出厂检验记录制度，查验出厂产品的检验合格证和安全状况，如实记录食品添加剂的名称、规格、数量、生产日期或者生产批号、保质期、检验合格证号、销售日期以及购货者名称、地址、联系方式等相关内容，并保存相关凭证。记录和凭证保存期限应当不少于产品保质期满后六个月。没有明确保质期的，保存期限不得少于二年。

第六十条　食品添加剂经营者采购食品添加剂，应当依法查验供货者的许可证和产品合格证明文件，如实记录食品添加剂的名称、规格、数量、生产日期或者生产批号、保质期、进货日期以及供货者名称、地址、联系方式等内容，并保存相关凭证。记录和凭证保存期限应当不少于产品保质期满后六个月。没有明确保质期的，保存期限不得少于二年。

第七十条　食品添加剂应当有标签、说明书和包装。标签、说明书应当载明①名称、规格、净含量、生产日期；②成分或者配料表；③生产者的名称、地址、联系方式；④保质期；⑤产品标准代号；⑥贮存条件；⑦生产许可证编号；⑧法律法规或者食品安全标准规定应当标明的其他事项；⑨食品添加剂的使用范围、用量、使用方法，并在标签上载明“食品添加剂”字样。

第七十一条　食品和食品添加剂的标签、说明书，不得含有虚假内容，不得涉及疾病预防、治疗功能。生产经营者对其提供的标签、说明书的内容负责。

食品和食品添加剂的标签、说明书应当清楚、明显，生产日期、保质期等事项应当显著标注，容易辨识。

食品和食品添加剂与其标签、说明书的内容不符的，不得上市销售。

4. 食品进出口

第九十二条　进口的食品、食品添加剂、食品相关产品应当符合我国食品安全国家标准。进口的食品、食品添加剂应当经出入境检验检疫机构依照进出口商品检验相关法律、行政法规的规定检验合格。进口的食品、食品添加剂应当按照国家出入境检验检疫部门的要求随附合格证明材料。

第九十七条　进口的预包装食品、食品添加剂应当有中文标签；依法应当有说明书的，还应当有中文说明书。标签、说明书应当符合本法以及我国其他有关法律、行政法规的规定和食品安全国家标准的要求，并载明食品的原产地以及境内代理商的名称、地址、联系方式。预包装食品没有中文标签、中文说明书或者标签、中文说明书不符合本条规定的，不得进口。

5. 法律责任

第一百二十二条　违反本法规定，未取得食品生产经营许可从事食品生产经营活动，或者未取得食品添加剂生产许可从事食品添加剂生产活动的，由县级以上人民政府食品药品监督管理部门没收违法所得和违法生产经营的食品、食品添加剂以及用于违法生产经营的工具、设备、原料等物品；违法生产经营的食品、食品添加剂货值金额不足一万元的，并处五万元以上十万元以下罚款；货值金额一万元以上的，并处货值金额十倍以上二十倍以下罚款。

明知从事前款规定的违法行为，仍为其提供生产经营场所或者其他条件的，由县级以上人民政府食品药品监督管理部门责令停止违法行为，没收违法所得，并处五万元以上十万元以下罚款；使消费者的合法权益受到损害的，应当与食品、食品添加剂生产经营者承担连带责任。

第一百二十四条 违反本法规定，有下列情形之一，尚不构成犯罪的，由县级以上人民政府食品药品监督管理部门没收违法所得和违法生产经营的食品、食品添加剂，并可以没收用于违法生产经营的工具、设备、原料等物品；违法生产经营的食品、食品添加剂货值金额不足一万元的，并处五万元以上十万元以下罚款；货值金额一万元以上的，并处货值金额十倍以上二十倍以下罚款；情节严重的，吊销许可证：①生产经营致病性微生物，农药残留、兽药残留、生物毒素、重金属等污染物质以及其他危害人体健康的物质含量超过食品安全标准限值的食品、食品添加剂；②用超过保质期的食品原料、食品添加剂生产食品、食品添加剂，或者经营上述食品、食品添加剂；③生产经营超范围、超限量使用食品添加剂的食品；④生产经营腐败变质、油脂酸败、霉变生虫、污秽不洁、混有异物、掺假掺杂或者感官性状异常的食品、食品添加剂；⑤生产经营标注虚假生产日期、保质期或者超过保质期的食品、食品添加剂；⑥生产经营未按规定注册的保健食品、特殊医学用途配方食品、婴幼儿配方乳粉，或者未按注册的产品配方、生产工艺等技术要求组织生产；⑦以分装方式生产婴幼儿配方乳粉，或者同一企业以同一配方生产不同品牌的婴幼儿配方乳粉；⑧利用新的食品原料生产食品，或者生产食品添加剂新品种，未通过安全性评估；⑨食品生产经营者在食品药品监督管理部分责令其召回或者停止经营后，仍拒不召回或者停止经营。

并可以由公安机关对直接负责的主管人员和其他直接责任人员处五日以上十五日以下拘留。

第一百二十五条 违反本法规定，有下列情形之一的，由县级以上人民政府食品药品监督管理部门没收违法所得和违法生产经营的食品、食品添加剂，并可以没收用于违法生产经营的工具、设备、原料等物品；违法生产经营的食品、食品添加剂货值金额不足一万元的，并处五千元以上五万元以下罚款；货值金额一万元以上的，并处货值金额五倍以上十倍以下罚款；情节严重的，责令停产停业，直至吊销许可证：①生产经营被包装材料、容器、运输工具等污染的食品、食品添加剂；②生产经营无标签的预包装食品、食品添加剂或者标签、说明书不符合本法规定的食品、食品添加剂；③生产经营转基因食品未按规定进行标示；④食品生产经营者采购或者使用不符合食品安全标准的食品原料、食品添加剂、食品相关产品。

生产经营的食品、食品添加剂的标签、说明书存在瑕疵但不影响食品安全且不会对消费者造成误导的，由县级以上人民政府食品药品监督管理部门责令改正；拒不改正的，处二千元以下罚款。

第一百二十六条 违反本法规定，有下列情形之一的，由县级以上人民政府食品药品监督管理部门责令改正，给予警告；拒不改正的，处五千元以上五万元以下罚款；情节严重的，责令停产停业，直至吊销许可证：①食品、食品添加剂生产者未按规定对采购的食品原料和生产的食品、食品添加剂进行检验；②食品生产经营企业未按规定建立食品安全管理制度，或者未按规定配备或者培训、考核食品安全管理人员；③食品、食品添加剂生产经营者进货时未查验许可证和相关证明文件，或者未按规定建立并遵守进货查验记录、出厂检验记录和销售记录制度；④食品生产经营企业未制定食品安全事故处置方案；⑤餐具、饮具和盛放直接入口食品的容器，使用前未经洗净、消毒或者清洗消毒不合格，或者餐饮服务设施、设备未按规定定期维护、清洗、校验；⑥食品生产经营者安排未取得健康证明或者患有国务院卫生行政部门规定的有碍食品安全疾病的人员从事接触直接入口食品的工作；⑦食品经营者未按规定要求销售食品；⑧保健食品生产企业未按规定向食品药品监督管理部门备案，或者未按备案的产品配方、生产工艺等技术要求组织生产；⑨婴幼儿配方食品生产企业未将食品原料、食品添加剂、产品配方、标签等向食品药品监督管理部门备案；⑩特殊食品生产企业未按规定建立生产质量管理体系并有效运行，或者未定期提交自查报告；⑪食品生产经营者未定期对食品安全状况进行检查评价，或者生产经营条件发生变化，未按规定处理；⑫学校、托幼机构、养老机构、建筑工地等集中用餐单位未按规定履行食品安全管理责任；⑬食品生产企业、餐饮服务提供者未按规定制定、实施生产经营过程控制要求。

餐具、饮具集中消毒服务单位违反本法规定用水，使用洗涤剂、消毒剂，或者出厂的餐具、饮具未按规定检验合格并随附消毒合格证明，或者未按规定在独立包装上标注相关内容的，由县级以上人民政府食品药品监督管理部门依照前款规定给予处罚。

食品相关产品生产者未按规定对生产的食品相关产品进行检验的，由县级以上人民政府食品药品监督管理部门依照第一款规定给予处罚。

第一百二十九条　违反本法规定，有下列情形之一的，由出入境检验检疫机构依照本法第一百二十四条的规定给予处罚：①提供虚假材料，进口不符合我国食品安全国家标准的食品、食品添加剂、食品相关产品；②进口尚无食品安全国家标准的食品，未提交所执行的标准并经国务院卫生行政部门审查，或者进口利用新的食品原料生产的食品或者进口食品添加剂新品种、食品相关产品新品种，未通过安全性评估；③未遵守本法的规定出口食品；④进口商在有关主管部门责令其依照本法规定召回进口的食品后，仍拒不召回。

违反本法规定，进口商未建立并遵守食品、食品添加剂进口和销售记录制度、境外出口商或者生产企业审核制度的，由出入境检验检疫机构依照本法第一百二十六条的规定给予处罚。

（二）法规二：《食品添加剂新品种管理办法》

原中华人民共和国卫生部 2010 年 3 月 30 日发布并实施的《食品添加剂新品种管理办法》就食品添加剂新品种的管理（涵盖生产、经营、使用或进口）进行了规定和说明。

1. 食品添加剂新品种的申请

有关食品添加剂的申请包括申请对象和申请材料、审批程序。申请对象是指：①未列入食品安全国家标准的食品添加剂新品种；②未列入卫生部公告允许使用的食品添加剂品种；③扩大使用范围或者用量的食品添加剂品种。

2. 食品添加剂新品种许可申请需提交的资料包括：①添加剂的通用名称、功能分类，用量和使用范围；②证明技术上确有必要和使用效果的资料或者文件；③食品添加剂的质量规格要求、生产工艺和检验方法，食品中该添加剂的检验方法或者相关情况说明；④安全性评估材料，包括生产原料或者来源、化学结构和物力特性、生产工艺、毒理学安全性评价资料或者检验报告、质量规格检验报告；⑤标签、说明书和食品添加剂产品样品；⑥其他国家（地区）、国际组织允许生产和使用等有助于安全性评估的资料。

3. 申报食品添加剂扩大使用范围或使用量的，可免于提交前款第④项材料，但是技术评审中要求补充提供的除外。

4. 申请首次进口食品添加剂新品种的，除提供上述规定的资料外，还应当提供下列材料：①出口国（地区）相关部门或者机构出具的允许该添加剂在本国（地区）生产或者销售的证明材料；②生产企业所在国（地区）有关机构或者组织出具的对生产企业审查或者认证的证明材料。

5. 食品添加剂新品种的许可

①卫生部负责食品添加剂新品种的审查许可工作，组织制定食品添加剂新品种技术评价和

审查规范；

②卫生部应该在受理后60日内组织专家进行技术审查，并作出技术评审结论；

③行政许可程序按照《行政许可法》和《卫生行政许可管理办法》执行。

（三）法规三:《食品安全国家标准管理办法》

原中华人民共和国卫生部（以下简称卫生部）于2010年10月20日发布、2010年12月1日起施行的《食品安全国家标准管理办法》就食品安全国家标准的制（修）订工作进行了规定和说明。

1. 宗旨和依据

第二条　制定食品安全国家标准应当以保障公众健康为宗旨，以食品安全风险评估结果为依据，做到科学合理、公开透明、安全可靠。

2. 食品安全国家标准归口管理

第三条　卫生部负责食品安全国家标准制（修）订工作。

卫生部组织成立食品安全国家标准审评委员会（以下简称审评委员会），负责审查食品安全国家标准草案，对食品安全国家标准工作提供咨询意见。审评委员会设专业分委员会和秘书处。

第六条　卫生部会同国务院农业行政、质量监督、工商行政管理和国家食品药品监督管理以及国务院商务、工业和信息化等部门制定食品安全国家标准规划及其实施计划。

第八条　卫生部根据食品安全国家标准规划及其实施计划和食品安全工作需要制定食品安全国家标准制（修）订计划。

3. 食品安全国家标准的起草和修订

第十四条　卫生部采取招标、委托等形式，择优选择具备相应技术能力的单位承担食品安全国家标准起草工作。

第十五条　提倡由研究机构、教育机构、学术团体、行业协会等单位组成标准起草协作组共同起草标准。

第三十五条　食品安全国家标准公布后，个别内容需作调整时，以卫生部公告的形式发布食品安全国家标准修改单。

第三十六条　食品安全国家标准实施后，审评委员会应当适时进行复审，提出继续有效、修订或者废止的建议。对需要修订的食品安全国家标准，应当及时纳入食品安全国家标准修订立项计划。

（四）法规四：食品添加剂标准

1. GB 2760—2014《食品安全国家标准　食品添加剂使用标准》

（1）范围　规定了食品添加剂的使用原则、允许使用的食品添加剂品种、使用范围及最大使用量或残留量。适用于所有的食品添加剂的生产、经营和使用者。

（2）使用量的规定　同一功能的食品添加剂（相同色泽着色剂、防腐剂、抗氧化剂）在混合使用时，各自用量占其最大使用量的比例之和不应超过1。

2. GB 14880—2012《食品安全国家标准　食品营养强化剂使用标准》

（1）范围　规定了食品营养强化的主要目的、使用营养强化剂的要求、可强化食品类别的选择要求以及营养强化剂的使用规定。标准适用于普通食品和特殊膳食用食品中营养强化剂的使用。

（2）使用量　标准所制定的使用量是指某一营养强化剂的使用量而不是终产品中达到该营养强化剂所选用营养强化剂化合物的使用量。

3. GB 26687—2011《食品安全国家标准　复配食品添加剂通则》

（1）定义　复配食品添加剂是指为了改善食品品质、便于食品加工，将两种或两种以上单一品种的食品添加剂，添加或不添加辅料，经物理方法混匀而成的食品添加剂。

（2）命名原则　由单一功能且功能相同的食品添加剂品种复配而成的，应按照其在终端食品中发挥的功能命名。即“复配”＋“GB 2760 中食品添加剂功能类别名称”，如：复配着色剂、复配防腐剂等。

由功能相同的多种功能食品添加剂，或者不同功能的食品添加剂复配而成的，可以其在终端食品中发挥的全部功能或者主要功能命名，即“复配”＋“GB 2760 中食品添加剂功能类别名称”，也可以在命名中增加终端食品类别名称，即“复配”＋“食品类别”＋“GB 2760 中食品添加剂功能类别名称”，如：复配果汁饮料稳定剂、复配果冻增稠剂等。

（3）基本要求　复配食品添加剂应满足下述基本要求：①不应对人体产生任何健康危害；②在达到预期效果下应尽可能降低在食品中的用量；③用于生产复配食品添加剂的各种食品添加剂，应符合 GB 2760—2014《食品添加剂使用标准》和原卫生部公告的规定，具有共同的使用范围；④用于生产复配食品添加剂的各种食品添加剂和辅料，其质量规格应符合相应的食品安全国家标准或相关标准；⑤复配食品添加剂在生产过程中不应发生化学反应，不应产生新的化合物；⑥复配食品添加剂的生产企业应按照国家标准和相关标准组织生产，制定复配食品添加剂的生产管理制度，明确规定各种食品添加剂的含量和检验方法。

（4）有害物质控制　根据复配的食品添加剂单一品种和辅料的食品安全国家标准或相关标准中对铅、砷等有害物质的要求，按照加权计算的方法由生产企业制定有害物质的限量并进行控制。终产品中相应有害物质不得超过限量。如某复配食品添加剂由 A、B 和 C 三种食品添加剂单一品种复配而成，若该复配食品添加剂的铅含量为 d，数值以毫克每千克（mg/kg）表示，按式（1-3）计算：

$$d = a \times a_1 + b \times b_1 + c \times c_1 \tag{1-3}$$

式中　a——A 的食品安全国家标准中铅限量，mg/kg；

b——B 的食品安全国家标准中铅限量，mg/kg；

c——C 的食品安全国家标准中铅限量，mg/kg；

a_1——A 在复配产品所占比例，%；

b_1——B 在复配产品所占比例，%；

c_1——C 在复配产品所占比例，%。

其中，$a_1+b_1+c_1=100\%$。

若参与复配的各单一品种标准中铅、砷等指标不统一，无法采用加权计算的方法制定有害物质限量值，则铅（Pb）和砷（以 As 计）的限量值为 2.0mg/kg。

4. 食品添加剂标准清理整合

食品添加剂标准存在不统一现象，如漂白剂低亚硫酸钠（CNS 号：05.006）既有 GB 22215—2008《食品添加剂连二亚硫酸钠（保险粉）》，也有 HG 2682—1995《连二亚硫酸钠（保险粉）》。食品用香料 2-甲基-3-巯基呋喃（CNS 号：S0471）的标准为 GB 1886.50—2015《2-甲基-3-呋喃硫醇》。尽管连二亚硫酸钠与低亚硫酸钠及 2-甲基-3-巯基呋喃与 2-甲基-3-

呋喃硫醇均为同一化学物质，但这对从业者容易造成困惑及检索增加难度。我国食品添加剂相关法规、标准在力求完善的同时，还需要对体系之间进行统一。

根据《食品安全法》及其实施条例规定和《食品安全国家标准“十二五”规划》要求，原中华人民共和国国家卫生和计划生育委员会2012年10月制定公布了《食品标准清理工作方案》，成立食品标准清理领导小组和专家组，对现行食用农产品质量安全标准、食品卫生标准、食品质量标准和有关食品的行业标准中强制执行的标准进行清理。食品标准清理工作分为食品产品、理化检验方法、微生物检验方法、食品毒理学评价程序及方法、特殊膳食类食品、食品添加剂、食品相关产品、生产经营规范8个工作组。食品添加剂标准清理专家组正对现行国家标准和行业标准中涉及的食品添加剂相关标准进行整理和评估，依据《食品标准清理工作方案》和工作要求，开展标准清理工作。

（五）法规五：原卫生和计划生育委员会公告

1. 公告内容已获原卫生和计划生育委员会批准，但未列入GB 2760、GB 14880、GB 29987的食品添加剂、营养强化剂、胶基糖果用基础剂物质品种、扩大使用范围、使用量等。

2. 公告效力等同于标准。

（六）法规六：《食品添加剂生产监督管理规定》

1. 食品添加剂生产许可前提条件

①合法有效的营业执照；②与生产食品添加剂相适应的专业技术人员；③与生产食品添加剂相适应的生产场所、厂房设施；其卫生管理符合卫生安全要求；④与生产食品添加剂相适应的生产设备或者设施等生产条件；⑤与生产食品添加剂相适应的符合有关要求的技术文件和工艺文件；⑥健全有效的质量管理和责任制度；⑦与生产食品添加剂相适应的出厂检验能力；产品符合相关标准以及保障人体健康和人身安全的要求；⑧符合国家产业政策的规定，不存在国家明令淘汰和禁止投资建设的工艺落后、耗能高、污染环境、浪费资源的情况；⑨法律法规规定的其他条件。

2. 申请食品添加剂生产许可所需提交的材料

①申请书；②营业执照复印件；③申请生产许可的食品添加剂有关生产工艺文本；④与申请生产许可的食品添加剂相适应的生产场所的合法使用证明材料，及其周围环境平面图和厂房设施、设备布局平面图复印件；⑤与申请生产许可的食品添加剂相适应的生产设备、设施的合法使用权证明材料及清单，检验设备的合法使用权证明材料及清单；⑥与申请生产许可的食品添加剂相适应的质量管理和责任制度文本；⑦与申请生产许可的食品添加剂相适应的专业技术人员名单；⑧生产所执行的食品添加剂标准文本；⑨法律法规规定的其他材料。

3. 食品添加剂的生产许可

（1）申请食品添加剂生产的企业应向生产所在地省级质量技术监督部门提交生产许可申请。

（2）省级质量技术监督部门受理申请后，应对申请的资料、生产场所进行实地核查以及产品质量检验，其中实地核查为2个工作日，并于60个工作日内依法做出是否准予生产许可的书面决定。

4. 食品添加剂的标签、说明书

（1）食品添加剂的标签上应标明的内容 ①“食品添加剂”字样；②产品名称、规格和净含量；③生产者名称、地址和联系方式；④成分或者配料表；⑤生产日期、保质期限或安全使用期限；⑥贮存条件；⑦产品标准代号；⑧生产许可证编号；⑨食品安全标准规定的和国务院卫生行政部门公告批准的使用范围、使用量和使用方法；⑩法律法规或者相关标准规定必须标注的其他注意事项。

（2）食品添加剂有使用禁忌与安全注意事项的，应当有警示标识或者中文警示说明。

（3）食品添加剂存在安全隐患的，生产者应当依法实施召回；并将召回及召回产品的处理情况向质量技术监督部门报告。

二、其他国家/组织食品添加剂法律法规

（一）日本的食品添加剂法律法规

日本作为一个资源短缺的国家，食品需要大量进口，所以其对食品原材料及食品的监管非常严格。

日本厚生省于1947年颁布了卫生法，对食品中化学品制定了认定制度，但食品添加剂方面的法规到1957年才公布使用。日本按照目前使用习惯和管理要求，将食品添加剂划定为四大类，即指定添加剂（Designated additives）、既存添加剂（Existing additives）、天然香精（Natural flavors）和既是食品又是食品添加剂的物质（Substances which are generally provided for eating or drinking as foods and which are used as food additives）。指定添加剂是指对人体健康无害的合成添加剂，必须按一定程序审批后才能使用。截至2010年5月28日，日本使用的指定添加剂共403种。既存添加剂也叫现用添加剂，指在食品加工中使用历史长，被认为是安全的天然添加剂，目前有423种。天然香精和一般添加剂一般不受《食品卫生法》限制，但在使用管理中要求标示其基本原料的名称。2004年2月，日本实施新修订的《食品卫生法》，对食品添加剂的管理更加严格。新《食品卫生法》规定，食品添加剂申请扩大使用范围，必须经过新成立的隶属内阁政府的食品安全委员会批准。

日本厚生省通过颁布《日本食品添加剂规范与标准》（Japan's Specifications and Standards for Food Additives）涵盖了一般测试（General Tests）、试剂/溶液及其他相关材料（Reagents, Solutions and Other References Materials）、添加剂各论（Monographs）、食品添加剂生产加工标准（Standards for Manufacturing）、使用标准（Standards for use）、标识标准（Standards for Labeling）等内容。

（二）美国的食品添加剂法律法规

美国作为一个食品生产大国，其食品添加剂的使用应遵循美国食品与药品管理局（FDA）和美国农业部（USDA）及美国环境保护局颁布的相关法律。

美国法律规定，由FDA直接参与食品添加剂法规的制定和管理。因肉类由美国农业部管理，用于肉和家禽制品的添加剂需得到FDA和USDA双方的认证；而酒和烟由烟草税和贸易局（TTB）管理，用于酒、烟的食品添加剂也实行双重管理。食品添加剂立法的基础工作往往由相应的协会承担。如食品香精立法的基础工作由FEMA（美国食品香料和萃取物制造者协会）担任，其安全评价结果得到FDA认可后，以肯定的形式公布，并冠以GRAS（一般公认安全）的FEMA号码。随着科技进步和毒理学资料的积累，以及现代分析技术的提高，每隔若干年后，食品添加剂的安全性会被重新评价和公布。美国食品和药品管理法第402款规定，只有经过评价和公布的食品添加剂才能生产和应用，否则会被认定为不安全。含有不安全食品添加剂的食品则“不宜食用”，不宜食用的食品禁止销售。美国规定，食品中公认为可安全使用的物

质不属于食品添加剂范畴，但对这类物质的使用也实行严格管理。FDA 已推行一项新的公认安全物质的通报系统，即由生产企业向 FDA 提交其产品，根据其用途属于公认安全物质的报告，FDA 在一定时间内（通常为 180d），向申请人发信确认或否认申请的物质的公认安全性。

对于食用色素、食品配料及包装的选用应遵循美国联邦法规第 21 章（21CFR）下的不同部分：

21 CFR Part 70—食用色素（Color Additives）

21 CFR Part 71—食用色素申请（Color Additive Petitions）

21 CFR Part 73 和 Part 74 食用色素一览（Summary of Color Additives）

21 CFR Part 80—食用色素认证（Color Additive Certification）

21 CFR Part 81—应用于食品、药品和化妆品中的临时食用色素的规范和限制（General Specifications and General Restrictions for Provisional Color Additives for Use in Foods, Drugs, and Cosmetics）

21 CFR Part 82—通过临时认证的色素添加剂及其质量规格目录（Listing of Certified Provisionally Listed Colors and Specifications）

21 CFR Part 170—食品添加剂（包括法律限值和上市预告） [Food Additives（includes Threshold of Regulation and Premarket Notifications）]

21 CFR 170. 39 —法规限值（Threshold of Regulation）

21 CFR 170. 100—上市前公告（Premarket Notifications）

21 CFR Part 171—食品添加剂申请（Food Additive Petitions）

21 CFR Part 172—允许直接添加到人类消费的食品中的食品添加剂（Food Additives Permitted for Direct Addition to Food for Human Consumption）

21 CFR Part 173—第二类允许在人类食品中使用的直接食品添加剂（Secondary Direct Food Additives Permitted in Food for Human Consumption）

21 CFR 174-179—间接添加剂 [Indirect Additives（includes the following）]

通用间接食品添加剂（General Indirect Food Additives）（21 CFR 174）

食品包衣中的粘合剂和组分（Adhesives and Components of Coatings）（21 CFR 175）

纸和纸板的组分（Paper and Paperboard Components）（21 CFR 176）

聚合物（Polymers）（21 CFR 177）

助剂、加工助剂及消毒剂（Adjuvants, Production Aids and Sanitizers）（21 CFR 178）

辐照食品的生产、加工和处理（Irradiation in the Production, Processing and Handling of Food）（21 CFR 179）

21 CFR Part 180—临时允许在食品中添加或与食品接触的食品添加剂（Food Additives Permitted in Food or in Contact with Food on an Interim Basis Pending Additional Study）

21 CFR Part 181—允许的食品配料（Prior-Sanctioned Food Ingredients）

21 CFR 182-186—公认安全 [Generally Recognized as Safe（includes the following）]

食品中的公认安全物质（Substances GRAS in Food）（21 CFR 182）

食品中确认为公认安全的物质（Substances Affirmed as GRAS in Food）（21 CFR 184）

食品包装中确认为公认安全的物质（Substances Affirmed as GRAS for use in Food Packaging）（21 CFR 186）

21 CFR Part 189—禁止在食品中使用的物质（Substances Prohibited From Use In Human Food）

21 CFR Part 190—膳食增补剂（Dietary Supplements）

（三）欧盟的食品添加剂法律法规

欧盟为了避免各成员国的食品添加剂管理和使用条件的差异阻碍食品的自由贸易，创建一个公平竞争环境以促进共同市场的建立和完善，通过立法实现所有成员国实施一致的食品添加剂标准、使用和监管制度。确立了以 89/107/EEC 食品添加剂通用要求指令的纲领性文件。主要包括三个部分：食用色素指令（94/36/EC）和食用色素纯度标准指令（95/45/EC）、甜味剂指令（94/35/EC）和甜味剂纯度标准指令（95/31/EC）、其他食品添加剂指令（95/2/EC）和其他食品添加剂纯度标准指令（96/77/EC）。欧盟食品添加剂法规具体的发展历程或框架见图 1-3。

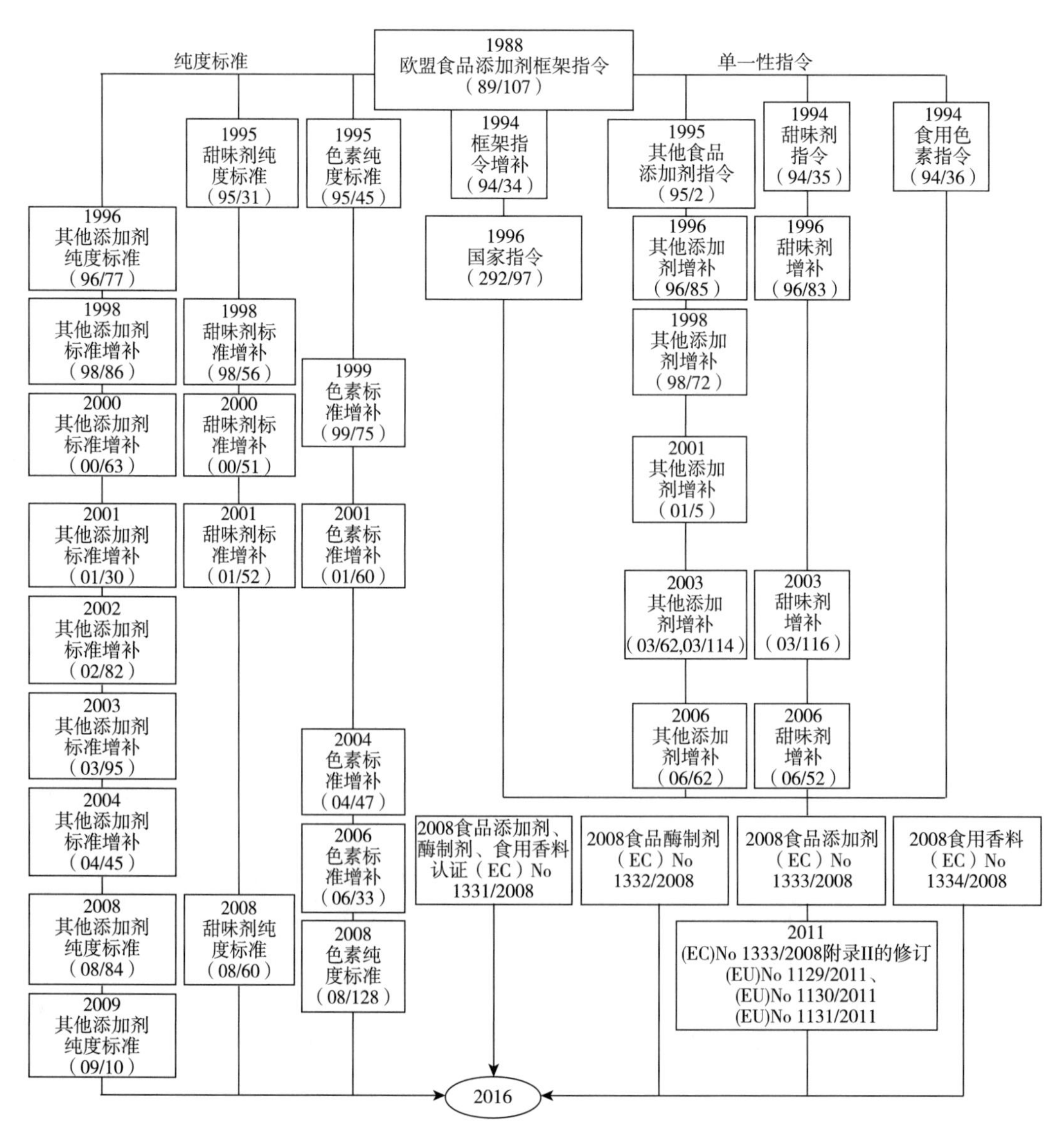

图 1-3 欧盟食品添加剂法规框架

2008 年 12 月 16 日欧盟委员会通过了提升食品品质的一系列物质的法规，包括：食品添加剂、食品酶制剂、食用香料的法规及食品添加剂、酶制剂和香料的认证程序。

（EC）No 1331/2008 食品添加剂、酶制剂及食用香料的通用认证程序法规。该法案提供了一个高效的、集中的、透明的、具有固定期限的食品添加剂、食用酶制剂和食用香料及赋香食品配料的认证批准过程。该法规将在 2010 年 12 月 16 日执行细则出台后正式生效。

（EC）No 1332/2008 法案涵盖了 83/417/EEC、（EC）No 1493/1999、2000/13/EC、2001/112/EC 及（EC）No 258/97 等多部法规，创建了酶制剂评价和认证的统一规则。该法规已于 2009 年 1 月 20 日生效，但标示规定也于 2010 年 1 月 20 日生效。欧盟各国有关食品酶制剂及含食品酶制剂食品的使用和销售的相关规定在各自国度内依然有效直到采纳欧盟的食品酶制剂名录。

（EC）No 1333/2008 食品添加剂法规强化了食品安全和消费知情的原则，它采纳了一种更加高效、简化的食品添加剂 Comitology（委员会程序）认证程序，又称“权力下放”程序。该法规将所有食品添加剂法规合并成一个法规，方便了消费者和从业者的使用。除了过渡期的增补规定，该法规已在 2010 年 1 月 20 日生效。

（EC）No 1334/2008 食用香料及具有赋香功能的部分食品配料法规涵盖了（EEC）No 1601/91、（EC）No 2232/96、（EC）No 110/2008 及 2000/13/EC 等多部法规，该法规是将最新的科学建议融入现行法规中，该法规将在 2010 年 1 月 20 日生效，但由于食用香料正在执行相关共同体程序，因此法规（2232/96/EC）将继续有效直到采用欧盟委员会的香料名录为止。

食品添加过渡期增补规定，根据（EC）No 1333/2008 法规的第 30 款，在 94/35/EC，94/36/EC 及 95/2/EC 指南允许使用的食品添加剂及其使用条件将并入该法案的食品添加剂名录的 Annex II。在结束这些添加剂的通用和特殊使用条件之前必须先经过复审，这些复审必须在 2011 年之前完成。

在 94/35/EC，94/36/EC 及 95/2/EC 等法规中已经允许使用的食品添加剂将继续被允许使用，直到复审定稿以及已经转移到新法规的附录Ⅱ部分的添加剂肯定列表名录中。必要时，在欧盟食品添加剂肯定列表名录定稿之前，该附录可以按 Comitology 程序进行增补或修订。

（四）联合国的食品添加剂法律法规

1956 年，世界粮农组织（FAO）和世界卫生组织（WHO）成立了食品添加剂联合专家委员会（JECFA）。在 1962 年，FAO 与 WHO 联合成立了食品法典委员会，该委员会下设有食品添加剂法典委员会（Codex Commission on Food Additives，CCFA），CCFA 定期召开会议，制定统一的食品添加剂规格和标准，确定统一的试验和评价方法，对 JECFA 通过的各种食品添加剂的标准、试验方法、安全性评价结果等进行审议和认可，再提交 CAC 复审后公布。2005 年 7 月国际食品法典委员会（CAC）决定将食品添加剂和污染物法典委员会（CCFAC）拆分为食品添加剂委员会和污染物委员会。目前，作为一种松散型的组织，联合国所属机构所通过的决议只能作为建议推荐给各国，作为其制定相关法律文件的参照或参考，而不直接对各国起到指令性法规的标准。

目前联合国为各国提供的主要法规和标准有如下几类：

①允许用于食品的各种食品添加剂的名单，以及它们的毒理学评价结果（ADI 值）。

②各种允许使用的食品添加剂质量指标等规定。

③各种食品添加剂质量指标的通用测定方法。

④各种食品添加剂在食品中允许使用范围和建议用量。

思考题

1. 什么是食品添加剂？我国允许使用的食品添加剂种类有哪些？
2. 论述食品添加剂对食品的必要性。
3. 试阐述食品添加剂的毒理学评价程序。
4. 以山梨酸钾为例，试计算其在食品中的最大允许使用量。
5. 食品添加剂新品种申请需要提供哪些资料？
6. 食品添加剂生产企业需具备哪些条件？申请添加剂生产许可时需提交哪些资料？
7. 比较中国与美国、欧盟、日本等国食品添加剂管理法规的异同点。

参考文献

[1] 刘志皋，高彦祥．食品添加剂基础［M］．北京：中国轻工业出版社，1994.

[2] 陈正行，狄济乐．食品添加剂新产品与新技术［M］．南京：江苏科学技术出版社，2002.

[3] 郝利平．食品添加剂［M］．北京：中国农业大学出版社，2002.

[4] 刘钟栋．食品添加剂原理及应用技术：第2版［M］．北京：中国轻工业出版社，2005.

[5] 孙宝国．食品添加剂［M］．北京：化学工业出版社，2008.

[6] 朴奎善．果蔬保藏技术的前景［J］．延边医学院学报，1995，18（1）：69-72.

[7] 叶永茂．食品添加剂及其安全问题［J］．药品评价，2005，2（2）：81-90.

[8] 叶永茂．如何正确看待食品添加剂［J］．中国食品药品监督，2005（6）：57-59.

[9] 高彦祥，方政．酶解锦橙皮渣制取饮料混浊剂的研究［J］．食品科学，2005，26（4）：193-197.

[10] 罗东军，张中胜．滥用食品添加剂的危害［J］．职业与健康，2005（11）：1751.

[11] 杨勇，阚建全，赵国华，等．食物过敏与食物过敏原［J］．粮食与油脂，2004（3）：43-45.

[12] 唐传核，彭志英．低过敏以及抗过敏食品研究进展［J］．食品与发酵工业，2003，26（4）：44-49.

[13] 姚桢．食物过敏的流行现状与趋势［J］．日本医学介绍，1999，19（9）：421.

[14] 姜红，李树研，侯小平．亚硝酸盐的中毒及其检验［J］．科学中国人，2005（8）：54-55.

[15] 方艳玲，方艳敏．肉类食品添加剂中亚硝酸盐的监测［J］．中国热带医学，2005，5（7）：1526-1527.

[16] 魏红．食品中的亚硝酸盐与人体健康［J］．中国初级卫生保健，2004，3（18）：58.

[17] 张利胜．肉类安全当心亚硝酸盐［J］．观点与角度，2004（10）：38.

［18］陈颖，徐建中．亚硝酸盐食物中毒的调查及其预防对策［J］．职业与健康，2005，10（21）：1498-1499.

［19］李宁．从食品安全谈硝酸盐和亚硝酸盐［J］．中老年保健，2003（11）：36-37.

［20］李宁，王竹天．国内外食品添加剂管理和安全性评价原则［J］．国外医学卫生学分册，2008（6）：321-327.

［21］张俭波，刘秀梅．食品添加剂的危险性评估方法进展与应用［J］．中国食品添加剂，2009（1）：45-51.

［22］Schrankel K. R. Safety evaluation of food flavoring［J］. Toxicology，2004，198：203-211.

第二章 食品保存剂

CHAPTER 2

[学习目标]

本章主要介绍了食品保存剂方面的知识，涵盖的内容包括食品防腐剂、食品抗氧化剂的作用机理、各种防腐剂和抗氧化剂的特性及应用注意事项。

通过本章的学习，应掌握食品防腐剂、食品抗氧化剂的作用机理；了解我国法定食品防腐剂、抗氧化剂的种类及各自应用范围。

第一节　食品防腐剂

一、概　　述

食品中所含碳水化合物、蛋白质等营养物质比例相对平衡，有利于微生物的生长繁殖，从而造成食品腐败。为了防止或避免食品腐败，人们常用干燥、盐渍、糖渍、加热、发酵和冷冻处理等方法保存食品。随着食品工业的发展，真空、罐装、气调等多种包装方法，高温、高压、辐照等新型杀菌技术应用于食品保藏，极大地改善了食品的保存效果，但上述杀菌新技术在控制微生物的同时，对食品的色、香、味会产生影响，限制了这些新技术的推广应用，而使用防腐剂保存食品可克服这些缺点。

防腐剂是指能防止由微生物所引起的食品腐败变质、延长食品保存期的食品添加剂。它兼有防止微生物繁殖而引起食物中毒的作用，故又称抗微生物剂。

（一）食品防腐剂的分类

1. 按照作用分类

按照防腐剂抗微生物的主要作用性质，可将其大致分为具有杀菌能力的杀菌剂和仅具有抑菌作用的抑菌剂两类。杀菌或抑菌，并没有绝对界限，常常因浓度高低、作用时间长短和微生物种类等不同而难以区分。同一种物质，浓度高时可杀菌，而浓度低时则只能抑菌；作用时间长可杀菌，作用时间短则只能抑菌。另外，由于各种微生物性质的不同，同一物质对一种微生物具有杀菌作用，而对另外一种微生物可能仅具有抑菌作用。所以多数情况下通称防腐剂。

2. 按照来源和性质分类

食品防腐剂按照来源和性质可分为：有机防腐剂、无机防腐剂、生物防腐剂等。有机防腐剂主要包括苯甲酸及其盐类、山梨酸及其盐类、对羟基苯甲酸酯类、丙酸盐类等。无机防腐剂主要包括二氧化硫、亚硫酸及其盐类、硝酸盐类、各种来源的二氧化碳等。生物防腐剂主要是指由微生物产生的具有防腐作用的物质，如乳酸链球菌素和纳他霉素；还包括来自其他生物的甲壳素、鱼精蛋白等。

（二）食品防腐剂作用机理

一般认为，食品防腐剂对微生物的抑制作用主要是通过影响细胞亚结构而实现，这些亚结构包括细胞壁、细胞膜、与代谢有关的酶、蛋白质合成系统及遗传物质。由于每个亚结构对菌体而言都是必需的，因此，食品防腐剂只要作用于其中的一个亚结构便能达到杀菌或抑菌的目的。食品防腐剂的作用机理可以概括为以下四个方面。

（1）对微生物细胞壁和细胞膜产生一定的效应，如乳酸链球菌素，当孢子发芽膨胀时，乳酸链球菌素作为阳离子表面活性剂影响细菌细胞膜和抑制革兰阳性细菌的胞壁质合成。对营养细胞的作用点是细胞膜，它可以使细胞质膜中巯基失活，使最重要的细胞内物质，如三磷酸腺苷渗出，更严重时可导致细胞溶解。

（2）干扰细胞中酶的活力，如亚硫酸盐可以通过三种不同的途径对酶的活性进行抑制：一是因为蛋白质中含有大量的羰基、巯基等反应基团，亚硫酸盐对二硫键的断裂与酶抑制作用之间有直接的联系，尤其是对那些极少含有二硫键的细胞间酶；二是亚硫酸盐可以和含有敏感基团的反应底物或反应产物作用，从而影响酶的活性；三是许多酶都有与之相连的辅酶，这些辅酶与酶的催化作用密切相关。亚硫酸盐可以抑制磷酸吡哆醛、焦磷酸硫胺素等物质中的辅酶，它们失活将会导致那些敏感的微组织中间代谢机制丧失活性。

（3）使细胞中蛋白质变性，如亚硫酸盐能使蛋白质中的二硫键断裂，从而导致细胞蛋白质产生变性。

（4）对细胞原生质部分的遗传机制产生效应。如带正电荷的壳聚糖与带负电荷的 DNA 相互作用，影响 RNA 的转录及蛋白质的合成。

二、常用食品防腐剂各论

目前世界各国允许使用的食品防腐剂种类很多，美国允许使用的食品防腐剂有 50 余种，日本 40 余种。GB 2760—2014《食品添加剂使用标准》公布允许使用的食品防腐剂有 39 种，包括：苯甲酸及其钠盐、山梨酸及其钾盐、二氧化硫、焦亚硫酸钠（钾）、丙酸钠（钙）、对羟基苯甲酸乙酯、脱氢乙酸等。本节将主要介绍我国食品法规允许的、可在食品中直接添加使用的食品防腐剂，阐述其理化性质、抑制微生物的种类及抑制效果和机理、应用、法规及安全性。

（一）常用化学防腐剂

1. 苯甲酸及其钠盐（Benzoic acid，CNS 号：17.001，INS 号：210；Sodium benzoate，CNS 号：17.002，INS 号：211）

苯甲酸又称安息香酸，分子式 $C_7H_6O_2$，相对分子质量 122.12，结构式见图 2-1，苯甲酸沸点 249.2℃，熔点 121～123℃，100℃开始升华。为白色鳞片或针状结晶，纯度高时无臭味，不纯时稍带杏仁味，酸性条件下易随水蒸气挥发，易溶于乙醇，难溶于水。苯甲酸钠分子式 $C_7H_5O_2Na$，相对分子质量 144.11，稳定，微甜，无臭或微带安息香气味，有收敛性。苯甲酸及其钠盐是最常用的防腐剂之一，天然存在于蔓越莓、洋李、梅脯、肉桂、熟丁香和大多数浆果中。

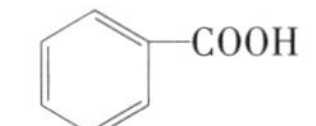

图 2-1　苯甲酸

苯甲酸和苯甲酸钠属广谱抗菌剂，其浓度 0.05%~0.1%时（未离解酸的形式）可以抑制大多数的酵母和霉菌，浓度 0.01%~0.02%时能抑制一些病原菌，而抑制腐败菌则需要更高的浓度。苯甲酸盐抑菌作用的最适 pH2.5~4.0，pH>4.5 时，显著失效。对一般微生物的最小抑菌浓度（MIC）为 0.05%~0.1%。苯甲酸对微生物的防腐范围见表 2-1。

表 2-1　苯甲酸对细菌、酵母和霉菌的抑制范围

微生物	pH	最小抑菌浓度/（μg/mL）
细菌		
蜡状芽孢杆菌（*Bacillus cereus*）	6.3	500
大肠杆菌（*Escherichia coli*）	5.2~5.6	50~120
乳酸菌（*Lactobacillus*）	4.3~6.0	300~1800
单核细胞增生李斯特菌（*Listeria monocytogenes*）	5.6（21℃） 5.6（4℃）	3000 2000
微球菌属（*Micrococcus*）	5.5~5.6	50~100
假单胞菌（*Pseudomonas*）	6.0	200~480
链球菌属（*Streptococcus*）	5.2~5.6	200~400
酵母		
克柔假丝酵母（*Candida krusei*）	—	300~700
法马塔假丝酵母菌（*Debaryomyces hansenii*）	4.8	500
纳豆芽孢杆菌（*Hansenula*）	4.0	180
酵母拮抗菌（*Pichia membranefaciens*）	—	700
红酵母（*Rhodotorula*）		100~200
贝酵母（*Saccharomyces bayanus*）	4.0	330
拜耳接合酵母（*Zygosaccharomyces bailii*）	4.8	4500
鲁氏接合酵母（*Zygosaccharomyces rouxii*）	4.8	1000
霉菌		
曲霉（*Aspergillus*）	3.0~5.0	20~300
寄生曲霉（*Aspergillus parasiticus*）	5.5	>4000
黑曲霉（*Aspergillus niger*）	5.0	2000
球毛壳菌（*Byssochlamys nivea*）	3.3	500
分支孢子菌（*Cladosporium herbarum*）	5.1	100

续表

微生物	pH	最小抑菌浓度/(μg/mL)
总状毛霉（*Mucor racemosus*）	5.0	30~120
青霉菌属（*Penicillium*）	2.6~5.0	30~280
橘青霉（*Penicillium citrinum*）	5.0	2000
灰绿青霉（*Penicillium glaucum*）	5.0	400~500
黑根霉（*Rhizopus nigricans*）	5.0	30~120

苯甲酸类防腐剂是以其未解离的分子发生作用。未解离的苯甲酸在酸性溶液中的防腐效果是中性溶液的100倍。由于溶解在细胞膜脂蛋白中的苯甲酸仍以未解离酸的形式存在，所以细胞仅吸收未解离的酸。当细胞承受的温度超过60℃时，其对酸的吸收速度有所下降，这与酶钝化相类似，是不可逆的加热钝化过程。未解离的苯甲酸亲油性强，易通过细胞膜进入细胞内，干扰霉菌和细菌等微生物细胞膜的通透性，阻碍细胞膜对氨基酸的吸收；进入细胞内的苯甲酸分子可酸化细胞内的贮存碱，抑制微生物细胞内呼吸酶系的活性，阻止乙酰辅酶A缩合反应，从而起到防腐作用，其中以苯甲酸钠的防腐效果最好。在酸性条件下对多种微生物如酵母、霉菌、细菌有明显抑菌作用。但对产酸菌作用较弱。苯甲酸溶解度低，实际生产中大多使用其钠盐，抗菌是钠盐转化为苯甲酸后起作用的。

苯甲酸类防腐剂在应用过程中一般与其他防腐剂或抗氧化剂复配使用。有报道称苯甲酸钠对香蕉泥的防腐增效作用表明：添加柠檬酸、EDTA、抗坏血酸对苯甲酸钠的防腐效果均有微弱增效作用，只有当苯甲酸钠浓度达到0.06%以上，抗坏血酸的浓度达0.04%~0.06%时，才稍明显；以0.06%~0.08%的苯甲酸钠作防腐剂时，添加0.06%抗坏血酸，防腐增效作用显著。杨楠等（2008）通过比较山梨酸钾、苯甲酸钠和尼泊金乙酯钠三种防腐剂单独作用及复配使用的抑菌效果，发现pH为酸性时，山梨酸钾、苯甲酸钠和尼泊金乙酯钠三者混配能加强抑菌作用。最佳抑菌方案为：pH4.0时，山梨酸钾0.125%、苯甲酸钠0.031%、尼泊金乙酯钠0.016%。孟庆国等（2008）研究了苯甲酸钠与山梨酸钾对平菇咸菜保质期的影响，结果表明：两者复配具有较好的防腐效果，且防腐效果优于单独使用苯甲酸钠等防腐剂。

动物实验表明，苯甲酸钠无致畸、致癌、致突变作用。已有的人体皮下注射和口服苯甲酸钠记录显示，苯甲酸钠对健康无不良影响。苯甲酸ADI值为0~5mg/kg体重，LD_{50}为2.7~4.44g/kg体重（大鼠，经口）。人类和动物体内具有有效的苯甲酸盐解毒机制，因此苯甲酸钠对动物和人的毒性较低。在肝脏中，苯甲酸盐与甘氨酸共轭形成马尿酸后能随尿液排出，这一方法可排掉人体66%~95%的苯甲酸摄入量；剩余的苯甲酸盐可以通过与葡萄糖醛酸结合形成葡萄糖苷酸而实现解毒。但是，特殊群体对苯甲酸盐也存在过敏反应。

GB 2760—2014《食品添加剂使用标准》规定：苯甲酸及其钠盐可在风味冰、冰棍类、果酱（罐头除外）、蜜饯凉果、腌渍的蔬菜、糖果、调味糖浆、醋、酱油、酱及酱制品、复合调味料、半固体复合调味料、液体复合调味料、浓缩果蔬（浆）汁（仅限食品工业用）、果蔬汁（浆）类饮料、蛋白饮料、碳酸饮料、茶、咖啡、植物（类）饮料、特殊用途饮料、风味饮料、配料酒、果酒等食品中应用。

2. 山梨酸及其钾盐（Sorbic acid，CNS 号：17.003，INS 号：200；Potassium sorbate，CNS 号：17.004，INS 号：202）

山梨酸又称 2,4-己二烯酸，是一种不饱和一元脂肪酸，分子式 $C_6H_8O_2$，相对分子质量 112.13，结构式 $CH_3CH{=}CHCH{=}CHCOOH$；山梨酸钾，又称 2,4-己二烯酸钾，分子式 $C_6H_7KO_2$，相对分子质量 150.22，结构式 $CH_3CH{=}CHCH{=}CHCOOK$。山梨酸通常为白色或浅黄色鳞片状晶体或细结晶粉末，熔点 132～135℃，沸点 228℃（分解），微溶于水（0.15g/100mL，20℃），水溶液呈酸性，饱和水溶液 pH 为 3.6，解离常数 $K=1.73\times10^{-5}$。对光、热稳定，在空气中长期存放易氧化变色，其水溶液加热时，易与水蒸气一起挥发。山梨酸钾为白色至浅黄色粉末或颗粒，极易溶于水（58.2g/100mL），山梨酸比其钾盐易溶于植物油。

山梨酸的防腐性在未解离状态时最强，其防腐效果随 pH 升高而降低，在 pH<5.6 使用防腐效果最好，解离和未解离形式的山梨酸都有抑菌性，但是未解离酸的效果是解离酸的 10～600 倍。然而，当 pH>6 时，解离酸对抑菌效果的贡献超过 50%。相同 pH 条件下，与丙酸盐或苯甲酸盐相比，山梨酸盐能够更好地抑制腐败微生物的生长。

山梨酸对酵母、霉菌、好气性菌、丝状菌均有抑制作用，它还能抑制肉毒杆菌、金黄色葡萄球菌、沙门菌的生长繁殖，但对兼性芽孢杆菌和嗜酸乳杆菌几乎无效（闻人华旦，1996）。山梨酸盐能够抑制的食源性酵母和霉菌见表 2-2。

表 2-2 山梨酸盐抑制食源性酵母和霉菌的种类

酵母类	霉菌类
酒香酵母（*Brettanomyces*）	链格孢属（*Alternaria*）
丝衣霉属（*Byssochlamys*）	白霉属（*Ascochyto*）
假丝酵母属（*Candida*）	曲霉属（*Aspergillus*）
隐球酵母属（*Cryptococcus*）	葡萄孢霉属（*Botrytis*）
德巴利酵母属（*Debaryomyces*）	头孢子菌属（*Cephalosporium*）
拟内孢霉（*Endomycopsis*）	镰刀霉菌属（*Fusarium*）
汉森酵母属（*Hansenula*）	地丝酵母属（*Geotrichum*）
卵孢子菌属（*Oospora*）	黏帚霉属（*Gliocladium*）
毕赤酵母属（*Pichia*）	长蠕孢霉属（*Helminthosporium*）
红酵母属（*Rhodotorula*）	腐质霉属（*Hmicola*）
酿酒酵母属（*Saccharomyces*）	毛霉属（*Mucor*）
裂殖酵母菌（*Schizosaccharomyces*）	青霉属（*Penicillium*）
掷孢酵母属（*Sporobolomyces*）	茎点霉属（*Phoma*）
孢圆酵母属（*Torulaspora*）	芽霉菌属（*Pullularia/Auerobasidium*）
球拟酵母属（*Torulopsis*）	根霉菌属（*Rhizopus*）
接合酵母属（*Zygosaccharomyces*）	孢子菌丝属（*Sporotrichum*）
	木霉属（*Trichoderma*）

某些酵母对山梨酸盐具有较强的耐受性。0.06%的山梨酸不能抑制 100g/L 葡萄糖溶液中的耐防腐剂酵母——伯力接合酵母［*Zygosaccharomyces*（*Saccharomyces*）*bailii*］。高浓度的山梨

酸抑制酵母的新陈代谢和生长，但是细胞内低浓度的山梨酸能够被酵母代谢。某些导致食品腐败的霉菌同样具有山梨酸耐受性。耐山梨酸的娄地青霉可在山梨酸浓度为6mg/mL的酵母浸膏蔗糖液体培养基和9mg/mL酵母浸膏/麦芽汁液体培养基中生长。山梨酸盐在真菌菌丝体内会发生脱羧反应，形成1,3-戊二烯，这种物质可产生煤油样或烃样气味，在降低食品品质的同时，其防腐作用降低。

山梨酸盐能够抑制香肠中梭状芽孢杆菌、沙门菌和金黄色葡萄球菌的生长；培根中金黄色葡萄球菌的生长；胰酶解酪蛋白大豆培养基（TSB）中腐败假单胞菌和荧光假单胞菌的生长；禽肉中金黄色葡萄球菌和埃希大肠杆菌的生长；猪肉中耶尔森菌的生长。0.075%的山梨酸盐对鼠伤寒沙门菌和大肠杆菌有抑制作用。山梨酸盐对培养基、牛乳和干酪中的鼠伤寒沙门菌也有抑制作用。在添加了组氨酸的胰酶解蛋白大豆培养基（TSB）中，5g/L山梨酸钾可以抑制奇异变形杆菌和肺炎克雷伯菌的生长和组氨的产生，在10℃和32℃下其有效抑制作用可分别持续215h和120h。在琼脂-肉汤培养基中，山梨酸钾对金黄色葡萄球菌的抑制作用，在厌氧条件比有氧条件更有效，并且添加乳酸后抑制效果更佳。pH6.3时，山梨酸钾（3g/L）或山梨酸盐与食盐混合物对MF-31金黄色葡萄球菌没有抑制作用。

山梨酸抑制微生物的生长作用部分源于它对酶的作用，它抑制与脂肪酸氧化有关的脱氢酶。另外，山梨酸导致α-不饱和脂肪酸的富集，而α-不饱和脂肪酸是真菌脂肪酸氧化的中间产物，从而阻碍了脱氢酶的功能，抑制真菌的新陈代谢和生长。山梨酸也显现出对巯基酶的抑制作用，这些酶在微生物中很重要，包括富马酸酶、天冬氨酸酶、琥珀酸脱氢酶和乙醇脱氢酶。山梨酸盐可通过与半胱氨酸巯基的加成反应作用于巯基酶。半胱氨酸能增强山梨酸对黑曲霉活性的抑制作用。山梨酸盐活性取决于其与巯基酶的反应，通过生成含硫己烯酸中间产物而形成稳定化学物，因而，山梨酸盐对酶的抑制是通过巯基中的硫原子或酶螯合锌产生的氢氧化锌与山梨酸根离子中的碳原子形成共价键。还有人认为是由于山梨酸盐干扰烯醇化酶、蛋白酶和过氧化氢酶的作用，或者通过与乙酰辅酶A形成乙酸盐的竞争产生呼吸抑制。山梨酸盐由于与半胱氨酸作用抑制了单核细胞增生李斯特菌listeriolysin O的激活溶血活力。山梨酸还能干扰物质穿过细胞膜的运输，降低细胞膜质子梯度，最终消除质子驱动力（PMF）。PMF的缺失抑制了氨基酸转运，最终对很多纤维素酶系统产生抑制。山梨酸盐作用于微生物的机理众说纷纭，并没有一个确切的定论，这主要是由于任何一种机理都不能解释所有的现象。

即使超出食品的正常添加量，山梨酸也是公认的危害最小的防腐剂。其ADI值为0~25mg/kg体重（以山梨酸计）。山梨酸对小鼠的LD_{50}为7.4~10.5 g/kg体重。小鼠喂食100g/L的山梨酸，40d不出现病症。当喂养周期延长到120d，生长速度和肝脏重量有所增加。给小鼠喂食50g/L山梨酸，在1000d后没有出现对健康的影响。给小鼠喂食山梨酸（10mg/100mL）或山梨酸钾（水中含3g/L，或饲料含1g/L），100周后没有发现瘤块。给小鼠喂食40mg/kg体重的山梨酸，未出现肿瘤。

山梨酸用于化妆品和药品，可能会刺激皮肤黏膜，并使敏感性高的个体皮肤发炎。GB 2760—2014《食品添加剂使用标准》规定山梨酸及其钾盐可应用于干酪、氢化植物油、人造黄油（人造奶油）及其类似制品、风味冰、冰棍类、经表面处理的鲜水果、果酱、蜜饯凉果、经表面处理的新鲜蔬菜、腌渍的蔬菜、加工食用菌和藻类、豆干再制品、新型豆制品（大豆蛋白及其膨化食品、大豆素肉等）、糖果、其他杂粮制品（仅限杂粮灌肠制品）、方面米面制品

（仅限米面灌肠制品）、面包、糕点、焙烤食品馅料及表面用挂浆、熟肉制品、肉灌肠类、风干（烘干、压干等）水产品、预制水产品（半成品）、熟制水产品（可直接食用）、其他水产品及其制品、蛋制品（改变其物理性状）、调味糖浆、醋、酱油、酱及酱制品、复合调味料、饮料类、浓缩果蔬汁（浆）（仅限食品工业用）、乳酸菌饮料、配制酒、果酒、葡萄酒、果冻、胶原蛋白肠衣等食品中。

3. 丙酸（Propionic acid，CNS 号：17.029，INS 号：280）、丙酸钙（Calcium propionate，CNS 号：17.005，INS 号：281）、丙酸钠（Sodium propionate，CNS 号：17.006，INS 号：282）

丙酸，分子式 CH_3CH_2COOH，相对分子质量 74.08。熔点-20.8℃，沸点 141℃。具有类似乙酸刺激性酸味的液体，可溶于水、乙醇、乙醚和氯仿中，其化学性质与乙酸相似，可生成盐、酯、酰卤、酰胺和酸酐。丙酸钠，分子式 CH_3CH_2COONa，相对分子质量 96.06，白色晶体粉末或颗粒，无臭或微带特殊臭味，易溶于水、乙醇，微溶于丙酮，空气中易吸潮。丙酸钙，分子式 $C_6H_{10}CaO_4 \cdot nH_2O$，相对分子质量 186.23，结构式见图 2-2。丙酸钙为白色晶体粉末或颗粒，无臭或微带丙酸气味，对水和热稳定，有吸湿性，易溶于水，不溶于乙醇、醚类。丙酸盐的防腐作用是通过转化为丙酸产生的。

$$(CH_3-CH_2-\overset{\overset{\displaystyle O}{\|}}{C}-O)_2Ca \cdot nH_2O$$

图 2-2　丙酸钙

丙酸主要对真菌和一部分细菌有抑制效果。80～120g/L 的丙酸溶液可防止真菌在干酪和黄油表面上生长。50g/L 丙酸钙溶液用乳酸调至 pH5.5 和 100g/L 未酸化的溶液对抑制黄油表面的真菌效果相当。抑制酵母和真菌的效果在 pH4.0～5.0 范围内随着 pH 降低而逐渐加强。

丙酸浓度和体系 pH 对引起面包丝状黏质形成的枯草杆菌［*B. mesentericus*（*subtilis*）］的抑制相互影响，在 pH5.8，丙酸浓度 18.8g/L 时发挥抑菌作用，而在 pH5.6，只需 1.56g/L 的丙酸就能起抑制作用。

丙酸盐呈微酸性，对各类霉菌、需氧芽孢杆菌或革兰阴性杆菌有较强的抑制作用，对能引起食品发黏的菌类如枯草杆菌的抑菌效果很好，能有效防止黄曲霉毒素的产生，但对酵母几乎不起作用。向食品中加入 1～50g/L 的丙酸钠时对金黄色葡萄球菌、八叠球菌、变形杆菌、乳杆菌、圆酵母和卵形酵母的生长繁殖起到阻碍作用。沙门菌属的起始生长在 pH5.5 时就能够被丙酸抑制，而其他有机酸抑制其生长的 pH 分别为 5.4（乙酸）、5.1（己二酸）、4.6（琥珀酸）、4.4（乳酸）、4.3（富马酸和苹果酸）、4.1（酒石酸）、4.05（柠檬酸），由此可以看出这类微生物对丙酸具有特殊的敏感性。

一般认为丙酸的抑菌机理包括两方面：丙酸在细胞中富集并抑制酶的新陈代谢；通过与丙氨酸或其他微生物生长的必需氨基酸竞争，抑制微生物的生长。然而，一些青霉菌可以在含有超过 50g/L 丙酸的硝酸盐培养基中生长。

从食品包装材料中释放出的丙酸、丙酸钠和丙酸钙被称为抗真菌剂。丙酸钠和丙酸衍生物还可作为风味增强剂。丙酸衍生物也是树脂和聚合涂料的重要成分，乙酸丙酸纤维是一种黏合剂。含硫丙酸衍生物是一种与食品相关的抗氧化剂，它从食品包装材料中释放量不能超过 0.005%。含硫丙酸和二月桂基丙酸按生产需要应用于食品中一般公认安全，但食品中总的抗氧化剂用量不得超过脂肪或油脂含量的 0.02%。

丙酸及其衍生物在焙烤食品、干酪、糖果、冷冻食品、凝胶食品、布丁、果酱、胶质体、软饮料、肉制品和蜜饯等食品中都有应用。丙酸钙在面包中广泛用作真菌和菌丝的抑制剂。真菌孢子一般情况下在焙烤的过程中都被杀死，但是它能引起焙烤后污染问题，合适的温度、湿度环境能使真菌在包装纸下生长繁殖。因此加入丙酸钙除作为营养物质外，还可以起到抑制真菌生长的作用。如果出现钙盐干扰制作面包食品发酵过程中的化学反应的情况，可以用丙酸钠代替能起到相同的抑制效果。

丙酸的毒性相当低，丙酸作为一种正常的食品组分，也是人体和反刍动物体内代谢的一种中间产物，因此其 ADI 值没有限制。据 FAO/WHO 专门委员会的报告，丙酸很容易被哺乳动物消化吸收，其代谢与乙酸等普通脂肪酸相同。我国中山医院进行的毒性鉴定结果表明：丙酸对人、畜安全，其 LD_{50}为 2.6g/kg 体重（大鼠，经口）。FAO/WHO 规定：丙酸作为食品添加剂的最高允许量为 2.5g/kg。丙酸盐不存在毒性作用，ADI 值不作限制性规定。丙酸钠的 LD_{50}为 5.1g/kg 体重（小鼠，经口）。丙酸钙的 LD_{50}为 3.34g/kg 体重（大鼠，经口）。GB 2760—2014《食品添加剂使用标准》规定：丙酸及其钠盐、钙盐可作为防腐剂用于豆类制品、生湿面制品、面包、糕点、酱油、醋及杨梅罐头等加工中。

4. 脱氢乙酸及其钠盐（Dehydroacetic acid/DHA，CNS 号：17.009i，INS 号：265；Sodium dehydroacetate，CNS 号：17.009ii，INS 号：266）

脱氢乙酸又称脱氢醋酸，简称 DHA，分子式 $C_8H_8O_4$，相对分子质量 168.15。结构式如图 2-3 所示。脱氢乙酸为无色至白色针状结晶或白色晶体粉末。无臭，几乎无味，无刺激性，熔点 109～112℃，难溶于水，易溶于有机溶剂，无吸湿性，对热稳定，直射光线下变为黄色，饱和水溶液（1g/L）的 pH 为 4。脱氢乙酸钠纯品为白色或接近白色的结晶性粉末，几乎无臭，易溶于水、丙二醇及甘油，微溶于乙醇和丙酮，水溶液呈中性或微碱性。

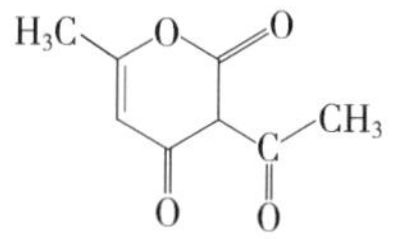

图 2-3　脱氢乙酸

脱氢乙酸是一种特殊的酸，抗菌谱很广，极低的游离酸含量使其在更广的 pH 范围内较其他酸能更有效地抑制微生物，抗菌能力随 pH 不同而变化，但其他因素对其影响不大。脱氢乙酸对腐败菌、病原菌均起作用，其抑制霉菌、酵母菌的作用强于对细菌的抑制作用，尤其对霉菌作用最强，是广谱高效的防霉防腐剂。它能溶于多种油类，水中溶解性较差。脱氢乙酸（p*K*a=5.27）在较高 pH 时有活性，在 1～4g/L 时可抑制细菌，0.05～1g/L 时能抑制真菌。脱氢乙酸为酸性食品防腐剂，对中性食品基本无效。对热稳定，在 120℃条件下，加热 20min 其抗菌能力不下降。适用于一切热加工食品，但其易随水蒸气挥发，所以宜在加热的后期添加，且用量需适当增加。用酿酒酵母、产气杆菌、乳杆菌来比较脱氢乙酸及其盐的抑菌活性发现，DHA 对以上三个菌种的抑制水平分别在 0.25，3，1g/L，而其钠盐对同一菌种的抑制效果是 DHA 的两倍。在 pH<5.0 的条件下，脱氢乙酸钠对酿酒酵母的抑制效果是苯甲酸钠的两倍；对青霉和黑曲霉的抑制效果则在 25 倍以上。脱氢乙酸钠同属广谱类防腐剂，将其作为防腐保鲜剂应用到酱油酿造中，效果较好。最近的研究表明，脱氢乙酸与其他防腐剂进行复配可达到更好的防腐效果，如荆亚玲等（2009）研究了食品防腐剂复配形式在面包中的防腐作用，结果表明：相对于防腐剂单独作用，丙酸钙与脱氢醋酸钠两者复配的比例为 6∶4 时更有利于延长面包保质期。高玉荣等（2010）以酿酒酵母 CGMCC 2.614 为指示菌，研究了食品化学防腐剂与纳他霉素之间的协同抑菌作用，结果表明脱氢乙酸钠等化学防腐剂和与纳他霉素有显著的协同抑菌作用。脱氢乙酸在 300mg/(kg·d) 以下不同水平对雄鼠进行急性毒性实验研究，发现处理组和对照组之间没有差异。而当摄入量在 300mg/(kg·d) 以上逐渐升高时

发现体重严重地减轻，内脏器官也遭到破坏。将 DHA 添加到大鼠的饮食中研究 DHA 的慢性毒性（两年），添加量一直增至 0.1%时，处理组在生长、死亡率、体表、血液、组织等方面与对照组相比都没有差异。以猴为研究对象的实验中，DHA 添加量为 100mg/kg 以下不同水平每周喂养 5 次，1 年后并未有毒性效果出现，当添加量为 200mg/kg 时，生长和器官有所改变。脱氢乙酸用小鼠急性口服试验，LD_{50}为 2200mg/kg 体重。脱氢乙酸钠毒性为大鼠经口 LD_{50}为 0.57g/kg 体重。

GB 2760—2014《食品添加剂使用标准》规定：脱氢乙酸及其钠盐可在黄油和浓缩黄油、腌渍的蔬菜、腌渍的食用菌和藻类、发酵豆制品、淀粉制品、面包、糕点、焙烤食品馅料及表面用挂浆、复合调味料、果蔬汁（浆）等食品中应用。

5. 双乙酸钠（Sodium diacetate，CNS 号：17.013，INS 号：262ii）

双乙酸钠，又称双乙酸氢钠或二醋酸一钠，简称 SDA。双乙酸钠是乙酸钠和乙酸分子之间以短氢键相螯合的分子复合物，分子式 $CH_3COONa \cdot CH_3COOH \cdot xH_2O$，双乙酸钠为白色晶体，具有吸湿性及乙酸气味；可溶于水及乙醇，100g/L 双乙酸钠水溶液的 pH 为 4.5~5.0。双乙酸钠主要用作真菌抑制剂，1~20g/L 和 5g/L 的双乙酸钠分别可抑制干酪和麦芽糖浆中的真菌，相同浓度的双乙酸钠处理包装材料可以防止表面真菌的生长。在 pH3.5，0.5~4g/L 的双乙酸钠可抑制饲料中的曲霉属和青霉；在 pH4.5，1.5~5g/L 的双乙酸钠可抑制毛霉属。焙烤工业中使用双乙酸钠抑制面包霉菌、马铃薯杆菌和“rope-forming（绳形）”细菌，而对面包中的酵母几乎没有影响。李凤梅（2009）研究了不同浓度的双乙酸钠对蛋糕防霉效果的影响。结果表明：双乙酸钠在蛋糕中的最佳防霉添加量为 0.4%，此时蛋糕在常温下的达到霉菌超标时间为 14d，比空白不添加的蛋糕延长 10d。

双乙酸钠的抗菌机理是：双乙酸钠含有分子状态的乙酸，可降低产品的 pH；乙酸分子与类酯化合物互溶性较好，而分子乙酸比离子化乙酸能更有效地穿透微生物的细胞壁，干扰细胞间酶的相互作用，使细胞内蛋白质变性，从而起到有效的抗菌作用。

双乙酸钠是一种广谱、高效、无毒的防腐剂，又可作为酸度调节剂、风味物质和加工助剂等。由于双乙酸钠对人畜无毒害、不致癌，具有极好的防腐抗菌作用，其广泛应用于面点、水果、肉类禽、鱼类等食品的保鲜，罐头产品和腌制菜类的防霉均可采用双乙酸钠。在面包中添加 0.2%~0.4%的双乙酸钠，可使面包保存期延长而不改变其风味；在生面团中加入 0.2%的双乙酸钠，可使面团在 37℃时的保存时间由 3h 延长到 72h。在肉类、土豆糊中添加双乙酸钠 0.01%~0.04%，可使保存期延长 2 星期以上。在脂肪和油中加入 0.1%、在软糖中加入 0.1%、在肉汁和调味汁中加入 0.25%、在小吃食品中加入 0.05%的双乙酸钠，都收到良好的防腐保鲜效果。在啤酒行业中双乙酸钠可用于大麦芽的防霉保鲜。豆腐干、豆腐乳、豆豉中加入0.1%~0.3%的双乙酸钠，可使其保存期延长 1 个月。在豆瓣酱中加入 0.1%~0.3%的双乙酸钠可防止产品膨袋、变质，且口感明显好于添加苯甲酸钠和山梨酸钾。目前欧美各国已越来越趋向于使用双乙酸钠取代丙酸盐作为食品防腐剂。

尽管双乙酸盐能够像乙酸那样被代谢合成，但并没有可用的毒理学数据如急性毒性报道。GB 2760—2014《食品添加剂使用标准》规定：双乙酸钠可应用于豆干类、豆干再制品、原粮、粉圆、糕点、预制肉制品、熟肉制品、熟制水产品（可直接食用）、调味品、复合调味料、膨化食品等食品中。

6. 对羟基苯甲酸酯类及其钠盐（对羟基苯甲酸甲酯钠 Sodium methyl-*p*-hydroxyl benzoate；

对羟基苯甲酸乙酯及其钠盐 Ethyl *p*-hydroxyl benzoate，Sodium ethyl *p*-hydroxyl benzoate；对羟基苯甲酸丙酯及其钠盐 Propyl *p*-hydroxyl benzoate，Sodium propyl *p*-hydroxyl benzoate，CNS 号：17.032-甲，17.007-乙，17.008-丙）

对羟基苯甲酸酯，又称尼泊金酯（Parabens），属苯甲酸衍生物，相对分子质量 152.15，结构式见图 2-4。对羟基苯甲酸酯为无色小结晶或白色结晶性粉末，无臭，开始无味，稍有涩味，易溶于乙醇而难溶于水，不易吸潮、不挥发，在酸性和碱性条件下均起作用。对羟基苯甲酸酯类包括甲酯（M_r = 152.15）、乙酯（M_r = 166.18）、丙酯（M_r = 180.20）、异丙酯（M_r = 180.20）、丁酯（M_r = 194.23）、异丁酯（M_r = 194.23）、己酯（M_r = 208.28）、庚酯（M_r = 236.31）、辛酯（M_r = 250.32）等。对羟基苯甲酸酯类在乙醇中的溶解度从甲酯到庚酯依次增大，在水中的溶解度则依次降低。

OH

O═C—O—R

$R = CH_3$：甲酯

$R = CH_3CH_2$：乙酯

$R = CH_3CH_2CH_2$：丙酯

$R = CH_3CH_2CH_2CH_2$：丁酯

$R = CH_3CH_2CH_2CH_2CH_2$：戊酯

图 2-4　对羟基苯甲酸酯

对羟基苯甲酸酯类的防腐性一般和烷基部分的链长成比例（表 2-3），抑菌作用随着烷基碳原子数的增加而增加，如辛酯抑制酵母菌发育的作用是丁酯的 50 倍，比乙酯强 200 倍左右，碳链越长，毒性越小，用量越少。对羟基苯甲酸酯类的防腐效果不易随 pH 的变化而改变，其抑菌活性主要是以分子态形式起作用，但是由于分子内的羧基已经酯化，不再电离，所以它的抗菌作用在 pH4~8 的范围内均有很好的效果。对羟基苯甲酸酯经过复配后，水溶性显著增加，而且长、短链对羟基苯甲酸酯的复配使用，可以扩大防腐剂抑菌谱系。对羟基苯甲酸酯类抑制霉菌和酵母菌的能力一般优于细菌，在抑制细菌方面，抑制革兰阳性菌优于革兰阴性菌。

表 2-3　对羟基苯甲酸甲酯、丙酯、庚酯对部分微生物的最小抑菌浓度

微生物	最小抑菌浓度/（μg/mL）		
	甲酯	丙酯	庚酯
革兰阳性菌			
蜡状芽孢杆菌（*Bacillus cereus*）	2000	125~400	12
枯草芽孢杆菌（*Bacillus subtilis*）	2000	250	—
A 型肉毒梭菌（*Clostriadium botulinum Type A*）	1000~2000	200~400	—
产毒肉毒杆菌（*Clostridium botulinum toxin production*）	100	100	—
产气荚膜梭状芽孢杆菌（*Clostridium perfringens*）	500	—	—
乳球菌（*Lactococcus lactis*）	—	400	12
单核细胞增生李斯特菌（*Listeria monocytogenes*）	>512	512	—
金黄色葡萄球菌（*Staphylococcus aureus*）	4000	350~500	12

续表

微生物	最小抑菌浓度/（μg/mL）		
	甲酯	丙酯	庚酯
革兰阴性菌			
嗜水气单胞菌（*Aeromonas hydrophila*，蛋白酶分泌）	—	>200	
产气肠杆菌（*Enterobacter aerogenes*）	2000	1000	—
大肠杆菌（*Escherichia coli*）	2000	400~1000	—
克雷伯菌属（*Klebsiella pneumoniae*）	1000	250	—
绿脓假单胞菌（*Pseudomonas aeruginosa*）	4000	8000	—
莓实假单胞菌（*Pseudomonas fragi*）	—	4000	—
荧光假单胞菌（*Pseudomonas fluorescens*）	2000	1000	—
伤寒沙门菌（*Salmonella typhi*）	2000	1000	—
鼠伤寒沙门菌（*Salmonella typhimurium*）	—	>300	—
副溶血弧菌（*Vibrio parahaemolyticus*）	—	50~100	—
真菌			
黄曲霉（*Aspergillus flavus*）	—	200	—
黑曲霉（*Aspergillus niger*）	1000	200~250	—
纯黄丝衣霉（*Byssochlamys fulva*）	—	200	—
白假丝酵母（*Candida albicans*）	1000	125~250	—
青霉（*Penicillium chrysogenum*）	500	125~250	—
黑根霉（*Rhizopus nigricans*）	500	125	—
葡萄酒酵母（*Saccharomyces bayanus*）	930	220	—
酿酒酵母（*Saccharomyces cerevisiae*）	1000	125~200	100

对羟基苯甲酸酯抑制微生物的机制很可能和它对细胞质膜的影响有关。对羟基苯甲酸酯能够阻断膜运输和电子传递，从而抑制枯草芽孢杆菌中丝氨酸的吸收和 ATP 的生成。对羟基苯甲酸酯等还可能消除大肠杆菌细胞质膜两边的氢离子浓度差。

对羟基苯甲酸酯类对霉菌，酵母菌有较强的抗菌作用，本身具有毒性较低，无刺激性，不受酸碱影响，化学性质相当稳定等特点，已广泛应用于食品，化妆品，日用化工品，饲料和药物等行业中。目前我国使用的化学防腐剂仍以苯甲酸钠为主，对羟基苯甲酸酯的毒性比苯甲酸钠小，且用量也比苯甲酸钠少，已经成为我国重点发展的防腐剂之一。近年来，许多国家允许将对羟基苯甲酸甲酯、对羟基苯甲酸乙酯、对羟基苯甲酸丙酯、对羟基苯甲酸丁酯作为食品防腐剂。

对羟基苯甲酸酯低毒，在人体中可以快速被水解、共轭化，并且随尿液排出。以对羟基苯甲酸甲酯为饲料喂食小鼠的试验显示非致癌性。给小鼠注射 1%对羟基苯甲酸甲酯试验显示非致癌性。1.0mL/周皮下注射试验中发现类似的结果。2%对羟基苯甲酸乙酯在喂食小鼠后没出现致癌性。其 ADI 值为 0~10mg/kg 体重。

GB 2760—2014《食品添加剂使用标准》规定：对羟基苯甲酸酯类及其钠盐可用于经表面处理的新鲜水果和蔬菜、果酱（罐头除外）、酱油、酱及酱制品、醋、果蔬汁（肉）饮料、风味饮料、焙烤食品馅料及表面用挂浆（仅限糕点馅）、热凝固蛋制品（如蛋黄酪、松花蛋肠）、耗油、虾油、鱼露、果蔬汁（浆）类饮料、碳酸饮料、风味饮料（仅限果味饮料）等食品中。

7. 单辛酸甘油酯（Capryl monoglyceride，CNS 号：17.031）

单辛酸甘油酯（CMG）是由 8 个碳原子的直链饱和辛酸与甘油 1∶1 比例作用形成的酯，相对分子质量 218，常温下呈固态，稍有芳香味，有刺激性气味，熔点 40℃，难溶于冷水，加热后易溶解，水溶液呈一种不透明的乳状液。易溶于乙醇、丙二醇等有机溶剂中。CMG 与脂肪一样在体内经脂肪酸 β-氧化途径，分解为甘油和脂肪酸，形成的甘油经 TCA 循环参与代谢，是安全性很高的物质。CMG 的急性毒性试验，大鼠口服 LD_{50} 为 26100mg/kg 体重。日本食品卫生法规定其用途和添加量不受限制。

将低碳链脂肪酸单甘油酯作为防腐剂应用于各类食品的报道在我国并不多，但国外早已广泛应用于酱油、红肠、乳蛋糕、湿切面、水产品、乳制品、豆奶、豆腐等食品中。关于脂肪酸及其酯类的防腐作用机理，国外已经作了大量的研究工作，但目前还仅限于一些假说，主要有“脂肪酸及酯与微生物膜的关系假说”“培养基与微生物细胞之间防腐剂的移动平衡”。脂肪酸或酯首先接近作用对象的细胞膜表面，然后亲油部分的脂肪酸或其酯使细胞膜呈刺透状态。这种状态下细胞膜的脂质功能降低，最终其细胞功能终止。只有脂肪酸及其酯与细胞膜分离，细胞才恢复正常的功能。作为抗菌作用的本质，脂肪酸中间代谢产物的异常蓄积抑制脱氢酶系的说法，或酶蛋白的巯基与可反应的巯基作为活性基团的酶活力全面抑制说法还不确定。从对微生物呼吸作用的影响上看，Miller 和 Calbraith 对长链脂肪酸的抗菌作用机理研究表明，脂肪酸甘油酯在一定程度上可拆开基质运输和氧化磷酸化与电子传递系统的偶联，并能部分抑制电子传递系统本身。总之，它主要是通过抑制细胞对氨基酸、有机酸、磷酸盐等物质的吸收来抑制微生物的生长繁殖。

GB 2760—2014《食品添加剂使用标准》规定：单辛酸甘油酯在生湿面制品、糕点及焙烤食品馅料及表面用挂浆（仅限豆馅）中的最大使用量为 1.0g/kg，而在肉灌肠类制品中的最大使用量为 0.5g/kg。

8. 二甲基二碳酸盐（又名维果灵，CNS 号：17.033，INS 号：242）

二甲基二碳酸盐又称焦碳酸二甲酯，分子式 $C_4H_6O_5$，相对分子质量 134.09，澄明无色液体，在低浓度时有水果及酯类香气，高浓度时则略有刺激味。20℃时在水中的溶解度为 35g/L，随之分解。熔点约 17℃，闪点 85℃，与一定量的水反应后产生二氧化碳和甲醇。二甲基二碳酸盐对眼睛和皮肤有腐蚀作用，直接吸入有毒。GB 2760—2014《食品添加剂使用标准》规定：二甲基二碳酸盐可用于果蔬汁（浆）类饮料、碳酸饮料、茶（类）饮料、风味饮料（仅限果味饮料）、其他饮料类（仅限麦芽汁发酵的非酒精饮料）等食品中。

（二）常用生物防腐剂

与食品相关的微生物所产生的抗微生物物质——细菌素已早为人们所认识，但它们作为食品添加剂允许在食品中应用的历史并不长。细菌素是含有氨基酸的大分子化合物，经常是在质粒的控制下产生，能抑制或杀死易受影响的菌属和菌种。细菌素已经被证明存在于乳酸链球菌、片球菌、明串珠菌属中，其他一些非乳酸性微生物也产生细菌素，它们也有可能作为抑（杀）菌剂被添加到食品中。

1. 乳酸链球菌素（Nisin，CNS 号：17.019，INS 号：234）

乳酸链球菌素（Nisin）又称乳链菌肽，是乳酸链球菌产生的由 34 种氨基酸构成的一种多肽物质，分子式 $C_{143}H_{230}N_{42}O_{37}S_7$，相对分子质量 3354.08。其活性分子常以二聚体形式出现。现已发现 6 种同分异构体，分别为乳酸链球菌素 A、B、C、D、E、Z，其中乳酸链球菌素 A、Z 两种类型的研究最为活跃。结构式如图 2-5 所示。

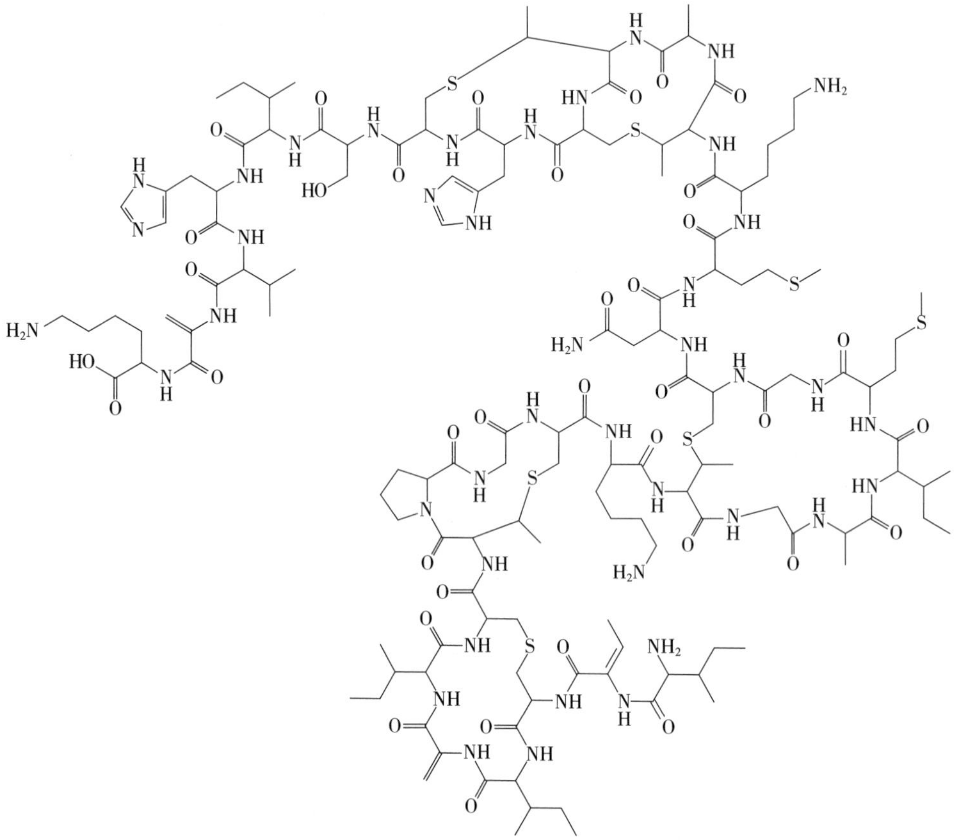

图 2-5 乳酸链球菌素

Nisin 的溶解度、稳定性与溶液的 pH 有关。一般情况下，pH 下降稳定性增强，溶解度提高。pH2.2 时溶解度为 56mg/mL，pH5.0 时下降到 3mg/mL，而在中性和碱性条件下几乎不溶。Nisin 溶液在 pH2.5 或更低 pH 的稀盐酸溶液中煮沸，其活性不变；而当 pH>4 时，特别是在加热条件下，它在水溶液中迅速失去活性。Nisin 在使用时最好先用酸溶解后再加到食品中。另外，温度也影响 Nisin 的抑菌效果，在一定范围内，随着温度的升高，Nisin 活性有所下降。Nisin 的稳定性不仅依赖于 pH、温度，还与其他因素如溶液的化学组成、蛋白质的保护作用等有关。食品中的各种大分子物质能减少 Nisin 在热处理过程中的失活程度。离子型乳化剂能抑制 Nisin 活性。

Nisin 是一种天然食品防腐剂，对大多数革兰阳性菌，如葡萄球菌、肠球菌、片球菌、乳杆菌、明串珠菌、小球菌、李斯特菌，尤其对产芽孢的细菌如杆菌、肉毒梭菌有很强的抑制作用；一般不抑制革兰阴性菌、酵母或霉菌。Nisin 对杆菌的抑制浓度范围为 0.04~2.0g/mL。如果鲜乳中含有 2.0~4.0IU/mL 或 0.25~80IU/mL 的 Nisin，就可抑制芽孢杆菌和梭状芽孢杆菌芽孢的发芽和繁殖。另外，Nisin 与 EDTA 或表面活性剂结合，可以抑制沙门菌等一些革兰阴性细菌的生长。Nisin 对霉菌或酵母没有效果，但对啤酒中的乳杆菌、片球菌等有害菌却非常有效。如果待抑制的微生物不全是革兰阳性菌，则需将 Nisin 与其他防腐剂复配使用，才能达到预期的防腐效果。

Nisin 的抑菌机理是近年研究热点之一，研究表明 Nisin 吸附在微生物的细胞质膜上是其发挥杀菌作用的前提，也是 Nisin 作用于细菌的第一步。可能有不同机制：有认为 Nisin 与阳离子表面活性剂对细胞膜的作用机制类似；Nisin 单体中的 Dha（脱氢丙氨酸）和 Dhb（β-甲基脱氢丙氨酸）可以与敏感菌细胞膜中某些酶的巯基发生作用，从而认为 Nisin 的作用机制与这两个脱氢氨基酸有关；Nisin 的作用机制是消耗敏感细胞的质子驱动力；Nisin 是一个疏水的带正电荷的多肽，在一定的膜电位存在下，吸附于敏感菌的细胞膜上，并通过 C 末端的作用侵入膜内，形成一个离子性透性管道，增强细胞膜的通透性，从而导致小分子质量的细胞质成分如钾离子、氢离子、氨基酸、核苷酸等物质流出，破坏细胞的能量代谢，导致代谢中重要中间代谢产物缺乏，并对 DNA、RNA、蛋白质和多糖等物质的生物合成产生抑制作用，最终导致细胞死亡。它对芽孢的作用是在其萌发前期及膨胀期破坏膜以抑制其发芽过程。

Nisin 是一种多肽，对蛋白酶特别敏感，在消化道中很快被 α-胰凝乳蛋白酶分解为氨基酸而被人体吸收，对人体基本无毒，也不与医用抗生素产生交叉抗药性，能在肠道中降解。经毒性、致癌性、存活性、再生性、血液化学、肾功能、应激反应以及动物器官病毒学等生物学研究证明：Nisin 安全性高。1994 年，FAO/WHO 规定其 ADI 值为 33000IU/kg 体重，LD_{50}为 7g/kg 体重。GB 2760—2014《食品添加剂使用标准》规定：Nisin 可用于乳及乳制品、预制肉制品、食用菌和藻类罐头、杂粮罐头、方便米面制品（仅限方便湿面制品、米面灌肠制品）等多种食品中。

Nisin 作为天然食品防腐剂受到了国内外科研工作者的广泛关注。如今已经广泛用于乳及乳制品、食用菌和藻类罐头、八宝粥罐头、预制肉制品、熟肉制品、饮料类、醋、酱油、酱及酱制品、复合调味料、方便米面制品等。乳及乳制品经巴氏杀菌后，肉毒梭状芽孢杆菌仍能存活，并产生一定的毒素。研究发现，添加 Nisin 虽不能杀死肉毒梭状芽孢杆菌，但可以抑制其繁殖，使之不能产生毒素，从而达到防腐的目的。潘利华等（2008）采用 500IU/mL 乳链菌肽和耐酸 CMC 稳定剂，发现可使酸奶的保质期延长 4~8d，而且不影响酸奶的感官和品质。在肉制品中，张洪震等（2004）研究表明，Nisin 在猪肉冷却肉保鲜中具有一定的抑菌作用，并且该作用随 Nisin 浓度的增加而增强。当 Nisin 的浓度为 200mg/L 时，可使猪肉保质期延长 1 倍。江芸等（2006）研究表明，单独使用 Nisin 或乳酸钠均可显著抑制菌落总数的产生，且浓度越高抑菌效果越好；Nisin 与乳酸钠混合应用比单独使用抑菌效果更好，两者在整个贮藏期间呈现出显著的交互效应。宋萌等（2008）对应用不同保鲜液喷涂处理的鲜猪肉经聚乙烯袋包装后在冷藏（0~4℃）条件下的保鲜效果进行了研究，结果表明，综合成本及保鲜效果选择 250mg/L Nisin+2.5g/L 壳聚糖+10g/L 乳酸钠+10g/L 乳酸为最佳保鲜配方。在饮料中，酸土芽孢杆菌又称酸土脂环酸杆菌，是一种耐酸且耐热的产芽孢杆菌，在果园和森林土壤中广泛存在，很容易与其他细菌一起被带入果汁及果汁类饮料的生产过程中而引起果汁及果汁类饮料的酸败。在美、英、德等国家都曾发生过由于酸土芽孢杆菌的污染而引起果汁类产品腐败的质量事故。酸土芽孢杆菌生长、繁殖的最适环境是25～60℃、pH2.5～6.0。Nisin对苹果汁、橘子汁和葡萄柚汁等三种果汁中酸土芽孢杆菌孢子的抑制作用，取得了满意的结果。添加0.005g/L Nisin的果汁在25℃下贮存，可抑制酸土芽孢杆菌的生长；同样添加量的葡萄汁在44℃贮存取得了同样的抑菌效果，但是在苹果汁和橘子汁中的添加量量要提高到0.1g/L才能将细菌完全抑制。这也许是随着果汁自身的污染程度的高低导致Nisin的用量不同。而且Nisin有相对较高的热稳定性。因此，对果汁及果汁类产品在巴氏灭菌前添加适量的Nisin，不仅可以降低热加工强度，提高Nisin残留量，而且可以阻止存活的酸土芽孢杆菌孢子的生长，防止果汁及果汁类产品的腐败。此外，为了抑制梭菌和肉毒（杆）菌的生长，Nisin被添加到罐装蔬菜产品中。其在肉制品中也有重要作用，1g/L山梨酸、40mg/kg Nisin和25g/L的聚磷酸盐在5℃下具有协同作用，延缓新鲜香肠的腐败。为阻止肉制品中肉毒梭菌的生长，150～200mg/kg的Nisin作为亚硝酸盐的助剂使用。

2. 纳他霉素（Natamycin，CNS号：17.030，INS号：235）

纳他霉素是一种多烯大环内酯类抗真菌剂，由5个多聚乙酰合成酶基因编码的多酶体系合成。商品名为霉克。分子式$C_{33}H_{47}O_{13}N$，相对分子质量665.75，结构式见图2-6。纳他霉素熔点280℃，近白色至奶油黄色结晶粉末，几乎无臭无味。纳他霉素是一类两性物质，分子中有一个碱性基团和一个酸性基团，等电点为6.5。纳他霉素在水和极性有机溶剂中溶解度很低，不溶于非极性溶剂，室温下水中的溶解度为30～50mg/L，易溶于碱性和酸性水溶液中，其转变为胆酸盐后溶解度可以迅速增加。纳他霉素的低水溶性不利于其生物利用，因为纳他霉素必须经溶解后扩散到目标物的活性部位，并且和目标物结合才能发挥作用。

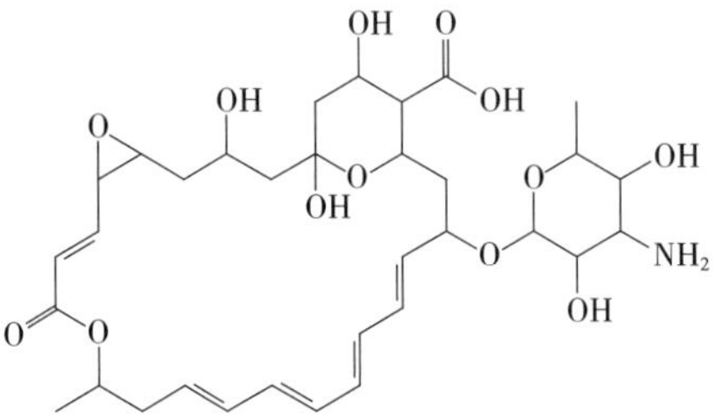

图2-6 纳他霉素

纳他霉素几乎对所有的霉菌和酵母都起作用，但对细菌和病毒无效。0.5～6g/mL的纳他霉素可抑制大多数霉菌，而有些则需要10～25g/mL的纳他霉素才能被抑制。1.0～5.0g/mL的纳他霉素可抑制大多数酵母。Ray和Bullerman报道说，10g/mL纳他霉素对黄曲霉毒素B_1的抑制率达62%，并且抑制赭曲霉毒素的产生。同样浓度的纳他霉素抑制圆弧青霉产生的青霉酸的效率达到98.8%，并且可抑制展青霉产生棒曲霉素的产生。纳他霉素抑制霉菌毒素的产生比抑制菌丝生长效果更佳。纳他霉素可抑制酵母浸膏蔗糖培养基和橄榄膏中赭曲霉OL24的生长和毒素产生，20g/mL的纳他霉素15℃时能延迟赭曲霉的生长；25℃时抑制赭曲霉孢子的形成；35℃时减少赭曲霉菌丝的重量。10g/mL的纳他霉素可抑制任何温度下赭曲霉毒素——青霉酸的产生。这与山梨酸钾形成对比，亚致死浓度的山梨酸钾促进青霉酸的产生。橄榄膏中，纳他霉素延长赭曲霉的调整期，并抑制青霉酸的产生。

所有对多烯烃大环内酯类抗菌素敏感的微生物都含有固醇，而耐多烯烃大环内酯类抗菌素的微生物不含有固醇。大环内酯类抗菌素发挥作用的方式是其与麦角固醇和真菌细胞膜上的其他固醇官能团结合，麦角固醇是天然存在的固醇，在酵母菌株中的含量达到5%（干重）。其他的固醇发现与真菌细胞膜相连，包括24（28）-脱氢麦角固醇和胆固醇。一般而言，纳他霉素与固醇结合抑制了麦角固醇的生物合成及破坏细胞膜，最终导致细胞裂解。纳他霉素是26种多烯烃大环内酯类抗真菌剂的一种，其分子的疏水部分即大环内酯的双键部分以范德华力和真菌细胞质膜上的固醇分子结合，形成抗生素-固醇复合物，破坏细胞质膜的渗透性；分子的亲水部分即大环内酯的多醇部分则在膜上形成水孔，损坏膜的通透性，从而引起菌内氨基酸、电解质等重要物质渗出而导致细胞死亡。但有些微生物如细菌的细胞壁及细胞质膜不存在这些固醇化合物，所以纳他霉素对细菌没有作用。

作为一种安全、高效的新型生物防腐剂，纳他霉素的优越性在于：抑制真菌毒素的产生、pH适用范围广、用量低、效率高、抗菌作用时间长、使用方便、对食品的发酵和熟化等工艺没有影响、不改变食品风味等。目前，纳他霉素已在乳制品、肉制品、焙烤食品、饮料、调味品及水果等食品工业中得到广泛应用。在酸奶中添加纳他霉素可高效低成本地抑制酸奶中霉菌和酵母的生长，而对乳酸菌、双歧杆菌等益生菌无不良影响，其他防腐剂无此优点。姚自奇等（2007）的研究表明，在常温（25℃）和冰箱（6℃）贮藏条件下，2.5×10^{-6}kg的纳他霉素可显著抑制霉菌和酵母的滋生、延长保质期，且不会阻止酸奶酸度的升高和pH的下降及酸奶制品的感官特征。王建国等（2006）研究了不同浓度纳他霉素对冬枣浆胞病菌的室内毒力以及对冬枣低温贮藏期间生理生化指标的影响，结果表明，在冬枣入库贮藏前用纳他霉素500~1000mg/L处理，能够很好地保持冬枣果实硬度，抑制有害物质的积累，显著提高一些与冬枣抗逆、抗病关系密切的酶的活性，并且能够显著控制浆胞病等浸染性病害和腐生性病害的发生。贮藏到60d，商品率分别达85.1%和87.3%，贮藏到100d，商品率仍可达到72.2%和75.0%，果实品质良好。此外，纳他霉素还可用于防止传统酿造酱油、年糕、馒头等的霉变。研究表明，酱油中添加一定量的纳他霉素可有效抑制酱油中酵母菌的生长，防止酱油的腐败变质，而不影响产品的口感、颜色、香味及成分。

静脉注射是多烯烃大环内酯类抗菌素毒性表现最大的途径，而口服是毒性表现最小的途径。口服高达500mg/d的纳他霉素7d后，人体肠道没有明显吸收。雄鼠经口LD_{50}2.73g/kg体重（1.99~3.73g/kg体重），雌鼠经口LD_{50}4.67g/kg体重（3.0~7.23g/kg体重）。单一皮肤剂量LD_{50}大于1.25g/kg体重。对于鼠，大的单一剂量没有毒性迹象，并且未出现与纳他霉素相关的病变。

GB 2760—2014《食品添加剂使用标准》规定：纳他霉素的使用范围为：干酪和再制干酪及其类似品、糕点、酱卤肉制品类、（熏、烧、烤）肉类、油炸肉类、西式火腿（熏烤、烟熏、蒸煮火腿）类、肉灌肠类、发酵肉制品类、蛋黄酱、沙拉酱、果蔬汁（浆）、发酵酒等。除发酵酒外，纳他霉素限于食品表面使用。

3. ε-聚赖氨酸（ε-polylysine，CNS号：17.037，INS号：—）和ε-聚赖氨酸盐酸盐（ε-polylysine hydrochloride，CNS号：17.038，INS号：—）

ε-聚赖氨酸是由微生物发酵生成的一种由赖氨酸单体通过酰胺键形成的多肽。典型ε-聚赖氨酸的经验分子式$C_{180}H_{362}N_{60}O_{31}$，相对分子质量4700，其结构式见图2-7。

$$H \mathrm{+\!\!\!-} NH-CH_2-CH_2-CH_2-CH_2-\underset{\underset{NH}{|}}{CH}-\overset{\overset{O}{\|}}{C}\mathrm{-\!\!\!+}_n OH \quad (n=30)$$

图 2-7　ε-聚赖氨酸

表 2-4　　聚赖氨酸和聚赖氨酸-葡聚糖共价物的最小抑菌浓度（MIC）

微生物种类		最小抑菌浓度/（μg/mL）						
		聚赖氨酸	聚赖氨酸-葡聚糖共价物					
			0min	5min	10min	30min	60min	90min
蜡状芽孢杆菌（*Bacillus cereus*）	IAM 12605	25	35	40	40	40	40	40
枯草芽孢杆菌（*Bacillus subtilis*）	IAM 1026	20	30	30	30	30	30	30
单核细胞增生李斯特菌（*Listeria monocytogenes*）	Serotype 1/2a	30	50	50	50	50	50	50
	Serotype 4b	10	10	10	10	10	10	10
金黄色葡萄球菌（*Staphylococcus aureus*）	IAM 1011	10	10	10	10	10	10	10
	IAM 12544	15	20	20	20	20	20	20
埃希大肠杆菌（*Escherichia coli*）	JCM 1649	20	20	45	45	45	45	45
摩氏摩根菌（*Morganella morganii*）	Kouno strain	25	35	35	35	40	40	40
铜绿假单胞菌（*Pseudomonas aeruginosa*）	IAM 1514	10	25	50	50	50	50	50
荧光假单胞菌（*Pseudomonas fluorescens*）	IAM 12022	50	60	60	60	60	60	60
恶臭假单胞菌（*Pseudomonas putida*）	IAM 1236	25	35	35	35	35	35	35
鼠伤寒沙门菌（*Salmonella typhimurium*）	Saheki strain	25	35	35	35	40	40	40

注：聚赖氨酸-葡聚糖共价物指 ε-聚赖氨酸和葡聚糖（1∶9）在 80℃加热一定时间所得。

聚赖氨酸对革兰阳性菌、革兰阴性菌、酵母菌和一些病毒均有抑制作用，且水溶性好、热稳定性高。ε-聚赖氨酸的研究在国外特别在日本已比较成熟，日本已批准 ε-聚赖氨酸作为防腐剂添加于食品中，目前广泛用于方便米饭、湿熟面条、熟菜、海产品、酱类、鱼片和饼干的保鲜防腐中。在美国，ε-聚赖氨酸也已于 2003 年 7 月获得 GRAS 认证，并可以作为防腐剂用于食品中。ε-聚赖氨酸可与食品中的蛋白质或酸性多糖发生相互作用，有研究表明，ε-聚赖氨酸-葡聚糖（dextran）共价物能够显著提高 ε-聚赖氨酸的乳化能力；ε-聚赖氨酸-葡聚糖共价物的抑菌能力与 ε-聚赖氨酸相比，仅有些许损失，随着美拉德反应时间的延长，ε-聚赖氨酸-葡聚糖共价物的最小抑菌浓度并没有显著变化。因此，ε-聚赖氨酸-葡聚糖共价物不仅可以作为防腐剂应用于食品中，还可以作为乳化剂用于食品加工。另外，ε-聚赖氨酸与甘氨酸对牛乳保鲜具有协同效应，当采用 420 mg/L 的 ε-聚赖氨酸和 2%甘氨酸复配时，保鲜效果最佳，牛乳保存 11d 仍有较高的可接受性；ε-聚赖氨酸和其他天然抑菌剂配合使用，也有明显的协同增效作用。总之，由于ε-聚赖氨酸是一种天然的生物代谢产品，它具有很好的抑（杀）菌能力，良好的热稳定性。因此，其商业开发潜力巨大。

ε-聚赖氨酸盐酸盐从淀粉酶产色链霉菌受控发酵培养液经离子交换树脂吸附、解吸、提纯而来，可作为防腐剂用于水果、蔬菜、豆类、食用菌、大米及制品、小麦粉及其制品、杂粮制品、肉及肉制品、调味品、饮料类。

4. 溶菌酶（Lysozyme，CNS 号：17.035，INS 号：1105）

溶菌酶，又称胞壁质酶或N-乙酰胞壁质聚糖水解酶，是一种专门作用于微生物细胞壁的水解酶，因其有溶菌作用，故命名为溶菌酶。

溶菌酶是由 129 个氨基酸构成的单纯碱性球蛋白，白色结晶物，相对分子质量 45000，等电点 10.5~11.0，最适作用温度 45~50℃；溶于盐水，但遇丙酮、乙醇会产生沉淀。溶菌酶按其所作用的微生物不同分两大类，即细菌细胞壁溶菌酶和真菌细胞壁溶菌酶。

溶菌酶在酸性溶液中较稳定，温度在 55℃ 时其活性不受影响。但在水溶液中加热至 62.5℃，保温 30min，活性完全丧失。而在 15%的乙醇溶液中，同样温度维持 30min 不失活。

溶菌酶本身是一种无毒、无害、安全性很高的蛋白质，它能选择性分解微生物的细胞壁，而不作用于其他物质。它水解细菌细胞壁中的黏多肽，从而导致其裂解和死亡。溶菌酶对革兰阳性菌中的枯草杆菌、耐辐射微球菌具有很强的分解作用。在 pH6~7，温度 50℃ 条件下，溶菌酶对枯草杆菌、芽孢杆菌、好气性孢子形成菌等有较强的溶菌作用。对大肠杆菌、普通变形杆菌和副溶血性弧菌等革兰阴性菌也有一定程度的溶解作用，其最有效浓度为 0.5g/L。

溶菌酶是一种无毒蛋白，可作为天然防腐剂广泛应用于酒、香肠、奶油、糕点、干酪等食品中。现代研究发现，溶菌酶还有防止肠炎和变态反应的作用，所以在乳粉中添加溶菌酶有利于婴儿肠道菌群正常化。

（三）新型天然防腐剂

尽管化学防腐剂具有比较强的杀菌能力，但是由于化学防腐剂具有不同程度的安全问题，在消费者越来越追求天然无毒的食品趋势下，从各种动植物中寻找、提取安全无毒的天然防腐剂，已成为当前食品添加剂研究的热点。随着生物技术的不断发展，利用植物、动物或微生物的代谢产物等作为原料，经提取、酶法转化或者发酵等技术生产的天然生物型食品防腐剂逐渐受到人们的重视，同时也是今后我国食品防腐剂开发的主要方向。下面是几种具有发展前景的天然防腐剂：

1. 苯乳酸

苯乳酸（Phenyllactic acid，PLA）又称β-苯乳酸或 3-苯基乳酸，即 2-羟基-3-苯基丙酸，是一种小分子抑菌物质，存在于天然蜂蜜中。一般常见生物防腐剂如乳酸链球菌素等亲水性较差，不易扩散，而苯乳酸的亲水性较强，能够在各种食品体系中均匀分散。苯乳酸对热和酸的稳定性也较好，熔点 121 ~ 125℃，并于 121℃ 条件下可保持 20min 不被破坏，可在广泛的 pH 范围内保持稳定。

苯乳酸具有较广的抑菌谱，能抑制食源性致病菌、腐败菌，特别是能抑制真菌的污染。与乳酸链球菌素等细菌素有显著不同。大部分细菌素只对与产生菌分类学上相近的细菌有作用，如乳酸链球菌素抑制除乳酸菌以外的革兰阳性细菌，但对绝大部分革兰阴性细菌和酵母菌、霉菌没有作用，而苯乳酸既具有抗革兰阳性菌的作用，又具有抗革兰阴性菌和真菌等多种功能。

2. 曲酸

曲酸（鞠酸），化学名称为5-羟基-2-羟甲基-1,4-吡喃酮，环状化合物，有与葡萄糖相似的结构，由葡萄糖未经碳骨架破坏直接氧化脱水而形成。曲酸为弱酸性有机物，一般由多种霉菌（米曲霉、黄曲霉、白色曲霉等）在生长过程中经糖代谢产生，一般为白色针状晶体或粉末，熔点152～156℃，易溶于水、丙酮、醇类，微溶于乙醚、乙酸乙酯、氯仿和吡啶，不溶于苯，不易挥发。曲酸的酚羟基结构可以被还原，且显示酸性，可与多种金属离子（Fe、Cu、Mn等）发生螯合。由于分子中含有双键且形成共轭体系，故在紫外区有一较强吸收峰。

目前关于曲酸防腐抑菌机理的研究报道较少且欠深入，远滞后于其应用方面的研究。曲酸具有清除自由基、增强细胞活力、食品保鲜护色等作用，被广泛地应用于医药和食品领域。作为食品添加剂，可起到保鲜、防腐、抗氧化作用。实验证明曲酸的抗氧化性可对食品起到护色作用，曲酸本身与肌红蛋白中的铁有敏感的血红色反应，可部分取代亚硝酸钠的发色作用。有研究表明，将曲酸添加于肉类熏制之前，可以抑制亚硝酸盐转化为亚硝胺。因为曲酸能与木材中的馏出物选择性结合而抑制了致癌物的生成。曲酸与目前常用的食品防腐剂相比，具有安全性高，易溶于水，不为细菌所利用，有更强更广泛的抗菌功能，热稳定性好，可与食品共同加热灭菌，不易挥发，pH稳定性好，对抗菌影响力小，对人体无刺激性，并可抑制亚硝酸盐生成致癌物等诸多优点。可用于对果蔬的保鲜、对发色食品的增色及护色、降低亚硝酸盐及其他有害发色剂的使用量，并且在抑制食品的酶促褐变方面有着极大的应用前景。

此外，该产品安全无毒，是理想的多酚氧化酶抑制剂。对水果、蔬菜及鱼虾等甲壳类产品有着显著的护色效果。与抗坏血酸、烟酰胺、柠檬酸等可以复配使用，具有更好的抗菌抗致癌物作用。更为重要的是，曲酸不会影响食品的口味、香味及质感，并对人体无刺激性。但曲酸对光、热和金属离子不稳定，使用时要控制好体系的温度和铁等金属离子的含量。

3. 其他生物防腐剂

除Nisin外，双球菌素也是由链球菌产生的一种细菌素，主要成分是蛋白质，相对分子质量5300。蛋白质水解酶、胰岛素和链霉蛋白酶能使双球菌素失活。双球菌素的稳定性较差，相对于乳酸链球菌素，其抗菌谱较窄。

产细菌素的乳酸菌包括干酪乳杆菌干酪亚种、嗜酸乳杆菌、乳酸杆菌、瑞士乳杆菌和胚芽乳杆菌等。乳酸片球菌和戊糖片球菌产生的细菌素活性较大，能抑制革兰阳性菌。当食品pH5.5~7.0时，由乳酸片球菌产生的细菌素对李斯特菌有杀菌和抑菌作用。明串珠菌能产生对乳酸菌有抑制作用的抗菌剂。大多数产细菌素的乳酸菌在发酵食品、肉类和蔬菜产品中广泛应用。

在非乳酸菌之间，一种从假单胞菌中分离出来的裂解酶能使金黄色葡萄球菌细胞破裂。Troller和Frazier提出抗菌剂如甘氨酸或丝氨酸更能有效地抑制金黄色葡萄球菌。经费氏丙酸杆菌、克氏梭菌发酵并通过巴氏灭菌法生产的A级牛乳制作的小干酪能有效地抑制嗜热性细菌。产品中的抑制剂有丙酸、乳酸和低分子质量的蛋白质化合物。用于发酵制备印尼豆豉和豆腐乳的霉菌能产生一种糖蛋白抗菌剂，此抗菌剂能抑制许多革兰阳性菌，其中包括肉毒梭菌，梭状芽孢杆菌，枯草杆菌和金黄色葡萄球菌。

三、 食品保鲜剂

食品保鲜剂是用于保持食品原有的色、香、味和营养成分的食品添加剂。本节主要介绍以下几种食品保鲜剂。

1. 肉桂醛（Cinnamaldehyde，CNS 号：17.012）

肉桂醛分子式 C_9H_8O，相对分子质量 132.17。淡黄色黏稠液体，有特殊的肉桂香味。熔点 -7.5℃，沸点 253℃（部分分解）、127℃（2.13kPa），闪点 71℃。易溶于乙醇、乙醚、氯仿和油脂，溶于丙二醇，难溶于水和甘油。在空气中易被氧化成桂酸，能随水蒸气挥发。大鼠经口 LD_{50} 为 2.22g/kg 体重，ADI 值尚未规定。GB 2760—2014《食品添加剂使用标准》规定：桂醛在经表面处理的鲜水果中可按生产需要适量使用，但残留量不高于 0.3mg/kg。

2. 稳定态二氧化氯（Stabilized chlorine dioxide，CNS 号：17.028，INS 号：926）

二氧化氯分子式 ClO_2，相对分子质量 67.45。黄绿色气体，压缩后成无色或淡黄色透明液体，无悬浮物，有不愉快臭味。熔点 -59℃，沸点 11℃。溶于冰醋酸和四氯化碳，微溶于水。遇光分解成氧和氯，引起爆炸。大鼠经口 LD_{50}>2.5g/kg 体重，ADI 值为 0~30mg/kg 体重。GB 2760—2014《食品添加剂使用标准》规定：稳定态二氧化氯经表面处理的鲜水果及新鲜蔬菜中的最大使用量为 0.01g/kg，在水产品及其制品中的最大使用量为 0.05g/kg。

3. 乙氧基喹（Ethoxy quin，CNS 号：17.010）

乙氧基喹又称抗氧喹，分子式 $C_{14}H_{19}NO$，相对分子质量 217.31。浅琥珀色油状黏稠液体。沸点 169℃（1466Pa），123~125℃（266Pa）。可以任何比例溶解于油、苯、醇、丙酮、醚、四氯化碳，不溶于水。大白鼠经口 LD_{50} 为 3150mg/kg 体重，小白鼠经口 LD_{50} 为 3000mg/kg 体重，ADI 值为 0.06mg/kg 体重。作为制造红辣椒粉的护色用抗氧化剂有效，其用量不超过 100mg/L。GB 2760—2014《食品添加剂使用标准》规定：乙氧基喹在经表面处理的鲜水果中可按生产需要适量使用，但同时规定产品中的残留量低于 1mg/kg。

4. 2,4-二氯苯氧乙酸（2,4-Dichlorophenoxy acetic Acid，CNS 号：17.027）

2,4-二氯苯氧乙酸分子式 $C_8H_6Cl_2O_3$，相对分子质量 221.04，白色结晶；熔点 138℃，沸点 160℃（53Pa）。溶于乙醇、丙酮、乙醛和苯等有机溶剂，不溶于水。大鼠经口 LD_{50} 为 375mg/kg 体重。GB 2760—2014《食品添加剂使用标准》规定：2,4-二氯苯氧乙酸在经表面处理的鲜水果及新鲜蔬菜产品中的最大使用量为 0.01g/kg，且产品中的最大残留量不高于 2.0mg/kg。

四、 食品防腐剂的合理使用

食品种类繁多，有害微生物也千差万别，因而仅几种防腐剂远不能满足食品工业发展的需要。防腐剂的使用，在食品工业的发展中起到巨大的作用。因此，我们必须正确地使用已有的食品防腐剂，积极开发新的防腐剂及防腐技术。

选择食品防腐剂，必须考虑如下几个方面：

（1）了解防腐剂的应用范围　在食品防腐保鲜中主要抑制或杀灭的微生物包括细菌、真菌，不同食品需要抑制的对象不同，如水果以真菌为主，肉类以细菌为主。因此要针对不同食品选择合适的防腐剂。

（2）了解防腐剂和食品各自的理化性质，例如，防腐剂的 p*K*a（酸解离常数）、溶解性和食品的 pH 等。

（3）了解食品的贮藏条件和工艺间的相互作用，以保证防腐剂充分发挥作用。

（4）为了使防腐剂能够保证食品的保质期，必须严格控制食品的初始菌群数。

（5）必须了解所选食品防腐剂的安全性　选择法规和标准允许使用的防腐剂，严格按照标准规定的使用范围和使用量进行应用。

（6）针对目标食品可能存在的微生物，考虑使用复配防腐剂　食品防腐剂的复配使用可以扩大使用范围。有时一种食品中所含微生物不是一种防腐剂能抑制的。因此，防腐剂的复配能达到较好的效果且能降低防腐剂的使用浓度。例如，山梨酸和苯甲酸复配比单独使用的抑菌谱更广。但在实际工作中必须慎用，不能乱用。若使用不当，不但造成药剂浪费，而且会促进微生物产生抗药性。

（7）食品防腐剂的交替使用　为了解决微生物的抗药性问题，除了不断开发新型防腐剂外，还需对现有防腐剂的合理使用。一种防腐剂长期使用可能造成微生物的抗药性。因此，选择不同防腐剂交替使用。

案例：　食品防腐剂超范围超量使用问题

背景：

2016 年 1~5 月份，原国家质检总局及部分省工商行政管理局公布了流通领域和生产企业被抽检食品质量监测情况，涉及防腐剂不合格的产品信息如下：

序号	产品名称	规格型号	生产日期	不合格项目
1	紫薯饼	275g/袋	2015-11-19	脱氢乙酸及其钠盐（标准值：≤0.5g/kg，实测值：0.64g/kg）
2	圣伦哈雷（焙烤类糕点）	散装称重	2015-10-16	苯甲酸及其钠盐（标准值：不得使用，实测值：0.15g/kg）、脱氢乙酸及其钠盐（标准值：≤0.5g/kg，实测值：0.95g/kg）
3	精制梅肉	128g/袋	2015-12-2	防腐剂混合使用时各自用量占其最大使用量的比例之和（标准值：≤1，实测值：1.38）
4	川贝黄皮	200g/罐	2015-11-23	乙二胺四乙酸二钠（标准值：不得使用，实测值：344.6mg/kg）
5	张雄牛肉干	192g/包	2015-11-5	山梨酸（标准值：≤0.075g/kg，实测值：1.4g/kg）
6	甘草芒果	210g/盒	2015-5-19	防腐剂混合使用时各自用量占其最大使用量的比例之和（标准值：≤1，实测值：1.56）
7	雪片山楂	125g/袋	2015-1-2	苯甲酸（标准值：≤0.5g/kg，实测值：0.57g/kg）
8	鲜烤鳕鱼	50g/袋	2015-5-6	苯甲酸（标准值：不得使用，实测值：0.9g/kg）
9	星芙金字塔三明治蛋糕	散装称重	2015-12-23	防腐剂混合使用时各自用量占其最大使用量的比例之和（标准值：≤1，实测值：1.2）
10	瑞士卷（香蕉味卷式夹心蛋糕）	散装称重	2015-10-7	防腐剂混合使用时各自用量占其最大使用量的比例之和（标准值：≤1，实测值：1.35）

续表

序号	产品名称	规格型号	生产日期	不合格项目
11	瑞士蛋糕	散装称重	2015-11-3	防腐剂混合使用时各自用量占其最大使用量的比例之和（标准值：≤1，实测值：1.7）
12	蜂蜜枣糕	散装称重	2015-12-2	防腐剂混合使用时各自用量占其最大使用量的比例之和（标准值：≤1，实测值：1.5）
13	地瓜干	100g/袋	2015-10-10	乙二胺四乙酸二钠（标准值：≤0.25g/kg，实测值：2.68g/kg）
14	猕猴桃果干	2.5kg/袋	2015-11-10	乙二胺四乙酸二钠（标准值：不得检出，实测值：0.16g/kg）
15	酸甜芒果干	200g/包	2015-10-30	苯甲酸（标准值：≤0.5g/kg，实测值：0.89g/kg）乙二胺四乙酸二钠（标准值：不得检出，实测值：0.41g/kg）
16	瘦肉肠	350g/袋	2016-2-20	苯甲酸（标准值：不得检出，实测值：0.35g/kg）
17	肉松条	散装称重	2015-12-20	防腐剂混合使用时各自用量占其最大使用量的比例之和（标准值：≤1，实测值：1.1）
18	红枣糕	散装称重	2015-12-4	防腐剂混合使用时各自用量占其最大使用量的比例之和（标准值：≤1，实测值：1.46）
19	高公油辣椒	400g/袋	2016-1-1	苯甲酸（标准值：不得检出，实测值：1.5g/kg）

防腐剂的超标使用主要表现在山梨酸（钾）、苯甲酸（钠）、乙二胺四乙酸等超范围或超量使用，食品中添加苯甲酸不合格的事件屡屡出现。

苯甲酸类产品由于受传统工艺及价格较低等因素的影响，目前仍是用量最大的防腐剂。其在安全方面出现的问题也是屡见不鲜。例如，2015 年 10 月 12 日，北京市食品药品监督管理局抽样调查发现，北京黄村桥冀青威粮油店检出北京京虎食品有限公司生产的海红酱油苯甲酸含量超标（≤1.0/1.28）。

2016 年 2 月 22 日，辽宁省组织抽检的食品中发现，抚顺东霞调味品有限责任公司生产的一品鲜豆瓣酱和二元酱山梨酸含量超标，分别达到 0.84g/kg 和 0.88g/kg，而此类食品中山梨酸的添加标准为不超过 0.5g/kg。2016 年 6 月 6 日，湖南省食品药品监督管理局组织开展食品安全监督抽检，标识为湖南省香华调味食品有限公司生产的风味豆豉违规添加山梨酸作为防腐剂使用。

2016 年 5 月 12 日，广东省食品药品监督管理局组织对全省范围内经营的 6 大类食品进行监督抽检工作，标识为揭西县港洲食品实业有限公司 2015 年 11 月 2 日生产的规格为 152g/袋的冬瓜条，检出乙二胺四乙酸二钠；标识为广东凉果世家农副产品有限公司 2016 年 2 月 18 日生产的规格为 155g/包的番木瓜，检出乙二胺四乙酸二钠。

2016 年 6 月 6 日，湖南省食品药品监督管理局组织开展食品安全监督抽检，标识为浏阳市富强食品有限公司的泉水豆干（香辣味）（酱汁味）违规添加脱氢乙酸作为防腐剂使用。

因此，对食品防腐剂的超量、超范围使用需引起广泛的关注。

分析：

使用防腐剂保藏食品是行之有效的食品保藏方法，GB 2760—2014《食品添加剂使用标准》严格规定了各种防腐剂的使用量，只要按规定使用，它们均是安全的，容易出现问题的主要是在使用过程中的超量或超范围添加。

食品防腐剂超范围超量使用的原因主要有以下五点，一是缺乏安全意识：某些厂商为了迎合一些消费者认为保质期越长，食品质量越好的错误认识，超量使用防腐剂，以延长食品保质期。二是缺乏卫生意识：食品防腐剂除了抑菌作用外，往往还有一定的杀菌和消毒作用。一些中小型企业，尤其是一些小作坊，将防腐剂视为万能药，在原料、生产环境和生产过程卫生不达标的情况下，试图利用防腐剂兼具杀菌消毒的特点，降低食品中的细菌数，引起超量使用问题。三是硬件不足：有些小作坊设备陈旧，缺乏最基本的计量工具、搅拌设备，造成防腐剂用量严重超标。四是追求利润最大化：一些企业为降低生产成本，往往使用最廉价但毒性较大的防腐剂。五是不同国家和地区对防腐剂的使用标准不同：如中国台湾地区没有制定对羟基苯甲酸甲酯可以用于碳酸饮料的规定，因此，在 2011 年公布了一批可口可乐原液中检查出对羟基苯甲酸甲酯并判定违规，但这在中国大陆、美国和欧盟均是合法的。

纠偏措施：

为保障食品防腐剂的正确使用和发展，食品企业、消费者、政府及相关部门等应共同努力，发挥各自的积极作用。

1. 加强食品防腐剂知识的宣传

一方面，消费者应了解有关食品防腐剂的科学常识，消除误解，理性看待防腐剂，能够认识到防腐剂除了可以防止食品变质外，也可以防止食物中毒的发生；另一方面，应提倡绿色消费。应该认识到，一些防腐剂，尤其是一些化学合成防腐剂，长期过量摄入会对身体健康造成损害，特别是对婴幼儿、孕妇这些特殊人群，因此消费者应关注天然防腐剂，如纳他霉素、乳酸链球菌素、溶菌酶、壳聚糖等的使用，提倡消费安全、营养、无公害的防腐剂。

2. 企业自律

食品生产企业应从技术上解决防腐剂的安全使用问题，更应正确对待防腐剂的标签、标识问题，不应故意误导消费者。更重要的是，食品生产企业使用的防腐剂的质量应符合相应的标准和有关规定，并且品种及使用量须严格遵循 GB 2760—2014《食品添加剂使用标准》及原卫生部相关公告的规定。

3. 加强相关法规培训

加强对食品生产经营者的法律、法规和卫生知识，特别是食品防腐剂作用及使用知识的培训，提高其遵守法律的自觉性，提高生产者的技术水平，综合应用各种手段保证食品安全卫生。食品企业使用防腐剂时应掌握以下几点：①协同作用。几种防腐剂复配使用会达到更好的效果，但使用防腐剂时必须符合标准规定，用量应按比例折算，且不能超过最大使用量；②可适当增加食品的酸度，在酸性食品中，微生物不易生长；③与合理的加工、贮藏方法并用，加热后可减少微生物的数量，因此，加热后再添加防腐剂，可以发挥最大功效。在正确使用范围和使用量前提下，做到安全使用防腐剂。

4. 强化卫生监督、加大执法力度

卫生监督机构要加强对食品生产经营企业的监督管理，要求生产经营者将防腐剂的生产和使用控制在国家允许的合理范围内，同时加大对违法滥用防腐剂行为的打击处罚力度，杜绝非法滥用防腐剂的恶性违法案件的发生；责令改进标签中对防腐剂的违规标注，以保护消费者的知情权和健康权不受侵犯。

5. 加强社会监督、呼吁社会共同参与

食品防腐是一个系统工程，随着现代物流业的发展，食品流通调配率越来越高，一种食品生产、运输、销售、消费的周期越来越短，越来越多的生、鲜食品无需过多的防腐剂处理便可安全食用。同时呼吁全社会关注食品中防腐剂的使用情况，积极举报违法使用的案件，防患于未然。以维护广大消费者的健康权益，创造关爱健康、追求天然、崇尚绿色消费的良好社会氛围。

总之，为了杜绝滥用防腐剂现象，政府监管部门在加大食品抽样检查的同时，需要对食品防腐剂的使用进行教育和指引；食品企业需加强内部管理，正确使用食品防腐剂；消费者应正确认识防腐剂，购买正规企业生产的产品，避免防腐剂超标使用带来的危害。

第二节 食品抗氧化剂

氧化是导致食品变质的重要因素之一，而油脂、脂溶性维生素、磷脂和胡萝卜素等是食品中常见的、容易被氧化变质的物质。防止油脂及富含脂类食品的氧化酸败，以及因氧化导致的褪色、褐变、维生素破坏等是食品工业研究的重要课题。

食品抗氧化剂（Food antioxidants）是一类能防止或延缓油脂或食品成分氧化分解、变质，提高食品稳定性的食品添加剂。在食品加工和贮存过程中添加适量的抗氧化剂可有效防止食品的氧化变质。

一、 油脂氧化机理

油脂是七大营养素之一，不仅是能量的最主要来源（日常饮食中大约40%的热量来自油脂），而且还可作为脂溶性维生素的载体。油脂能使食物更加美味可口、给人饱腹感、为人体提供必需脂肪酸。受光、热、过渡金属、金属蛋白和辐照等诱发因素的影响，食品中的油脂不断地通过自由基历程氧化生成氢过氧化物，进而裂解成短链的醛、醇、酮和酸等，从而导致食品酸败和色素氧化，造成食品的感官品质劣变、营养价值降低、保质期缩短。

（一）食品中的油脂

食品中的油脂一般是指脂肪酸与甘油形成酰基甘油酯，油脂中的脂肪酸通常是由16~20个碳构成的长链化合物，包括饱和脂肪酸和不饱和脂肪酸。碳链的长度及不饱和度决定脂肪酸的理化性质，包括熔点、气味、滋味、氧化稳定性及其他重要性质。

存在于油脂或复杂产品中的甘油酯或油脂物质在生产、贮藏等环节以各种方式发生一些不良反应，最常发生的反应为水解反应（即在酯键处断裂，图2-8）和氧化反应（发生在甘油酯中脂肪酸的不饱和键上，图2-9）。

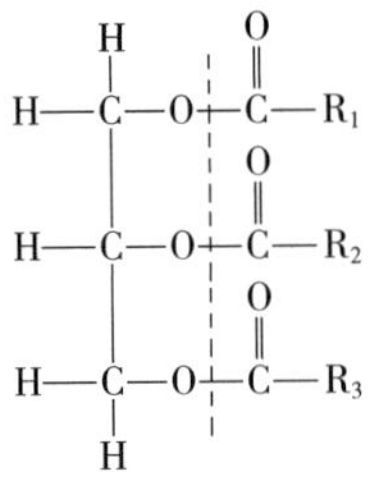

图 2-8　甘油三酯的水解（ R_1， R_2， R_3代表不同脂肪酸 ）

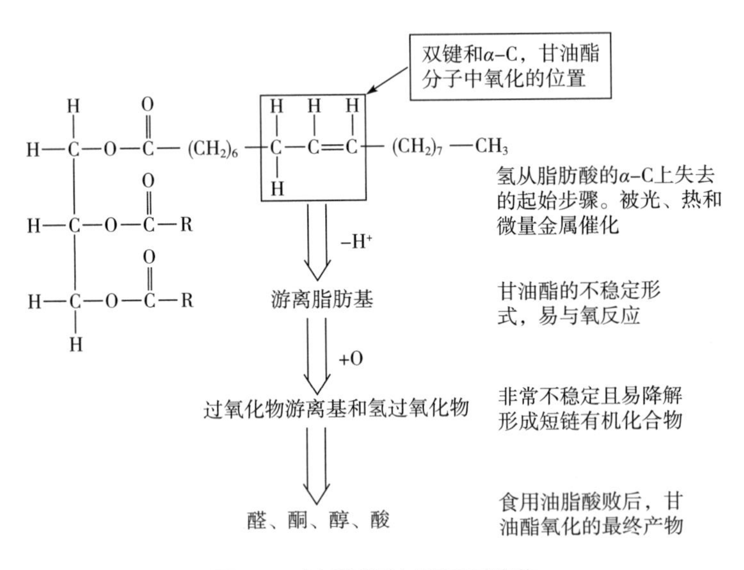

图 2-9　油脂酸败过程及其产物

（二）油脂氧化

油脂氧化是按自由基反应进行的自动链式反应，包括自由基的引发与传递、过氧化物的生成与分解一系列连续反应。

1. 油脂氧化历程

引发反应：

$$RH+O_2 \xrightarrow{\text{催化剂}} R\cdot + \cdot OOH$$

$$RH \xrightarrow{\text{催化剂}} R\cdot + \cdot H$$

自由基传递：

$$R\cdot +O_2 \longrightarrow ROO\cdot$$

$$ROO\cdot +R'H \longrightarrow R'\cdot +ROOH$$

终止反应：

$$ROO\cdot +R'\cdot \longrightarrow ROOR'$$

$$R\cdot +R'\cdot \longrightarrow RR'$$

注：RH 表示脂肪或脂肪酸分子，R·、ROO·、H·、HOO·分别表示脂肪酸游离基、过氧化物自由基、氢自由基、过氧化氢自由基，ROOH 表示氢过氧化物。

2. 氢过氧化物的来源

氢过氧化物的来源有两条途径，一是在自由基传递反应的过程中生成；一是油脂化合物分子与氧分子反应生成：

$$RH+{}^1O_2 \longrightarrow ROOH$$

$$RH+{}^3O_2 \xrightarrow{\text{脂肪氧化酶}} ROOH$$

注：${}^1O_2$表示单线态氧，${}^3O_2$表示三线态氧。

油脂氧化反应常导致维生素降解、食品褪色，形成的酮、醛是食品产生异味的原因之一，最终导致食品酸败变质。油脂的氧化主要指在氧作用下的自动氧化和光敏氧化。油脂的自动氧化是在暗处发生的主要氧化途径。油脂氧化速率与组成油脂的脂肪酸不饱和度、双键位置、顺反构型有关。室温下饱和脂肪酸的链引发反应较难发生，而不饱和脂肪酸中，双键增多，氧化速率加快。并且顺式构型比反式构型容易氧化，共轭双键结构比非共轭双键结构容易氧化（陈敏，2008）。多不饱和脂肪酸（PUFA）的自动氧化按自由基反应机理进行，氢过氧化物的生成和分解是其主要反应。在光照条件下，光敏氧化和自动氧化同时进行，而在自动氧化初期，光敏氧化是油脂自动氧化的主要诱因。油脂中的光敏剂（如核黄素、叶绿素和脱镁叶绿素等）强烈吸收可见光或紫外光，使基态氧变成激发态氧，攻击不饱和双键上电子的高密度区，产生氢过氧化物，发生光氧化作用。

空气中的氧大多数都是三线态氧（${}^3O_2$，又称双元基或两端游离基，biradical），几乎无反应活性，不会导致氧化劣变。但其中少数氧是激发态氧，激发态氧是单元基（${}^1O_2$，单线态氧），单线态氧的种类较多，常见的如表 2-5 所示。表 2-5 所示的活性氧都可以直接与 PUFA 反应产生过氧化自由（游离）基。

表 2-5 常见活性氧的主要结构形式

结构	名称	结构	名称
HO·	羟自由基	O_2^-	氧阴离子
RO·	氧化物自由基	H_2O_2	过氧化氢
HOO·	过氧化氢自由基	${}^1O_2$	单线态氧
ROO·	过氧化物自由基	O_3	臭氧
$Fe^{2+}\cdots O_2$	过氧铁离子		

（三）氧化油脂的影响

油脂物质是食品中主要组成成分之一，其品质和氧化稳定性直接影响食品的质量与安全。油脂氧化过程中产生的过氧化物能和食品中的不同成分发生反应，导致食品感官、质构和营养质量的劣变，还可能产生致癌物质。例如，氢过氧化物及其降解产物与蛋白质发生反应，自由基可改变酶的化学结构，导致酶丧失生物活性，同时使蛋白质发生交联，生成变性高聚物，其他自由基则可使蛋白质的多肽链断裂，并使个别氨基酸发生化学变化（Esterbauer 等，1991）。

油脂在不利环境的影响下发生一系列氧化反应，油脂分解为甘油和脂肪酸。同时，具有不饱和双键的脂肪酸经过自由基链式反应，裂解产生许多分解产物，包括醛、酮、酸等具有不愉快气味的小分子，导致油脂酸败。研究表明，食用高氧化值的油脂对心血管有明显的破坏作用（Yanagimoto，2002）。若机体缺少抗氧化物（如维生素 C 和维生素 E），不饱和脂肪酸容易发生体内自动氧化。PUFA 自动氧化产生的丙二醛导致胆固醇在血管壁聚集。丙二醛是油脂氧化的二次降解产物，具有细胞毒性，可与氨基酸及核苷酸发生反应，引起蛋白质和核酸结构与功能的改变，从而导致遗传物质突变（Esterbauer 等，1991；Long 等，2006）。胆固醇氧化产物对机体健康也存在威胁，研究证实胆固醇氧化产物易引起人血管内皮损伤，诱发动脉硬化，增加致突变和致癌风险（Otaegui-Arrazola 等，2010）。

油脂氧化不仅在自然状态下可以进行，且在人体内也可以发生，特别是易被氧化的多不饱和脂肪酸，如花生四烯酸、二十二碳六烯酸等，在体内氧化后同样会产生过氧化物。营养学家建议，摄入高不饱和脂肪酸的同时应补充一定量的抗氧化物质，否则有可能诱发癌症，因此采取积极措施防止或延缓油脂氧化十分必要。

二、 食品抗氧化剂概述

食品中的油脂与空气中的氧气发生氧化反应，导致食品酸败、褪色、褐变、风味劣变及维生素破坏等后果，甚至产生有害物质，从而降低食品质量和营养价值。食品抗氧化剂是指能防止或延缓油脂或食品成分氧化分解、变质，提高食品稳定性的食品添加剂。

（一）食品抗氧化剂作用机理

食品抗氧化剂能够阻止由氧气引起的食品氧化酸败、褪色及风味劣变，对食品油脂物质具有保护作用。抗氧化剂种类较多，抗氧化剂的作用机理不尽相同，但均以其还原性为依据，提供的氢原子与脂肪酸自由基结合，使自由基转变为惰性化合物，终止脂肪酸的连锁反应。不同的食品体系，作用效果各异。例如，油脂中若含有铜、铁，即使有足量高效的抗氧化剂，油脂依然非常容易氧化；如果加入一定量的柠檬酸，则油脂会非常稳定。根据抗氧化剂的作用类型，抗氧化机理可以概括为以下几种：

（1）通过抗氧化剂自身氧化，使空气中的氧与抗氧化剂结合，从而防止食品氧化　这类抗氧化剂具有很强的抗氧化性，易与氧气发生反应，消耗食品内部和周围环境中的氧，减缓食品中的氧化还原反应。这类抗氧化剂主要有抗坏血酸、抗坏血酸棕榈酸酯、异抗坏血酸或异抗坏血酸钠等。

（2）抗氧化剂释放出氢原子与油脂自动氧化反应产生的过氧化物结合，中断连锁反应，阻止氧化过程的继续进行　食用油脂中使用的抗氧化剂主要是酚类化合物，通常称为酚类抗氧化剂。酚类本身作为抗氧化剂是不活泼的，但是烷基取代 2、4 或 6 位后，由于诱导效应提高了羟基的电子云密度，因此增强了与脂质自由基的反应活性。酚类抗氧化剂能够从根本上抑制脂肪酸甘油酯氧化过程中自由基的自动氧化反应，反应机理见图 2-10。酚类化合物通过羟基抑制油脂游离基（R·）的形成，从而延迟油脂（RH）自动氧化的开始。延迟程度取决于抗氧化剂的活性、浓度以及其他一些因素，如光、热、金属离子和体系中其他的助氧化剂。根据酚类抗氧化剂的作用机理，当抗氧化剂的添加量可以抑制由于自动氧化引起脂肪游离基的形成时，抗氧化效果最佳。

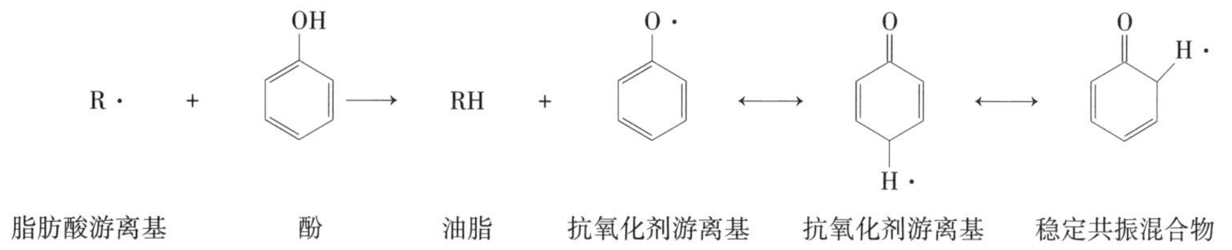

R· + 酚 → RH + 抗氧化剂游离基 ⟷ 抗氧化剂游离基 ⟷ 稳定共振混合物

脂肪酸游离基　酚　油脂　抗氧化剂游离基　抗氧化剂游离基　稳定共振混合物

图 2-10　食用油脂中酚类抗氧化剂的作用机理

常用的酚类抗氧化剂产生的醌式自由基，可通过分子内部的电子共振而重新排列，呈现比较稳定的结构，这些醌式自由基不再具备夺取脂肪酸中氢原子所需的能量，从而具有保护油脂免于氧化的作用。很多抗氧化剂都属于这一类型，如 BHA、BHT、PG 等。

（3）通过抑制氧化酶的活性防止食品氧化变质　有些抗氧化剂可以抑制或者破坏酶的活性，从而排除氧的影响，阻止食品因氧化而产生的酶促褐变，减轻对食品造成的损失，如 L-抗坏血酸具有抑制水果蔬菜酶促褐变的作用。

（4）将能催化、引起氧化反应的物质络合　如抗氧化增效剂能络合催化氧化反应的金属离子等。食用油脂中通常含有从加工过程中接触金属容器带来的微量金属离子，高价态的金属离子之间存在氧化还原电势，能缩短链式反应的引发期，从而加快脂肪酸氧化的速度。柠檬酸、EDTA 等均含有氧配位原子，能与金属离子发生螯合作用，从而抑制金属离子的促氧化作用。多聚磷酸盐也具有络合金属离子的良好特性。

（5）通过阻止空气中的氧渗透或进入油脂内部，或者抑制油脂表层上的空气对流，保护油脂免受氧化，从而起到抗氧化作用。

（6）兼具多重抗氧化特性　例如磷脂既能络合金属离子、清除氧化促进剂，又能通过键的均裂释放出氢自由基消除链式反应自由基。美拉德反应的中间产物还原酮也具有这种双重特性，不仅能借助键的均裂产生氢自由基，而且可以清除氧化促进剂金属离子。因此，磷脂和美拉德反应产物能够在不同的油脂氧化历程中延缓氧化反应。

（二）食品抗氧化剂分类

食品抗氧化剂分类目前尚无统一标准，常见的分类有。

1. 按溶解性分类

（1）油溶性抗氧化剂　此类抗氧化剂可溶于油脂，对油脂和含油脂的食品具有良好的抗氧化作用。如丁基羟基茴香醚（BHA）、二丁基羟基甲苯（BHT）、没食子酸丙酯（PG）、特丁基对苯二酚（TBHQ）及维生素 E。

（2）水溶性抗氧化剂　此类抗氧化剂能溶于水，如抗坏血酸及其盐类、异抗坏血酸及其盐类、亚硫酸盐类、茶多酚、植酸、乳酸盐类等。

2. 按来源分类

（1）天然抗氧化剂　指从天然动、植物体或其代谢产物中提取的具有抗氧化能力的物质，天然抗氧化剂一般都具有较高的抗氧化能力而且安全无毒，其中一些已经用于食品加工，如植酸、混合生育酚浓缩物、茶多酚、迷迭香提取物、甘草抗氧化物、竹叶抗氧化物等。

（2）合成抗氧化剂　指经化学合成具有抗氧化能力的物质，这类抗氧化剂一般具有较高的抗氧化能力，如 BHA、BHT、TBHQ 等。

3. 按作用机制分类

抗氧化剂按作用机制主要可分为自由基吸收剂、金属离子螯合剂、氧清除剂、单线态氧淬灭剂及酶类抗氧化剂等。

自由基吸收剂主要指在油脂氧化中能够阻断自由基连锁反应的物质，其作用机制是捕捉活性自由基，故又称自由基捕捉剂。自由基吸收剂一般为酚类化合物，具有电子供体的作用，如BHA、BHT、维生素 E 等。

金属离子螯合剂主要指能够络合体系中的可能催化氧化反应的金属离子的物质，是一种抗氧化增效剂，需要与其他抗氧化剂配合使用，如植酸、EDTA、柠檬酸等。

氧清除剂是通过除去食品中的氧来延缓氧化反应的发生，如二氧化硫及亚硫酸盐、抗坏血酸、抗坏血酸棕榈酸酯、异抗坏血酸及其钠盐等。

单线态氧淬灭剂能够将单线态氧变成三线态氧，主要是指 β-胡萝卜素。

酶类抗氧化剂有葡萄糖氧化酶、超氧化物歧化酶（SOD）、过氧化氢酶、谷胱甘肽氧化酶等酶制剂，其作用机制是可以除去氧（如葡萄糖氧化酶）或消除来自于食物的过氧化物（如SOD）等。目前我国尚未将酶类抗氧化剂列入食品抗氧化剂，但编入了酶制剂使用品种。

（三）食品抗氧化剂结构特征

食品抗氧化剂种类很多，包括酚类、醌类、多不饱和烃类、有机酸类、硫醇类，以及多极性基团类等不同结构的化合物。

酚类化合物是芳香烃环上的氢被羟基取代的一类芳香族化合物，酚类易氧化成醌类而提供氢离子，氢离子能与自由基反应，从而阻断自由基链式反应，如黄酮类化合物、酚酸类化合物、维生素 E、TBHQ 等。黄酮类化合物在结构上具有 C_6-C_3-C_6的特点，由于 C_3部分的结构多样，可成环、氧化或取代，黄酮类化合物又分为黄酮类（Flavones）、黄酮醇（Flavonols）、异黄酮类（Isoflavones）、查尔酮类（Chalcones）及花青素类（Anthocyanins）等。酚酸类化合物包括羟基苯甲酸类（Hydroxybenzoic acid）和羟基肉桂酸类（Hydroxycinnamic acid）。维生素 E 包括生育酚和生育三烯酚。

醌类化合物是指分子内具有不饱和二酮结构或容易转变成这种结构的有机化合物，天然醌类主要有苯醌（Benzoquinones），萘醌（Naphthoquinones），菲醌（Phenanthraquinones）及蒽醌（Anthraquinones）这四种类型。中药紫草中的紫草素、维生素 K 类化合物属于 α-萘醌；芦荟、决明子和大黄提取物中含有丰富的蒽醌类化合物，例如，芦荟苷、芦荟大黄素、黄决明素、大黄酚、大黄素等。醌类化合物作为食品抗氧化剂是从 20 世纪 80 年代后逐步开始的，如维生素 K、迷迭香醌、TBHQ 等，其中 TBHQ 是国际上公认最好的食品抗氧化剂之一，已在几十个国家和地区广泛应用于油脂和含油脂食品中。

多不饱和烃类包括类胡萝卜素类化合物，是良好的自由基猝灭剂，具有很强的抗氧化性，能有效阻断链式自由基反应。8 个异戊二烯（Isoprene）的基本结构单位组成类胡萝卜素分子，类胡萝卜素分子往往具有对称结构，如番茄红素、β-胡萝卜素等。分子中共轭双键的数量决定类胡萝卜素的颜色、稳定性和抗氧化活性。此外，由于分子中存在双键结构，类胡萝卜素的构型是分子结构的重要特征，不同构型均影响类胡萝卜素的构效关系。

有机酸类分子中含有羧基，广泛存在于天然提取物中，如银杏叶提取物、葡萄籽提取物等。硫醇类存在于美拉德反应产物中。

三、 食品抗氧化剂各论

（一）合成抗氧化剂

合成抗氧化剂一般具有简单易得、纯度高、抗氧化能力强等优点，GB 2760—2014《食品添加剂使用标准》中允许使用的合成抗氧化剂主要有：丁基羟基茴香醚（BHA）、二丁基羟基甲苯（BHT）、没食子酸丙酯（PG）、叔丁基对苯二酚（TBHQ）等。合成抗氧化剂按照溶解性可分为油溶性和水溶性两类。

1. 油溶性合成抗氧化剂

（1）丁基羟基茴香醚（Butylated hydroxyanisole，BHA，CNS 号：04.001，INS 号：320）丁基羟基茴香醚又称叔丁基对羟基茴香醚、特丁基-4-羟基茴香醚、丁基大茴香醚，为白色或微黄色蜡样结晶性粉末，有特殊的酚类物质臭气和刺激性味道。分子式 $C_{11}H_{16}O_2$，相对分子质量 180.25。贮存时通常压成碎小的片状，不溶于水，易溶于甘油酯和有机溶剂，熔点 38~63℃，沸点 264~270℃，BHA 对热稳定，弱碱性条件下不易被破坏，遇铁离子不变色。BHA 有 2-BHA 和 3-BHA 两种异构体（图 2-11），通常以两者混合物的形式存在，以 3-BHA 为主（≥90%）。3-BHA 比 2-BHA 的抗氧化活性高 1.5~2 倍，两者有一定的协同作用。

BHA 的 LD_{50} 为 2.2~5g/kg 体重（大鼠，经口），ADI 值为 0~0.5mg/kg 体重（FAO/WHO，1988）。研究证实，在人体内 24h 检测中，50mg 或 100mg 单剂量的 BHA 主要在尿中以葡萄糖苷酸和硫酸盐结合的形式被排泄掉。BHA 是一种皮肤刺激物，但在目前允许的吸收水平下，BHA 不会表现出使皮肤过敏或其他毒性作用。BHA 存在潜在的弱基因毒性。对 BHA 进行毒理学研究证实，BHA 可以引起前胃增生和癌变，影响程度与使用量和作用时间相关。

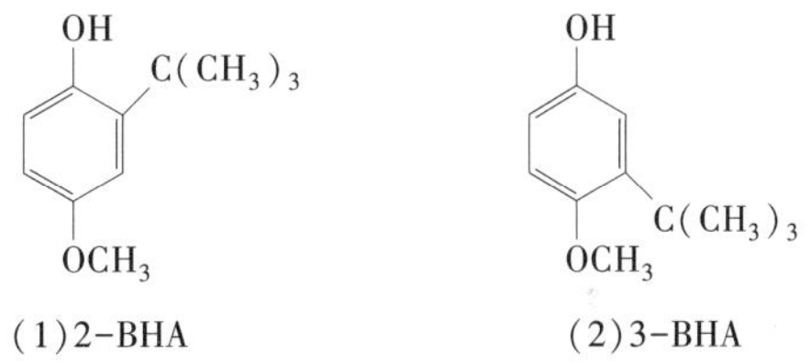

(1)2-BHA　(2)3-BHA

图 2-11　2-BHA 和 3-BHA

丁基羟基茴香醚通过释放氢原子阻止油脂自动氧化而实现其抗氧化作用。0.005%的 BHA 可使猪油的酸败期延长 4~5 倍，添加 0.01%可延缓 6 倍，0.02%比 0.01%的抗氧化作用提高 10%，但用量超过 0.02%时，其抗氧化效果反而下降。BHA 的热稳定性优于没食子酸丙酯，但作为一种易挥发的化合物，在高温下 BHA 会在食品中降解，如深度油炸。BHA 与其他抗氧化剂复配使用或与增效剂柠檬酸等并用，其抗氧化能力显著提高。BHA 还具有较强的抗微生物作用，且强于 BHT 及 TBHQ。100~200mg/kg 的 BHA 能抑制蜡样芽孢杆菌、鼠伤寒沙门菌、金黄色葡萄球菌、枯草芽孢杆菌等；食品中添加 200mg/kg BHA 能完全抑制青霉、曲霉、地丝菌等属的霉菌。

BHA 的使用范围和使用量见 GB 2760—2014《食品添加剂使用标准》及增补公告。

（2）二丁基羟基甲苯（Butylated hydroxytoluene，BHT，CNS 号：04.002，INS 号：321）二丁基羟基甲苯又称 2,6-二特丁基对甲酚，为白色或无色结晶性粉末，无味，无臭，分子式 $C_{15}H_{24}O$，相对分子质量 220.36，结构式如图 2-12 所示。熔点 69.5~71.5℃（其纯品为 69.7℃），沸点 265℃。易溶解于甘油酯，不溶于水和丙二醇，对热稳定。当某些食品或包装材料中含有铁离子时，BHT 形成均二苯乙烯而产生黄色。将 BHT 进行微胶囊包埋，可防止因氧、光照等造成 BHT 本身的氧化，便于食品加工和保藏，延长食品保存期。

动物急性毒性研究表明 BHT 的肺毒性具有种属特异性和年龄特异性，目前还没有试验资料显示 BHT 有明显的致突变性和遗传毒性。慢性毒性试验研究表明大鼠在出生前和哺乳期接触 BHT 会提高肿瘤发生率，可能是长期摄入高剂量 BHT 导致的慢性肝损伤所引起。250mg/kg 体重剂量的 BHT 引起大鼠肝大、肝细胞增生等慢性肝损伤，从而可导致恶性肿瘤。BHT 可抑制细胞间的分子传递（这是促癌物的特性），并可通过改变细胞膜的功能促进肿瘤生长，这种作用存在品系差异。BHT 的致癌作用依赖于起始致癌物的使用，起始致癌物不同，BHT 对肿瘤发展的促进作用变化很大，但 BHT 剂量-反应曲线不明显。BHT 能使人体的 W1-38 胚胎细胞分裂后期发生阳性的染色体异常。BHT 的 ADI 值为 0～0.3mg/kg 体重（FAO/WTO，1995）。

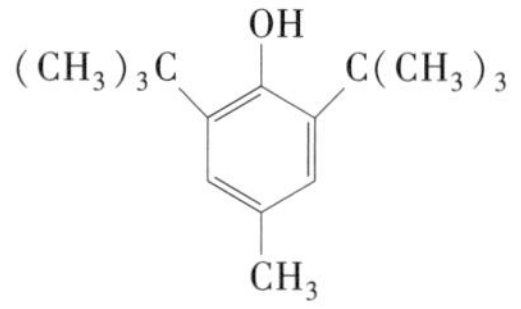

OH
$(CH_3)_3C$　$C(CH_3)_3$
CH_3

图 2-12　二丁基羟基甲苯

BHT 的抗氧化性较 BHA 弱，可能是因为其分子中两个特丁基围绕一个羟基而形成了较大位阻。BHT 用于精炼油时，应先用少量油脂溶解，再将增效剂柠檬酸用水或乙醇溶解后加入油中搅拌均匀。BHT 的抗微生物作用不及 BHA，含 BHT0.01%的猪肉，其酸败期可延长 2 倍。

BHT 的使用范围和使用量见 GB 2760—2014《食品添加剂使用标准》及增补公告。

（3）没食子酸丙酯（Propyl gallate，PG，CNS 号：04.003，INS 号：310）　没食子酸丙酯（PG），又称棓酸丙酯、3,4,5-三羟基苯甲酸丙酯，为白色到亮灰色结晶性粉末，无臭，稍具苦味，分子式 $C_{10}H_{12}O_5$，相对分子质量 212.21，结构式如图 2-13 所示。熔点 146～150℃，易溶于热水、乙醇、乙醚、丙二醇、甘油等。PG 易与铜、铁离子反应呈暗绿色或紫色，光照能促进其分解。

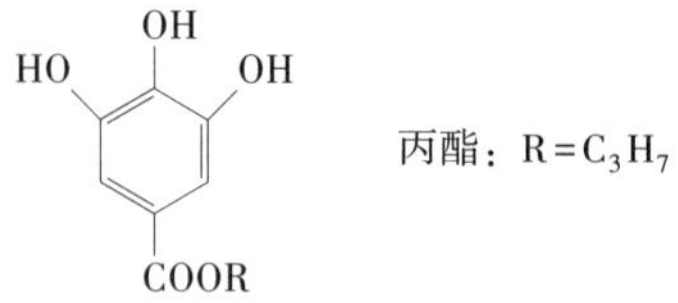

OH
HO　OH
COOR
丙酯：$R=C_3H_7$

图 2-13　没食子酸脂肪醇酯

PG 的毒性很低，大鼠的无明显损害作用剂量（NOAEL）为 135mg/kg 体重/d。ADI 值为 0～1.4mg/kg 体重（FAO/WHO，1997）。食品中含 0.2%～0.5% PG 对人体无害，PG 在人体内水解后生成的没食子酸大部分转化成 4-O-甲基没食子酸、内聚成葡萄糖醛酸随尿液排出体外。

20 世纪 40 年代，人们发现 PG 对油脂的保护作用，目前已成为各国广泛使用的抗氧化剂之一，可用于油脂、肉、乳类、饮料、水产品、蔬菜及蛋类等。PG 对猪油的抗氧化能力较 BHA 或 BHT 强。通常与 BHA 和 BHT 混合使用；与柠檬酸等增效剂有协同作用。

PG 的使用范围和使用量见 GB 2760—2014《食品添加剂使用标准》及增补公告。

（4）特丁基对苯二酚（Tertiary butylhydroquinone，TBHQ，CNS 号：04.007，INS 号：319）　特丁基对苯二酚（TBHQ）又称叔丁基对苯二酚、叔丁基氢醌，为白色到亮褐色晶状结晶或结晶性粉末，无异味异臭，分子式 $C_{10}H_{14}O_2$，相对分子质量 166.22，结构式如图 2-14 所示。TBHQ 可溶于油、乙醇、乙酸乙酯、异丙酯、乙醚，稍溶于水（25℃，<1%；95℃，≤5%）；沸点 300℃，熔点 126.5～128.5℃。与金属离子（如铁、铜）结合不变色，但碱存在时可转为粉红色。TBHQ 可显著增加食用油或脂肪的氧化稳定性，尤其是植物油。有研究结果表明：TBHQ 与游离胺类物质反应产生不被接受的红色物质，影响了其在蛋白质食品中的应用。

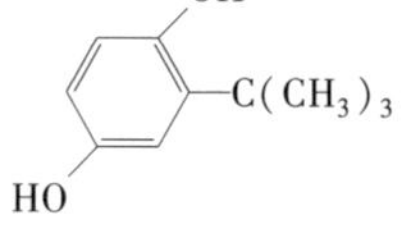

OH
$-C(CH_3)_3$
HO

图 2-14　特丁基对苯二酚

TBHQ 的毒性很低，其 LD_{50} 为 700～1000mg/kg 体重，ADI 值 0～0.7mg/kg 体重（FAO/WHO，1999）。动物试验研究表明：单剂量 0.1～0.4g/kg 体重饲喂动物后，机体组织中无残留，任何剂量试验均未发现与剂量相关的明显毒理学作用，且没有资料表明其具有致癌性。实验证明，经长期饲喂试验后，大鼠各组织中 TBHQ 残留量很低，最高在脂肪中，仅 4～5mg/kg（王克利，2002）。

TBHQ 的抗氧化活性与 BHA、BHT 相当或者优于它们，在油脂、焙烤食品、油炸谷物食品、肉制品中广泛应用。按脂肪含量添加 0.015%TBHQ 的自制香肠，20℃保存 30d，其过氧化值为 0.061，而对照样升至 0.160（肉制品中过氧化值超过 0.10 为败坏指标）。添加了 TBHQ 和 BHT 油炸方便面在保质期内的品质变化见表 2-6。

表 2-6　TBHQ 对油炸方便面抗氧化作用

样品	棕榈油炸方便面				菜籽油炸方便面			
指标	过氧化值		羰基值		过氧化值		羰基值	
时间	一周后	一个月后	一周后	一个月后	两天后	一个月后	两天后	一个月后
空白	0.1469	0.692	7.9	17.5	0.4262	2.46	14.21	82.1
TBHQ 组	0.1369	0.181	7.7	11.58	0.2509	2.41	10.84	77.11
BHT 组	0.1317	0.210	6.4	8.76	0.2319	2.09	2.52	64.9

TBHQ 的使用范围和使用量见 GB 2760—2014《食品添加剂使用标准》及增补公告。

（5）硫代二丙酸二月桂酯（Dilauryl thiodipropionate，CNS 号：04.012，INS 号：389）　硫代二丙酸二月桂酯系由硫代二丙酸与月桂醇酯化而得，为白色结晶片状或粉末，有特殊甜香、类酯气味，分子式 $C_{30}H_{58}O_4S$，相对分子质量 514.86，结构式如图 2-15 所示。硫代二丙酸二月桂酯的密度（固体，25℃）0.975g/cm^3，熔点 40℃，皂化价 205～215，不溶于水，溶于多数有机溶剂。

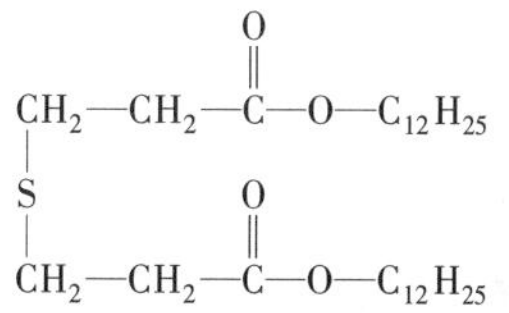

$$
\begin{array}{l}
CH_2-CH_2-\overset{\overset{O}{\|}}{C}-O-C_{12}H_{25} \\
| \\
S \\
| \\
CH_2-CH_2-\underset{}{\overset{\overset{O}{\|}}{C}}-O-C_{12}H_{25}
\end{array}
$$

图 2-15　硫代二丙酸二月桂酯

硫代二丙酸二月桂酯的 LD_{50} 为 15g/kg 体重（小鼠，经口），ADI 值为 0～3mg/kg 体重（以硫代二丙酸计，FAO/WHO，1973）。

硫代二丙酸二月桂酯的使用范围和使用量见 GB 2760—2014《食品添加剂使用标准》及增补公告。

（6）抗坏血酸棕榈酸酯（Ascorbyl palmitate，CNS 号：04.011，INS 号：304）　抗坏血酸棕榈酸酯为白色或黄白色粉末，略有柑橘气味，分子式 $C_{22}H_{38}O_7$，相对分子质量 414.54，结构式如图 2-16。易溶于植物油和乙醇，熔点 107～117℃。系由棕榈酸与 L-抗坏血酸酯化而得。棕榈酸和抗坏血酸均为天然成分，酯化形成抗坏血酸棕榈酸酯后，不仅使抗坏血酸稳定性增强，而且保留了其生物活性。抗坏血酸棕榈酸酯耐高温，保护油炸食品和油炸用油的抗氧化能力强，是唯一许可用于婴幼儿食品中的抗氧化剂。

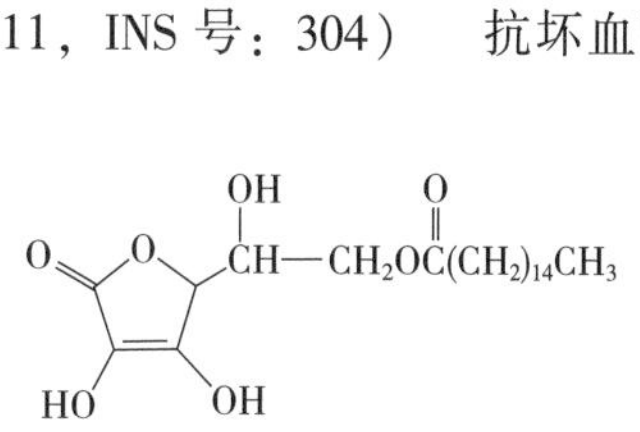

图 2-16　抗坏血酸棕榈酸酯

抗坏血酸棕榈酸酯的 ADI 值为 0~1.25mg/kg 体重（FAO/WHO，1973），常用作抗氧化剂、护色剂和营养强化剂。

抗坏血酸棕榈酸酯的使用范围和使用量见 GB 2760—2014《食品添加剂使用标准》及增补公告。

（7）4-己基间苯二酚（4-Hexylresorcinol，CNS 号：04.013，INS 号：586）　4-己基间苯二酚为白色粉末，分子式 $C_{12}H_{18}O_2$，相对分子质量 194.27，结构式如图 2-17 所示。易溶于乙醚和丙酮，难溶于水。4-己基间苯二酚对口腔黏膜、呼吸道和皮肤有刺激作用。4-己基间苯二酚的 LD_{50} 为 550mg/kg 体重（大鼠，经口）。JECFA 尚未制定 4-己基间苯二酚的 ADI 值，但用浓度高达 50mg/L 的 4-己基间苯二酚处理甲壳纲动物时，可食部分的残留量约为 1mg/kg，不引起毒性关注（FAO/WHO，1995）。

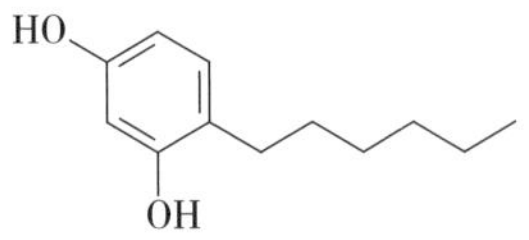

图 2-17　4-己基间苯二酚

4-己基间苯二酚的使用范围和使用量见 GB 2760—2014《食品添加剂使用标准》及增补公告。

2. 水溶性合成抗氧化剂

（1）抗坏血酸［维生素 C，Ascorbic acid（vitamin C），CNS 号：04.014，INS 号：300］　抗坏血酸为白色结晶粉末，分子式 $C_6H_8O_6$，相对分子质量 176.13，结构式如图 2-18 所示。L-抗坏血酸分子中的烯二醇基能被氧化成二酮基，呈强还原性，常用作抗氧化剂。抗坏血酸的稳定性则取决于温度、pH、铜离子和铁离子的含量以及和氧气接触的程度，但干燥状态下在空气中相当稳定。抗坏血酸的水溶液易被热、光等破坏，特别是在碱性及重金属存在时更易被破坏，因此，在使用时必须注意避免在水及容器中混入金属离子和与空气接触。抗坏血酸在 pH 3.4~4.5 时较稳定。5g/L 的抗坏血酸水溶液 pH 为 3.5，50g/L 时的 pH 为 2.0。

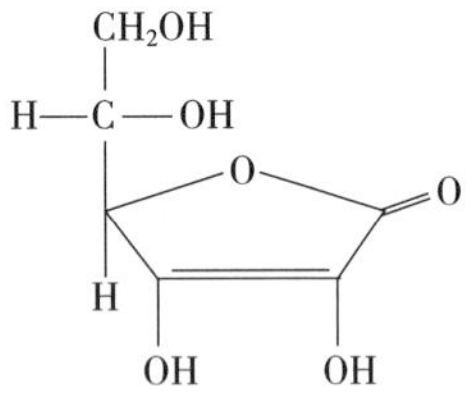

图 2-18　抗坏血酸

抗坏血酸不能作为无水食品的抗氧化剂，可作为生育酚的增效剂，用于防止猪油的氧化。正常剂量的抗坏血酸对人体无毒性作用。抗坏血酸 $LD_{50} \geq 5$g/kg 体重（大鼠，经口）；ADI 值不作特殊规定（FAO/WHO，1981）。

抗坏血酸能结合氧而成为除氧剂，并有钝化金属离子的作用，还可以抑制果蔬的酶促褐变、防止变色、风味劣变和其他因氧化而引起的质量问题。L-抗坏血酸的抗氧化作用主要是通过自身氧化消耗食品和环境中的氧，还原高价金属离子，使食品的氧化还原电位下降，减少不良氧化物的产生。常用作啤酒、无醇饮料、果汁等的抗氧化剂。

抗坏血酸是常用于腌制食品的一种发色助剂，加速形成均匀、稳定的色泽。抗坏血酸或异抗坏血酸能够还原亚硝酸盐生成一氧化氮（NO），一氧化氮在还原条件下与肌红蛋白形成稳定的亚硝基肌红蛋白，使腌制品呈现红色。

抗坏血酸的使用范围和使用量见 GB 2760—2014《食品添加剂使用标准》及增补公告。

（2）抗坏血酸钠（Sodium ascorbate，CNS 号：04.015，INS 号：301）　抗坏血酸钠为白色至浅黄白色结晶性粉末或颗粒，无臭，味稍咸。分解温度 218℃，干燥状态下较稳定，遇光则颜色加深，在水中的溶解度为 62g/100mL（25℃）。抗坏血酸钠具有抗氧化性，结构式如图 2-

19 所示。

抗坏血酸钠的使用范围和使用量见 GB 2760—2014《食品添加剂使用标准》及增补公告。

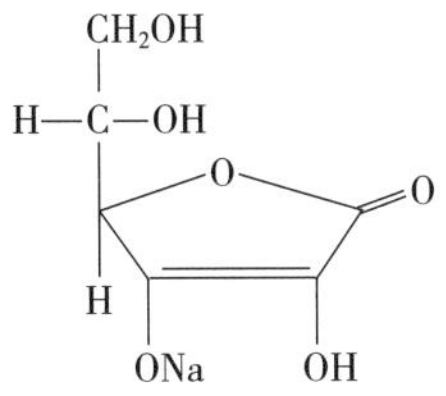

图 2-19　抗坏血酸钠

（3）抗坏血酸钙（Calcium ascorbate，CNS 号：04.009，INS 号：302）　抗坏血酸钙的化学名称为 2,3,4,6-四羟基-2-己烯酸-γ-内酯盐，为白色或淡黄色结晶性粉末，分子式 $C_{12}H_{14}O_{12}Ca \cdot 2H_2O$，相对分子质量 426.35，结构式如图 2-20 所示。无气味，旋光度［α_D^{25}］为：+95°～+97°，易溶于水。抗坏血酸钙克服了维生素 C 的缺点，不仅比维生素 C 稳定，而且吸收效果好，在体内具有维生素 C 的全部功能，其抗氧化作用优于维生素 C，且由于 Ca 的引入，增强了维生素 C 的营养强化作用。

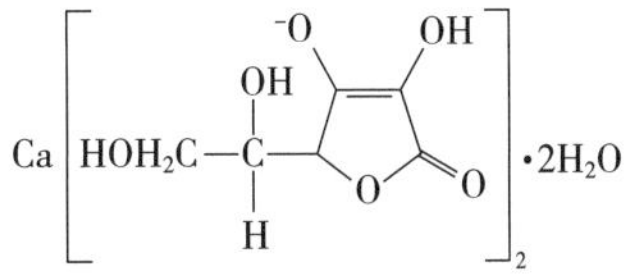

图 2-20　抗坏血酸钙

周友亚等（1999）研究了抗坏血酸钙作为保鲜剂在鸡肉和鱼肉中的抗氧化作用，结果表明其抗氧化效果良好，可以广泛地添加到肉类食品中，作为抗氧化剂或保鲜剂使用时不会因过量而引起不良后果。近年来，常有研究抗坏血酸钙在鲜切果蔬中应用的报道，一方面抗坏血酸钙具有抗氧化性，可以抑制酶促褐变，另一方面，由于钙离子的作用可延缓果蔬软化。诸永志等（2009）研究了抗坏血酸钙对鲜切牛蒡褐变及贮藏品质的影响，结果表明：抗坏血酸钙能降低多酚氧化酶、过氧化物酶、多聚半乳糖醛酸酶、果胶甲酯酶、β-半乳糖苷酶的活性，减缓丙二醛和总酚含量的增加，在一定程度上抑制鲜切牛蒡的褐变。梁晓璐等（2012）的研究表明抗坏血酸钙处理可抑制鲜切鸭梨的褐变，减弱其软化程度，减缓膜透性的增大及抑制多酚氧化酶的活性，保持鲜切鸭梨的外观品质和营养价值。

抗坏血酸钙的 ADI 值不作特殊规定（FAO/WHO，1981）。抗坏血酸钙的使用范围和使用量见 GB 2760—2014《食品添加剂使用标准》及增补公告。

（4）D-异抗坏血酸（Erythorbic acid，CNS 号：04.004，INS 号：315）、D-异抗坏血酸钠（Sodium erythorbate，CNS 号：04.018，INS 号：316）　D-异抗坏血酸为白色或黄白色颗粒、细粒或结晶粉末，无臭，微有咸味；分子式 $C_6H_7O_8$，相对分子质量 176.13，结构式如图 2-21 所示。D-异抗坏血酸熔点 166～172℃，极易溶于水（40g/100mL），微溶于乙醇（5g/100mL），难溶于甘油，不溶于乙醚和苯。10g/L 水溶液的 pH 为 2.8。异抗坏血酸在干燥空气中相当稳定，而在溶液中暴露于大气时则被迅速氧化。异抗坏血酸的生理活性仅为抗坏血酸的 5%。异抗坏血酸比抗坏血酸耐热性差，而异抗坏血酸被氧化的速度远比抗坏血酸快，抗氧化能力约为维生素 C 的 20 倍。异抗坏血酸的 LD_{50} 为 15.3g/kg 体重（大鼠，经口），9.4g/kg 体重（小鼠，经口），5g/kg 体重（兔，静脉注射）；ADI 值不作特殊规定（FAO/WHO，1990）。

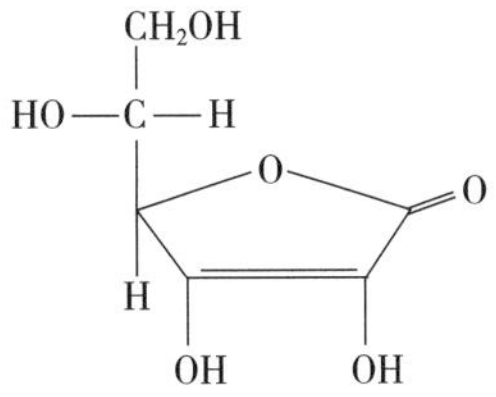

图 2-21　D-异抗坏血酸

D-异抗坏血酸钠又称 D-抗坏血酸钠、赤藓糖钠、异维生素钠、阿拉伯糖型抗坏血酸钠，分子式 $C_6H_7O_6Na \cdot H_2O$，相对分子质量 216.13，结构式见图 2-22。异抗坏血酸钠易溶于水（55g/100mL），几乎不溶于乙醇。20g/L 水溶液的 pH 为 6.15～8.0。异抗坏血酸钠熔点在

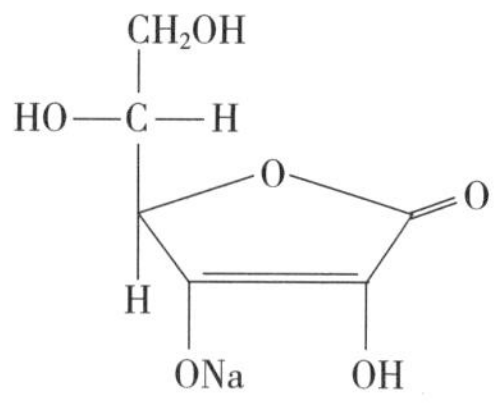

200℃以上（分解）。微量的金属离子、热、光均可以加速其氧化。干燥状态下稳定，在酸性条件下，可形成D-抗坏血酸。

D-异抗坏血酸和D-异抗坏血酸钠的使用范围和使用量见GB 2760—2014《食品添加剂使用标准》及增补公告。

图2-22　D-异抗坏血酸钠

（二）天然抗氧化剂

随着生活水平的提高和安全意识的增强，人们希望食品添加剂具有天然和多功能特性。其中的多功能性是指既能够达到食品所需要的添加效果，又能够预防和治疗各种疾病。为此，世界各国积极开发各种植物提取成分作为多功能食品抗氧化剂，以期满足消费者追求健康的需求。

关于天然抗氧化剂来源的报道很多，其中包括香辛料、中草药、牡蛎壳、咖啡豆、燕麦、茶、大豆、芝麻油、番茄、玫瑰果实、蔬菜（最常见的洋葱和胡椒）、橄榄叶、豆豉、蛋白水解物、有机酸、乳蛋白、毛油中的不皂化物、愈创树脂和生育酚等各种天然原料。从商业角度考虑，迷迭香提取物，燕麦提取物和生育酚有较好的应用前景。

天然食品抗氧化剂分为油溶性和水溶性两大类，水溶性抗氧化剂的抗氧化效果在以油为主的食品体系中比油溶性抗氧化剂要好，在乳化体系中的结果恰恰相反，原因是水溶性抗氧化剂在油体系中可有效分布在空气和油分子的界面，从而防止油脂的氧化；当在水为主体的乳化体系中，会被水稀释而降低其有效浓度；同理，油溶性抗氧化剂在乳化体系中能维持有效浓度，因而比相同体系中的水溶性抗氧化剂呈现更好的抗氧化效果。天然抗氧化剂还会受到引发氧化作用因素的影响，表现出不同程度的抗氧化能力。张建飞（2015）将不同水平浓度的α-生育酚添加到纯化玉米油、大豆油和茶油中，分别进行加速氧化实验，结果表明：当α-生育酚添加量低于最适添加量时，随着α-生育酚添加量增加，抗氧化效能会逐渐增强。当α-生育酚添加量高于最适添加量后，随着α-生育酚添加量增加，抗氧化效能不断减弱直至出现促氧化现象。天然抗氧化剂的效果不能仅用油脂作为载体，因单一油脂所测得的抗氧化效果不能完全适用于最终加工产品，如饼干、巧克力等产品，除了含有油脂成分外，还含有钠和铁离子、乳化剂等非油脂成分，均可影响抗氧化效果。天然抗氧化剂多为动植物提取物，因其成分复杂，提取方法各异，造成抗氧化成分不同。此外，天然抗氧化剂的抗氧化效果取决于食品体系以及贮藏条件。使用天然抗氧化剂时，必须综合考虑所添加的食品体系成分，同时尽量了解其有效成分，并依其特性合理使用。

1. 油溶性天然抗氧化剂

（1）维生素E（Vitamine E，DL-α-tocopherol，CNS号：04.016，INS号：307）　维生素E（DL-α-生育酚）系指混合生育酚浓缩物，为黄至褐色、几乎无臭、澄清透明的黏稠液体。天然生育酚有α、β、γ、δ、ε、ζ、η七种同系物，以前四种为主，主要存在于大豆中；另有生育三烯酚，有α、β、γ、δ四种主要同系物（图2-23），主要存在于米糠油、椰子油等，而且均具有抗氧化活性。90℃时，不同生育酚对猪油的抗氧化能力为：δ-生育三烯酚>δ-生育酚>γ-生育三烯酚>γ-生育酚>β-生育三烯酚>β-生育酚>α-生育三烯酚>α-生育酚，该顺序有时会因食品体系和温度的不同而发生改变。

混合生育酚浓缩物不溶于水，可溶于乙醇、丙酮和植物油，可与油脂以任意比例混溶。对热稳定，在较高温度下仍有良好的抗氧化能力。在无氧条件下即使加热到200℃也不被破坏，耐酸，但不耐碱。

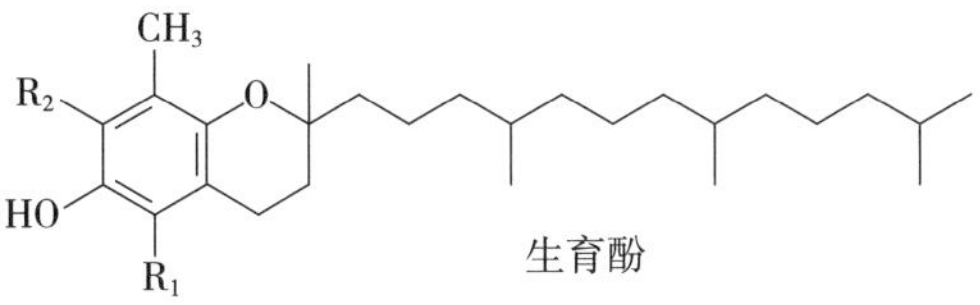

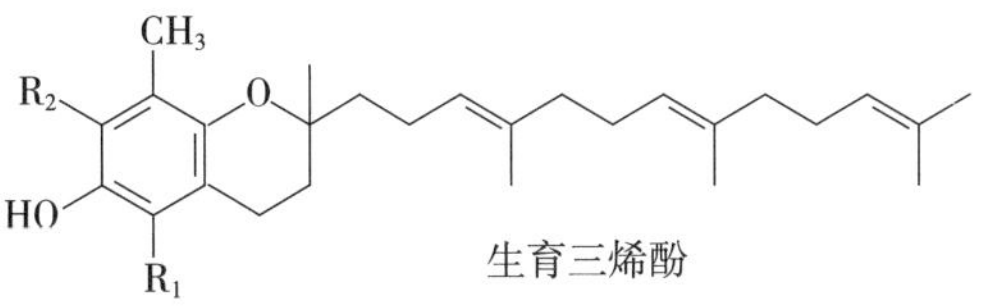

R_1	R_2	生育酚	生育三烯酚
CH_3	CH_3	α-Toc	α-Toc-3
CH_3	H	β-Toc	β-Toc-3
H	CH_3	γ-Toc	γ-Toc-3
H	H	δ-Toc	δ-Toc-3

图 2-23　生育酚及其同系物

生育酚是一种无毒无害的食品添加剂，其 LD_{50}>5g/kg 体重，亚急性毒性>4g/kg 体重（小鼠、大鼠，经口），ADI 值为 0.15~2mg/kg 体重（FAO/WHO，1987）。

植物毛油中含有较多的生育酚，具有一定的氧化稳定性，但精炼工艺将损失 30%生育酚。动物性油脂很少含有生育酚类天然抗氧化剂，故作为抗氧化剂的生育酚大多用于猪油、牛油等动物性脂肪及其加工制品。

生育酚具有产生酚氧基结构的能力，产生的酚氧基能消除脂肪及脂肪酸自动氧化过程中产生的自由基，还可以被超氧阴离子自由基和羟基自由基氧化，使不饱和油脂免受自由基进攻，从而抑制油脂的自动氧化。一般情况下，生育酚通过与脂过氧自由基反应，向其提供 H^+，使脂质过氧化链式反应中断，实现抗氧化作用。

生育酚的热稳定性、光稳定性及耐辐射性能均优于其他抗氧化剂，适合用作婴儿食品、功能食品及油脂产品的抗氧化剂。生育酚的用量在 0.01%~0.10%时，抗氧化效果较好，用量进一步增大，其抗氧化活性将降低。鸡、猪和牛油添加 0.02%的 γ-生育酚比同浓度的 BHA 或 BHT 抗氧化效果好。仅用生育酚不能满足食品抗氧化要求时，将它与其他抗氧化剂混合使用，既可减少用量，又可提高抗氧化能力。

维生素 E（DL-α-生育酚，D-α-生育酚，混合生育酚浓缩物）的使用范围和使用量见 GB 2760—2014《食品添加剂使用标准》及增补公告。

（2）磷脂（Phospholipid，CNS 号：04.010，INS 号：322）　磷脂为淡黄至棕色，透明或不透明的黏稠液体，或浅棕色粉末或颗粒，无臭或略带坚果气味。不溶于水，在水中膨润呈胶体溶液状态，溶于乙醚及石油醚，难溶于乙醇和丙酮，在空气中或光照下迅速褐变。磷脂是一种混合物，主要包括磷脂酰胆碱（卵磷脂）、磷脂酰乙醇胺（脑磷脂）及磷脂酰肌醇（图 2-24）。在大豆磷脂中这三种磷脂占组成的 90%以上，其中卵磷脂的含量超过 20%。

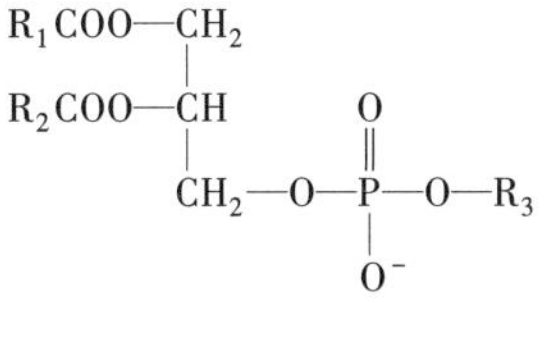

（Ⅰ）磷脂酰胆碱（卵磷脂）：　$R_3=CH_2CH_2N^+(CH_3)_3$

（Ⅱ）磷脂酰乙醇胺（脑磷脂）：　$R_3=CH_2CH_2NH_3^+$

（Ⅲ）磷脂酰肌醇：　$R_3=C_6H_{11}O_5$

图 2-24　大豆磷脂中三种主要磷脂

磷脂广泛分布于生物界，是生物膜的构成成分。磷脂作为一种天然的乳化剂及其在动植物中的广泛分布决定了它在食品、医药、化工以及化妆品等领域具有重要用途。磷脂能改善动脉壁的结构，还能修复线粒体；磷脂中的卵磷脂是神经信息的传递物。磷脂在一定程度上可促进油脂的消化吸收，同时可补充一定量的胆碱。

磷脂的 ADI 值无限制（FAO/WHO，1973）。磷脂的使用范围和使用量见 GB 2760—2014《食品添加剂使用标准》及增补公告。

（3）甘草抗氧化物（Antioxidant of glycyrrhiza，CNS 号：04.008） 甘草为豆科甘草属（*Glycyrrihiza Linn.*）灌木状多年生草本植物，是我国传统的中药材。从甘草中提取的抗氧化物，是一种既可增甜调味、抗氧化，又具有生理活性，能抑菌、消炎、解毒、除臭的功能性食品添加剂。甘草主要抗氧化成分为黄酮类化合物，包括甘草素（Liquiritigenin），异甘草素（Isoliquiritigenin），光甘草定（Glabridin）和 4′-*O*-甲基光甘草定（4′-*O*-Methylglabridin）等。

甘草抗氧化物，又称甘草抗氧灵、绝氧灵，为棕色或棕褐色粉末，略有甘草的特殊气味。不溶于水，可溶于有机溶剂，在乙醇中的溶解度为 11.7%，耐光，耐氧。甘草抗氧化物具有较强的清除自由基能力，尤其是对氧自由基的作用；并能从低温到高温（250℃）发挥其强抗氧化性，主要抗氧化成分是黄酮类和类黄酮类。甘草黄酮类化合物除具有抗氧化作用外，还有抑制大肠杆菌、金黄色葡萄球菌、枯草芽孢杆菌等作用。由于甘草抗氧化物经薄层分离后所得组分的抗氧化效果均低于总提取物，因此，甘草抗氧化物是一组复杂而又具有协同作用的混合物。甘草抗氧化物可抑制油脂的酸败，并对油脂过氧化终产物丙二醛（MDA）的产生有明显的抑制作用，而 MDA 水平是衡量机体过氧化状态的重要指标（田云，2005）。

甘草抗氧化物的 LD_{50}>10mg/kg 体重（大鼠，经口）。甘草抗氧化物的使用范围和使用量见 GB 2760—2014《食品添加剂使用标准》及增补公告。

（4）迷迭香提取物（Rosemary extract，CNS 号：04.017），迷迭香提取物（超临界二氧化碳萃取法，Rosemary extract，CNS 号：04.022） 迷迭香（Rosmarinus officinalis L.）系唇形科迷迭香属植物，含有单萜、倍半萜、二萜、三萜、黄酮、脂肪酸、多支链烷烃、鞣质及氨基酸等化学成分，是一种公认的具有较高抗氧化作用的植物，但在不同环境条件、不同的生长阶段，其抗氧化有效成分会发生变化。迄今为止，已从迷迭香茎、叶中分离鉴定了 29 种黄酮类化合物，12 种二萜酚类化合物，如迷迭香酚（Crosmarnol）、鼠尾草酚（Carnosol）（结构式见 2-25），以及三种二萜醌类化合物；从根中分离鉴定了 5 种二萜和二萜醌类化合物。迷迭香含 5.55%酚类物质，主要为迷迭香酸（Rosemarinic acid）、咖啡酸（Caffeic acid）、绿原酸（Chorogenic acid）。此外，迷迭香叶中还含有多种脂肪酸、直链或支链烷烃和多种氨基酸（张婧等，2005）。

迷迭香提取物又称香草酚酸油胺，为淡黄色、黄褐色粉末或膏状液体，有特殊香味，不易挥发，具有良好的热稳定性。研究表明，在密封条件下将迷迭香抗氧化剂在 204℃ 加热 18h，或在 260℃ 下加热 1h，其活性变化很小。关于迷迭香抗氧化剂的主要质量指标，国外一般要求水溶性产品的迷迭香酸含量大于 6%，而脂溶性产品的有效成分（酚酸总量）则可分为大于 15%，25%和 60%等不同纯度的产品（刘先章，2004）。

迷迭香抗氧化成分主要为萜类、酚类和酸类物质（董文宾等，1991；王文中等，2002；陈美云，2000）。迷迭香提取物由于含有多种抗氧化有效成分，导致迷迭香具有高效和广泛的抗氧化性。目前普遍认为，迷迭香抗氧化机理主要在于其能淬灭单线态氧、清除自由基、阻断类

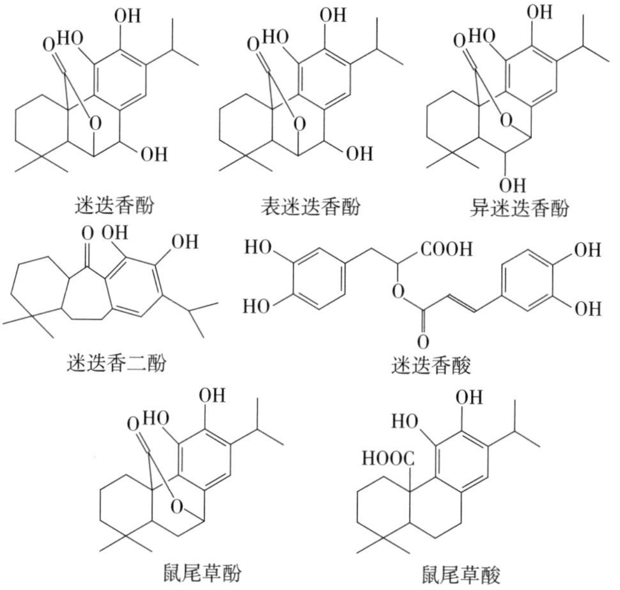

迷迭香酚　表迷迭香酚　异迷迭香酚

迷迭香二酚　迷迭香酸

鼠尾草酚　鼠尾草酸

图 2-25　迷迭香主要抗氧化成分

脂自动氧化的连锁反应、螯合金属离子和有机酸的协同增效等。迷迭香酸中还原性的成分如酚羟基、不饱和双键和酸等，单独存在时具有抗氧化作用，混合在一起时具有协同作用。韩宏星等（2003）建立了小鼠运动性氧化损伤模型，发现迷迭香抗氧化提取物中的二萜酚类化合物对内源性氧化系统有影响，提高 SOD 和 GSH—Px 活性、降低组织内的 MDA 含量，是抗氧化作用的物质基础。王文中等（2002）从迷迭香有效成分的结构分析中发现它们具有儿茶酚（茶多酚抗氧化的主要有效成分）结构骨架，理论上证明了这些成分的抗氧化性和良好的稳定性。

经毒理学和高温油炸等实验表明，迷迭香提取物具有安全、高效、耐热、耐光等特点。其 LD_{50} 为 12mg/kg 体重（小鼠，经口）；在不同油脂中比 BHA 抗氧化活性高 1~6 倍；能长时间耐受 190℃的高温油炸而具有抗氧化效果，对各种复杂的类脂物氧化具有很强的抑制效果。

迷迭香酚、鼠尾草酚和迷迭香双醛对三种不饱和脂肪酸（油酸、亚油酸、亚麻酸）都显示出较强的抗氧化作用。在油酸中抗氧化效果是鼠尾草酚>迷迭香酚>迷迭香双醛，而在亚油酸和亚麻酸中则为迷迭香酚>鼠尾草酚>迷迭香双醛。三者抗氧化活性的差异与它们各自捕获自由基的数量有关。迷迭香酚含有三个酚羟基，捕获自由基的能力最强；鼠尾草酚含有两个酚羟基，捕获自由基的能力不及迷迭香酚；迷迭香双醛只含有一个酚羟基，虽然两个醛基也能够提供 H^+，但其抗氧化活性最低。三者具有的羟基数目，决定了它们的抗氧化活性的强弱。

迷迭香提取物和迷迭香提取物（超临界二氧化碳萃取法）的使用范围和使用量见 GB 2760—2014《食品添加剂使用标准》及增补公告。

2. 水溶性天然抗氧化剂

（1）茶多酚（Tea polyphenols，TP，CNS 号：04. 005）　茶多酚（TP）又称抗氧灵、维多酚，结构通式如图 2-26 所示，为 30 余种多酚类化合物的总称，主要包括：儿茶素、黄酮、花青素、酚酸四类化合物，其中以儿茶素的数量最多，约占茶多

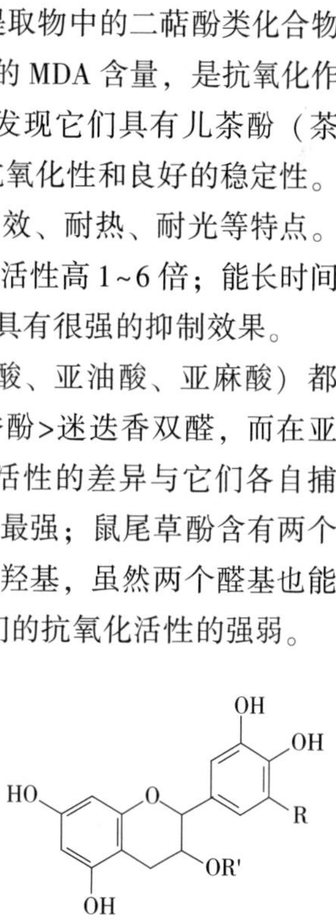

图 2-26　茶多酚
（R、R′为不同取代基）

酚总量的60%~80%。因此，茶多酚常以儿茶素作为代表。茶叶中已明确结构式的儿茶素主要有14种，部分结构式见图2-27，包括儿茶素（C）、表儿茶素（EC）、没食子儿茶素（GC）、表没食子儿茶素（EGC）、没食子酸表儿茶素酯（ECG）、没食子酸没食子儿茶素（GCG）、没食子酸表没食子儿茶素酯（EGCG）、表儿茶素-3-（3′-*O*-甲基没食子酸酯）等。茶多酚为淡黄至茶褐色略带茶香的粉状固体或结晶，有酸味。易溶于水、乙醇、乙酸乙酯、冰乙酸，微溶于油脂，难溶于苯、氯仿和石油醚。耐热性及耐酸性好，茶多酚在160℃油脂中30min降解20%，在pH 2~7十分稳定。略有吸潮性，水溶液pH为3~4，在pH≥8和光照下，易氧化聚合。遇铁变绿黑色络合物。茶多酚的抗氧化机理是儿茶素分子结构上的羟基作供氢体，与脂肪酸氧化产生的游离基相结合而中断脂肪酸氧化的连锁反应，抑制氢过氧化物的形成。茶多酚的抗油脂氧化活性与其组分的结构有关，组分的酚羟基数越多活性越强，具有抗氧化作用的成分主要是儿茶素。其中表儿茶素（EC）、表没食子儿茶素（EGC）、没食子酸表儿茶素酯（ECG）和没食子酸表没食子儿茶素酯（EGCG）四种儿茶素抗氧化能力最强。它们在相同浓度下的抗氧化能力依次为：EGCG>EGC>ECG>EC。

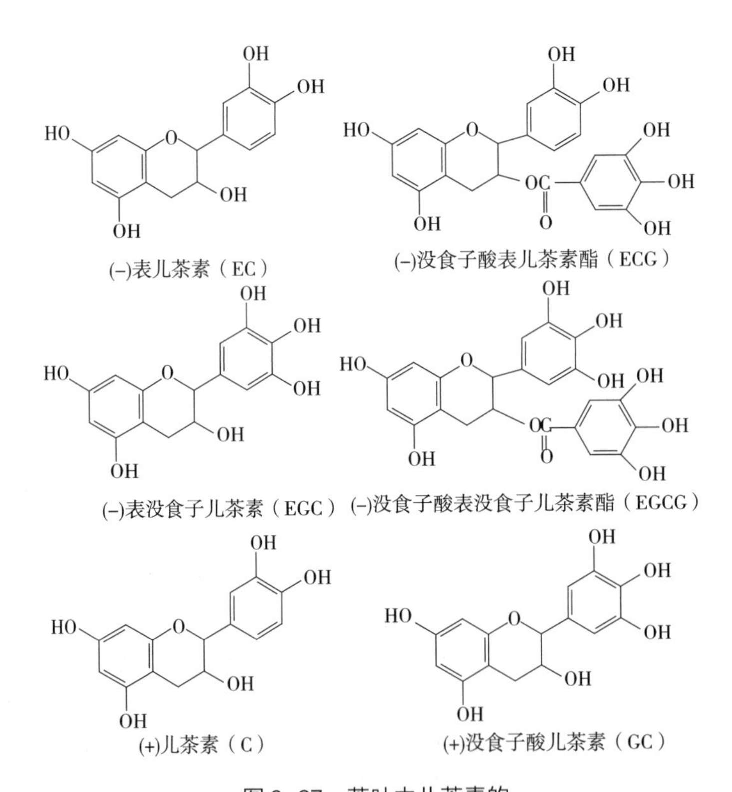

图2-27　茶叶中儿茶素的

茶多酚的LD_{50}为（2496±326）mg/kg体重（大鼠，经口）。在5%的LD_{50}浓度内，茶多酚的致畸、致突变为阴性。

茶多酚与维生素C、生育酚有协同效应，与柠檬酸共同使用效果更好。茶多酚中的儿茶素组分对体外油脂、体内脂质体、蛋白质、DNA等具有比天然抗氧化剂如维生素C、生育酚和化学合成抗氧化剂更强的保护作用。茶多酚可以作为保健食品、抗衰老化妆品、香皂、牙膏、口香糖的添加剂；作为防癌抗癌、防动脉硬化、降血脂血糖、抑菌杀菌等医药原料。

茶多酚的使用范围和使用量见 GB 2760—2014《食品添加剂使用标准》及增补公告。

（2）植酸，植酸钠（Phytic acid/Inositol hexaphosphoric acid，Sodium phytate，CNS 号：04.006） 植酸又称肌醇六磷酸、环己六醇六磷酸酯，浅黄色或浅褐色黏稠状液体，分子式 $C_6H_{18}O_{24}P_6$，相对分子质量 660.08，结构式如图 2-28 所示。其分子中有 12 个羟基能与金属离子螯合成白色不溶性金属化合物（1g 植酸可螯合 500mg 铁离子）。植酸易溶于水、95%乙醇、丙二醇和甘油，微溶于无水乙醇，几乎不溶于乙醚、苯和氯仿。加热则分解，浓度越高对热越稳定。自然界中几乎无游离态的植酸存在，通常以钙、镁或钾等金属离子（如肌醇六钙镁）和蛋白质的络合物形态广泛存在于植物中。

植酸钠，又称肌醇六磷酸钠，白色粉末，分子式 $C_6H_6O_{24}P_6Na_{12}$，相对分子质量 923.82，结构式如图 2-29 所示。植酸钠具有吸湿性，易溶于水，具有很强的螯合金属离子的作用。

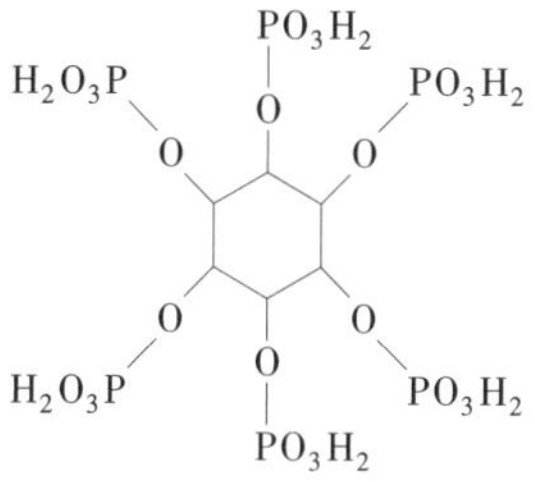

图 2-28 植酸

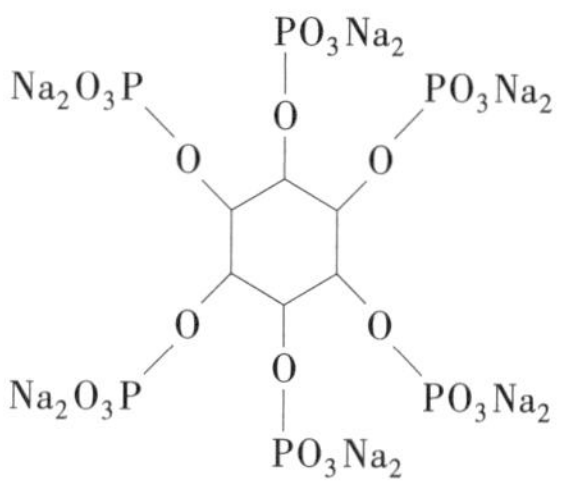

图 2-29 植酸钠

植酸的抗氧化特性是其能与金属离子发生极强的螯合作用，即植酸能与许多可促进氧化作用的金属离子螯合而使其失去活性，同时释放出氢，破坏自动氧化过程中产生的过氧化物，产生良好的抗氧化性（钟正升等，2003）。除具有抗氧化作用外，植酸还有调节 pH 及缓冲、螯合金属离子的作用，防止罐头特别是水产品罐头产生鸟粪石与变黑等。植酸在低 pH 下可定量沉淀 Fe^{3+}，中等 pH 或高 pH 下可与所有的其他多价阳离子形成可溶性络合物，是一种新型的天然抗氧化剂，与维生素 E 具有协同增效效应。

植酸的 LD_{50} 为 4300mg/kg 体重（雌性小鼠，经口），3160mg/kg 体重（雄性小鼠，经口）。

植酸，植酸钠的使用范围和使用量见 GB 2760—2014《食品添加剂使用标准》及增补公告。

四、 食品抗氧化剂合理使用

（一）食品抗氧化剂使用目的

食品在贮藏、运输过程中除受微生物作用而发生腐败变质外，还与空气中的氧发生化学作用，引起食品特别是油脂或含油脂食品氧化酸败。这不仅降低食品营养，使风味和色泽劣变，而且产生有害物质，危及人体健康。为延长食品保质期，除采用冷藏等保鲜技术外，最为经济有效的方法是使用抗氧化剂。采用抗氧化剂延缓食品氧化是贮存食品的有效手段。

脂溶性抗氧化剂适宜油脂物质含量较多的食品，以避免其中的油脂物质及营养成分在加工和贮藏过程中被氧化而酸败，使食品变味、变质；水溶性抗氧化剂多用于果蔬的加工贮藏，用来消除或减缓因氧化而造成的褐变现象。有些抗氧化剂除抑制油脂氧化外还被用作食品调味剂或着色剂等，这种抗氧化剂不仅具有抗氧化的作用，而且具有食品品质改良的作用。

（二）食品抗氧化剂使用原则

食品中的油脂发生氧化反应，首先必须有氧存在，其次必须有能量激发才能启动。使用抗氧化剂应遵循以下原则：

（1）减少外源性氧化促进剂进入食品，食品应冷藏保存，避免不必要的光照，尤其是紫外线辐射。

（2）去除食品中内源性氧化促进剂，避免或减少与铜、铁、植物色素（叶绿素、血红素）或过氧化物接触。一般抗氧化剂应尽量避免与碱金属接触，如 BHA 与钾离子或钠离子相遇后，出现粉红色。

（3）使用合适的容器或包装材料，在加工与贮藏过程中减少氧的介入，包装内尽可能地除掉氧，或采用真空/充氮包装。

（4）使用抗氧化剂时必须添加增效剂，以螯合金属离子，抑制其活性。抗氧化剂一般为白色，但某些抗氧化剂，如 BHA，BHT 及 PG 等遇重金属离子，特别在高温下，容易变成很深的颜色，需要加入增效剂防止变色。

（三）食品抗氧化剂使用注意事项

每种抗氧化剂均具有特殊的结构及理化性质，在制造、保存及使用等方面应综合考虑，稍有不慎，不但不能发挥抗氧化作用，还很可能成为促氧剂。抗氧化剂使用注意事项包括：

1. 选择合适的抗氧化剂

不同抗氧化剂对油脂具有不同的抗氧化作用，一般而言，含亚油酸较少的油脂如棕榈油、花生油及橄榄油等，使用 BHA、BHT、PG 及维生素 E 等抗氧化剂；亚油酸含量较多的油脂如大豆油、葵花籽油、棉籽油（含亚油酸≥20%）及红花籽油（含亚油酸≥60%）等，则必须使用抗氧化性能较强的抗氧化剂，如 TBHQ 等。对红花籽油及棉籽油而言，TBHQ 浓度为 0. 025%时，抗氧化能力约为 PG 的 2~3 倍。BHA 及 BHT 对这类油脂的作用甚微，加入增效剂对抗氧化剂的效果会有显著提高。

2. 选择合适的浓度

尽管抗氧化剂浓度增大，抗氧化能力随之提高，但这两者并不成正比。考虑到抗氧化剂自身的溶解度及毒性，其使用浓度一般不超过 200mg/kg（即 0. 02%）。浓度太高，不仅使用困难，而且还可能促进氧化。因此，在使用抗氧化剂时，必须注意浓度的极限。但也存在一些特殊情况，如在精制油脂及高温使用时，某些抗氧化剂会损耗，例如，BHA 和 BHT 能与水蒸气一起蒸发，PG 在高温下分解。因此，在此情况下可适量多添加一些抗氧化剂以保证抗氧化效果，同时确保残留量不超过法规规定的标准。

3. 溶解度

所用抗氧化剂及增效剂在油脂中必须有一定的溶解度，完全溶解是达到最佳抗氧化效果的先决条件。由于各种抗氧化剂及增效剂具有不同的溶解性能，因此在复合使用时必须首先考虑选择合适的溶剂。例如，BHA、PG 与柠檬酸混用，前者易溶于油脂，而后二者则较难溶于油脂，但都能溶于丙二醇。如果它们再与 BHT 复配，则必须使用丙二醇及脂肪酸单甘油酯的混合溶剂。BHA、BHT、PG 及柠檬酸四者复配，在一定的比例范围内，使用上述混合溶剂，可得到具有较强抗氧化能力的溶液。

虽然某些抗氧化剂能直接溶于油脂，但为了使其更均匀地分散到油脂中，最好先用合适的溶剂稀释后再添加，这样在加工时能更好地分散在食品中，增强抗氧化效能。

4. 加入时机和方法

抗氧化剂是具有消除游离基的添加剂，应在油脂精炼后立即加入，添加过迟，R・生成ROOH，抗氧化剂将不再发挥作用，即抗氧化剂对已“酸败”的油脂不起作用。因此，必须在油脂氧化之前使用抗氧化剂，才能充分发挥其抗氧化作用。

抗氧化剂除直接加入油脂外，在某些食品中需要间接加入。例如对花生仁等含油颗粒食品，需用喷雾法，将抗氧化剂溶液喷洒在颗粒表面。对易渗油的食品，则需将抗氧化剂加在包装物或容器内壁，或将抗氧化剂用香料或调味品稀释后加入食品。方法虽不同，但抗氧化剂必须均匀适量。

5. 抗氧化剂增效剂及复配抗氧化剂

使用抗氧化剂时，两种或两种以上的抗氧化剂复配，或抗氧化剂与增效剂复配，其抗氧化效果较单独使用某一种抗氧化剂要好。茶多酚可以与维生素 C 和维生素 E 发生协同作用，复配使用时，抗氧化性比单一使用时更好。类胡萝卜素是维生素 A 的前体，有着独特的生理功能，茶多酚能够保护β-胡萝卜素，通过提高其保存率来发挥协同作用，增强抗氧化效果。柠檬酸能够显著增强抗氧化剂的作用效果，因此广泛用作抗氧化增效剂用在食品中。例如，柠檬酸和维生素 C 复配可抑制水果褐变。柠檬酸与 BHA、维生素 E、没食子酸丙酯的混合物可延缓鱼油的氧化过程。

（四）抗氧化剂在食品工业中应用

抗氧化剂在脂肪、油和乳化脂肪制品、焙烤食品、膨化食品和饮料等加工和贮藏中主要用于防止食用油脂的氧化酸败。BHA、BHT 和 PG 三种合成抗氧化剂的应用一直占主导地位。但近年来，合成抗氧化剂的安全性受到质疑，许多国家对 BHA、BHT 及 PG 等合成抗氧化剂的添加量和添加对象均进行了严格的限制。高效安全的天然抗氧化剂的开发和应用研究逐渐开展并取得了一定的效果。国内外天然抗氧化剂商品有近 50 种，抗氧化效果明显优于 BHA 和 BHT 的有迷迭香提取物、鼠尾草提取物、甘草提取物、茶多酚、鞣酸、向日葵籽提取物等。我国目前列入食品添加剂使用标准的天然食用抗氧化剂有茶多酚、迷迭香提取物、植酸、甘草抗氧化物、竹叶抗氧化物等。其中迷迭香提取物的抗氧化性能更优越，适用产品更广泛，可用于油脂、肉制品、水产品、休闲食品以及香料等，而且因为是天然植物提取物，在许多欧美国家其添加量不受限制。此外，杨梅、葡萄籽、竹叶、橘皮等提取物也具有很强的抗氧化作用。一些天然抗氧化剂除可以防止油脂和食品氧化，具有抗氧化作用外，还具有一定的保健功能。

1. 抗氧化剂在油脂中的应用

大豆色拉油、葵花籽油、花生油等食用油含有较多不饱和脂肪酸，虽含有一定量的天然抗氧化剂生育酚，但在加工精炼时大部分被除去。因此，在贮存条件不当的情况下极易氧化，一般添加生育酚或其他抗氧化剂以保证保质期品质。茶多酚作为一种天然抗氧化剂，与维生素 C 和维生素 E 具有协同增效作用，能提高维生素和胡萝卜素的稳定性能，在油脂中添加茶多酚，也能有良好的抗氧化效果。

2. 抗氧化剂在油炸食品中的应用

土豆片、玉米片等油炸食品中油脂含量可达 50%，油炸方便面中含油量一般也在 20% 以上，此类食品与空气的接触面积大，油脂类成分极易被氧化。因此，需要在采用充氮或真空包装的同时，在食品配料中添加抗氧化剂减缓油脂氧化。江美都等（2011）研究了竹叶抗氧化物在琥珀桃仁中的应用，结果表明竹叶提取物的抗氧化性能优于等剂量的 TBHQ、PG，明显强于等剂量的茶多酚。

3. 抗氧化剂在肉制品中的应用

肉制品不含天然抗氧化剂，且含有促进油脂氧化的某些微量金属离子，使得肉类食品容易氧化酸败造成肉品品质下降，给肉制品工业造成严重的影响。脂肪在肉制品中呈均匀的小球分布，所以易加入抗氧化剂处理。通常采用 BHA 或 TBHQ 和螯合金属离子的柠檬酸及其衍生物进行复配，在有效防止氧化的同时也可保持肉的鲜红色泽。此外，添加抗坏血酸能降低肉制品的 pH，具有增强抗氧化性的作用。目前实际应用较多的是异抗坏血酸钠。天然维生素 E 能有效地减少熟肉制品中有害物质亚硝酸盐的含量。彭雪萍等（2007）研究了甘草抗氧化物与 BHT 按 1∶1 复配后对冷却肉保鲜的情况，结果显示加入抗氧化剂的冷却肉哈变速度及菌落总数分别降低 25 和 7 倍，使保质期延长一周左右。

4. 抗氧化剂在焙烤食品中的应用

焙烤食品深受消费者的欢迎，成为食品行业销售量很大的品种。某些焙烤食品的油脂含量比较高，如中式糕点，一般需要添加 BHA、BHT 和生育酚起抗氧化效果。在焙烤的葵花籽中，添加 TBHQ 的抗氧化性能优于 BHA 和 BHT。

5. 抗氧化剂在水产品中的应用

抗氧化剂在水产品中应用广泛。水产品含有丰富的多不饱和脂肪酸，易被氧化。此外，这类制品中还含有许多天然的氧化催化剂，如血红素等。鱼油中除含有大量的铁外，富含维生素 A 和维生素 D，这两种维生素含有大量不饱和双键，易被氧化，需添加 BHT 和柠檬酸的混合物。竹叶抗氧化物是一种从竹叶中提取得到的黄色或棕黄色的粉末，其主要抗氧化成分包括黄酮、内酯和酚酸类化合物，既能阻断脂肪自动氧化的链式反应，又能螯合过渡态金属离子。虾类黑变主要是机体存在的多酚氧化酶催化反应所致，4-己基间苯二酚可使虾捕捞后保持色泽良好不变黑。虾蟹捕捞后的暂养水中加入 0.015%的竹叶抗氧化物，并将暂养后的虾、蟹加工成软罐头，常温贮存 3 个月后，虾蟹肌肉匀浆中丙二醛（MDA）的含量显著低于空白对照。

6. 抗氧化剂在果蔬饮料中的应用

在果蔬饮料加工过程中，需要添加抗坏血酸等抗氧化剂改善果蔬汁的色泽和营养价值。抗坏血酸在果蔬饮料中的使用量为 0.01%～0.05%，使用抗坏血酸钠盐时，用量需要增加一倍，在破碎时加入效果最佳。葡萄糖氧化酶也可作为抗氧化剂加入到果蔬饮料中，防止褐变和风味改变。在果蔬汁饮料中常常添加的柠檬酸除了调整风味，也能起到抗氧化剂助剂的作用。

7. 抗氧化剂在其他食品中的应用

罐头、糕点、馅料、酱菜等食品中都含有一定量的油脂，均存在着油脂氧化问题，而添加抗氧化剂是延长食品保质期最直接、最经济、最简单的手段。

五、 食品抗氧化剂发展趋势

我国在食品加工和食品添加剂生产方面同世界食品工业发达国家相比，还有一定的差距。食品添加剂行业秉持可持续发展的理念，崇尚安全和天然，与国际提倡“回归大自然、天然、营养、低热能”的趋势相一致。开发安全、高效、多功能的天然抗氧化剂是食品添加剂研究和开发的重要方向之一。

（一）食品抗氧化剂新产品研发

1. 银杏叶提取物

银杏又称白果、公孙树，高大落叶乔木，是最古老的中生代的孑遗树种之一，为我国所特有。由银杏叶用温水或含水乙醇提取后精制而成的银杏叶提取物，呈微黄色液体或粉末，味苦。银杏叶提取物中的主要有效成分为银杏内酯（Ginkgolide）、白果内酯（Bilobalide）和山萘酚（Kaempferol）、槲皮素（Quercetin）、异鼠李素（Isorhamnetin）等黄酮类物质。以银杏叶提取物的有效抗氧化成分作为抗氧化剂，是食品添加剂行业的发展趋势之一。

2. 葡萄籽提取物

根据分子结构，葡萄籽中的多酚类物质可分为两类：非类黄酮类和类黄酮类。非类黄酮类依其分子结构的不同又可分为苯甲酸类、苯甲醛类、肉桂酸类、肉桂醛类、对羟苯基乙醇类等，每类又包括很多种。葡萄籽中这些多酚类化合物是葡萄果实生长发育新陈代谢过程中的次生代谢产物。类黄酮类葡萄籽多酚类物质根据分子结构单元可分为黄酮醇、花色苷、黄烷醇等。

在葡萄籽的类黄酮天然抗氧化剂中，含量最丰富且研究较多的是黄烷醇及其低聚物（寡聚物），同时发现来自葡萄籽中的天然抗氧化剂具有防止动脉粥样硬化、抗凝血、增加高密度脂蛋白或高密度脂蛋白胆固醇（HDL-C）、抑制低密度脂蛋白（LDL）的氧化、清除自由基、防癌抗肿瘤等多种功效。

3. 单宁（单宁酸）

单宁是一类广泛存在于植物体内的多元酚化合物，一般指相对分子质量为500~3000的多酚。大分子质量单宁的抗氧化活性比没食子酸强，其与生育酚、维生素C具有协同抗氧化作用。单宁的抗氧化活性表现在两个方面：一是通过还原反应降低环境中的氧含量；二是作为氢供体，通过释放出氢与环境中的自由基结合，终止自由基引发的连锁反应，从而阻止氧化过程的继续进行。单宁具有很强的清除自由基能力，可应用于食品、农林、医药、化工、环境、材料等学科领域。

4. 芦荟提取物

芦荟中含有抗脂质氧化和清除自由基的有效物质，它的抗脂质氧化作用与清除氧自由基、羟自由基的作用有关。芦荟提取物可明显降低大鼠肝组织自发性丙二醛的生成，减轻由四氯化碳和Fe^{2+}、维生素C所致的肝脏脂质过氧化损伤（李文智，2003）；还具有促进胃肠蠕动、抗炎、抗菌、抗辐射、免疫调节等多种作用。有实验证明芦荟原汁、库拉索芦荟原汁、华芦荟汁等经100℃加热处理，其抗氧化作用不受影响，因此，可提取它们的抗氧化成分用作高温炒、煎、炸等食用油脂的抗氧化剂。

5. 核桃仁提取物

核桃仁提取物具有清除DPPH、ABTS自由基及铁离子（FRAP法）还原能力，对亚油酸的氧化体系、过氧化体系都有较好的抑制作用，抗氧化活性强于BHT和BHA。该提取物用于富含多不饱和脂肪酸食用油脂的抗氧化和防腐具有良好的开发前景（康文艺等，2009）。

6. 肉豆蔻提取物

肉豆蔻为肉豆蔻属乔木，多分布于东半球热带地区，原产于马鲁群岛，它的种子和假种皮为众所周知的香料，也可供药用。李荣等（2009）的研究表明，肉豆蔻精油具有良好的抗氧化效果，在一定浓度范围内，肉豆蔻精油的抗氧化活性比合成抗氧化剂BHT和PG大，其清除羟自由基、DPPH 自由基和超氧阴离子自由基能力优于 BHT 和 PG。此外，肉豆蔻中的木质素类化合物具有较好的清除自由基活性。

7. 鞣花酸

鞣花酸又名并没食子酸、胡颓子酸，是没食子酸的二聚衍生物。鞣花酸多以游离形式或鞣花单宁结构及葡萄糖苷的形式存在于多种水果、坚果和蔬菜中。研究表明，鞣花酸具有良好的抗氧化性能，其抗氧化活性是生育酚的 50 倍。鞣花酸还可以抑制多环芳烃、黄曲霉毒素和芳香胺等引发的癌变。啮齿动物试验表明，鞣花酸能够抑制肺、肝、皮肤及食道等部位由于化学诱导产生的癌变，其对于多环芳烃二酚环氧化物诱变作用的抑制活性比阿魏酸、绿原酸及咖啡单宁酸高 2 个数量级。鞣花酸在日本已经被允许作为食品抗氧化剂使用。

8. 美拉德反应产物

美拉德反应主要是指食品中的氨基化合物（氨基酸、肽及蛋白质）与羰基化合物（糖类）之间发生的非酶褐变反应。美拉德反应产物（Maillard Reaction Products，MRPs）不仅提供风味、改变产品的色泽和质构，还具有多种生理活性（Lee，1994；2002）。食品加工过程中形成的 MRPs 或外加 MRPs 能够显著提高食品的氧化稳定性。美拉德反应不仅产生类黑精、还原酮等具有抗氧化活性的物质，还产生赋予食品风味且具有抗氧化性的挥发性杂环化合物，包括氧杂环的呋喃类、氮杂环的吡嗪类、含硫杂环的噻吩和噻唑类。MRPs 的抗氧化性与反应物的性质有关，木糖-赖氨酸、木糖-色氨酸、二羟基丙酮-组氨酸和二羟基丙酮-色氨酸 MRPs 的抑制作用较高。不同种类的氨基酸和糖在不同的温度、时间等条件下反应，可获得不同活性的 MRPs（Bedinghaus 等，1995）。

9. 天然抗氧化肽

国内外以动植物为原料制备天然抗氧化肽进行了大量的研究，许多食物可用于制备抗氧化肽，包括酪蛋白、乳清蛋白、胶原蛋白、毛虾、大豆、黑米、菜籽、灵芝、桂花、枸杞等，其相对分子质量一般低于 1500，可作为天然抗氧化剂用于各种食品。通过对制备的活性肽进行体外和体内活性检测发现，多数食源性多肽在体内外均具有明显的抗氧化作用（张昊等，2008）。

（二）食品抗氧化剂新技术开发

1. 抗氧化剂复配技术

天然抗氧化剂的研发和应用是抗氧化剂的发展方向，但天然抗氧化剂的添加量较大，增加使用量给产品带来感官和理化性质的改变。不同抗氧化剂可以通过构成氧化还原循环系统或不同作用机理互补等途径形成抗氧化协同作用，不同的抗氧化剂共同作用能够起到复配增效的效果。目前国内外已经开始对抗氧化剂复配使用进行研究，通过复配可以大大降低使用成本。在研究多组分抗氧化协同作用的基础上，通过不同类型抗氧化剂的复配，研发和使用高效、安全的复合型天然抗氧化剂将成为未来食品抗氧化剂的发展趋势之一。对油脂抗氧化研究表明：TBHQ：BHA 为 2：1 时可以实现最佳的复配抗氧化效果（De Guzman 等，2009）。此外，维生素 A、维生素 C、维生素 E 两两复配对妊娠大鼠的饲喂实验结果表明，抗氧化剂能显著提高血清中高密度脂蛋白胆固醇（HDL-C）的水平，从而降低妊娠期罹患高脂血症的风险（Iribho GB 等，2011）。

2. 微胶囊技术

微胶囊技术是一种微包装技术，是指小液滴、固体颗粒或气体被包埋在微胶囊壁材中，成为流动性的固体颗粒。采用适宜的壁材将抗氧化剂微胶囊化后添加到含油脂的食品或油脂中，通过控制一定的条件，使抗氧化剂缓慢释放，有效地防止了食品的氧化酸败。采用微胶囊技术包埋抗氧化剂，在其周围形成保护层，与外界隔绝，能够防止由于外界环境造成的氧化变质，保持抗氧化剂的抗氧化活性。该技术提高了有些抗氧化剂（如酚类物质）的稳定性，并且可通过控制不同壁材的组成及工艺条件，控制抗氧化剂的释放速度，从而使食品达到长期保存的目的。此外，该技术的应用扩大了抗氧化剂的使用范围，减少了使用量，从而减小了毒性，降低了成本。微胶囊化抗氧化剂包括 BHA（陈梅香等，2002）、BHT（张子德等，2003）、维生素 E（崔炳群，2002；王磊，2015）、植物固醇酯（崔炳群等，2002）、大豆磷脂（张鑫等，2001）、茶多酚（烟利亚等，2010）等。目前主要集中于工艺技术的研究，但包埋后对抗氧化剂的抗氧化效果产生的影响、包埋方法及缓释控制的研究还有待深入。

3. 包装新技术

食品包装直接影响食品的质量和保质期，应用脱氧薄膜新技术可以达到较好的除氧效果。日本采用固定化酶技术，将葡萄糖氧化酶结合在壳聚糖或聚氮丙啶等薄膜上，利用酶催化葡萄糖与氧气反应的原理，作为液态食品包装中的脱氧系统。反应所需要的葡萄糖由食品直接提供或是通过微胶囊技术包埋于薄膜中，理论情况下，0.78g 葡萄糖可以将 500mL 空气中的氧气完全脱除。

4. 抗氧化剂与食品加工技术的结合

采用冷藏、真空包装、高压灭菌等高新加工技术及现代生物技术，与抗氧化剂并用能显著减缓油脂的氧化，使含有油脂的食品大幅度延长保质期，有效保持油脂食品的风味。现代食品加工技术与抗氧化剂并用，将提高食品抗氧化剂的有效利用，推动食品工业的发展，具有广阔的发展前景。

思考题

1. 试论述食品防腐剂的防腐原理。
2. 比较苯甲酸、山梨酸、对羟基苯甲酸酯类的防腐范围及应用特点。
3. 比较 BHA、BHT、TBHQ、抗坏血酸、茶多酚等抗氧化剂的应用特点。
4. 如何提高食品防腐剂的防腐效率？
5. 如何提高食品抗氧化剂的抗氧化效率？
6. 试论述天然食品抗氧化剂的分类及抗氧化作用机理。
7. 试以面粉制作的麻辣条小食品为例，分析麻辣条的防腐、抗氧化要点，并设计麻辣条的防腐、抗氧化方案。
8. 以果汁饮料产品为例，试设计果汁饮料的防腐方案。

参考文献

[1] Azeredo H M C, Faria J de A F, Silva M A A P. Minimization of peroxide formation rate in soybean oil by antioxidant combinations [J]. Food Research International, 2004, 37: 689-694.

[2] Bersuder P, Hole M, Smith G. Antioxidants from a heated histidine-glucose model sys-

tem. I. Investigation of the antioxidant role of histidine and isolation of antioxidants by high-performance liquid chromatography [J]. Journal of the American Oil Chemists' Society, 1998, 75 (2): 181-187.

[3] Billaud C, Maraschin C, Peyrat-Maillard M N, et al. The Maillard Reaction: Chemistry, at the Interface of Nutrition, Aging, and Disease [J]. New York Academy of Science, New York, USA: 2005, 876-885.

[4] Ehling S, Shibamoto T. Correlation of acrylamide generation in thermally processed model systems of asparagines and glucose with color formation, amounts of pyrazines formed and antioxidative properties of extracts [J]. Journal of Agricultural and Food Chemistry, 2005, 53 (12): 4813-4819.

[5] Frankel E N, Meyer A S. The problems of using one-dimensional methods to evaluate multifunctional food and biological antioxidants [J]. Journal of the Science of Food and Agriculture, 2000, 80 (13): 1925-1941.

[6] Hidalgo F J, Nogales F, Zamora R. Effect of pyrrole polymerization mechanism on the antioxidative activity of nonenzymatic browning reactions [J]. Journal of Agricultural and Food Chemistry, 2003, 51 (19): 5703-5708.

[7] Huang D, Ou B, Prior R L. The chemistry behind antioxidant capacity assays [J]. Journal of Agricultural and Food Chemistry, 2005, 53 (6): 1841-1856.

[8] Lee K G, Shibamoto T. Roxicology and antioxidant activities of non-enzymatic browning reaction products: review [J]. Food Reviews International, 2002, 18 (2-3), 151-175.

[9] MacDonald-Wicks L K, Wood L G, Garg M L. Methodology for the determination of biological antioxidant capacity in vitro: a review [J]. Journal of the Science of food and Agriculture, 2006, 86 (13): 2046-2056.

[10] Morales F J. Assessing the non-specific hydroxyl radical scavenging properties of melanoidins in a Fenton-type reaction system [J]. Analytica Chimica Acta, 2005, 534 (1): 171-176.

[11] Medina-Juárez L A, González-Díaz P, Gámez-Meza N, et al. Effects of processing on the oxidative stability of soybean oil produced in Mexico [J]. Journal of the American Oil Chemists' Society, 1998, 75 (12): 1729-1733.

[12] Morales F J, Jiménez-Pérez S. Free radical scavenging capacity of Maillard reaction products as related to colour and fluorescence [J]. Food Chemistry, 2001, 72 (1): 119-125.

[13] Mottram D S, Wedzicha B L, Dodson A T. Acrylamide is formed in the Maillard reaction [J]. Nature, 2002, 419 (10): 448-449.

[14] Noda Y, Kneyuki T, Igarashi K, et al. Antioxidant activity of nasunin, an anthocyanin in eggplant peels [J]. Toxicology, 2000, 148: 119-123.

[15] Osada T, Shibamoto T. Antioxidative activity of volatile extracts from Maillard model systems [J]. Food Chemistry, 2006, 98 (3): 522-528.

[16] Pimpa B, Kanjanasopa D, Boonlam S. Effect of addition of antioxidants on the oxidative stability of refined bleached and deodorized plam olein [J]. Kasetsart Journal (Natural Science), 2009, 43 (2): 370-377.

[17] Re R, Pellegrini N, Proteggente A, et al. Antioxidant activity applying a improved ABTS

radical cation decolorization assay [J]. Free Radical Biological Medicine, 1999, 26 (9/10): 1231-1237.

[18] Sánchez-Moreno C. Review: Methods used to evaluate the free radical scavenging activity in foods and biological systems [J]. Food Science and Technology International, 2002, 8 (3): 121-137.

[19] Sumaya-Martinez M T, Thomas S, Linard B, et al. Effect of Maillard reaction conditions on browning and antiradical activity of sugar-tuna stomach hydrolysate model system [J]. Food Research International, 2005, 38 (8-9): 1045-1050.

[20] Wei P C, May C Y, Ngan M A, et al. Degumming and bleaching: effect on selected constituents of palm oil [J]. Journal of Oil Palm Research, 2004, 16 (2): 57-63.

[21] Wijewickreme A N, Krjpcio Z, Kitts D D. Hydroxyl scavenging activity of glucose, fructose, and ribose-lysine model Maillard products [J]. Journal of Food Science, 1999, 64 (3): 457-461.

[22] Woffenden H M, Ames J M, Chandra S, et al. Effect of kilning on the antioxidant and pro-oxidant activities of pale malts [J]. Journal of Agricultural and Food Chemistry, 2002, 50 (17): 4925-4933.

[23] Xu Q, Tao W, Ao Z. Antioxidant Activity of Vinegar Melanoidins [J]. Food Chemistry, 2007, 102 (3): 841-849.

[24] Ho Y, Ishizaki S, Tanaka M. Improving emulsifying activity of ε-polylysine by conjugation with dextran through the Maillard reaction [J]. Food Chemistry, 2000, 68: 449-455.

[25] Yanagimoto K, Lee K G, Ochi H, et al. Antioxidative activity of heterocyclic compounds found in coffee volatiles produced by Maillard reaction [J]. Journal of Agricultural and Food Chemistry, 2002, 50 (19): 5480-5484.

[26] Yanagimoto K, Lee K-G, Ochi H, et al. Antioxidative activity of heterocyclic compounds formed in Maillard reaction products [J]. International Congress Series, 2002, 1245, 335-340.

[27] 陈国安，杨凯，彭昌亚，等．新型食品防腐剂——尼泊金酯 [J]．中国调味品，2003 (3): 31.

[28] 陈美云．迷迭香高效无毒抗氧化剂的开发利用 [J]．林产化工通讯，2000，34 (3): 28-30.

[29] 陈琪，王伯初，唐春红，等．黄酮类化合物抗氧化性与其构效的关系 [J]．重庆大学学报，2003，26 (11): 48-55.

[30] 陈雄，王金华．聚-ε-赖氨酸的研究进展 [J]．湖北工业大学学报，2006，21 (6): 58-61.

[31] 程永清，尹晓敏，刘银凤，等．超声法提取余甘树皮中单宁的研究 [J]．应用声学，2007，3: 29-34.

[32] 丛涛，赵霖，鲍善芬，等．蔬菜类食品“赛金”与茄子抗氧化作用的研究 [J]．食品科学，2001，22 (12): 47-50.

[33] 丁燕．乳酸链球菌素的特性及其在啤酒工业中的应用 [J]．酿酒，2002，29 (1): 41.

[34] 董新伟，段杉，翁新楚，等．丹参有效成分的提取及抗氧化研究 [J]．烟台大学学报（自然科学与工程版），1997 (3): 203-207.

[35] 高玉荣，王雪平．食品化学防腐剂与纳他霉素的协同抑菌作用研究 [J]．现代食品

科技，2010，26（6）：558-561.

[36] 谷利伟，陶冠军．大豆皂苷 A 的分离与 ESI/MS 分析［J］．无锡轻工大学学报，2001，20（1）：68-71.

[37] 郭芳彬．蜂胶的抗氧化作用［J］．养蜂科技，2004（1）：26-28.

[38] 韩宏星，曾慧慧．迷迭香总二萜酚的体内抗氧化作用研究［J］．中草药，2003，34（2）：147-149.

[39] 侯滨滨，刘元．验证芝麻酚的抗氧化性质［J］．食品研究与开发，2007，128（4）：145-147.

[40] 贺家亮，秦翠丽，康怀彬，等．乳酸链球菌素的研究现状［J］．中国食品添加剂，2004（3）：40.

[41] 何孟晓．脱氧剂抗氧化剂在食品保鲜中的应用［J］．肉类工业，2002（8）：12-13.

[42] 何丽华．豆制品防腐保鲜技术的研究进展［J］．现代预防医学，2007，34（2）：294-296.

[43] 黄池宝，罗宗铭．食品抗氧化剂的种类及其作用机理［J］．广东工业大学学报，2001，18（9）：77-80.

[44] 江芸，高峰，刘琛，等．Nisin 对冷却猪肉中菌落总数变化的交互效应［J］．安徽农业科学，2006，34（22）：5958-5959.

[45] 焦凌梅，袁唯．蜂胶在食品工业中的应用［J］．食品科技，2004（12）：55-57.

[46] 金栋．双乙酸钠的生产技术及应用前景［J］．精细化工原料及中间体，2009（5）：7-10.

[47] 李强，李晓凤．尼萨普林（Nisaplin）在巴氏灭菌乳中的应用［J］．中国食品添加剂，2001（4）：49.

[48] 李庆，姚开，谭敏．新型天然抗氧化剂—鞣花酸［J］．四川食品与发酵，2001，37（4）：10-14.

[49] 李文智．我国天然抗氧化剂的研究及应用概况［J］．四川粮油科技，2003（1）：48-50.

[50] 李永飞．关于对羟基苯甲酸酯等防腐剂对 3 种细菌抑制作用的研究［J］．中国酿造，2003（6）：18.

[51] 凌关庭．天然抗氧化剂及其消除氧自由基的进展［J］．食品工业，2000（3）：19-22.

[52] 刘雪梅，姜爱莉．迷迭香抗氧化成分的提取及其活性研究［J］．粮油加工与食品机械，2005（4）：55-57.

[53] 刘先章，赵振东，毕良武．天然迷迭香抗氧化剂的研究进展［J］．林产化学与工业，2004，24：132-138.

[54] 陆正清．脱氢醋酸钠防腐剂在酱油生产中的应用研究［J］．江苏调味副食品，2003，80：7.

[55] 潘利华，夏云梯，朱克美，等．Nisin 对酸奶品质的影响研究［J］．合肥工业大学学报（自然科学版），2008（8）：619-623.

[56] 秦翠群，袁长贵．一类天然的功能性添加剂-抗氧化剂的开发和应用前景研究［J］.

中国食品添加剂，2002（3）：59-63.

[57] 邱松山．油茶枯饼中三萜皂苷结构及抗氧化活性的初步研究［D］．天津：天津科技大学，2006.

[58] 商丰才，黄琴，李卫芬．6种新型抗氧化剂及组合清除自由基活性的研究［J］．饲料研究，2008（7）：1-4.

[59] 单春会，童军茂，冯世江．壳聚糖及其衍生物涂膜保鲜果蔬的研究现状与展望［J］．食品工业，2004，12：29.

[60] 宋萌，孔保华．Nisin复合防腐剂对冷却猪肉保质期及品质的影响［J］．东北农业大学学报，2008，39（10）：82-88.

[61] 滕斌，王俊．果蔬贮藏保鲜技术的现状与展望［J］．粮油加工与食品机械，2001（4）：5-8.

[62] 田云，卢向阳，易克．天然植物抗氧化剂研究进展［J］．中草药，2005，36（3）：468-470.

[63] 王洪新，汤逢．食用天然抗氧化剂的研究与应用［J］．无锡轻工业学院学报，1988，7（4）：1-10.

[64] 王建国，姜兴印，张鹏．纳他霉素对冬枣浆胞病菌的毒力及保鲜生理效应研究［J］．农药学学报，2006，8（4）：313-318.

[65] 王克利，李明元．食品抗氧化剂及其分析技术［J］．口岸卫生控制，2002，7（6）：27-35.

[66] 王敏．非发酵性豆制品（豆腐丝）主要腐败细菌的分离鉴定及其防腐研究［D］．保定：河北农业大学，2004.

[67] 汪秋安．天然抗氧剂的开发利用［J］．广西轻工业，1999，2：6-9.

[68] 王文中，王颖．迷迭香的研究及其应用-抗氧化剂［J］．中国食品添加剂，2002，51（5）：60-65.

[69] 王兴国，裘爱泳，汤逢．甘草抗氧化剂的研究［J］．中国油脂，1993，3：34-37.

[70] 王亚东．天然防腐剂对茶干致腐菌抑制作用及其机理的研究［D］．合肥：合肥工业大学，2009.

[71] 闻人华旦．山梨酸的合成及应用［J］．浙江化工，1996，27（4）：13.

[72] 翁新楚．抗氧化剂及其抗氧化机制［J］．郑州粮食学院学报，1993（3）：20-29.

[73] 吴慧清．张菊梅我国食品防腐剂应用状况及未来发展趋势［J］．食品研究与开发，2008，29：157-161.

[74] 吴小勇．壳聚糖的抑菌机理及抑菌特性研究进展［J］．中国食品添加剂，2004（6）：46-49.

[75] 辛清明．抗坏血酸钙的合成及其稳定性初试［J］．食品与发酵工业，1987（4）：25-28.

[76] 荆亚玲，闫立江，岳桂云．食品防腐剂复配形式在面包中的防腐应用研究［J］．中国食品添加剂，2010（2）：197-200.

[77] 修祥菊．新型防腐剂单辛酸甘油酯在食品中的应用［J］．中国食品添加剂，1997（4）：29-32.

［78］许红．绿色添加剂溶菌酶及其应用［J］．饲料工业，2005，26（2）：10-13.

［79］颜国钦，刘美麟．木糖-赖氨酸梅纳反应产物及其区分物抗氧化特性之研究［J］．中国农业化学会志，1997，35（3）：273-287.

［80］杨洋，韦小英，阮征．国内外天然食品抗氧化剂的研究进展［J］．食品科学，2002，23（10）：138-140.

［81］姚自奇，庄艳玲，温凯，等．纳他霉素在酸奶制品中的应用［J］．中国食品添加剂，2007（1）：168-171.

［82］尤新．方兴未艾的营养型抗氧化剂—维生素 E［J］．肉品卫生，2001（5）：37-38.

［83］尤新．氨基酸和糖类的美拉德反应——开发新型风味剂和食品抗氧剂的新途径［J］．食品工业科技，2004（7）：25-28.

［84］余世望，肖小年，范青生，等．60 种药食两用植物抗氧化作用研究［J］．食品科学，1995（11）：3-5.

［85］曾名勇，陈胜军，张联英．海洋生物抗菌剂的研究进展［J］．精细与专用化学品，2002（19）：3-6.

［86］曾伟，梁天绪．迷迭香提取物在油脂和肉类制品中的应用［J］．中国食品添加剂，2000（3）：42-46.

［87］张保顺，袁吕江，冯敏．迷迭香天然抗氧化剂的研究及其应用［J］．江苏食品与发酵，2006（1）：20-22.

［88］张洪震，张玉华，曹桂荣．Nisin 在猪肉保鲜中的应用研究［J］．山东商业职业技术学院学报，2004，4（3）：79-81.

［89］张婧，熊正英．天然抗氧化剂迷迭香的研究进展及其应用前景［J］．现代食品科技，2005，21（1）：135-137.

［90］张乃茹，李晓莉，白秀丽．防腐防霉剂脱氢醋酸的性质、合成及其应用［J］．长春师院学报，1995（2）：1-3.

［91］钟正升，王运吉，张苓花．天然食品添加剂-植酸的多功能性介绍［J］．中国食品添加剂，2003（2）：74-77.

［92］周友亚，李冀辉，高风格．抗坏血酸钙的合成及抗氧化作用［J］．河北师范大学学报（自然科学版），1999，23（1）：94-96.

［93］庄家俊．我国苯甲酸钠生产应用及市场趋势［J］．上海化工，2000，13：30-33.

［94］刘程国，魏立娜，邹鑫晶．天然食品防腐剂的研究进展及前景［J］．通化师范学院学报，2008，29（12）：39-41.

［95］梁琪．绿色食品用添加剂与禁用添加剂［M］．北京：化学工业出版社，2006：175-176.

［96］邹凯华，展海军．ε-聚赖氨酸作为食品防腐剂的应用［J］．食品研究与开发，2008，29（1）：165-167.

［97］Mitsouo E. Manufacture of salads and meat products suing preservatives［J］. Jpn Kokai Tokyo Koho，1993（4）：304，840.

［98］Dieulevenx V，der Van P，Chataud J，et al. Purification and characterization of anti-Listeria compounds produced by Geotrichumcandidum［J］. Appl Environ Microbiol，1998，64（2）：

800-803.

[99] Brunhuber N M, Thoden J B, Blanchard J S, et al. Rhodococcus L-phenylalanine dehydrogenase: Kinetics, mechanism, andstructural basis for catalytic specificity [J] . Biochemistry, 2000, 39 (31): 9174-9187.

[100] Bedinghaus A J, Ockerman H W. Antioxidant Maillard reaction products from reducing sugars and free amino acids in cooked ground pork patties [J] . J Food Sci, 1995, 60: 992-995.

[101] De Guzman R, Tang H, Salley S, et al. Synergistic effects of antioxidants on the oxidative stability of soybean oil- and poultry fat-based biodiesel [J] . J Am Oil Chem Soc, 2009, 86: 459-467.

[102] Esterbauer H, Schaur R J, Zollner H. Chemistry and biochemistry of 4-hydroxynonenal, malonaldehyde and related aldehydes [J] . Free Radical Biology and Medicine, 1991, 11: 81-128.

[103] Iribho GB e O I, Emordi J E, Idonije B O, et al. Synergistic effects of antioxidant vitamins of lipid profile in pregnancy [J] . Current Research Journal of Biological Sciences, 2011, 3 (2): 104-109.

[104] Larry Branen A, Michael Davidson P, Salminen S, et al. Food Additives (second edition) [M] . Mercel Dekker, INC, 2002.

[105] Lee Huei. Formation and identification of carcinogenic heterocyclic aromatic amines in boiled pork juice [J] . Mutation Research/Fundamental and Molecular Mechanisms of Mutagenesis, 1994, 308 (1): 77-88.

[106] Lee K G, Shibamoto T. Roxicology and antioxidant activities of non-enzymatic browning reaction products: review [J] . Food Reviews International, 2002, 18 (2-3): 151-175.

[107] Long J, Wang X, Gao H, et al. Malonaldehyde acts as a mitochondrial toxin: Inhibitory effects on respiratory function and enzyme activities in isolated rat liver mitochondria [J]. Life Science, 2006, 79: 1466-1472.

[108] Otaegui-Arrazola A, Menendez-Carreno M, Ansorena D, et al. Oxysterols: A world to explore [J] . Food and Chemical Toxicology, 2010, 48 (12): 3289-3303.

[109] Yanagimoto K, Lee K G, Ochi H, et al. Antioxidative activity of heterocyclic compounds found in coffee volatiles produced by Maillard reaction [J] . Journal of Agricultural and Food Chemistry, 2002, 50 (19): 5480-5484.

[110] Yanagimoto K, Lee K-G, Ochi H, et al. Antioxidative activity of heterocyclic compounds formed in Maillard reaction products [J] . International Congress Series, 2002, 1245: 335-340.

[111] 陈梅香，张子德，马俊莲．微胶囊技术在抗氧化剂中的应用 [J] ．河北农业大学学报，2002，25 (5)：234-236.

[112] 陈美云．迷迭香高效无毒抗氧化剂的开发利用 [J] ．林产化工通讯，2000，34 (3)：28-30.

[113] 陈敏编．食品化学 [M] ．北京：中国林业出版社，2008.

[114] 崔炳群，王三永，李晓光．植物甾醇酯微胶囊化研究 [J] ．食品工业科技，2002，23 (7)：25-27.

[115] 崔炳群．天然维生素 E 微胶囊化研究 [J] ．粮食与油脂，2002 (1)：8-10.

[116] 董文宾，田家乐．迷迭香天然食用抗氧化剂提取工艺研究 [J] ．西北轻工业学院

学报，1991，9（2）：9-16.

［117］高彦祥．食品添加剂［M］．北京：中国轻工业出版社，2011.

［118］韩宏星，曾慧慧．迷迭香总二萜酚的体内抗氧化作用研究［J］．中草药，2003，34（2）：147-149.

［119］郝利平．食品添加剂［M］．北京：中国农业大学出版社，2002.

［120］江美都，应丽亚，施林巍．竹叶抗氧化物在竹叶加工中的应用［J］．中国食品学报，2011，11（6）：113-118.

［121］李荣，孙健平，姜子涛．肉豆蔻精油抗氧化性能及清除自由基能力的研究［J］．食品研究与开发，2009，30（11）：75-80.

［122］康文艺，宋艳丽，李彩芳．核桃仁抗氧化活性研究［J］．精细化工，2009，26（3）：269-272.

［123］李文智．我国天然抗氧化剂的研究及应用概况［J］．四川粮油科技，2003（1）：48-50.

［124］李银聪，阚建全，柳中．食品抗氧化剂作用机理及天然抗氧化剂［J］．中国食物与营养，2011，17（2）：24-26.

［125］梁晓璐，陈义伦．抗坏血酸钙对鲜切鸭梨品质的影响［J］．食品与发酵工业，2012（1）：190-194.

［126］刘先章，赵振东，毕良武．天然迷迭香抗氧化剂的研究进展［J］．林产化学与工业，2004，24：132-138.

［127］刘志皋，高彦祥．食品添加剂基础［M］．北京：中国轻工业出版社，1994.

［128］彭雪萍，马庆一，刘艳芳，等．甘草抗氧化物在冷却肉保鲜中的应用研究［J］．食品工业科技，2007，28（4）：67-69.

［129］田云，卢向阳，易克．天然植物抗氧化剂研究进展［J］．中草药，2005，36（3）：468-470.

［130］王克利，李明元．食品抗氧化剂及其分析技术［J］．口岸卫生控制，2002，7（6）：27-35.

［131］王磊．基于乳清分离蛋白乳状液体系的维生素 E 的包埋和保护研究［D］．无锡：江南大学，2015.

［132］王文中，王颖．迷迭香的研究及其应用——抗氧化剂［J］．中国食品添加剂，2002，51（5）：60-65.

［133］吴建文，李冰，李琳．脱氧剂的研究和使用［J］．食品科学，2002，23（5）：148-149.

［134］辛清明．抗坏血酸钙的合成及其稳定性初试［J］．食品与发酵工业，1987，4：25-28.

［135］烟利亚，乔小瑞，王萍，等．茶多酚微胶囊包埋工艺研究［J］．食品工业科技，2010，31（7）：251-255.

［136］张昊，任发政．天然抗氧化肽的研究进展［J］．食品科学，2008，29（4）：443-447.

［137］张建飞．α-生育酚在玉米油、大豆油和茶油中抗氧化效能研究［D］．南昌：南昌

大学，2015.

［138］张婧，熊正英．天然抗氧化剂迷迭香的研究进展及其应用前景［J］．现代食品科技，2005，21（1）：135-137.

［139］张鑫，李学红，高正波．高纯度粉末状大豆磷脂微胶囊化的研究［J］．食品工业科技，2001，22（3）：35-37.

［140］张子德，陈梅香，马俊莲．抗氧化剂二丁基羟基甲苯（BHT）的微胶囊化［J］．食品工业科技，2003（6）：54-56.

［141］钟正升，王运吉，张苓花．天然食品添加剂-植酸的多功能性介绍［J］．中国食品添加剂，2003（2）：74-77.

［142］周家华．食品添加剂［M］．北京：化学工业出版社，2001.

［143］周友亚，李冀辉，高风格．抗坏血酸钙的合成及抗氧化作用［J］．河北师范大学学报（自然科学版），1999，23（1）：94-96.

［144］朱会霞，孙金旭，张卿．抗氧化剂中微胶囊技术的应用及展望［J］．食品研究与开发，2008，29（12）：145-147.

［145］诸永志，王静，王道营，等．抗坏血酸钙对鲜切牛蒡褐变及贮藏品质的影响［J］．江苏农业学报，2009（3）：655-659.

［146］邹磊，甄少波，宋杨．食品抗氧化能力检测方法的研究进展［J］．食品工业科技，2011，32（6）：463-465.

CHAPTER 3

第三章 食品色泽调节剂

[学习目标]

本章主要介绍了影响食品“色”之特性的食品添加剂，着重介绍了食用色素的分类、作用及使用；最后介绍了食品加工中经常使用的护色剂和漂白剂，包括它们的理化性质、作用特点。

通过本章的学习，应掌握食品着色剂的概念，了解食品着色剂的作用，具备在实际应用中把握食品着色剂的特点与正确使用食品着色剂功效的基本知识。

色泽是人们对颜色的一种感觉，是评价食品质量的重要感官指标。食品品质和风味均与色泽密切相关，且外观良好的食品更易被消费者所选择。食品着色剂在增强食品外观品质方面扮演着重要角色，许多食品，例如，糖果、果冻、小吃、饮料等本身并无颜色，通过添加色素使其呈现良好的色泽。食品着色剂不仅使食品的种类更加丰富，营养更加全面，而且能满足现代食品加工技术所不能达到的食品外观要求。本章主要介绍应用于食品加工，能够改善并保持食品良好色泽的添加剂，主要包括食用色素、护色剂和漂白剂，另外对调色基本方法进行简要概述。

关于食品着色剂的使用记录最早可以追溯到公元前400年。起初，人类依赖于从植物、动物或者矿物质中提取获得食品着色剂，直到1856年William发现第一种合成色素。由于人工合成色素具有着色力强、色调稳定性好、容易获得以及成本低等优点，人工合成色素越来越广泛地应用于食品加工中。然而，随着人们对人工合成色素的进一步认识以及毒理学实验证明了一些人工合成色素的毒性，有些人工合成色素已禁止在食品中使用。经济发展使人们的生活水平不断提高，健康意识也逐渐增强，人们对于食品中天然产物的需求也愈加明显，从而引起人们对无毒无害且具有营养保健功能天然色素的关注。近年来，采用天然食用色素生产的食品越来越受到消费者的青睐。本章第一节着重介绍人工合成和天然两大类食用色素，对常用人工合成食用色素和天然食用色素进行分类介绍并概述了调色的基本方法，包括色调选择、颜色调配和常用的食品着色剂；第二节详细介绍了护色剂的种类和使用方法；第三节对食品加工过程中常用的漂白剂的理化性质、使用范围及方法进行了介绍。

第一节　食 用 色 素

色素是指能够吸收和反射可见光波而呈现各种颜色的物质。食用色素（Colorant）是赋予及改善食品色泽的物质。在论及食品的色素时，通常将色素与着色剂的概念不加区分。

食用色素根据来源、溶解性、化学结构等有多种分类方式：①根据食用色素的来源可分为人工合成色素和天然色素。人工合成色素是指用人工化学合成方法制得的有机色素，目前主要是以煤焦油中分离的苯胺染料为原料制得。天然色素主要指来自植物及动物组织、微生物和天然矿石原料的一些色素；②根据食用色素的溶解性分为脂溶性色素（如类胡萝卜素）、水溶性色素（如花青素）；③根据食用色素的化学结构可分为吡咯色素（如叶绿素、血红素）、多烯色素（异戊二烯衍生物，如类胡萝卜素）、酚类色素（如花青素、黄酮类色素）、醌酮色素（如红曲红、姜黄素、虫胶红）及其他色素等。

一、　人工合成食用色素

人工合成食用色素（Artificial Colorants），简称食用合成色素。按化学结构可分为偶氮类色素（如苋菜红、柠檬黄等）和非偶氮类色素（如赤藓红、亮蓝等）两类；偶氮类色素按溶解性又可分为油溶性和水溶性色素。油溶性色素不溶于水，进入人体不易排出，毒性较大，世界各国基本不再使用这类色素。水溶性偶氮类色素易排出体外，毒性小，使用相当广泛，且具有色泽鲜艳、着色力强、性质稳定和价格便宜等优点。色淀是指水溶性色素吸附到不溶性的基质上而得到的一种水不溶性色素，通常为避免色素混色，增强水溶性色素在油脂中的分散性，提高色素对光、热、盐的稳定性，而将色素制成其铝色淀产品。

国内外对食用合成色素均有严格的安全要求。经卫生部批准允许使用的食用合成色素，必须按照质量和卫生标准规范生产，产品经检验合格后方可使用，使用时必须遵守 GB 2760—2014《食品添加剂使用标准》所规定的使用范围和最大使用量规范。我国批准允许使用的食用合成色素共有 17 种（食用合成色素及其铝色淀计为 1 种，其中 β-胡萝卜素和番茄红素为我国合成色素中仅有的两种油溶性天然等同色素）。

（一）偶氮类色素

1. 苋菜红及其铝色淀（Amaranth and its lake，CNS 号：08. 001，INS 号：123）

苋菜红又称酸性红、杨梅红、苋紫、鸡冠花红、蓝光酸性红、食用色素红色 2 号等，化学名称 1-（4′-磺基-1′-萘偶氮）-2-萘酚-3，6 二磺酸三钠盐，化学式 $C_{20}H_{11}N_2Na_3O_{10}S_3$，相对分子质量 604. 49，结构式见图 3-1，是由 1-氨基萘-4-磺酸经重氮化后与 2-萘酚-3，6-二磺酸偶合，经过盐析，精制而得。

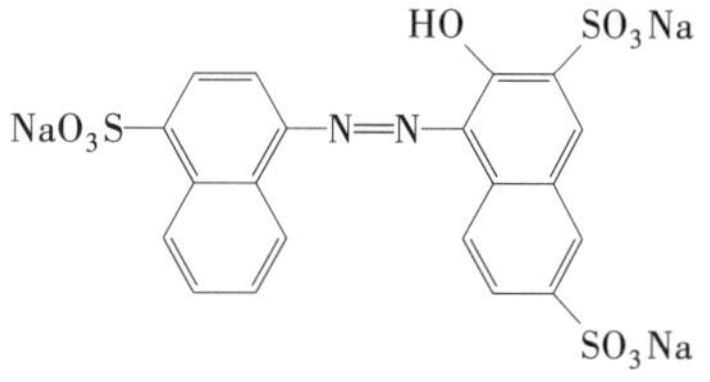

图 3-1　苋菜红

苋菜红为紫红色至红棕色粉末或颗粒，无臭，耐光耐热，易溶于水（溶解度 17. 2%）、甘油、丙二醇及稀糖浆，微溶于乙醇，不溶于油脂和其他有机溶剂。最大吸收波长（500±2） nm。耐盐及耐酸性好，在浓硫酸中呈紫色，稀释后呈桃红色，浓硝酸中呈亮红色，盐酸中呈棕色，产生黑色沉淀。对氧化还原敏感，在发酵食品中不适合使用，耐菌性差。对柠檬酸、酒石酸稳定，遇碱变暗红；与铜、铁接触易褪色，染色力弱。其安全性为：小鼠经口 $LD_{50}>10g/kg$ 体重，大鼠腹腔注射 $LD_{50}>1g/kg$ 体重；ADI 值为 0～0. 5mg/kg 体重（FAO/WHO，1994）。

GB 2760—2014《食品添加剂使用标准》规定：苋菜红及其铝色淀可用于冷冻饮品（03. 04 食用冰除外）、果酱、蜜饯凉果、装饰性果蔬、腌渍的蔬菜、可可制品、巧克力和巧克力制品（包括代可可脂巧克力及制品）以及糖果、糕点上彩装、焙烤食品馅料及表面用挂浆（仅限饼干夹心）、水果调味糖浆、固体汤料、果蔬汁（浆）类饮料、碳酸饮料、果味饮料、固体饮料、配制酒、果冻。

2. 胭脂红及其铝色淀（Ponceau 4R and its aluminum lake，CNS 号：08. 002，INS 号：124）

胭脂红又称丽春红 4R、天红和亮猩红，分子式 $C_{20}H_{11}O_{10}N_2S_3Na_3 \cdot 1.5H_2O$，相对分子质量 604. 48，结构式见图 3-2，由 1-萘胺-4-磺酸经重氮化后与 2-萘酚-6，8-二磺酸在碱性介质中偶合，生成胭脂红，加食盐经过盐析，精制而得。

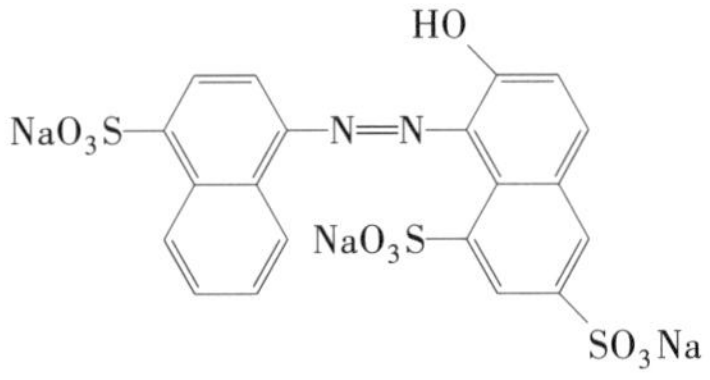

HO
NaO_3S—N=N—
NaO_3S—
SO_3Na

图 3-2 胭脂红

胭脂红及其铝色淀为红色至深红色颗粒或粉末，无臭，溶于水（溶解度 23%），溶于甘油，微溶于乙醇，不溶于油脂；最大吸收波长（508±2）mm；耐光性、耐酸性较好，对柠檬酸、酒石酸稳定；耐热性、还原性稍差，耐菌性较差，遇碱变褐色。其他性能与苋菜红相似。其安全性为：小鼠经口 LD_{50}19. 3g/kg 体重，大鼠经口 $LD_{50}>8$ g/kg 体重；ADI 值为 0～4mg/kg 体重（FAO/WHO，1994）。

GB 2760—2014《食品添加剂使用标准》规定：胭脂红及其铝色淀可用于调制乳、调味发酵乳、调制乳粉和调制奶油粉、调制炼乳（包括加糖炼乳及使用了非乳原料的调制炼乳等）、冷冻饮品（03. 04 食用冰除外）、水果罐头、果酱、蜜饯凉果、装饰性果蔬、腌渍的蔬菜、可可制品、巧克力和巧克力制品（包括代可可脂巧克力及制品）以及糖果（05. 04 装饰糖果、顶饰和甜汁除外）、糖果盒巧克力制品包衣、虾味片、糕点上彩装、蛋卷、饼干夹心和蛋糕夹心、肉制品的可食用动物肠衣类、调味糖浆、水果调味糖浆、半固体复合调味料（12. 10. 02. 01 蛋黄酱、沙拉酱除外）、蛋黄酱、沙拉酱、果蔬汁（浆）饮料、含乳饮料、植物蛋白饮料、碳酸饮料、果味饮料、配制酒、果冻、胶原蛋白肠衣、膨化食品。

3. 柠檬黄及其铝色淀（Tartrazine and its lake，CNS 号：08. 005，INS 号：102）

柠檬黄又称酒石黄、酸性淡黄和肼黄，分子式 $C_{16}H_9N_4Na_3O_9S_2$，相对分子质量 534. 37，结构式见图 3-3，是由双羟基酒石酸与苯肼对磺酸缩合，碱化后生成柠檬黄，然后用食盐盐析、精制而得。

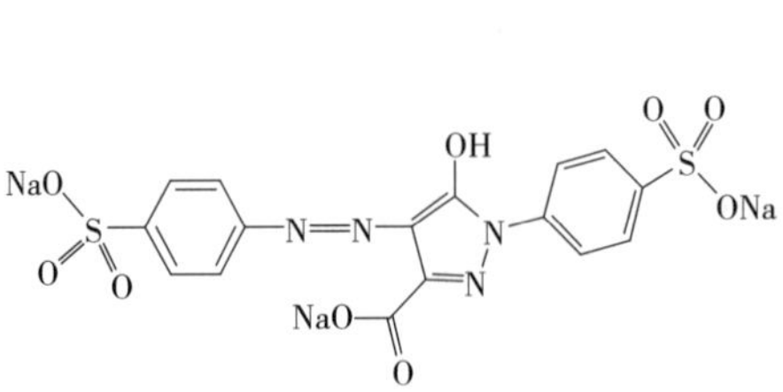

NaO O O OH S S ONa O O N=N N N NaO O

图 3-3 柠檬黄

柠檬黄为橙黄色至橙色颗粒或粉末，无臭。耐光、耐热、耐酸、耐盐性均好，耐氧化性较差，遇碱微红，还原时褪色。易溶于水，溶于甘油、丙二醇，微溶于乙醇，不溶于油脂，1g/L水溶液呈黄色，最大吸收波长428nm。在酒石酸、柠檬酸中稳定，是着色剂中最稳定的一种。柠檬黄易着色，坚牢度高，可与其他色素复配使用，匹配性好。其安全性为：小鼠经口 LD_{50} 为12.75g/kg体重，大鼠经口 LD_{50} 为2g/kg体重；ADI值为0～7.5mg/kg体重（FAO/WHO，1994）。

GB 2760—2014《食品添加剂使用标准》规定：柠檬黄及其铝色淀可用于风味发酵乳、调制炼乳（包括加糖炼乳、调味甜炼乳及使用了非乳原料的调制炼乳等）、冷冻饮品（03.04食用冰除外）、果酱、蜜饯凉果、装饰性果蔬、腌渍的蔬菜、熟制豆类、加工坚果与籽类、可可制品、巧克力和巧克力制品（包括代可可脂巧克力及制品）以及糖果（05.01.01除外）、除胶基糖果以外的其他糖果、面糊（如用于鱼和禽肉的拖面糊）、裹粉、煎炸粉、虾味片、粉圆、即食谷物，包括碾轧燕麦（片）、糕点上彩装、蛋卷、风味派馅料、饼干夹心和蛋糕夹心、布丁、糕点、水果调味糖浆、其他调味糖浆、香辛料酱（如芥末酱、青芥酱）、固体复合调味料、半固体复合调味料、液体复合调味料（不包括12.03，12.04）、饮料类（14.01包装饮用水除外）、配制酒、果冻、膨化食品。

4. 日落黄及其铝色淀（Sunset yellow FCF and its lake，CNS号：08.006，INS号：110）

日落黄又称食用色素黄5号、橘黄、晚霞黄，分子式 $C_{16}H_{10}N_2Na_2O_7S_2$，相对分子质量452.38，结构式见图3-4。由对氨基苯磺酸经重氮化后，与2-萘酚-6-磺酸钠偶合，生成的色素经氯化钠盐析、精制而得。

日落黄为橙红色颗粒或粉末，无臭。耐光、耐热、耐酸好，遇碱呈红褐色，还原时褪色。易溶于水，1g/L水溶液呈橙黄色，溶于甘油、丙二醇，微溶于乙醇，不溶于油脂，最大吸收波长482nm。在酒石酸、柠檬酸中稳定。其他性能与柠檬黄相似。其安全性为：小鼠经口 LD_{50} 为2g/kg体重，大鼠经口 $LD_{50}>2$g/kg体重；ADI值为0～2.5mg/kg体重（FAO/WHO，1994）。

OH
N
NaO_3S—N
SO_3Na

图3-4 日落黄

GB 2760—2014《食品添加剂使用标准》规定：日落黄及其铝色淀可用于调制乳、风味发酵乳、调制炼乳（包括加糖炼乳及使用了非乳原料的调制炼乳）、冷冻饮品（03.04食用冰除外）、西瓜酱罐头、果酱、蜜饯凉果、装饰性果蔬、熟制豆类、加工坚果与籽类、可可制品、巧克力和巧克力制品（包括代可可脂巧克力及制品）以及糖果（05.01.01、05.04除外）、巧克力和巧克力制品、除0.5.01.01以外的可可制品、除胶基糖果以外的其他糖果、糖果和巧克力制品包衣、面糊（如用于鱼和禽肉的拖面糊）、虾味片、粉圆、谷类和淀粉类甜品（如米布丁、木薯布丁）、糕点上彩装、饼干夹心、布丁、糕点、水果调味糖浆、其他调味糖浆、复合调味料、半固体复合调味料、果蔬汁（浆）类饮料、含乳饮料、乳酸菌饮料、植物蛋白饮料、碳酸饮料、固体饮料类、特殊用途饮料、风味饮料、配制酒、果冻、膨化食品。

5. 新红及其铝色淀（New red and its lake，CNS号：08.004）

新红的化学名称为2-（4′-磺基-1′-苯氮）-1-羟基-8-乙酸氨基-3,7-二磺酸三钠盐，分子式 $C_{18}H_{12}O_{10}N_3Na_3S_3$，相对分子质量595.15，结构式见图3-5。红色粉末，易溶于水呈清澈红色溶液，微溶于乙醇，不溶于油脂，具有酸性染料特性。其他性能与苋菜红相似。其安全性

为小鼠经口 LD_{50} 为 10g/kg 体重，大鼠 MNL 为 0.5%；无急性中毒症状及死亡，无胚胎毒性。

GB 2760—2014《食品添加剂使用标准》规定：新红及其铝色淀可用于凉果类、装饰性果蔬、可可制品、巧克力和巧克力制品（包括代可可脂巧克力及制品）以及糖果（05.01.01 可可制品除外）、糕点上彩装、果蔬汁（浆）饮料、碳酸饮料、果味饮料、配制酒。

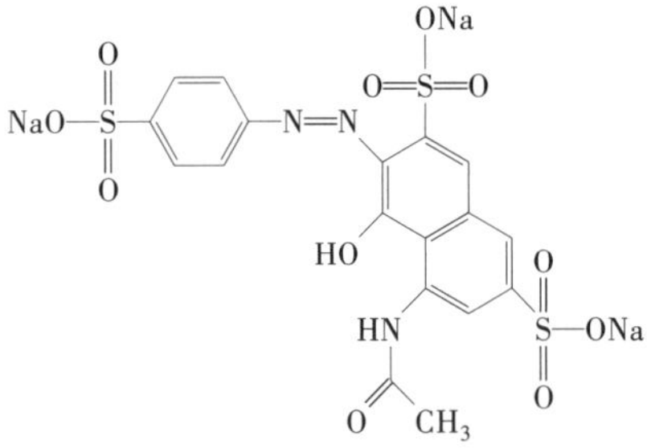

图 3-5 新红

6. 诱惑红及其铝色淀（Allura red and its aluminum lake，CNS 号：08.012，INS 号：129）

诱惑红又称食用赤色 40 号，化学名称为 1-（4′-磺基 -3′-甲基-6′-甲氧基-苯偶氮）-2-萘酚二磺酸二钠，分子式 $C_{18}H_{14}N_2Na_2O_8S_2$，相对分子质量 496.43，结构式见图 3-6。诱惑红为深红色均匀粉末，无臭。溶于水、甘油和丙二醇，微溶于乙醇，不溶于油脂，水溶液呈微带黄色的红色溶液。耐光、耐热性强，耐碱和耐氧化还原性差。可使动物纤维着色，具有酸性染料的特性。其安全性为：小鼠经口 LD_{50} 为 10g/kg 体重；ADI 值为 0~7mg/kg 体重（FAO/WHO，1994）。

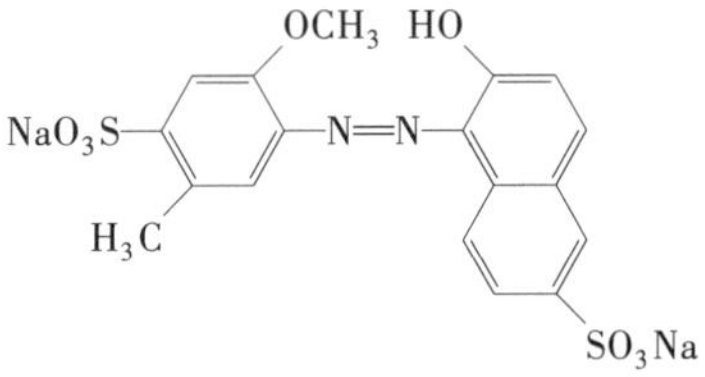

图 3-6 诱惑红

GB 2760—2014《食品添加剂使用标准》规定：诱惑红可用于冷冻饮品（03.04 食用冰除外）、水果干类（仅限苹果干）、装饰性果蔬、熟制豆类、加工坚果与籽类、可可制品、巧克力和巧克力制品（包括代可可脂巧克力及制品）以及糖果、粉圆、即食谷物，包括碾轧燕麦（片）（仅限可可玉米片）、糕点上彩装、饼干夹心、西式火腿（熏烤、烟熏、蒸煮火腿）类、肉灌肠类、肉制品的可食用动物肠衣类、调味糖浆、固体复合调味料、半固体复合调味料（12.10.02.01 蛋黄酱、沙拉酱除外）、饮料类（14.01 包装饮用水除外）、配制酒、果冻、胶原蛋白肠衣、膨化食品。

7. 酸性红（Carmoisine，Azorubine，CNS 号：08.013，INS 号：122）

酸性红又称淡红、偶氮玉红、二蓝光酸性红，化学名称为 1-（4′-磺酸基-1-萘偶氮）-2-萘酚-3,7-二磺酸三钠盐，分子式 $C_{20}H_{12}N_2Na_2O_7S_2$，相对分子质量 502.44，结构式见图 3-7，通过重氮化 4-氨基萘磺酸和 4-羟基萘磺酸之间的偶合反应制得。

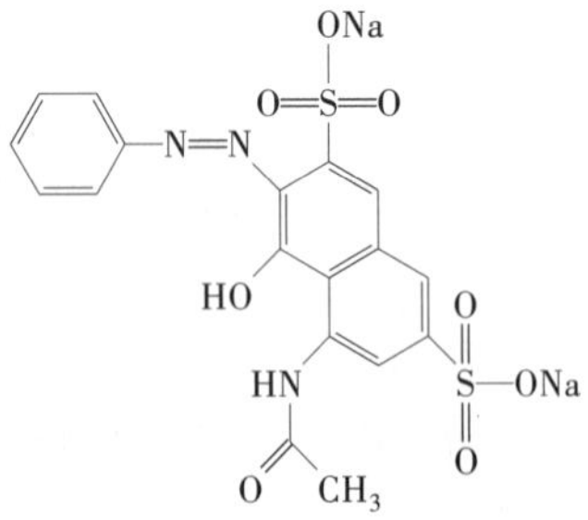

酸性红为红至棕色粉末或颗粒。溶于水，微溶于乙醇。其安全性为小鼠口服 LD_{50}>10g/kg 体重；ADI 值为 0~54mg/kg 体重（FAO/WHO，1994）；Ames 试验未见致突变作用；微核试验未见对哺乳动物细胞染色体的致突变效应。

图 3-7 酸性红

GB 2760—2014《食品添加剂使用标准》规定：酸性红可用于冷冻饮品（03.04 食用冰除外）、可可制品、巧克力和巧克力制品（包括代可可脂巧克力及制品）以及糖果、饼干夹心。

（二）非偶氮类色素

1. 赤藓红及其铝色淀（Erythrosine and its lake，CNS 号：08.003，INS 号：127）

赤藓红又称樱桃红、四碘荧光素和食用色素红色 3 号，化学名称 9-邻羧苯基-6-羟基-2,4,5，7-四碘-3 异氧杂蒽酮二钠盐，分子式 $C_{20}H_6I_4Na_2O_5 \cdot H_2O$，相对分子质量 897.88，结构式见图 3-8。赤藓红是将间苯二酚、苯酐和无水氯化锌加热融化，得粗制荧光素，再用乙醇精制后，溶解在氢氧化钠溶液中，加碘进行反应，加入盐酸，析出结晶，将其转化成钠盐，浓缩即得。

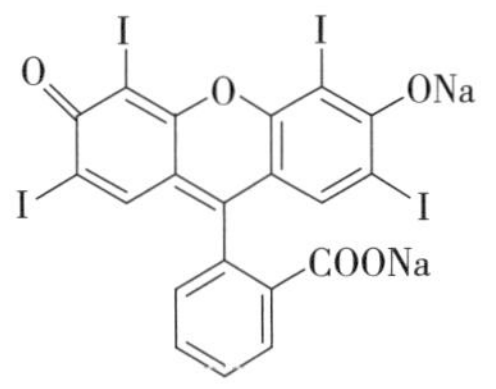

图 3-8　赤藓红

赤藓红及其铝色淀为红色至红褐色颗粒或粉末，无臭，易溶于水（10%）、乙醇、丙二醇和甘油，不溶于油脂；耐热性、耐碱性、耐氧化还原和耐细菌性均好，耐光性差，遇酸则沉淀；最大吸收波长 526nm；吸湿性强；具有良好的染色性，对蛋白质着色性尤佳。根据其性状，在需高温焙烤的食品和碱性、中性食品中着色力较其他合成色素强。其安全性为小鼠经口 LD_{50} 为 6.8g/kg 体重，大鼠经口 LD_{50} 为 1.9g/kg 体重；ADI 值为 0~1.25mg/kg 体重（FAO/WHO，1994）。

GB 2760—2014《食品添加剂使用标准》规定：赤藓红及其铝色淀可用于凉果类、装饰性果蔬、熟制坚果与籽类（仅限油炸坚果与籽类）、可可制品、巧克力和巧克力制品（包括代可可脂巧克力及制品）以及糖果（05.01.01 可可制品除外）、糕点上彩装、肉灌肠类、肉罐头类、酱及酱制品、复合调味料、果蔬汁（浆）类饮料、碳酸饮料、风味饮料（仅限果味饮料）、配制酒、膨化食品。

2. 喹啉黄（Quinoline yellow，CNS 号：08.016，INS 号：104）

喹啉黄为黄色粉末或颗粒，化学名称 2-（2-喹啉基）-1，3-茚二酮二磺酸二钠盐，分子式 $C_{18}H_9NNa_2O_8S_2$，相对分子质量 477.38，结构式见图 3-9。常含有少量一磺酸盐、三磺酸盐、辅色素以及氯化钠和/或硫酸钠等非着色物质。喹啉黄易溶于水，微溶于乙醇。

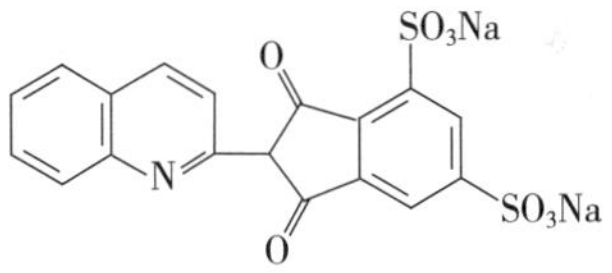

图 3-9　喹啉黄

喹啉黄可通过 2-（2-喹啉基）-2,3-二氢-1,3-茚二酮或由含约三分之二的 2-（2-喹啉基）-2,3-二氢-1,3-茚二酮与 1/3 的 2-［2-（6-甲基喹啉基）］-2,3-二氢-1,3-茚二酮的混合物磺化而得。喹啉黄的 ADI 值为 0~10mg/kg（FAO/WHO，2001）。

GB 2760—2014《食品添加剂使用标准》规定：喹啉黄可用于配制酒。

3. 靛蓝及其铝色淀（Indigo carmine and its lake，CNS 号：08.008，INS 号：132）

靛蓝又称食品蓝、酸性靛蓝、磺化靛蓝，分子式 $C_{16}H_8N_2Na_2O_8S_2$，相对分子质量 466.36，结构式见图 3-10。靛蓝为蓝色到暗青色颗粒或粉末，是靛蓝经硫酸磺化，并经碳酸钠中和，然后用硫酸钠或食盐进行盐析，再精制得到。

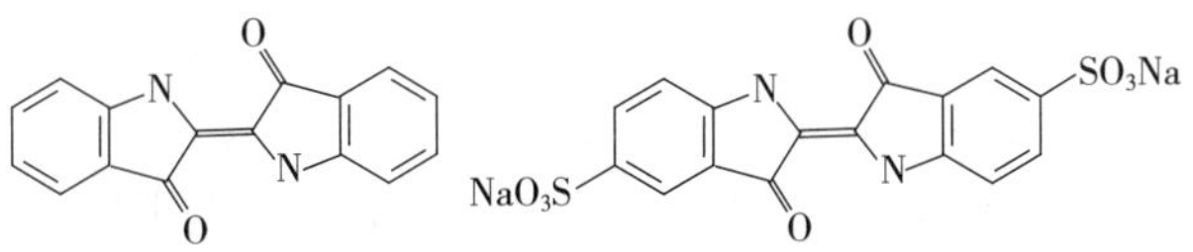

图 3-10　靛蓝和磺化靛蓝

靛蓝无臭，易溶于水，水溶液呈深蓝色，溶于甘油、丙二醇，不溶于乙醇和油脂。耐光、耐热、耐碱、耐盐、耐氧化、耐细菌性均较差，还原时褪色。最大吸收波长 610nm。靛蓝易着色，色调独特，使用广泛。其安全性为小鼠经口 LD_{50} 为 2.5g/kg 体重，大鼠经口 LD_{50}>2g/kg 体重；ADI 值为 0~2.5mg/kg 体重。

GB 2760—2014《食品添加剂使用标准》规定：靛蓝及其铝色淀可用于蜜饯类、凉果类、装饰性果蔬、盐渍的蔬菜、熟制坚果与籽类（仅限油炸坚果与籽类）、可可制品、巧克力和巧克力制品（包括代可可脂巧克力）以及糖果（05.01.01 可可制品除外）、除胶基糖果以外的其他糖果、糕点上彩装、焙烤食品馅料及表面挂浆（仅限饼干夹心）、果蔬汁（浆）类饮料、碳酸饮料、风味饮料（仅限果味饮料）、配制酒、膨化食品。

4. 亮蓝及其铝色淀（Brilliant blue FCF and its lake，CNS 号：08.007，INS 号：133）

亮蓝分子式 $C_{37}H_{34}N_2Na_2O_9S_3$，相对分子质量 792.84，结构式见图 3-11。亮蓝为有金属光泽的红紫色颗粒或粉末，由苯甲醛邻磺酸与乙基苄基苯胺磺酸缩合后，用重铬酸钠或二氧化铅将其氧化成色素，中和后用硫酸钠盐析，再精制得到。

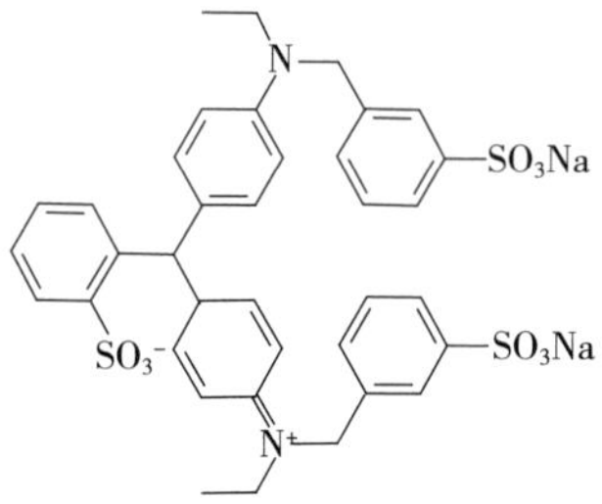

图 3-11 亮蓝

亮蓝无臭，易溶于水，水溶液呈蓝色，溶于甘油、乙二醇和乙醇，不溶于油脂；耐光、耐热性强；在酒石酸、柠檬酸中稳定，耐碱性强，耐盐性好；其水溶液加金属盐后会慢慢沉淀，耐还原作用较偶氮色素强。其安全性为大鼠经口 LD_{50} > 2g/kg 体重；ADI 值为 0~12.5mg/kg 体重（FAO/WHO，1994）。

GB 2760—2014《食品添加剂使用标准》规定：亮蓝及其铝色淀可用于风味发酵乳、调制炼乳（包括加糖炼乳及使用了非乳原料的调制炼乳等）、冷冻饮品（03.04 食用冰除外）、果酱、凉果类、装饰性果蔬、腌渍的蔬菜、熟制豆类、加工坚果与籽类、熟制坚果与籽类（仅限油炸坚果与籽类）可可制品、巧克力和巧克力制品（包括代可可脂巧克力及制品）以及糖果、虾味片、粉圆、即食谷物，包括碾轧燕麦（片）（仅限可可玉米片）、饼干夹心、风味派馅料、调味糖浆、调味糖浆、水果调味糖浆、香辛料及粉、香辛料酱（如芥末酱、青芥酱）、半固体复合调味料、饮料类（14.01 包装饮用水除外）、果蔬汁（浆）类饮料、含乳饮料、碳酸饮料、固体饮料、果味饮料、配制酒、果冻、膨化食品。

5. 叶绿素铜钠盐、叶绿素铜钾盐（Chlorophyllin copper complex，sodium and potassium salts，CNS 号：08.009，INS 号：141ii）

叶绿素铜钠盐是叶绿素铜钠 a 和叶绿素铜钠 b 的混合物，叶绿素铜钠 a 分子式 $C_{34}H_{30}N_4Na_2O_5Cu$，相对分子质量 684.17，结构式见图 3-12（$R=CH_3$）；叶绿素铜钠 b 分子式 $C_{34}H_{28}N_4Na_2O_6Cu$，相对分子质量 698.15，结构式见图 3-12（R=CHO）。叶绿素铜钠盐为墨绿色粉末，是以干燥的蚕沙或植物为原料，用酒精或丙酮等提取叶绿素，然后使其与硫酸铜或氯化铜作用，铜离子取代叶绿素中的镁离子，再将其用氢氧化钠溶液皂化，制成膏状物或进一步制成粉末。

叶绿素铜钠无臭或微带氨臭；有吸湿性，易溶于水，水溶液呈蓝绿色、透明，无沉淀，微溶于乙醇和氯仿，几乎不溶于乙醚和石油醚，水溶液中加入钙盐析出沉淀；耐光性较叶绿素强；着色坚牢度强，色彩鲜艳，但在酸性食品或含钙食品中使用时产生沉淀，遇硬水生成不溶性盐而影响着色和食品色泽。其安全性为小鼠经口 LD_{50}>10g/kg 体重，大鼠腹腔注射 LD_{50}>1g/kg 体重；ADI 值为 0~15mg/kg 体重（FAO/WHO，1994）。

GB 2760—2014《食品添加剂使用标准》规定：叶绿素铜钠盐可用于冷冻饮品（03.04 食用冰除外）、蔬菜罐头、熟制豆类、加工坚果与籽类、糖果、粉圆、焙烤食品、饮料类（14.01 包装饮用水除外）、果蔬汁（浆）饮料、配制酒、果冻。

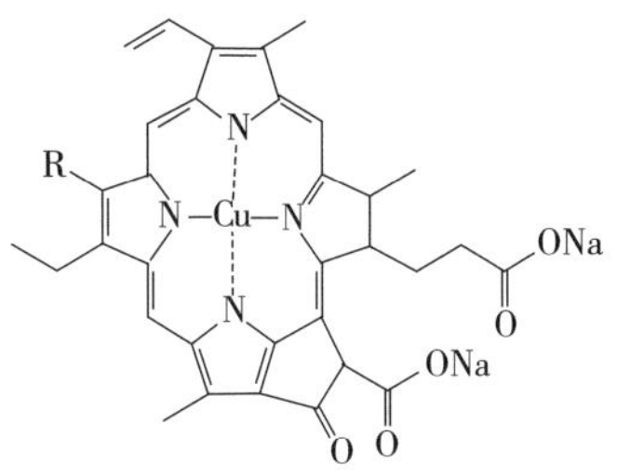

图 3-12 叶绿素铜钠盐

6. 合成 β-胡萝卜素［β-Carotene，CNS 号：08.010，INS 号：160（a）］

β-胡萝卜素分子式 $C_{40}H_{56}$，相对分子质量 536.88，结构式见图 3-13，为紫红色或暗红色晶体粉末。β-胡萝卜素不溶于水、甘油、丙二醇、丙酮、酸和碱液，微溶于乙醇、乙醚和食用油，溶于二硫化碳、苯、己烷、石油醚和氯仿。弱碱时比较稳定，酸性时则不稳定。呈黄色至橙色色调，低浓度时呈橙黄色至黄色，高浓度时呈橙红色。受光、热、空气影响后色泽变淡，遇金属离子，尤其是铁离子则褪色。最大吸收波长 455nm。其安全性为：狗经口 LD_{50}>8g/kg 体重。

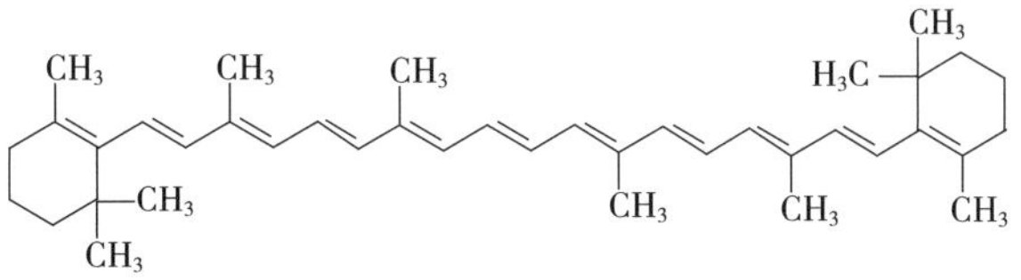

图 3-13 β-胡萝卜素（全反式）

β-胡萝卜素有合成和天然两种产品，天然 β-胡萝卜素为从天然植物中提取或用发酵法生产的产品，是由各种构象组成的混合消旋体，而合成 β-胡萝卜素是经化学合成而得，仅是天然 β-胡萝卜素中多种 β-胡萝卜素的一种异构体——全反式 β-胡萝卜素。合成 β-胡萝卜素与天然 β-胡萝卜素的不同主要体现在：①构型不同。合成 β-胡萝卜素在目前市场上为全反式 β-胡萝卜素，而天然 β-胡萝卜素是由各种构象组成的混合消旋体，由于天然原料的不同，所含的顺式 β-胡萝卜素和反式 β-胡萝卜素的比例也有很大差异。②制备方法不同。合成 β-胡萝卜素，纯度相对较高，色泽稳定均一。而天然 β-胡萝卜素一般从植物中提取或采用发酵法生产，其最大缺点是产品有效成分较低，不明杂质较多，且生产成本高。③生物活性不同。有研究发现，天然 β-胡萝卜素异构体混合物在动物组织内更易吸收和贮存。此外，流行病学研究发现经常吃富含 β-胡萝卜素食物可降低肺癌发病率。而美国采用化学合成 β-胡萝卜素片在肺癌高危险人群进行预防肺癌实验，结果发现吸烟人群肺癌发病率反而升高，总死亡率也升高。世界卫生组织发表公告指出，服用化学合成类胡萝卜素片无助于防癌；多吃新鲜水果和蔬菜依然是抵御癌症的“第一道防线”。研究表明，天然 β-胡萝卜素可以增强免疫力，提高人体免疫系统抵抗致癌物的能力，口服 β-胡萝卜素可防止光敏感性红斑者的形成，并可降低皮肤对紫外光的敏感性，同时对心血管疾病和心肌细胞缺氧发生具有保护作用（王丽娟等，2013）。

β-胡萝卜素已广泛用作黄色着色剂以代替油溶性焦油系着色剂，用于油性食品时，常将其溶解于棉籽油之类的食用油或悬浮制剂（30%）中，经稀释后即可使用。为使其能分散于水中，可用甲基纤维素等作为保护胶体制成胶粒化制剂。β-胡萝卜素作为食品着色剂在食品加工中的具体应用须严格按照 GB 2760—2014 的规定。

7. β-阿朴-8′-胡萝卜素醛（β- apo-8′-carotenal，CNS 号：08.018，INS 号：160e）

根据 GB 31620—2014《食品安全国家标准　食品添加剂 β-阿朴-8′-胡萝卜素醛》，β-阿朴-8′-胡萝卜素醛是由类胡萝卜素生产中常用的合成中间体，经过维蒂希聚合反应制备而成的。分子式 $C_{30}H_{40}O$，相对分子质量 416，结构式见图 3-14，带金属光泽的深紫色晶体或结晶性粉末，熔点 136~140℃。不溶于水，能分散于热水中，易溶于氯仿，难溶于乙醇，微溶于植物油、丙酮，溶于油脂或有机溶剂中的工业制品，性能稳定（马瑞欣等，2012）。ADI 值为 0~5mg/kg（FAO/WHO，2001）。

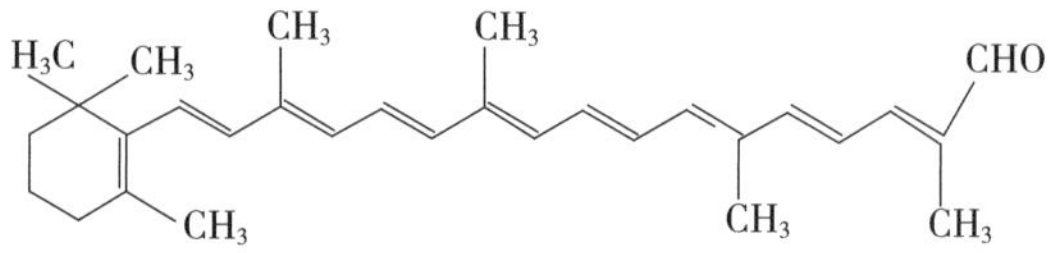

图 3-14　β-阿朴-8′-胡萝卜素醛

GB 2760—2014《食品添加剂使用标准》规定：β-阿朴-8′-胡萝卜素醛可用于风味发酵乳、再制干酪、冷冻饮品（03.04 食用冰除外）、糖果、焙烤食品、半固体复合调味料、饮料类（除 14.01 包装饮用水）。

8. 合成番茄红素［Lycopene，CNS 号：08.017，INS 号：160d（i）］

番茄红素属于胡萝卜素之一，有合成和天然两种产品，分子式 $C_{40}H_{56}$，相对分子质量 536.85，结构式见图 3-15，针状深红色晶体，熔点 174℃，可燃。几乎不溶于水，微溶于乙醇和甲醇，溶于氯仿、苯等有机溶剂，对热、光、空气和湿度均敏感，容易氧化。系用于食品的其他类胡萝卜素生产中常用的合成中间体，经过维蒂希聚合反应制备而成的合成番茄红素。商业上用于食品的番茄红素制剂，是将其制备成可稀释乳状液或微胶囊粉末。其 ADI 值不作特殊规定（EEC，1990）。

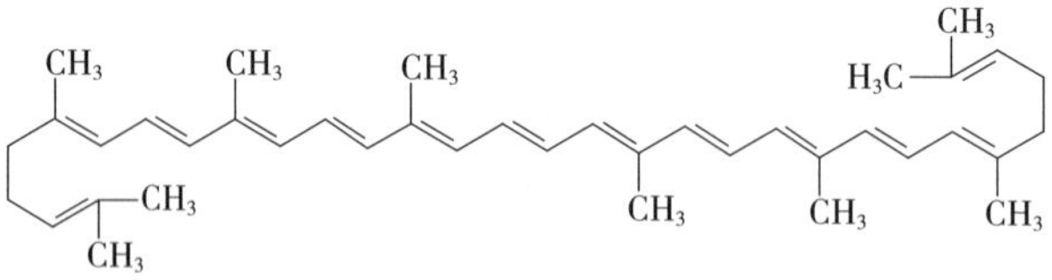

图 3-15　番茄红素

目前，市场上的番茄红素产品分为人工合成番茄红素和以天然生物资源为原料制备的天然番茄红素。从分子结构角度而言，人工合成番茄红素和天然番茄红素并没有差异，化学和物理性质也相同。但在药物和食品中使用的人工合成番茄红素和天然番茄红素产品却可能有不同的生物学效果。已有证据表明造成两者生物学功能差异的主要原因是两者纯度上的差异。首先，天然产物中存在一定数量的非番茄红素类胡萝卜素（如八氢番茄红素和 β-胡萝卜素），它们是细胞中番茄红素合成的前体或后体。其次，番茄红素的人工合成品几乎 100% 由全反式异构体组成，而其天然品则含有相当数量的顺式异构体。天然番茄红素产物中各异构体之间的协同作用是其显著生物学功能的重要保障。

9. 二氧化钛（Titanium dioxide，CNS 号：08.011，INS 号：171）

二氧化钛又称 CI 食用白色 6 号、钛白，可用钛矿石经氯化后生成四氯化钛，氧化分解得二氧化钛。

二氧化钛为白色无定型粉末，无臭无味。不溶于水、盐酸、稀硫酸、乙醇和一些其他有机溶剂，缓慢溶于氢氟酸和热浓硫酸。着色范围广，具有良好的遮盖能力。其安全性为小鼠经口 LD_{50}>12g/kg 体重。美国 FDA 将其列为 GRAS 物质。

GB 2760—2014《食品添加剂使用标准》规定：二氧化钛可用于果酱、凉果类、话化类、干制蔬菜（仅限脱水马铃薯）、熟制坚果与籽类（仅限油炸坚果与籽类）、可可制品、巧克力和巧克力制品（包括代可可脂巧克力及制品）、胶基糖果、除胶基糖果以外的其他糖果、糖果和巧克力制品包衣、装饰糖果（如工艺造型，或用于蛋糕装饰）、顶饰（非水果材料）和甜汁、调味糖浆、蛋黄酱、沙拉酱、固体饮料、果冻、膨化食品、其他（限饮料浑浊剂及魔芋凝胶制品）。

10. 氧化铁黑（红）（Iron oxide black，Iron oxide red，CNS 号：08.014，08.015，INS 号：172i，172ii）

氧化铁黑由硫酸亚铁加热至 1000℃以上而得；或由空气、水蒸气或二氧化碳对铁作用而得。氧化铁红可以通过下列方法获得：①天然黄铁矿；②由硫酸亚铁或草酸铁经风化得硫酸铁再经煅烧；③由氢氧化铁脱水；④制造硫酸、苯胺、氧化铝等过程中的副产物；⑤由碳酸铁、硝酸铁等经强热；⑥硫酸亚铁加热至 650℃以上。

氧化铁黑（红）呈粉末状，无臭。不溶于水、有机酸及有机溶剂。溶于浓无机酸。有 α 型（正磁性）及 γ 型（反磁性）两种类型。干法制取的产品一般细度在 1μm 以下。对光、热、空气稳定。对酸、碱较稳定。着色力强。相对密度 5.12~5.24。含量低则相对密度小。折射率 3.042。熔点 1550℃，约于 1560℃分解。

GB 2760—2014《食品添加剂使用标准》规定：氧化铁黑（红）可用于糖果和巧克力制品包衣。

食用着色剂中的合成色素一般较天然色素色彩鲜艳、坚牢度大、性能稳定、易于着色并可任意调色、成本低廉、使用方便。目前，世界允许使用的合成色素除二氧化钛、β-胡萝卜素、番茄红素、氧化铁黑（红）为油溶性色素外，几乎均为水溶性色素。

（三）合成着色剂在食品中的使用注意事项

在食品调色中，食品的着色、护色、发色、褪色是重要的研究内容，但在具体的加工过程中，应该注意以下几方面的问题：

（1）深入研究食品的物性，控制食品加工条件　应根据不同食品特性选择合适的加工工艺条件，有效避免加工过程中不必要的变色和褪色，实现护色。

（2）注意合成色素的安全性　食用合成色素的使用必须按 GB 2760—2014《食品添加剂使用标准》规定的使用范围和最大用量执行，不允许使用未经国家批准的合成色素。同一色泽的着色剂混合使用时，其用量不得超过单一着色剂的允许量。固体饮料、高果糖浆及果味饮料着色剂加入量按该类产品稀释倍数加入。

（3）注意色素溶液的调配　根据食品的状态，采用合适的添加形式。直接添加粉末状着色剂在物料中不易实现均匀分散，在食品中很容易形成色素斑点。水溶食用着色剂宜先用少量温水溶解，然后在不断搅拌下加入食品基质中，通常将着色剂配成 10~100g/L 的溶液使用，所用水应为软化水，以避免钙、镁离子引起色素沉淀。油溶性着色剂应先加工成水包油型（O/W）乳液，然后将着色剂乳液在水中分散后，再添加到食品基质中。调配食品或贮存食品的容器，应采用玻璃、搪瓷、不锈钢等耐腐蚀的清洁容器具，避免与铜、铁器接触。

（4）对色素采用避光、避热、防酸、防碱、防盐、防氧化还原、防微生物污染等措施　不同着色剂的稳定性见表 3-1。一般色素难以耐受 100℃以上高温，因此，食品应尽可能不要长时间置于 100℃以上的高温下；食品还要避免过度暴晒，最好置于暗处或不透光容器中。另外，有的色素还受食品防腐剂的影响，如苯甲酸钠会使赤藓红、靛蓝变色，胭脂红、苋莱红也会受其影响。因此，在使用这些色素时，要扬长避短。

表 3-1　不同着色剂的稳定性

着色剂	光	热	酸	碱	微生物	氧化还原性
日落黄	YY	YY	Y	X（转红）		X
柠檬黄	YY	Y	Y	X		X
胭脂红	Y	Y				X
苋莱红	Y	Y	Y	X（转蓝）	X	X
诱惑红	Y	Y				X
亮蓝	Y	Y	Y			
β-胡萝卜素	X	X	X			X
赤藓红	Y	X	X			
靛蓝	X	X	X	X		X

注：Y 代表稳定；X 代表不稳定。

（5）根据食品的销售地区和民族习惯，选择适当的拼色形式和颜色　食品色泽应能满足不同民族、风俗和宗教信仰的喜好，符合消费者的传统习惯，并尽量保持与食品原有色彩相同。

（四）食品调色技术

天然食品在生产、加工、贮存、运输过程中，受光、热、氧、压力等外界环境的影响，很容易变色和褪色。加工食品需要赋予鲜明、悦目、逼真的色彩，给人以味道的遐想。因此，保持和增强食品色泽成为食品研发和生产共同关注的课题，食品调色技术应运而生，具体应用注意点有以下几个方面：

1. 色调选择

在对食品进行着色时应尽量选择与原食品相同或基本相似的着色剂，或者根据拼色的原理，调制出相应的颜色，颜色调配原理见图 3-16。例如，乳制品应选择乳白色；葡萄酒选择紫红色，橙汁选择橙黄色。

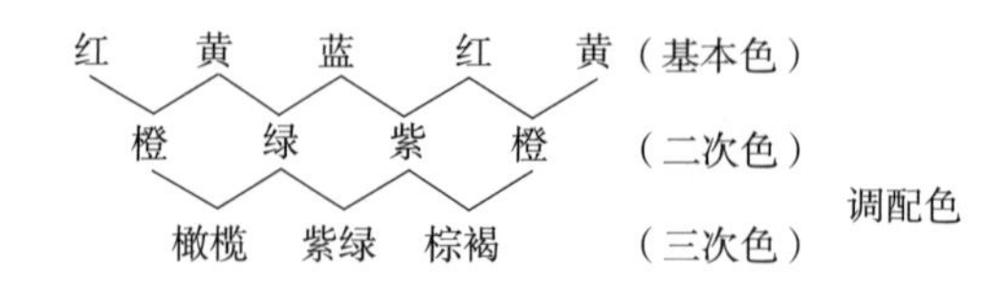

图 3-16　颜色调配

2. 色调调配

食品的色调调配原理是由红、黄、蓝三种基本色调配成二次色，继而调成三次色（图 3-16）；用红、黄、蓝三色可以调配出各种颜色。表 3-2 所示为食用色素调配不同色调的配比。

表 3-2　　　　几种色调的拼配比例　　　　单位：%

色调		苋菜红	胭脂红	柠檬黄	日落黄	亮蓝	靛蓝
黄色类	橙黄		9	91			
	蛋黄	2		93	5		
	甜瓜黄			84	2	14	
红色类	橘红		13	87			
	大红	50	50				
	山楂红		86	14			
	草莓红	73			27		
	杨梅红 A	60	40				
	杨梅红 B		98			2	
	番茄红	93			7		
	小豆红	43		32			25
紫色类	葡萄紫 A	40					60
	葡萄紫 B	80		15			5
	紫色	68				32	
棕色类	巧克力	36		48			16
	茶色	7		87		6	
	咖啡色	16	25	30	21	8	
绿色类	绿色			72		28	
	浅绿			87		13	
	深绿			60		40	
	苹果绿			45			55

食品色彩的调配涉及许多方面的知识，既要了解消费者的心理，懂得食品着色剂的使用要求，又要具有美学色彩学的知识。合理搭配各种色素，才能调出与食品相近的色泽。另外，在使用着色剂进行调配时，严格按照国家对着色剂的相关规定进行。由于各种色素的色调及呈色能力还受特定条件、使用对象的限制，在具体使用时通过试验确定。

3. 常用食品着色剂

为了获得理想的色泽，应使用各种食用色素，按不同的配比做调色试验，以标准色卡为准，选择最佳色泽，根据试验结果确定食用色素种类和添加量。以碳酸饮料为例，产品颜色出现偏差时可以按照表 3-3 进行调整。

表 3-3　　碳酸饮料的色调调整

产品类型	颜色偏差	补加颜色	产品类型	颜色偏差	补加颜色
菠萝	偏黄	胭脂红	橘子、橙汁	过浅	日落黄
	偏红	柠檬黄		较红	柠檬黄
香蕉、苹果	偏黄	果绿		较黄	胭脂红
	偏绿	柠檬黄			

二、天然色素

天然色素（Natural Pigment）是指从天然中获得的色素，主要来源于天然植物的根、茎、叶、花、果实和动物、微生物等，具有安全性高、色调柔和自然等特点。很多食用天然色素还具有较高的营养价值和药理作用，有利于人类的健康。随着人们保健意识的提高，崇尚自然的风气日益增强，食用天然色素作为一类天然食品添加剂在食品工业越来越受到重视。

根据天然色素分子结构可将其分为：多烯色素、多酚色素、醌酮色素、吡咯色素和其他色素五类，见表 3-4。含有亚铁血红素的化合物也是天然色素，但不用作食品着色剂。大部分天然色素结构是苯并吡喃（花青素），类异戊二烯（类胡萝卜素），四吡咯（叶绿素、亚铁血红素）。其他天然色素包括甜菜红、核黄素、焦糖色和昆虫产物等。

表 3-4　　食品用天然色素的主要种类

结构组成	类别	色素举例
多烯	类胡萝卜素类	β-胡萝卜素
	叶黄素类	辣椒红素、藏红花素
多酚	花色苷类	萝卜红、葡萄皮红
	黄酮类	高粱红、可可色素
	鞣质类	鞣质、儿茶素
	查尔酮类	红花红、红花黄
醌酮	酮类	姜黄素、红曲色素
	蒽醌类	虫胶色素
	萘醌类	紫草红色素
吡咯	卟啉类	叶绿素、血红素
其他	含氮花青素	甜菜红、核黄素
	混合物	焦糖色

天然色素根据来源可分为：植物源天然色素、微生物源天然色素和动物源天然色素。

与合成着色剂相比，天然色素具有“天然”的特性，是着色剂的同时还是一种营养素，具有一定药理作用，但其不易着色均匀，对光、热不稳定，着色能力相对较弱以及酸碱稳定性差；同时，天然色素粗制品易受共存成分的影响而带有异味，不易调色，易受金属离子和水质的影响，产品差异大等。因此为避免产品在保质期内褪色、变色，高温、冷藏、光照等色素稳定性试验是必不可少的。另外，果汁中的鞣酸等成分对天然着色剂也起加速降解作用，这些也是提高天然着色剂稳定性需要考虑的因素。

针对天然着色剂不稳定的特性，可以利用微胶囊包埋技术适当改善某些着色剂的稳定性、溶解性能以及增强亮度，使色泽得到完美展现。如微胶囊包埋技术可使水不溶性着色剂在水中充分分散和溶解。应用微胶囊包埋的着色剂有β-胡萝卜素、叶黄素、胭脂红、辣椒红、姜黄素和叶绿素等。这些着色剂与微胶囊形成良好的组织状态，胶囊“外衣”使它们互不干扰，且最大程度减少了受光、氧气、维生素 C 等的影响，从而提高了着色剂在饮料中的稳定性。

（一）植物源天然色素

植物界富含各种天然色素，是天然色素的主要来源，因此引起了研究者的广泛兴趣。大部分植物呈现出的颜色主要是由多酚类、类胡萝卜素类以及叶绿素类色素产生的，此外少部分颜色是由生物碱类的甜菜红色素和二酮类化合物姜黄色素产生。

1. 多酚类

众所周知，多酚类色素包括花色苷、查尔酮和黄酮三类物质。

（1）花色苷类

花色苷主要是花青素与单糖、多糖或多糖糖基化的化合物，六种主要的花青素如图 3-17 所示。糖分子通常通过与 3 位或者 5 位羟基缩合形成花色苷，少数与 7 位羟基缩合。花色苷中的糖分子有单糖（葡萄糖、半乳糖、鼠李糖和阿拉伯糖），也有多糖（芸香糖和山布二糖）。并且这些糖分子可以是酰化的，最常见的是酚酸类化合物，如香豆酸和咖啡酸，少数为 p-羟基苯甲酸、丙二酸和乙酸。

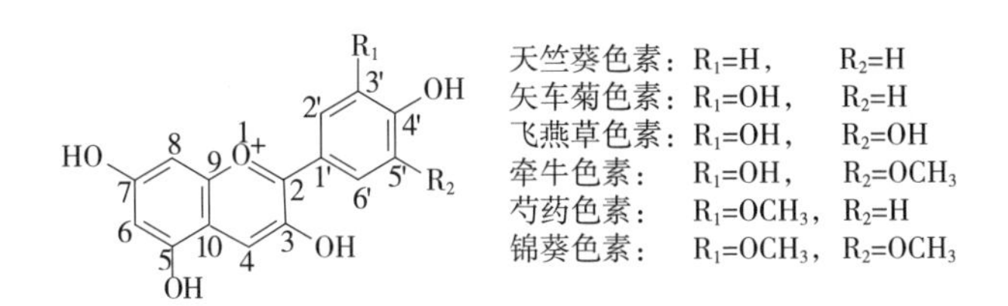

图 3-17　六种主要花青素

花色苷广泛存在于可食用植物原料中，如红苹果皮、葡萄、紫甘蓝、李子、蓝莓、草莓和紫苏叶等。有报道将蔓越莓汁、木莓（又称山莓）汁和接骨木果实的果汁经浓缩或喷雾干燥可用作食用着色剂。从红醋栗果皮、接骨木果实、花楸果和欧洲越橘果中均可提取出花色苷，提取花色苷主要使用酸性醇溶液作为提取溶剂。传统提取花色苷的方法常采用低沸点的醇溶剂（如乙醇、甲醇和正丁醇），且用无机酸如盐酸进行调酸。葡萄皮是花色苷的最主要来源，花色苷商品主要从葡萄皮或者葡萄加工副产物中获得。

花色苷易发生水解、还原等化学反应而褪色，使其在食品中的应用受到限制。如与抗坏血酸、氧气、过氧化氢和二氧化硫反应生成无色化合物；与金属离子蛋白质形成复合物；水解反应失去糖分子生成不稳定的花青素。花色苷对 pH 变化也较为敏感，在相对较低的 pH 条件下稳定性较好。另外，花色苷的结构随着 pH 的变化而转变（图 3-18），颜色也随之发生变化：当 $pH<1$ 时，花色苷呈现出鲜艳的红色；当 pH 升至 4~6 时，花色苷变为紫色甚至无色；当 pH

升至 7~8 时，花色苷呈现深蓝色；当 pH 继续升高时，花色苷的颜色向蓝色——绿色——黄色转变。花色苷溶于水或极性溶剂，对热非常敏感。温度对花色苷稳定性影响的研究表明，花色苷的热稳定性依赖于其结构特征，其中的糖分子起重要作用。

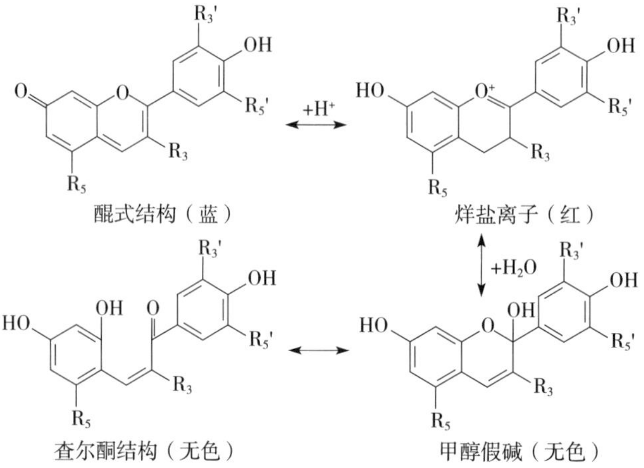

醌式结构（蓝） 烊盐离子（红）

查尔酮结构（无色） 甲醇假碱（无色）

图 3-18 花色苷结构式的变化

花色苷在低 pH 条件下的稳定性表明，花色苷较适宜用于高酸食品体系。花色苷在食品体系中主要提供自然的红色或蓝色，已成功应用于水果罐头、果浆、酸奶和软饮料等食品。商业生产中也应用花色苷增强果酒的颜色。相关的毒理学和致突变研究表明，花色苷具有无毒、无致突变特性。此外，很多研究结果也表明花色苷对人体健康有益，拓宽了花色苷在食品乃至医药领域中的应用范围。

①越橘红（Cowberry red，CNS 号：08. 105）：越橘红是从杜鹃花科越橘属越橘果实中提取制得的，主要成分为矢车菊素及芍药素等花色苷，为深红色膏状物，味酸甜清香。在酸性条件下呈红色，在碱性条件下呈橙黄色至紫青色，易溶于水和酸性乙醇，所得溶液色泽鲜艳透明，无沉淀，无异味，在乙醇溶液中其最大吸收波长为 535nm。易与较活泼的金属作用，故应避免与铜、铁等金属离子接触。对光敏感，水溶液在一定光照条件下易褪色。经小鼠口服，LD_{50}为 27. 8g/kg 体重（雄性小鼠）、30. 0g/kg 体重（雌性）；大鼠口服 36. 9g/kg 体重（雄性）、29. 5g/kg 体重（雌性）。

GB 2760—2014《食品添加剂使用标准》规定：越橘红可用于果蔬汁（浆）类饮料、风味（仅限果味）饮料和冷冻饮品（03. 04 食用冰除外）中，按生产需要适量使用。

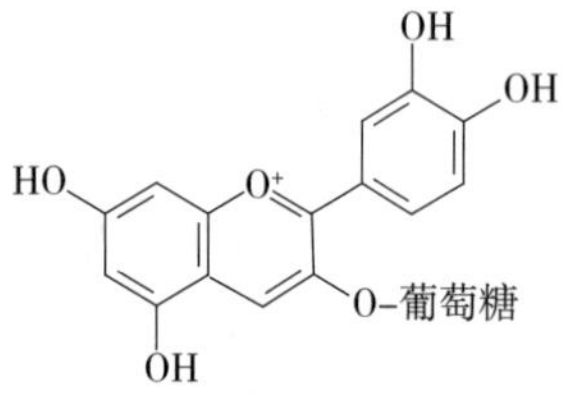

②红米红（Red rice red，CNS 号：08. 111）：红米红为紫红色液体或粉末，主要成分为矢车菊素-3-葡萄糖苷，结构式见图 3-19。由黑米或紫米为原料，经脱脂、浸提、过滤、精制纯化、浓缩、杀菌（液状成品）、喷雾干燥（粉状成品）而制得。溶于水、乙醇，不溶于丙酮、石油醚。稳定性好，耐热、耐光，但对氧化剂敏感，钠、钾、钙、钡、锌、铜及微量铁离子对其无明显影响，但遇锡变玫瑰红色，遇铅及多量 Fe^{2+}，则褪色并沉淀。水溶液在 pH1~6 时为红色，在 pH7~12 时变成淡

图 3-19 红米红

褐色至黄色。长时间加热则变黄色。大白鼠经口 LD_{50}>21.5g/kg 体重。

GB 2760—2014《食品添加剂使用标准》规定：红米红可用于调制乳、冷冻饮品（03.04 食用冰除外）、糖果、含乳饮料、配制酒中，按生产需要适量使用。

③黑豆红（Black bean red，CNS 号：08.114）：黑豆红基本结构为矢车菊素-3-半乳糖苷，分子式 $C_{21}H_{21}O_{11}$，相对分子质量 449.39，结构式见图 3-20，由黑豆皮浸提、精制、浓缩、干燥而得。

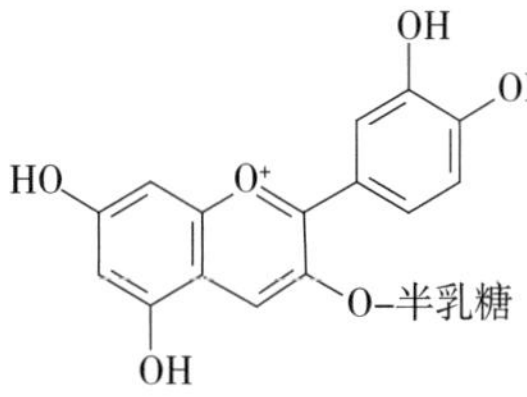

黑豆红为深红色或紫红色膏状物或粉末，易吸潮。易溶于水和稀乙醇，不溶于无水乙醇、乙醚、丙酮和油脂。水溶液在酸性条件下呈鲜红色，在中性条件下呈红棕色，在碱性条件下呈深红棕色至蓝紫色。对光、热稳定，色泽自然，着色力强。小白鼠经口 LD_{50}>10g/kg 体重。

图 3-20　黑豆红

GB 2760—2014《食品添加剂使用标准》规定：黑豆红可用于糖果、糕点上彩装、果蔬汁（浆）饮料、风味饮料（仅限果味饮料）、配制酒。

④萝卜红（Radish red，CNS 号：08.117）：萝卜红为天竺葵素的葡萄糖苷衍生物，是天竺葵素-3-槐二糖苷-5-葡萄糖苷的双酰基结构，结构式见图 3-21。以红心萝卜为原料，经浸提、浓缩、精制而得。属水溶性花色苷类，是可溶于水的弱极性有机化合物。

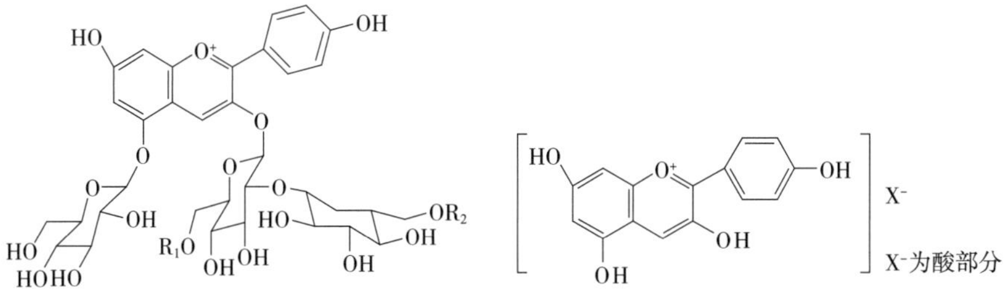

图 3-21　萝卜红

萝卜红色素易溶于水、甲醇、乙醇水溶液等极性溶剂，不溶于丙酮、正己烷、乙酸乙酯、无水乙醇、苯、环己烷、氯仿等非极性溶剂。萝卜红色素的耐热性、耐光性、耐酸性、耐盐性、耐金属离子性、耐细菌性较强；而耐碱性、耐氧化性、耐还原剂较弱，是一种非常稳定的天然色素。其色调随 pH 改变而变化，萝卜红色素在酸性溶液中的颜色随溶液 pH 的降低而加深，当溶液的酸性变弱时颜色变浅，在中性时吸光度值最小，当溶液 pH>7 时，溶液变成浅黄色；且随着 pH 的升高，吸光度值增大。

GB 2760—2014《食品添加剂使用标准》规定：萝卜红可用于冷冻饮品（03.04 食用冰除外）、果酱、蜜饯类、糖果、糕点、醋、复合调味料、果蔬汁（浆）饮料、果味饮料、配制酒、果冻等食品。

⑤黑加仑红（Black currant red，CNS 号：08.122）：黑加仑红主要含矢车菊素和飞燕草素，结构式见图 3-22，由黑加仑果渣提取、精制、浓缩或加麦芽糊精喷雾干燥而得。易溶于水，溶于甲醇、乙醇及其水溶液，不溶于丙酮、乙酸乙酯、乙醚、氯仿等弱极性及非极性溶剂。黑加仑红 10g/L 水溶液的 pH 为 3.8 时，其最大吸收峰波长为 522nm，呈紫红色；pH<5.44 时，为稳定的紫红色；pH5.45～6.45 时，为不稳定的紫红色；在 pH7.0 左右为稳定的粉紫色；

pH>7.44 时为稳定的蓝紫色。因此，黑加仑红在酸性条件稳定，保持了黑加仑的固有紫红色。耐热性能较好，于 100℃受热 30min，吸光度比对照降低 21%。耐光性较强，自然光照 30d，吸光度比对照降低 7%；45d，降低 13%；90d，降低 26%。

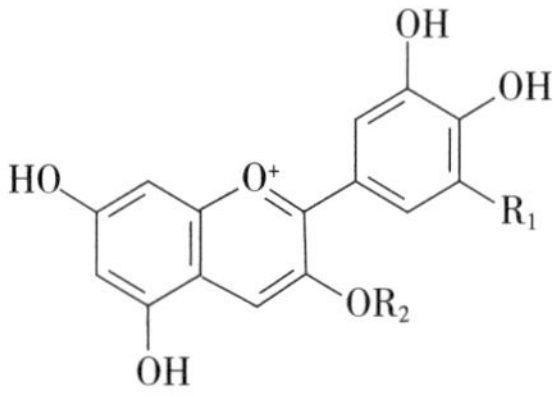

Ⅰ 3-芸香苷矢车菊素：　R_1=H　R_2=芸香糖
Ⅱ 3-芸香苷飞燕草素：　R_1=OH　R_2=芸香糖
Ⅲ 3-葡糖苷矢车菊素：　R_1=H　R_2=葡萄糖
Ⅵ 3-葡糖苷飞燕草素：　R_1=OH　R_2=葡萄糖

图 3-22　黑加仑红

GB 2760—2014《食品添加剂使用标准》规定：黑加仑红可用于糕点上彩装、碳酸饮料、果酒。

⑥玫瑰茄红（Roselle red，CNS 号：08.125）：玫瑰茄红主要成分为飞燕草素-3-接骨木二糖苷、矢车菊-3-接骨木二糖苷（结构式见图 3-23），还含有飞燕草素-3-葡萄糖苷和矢车菊素-3-葡萄糖苷。是以草本植物玫瑰茄（又称洛神花）的花萼为原料提取的天然色素。

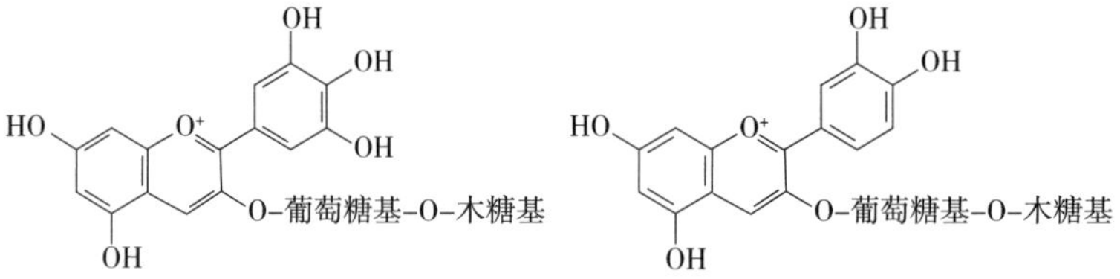

(1)飞燕草素-3-接骨木二糖苷　　(2)矢车菊素-3-接骨木二糖苷

图 3-23　玫瑰茄红主要成分

玫瑰茄红为深红色液体、红紫色膏状或红紫色粉末。易溶于水、乙醇和甘油，难溶于油脂、氯仿和苯等有机溶剂。在酸性（pH<4）中呈红色，最大吸收波长（523±1）nm；pH 5~6 时呈橙色；pH>7 时呈暗蓝色，耐光耐热性差；对铁、铜等金属离子不稳定，遇碳酸会发生沉淀、褪色。小白鼠经口 LD_{50}为 15g/kg 体重。

GB 2760—2014《食品添加剂使用标准》规定：玫瑰茄红可用于糖果、果蔬汁（浆）饮料、果味饮料、配制酒中。

⑦橡子壳棕（Acorn shell brown，CNS 号：08.126）：橡子壳棕主要成分为儿茶酚、花黄素、花青素等有糖基的化合物，是以栎树果实橡子的果壳为原料提取而成的天然色素。易溶于水及乙醇水溶液，不溶于非极性溶剂，在偏碱性条件下呈棕色，在偏酸性条件下呈红棕色，对热和光均稳定。

GB 2760—2014《食品添加剂使用标准》规定：橡子壳棕可用于可乐型碳酸饮料、配制酒中。

⑧桑椹红（Mulberry red，CNS 号：08.129）：桑椹红主要成分为矢车菊素-3-葡萄糖苷，由烘干的黑桑椹经酸化乙醇提取、精制浓缩而得。桑椹红为深红色浸膏或粉末，易溶于水和稀乙醇，不溶于非极性有机溶剂。水溶液 pH3~5 时呈红色，pH5.7~6.0 时无色，pH7 时呈紫色。光照 10~20d 不分解，20~100℃稳定，对金属离子较敏感。浸膏比粉末产品稳定，安全性高。大鼠经口 LD_{50}为 13.4g/kg 体重，小鼠为 26.8g/kg 体重。

GB 2760—2014《食品添加剂使用标准》规定：桑椹红可用于果糕类、糖果、果蔬汁（浆）饮料、风味饮料、果酒、果冻中。

⑨葡萄皮红（Grape skin extract，CNS 号：08.135）：葡萄皮红为花色苷类色素，主要着色成分为锦葵素、芍药素、翠雀素和3′-甲基花翠素或花青素的葡萄糖苷。由酿制葡萄酒后剩余的葡萄皮去除种子后浸提而得。

葡萄皮红为紫红色液体或粉末，溶于水、乙醇和丙二醇，不溶于油脂。酸性条件下显红色，碱性条件下显暗蓝色，耐光、耐热、耐氧化性均稍差。小鼠经口 LD_{50}>15g/kg 体重，ADI 值为 0~2.5mg/kg 体重。

GB 2760—2014《食品添加剂使用标准》规定：葡萄皮红可用于冷冻饮品（03.04 食用冰除外）、果酱、糖果、焙烤食品、饮料类（14.01 包装饮用水除外）、配制酒。

⑩蓝靛果红（Uguisukagura red，CNS 号：08.136）：蓝靛果红的主要成分为矢车菊素-3-葡萄糖苷、矢车菊素-3,5-双葡萄糖苷、矢车菊素-3-芸香糖苷。以忍冬科植物蓝靛果的成熟果为原料，用水浸提而得。为紫红色粉末，味酸甜，有特殊果香。易溶于水和乙醇，不溶于乙醚、丙酮和石油醚。最大吸收峰为440nm。酸性条件下呈艳红色，碱性条件下呈紫色。耐碱及耐铁、锰等离子较差。小鼠经口 LD_{50}>21.05g/kg 体重。

GB 2760—2014《食品添加剂使用标准》规定：蓝靛果红可用于冷冻饮品（03.04 食用冰除外）、糖果、糕点、糕点上彩装、果蔬汁（浆）饮料、风味饮料。

⑪杨梅红（Myrica red，CNS 号：08.149）：杨梅红色素商品为紫红色至红黑色粉末或固体，主要成分为矢车菊素-3-葡萄糖苷，还含有飞燕草花色苷、天竺葵花色苷及芍药花色苷等成分。以杨梅成熟果实为原料，经浸提、纯化、浓缩、干燥而得。色泽的稳定性易受酶、温度、氧气、光照、pH、维生素 C 和金属离子等因素影响。

GB 2760—2014《食品添加剂使用标准》规定：杨梅红可在冷冻饮品（03.04 食用冰除外）、糖果、糕点上彩装、饮料类（14.01 包装饮用水除外）、果酒（仅限于配制果酒）、果冻中使用。

⑫紫甘薯色素（Purple sweet potato colour，CNS 号：08.154）：紫甘薯色素商品为红至紫红色液体、粉末或颗粒状固体。紫甘薯色素成分复杂，主要成分为氰定酰基葡糖和甲基花青素酰基葡糖苷。以番薯属植物紫甘薯的块根为原料，用柠檬酸水溶液或含柠檬酸的乙醇水溶液抽提、纯化及大孔吸附树脂进一步纯化的液体紫甘薯色素，经喷雾干燥制得粉状紫甘薯色素。可溶于纯水、甲醇、乙醇、冰醋酸、丙酮、稀盐酸和稀氢氧化钠，但不溶于石油醚等有机溶剂。因为其吡喃环上有四价氧原子，具有碱的性质，而同时又有酚羟基，具有酸的性质，所以该色素的色泽对 pH 十分敏感，在酸性条件下，呈深红色，结构稳定；碱性条件能加速紫色甘薯色素的损失，通常当 pH<5 时，呈稳定的红色，pH>5 时，则由红色变成紫色再变成蓝色，故其在酸性下呈鲜红色，中性时呈红至红紫色，碱性时呈紫蓝色。食品加工的 pH 多在 3~5，所以在食品中呈稳定的红色（肖素荣，2009）。

GB 2760—2014《食品添加剂使用标准》规定：紫甘薯色素可在冷冻饮品（03.04 食用冰除外）、糖果、糕点上彩装、饮料类（14.01 包装饮用水除外）、果蔬汁（浆）类饮料、配制酒中使用。

（2）查尔酮类　查尔酮类天然食用色素主要指从红花（*Carthmus tinctorius*）花瓣中提取的水溶性色素。目前，查尔酮色素在不同条件下稳定性的报道较少，但查尔酮色素对 pH、光和微生物敏感。研究表明，加热和接触金属离子均会可导致查尔酮的颜色发生变化。因此，查尔酮在食品工业的应用受限。

红花黄（Carthamins yellow，CNS 号：08. 103）：红花黄的呈色成分主要有红花黄 A（分子式 $C_{27}H_{32}O_{16}$，相对分子质量 612. 5）和红花黄 B（分子式 $C_{48}H_{54}O_{27}$，相对分子质量 1062），结构式见图 3-24。红花黄是菊科植物红花所含的黄色色素，以黄色的红花，经水浸提，精制、浓缩、干燥而得。

红花黄为黄色或棕黄色粉末，易吸潮，吸潮时呈褐色，并结成块状，但吸潮后的产品不影响使用效果。红花黄易溶于水、稀乙醇，不溶于乙醚、石油醚、油脂等。对热相当稳定，100℃以下无变化，加工果汁经 80℃瞬时杀菌，色素保留率 70%。在 pH2~7 内色调稳定。耐光性较好，pH7 且在日光下照射 8h，色素保留率 88. 9%。小鼠经口红花黄 LD_{50}≥20. 0g/kg 体重。

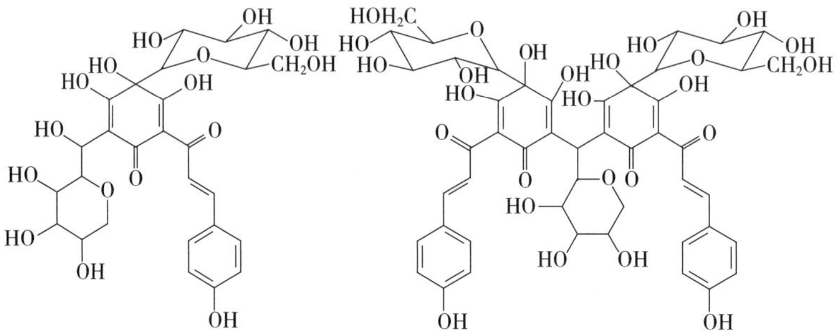

(1)红花黄A　　(2)红花黄B

图 3-24　红花黄

GB 2760—2014《食品添加剂使用标准》规定：红花黄可用于冷冻饮品（03. 04 食用冰除外）、水果罐头、蜜饯凉果、装饰性果蔬、腌渍的蔬菜、蔬菜罐头、熟制坚果与籽类（仅限油炸坚果与籽类）、糖果、杂粮罐头、方便米面制品、粮食制品馅料、糕点上彩装、腌腊肉制品类（如咸肉、腊肉、板鸭、中式火腿、腊肠）、调味品（12. 01 盐及代盐制品除外）、果蔬汁（浆）饮料、碳酸饮料、风味饮料、配制酒、果冻、膨化食品中。

（3）黄酮类

①高粱红（Sorghum red，CNS 号：08. 115）：高粱红色素的主要成分为芹菜素（Apigenin）和槲皮黄苷（Quercetin），由高粱壳浸提、浓缩、精制而得。芹菜素的化学名称为 5,7,4′-三羟基黄酮，分子式 $C_{15}H_{10}O_5$，相对分子质量 270. 24，结构式见图 3-25（1）；槲皮黄苷的化学名称为 3,5,3′,4′-四羟基黄酮-7-葡萄糖苷，分子式 $C_{21}H_{20}O_{12}$，相对分子质量 464. 38，结构式见图 3-25（2）。

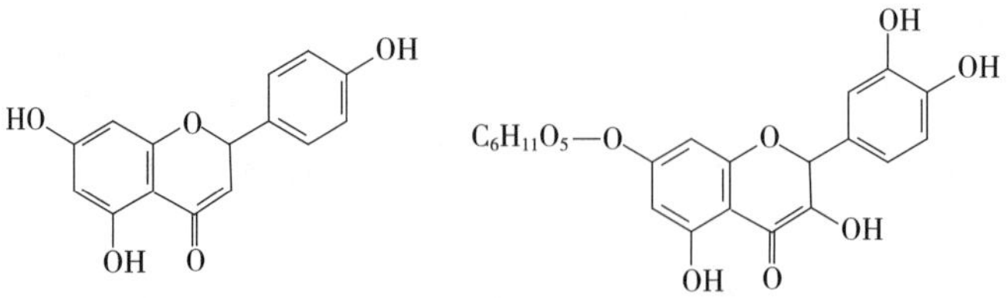

(1)芹菜素　　(2)槲皮黄苷

图 3-25　高粱红主要成分

高粱红色素为深褐色无定形粉末，溶于水、乙醇和含水的丙二醇，不溶于非极性溶剂及油脂。水溶液为红棕色，偏酸性时色浅，偏碱性时色深；当使用体系的 pH<3.5 时易发生沉淀，故不适用于高酸性食品。高粱红对光、热都稳定，易与金属离子络合成盐，特别是与铁离子接触，体系由红棕色转变为深褐色，但只要加入微量焦磷酸钠，即能抑制金属离子的影响。高粱红用于熟肉制品时，能耐高温，成品为咖啡色。

GB 2760—2014《食品添加剂使用标准》规定：高粱红可在各种食品生产中按生产需要适量添加。

②花生衣红（Peanut skin red，CNS 号：08.134）：花生衣红也称花生衣色素、花生衣天然色素、花生内衣色素、生皮色素。主要成分为黄酮类化合物，另外还含有花色苷等。是以鲜花生的内衣为原料提取而成的天然着色剂。为红褐色粉末或液体，易溶于热水及稀乙醇溶液，不溶于丙酮、正己烷、乙酸乙酯、无水乙醇、苯、环己烷、氯仿等非极性溶剂。耐光、耐热、耐氧化、耐酸碱性良好，对金属离子稳定。小鼠经口 LD_{50}为 10.0g/kg 体重。

GB 2760—2014《食品添加剂使用标准》规定：花生衣红可用于糖果、饼干、肉灌肠类、碳酸饮料。

2. 类胡萝卜素类

类胡萝卜素类色素由于其良好的色泽和较为广泛的来源受到普遍关注，其不仅存在于植物中（如胡萝卜、番茄等），在细菌、真菌、藻类及动物中也有广泛分布。迄今为止，人们已经分离鉴定出超过 500 种的类胡萝卜素类色素。类胡萝卜素的基本结构为 C40 的碳氢长链并含有 8 个异戊二烯结构单元的化合物。碳氢长链两端不同的取代基造成了类胡萝卜素类色素种类的多样性。不同的类胡萝卜素由于碳骨架两端的取代基和立体化学结构不同使其色泽存在差异。萜类化合物分子中至少应含有 7 个共轭双键才能使类胡萝卜素分子呈现出可见的颜色。分子中存在的共轭双键使得类胡萝卜素分子很容易被氧化，尤其在光照和脂质过氧化氢酶存在的条件下，促进了类胡萝卜素分子的异构化反应。类胡萝卜素一般为脂溶性色素，并且在相对较宽的 pH 范围内比较稳定。

（1）天然β-胡萝卜素（Natural beta-carotene，CNS 号：08.147）　天然β-胡萝卜素分子式 $C_{40}H_{56}$，相对分子质量 536.88，结构式见图 3-26，为红褐色至红紫或橙色至深橙色粉末、糊状或黏稠状液体，溶于油脂后呈黄至黄橙色。耐热、耐酸性良好，但不耐光。不溶于水，微溶于乙醇和油脂，易氧化，应避免与空气接触。天然类胡萝卜素的 ADI 值尚未规定（FAO/WHO，2001），小鼠经口 LD_{50}为 21.5g/kg 体重，属于 GRAS 产品（FDA，2000）。

在自然界中含有类胡萝卜素的植物、藻类约有 600 多种，天然β-胡萝卜素生产主要采用植物提取法和微生物发酵提取法。植物提取法主要从胡萝卜、玉米、沙棘、红薯和油椰等富含β-胡萝卜素的植物中提取，且常采用有机溶剂提取法，超声波强化提取法以及超临界二氧化碳萃取法；微生物发酵法生产β-胡萝卜素主要采用丝状真菌（三孢布拉氏霉菌）和红酵母，也有采用杜氏盐藻、螺旋藻提取法以及基因工程法，但从盐藻、螺旋藻等中提取的β-胡萝卜素具有藻类特殊气味。天然β-胡萝卜素是多种胡萝卜素的混合体，而合成的全顺式β-胡萝卜素的结构与功能与天然胡萝卜素并不完全相同，天然胡萝卜素中含有反式胡萝卜素，具有更高的生理活性功能。由于胡萝卜素有 11 个共轭双键，在理论上可有 272 种顺、反式异构体。天然胡萝卜素中主要呈色物质为β-胡萝卜素，其次为α-胡萝卜素、γ-胡萝卜素、δ-胡萝卜素和其他类胡萝卜素，除色素物质外，尚含有原料中天然存在的油、脂和蜡等，所含成分因原料而

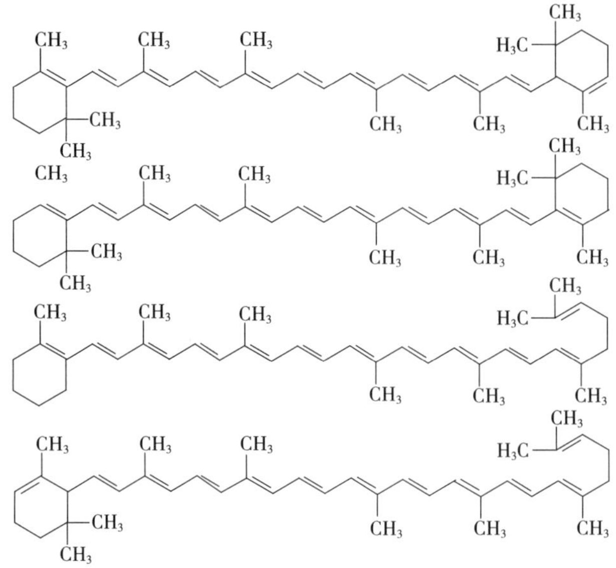

图 3-26　胡萝卜素

（1）α-胡萝卜素　（2）β-胡萝卜素　（3）γ-胡萝卜素　（4）δ-胡萝卜素

异。天然胡萝卜素商品中可添加食用植物油和防止其氧化的生育酚，粉状产品可添加糊精作为赋形剂。

（2）辣椒红（Paprika red，CNS 号：08.106）和辣椒橙（Paprika orange，CNS 号：08.107）　辣椒红提取物以红辣椒果皮及其制品为原料，经有机溶剂或二氧化碳萃取而制得，为深红色黏性油状液体，依来源和制法不同，具有不同程度的辣味。主要含有辣椒红素、辣椒玉红素和其他类胡萝卜素物质，结构式见图 3-27，辣椒提取物皂化产物中类胡萝卜素相对含量见表 3-5。辣椒红可任意溶解于丙酮、氯仿、正己烷、食用油，易溶于乙醇，稍难溶于丙三醇，不溶于水。辣椒红耐光性差，波长 210～440nm 的光线，特别是 285nm 紫外光可促使其褪色。对热稳定，160℃加热 2h 几乎不褪色。Fe^{3+}、Cu^{2+}、Co^{2+} 可使其褪色。遇 Al^{3+}、Sn^{2+}、Pb^{2+} 发生沉淀，此外不受其他离子影响。着色力强，色调因稀释浓度不同呈浅黄至橙红色。

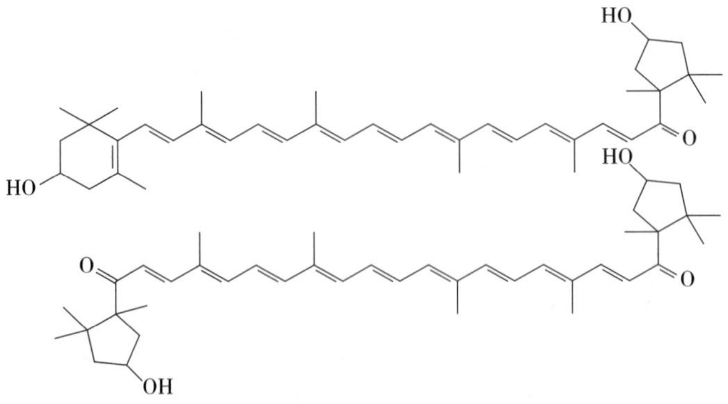

图 3-27　辣椒红

（1）辣椒红素　（2）辣椒玉红素

表 3-5　辣椒提取物皂化产物中类胡萝卜素的相对含量　单位:%

类胡萝卜素	Curl (1962)	Davies (1970)	Camara (1978)	Baranyai (1982)	Deli (2001)	
辣椒红素	34.7	31.7	33.3	38.1	26.68	31.29
β-胡萝卜素	11.6	12.3	15.4	18.6	15.82	9.46
紫黄质	9.9	9.8	7.1	7.9		
隐黄质	6.7	7.8	12.3	4.2	9.9	2.94
辣椒玉红素	6.4	7.5	10.3	9.5	7.39	8.79
克雷辣椒素	4.3	5.0	5.1	1.8	2.48	0.83
玉米黄质	2.3	6.5	3.1	4.0	3.71	3.07
花药黄质	1.6	9.2	9.2	5.0	1.48	1.45
辣椒红素环氧化物	0.9	4.2	1.7	2.6	—	—

辣椒橙一般是从辣椒粉中提取的辣椒油树脂，经除去辣椒碱后，再经精制、分离所得。辣椒橙色素为红色油状或膏状液体，无辣味、异味。易溶于植物油、乙醚、乙酸乙酯，不溶于水。在丙酮中最大吸收波长 449nm。热稳定性好，在 270℃时色泽仍稳定。在 pH3～12 范围内色调不变，耐光性、耐热性均好。

GB 2760—2014《食品添加剂使用标准》规定：辣椒红可用于冷冻饮品（03.04 食用冰除外）、腌渍的蔬菜、熟制坚果与籽类（仅限油炸坚果与籽类）、可可制品、巧克力和巧克力制品，包括代可可脂巧克力及制品、糖果、面糊（如用于鱼和禽肉的拖面糊）、裹粉、煎炸粉、方便米面制品、冷冻米面制品、粮食制品馅料、糕点、糕点上彩装、饼干、焙烤食品馅料及表面用挂浆、调理肉制品（生肉添加调理料）、腌腊肉制品类（如咸肉、腊肉、板鸭、中式火腿、腊肠）、熟肉制品、冷冻鱼糜制品（包括鱼丸等）、调味品（12.01 盐及代盐制品除外）、果蔬汁（浆）类饮料、蛋白饮料、果冻、膨化食品。辣椒橙可用于冷冻饮品（除外 03.04 食用冰）、糖果、糕点、糕点上彩装、饼干、焙烤食品馅料及表面用挂浆、熟肉制品、冷冻鱼糜制品（包括鱼丸等）、半固体复合调味料。

（3）番茄红（Tomato red，CNS 号：08.150）　番茄红色素商品为深红色油溶性分散物，具有一定的黏性，是以天然番茄为原料，以有机溶剂或超临界流体（包括二氧化碳等）为萃取介质制成的产品。

GB 2760—2014《食品添加剂使用标准》规定：番茄红可用于风味发酵乳、饮料类（14.01 包装饮用水除外）。

（4）番茄红素［Lycopene，CNS 号：08.017，INS 号 160d（i）］　番茄红素作为一种新兴的食用着色剂，是诸多类胡萝卜素色素中的一种。这种类胡萝卜素大量存在于西瓜和红葡萄柚中，呈现色泽较深的红色。番茄是该色素的主要来源，番茄红素在加工过程中的稳定性有待进一步的研究，以开发其用于食品加工的潜在可能性。

GB 2760—2014《食品添加剂使用标准》规定：番茄红素可用于调制乳、风味发酵乳、糖果、即食谷物，包括碾轧燕麦（片）、焙烤食品、固体汤料、半固体复合调味料、饮料类（14.01 包装饮用水除外）、果冻。

（5）藏红花色素　藏红花色素是人类使用最早的食品添加剂之一，为水溶性色素，由藏红花花柱头中提取所得，藏红花是商业生产藏红花色素的主要原料，也可从白花番红花，红椿，喜马拉雅茉莉花，毛蕊草和栀子中提取。

对藏红花色素稳定性的研究已有较多报道，与胭脂树橙色素不同的是，藏红花色素提取物对 pH 变化较为敏感，且易于氧化，对热稳定性一般。藏红花提取物由水溶性的藏花素和脂溶性的藏花酸组成，藏花素为主。藏花素是藏花酸与龙胆二糖的酯化产物（如图 3-28）。藏花酸与胭脂树橙类似的是，均为二羧酸类胡萝卜素。除了藏花素和藏花酸，藏红花提取物中还含有玉米黄质、β-胡萝卜素和一些风味化合物（主要是苦藏花素和藏花醛）。其中风味化合物呈现出辛辣味，这也是限制藏红花色素用作食品着色剂的主要原因。我国允许藏红花提取物（Saffron extract，CNS 号：N312，FEMA 号：2999）用作食用香料。

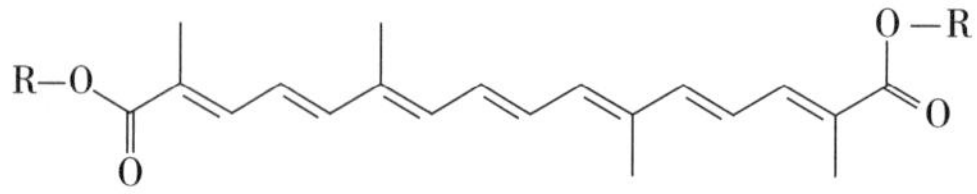

R—O　O—R　O　O

藏红花素：R=龙胆二糖
藏红花酸：R=H

图 3-28　藏红花色素

一般说来，生产 1kg 藏红花色素粉末需要 140000 个藏红花花朵花柱。由于生产成本较高，使得藏红花色素成为最贵的食用着色剂之一。藏红花色素不仅用作着色剂，也可用作香辛料添加到食品中，如用于一些需要增加黄色色泽和辛辣味的产品，如咖喱食品、汤、肉制品和一些糖果。

（6）栀子黄（Gardenia yellow，CNS 号：08.112）　栀子黄色素分子式 $C_{44}H_{64}O_{24}$，相对分子质量 977.21，一般为橙黄色粉末或深黄色液体，其主要成分为藏红花素和藏红花酸，是一种罕见的水溶性类胡萝卜素。是从茜草科植物栀子的干燥成熟果实提取的天然食用色素。

栀子黄水溶液为柠檬黄色，稳定性好，着色力强，耐还原性、耐微生物性好，耐光、耐热，在 pH4~11 范围内颜色基本不变，对金属离子稳定；对淀粉、蛋白质染色效果好。

GB 2760—2014《食品添加剂使用标准》规定：栀子黄可用于人造黄油（人造奶油）及其类似制品（如黄油和人造黄油混合品）、冷冻饮品（03.04 食用冰除外）、蜜饯类、腌渍的蔬菜、熟制坚果与籽类（仅限油炸坚果与籽类）、坚果与籽类罐头、可可制品、巧克力和巧克力制品（包括类巧克力和代巧克力）以及糖果、生湿面制品（如面条、饺子皮、馄饨皮、烧卖皮）、生干面制品、方便米面制品、粮食制品馅料、糕点、饼干、焙烤食品馅料及表面用挂浆、熟肉制品（仅限禽肉熟制品）、调味品（12.01 盐及代盐制品除外）、果蔬汁（浆）类饮料、固体饮料、风味饮料（仅限果味饮料）、配制酒、果冻、膨化食品。

（7）叶黄素（Lutein，CNS 号：08.146）　叶黄素，分子式 $C_{48}H_{56}O_2$，结构式见图 3-29，纯叶黄素为棱格状黄色晶体，有金属光泽，熔点 183~190℃，对光和氧不稳定，需在-20℃和氮气存在条件下贮存，其属于类胡萝卜素的四萜化合物，有两个紫罗兰环。叶黄素商品为深棕色膏状树脂，纯度高时呈橘黄色至橘红色结晶或粉末状固体，不溶于水，溶于正己烷等有机溶剂；以天然万寿菊油树脂为原料经精制制成的天然色素。

GB 2760—2014《食品添加剂使用标准》规定：叶黄素作为色素使用时可用于以乳为主要配料的即食风味食品或其预制产品（不包括冰淇淋和风味发酵乳）、冷冻饮品（03.04 食用冰

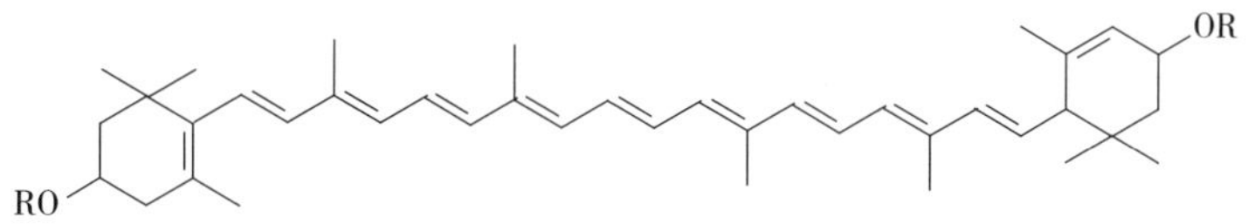

图 3-29 全反式叶黄素（R=H）

除外）、果酱、糖果、杂粮罐头、方便米面制品、冷冻米面制品、谷物和淀粉类甜品（仅限谷类甜品罐头）、焙烤食品、饮料类（14.01 包装饮用水除外）、果冻。

（8）玉米黄（Corn yellow，CNS 号：08.116） 玉米黄色素为黄色粉末、糊状液体或（溶于油脂中的）黄色油状液体，主要成分为玉米黄素和隐黄素，结构式见图 3-30。从禾本科植物玉蜀黍黄粒种子中的角质胚乳中提取所得。玉米黄是β-胡萝卜素的衍生物，溶于乙醚、石油醚、丙酮、酯类等有机溶剂，不溶于水，在体内不能转化为维生素 A，没有维生素 A 活性，对光、热稳定性差，尤其光照对玉米黄色素影响最大；对 Fe^{3+} 和 Al^{3+} 的稳定性也较差，但对其他离子、酸、碱及还原剂 Na_2SO_3 等较稳定。

GB 2760—2014《食品添加剂使用标准》规定：玉米黄可用于氢化植物油、糖果。

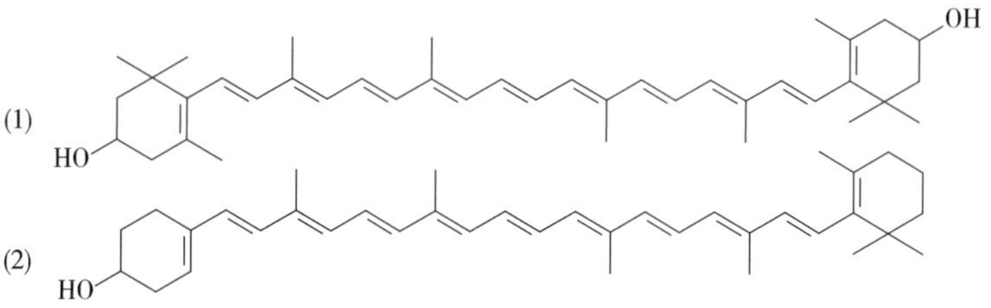

图 3-30 玉米黄

（1）玉米黄素 （2）隐黄质

（9）沙棘黄（Hippophae rhamnoides yellow，CNS 号：08.124） 沙棘黄又称沙棘黄色素、沙棘色素，为橙黄色粉末或浸膏，无异味。主要含胡萝卜素类和黄酮类黄色素。是以植物沙棘（也称醋柳、酸刺）的果实为原料提取而成的天然着色剂。不溶于水，易溶于乙醇、乙醚、氯仿、丙酮等非极性溶剂。氯仿溶液中最大吸收波长为 457~458nm，耐热性好，耐光性尚可，耐酸性差，在 pH<5 出现沉淀。小白鼠经口 LD_{50}>15g/kg 体重。

GB 2760—2014《食品添加剂使用标准》规定：沙棘黄可用于氢化植物油、糕点上彩装。

（10）柑橘黄（Orange yellow，CNS 号：08.143） 柑橘黄的主要着色成分为柑橘黄素（Citroxanthin），化学名称为 5,8-环氧-β-胡萝卜素，分子式 $C_{40}H_{56}O$，相对分子质量 553.88，结构式见图 3-31。柑橘黄是从橙皮中采用提取、精制、浓缩、干燥等方法制成，为深红色黏稠液体，具有柑橘的清香味。易溶于乙醚、己烷、苯、甲苯、油脂等溶剂，可溶于乙醇、丙酮，不溶于水，pH 对其呈色无影响。其乙醇溶液加入水中呈亮黄色。柑橘黄对光很敏感，易褪色，在使用时应考虑适当加入抗氧化剂。

GB 2760—2014《食品添加剂使用标准》规定：柑橘黄可在各类食品（包括生干面制品）中按生产需要适量使用。

（11）菊花黄浸膏（Coreopsis yellow，CNS 号：08.113） 菊花黄浸膏为黏稠液体或膏状

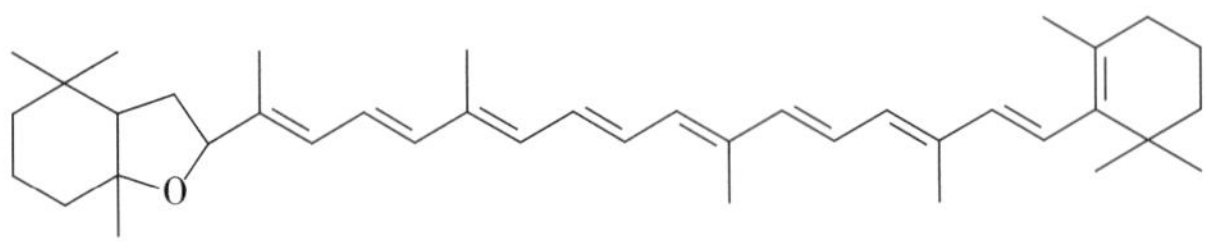

图 3-31　柑橘黄

物，有菊花的清香气味。以菊科植物大花金鸡菊的花序为原料，用水浸提、压榨。榨取液经过滤、浓缩至含 50%固形物的浸膏。相对密度 1.25。易溶于水和乙醇，不溶于油脂。水溶液在 pH<7 时色调稳定呈黄色，在 pH>7 时呈橙黄色。耐光性、耐热性均好，着色力强。经小鼠口服 LD_{50}>22.5g/kg 体重，经大鼠口服 LD_{50}>21.5g/kg 体重。

GB 2760—2014《食品添加剂使用标准》规定：菊花黄浸膏可用于可可制品、巧克力和巧克力制品（包括代可可脂巧克力及制品）以及糖果、糕点上彩装、果蔬汁（浆）类饮料、风味饮料（仅限果味饮料）。

（12）密蒙黄（Buddleia yellow，CNS 号：08.139）　密蒙黄也称天然密蒙花黄色素，是以密蒙花（别名米汤花、染饭花）的穗状花序为原料，经过提取、精制、浓缩、干燥制得的棕黄色粉末或膏体，有芳香气味。密蒙黄的主要成分为藏红花酸（图 3-28）衍生物、麦角固苷和金石蚕苷，结构式见图 3-32，藏红花酸衍生物主要包括：藏红花素、藏红花酸龙胆二糖葡萄糖二酯（*trans*-crocetin-monogentiobioside-monoglucoside ester）、反式藏红花酸龙胆二糖单酯（*trans*-crocetin-monogentiobioside ester）、顺式藏红花酸龙胆二糖单酯（*cis*-croce- tin-monogentiobioside ester）。密蒙黄溶于水、稀醇，不溶于苯、乙醚等有机溶剂。对糖、淀粉、盐和金属离子稳定，在弱酸性条件下较稳定，耐光、耐热性较差，pH<3 时呈淡黄色，pH>3 呈橙色。小白鼠经口 LD_{50}>10g/kg 体重。密蒙黄中所含的麦角固苷和金石蚕苷是密蒙黄区别于栀子黄和藏红花黄的两个特征性成分（Aoki 等，2001）。

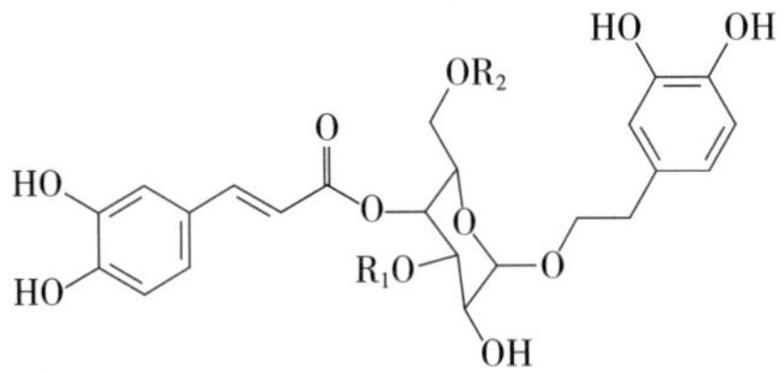

图 3-32　密蒙黄中的标志性成分

麦角固苷：R_1=鼠李糖；R_2=H　金石蚕苷：R_1=R_2=鼠李糖

GB 2760—2014《食品添加剂使用标准》规定：密蒙黄可用于糖果、面包、糕点、果蔬汁（浆）类饮料、风味饮料、配制酒。

（13）胭脂树橙（Annatto extract，CNS 号：08.144）　胭脂树橙是由常生长于热带地区（如巴西、墨西哥、秘鲁、牙买加和印度等）的胭脂树种皮中提取所得，因制法不同有油溶性和水溶性两种。

油溶性胭脂树橙是红至褐色溶液或悬浮液，主要色素成分为红木素（胭脂树素）。红木素为橙紫色晶体，熔点 217℃（分解）。溶于碱性溶液，酸性条件下不溶解并可形成沉淀。不溶于水，溶于油脂、丙二醇、丙酮。红木素为二羧酸类胡萝卜素单甲酯化产物，是胭脂树橙色素

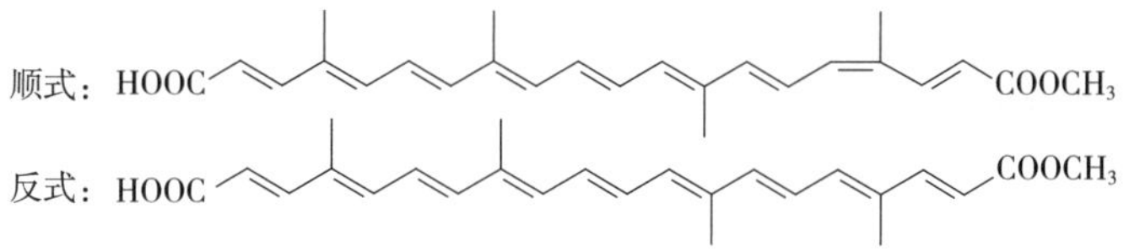

顺式：HOOC　COOCH$_3$

反式：HOOC　COOCH$_3$

(1)

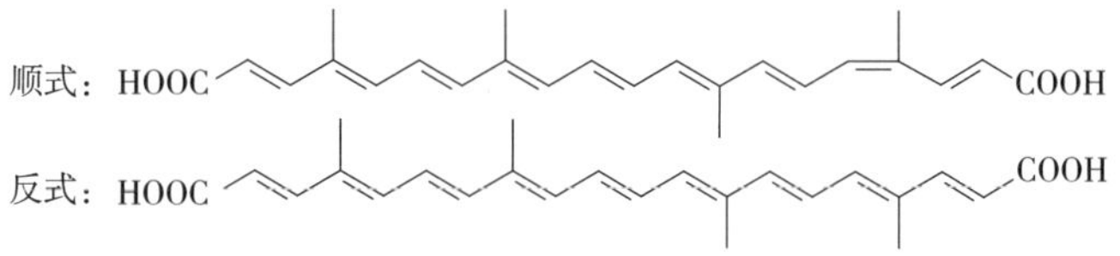

顺式：HOOC　COOH

反式：HOOC　COOH

(2)

图 3-33　胭脂树橙

（1）红木素　（2）降红木素

中的主要物质，采用食用油从胭脂树种子中提取。与β-胡萝卜素着色能力相当，增强橘黄色色泽，常用于乳制品和脂类食品，如人造黄油、奶酪、冰淇淋和焙烤食品。脂溶性的胭脂树橙也常与其他食用着色剂复配使用，形成不同色调。例如，与辣椒红油树脂混合产生偏红的色泽，用于干酪生产；需要时，也可与姜黄油树脂混合，产生偏黄的色泽。

用碱溶液可以从胭脂树种子中提取得到水溶性的降红木素，是胭脂树橙色素中含量较少的一种化合物。水溶性胭脂树橙为红至褐色液体、块状物、粉末或糊状物，略有异臭。主要色素成分为降红木素的钠或钾盐，染着性非常好，耐光性差。溶于水，水溶液为橙黄色，呈碱性。微溶于乙醇，不溶于酸。适用于 pH8.0 左右。降红木素可用于熏鱼、干酪、焙烤食品、肉制品（如法兰克福香肠）、小点心和糖果的生产。

胭脂树橙对 pH 和氧的稳定性较好，热稳定性一般，但在强光下，较不稳定；在酸性的条件下发生沉淀，且易被二氧化硫氧化褪色。

GB 2760—2014《食品添加剂使用标准》规定：胭脂树橙可用于熟化干酪、再制干酪、人造黄油（人造奶油）及其类似制品（如黄油和人造黄油混合品）、其他油脂或油脂制品（仅限植脂末）、冷冻饮品（03.04 食用冰除外）、果酱、巧克力和巧克力制品、除 05.01.01 以外的可可制品、代可可脂巧克力及使用可可脂代用品的巧克力类似产品、糖果、面糊（如用于鱼和禽肉的拖面糊）、裹粉、煎炸粉、粉圆、即食谷物，包括碾轧燕麦（片）、方便米面制品、焙烤食品、西式火腿（熏烤、烟熏、蒸煮火腿）类、肉灌肠类、复合调味料、饮料类（14.01 包装饮用水除外）、果冻、膨化食品。

（14）栀子蓝（Gardenia blue，CNS 号：08.123）　栀子蓝色素是从茜草科植物——栀子的果实中提取黄色素，再经食品酶处理而得的天然色素。为暗蓝色水溶性液体或粉末。易溶于水、含水乙醇及含水丙二醇等亲水性溶剂，不溶于有机溶剂，120℃加热 60min 不褪色，几乎不受 Ca^{2+}、Mg^{2+}、Al^{3+}等的影响，但在酸性时遇 Fe^{3+}、Sn^{2+}变深。色调在 pH4~8 内稳定性好、不沉淀；栀子蓝色泽鲜艳，着色力强，抗光、耐热性好。

GB 2760—2014《食品添加剂使用标准》规定：栀子蓝可用于冷冻饮品（03.04 食用冰除外）、果酱、腌渍的蔬菜、熟制坚果与籽类（仅限油炸坚果与籽类）、糖果、方便米面制品、粮食制品馅料、焙烤食品、调味品（12.01 盐及代盐制品除外）、果蔬汁类及其饮料、蛋白饮料、固体饮料、风味饮料（仅限果味饮料）、配制酒、膨化食品。

3. 醌酮类

（1）酮类　姜黄（Turmeric，CNS 号：08.102，INS 号 100ii）及姜黄素（Curcumin，CNS 号：08.132，INS 号 100i）。姜黄也称姜黄粉，由多年生草本植物姜黄的地下根茎干燥粉碎而得，姜黄（*Curcuma longa*）是商业生产姜黄色素的主要来源。姜黄成分复杂，主要成分为姜黄素、脱甲氧基姜黄素、双脱甲氧基姜黄素（图 3-34）。姜黄不溶于水，但可以通过将姜黄色素与氯化锌反应生成水溶性的复合物。姜黄色素是一种具有荧光的黄色色素，主要成分为姜黄素，来源于姜黄根茎。姜黄色素是植物界稀少的具有二酮结构的色素，占姜黄的 3%~6%。

姜黄素为橙黄色结晶粉末，分子式 $C_{21}H_{20}O_6$，相对分子质量 368.37，味稍苦，熔点 183℃。不溶于水及乙醚，溶于乙醇、丙二醇，易溶于冰醋酸和碱溶液，在碱性时呈红褐色，在中性、酸性时呈黄色。对还原剂的稳定性较强，着色力强，一经着色后就不易褪色，耐光性、耐热性、耐铁离子性较差。经小鼠口服 $LD_{50}>2g/kg$ 体重，ADI 值尚未规定。

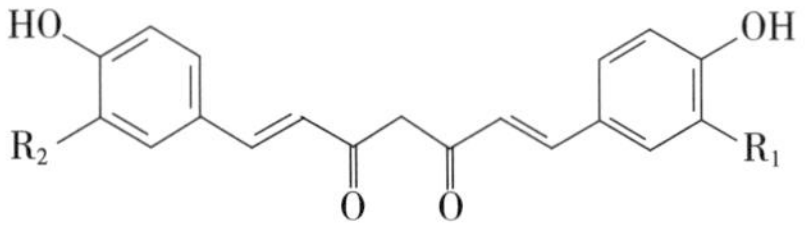

图 3-34　姜黄

姜黄素：$R_1=R_2=OCH_3$　脱甲氧基姜黄素：$R_1=OCH_3$，$R_2=H$　双脱甲氧基姜黄素：$R_1=R_2=H$

食品中加入姜黄或姜黄色素会呈现刺激性风味，因此，姜黄、姜黄色素或姜黄提取物的应用受限。然而，通过脱臭处理，无特殊气味的姜黄提取物可应用于食品生产，如添加到汤类、芥末、泡菜、糖果和罐装食品中。利用其在酸性条件下的稳定性，可将姜黄色素或姜黄提取物用于沙拉调料等酸性食品中。

GB 2760—2014《食品添加剂使用标准》规定：姜黄可用于调制乳粉和调制奶油粉、冷冻饮品（03.04 食用冰除外）、果酱、凉果类、装饰性果蔬、腌渍的蔬菜、熟制坚果与籽类（仅限油炸坚果与籽类）、可可制品、巧克力和巧克力制品（包括代可可脂巧克力及制品）以及糖果、粉圆、即食谷物，包括碾轧燕麦（片）、方便米面制品、焙烤食品、调味品、饮料类（14.01 包装饮用水除外）、配制酒、果冻、膨化食品。

GB 2760—2014《食品添加剂使用标准》规定：姜黄素可用于冷冻饮品（03.04 食用冰除外）、熟制坚果与籽类（仅限油炸坚果与籽类）、可可制品、巧克力和巧克力制品（包括代可可脂巧克力及制品）以及糖果、糖果、装饰糖果（如工艺造型，或用于蛋糕装饰）、顶饰（非水果材料）和甜汁、面糊（如用于鱼和禽肉的拖面糊）、裹粉、煎炸粉、方便米面制品、粮食制品馅料、调味糖浆、复合调味料、碳酸饮料、果冻、膨化食品。

（2）萘醌类　紫草红（Gromwell red，CNS 号：08.140）：紫草红主要成分为紫草宁（Shikonin）及其衍生物。为紫褐色或紫红色针状晶体或黏稠状浸膏，带有紫草根药味或氨气味。紫草红以紫草根或软紫草为原料采用提取、精制、浓缩、干燥等方法制成。溶于苯、乙醚、丙酮、正己烷、石油醚、氯仿、甲醇、乙醇、甘油、动植物油脂及碱性水溶液，不溶于水。在碱性溶液中呈蓝色，在酸性溶液中呈红色，色调随 pH 变化而改变，pH4~6 时呈红色，pH7 时呈红紫色，pH8 时呈紫色，pH9 时呈蓝紫色，pH10 时呈蓝色。耐热性好，耐盐性、染色力中等，耐金属离子较差。遇铁离子呈深紫色，遇铅呈蓝色，遇锡呈深红色。有一定的抗菌作用。

GB 2760—2014《食品添加剂使用标准》规定：紫草红可用于冷冻饮品（03.04 食用冰除外）、糕点、饼干、焙烤食品馅料及表面用挂浆、果蔬汁（浆）类饮料、风味饮料（仅限果味饮料）、果酒。

（3）卟啉类　叶绿素是卟啉类色素，由 4 个吡咯环经次甲基连接形成（图 3-35）。叶绿素有叶绿素 a、叶绿素 b、叶绿素 c、叶绿素 d、叶绿素 f、原叶绿素和细菌叶绿素等多种，各种叶绿素的来源不同，具体见表 3-6。

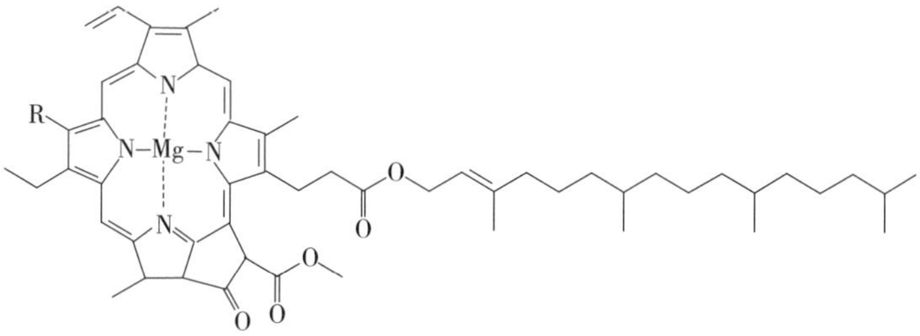

图 3-35　叶绿素

叶绿素 a：R=CH_3　叶绿素 b：R=CHO

表 3-6　叶绿素分类及来源

叶绿素名称	来源	最大吸收带
叶绿素 a	所有绿色植物	红光和蓝紫光
叶绿素 b	高等植物、绿藻、眼虫藻、管藻	红光和蓝紫光
叶绿素 c	硅藻、甲藻、褐藻	红光和蓝紫光
叶绿素 d	红藻	红光和蓝紫光
叶绿素 f	细菌	非可见光（红外波段）
原叶绿素	黄化植物（幼苗期）	近于红光和蓝紫光
细菌叶绿素	紫色细菌	红光和蓝紫光

叶绿素 a 和叶绿素 b 是自然界中发现的构成叶绿素的两种主要色素。前者是蓝绿色色素，后者是黄绿色色素。叶绿素是所有绿色植物和绿藻中均含有的绿色色素，在植物光合作用中起重要作用。另外，在光合细菌中发现的类似色素为细菌叶绿素。细菌叶绿素与叶绿素 a 的区别在于卟啉环上的乙烯基换成酮基和乙基取代的吡咯环上的一对双键被氢化。

叶绿素卟啉环中心连接一个镁原子，有两个共价键和两个配位键，酸性条件下水解很容易释放出镁，并生成脱镁叶绿素。然而，当叶绿素在碱性条件下水解后，其稳定性增强。除了镁原子，与卟啉环分子连接的还有一个丙酸叶绿醇酯，该叶绿醇侧链正是叶绿素具有疏水性特征的原因。通过水解脱除叶绿醇，生成叶绿素盐，在极性溶剂中的溶解性增加。

叶绿素商业化生产作为食用着色剂可以追溯到 20 世纪 20 年代。目前，用于生产叶绿素的植物原料有 3/4 是水生植物，另外 1/4 原料为地球上其他陆生植物。然而，用于食品着色的叶绿素主要来源于陆生植物。通常采用溶剂法从干植物原料中提取叶绿素，溶剂常使用氯代烃和丙酮。脱镁叶绿素与铜结合，形成更稳定的化合物，其商业化生产工艺如图 3-36 所示。

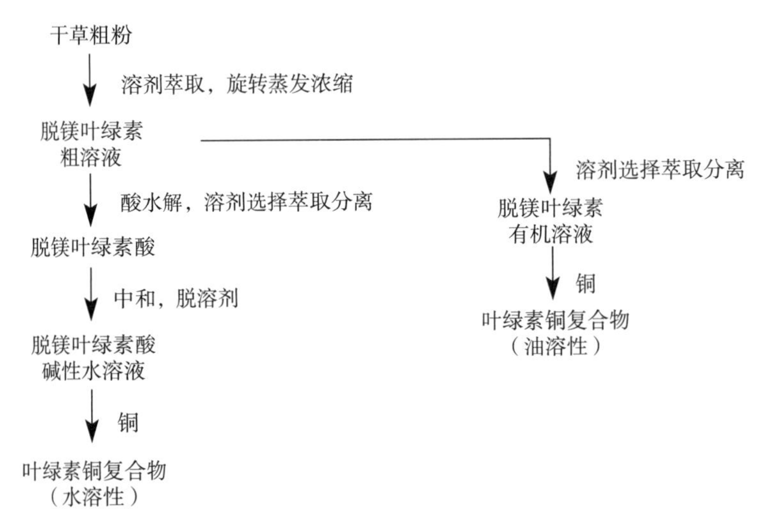

图 3-36　商业生产叶绿素途径

商业生产均可获得水溶性和油溶性的含铜叶绿素，且这两种色素的光热稳定性较好。然而，与水溶性叶绿素不同的是，油溶性的叶绿素在酸性和碱性的条件下不稳定。商业生产的叶绿素主要用于食品加工行业，如用于乳制品、食用油、汤、口香糖和糖果的着色。

GB 2760—2014《食品添加剂使用标准》规定：叶绿素铜可用于稀奶油、糖果、焙烤食品。叶绿素铜钠盐，叶绿素铜钾盐可用于冷冻饮品（03.04 食用冰除外）、蔬菜罐头、熟制豆类、加工坚果与籽类、糖果、粉圆、焙烤食品、饮料类（14.01 包装饮用水除外）、果蔬汁（浆）类饮料、配制酒、果冻。

4. 生物碱类——甜菜红色素类

甜菜红色素广泛地存在于黎科、苋科、仙人掌科、商陆科等多种植物中，其中黎科主要指红甜菜，苋科的叶子花属的叶子花、马齿苋的花瓣，仙人掌科植物中仙人掌果实、火龙果果皮和果肉，商陆科的商陆浆果，鸡冠花等也均含有丰富的甜菜红色素，其中红甜菜是水溶性食用红色素的主要来源。甜菜红色素可以分为甜菜红素和甜菜黄质，其中甜菜红素是从红甜菜根中提取得到的红色素部分，这类色素的主要成分是甜菜苷（图 3-37）；甜菜黄质是从黄甜菜根中提取得到的黄色素部分，其主要成分为甜菜黄质和甜菜黄质（图 3-38）。

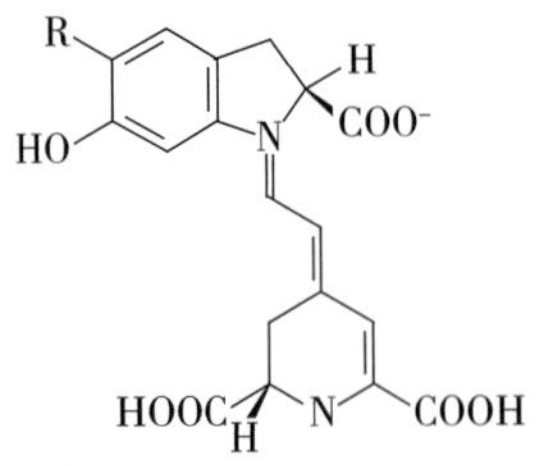

甜菜配基：R=OH
甜菜苷：　R=葡萄糖基
苋菜红素：R=2-葡萄糖醛酸-葡萄糖

图 3-37　甜菜苷

商业生产甜菜红色素多采用逆流固液萃取的方法，再经产朊假丝酵母（*Candida utilis*）好氧菌发酵除去大量的糖类物质。已有诸多研究对甜菜苷和甜菜黄质作为食用着色剂的使用进行了试验。研究实验证明，甜菜苷和甜菜黄质在 pH3～7 时较稳定，pH 4～6最为稳定，两种色素对空气、光和热均比较敏感。因此，甜菜苷和甜菜黄质仅适用于保质期较短，且不经热处理加工的食品着色。

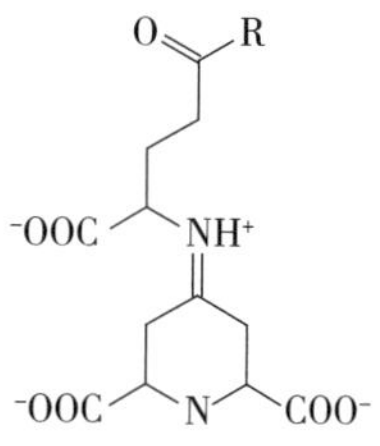

甜菜黄质：R=NH_2
甜菜黄质：R=OH

图 3-38　甜菜黄质

（1）甜菜红（Beet red，CNS 号：08. 101，INS 号：162）　甜菜红又称甜菜根红，分子式 $C_{24}H_{26}N_2O_{13}$，相对分子质量 550. 48，为红色至红紫色液体、粉末或糊状物。水溶液呈红色至红紫色。染着性好，但耐热性差，降解速度随温度升高而增加。光和氧促进其降解。添加柠檬酸、金属螯合剂 EDTA 或者抗坏血酸有一定的保护作用，稳定性随食品水分活度（A_w）的降低而提高。最大吸收波长 537～538nm，因此，甜菜红主要用于高蛋白食品，如家禽肉肠、大豆蛋白产品、明胶点心和乳制品如酸奶和冰淇淋的着色。其 ADI 值不做特殊规定。

GB 2760—2014《食品添加剂使用标准》规定：甜菜红可在各类食品生产中按需要适量添加。

（2）落葵红（Vinespinach red，CNS 号：08. 121）　落葵红色素主要成分为甜菜花青素（图 3-39），另外含有少量的甜菜苷（图 3-37），是以一年生缠绕草本植物落葵（*Basella Rubra*，又称木耳菜、软浆叶、藤菜、胭脂菜、豆腐菜、红果儿、软姜子等）的成熟果实为原料，用现代的生物技术提取而成的天然色素。

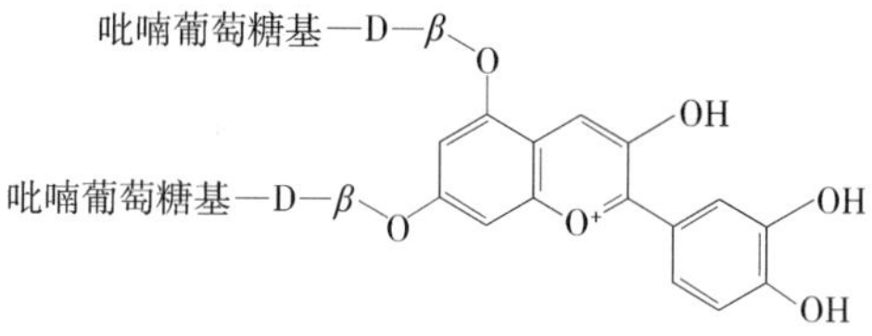

图 3-39　甜菜花青素结构式

落葵红为暗紫色粉末，易溶于水，可溶于稀醇，不溶于丙酮、正己烷、乙酸乙酯、无水乙醇、苯、环己烷、氯仿等非极性溶剂，水溶液中最大吸收峰为 540nm。其溶液在 pH5～6 时呈较稳定的紫红色澄清液。在 pH3～7 稳定，当 pH>8. 78 时由紫蓝色变成黄色。耐光、耐热性差。铜、铁等金属离子影响其颜色的稳定性。但维生素 C 的存在有利于改善其稳定性。

GB 2760—2014《食品添加剂使用标准》规定：落葵红可用于糖果、糕点上彩装、碳酸饮料、果冻。

（3）天然苋菜红（Natural amaranthus red，CNS 号：08. 130）　天然苋菜红由苋菜苷和甜菜苷组成，由新鲜苋菜浸提而得，苋菜苷结构式见图 3-37。天然苋菜红为红色至紫红色液体、浸膏或粉末，易吸潮、易溶于水和乙醇溶液，不溶于丙酮、正己烷、乙酸乙酯、无水乙醇、苯、环己烷、氯仿等非极性溶剂。pH4～6 时水溶液呈紫红色，pH>8 时呈紫色。对光热和金属离子均比较敏感。小鼠经口 LD_{50}为 10. 8g/kg 体重，大鼠为 12. 6g/kg 体重。

GB 2760—2014《食品添加剂使用标准》规定：天然苋菜红可用于蜜饯凉果、装饰性果蔬、糖果、糕点上彩装、果蔬汁（浆）类饮料、碳酸饮料、风味饮料、配制酒、果冻。

5. 其他色素

（1）焦糖色（Caramel） 焦糖色根据生产方法不同分为四种，普通法焦糖色（CNS 号：08.108，INS 号：150a）、苛性硫酸盐法焦糖色（CNS 号：08.151，INS 号：150b）、氨法焦糖色（CNS 号：08.110，INS 号：150c）和亚硫酸铵法焦糖色（CNS 号：08.109，INS 号：150d）。

焦糖色是人类使用历史最悠久的食用色素之一，也是目前使用量最大的一种食品添加剂。具有色价高，着色力强，具有发酵酱油特有的红褐色，亮丽，黏度适中，溶解性好，耐盐度高，品质稳定等特点。小鼠经口 LD_{50}>10g/kg 体重，大鼠经口>1.9g/kg 体重。ADI 值未作规定。

GB 2760—2014《食品添加剂使用标准》规定：普通法焦糖色、氨法焦糖色以及亚硫酸铵法焦糖色皆可用于调制炼乳（包括加糖炼乳及使用了非乳原料的调制炼乳等）、冷冻饮品（03.04 食用冰除外）、可可制品、巧克力和巧克力制品（包括代可可脂巧克力及制品）以及糖果、面糊（如用于鱼和禽肉的拖面糊）、裹粉、煎炸粉、即食谷物，包括碾轧燕麦（片）、饼干、酱油、酱及酱制品、复合调味料、果蔬汁（浆）类饮料、含乳饮料、白兰地、威士忌、朗姆酒、配制酒、调香葡萄酒、黄酒、啤酒和麦芽饮料。除此之外，普通法焦糖色还适用于果酱、焙烤食品馅料及表面用挂浆（仅限风味派馅料）、调理肉制品（生肉添加调理料）、调味糖浆、醋、风味饮料、果冻以及膨化食品。氨法焦糖色还可用于果酱、粉圆、粮食制品馅料（仅限风味派）、调味糖浆、醋、风味饮料、果冻。亚硫酸铵法焦糖色还可用于料酒及制品、碳酸饮料、风味饮料（仅限果味饮料）、茶（类）饮料、咖啡（类）饮料、植物饮料和固体饮料中。而苛性硫酸盐法焦糖色则仅可用于白兰地、威士忌、朗姆酒和配制酒中。

（2）酸枣色（Jujube pigment，CNS 号：08.133） 酸枣色成分为羟基蒽醌衍生物，由干净的酸枣皮浸提而得。

酸枣色为黑褐色粉末，易溶于碱类，微溶于热水，不溶于酸和醇。对金属离子稳定，耐酸、耐碱性好，耐还原性强，耐光。耐氧化性稍差，小鼠经口 LD_{50}为 6.81g/kg 体重。

GB 2760—2014《食品添加剂使用标准》规定：酸枣色可用于腌渍的蔬菜、糖果、糕点、果蔬汁（浆）类饮料、风味饮料。

（3）植物炭黑（Vegetable carbon，Carbon black，CNS 号：08.138，INS 号：153） 植物炭黑为精细粉碎的炭，由植物性原料经炭化而得。

植物炭黑为黑色粉末状微粒，无味无臭。相对密度 1.8~2.1，粒径 0~500μm，不溶于水和有机溶剂。小鼠经口 LD_{50}>15g/kg 体重。

GB 2760—2014《食品添加剂使用标准》规定：植物炭黑可用于冷冻饮品（03.04 食用冰除外）、糖果、粉圆、糕点、饼干。

（4）可可壳色（Cacao husk pigment，CNS 号：08.118） 可可壳色又称可可色素、可可壳素，由梧桐科植物可可树的种皮经酸洗、水洗后，用碱性水溶液浸提、过滤、精制、浓缩、干燥而得。

可可壳色为棕色粉末，无异味及异臭，微苦，易吸潮，易溶于水及稀乙醇溶液，水溶液为巧克力色。在 pH3~11 范围内色调稳定，pH<4 时易沉淀，随介质的 pH 升高，溶液颜色加深，

但色调不变。耐热性、耐氧化性、耐光性均强。几乎不受抗氧化剂、过氧化氢、漂白粉等的影响，但遇还原剂易褪色。对淀粉、蛋白质着色力强，并有抗氧化性，特别是对淀粉着色远比焦糖色强。遇金属离子易变色并沉淀。小鼠经口 LD_{50}>10g/kg 体重。

GB 2760—2014《食品添加剂使用标准》规定：可可壳色可用于冷冻饮品（03.04 食用冰除外）、可可制品、巧克力和巧克力制品（包括代可可脂巧克力及制品）以及糖果、糕点、糕点上彩装、饼干、焙烤食品馅料及表面用挂浆、植物蛋白饮料、碳酸饮料、配制酒。

（二）微生物源天然色素

微生物可用于生产多种色素，如叶绿素，类胡萝卜素以及一些特殊色素，是食用着色剂的一个非常有前景的来源。微生物作为食用着色剂来源，具有生长迅速和易于控制的优点。在所有的微生物资源中，研究最为广泛的是红曲和藻类。

1. 红曲米、红曲红（Red kojic rice，Monascus red，CNS 号：08.119，08.120）

红曲色素广泛用作食品色素，尤其在中国、日本、印度尼西亚和菲律宾。我国的红米酒、红豆干酪、腌制蔬菜、鱼和腌肉是一些通过红曲红色素着色的传统东方食品。红曲色素的主要来源是真菌中的红曲霉，色素生产的传统方法包括在固体培养基（如蒸熟的大米）上培养真菌，将产物进行干燥粉碎后作为着色剂，即红曲米。红曲红可由红曲米经乙醇提取而得。红曲霉也可在液体培养条件下产生红曲红色素。大米粉和木薯粉是两种最适宜的碳源，在碳源和氮源比为 5.33 和 7.11 时可获得最大的色素产率。

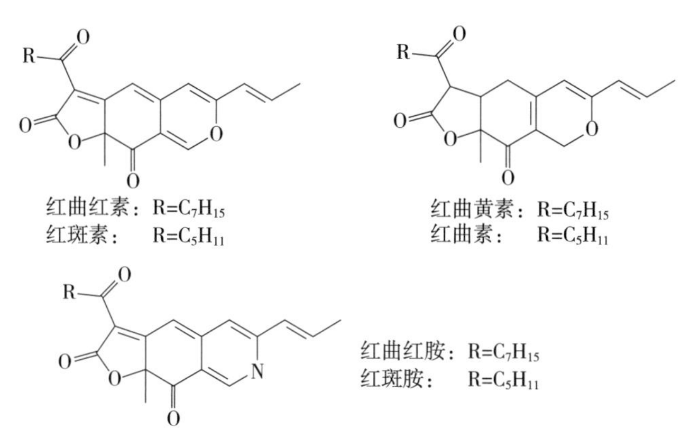

图 3-40　红曲色素

红曲米为棕红色或紫红色不规则碎末或整粒米，断面呈粉红色，质轻而脆，稍有酸味气，可溶于热水及酸、碱溶液，溶于氯仿呈红色，溶于苯呈橘黄色。对蛋白质染色力强，具有较好的耐热、耐光、耐氧化还原性，不受 pH 和金属离子影响，小鼠经口 LD_{50}>20g/kg 体重。

红曲色素属于聚酮类色素，目前共发现 10 余种已知结构的红曲色素组分，具有应用价值的红曲色素主要是其中 6 种醇溶性色素（图 3-40）：红斑红曲胺、红曲玉红胺为红色素，红斑红曲素、红曲玉红素为橙色素，安卡红曲黄素、红曲素为黄色素[3]。红曲红为暗红色粉末，带油脂状，无味无臭。溶于乙醇和丙二醇，不溶于水。着色力强，色调受 pH 的影响较小，耐热性、金属离子性好，但耐光性稍差。红曲红色素中氧原子被水溶性蛋白质中氮原子替代并发生重排形成的复杂复合物可将红曲红色素变为水溶性分子。红曲红色素对热处理较为稳定且可抵制自身降解反应的发生。红曲红色素在 pH3～10 的范围内均可稳定存在。小鼠经口 LD_{50}>10g/kg 体重。

GB 2760—2014《食品添加剂使用标准》规定：红曲米及红曲红可用于调制乳、风味发酵乳、调制炼乳（包括加糖炼乳及使用了非乳原料的调制炼乳等）、冷冻饮品（03.04 食用冰除外）、果酱、腌渍的蔬菜、蔬菜泥（酱），番茄沙司除外、腐乳类、熟制坚果与籽类（仅限油炸坚果与籽类）、糖果、装饰糖果（如工艺造型，或用于蛋糕装饰）、方便米面制品、粮食制品馅料、糕点、饼干、焙烤食品馅料及表面用挂浆、腌腊肉制品类（如咸肉、腊肉、板鸭、中式火腿、腊肠）、熟肉制品、调味糖浆、调味品（12.01 盐及代盐制品除外）、果蔬汁（浆）类饮料、蛋白饮料、碳酸饮料、固体饮料、风味饮料（仅限果味饮料）、配制酒、果冻、膨化食品。

2. 藻蓝（Spirulina blue，CNS 号：08.137）

除了小球藻是叶绿素主要藻类来源外，海藻也是一类可生产色素的藻类，包括红藻（*Rhodophyta*）、蓝绿藻（*Cyanophyta*）和隐藻（*Cryptomonad*）等，其产生的色素为胆素蛋白质和藻胆蛋白质。胆素蛋白质可分为两大类：蓝色的藻胆青素和红色的藻胆红素。胆素蛋白质分子中胆汁三烯部分由 4 个吡咯环连接成一个开链结构。四个吡咯环与脱辅基蛋白质通过一个或两个硫醚结构相连接（图 3-41）。

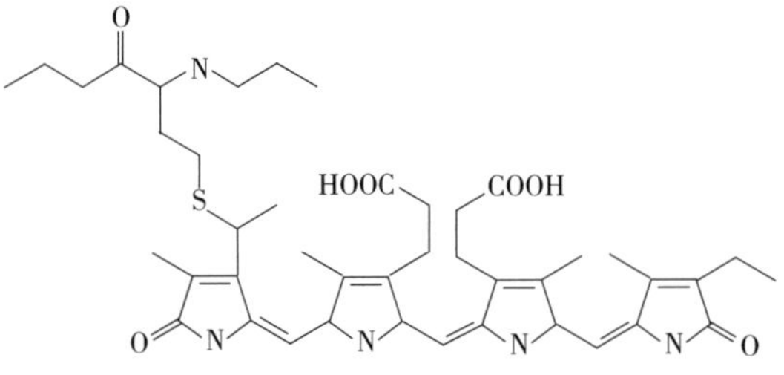

(1)

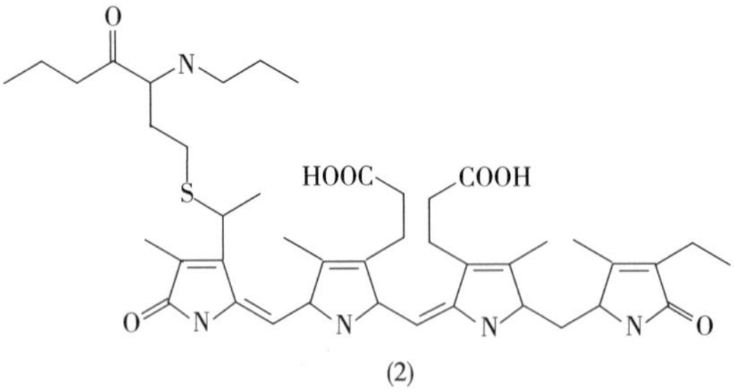

(2)

图 3-41　海藻中胆素蛋白质

（1）藻胆青素　（2）藻胆红素

藻胆红素和藻胆青素均溶于水，胆素蛋白质在 pH5～9 范围内比较稳定，在低 pH 体系发生沉淀。然而，采用蛋白水解酶对色素进行水解反应，可增强其在低 pH 体系的稳定性。从普通藻类中提取的色素对热比较敏感，但从嗜热菌种提取的色素热稳定性较好。

几百年前，非洲人和墨西哥人就将螺旋藻（*Spirulina*）作为一种食品。在日本已有将上述蓝色素用于口香糖、软饮料、酒精饮料和发酵乳制品如酸奶的生产专利。日本 Dainippon Ink and Chemical. Inc. 公司从蓝绿藻（*Spirulina platensis*）提取的蓝色色素已经实现商业化生产。其他应用胆素蛋白质的食品包括糖果、蜜饯、冰淇淋和冰冻果汁等。迄今为止，并没有关于螺旋藻产生副作用的报道。

藻蓝也称螺旋藻蓝色素，螺旋藻蛋白质色素，主要成分为藻胆青素。是以蓝藻类螺旋藻属的宽胞节旋藻的孢子为原料，利用现代的生物技术萃取得到的色素。藻蓝素为蓝色颗粒或粉末，溶于水，其水溶液颜色为鲜艳的蔚蓝色。属水溶性蛋白，由 a 亚单位和 b 单位组成，单体分子质量 4 万 u 左右，pH6.5~8.0 时以三体形式存在，pH4.5~6.0 时，以六体形式存在，分子质量 23 万 u 左右。经实验，在多种理化条件下较稳定。

GB 2760—2014《食品添加剂使用标准》规定：藻蓝可用于冷冻饮品（除外 03.04 食用冰）、糖果、香辛料及粉、果蔬汁（浆）类饮料、风味饮料、果冻。

（三）动物源或昆虫来源的天然色素

1. 胭脂虫红

胭脂虫色素是用雌性蚧虫提取的多种红色色素。最有名的胭脂虫色素是来源于洋红蚧球菌的胭脂红酸，洋红蚧球菌是一种仙人掌寄生虫。其他从昆虫提取的胭脂虫色素有：亚美尼亚红、波兰胭脂、虫胶酸等。一般情况下，在雌性蚧虫性成熟期进行捕捉并将收集到的昆虫在空气中晾干。用热水处理干蚧虫尸体，再用合适的表面活性剂和蛋白水解酶处理，使用离子交换进行纯化，浓缩得到胭脂虫红产品。

（1）胭脂虫红（Carmine cochineal，CNS 号：08.145，INS 号：120）　胭脂虫红主要成分是胭脂虫酸（又称胭脂红酸）（图 3-42），是一种蒽醌衍生物。由雌性胭脂虫干体磨细后用水提取而制成的红色色素。胭脂虫红为深红色液体，呈酸性（pH5~5.3），其色调依 pH 而异，处于橘黄至红色之间。不溶于冷水，稍溶于热水和乙醇。胭脂虫红铝是胭脂虫红酸与氢氧化铝形成的螯合物，为一种红色水分散性粉末，不溶于乙醇和油。溶于碱液，微溶于热水。

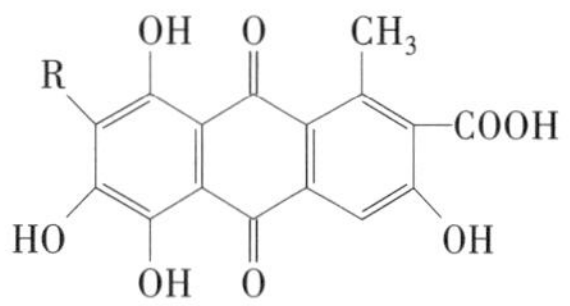

图 3-42　胭脂红酸

GB 2760—2014《食品添加剂使用标准》规定：胭脂虫红可用于风味发酵乳、调制乳粉和调制奶油粉、调制炼乳（包括加糖炼乳及使用了非乳原料的调制炼乳等）、干酪和再制干酪及其类似品、冷冻饮品（03.04 食用冰除外）、果酱、熟制坚果与籽类（仅限油炸坚果与籽类）、代可可脂巧克力及使用可可脂代用品的巧克力类似产品、糖果、面糊（如用于鱼和禽肉的拖面糊）、裹粉、煎炸粉、粉圆、即食谷物，包括碾轧燕麦（片）、方便米面制品、焙烤食品、熟肉制品、复合调味料、饮料类（14.01 包装饮用水除外）、配制酒、果冻、膨化食品。

（2）紫胶红（Lac dye red，CNS 号：08.104）　紫胶红又称虫胶红（lac red），着色成分是由紫胶酸Ⅰ、紫胶酸Ⅱ、紫胶酸Ⅲ、紫胶酸Ⅳ、紫胶酸Ⅴ五种成分（图 3-43）组成的混合物，其中紫胶酸Ⅰ占 85%。

紫胶红为鲜红色或紫红色粉末或液体，微溶于水、乙醇和丙二醇，在 20℃ 时溶解度为 0.0335%（水）、0.916%（95%乙醇），而且纯度越高，在水中的溶解度越低。色调随介质 pH 变化而改变，在 pH<4.0 时呈橙黄色；pH4.0~5.0 时，呈鲜红色；pH>6.0 时，呈紫红色，当 pH>12 时褪色。在酸性介质中对光和热稳定性较好。对维生素 C 稳定，几乎不褪色。对金属离子十分敏感，即使在极低铁离子浓度时，色素就会变黑。

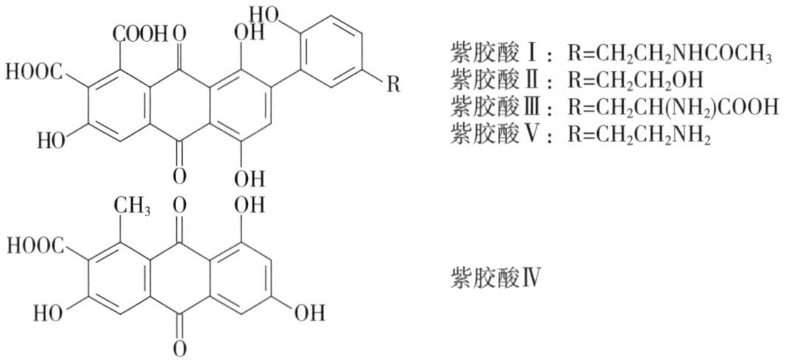

紫胶酸Ⅰ：$R=CH_2CH_2NHCOCH_3$
紫胶酸Ⅱ：$R=CH_2CH_2OH$
紫胶酸Ⅲ：$R=CH_2CH(NH_2)COOH$
紫胶酸Ⅴ：$R=CH_2CH_2NH_2$

紫胶酸Ⅳ

图 3–43　紫胶红

GB 2760—2014 规定：紫胶红可用于果酱、可可制品、巧克力和巧克力制品（包括代可可脂巧克力及制品）以及糖果、焙烤食品馅料及表面用挂浆（仅限风味派馅料）、复合调味料、果蔬汁（浆）类饮料、碳酸饮料、风味饮料（仅限果味饮料）、配制酒。

2. 血红素色素

血红素含有 4 个吡咯环，属于卟啉环色素，分子结构与叶绿素类似，但分子中心的金属原子为铁原子。血红素在动物界最丰富，往往与蛋白质形成复合物，如肌肉中的肌红蛋白和血液中的血红蛋白。它作为动物体内氧载体而存在。当铁原子被氧化，混合体就呈现鲜红的颜色，如含氧的血液。当加热含氧的血液时，氧原子将会丢失，形成一种褐色，呈现熟肉的外观特征。

目前已有各种从蛋白质复合物提取血红素的方法报道。总体而言，提取血红素涉及使用混合的有机溶剂和酸，如醚和乙酸或乙酸乙酯和乙酸。据报道，使用混合的丙酮、乙酸提取血红素，产出率高达 80%。为了保持血红素色素的红色，使用其他配体替代较不稳定的氧原子。建议的配体包括咪唑、*S*–亚硝基半胱氨酸、一氧化碳、各种氨基酸、亚硝酸盐。此外，血红素结构中心的铁原子可被更加稳定的金属原子替代。

对动物毒理学研究表明，血红素色素无毒。然而，血红素色素的特征颜色限制了其在食品上的应用，一般只用在香肠和肉制品中。

三、 天然色素在食品中的应用

随着人们对食品添加剂安全性意识的提高，天然色素越来越受到关注，其具有的生理功能也不断地为人们所利用，世界各国允许使用的天然色素种类和使用范围均在不断增加。天然色素应用在我国具有悠久的历史，我国丰富的植物资源为天然色素的发展提供了物质基础。目前，天然色素已广泛应用于我国的加工食品，如果蔬汁饮料、面制品、肉制品等，在饮料中应用效果尤为突出。

1. 在果蔬汁及功能饮料中的应用

由于不同的水果颜色各异，在配制果汁饮料时应尽量接近水果真实颜色。水果丰富多彩的颜色主要由叶绿素、叶黄素、胡萝卜素、花色苷、黄酮等色素呈现。因此，若使果汁饮料接近天然水果色泽，必要时可用多种天然色素进行复配，确定主色，然后再考虑辅色，通过不同组合调配颜色，从而达到果汁饮料的色泽要求。此外，考虑到果蔬汁在保质期内的品质稳定性，需对添加天然色素的果蔬汁产品进行对光、热稳定性试验。

（1）天然β-胡萝卜素在果蔬汁中的应用　天然β-胡萝卜素不易溶于水的溶解特性限制了其在饮料中的应用。有研究表明，乳液为载体将β-胡萝卜素添加到食品中，可在不影响食品体系稳定性前提下改善食品品质。本书课题组在β-胡萝卜素乳状液方面进行了系统和深入的研究。袁媛等以吐温为乳化剂制备水包油型（O/W）β-胡萝卜素纳米乳液，不仅解决β-胡萝卜素的溶解性问题，而且通过高压均质技术使β-胡萝卜素乳液的粒径达到纳米水平，并提高其稳定性，为β-胡萝卜素水溶性纳米乳液的开发提供技术参考。毛立科等选用高压均质机和微射流制备β-胡萝卜素纳米乳液，研究不同均质技术、大小分子乳化剂和食品胶体对类胡萝卜素纳米乳液理化性质的影响，探索纳米乳液的稳定机理，为后续进一步研究提供技术参数和理论指导。侯占群等通过壳聚糖与大豆多糖（SSPS）在乳状液界面上的静电相互作用制备β-胡萝卜素双层乳状液，结果表明，壳聚糖浓度为0.5%时的乳状液的化学稳定性较好。许朵霞等在前期研究基础上，利用WPI-甜菜果胶共价复合物制备β-胡萝卜素乳液，对其乳化稳定性的影响因素以及在体外消化过程中吸收释放特性等进行了系统的研究。赵菁菁等利用乳铁蛋白和甜菜果胶通过静电自组装技术制备了橙油双层乳状液，发现同乳铁蛋白单层乳液相比，乳铁蛋白甜菜果胶制备的双层乳液可提升乳液的冻融稳定性，同时双层乳液可更好地保护橙油中的香气成分。王小亚等研究了乳蛋白与表没食子儿茶素没食子酸酯（EGCG）的相互作用，对比分析了乳蛋白-EGCG共价复合物、混合物、单一乳蛋白制备的β-胡萝卜素乳状液的理化特性，发现乳蛋白-EGCG共价复合物的抗氧化活性和乳化性都有所提高。雷非等利用自由基接枝法制备的壳聚糖-EGCG共价复合物因其强抗氧化性和高乳化活性而减缓了贮藏过程中乳状液中β-胡萝卜素的降解，提高了其对光和热的稳定性，且该乳状液呈现出致密的凝胶状结构。魏子淏等利用壳聚糖共价复合物和不同种类的乳蛋白（乳白蛋白和酪蛋白酸钠）制备胡萝卜素双层乳状液，同蛋白质制备的单层乳状液相比，双层乳状液可显著改善胡萝卜素的化学稳定性，且由酪蛋白酸钠和壳聚糖共价复合物稳定的双层乳状液的化学稳定性最好。刘夫国等分别研究了利用美拉德反应制备绿原酸-乳铁蛋白-葡萄糖/聚葡萄糖共价复合物和乳铁蛋白- CA/EGCG-甜菜果胶/大豆可溶性多糖共价复合物，采用多种手段证明了其共价复合物的生成，且制备的β-胡萝卜素乳状液对光、热、氧的稳定性均比单纯蛋白或蛋白-多糖-多酚的混合物的要有所提高。向俊等以乳蛋白和甜菜果胶通过静电层层组装的方式制备柠檬醛双层乳状液体系，发现在高离子强度和高温加热处理时，双层乳液的物理稳定性明显高于单层乳液。这为后续研究柠檬醛等香味成分的包埋奠定了理论基础。

侯占群和刘雨薇等探究了在体外消化过程中不同乳化剂［SSPS，WPI，聚甘油酯（ML750）］对β-胡萝卜素的生物利用率和释放动力学的影响。研究发现，体外消化过程中胆汁盐和胰液素及其两者的协同效应对β-胡萝卜素的胶束化率影响非常显著。不同乳化剂种类对β-胡萝卜素的胶束化率影响不同，这主要是由于消化过程中酶对乳化剂稳定的乳状液界面水解程度不同所致。通过调节乳化剂种类及乳状液的界面组成可调控β-胡萝卜素在不同消化阶段的释放，其中WPI和SSPS稳定的乳状液中β-胡萝卜素的释放带有一定的靶向性。刘雨薇等通过模拟人体胃液、十二指肠及小肠等消化环境，建立体外消化模型，研究了乳蛋白界面组成（β-乳球蛋白、酪蛋白酸钠、乳白蛋白、乳铁蛋白）对β-胡萝卜素乳状液的微观结构变化及控释效果。研究表明，β-乳球蛋白、酪蛋白酸钠乳状液中的β-胡萝卜素在胃液中能达到较高的释放率，模拟十二指肠环境中，酪蛋白酸钠乳状液中的β-胡萝卜素释放率较高，小肠胃β-胡萝卜素释放的主要环境，且β-胡萝卜素在乳状液中的释放行为与消化液的成分、乳状液界面性质密切相关。

除此之外，江南大学食品加工与配料研究中心的张晓鸣和夏书芹研究团队近几年在利用脂质体包埋生物功能活性成分方面取得许多重要成果。夏书芹教授在其攻读博士期间对辅酶 Q10 纳米脂质体制备、稳定特性以及 Caco-2 细胞模型和大鼠口服吸收进行了研究，优化后得到包埋率达 95%，4℃下贮藏 6 个月后保留率仍高达 90%辅酶 Q10 脂质体，并通过荧光探针、拉曼光谱等技术研究了包埋物与脂质体双分子层间的相互作用问题，进一步揭示脂质体在包埋生物活性成分时的机理。Caco-2 试验证明脂质体包埋辅酶 Q10 相比于传统的乳状液产品，显著促进 CoQ10 经 Caco-2 细胞单层模型才转运吸收。大鼠饲喂试验证实其脂质体体系提高了口服吸收率。通过前期的体系建立，到今天为止，先后有包括关于红景天苷、番茄红素、甘氨酸螯合铁以及类胡萝卜素等作为生物活性成分的脂质体包埋。红景天苷脂质体制备研究主要包括脂质体制备方法的选择，工艺稳定性优化、模拟胃肠道消化、冻干红景天苷脂质体探究，并通过小鼠 X 射线亚急性和亚慢性辐射损伤防护实验和药代动力学试验证实了其生物利用度的提高。有关番茄红素和类胡萝卜素脂质体的研究都是基于载量和生物利用度的提高为目的进行的，并在对类胡萝卜素脂质体的研究中开始从传统的磷脂双分子层载体向外层继续添加包埋层方向研究，得出采用呈分子链构象的壳聚糖对类胡萝卜素脂质体包埋有明显提高其稳定性的作用。甘氨酸螯合铁纳米脂质体可使传统的铁强化牛乳研究中加入脂质体技术，使感官质量变化程度更弱，牛乳产品状态更加稳定。

采用 2%的天然β-胡萝卜素乳状液，适量添加到果汁含量为 50%的胡萝卜和番茄复合果蔬汁中，着色效果较好。为验证色素在保质期的物理稳定性，进行离心和沉降稳定性以及加速保质期试验测试：经过 3000r/min 离心 15min、常温及 37℃保温一个月后，产品均无明显变化；55℃保温 2 周后，色素有轻微上浮。综合评价，该色素乳状液可用于该复合果蔬汁的着色。采用 2%天然β-胡萝卜素乳状液，适量添加至 10%的橙汁饮料后，进行常温、37℃、55℃保温试验，一周、两周至一个月稳定性试验结果表明可满足生产需要。

（2）叶黄素在果蔬汁及功能食品中的应用　美国 Kemin 公司采用金盏花为原料生产叶黄素，使叶黄素成为一种食品添加剂。叶黄素及其酯因不溶于水，所以生产商一般以纯度 70%~80%以上的叶黄素为原料，添加乳化剂等食品添加剂制备水溶性叶黄素，提供给饮料企业，像 Kemin、DSM 和 ORYZA 均生产能溶于水的叶黄素的饮料，其包装标注“含有对眼睛健康有益的叶黄素”，有些还添加复合维生素（如 Well Eye Power）。DSM 将水溶性叶黄素乳状液应用于果蔬汁的研发。例如，将适量水溶性叶黄素、玉米黄质与浓缩香蕉汁、浓缩梨汁、水混合，配以香蕉香精和梨香精，经高速搅拌、高压均质后，再添加果糖、菊粉、乳酸钙、乳酸锌、维生素 E、抗坏血酸、柠檬酸等营养强化剂和风味调节剂，制成含叶黄素益于眼睛健康的果蔬饮料。2003 年，广州范乐医药公司将叶黄素和多种维生素配制成护眼胶囊——辉乐牌乐盯软胶囊（国食健字 G 20041025），主要功效成分为叶黄素 1.51%、维生素 C 3.06%、锌 0.8%。

2. 在方便面中的应用

目前，国内用于方便面的食品色素主要有柠檬黄、日落黄、β-胡萝卜素、栀子黄、姜黄、玉米黄等。姜黄虽然价格低廉，但稳定性较差；玉米黄色素性质稳定，但价格昂贵。经过反复试验对比，栀子黄色素的性价比最高。

栀子黄色素可用于湿面、油炸面、烘干面等方便面中，能显著改善方便面的外观色泽，使其具有蛋黄、金黄、橘黄色，并可以根据用户需求在色调方面进行调配。使用时只需将栀子黄色素倒入容器中（尽量不要使用铁制容器），然后加入适量的水稀释，再加入配料罐中搅拌均匀（也可以直接把所需的栀子黄色素加入配料罐中），然后加入面中和面，操作简单，无需改变工艺和设备。

栀子黄色素添加量越多，颜色越黄；但并不是越多越好，色素用量超过一定范围，颜色虽然加深，亮度却有下降，油炸方便面的面饼中添加 0.1%左右的栀子黄色素较好。添加焦磷酸钠有一定的护色效果。此外，栀子黄色素的具体用量还要参考所用面粉的理化指标（最主要是灰分）情况。只是在方便面面饼中添加栀子黄色素使其呈现单纯的黄色并不能满足市场的需求，还需要根据不同的要求添加其他天然色素（如栀子绿、栀子蓝、辣椒红、红曲红、红花红、红花黄、胭脂树橙等）调整其色调，如添加辣椒红使面块具有橙红色，添加栀子绿可以使面块呈现嫩绿色。

为了提高栀子黄色素的稳定性，可以通过减少栀子苷含量，利用包埋技术、添加稳定剂等避免栀子黄色素与金属离子接触，或通过调节 pH8~9 等方法防止其绿变和褐变。

3. 在肉制品中的应用

红曲色素具有对酸碱稳定、耐热性强、对蛋白质的染色性好、几乎不受金属离子氧化剂和还原剂的影响等特点，是我国香肠、火腿、叉烧肉等肉制品使用的主要色素。近年来，出现了水溶性红曲色素，其在腌制液及注射液中分散性好，易于调配，且对热稳定。因此，其在肉制品中的应用范围越来越广。

我国对传统肉制品改进的同时，还会积极引进技术开发西式肉制品，较为成功的是源于德国的高温蒸煮香肠，即“火腿肠”。这类香肠经过高温加工，以较高 F 值杀菌使其保质期得到保证，现已成为中国肉制品市场上的主导产品。为提高这类产品的感官特性，尤其是色泽，大多添加红曲色素。国内市场上另一类发展前景较好的产品是低温肉制品，深受消费者青睐，红曲色素也广泛应用于此类产品。同时，添加到肉制品中的红曲可部分替代亚硝酸盐。德国肉类研究中心对此进行研究和探讨，结果表明，在腌制肉类产品中添加红曲色素后，可将亚硝酸盐用量减少 60%，而其感官特性和贮藏性不受影响。添加红曲色素并减少 60%亚硝酸盐用量的产品，不仅色泽均匀，其颜色稳定性也远优于原产品。对健康意识较强的消费者来说，添加红曲色素加工的产品显然更具有吸引力。但是红曲红色素成本高，含有对人畜都有害的真菌毒素——橘霉素，这限制了红曲红色素在肉制品的用量。同时，红曲红色素在日光的照射下保存率较低。而很多肉制品的包装大多不具有避光性，使得肉制品的颜色在很短的时间内褪去，影响了肉制品的外观质量。除了红曲色素之外，高粱红、花生衣红等天然色素也可被用于肉制品中。

第二节　护　色　剂

一、概　　述

在食品加工中，为了改善或保护食品的色泽，除了使用食用色素直接对食品着色外，有时还需要使用护色剂（Color retention agents）。护色剂又称为发色剂或呈色剂，是指食品加工工艺中为了使果蔬制品和肉制品等呈现良好色泽或使食品的色泽得到改善或加强的一类食品添加剂。发色剂本身是无色的，它与食品中的色素发生反应形成一种新物质，这种物质可增加色素的稳定性，使之在食品加工、保藏过程中不被分解、破坏。护色剂主要有硝酸盐和亚硝酸盐，用于肉制品色泽的保持。随着食品工业的发展，护色剂作为食品添加剂的一种，其应用越来越广泛。

二、护色机理

1. 肉制品护色机理

原料肉的红色是肌红蛋白（Mb）和血红蛋白（Hb）呈现的一种感官性状。由于肉的部位不同及家畜品种的差异，其含量和比例不同。一般肌红蛋白占70%~90%，是肉类呈色的主要成分。鲜肉中的肌红蛋白为还原型，呈暗紫红色，不稳定，易氧化变色。还原型肌红蛋白分子中二价铁离子上的结合水被分子状态的氧置换，形成氧合肌红蛋白（MbO_2），色泽鲜艳。此时铁仍为二价，因此这种结合不是氧化而称为氧合。当氧合肌红蛋白在氧或氧化剂存在下进一步将二价铁氧化成三价铁时，则成为褐色的高铁肌红蛋白。

为了使肉制品呈现鲜艳的红色，在加工过程中常添加硝酸盐与亚硝酸盐，它们往往是肉类腌制时混合盐的成分。硝酸盐在亚硝酸菌的作用下还原成亚硝酸盐，亚硝酸盐在酸性条件下可生成亚硝酸。一般宰后成熟的肉因含乳酸，pH5.6~5.8，故不需加酸即可生成亚硝酸。亚硝酸很不稳定，即使常温下也可分解为亚硝基（—NO），亚硝基很快与肌红蛋白反应生成鲜艳的、亮红色的亚硝基肌红蛋白（Mb-NO）。亚硝基肌红蛋白遇热后放出—SH，生成较稳定的具有鲜红色的亚硝基血色原。

亚硝酸分解产生一氧化氮（NO）时，生成少量的硝酸；且一氧化氮在空气中也可被氧化生成二氧化氮，进而与水反应生成硝酸。亚硝基不仅被氧化生成硝酸，还抑制了亚硝基肌红蛋白的生成。硝酸有很强的氧化作用，即使肉中含有还原性物质，也不能防止肌红蛋白部分氧化成高铁肌红蛋白。因此，在使用硝酸盐与亚硝酸盐的同时，常用L-抗坏血酸及其钠盐等还原性物质防止肌红蛋白氧化，且可把氧化型的高铁肌红蛋白还原为红色的还原型肌红蛋白，以助发色。此外，烟酰胺可与肌红蛋白结合生成很稳定的烟酰胺肌红蛋白，难以被氧化，故在肉类制品的腌制过程中添加适量的烟酰胺，可以防止肌红蛋白在从亚硝酸到生成亚硝基过程中氧化变色。

在肉类腌制过程中，同时使用L-抗坏血酸或异抗坏血酸及其钠盐与烟酰胺，则发色效果更好，并能保持长时间不褪色。

2. 果蔬产品护色机理

果蔬在加工过程中颜色发生变化主要由于其中化学成分发生变化而造成的褐变现象，从而影响了果蔬产品的外观品质。褐变现象分为酶促褐变和非酶褐变。酶促褐变是指果蔬中含有的酚类物质、酪氨酸等在多酚氧化酶和过氧化物酶等氧化酶的催化作用下发生氧化反应，并且生成物进一步聚合成黑色素，使果蔬产品失去原有色泽和风味，同时也破坏了维生素和天然色素等营养物质。果蔬加工过程中主要依据酶促褐变对其进行护色，通常使用异抗坏血酸及其钠盐对果蔬产品起到护色的作用。

三、 食用护色剂各论

目前，我国允许使用的护色剂有硝酸钠（钾）、亚硝酸钠（钾）及异抗坏血酸及其钠盐。下面以硝酸钠和亚硝酸钠为例说明。

1. 硝酸钠（Sodium nitrate，CNS 号：09.001，INS 号：251）

硝酸钠为无色、无臭柱状结晶或白色细小结晶粉末，分子式 $NaNO_3$，味咸并稍带苦味，有吸湿性，易溶于水及甘油，微溶于乙醇。100g/L 水溶液呈中性。高温时分解成亚硝酸钠。硝酸盐的毒性作用主要是因为它在食物中、水或胃肠道，尤其是婴幼儿的胃肠道中，易被还原为亚硝酸盐所致，其 ADI 值为 0~5mg/kg 体重。

GB 2760—2014《食品添加剂使用标准》规定：硝酸钠可用于肉制品，最大使用量为 0.5g/kg。残留量以亚硝酸钠计，不得超过 0.03g/kg。CCFA（国际食品添加剂法典委员会）建议此添加剂可用于火腿和猪脊肉，最大用量 0.5g/kg。单独或与硝酸钾并用。此外，本品还可用于多种干酪防腐，最大用量为 0.5g/kg，单独或与硝酸钾并用。

2. 亚硝酸钠（Sodium nitrite，CNS 号：09.002，INS 号：250）

亚硝酸钠为白色或微黄色结晶或颗粒状粉末，分子式 $NaNO_2$，无臭，味微咸，易吸潮，易溶于水，微溶于乙醇。在空气中可吸收氧逐渐变为硝酸钠。本品为食品添加剂中急性毒性较强的物质之一。大量亚硝酸盐进入血液后，可使正常蛋白（二价铁）变成高铁血红蛋白（三价铁），失去携氧能力，导致组织缺氧。潜伏期仅为 0.5~1h，症状为头晕、恶心、呕吐、全身无力、心悸、全身皮肤发紫。严重者会因呼吸衰竭而死。暂定 ADI 值为 0~0.2mg/kg。

GB 2760—2014《食品添加剂使用标准》规定：亚硝酸盐可用于肉类罐头和肉制品，最大使用量为 0.15g/kg。残留量以亚硝酸钠计，肉类罐头不得超过 0.05g/kg，肉制品不得超过 0.03g/kg。本品多配成混合盐对原料肉进行腌制。CCFA 建议用于午餐肉、碎猪肉、猪脊肉和火腿时，最大用量为 0.125g/kg，咸牛肉罐头为 0.05g/kg，单独或与亚硝酸钾并用。

3. 异抗坏血酸及其钠盐（Isoascorbic acid，Erythorbic acid，Sodium isoascorbate，CNS 号：04.004，04.018，INS 号：315，316）

通常作为抗氧化剂使用，用于果蔬罐头生产，因具有抗氧化功能从而可以防止果蔬中影响其色泽的物质被氧化，对果蔬罐头产品起到护色作用，其性质、用法等见第二章第二节抗氧化剂部分。

四、 护色剂的安全性问题

（一）亚硝酸盐在食品中的应用

亚硝酸盐为白色粉末，易溶于水，在自然环境中广泛存在。亚硝酸盐还在食品生产中作为食品添加剂使用，不仅能使肉制品呈现良好的色泽，而且有防腐和增强风味的作用。但如果使用不当，亚硝酸盐除可引起急性中毒外，还会形成具有致癌作用的亚硝胺。

（二）亚硝酸盐在肉制品中的作用

在肉制品加工过程中，硝酸盐和亚硝酸盐不仅可以作为发色剂改善肉的红色，而且具有防腐等作用。

1. 发色作用

猪屠宰后在无氧条件下肌糖原发生酵解产生乳酸，ATP 转化为 ADP，释放磷酸，使肉的 pH 下降至 5.4~5.6，成为酸性环境，亚硝酸钠在酸性条件下还原成亚硝酸。亚硝酸分解产生 NO_2 继续分解可产生 NO 和 O_2，其中 NO 和肌肉中的肌红蛋白（Mb）、血红蛋白（Hb）作用，分别生成亚硝酸肌红蛋白（Mb-NO）和亚硝酸血红蛋白（Hb-NO）。因此，亚硝酸的量越多，NO 的量越多，则呈红色的物质越多，肉色则越红，加热时更明显，犹如新鲜瘦肉的颜色，可以明显提高肉制品的感官质量，增加消费者的购买欲，提高肉制品的商品性。

2. 抑菌作用

肉品生产过程中容易被肉毒梭菌污染。肉毒梭菌在生长繁殖过程中可以产生毒性极强的肉毒毒素，对人的致死量为 10^{-9}mg/kg 体重。其毒力比氰化钾强 1 万倍。亚硝酸盐在 pH4.5~6.0 的范围对金黄色葡萄球菌和肉毒梭菌的生长起到抑制作用，其主要作用机理在于 NO_2与蛋白质生成一种复合物，从而阻止丙酮降解生成 ATP，抑制了细菌的生长繁殖，而且硝酸盐及亚硝酸盐在肉制品中形成亚硝酸后，分解产生 NO_2，再继续分解成 NO 和 O_2，O_2 可抑制深层肉中严格厌氧的肉毒梭菌的繁殖，从而防止肉毒梭菌产生肉毒毒素而引起的食物中毒，起到了抑菌防腐的作用。

3. 螯合和稳定作用

在肉制品腌制过程中，亚硝酸盐有利于胶原蛋白的泡胀，从而增加肉的黏度和弹性，是良好的螯合剂。另外，亚硝酸盐能提高肉品的稳定性，防止脂肪氧化而产生的不良风味。

（三）亚硝酸盐对健康的影响

1. 引起急性中毒

我国每年均有多起亚硝酸盐中毒事件发生，主要是将亚硝酸盐当作食盐或白糖误食而引起急性中毒，其中毒现象称为肠原性青紫症，主要症状有组织缺氧，表现为口唇、指甲及全身皮肤出现紫绀等。并有头昏、头痛、恶心、呕吐、腹痛、腹泻等症，严重者死亡。其中毒机制为亚硝酸盐将血液中的二价铁离子氧化成三价铁离子，从而使正常的血红蛋白转变为高铁血红蛋白而失去携氧能力，引起高铁血红蛋白症导致机体缺氧。另外，亚硝酸盐能够透过胎盘进入胎儿体内，对胎儿有致畸作用。人一次性摄入 0.2~0.5g 亚硝酸盐将引起轻度中毒。

2. 生成有致癌作用的亚硝胺

亚硝酸盐是合成亚硝胺类化合物的前体物质。亚硝胺类化合物的致癌性极强，动物实验已明确其致癌性，它可引起多种动物的肿瘤，同时还具有致畸和致突变作用，而且还通过胎盘使胎儿致癌。尽管目前尚缺乏亚硝胺对人类致癌的直接证据。但流行病学资料表明，人类某些癌症如胃癌、食道癌、肝癌、结肠癌和膀胱癌等的发病可能与亚硝胺有关。

在肉制品、咸鱼、霉变食物中均可检出亚硝胺。在肉制品如香肠、午餐肉等加工过程中加入的发色剂硝酸盐和亚硝酸盐，可与肉类制品中蛋白质分解产生的胺类物质发生反应，生成亚硝胺。当肉类原料不新鲜时，蛋白质分解产生大量的胺类物质，生成的亚硝胺更多。在腌制咸鱼时，如果鱼不新鲜，蛋白质分解产生大量胺类物质；如果腌制用的粗盐中含有杂质亚硝酸盐，则咸鱼中就会有亚硝胺类物质。霉变食品中胺类和亚硝酸盐含量均很高，在适宜的条件下可形成亚硝胺。同时，人体也能合成亚硝胺。食品中的硝酸盐和亚硝酸盐进入人体后，在适宜的条件下，与体内的胺类物质在口腔、胃、膀胱内合成亚硝胺。

（四）防止亚硝酸盐危害的措施

1994 年联合国粮农组织和世界卫生组织规定亚硝酸盐的每日允许摄入量为 0.2mg/kg 体重。GB 2760—2014《食品添加剂使用标准》规定，在肉制品中硝酸盐的使用量不得超过 0.5g/kg，亚硝酸盐的使用量不得超过 0.15g/kg，在肉制品中的最终残留量不得超过 30mg/kg（以亚硝酸钠计）。硝酸盐和亚硝酸盐不得用于婴儿食品。GB 10765—2010《食品安全国家标准　婴儿配方食品》对婴儿配方食品中的硝酸盐和亚硝酸盐含量有严格规定，硝酸盐含量要求低于 100mg/kg（以 $NaNO_3$计），而亚硝酸盐的含量要求低于 2mg/kg（以 $NaNO_2$计）。

在肉制品加工过程中，应严格控制硝酸盐和亚硝酸盐的使用量，并控制其在肉类食品中的残留。肉类制品加工原料要新鲜，尽量减少胺类物质的形成，以阻断亚硝胺的合成。亚硝酸盐作为重要的食品添加剂，在肉制品加工中发挥着多方面的作用。由于其安全性问题，世界各国都在致力于研究如何降低亚硝酸盐在肉制品中的残留量或找到一种亚硝酸盐的替代物，从而减少肉制品中亚硝酸盐残留量，并降低亚硝胺生成的可能性。

1. 添加亚硝酸盐替代物

据报道，抗坏血酸和茶多酚对低温肉制品的护色均有较好的效果，而植酸在单独作用时，效果不显著。由抗坏血酸、茶多酚、复合磷酸盐、柠檬酸复配而成的复合护色剂因充分发挥了各种具有护色和辅助护色功能的单体协同增效作用，对低温肉制品护色具有明显效果，可以使低温肉制品在冷柜存放达 20d。通过对低温肉制品褪色机理的研究，对茶多酚、异抗坏血酸钠、植酸、柠檬酸等几种单一护色剂及其搭配组合对肉制品的护色效果进行研究，通过正交实验得到一组最佳护色剂：茶多酚 0.03%、异抗坏血酸钠 0.04%、柠檬酸 0.10%、植酸 0.01%。添加到肉制品中能使低温肉制品存储 24d 后仍有一定的红色，明显延长了低温肉制品的保质期。通过将血红蛋白与组氨酸粗提液制备的红色素再与多糖反应，生成糖基化血红蛋白-组氨酸色素，提高了产品的光照、热稳定性。产品中铁质量分数为 2.36g/kg；糖类质量分数为 15%；蛋白质质量分数为 81.5%，是一种新型色素。灌肠试验表明，制备的无硝色素可以赋予肉制品理想的红色，且色泽稳定，再与防腐剂、抗氧化剂等组成复合添加剂，可以完全替代亚硝酸盐在肉制品加工中的多功能性，实现无硝生产。

2. 通过防腐剂之间的协同增效降低亚硝酸盐的使用量

研究表明，在不影响肉制品色泽和防腐效果的情况下，加入一定量的乳酸链球菌素（Nisin），可使亚硝酸盐的含量由原来的 150mg/kg 降到 40mg/kg，又能有效地延长香肠的保质期。在肉制品中添加 2600mg/kg 对肉毒梭菌的抑制效果和添加 156mg/kg 亚硝酸盐的效果相同。当山梨酸盐与亚硝酸盐联用时，亚硝酸盐浓度至少应为 40mg/kg（张洁等，2010）。徐海洋等（2012）通过在腊肠中加入 0.15%的红曲色素和 0.065%的异抗坏血酸钠协同作用，或者 0.06%乳酸链球菌素和 40mg/kg 的亚硝酸钠协同作用，与添加 90mg/kg 的亚硝酸钠获得了接近的感官品质。为了有效抑菌和抗氧化，低硝腊肉中红曲红色素的添加量为 0.14g/kg，亚硝酸钠使用量为 0.04g/kg 时既可满足消费者感官要求，又可增加肉制品中氨基酸的含量，风味独特。

3. 通过添加天然物质降低亚硝酸盐含量

近年来研究表明，一些天然提取物具有清除或阻断亚硝酸盐合成的功效。刘星等（2013）研究表明，山楂和洋葱的乙醇提取物可以有效清除亚硝酸盐，有效成分为儿茶素、柠檬酸和酒石酸等。樊琛等（2011）发现芦荟对亚硝酸盐具有较好的清除作用，并对比了芦荟汁和芦荟胶的清除效果，结果表明：芦荟汁对对亚硝酸盐的清除能力不如芦荟胶。李胜华等（2012）对大蒜、大葱、姜、洋葱四种香辛料消除亚硝酸盐的作用进行了研究，大蒜的清除效果最佳，其次是洋葱，然后是大葱，而姜对于亚硝酸盐的清除效果最差。加西列·马那甫等（2014）研究发现，在酱油中添加 0.48μg/mL 的维生素 C，在 46.08℃ 和 pH 2.38 的条件下，亚硝酸盐的清除率可以达到 53.7%。此外，在香椿的泡制过程中添加 0.03%抗坏血酸、0.2%葡萄糖，接种植物乳杆菌和反硝化细菌都可以对亚硝酸盐起到清除作用（张国志等，2016）。

此外，亚硝酸盐还原酶大多数是胞内酶，这些胞内酶在细胞内能有效地发挥作用，但在细胞外效果较差。通过转基因技术对亚硝酸还原酶编码基因进行改造，使其在细菌中的表达强度增大，从而增加亚硝酸还原酶的活性。

第三节　漂　白　剂

一、概　　述

食品在加工过程中往往会产生颜色或保留原料中所含有的颜色而使食品呈现令人厌恶的呈色物质，导致食品色泽不均匀，使消费者产生不洁或不快的感觉，影响消费者的购买。漂白剂（Bleaching Agents）是破坏、抑制食品发色基团，使其褪色或使食品免于褐变的食品添加剂。按作用机理不同，漂白剂可分为氧化型和还原型两类。氧化型漂白剂作用较强，食品中的色素被氧化分解而褪色，但同时也会破坏食品中的营养成分，且残留量较大。氧化型漂白剂包括漂白粉、过氧化氢、高锰酸钾、次氯酸钠、过氧化丙酮、二氧化氯、过氧化苯甲酰。还原型漂白剂作用比较温和，具有一定还原能力，食品中的色素在还原剂作用下形成无色物质而消除色泽，但其色素物质一旦被氧化，重新显色。

二、漂白剂各论

已列入 GB 2760—2014《食品添加剂使用标准》的漂白剂全部以亚硫酸及其盐制剂为主，主要包括硫黄、二氧化硫、亚硫酸氢钠、亚硫酸钠、偏重亚硫酸盐（焦亚硫酸盐）、低亚硫酸盐（连二亚硫酸钠、次硫酸钠、保险粉）。

1. 二氧化硫（Sulfur dioxide，CNS 号：05.001，INS 号：220）

二氧化硫又称无水亚硫酸，分子式 SO_2，是一种无色、有刺激气味的气体，是一种很强的还原剂；对食品有漂白和防腐作用，常用作漂白剂和防腐剂。常温下为无色不燃性气体，有强烈的刺激味。易溶于水，与水化合为亚硫酸，亚硫酸不稳定，易分解放出二氧化硫。二氧化硫随着食品进入体内后生成亚硫酸盐，并由组织细胞中的亚硫酸氧化酶将其氧化为硫酸盐，通过正常解毒后最终由尿排出体外。少量的二氧化硫进入机体可以认为是安全无害的，气体二氧化硫对眼、咽喉、上呼吸道有强烈刺激，液态二氧化硫对皮肤可致冷冻灼伤，过量二氧化硫则会对人体健康造成危害，会使人嗓子变哑、流泪、流涕甚至失去知觉，同时对胃肠和肝脏造成损害。因此 GB 2760—2014《食品添加剂使用标准》对食品中二氧化硫的允许残留量做了强制性的规定。其 ADI 值为 0~0.7mg/kg（以 SO_2计，FAO/WHO，2001），我国允许在葡萄酒、果酒中添加二氧化硫最大使用量不超过 0.25g/L（以 SO_2计）。

目前，在果脯加工过程中，使用较多的是含二氧化硫的添加剂，借其所具有的氧化或还原能力抑制、破坏果脯中的变色基团，使果脯褪色或免于发生褐变。使用二氧化硫作为添加剂主要有两个用途，一是用于果干、果脯等的漂白，令其外观色泽均匀，被称为食品“化妆品”。二是二氧化硫还具有防腐、抗氧化等功效，能使食品延长保质期。二氧化硫可与有色物质作用而进行漂白，同时还具有还原作用可以抑制氧化酶的活性，从而抑制酶促褐变。由于亚硫酸可与葡萄糖作用而阻断由于“羰氨反应”所造成的非酶褐变。一般在果脯加工过程中要求漂白剂除了对果脯色泽有一定作用外，对果脯品质、营养价值及保存期应有良好的作用。

2. 焦亚硫酸钾（Potassium metabisulfite，CNS 号：05.002，INS 号：224）

焦亚硫酸钾为白色结晶性粉末，有二氧化硫的气味，溶于水，难溶于乙醇。与酸接触可逸出二氧化硫，潮湿空气中可氧化为亚硫酸盐。其安全性为：兔经口 LD_{50}为 0.6~0.7g/kg 体重；ADI 值为 0~0.7mg/kg 体重（以 SO_2计，FAO/WHO，1998）。

GB 2760—2014《食品添加剂使用标准》允许在啤酒及新鲜葡萄中使用焦亚硫酸钾，残留量为分别不超过 0.01g/kg 和 0.05g/kg（以 SO_2计）。

3. 焦亚硫酸钠（Sodium pyrosulfite/Sodium metabisulfite，CNS 号：05.003，INS 号：223）

焦亚硫酸钠又称偏重亚硫酸钠、二硫五氧酸钠、重硫氧，分子式 $Na_2S_2O_5$，相对分子质量 190.10。焦亚硫酸钠为无色结晶或白色至微黄色粉末，以纯碱和硫黄为原料，利用湿法和干法工艺生成，有强烈的二氧化硫气味。溶于水和甘油，微溶于乙醇，10g/L 水溶液 pH 为 4~5。在水中的溶解度随温度升高而增大。溶于水后，生成稳定的亚硫酸氢钠，水溶液显酸性，与硫酸反应时放出二氧化硫，与烧碱或纯碱反应时生成亚硫酸钠。在空气中极易氧化放出二氧化硫。加热至 150℃分解也放出二氧化硫。焦亚硫酸钠中有效二氧化硫含量为 57.65%。其安全性为：兔经口 LD_{50}为 0.6~0.7g/kg 体重；ADI 值为 0~0.7mg/kg（FAO/WHO，1994）。

4. 亚硫酸钠（Sodium sulphite，CNS 号：05.004，INS 号：221）

亚硫酸钠有无水物和七水合物，分子式分别为：Na_2SO_3（相对分子质量 129.06）和 $Na_2SO_3 \cdot 7H_2O$（相对分子质量 252.15）。无水亚硫酸钠为无色至白色六角形棱柱结晶或结晶粉末，是碳酸钠溶液中通入二氧化硫气体，饱和后再加入氢氧化钠溶液，经结晶析出七水合亚硫酸钠，加热脱水得无水物。亚硫酸钠无臭，可溶于水，微溶于乙醇，溶于甘油。其水溶液呈碱性，10g/L 水溶液的 pH 为 8.4~9.4。有强还原性，在空气中慢慢氧化成硫酸钠（即芒硝）。有效二氧化硫含量为 50.84%。七水合亚硫酸钠为无色单斜结晶，无臭或几乎无臭。易溶于水、甘油，在空气中易风化并氧化成硫酸钠，150℃时失去结晶水成无水物。有效二氧化硫含量 25.42%。其安全性为：兔经口 LD_{50}为 0.6~0.7g/kg 体重（以 SO_2计）。小鼠静脉注射 LD_{50}为 0.175g/kg 体重（以 SO_2计）。

5. 亚硫酸氢钠（Sodium bisulphite，Sodium hydrogen sulfite，CNS 号：05.005，INS 号：222）

亚硫酸氢钠又称酸式亚硫酸钠，分子式 $NaHSO_3$，相对分子质量 104.96。亚硫酸氢钠为白色或黄色块状晶体或粉末，由碳酸钠溶液吸收制硫酸的尾气或硫黄燃烧产生的二氧化硫，生成亚硫酸氢钠结晶，有强烈的二氧化硫气味。易溶于水，微溶于乙醇，水溶液呈酸性，为浅黄色。在空气中不稳定，缓慢氧化成硫酸钠并放出二氧化硫。与无机酸反应产生二氧化硫。10g/L 水溶液 pH 为 4~5.5，还原性强，有效二氧化硫含量 61.59%。实际应用时，亚硫酸氢钠与焦亚硫酸钠以不同比例混合。其安全性为：大鼠经口 LD_{50} 为 0.115g/kg 体重；ADI 值为 0~0.7mg/kg（FAO/WHO，1994）。

6. 低亚硫酸钠（Sodium hydrosulphite，CNS 号：05.006）

低亚硫酸钠又称保险粉、连二亚硫酸钠、次亚硫酸钠，分子式 $Na_2S_2O_4$，相对分子质量 174.11。低亚硫酸钠为白色至灰色结晶粉末，二氧化硫通入锌粉悬浮液中生成连二亚硫酸钠，在其中加入碳酸钠或氢氧化钠溶液，则生成低亚硫酸钠，再用氯化钠将其析出，干燥即得。低亚硫酸钠无臭或稍有二氧化硫气味。易溶于水，不溶于乙醇。极不稳定，有强还原性，易氧化分解，析出硫。受潮或露置空气中失效，并可能燃烧。加热至 75~85℃以上则容易分解，至 190℃时发生爆炸。它是亚硫酸盐类漂白剂中还原、漂白力最强的。其二水合物不稳定，碱性介质中加热脱水得无水物。有效二氧化硫含量 73.56%。其安全性为：兔经口 LD_{50} 为 0.6~0.7g/kg 体重（以 SO_2 计）；ADI 值为 0~0.7mg/kg（以 SO_2 计，FAO/WHO，1994）。

GB 2760—2014《食品添加剂使用标准》规定：低亚硫酸钠可用于蜜饯、干果、干菜、粉丝、葡萄糖、食糖、冰糖、饴糖、糖果、液体葡萄糖、竹笋、蘑菇及蘑菇罐头等食品的漂白。

7. 硫黄（Sulphur，CNS 号：05.007）

硫黄又称硫，元素符号 S，相对分子质量 32.06。硫黄为黄色或浅黄色脆性结晶，片状或粉末，利用熔矿法从天然磷矿或黄铁矿中提取，并在精馏炉中提纯获得。也可由含硫天然气、石油废气燃烧回收得到。硫黄容易燃烧，燃烧温度 248~261℃，燃烧时产生二氧化硫气体。熔点 112.8~120℃，沸点 444.6℃。不溶于水，稍溶于乙醇和乙醚，溶于二硫化碳、四氯化碳和苯。液体蒸发时，硫析出，成为菱形晶系的黄色透明结晶，具有八面体形。其安全性参考亚硫酸钠。

GB 2760—2014《食品添加剂使用标准》规定：硫黄可用于蜜饯、干果、干菜、粉丝、食糖等食品的漂白，但仅限于熏蒸。

思考题

1. 什么是食品着色剂？食品着色剂分为哪几类？
2. 在肉制品工业常使用的食品着色剂有哪些？如何应用？
3. 试论述天然 β-胡萝卜素与人工 β-胡萝卜素的异同点，以及两者的检测方法。
4. 论述护色剂的护色机理、特性及其在肉制品中的应用。
5. 简述漂白剂解决食品褐变、改善食品色泽的原理。
6. 饮料产品中常用的食品着色剂有哪些？应用时需注意哪些方面？
7. 以果脯产品为例，设计漂白工艺方案。

参考文献

[1] Aoki H, Kuze N, Ichi T, et al. Analytical methods for Buddleja colorants in foods [J]. Journal of Food hygenine Society of Japan, 2001, 41 (2): 84-90.

[2] Blanc P J, Laussac J P, Le Bars J, et al. Characterization of monascidin A from Monascus as citrinin [J] . International Journal of Food Microbiology, 1995, 27 (2): 201-213.

[3] Hou Z, Liu Y, Lei F, et al. Investigation into the in vitro release properties of β-carotene in emulsions stabilized by different emulsifiers [J] . LWT - Food Science and Technology, 2014, 59: 867-873.

[4] Hou Z, Gao Y, Yuan F, et al. Investigation into the Physicochemical Stability and Rheological Properties of β-Carotene Emulsion Stabilizedby Soybean Soluble Polysaccharides and Chitosan [J]. Journal of Agricultural and Food Chemistry, 2010, 58: 8604-8611.

[5] Lei F, Liu F, Yuan F, et al. Impact of chitosan-EGCG conjugates on physicochemical stability of β-carotene emulsion [J] . Food Hydrocolloids, 2014, 39: 163-170.

[6] Liu Y, Hou Z, Lei F, et al. Investigation into the bioaccessibility and microstructure changes of β-carotene emulsions during in vitro digestion [J] . Innovative Food Science and Emerging Technologies, 2012, 15: 86-95.

[7] Liu Y, Lei F, Yuan F, et al. Effects of milk proteins on release properties and particle morphology of beta-carotene emulsions during in vitro digestion [J] . Food & Function, 2014, 5 (11): 2940-2947.

[8] Liu F, Sun C, Wang D, et al. Glycosylation improves the functional characteristics of chlorogenic acid-lactoferrin conjugate [J] . RSC Advances, 2015, 5: 78215-78228.

[9] Liu F, Wang D, Sun C, et al. Influence of polysaccharides on the physicochemical properties of lactoferrin-polyphenol conjugates coated β-carotene emulsions [J] . Food Hydrocolloids, 2016, 52: 661-669.

[10] Liu F, Wang D, Xu H, et al. Physicochemical properties of β - carotene emulsions stabilized by chlorogenic acid - lactoferrin - glucose/polydextrose conjugates [J] . Food Chemistry, 2016, 196: 338-346.

[11] Mao L, Yang J, Xu D, et al. Effects of homogenization models and emulsifiers on the physicochemical properties of β-carotene nanoemulsions [J] . Journal of Dispersion Science and Technology, 2010, 31 (7): 986-993.

[12] Martins R M, Pereira S V, Siqueira S, et al. Curcuminoid content and antioxidant activity in spray dried microparticles containing turmeric extract [J] . Food Research International, 2013, 50 (2): 657-663.

[13] Paradkar A, Ambike A A, Jadhav B K, et al. Characterization of curcumin-PVP solid dispersion obtained by spray drying [J] . International Journal of Pharmaceutics, 2004, 271 (1): 281-286.

[14] Wang X, Liu F, Liu L, et al. Physicochemical characterisation of β-carotene emulsion stabilized by covalent complexes of a-lactalbumin with (-) -epigallocatechin gallate or chlorogenic

acid [J] . Food Chemistry, 2015, 173: 564-568.

[15] Wei Z, Gao Y. Physicochemical properties of β-carotene bilayer emulsions coated by milk proteins and chitosan-EGCG conjugates [J] . Food Hydrocolloids, 2016, 52: 590-599.

[16] Wei Z, Yang W, Fan R, et al. Evaluation of structural and functional properties of protein EGCG complexes and their ability of stabilizing a model β-carotene emulsion [J] . Food Hydrocolloids, 2015, 45: 337-350.

[17] Xiang J, Liu F, Fan R, et al. Physicochemical stability of citral emulsions stabilized by milk proteins (lactoferrin, α-lactalbumin, β-lactoglobulin) and beet pectin [J] . Colloids and Surfaces A: Physicochemical and Engineering Aspects, 2015, 487: 104-112.

[18] Xu D, Wang X, Jiang J, et al. Impact of whey protein-Beet pectin conjugation on the physicochemicalstability of b-carotene emulsion [J] . Food Hydrocolloids, 2012, 28: 258-266.

[19] Xu D, Yuan F, Gao Y, et al. Influence of pH, metal chelator, free radical scavenger and interfacial characteristics on the oxidative stability of β-carotene in conjugated whey protein-pectin stabilised emulsion [J] . Food Chemistry, 2013, 139: 1098-1104.

[20] Xu D, Yuan F, Gao Y, et al. Influence of whey protein-beet pectin conjugate on the properties and digestibility of β-carotene emulsion during in vitro digestion [J] . Food Chemistry, 2014, 156: 374-379.

[21] Yuan Y, Gao Y, Zhao J, et al. Characterization and stability evaluation of β-carotene nanoemulsions prepared by high pressure homogenization under various emulsifyingconditions [J] . Food Research International, 2008, 41 (1): 61-68.

[22] Yuan Y, Gao Y, Mao L, et al. Optimisation of conditions for the preparation of β-carotene nanoemulsions using response surface methodology [J] . Food Chemistry, 2008, 107 (3): 1300-1306.

[23] Zhao J, Wei T, Wei Z, et al. Influence of soybean soluble polysaccharides and beet pectin on the physicochemical properties of lactoferrin-coated orange oil emulsion [J] . Food Hydrocolloids, 2015, 44: 443-452.

[24] Zhao J, Xiang J, Wei T, et al. Influence of environmental stresses on the physicochemical stability of orange oil bilayer emulsions coated by lactoferrin-soybean soluble polysaccharides and lactoferrin-beet pectin [J] . Food Research International, 2014, 66: 216-227.

[25] 丁保淼．甘氨酸螯合铁及其纳米脂质体研究 [D] ．无锡：江南大学，2010.

[26] 范明辉．红景天苷纳米脂质体的研制 [D] ．无锡：江南大学，2008.

[27] 樊琛，李倩，曾庆华，等．芦荟清除亚硝酸盐的作用机理 [J] ．食品科技，2011 (12)：63-65.

[28] 加列西·马那甫，德娜·吐热汗，李俊芳．维生素 C 清除酱油亚硝酸盐的响应面优化 [J] ．东北农业大学学报，2014 (7)：124-128.

[29] 刘夫国，王迪，杨伟，等．乳铁蛋白-多酚对 β-胡萝卜素乳液稳定性的影响 [J] ．农业机械学报，2015，46 (6)：212-217.

[30] 刘星．山楂、洋葱提取物清除亚硝酸盐作用条件及机理初探 [D] ．泰安：山东农业大学，2013.

［31］李胜华，臧汝瑛，刘秀河，等．香辛料对蔬菜中亚硝酸盐的清除能力研究［J］．山东食品发酵，2012（2）：3-7.

［32］马瑞欣，苏欢欢，梁艳红，等．高效液相色谱法测定水产品中β-阿朴-8′-胡萝卜素醛的含量［J］．河北渔业，2012（9）：40-42.

［33］孔祥辉．番茄红素脂质体的制备及其生物利用率的研究［D］．无锡：江南大学，2009.

［34］谭晨．类胡萝卜素脂质体的研究［D］．无锡：江南大学，2015.

［35］王丽娟，张慧，张立冬，等．β-胡萝卜素的研究进展及应用［J］．中国食品添加剂，2013（1）：148-152.

［36］夏书芹．辅酶Q10纳米脂质体的研究［D］．无锡：江南大学，2007.

［37］肖素荣，李京东．新型天然色素——紫甘薯色素［J］．中国食物与营养，2009（6）：29-31.

［38］许朵霞，王小亚，尤嘉，等．蛋白质-多糖复合物对β-胡萝卜素乳状液的影响［J］．食品研究与开发，2012，33（4）：9-13.

［39］徐海祥，谢淑娟，施帅，等．异抗坏血酸钠、红曲色素及Nisin替代部分亚硝酸钠对腊肠品质的影响［J］．现代食品科技，2012（12）：1677-1681.

［40］张志国，孙迪．泡制香椿亚硝酸盐变化规律及其降低措施研究［J］．中国调味品，2016（1）：30-34.

第四章

食品风味添加剂

CHAPTER 4

[学习目标]

本章主要讲述了影响食品“香”和“味”两个特性的食用香料、酸度调节剂、甜味剂、增味剂等食品风味添加剂。着重介绍了食用香精的概念、分类、组成；食用香料的主要品类、性状及食用香精安全使用的一般原则，及不同国家对食用香料管理的法律法规；甜味剂、增味剂的品种、分类、功效和使用；简要介绍了食品的调味技术。

通过本章的学习，应掌握食用香精的概念，了解食用香精的组成，使用原则；掌握甜味剂的概念、了解甜味剂的作用，构建应用各类食品甜味剂的基础理论；了解我国法定酸度调节剂、增味剂的种类及应用范围。了解不同类别食品的调味原理及调味要求。

第一节　食品用香精香料

香精香料与日常生活息息相关，香精产品不仅大量应用于食品和日化产品，还广泛应用于其他工业的产品。20 世纪之前，大部分香精产品只含有一种香料，复杂的香精产品也仅含有 3~4 种成分，且 90%以上香精产品的原料都是天然原料。现代香精香料工业建立在天然产物萃取与有机化学合成技术基础之上，在 1930—1940 年，几乎所有已知的化学物质均可化学合成，而且价格便宜，这使得香精香料工业伴随人工合成香料的发展而空前繁荣。

1950 年以后，香精香料工业最大的应用领域——食品工业急于寻找口感更好，风味更复杂的香精产品，当时合成香料配制而成的香精产品（如水果香精），由于香味太重及刺激而令人感到厌倦。随着气相色谱分析技术的发明，现代香精工业蓬勃发展；但人们随即发现：气相色谱、质谱、核磁共振等仅仅是先进的分析技术，并不能代替调香师的工作。

市场上香精产品的质量在 1960 年之后有了很大突破，这源于新型分析技术及化学合成技术令所发现的新香原料充实了调香师的香料库。运用红外光谱、紫外光谱、核磁共振及气相色谱-质谱联用等技术及计算机数据库的配合，可以实现天然香料的全分析和微量成分鉴定，调香技艺也随之提高。

在后续的70年代，人们对天然香料的追求促使香料工业发生转变，这种需求为生物技术（主要是发酵技术和酶技术）的应用带来契机。在19世纪末，香料企业生产的产品中90%是天然香料（主要是调味品和精油），而在50年代，由于化学合成香料的成功，90%的香料都是合成香料；目前，市面上超过70%的香料是天然香料，而且比例在逐渐增大，香精香料工业似乎完成了一个循环。

食品工业研究风味的最终目的是对食品特征风味有贡献的独特香气物质进行鉴别和归类，便于人工模仿和原料控制。本节对直接应用于食品并影响食品风味的食品用香精、食品用香精的原料——食品用香料进行介绍。

一、 食品用香精

自然界中的风味都是由复杂的挥发性风味物质组成的混合物，但并不是所有的风味化合物都能提供特征风味，比如己醛是天然苹果味的一个重要成分，但正己醛给人的印象是青的、涂料似的和油哈味；在草莓、树莓和梨的挥发性香味成分中都有丁酸乙酯，但丁酸乙酯并不被描述成水果风味。食品中鉴定的挥发性风味化合物超过6000种，这些天然成分的总浓度在1~100mg/kg，每个单一成分的浓度在1~1000μg/kg，但其中很多并不是特征风味化合物，比如咖啡香味中发现有约700种化合物，但仅有很少一部分对整体香气轮廓有显著贡献。

1969年，香料化学家协会从香精产品的角度对食品用香精的定义为：食品用香精产品可以是单一的化学物质，也可以是多种化学物质的混合物，其原料既可以是天然的也可以是合成的，主要目的是为食品提供全部或部分特征香味。

国际香料工业组织（International Organization of the Flavor Industry，IOFI）从香精香料行业角度对食品用香精进行定义：食品用香精是浓缩的制剂，可以含有或不含有溶剂和载体，仅赋予食品的香味，而不赋予咸味、甜味和酸味，不以香精的形式直接消费。

欧盟对食品用香精的定义是：食品用香精主要是产生香气的物质，可能会影响口感。

根据目前香精香料产品的现状，食品用香精可定义为：由食品用香料和（或）食品用热加工香味料与食品用香精辅料组成的用来起香味作用的浓缩调配混合物（只产生咸味、甜味或酸味的配制品除外），它含有或不含有食品用香精辅料。通常它们不直接用于消费，而是用于食品加工。

食品用香精尽管在食品配方组成中所占比例很小，但作用巨大。总体而言，食品用香精的作用是赋予食品令人愉悦的香气，可分为对食品的作用、对消费者生理和心理的作用（表4-1）。

表4-1　食品用香精的作用

经济作用（Economic effect）	生理作用（Physiological effect）	心理作用（Psychological effect）
模仿（Simulate） 拓展（Extend） 赋香（Flavor the unflavored） 矫味（Modify/cover taste） 补充（Compensate for flavor losses） 延长保质期（Improve shelf life）	代谢反应（Metabolic response） 消化道吸收（Intestinal absorption） 口味和消费（Appetite and consumption）	怀旧（Nostalgia） 联想（Association） 信仰、认知（Intellect/belief，cognitive factors） 流行趋势（Trend） 强化（Flavor the flavored）

食品用香精对食品影响主要有如下六个方面：

(1) 替代作用　直接使用天然品作为香味来源有困难时，可用香精进行替代。这种情况有：货源短缺、价格居高不下、不符合实际生产工艺等。

(2) 辅助作用　某些产品本身虽然已具有很好的香气，但由于香气强度不足而需要选用香气与产品相一致的食品用香精来辅助增香，如天然果汁。

(3) 赋香作用　有些食品本身没有香气和风味，往往通过香精对食品进行赋香，使其具有一定的香型和香味来迎合消费者或引导消费者，如：胶母基糖、棒冰、糖果等。

(4) 矫味作用　某些食品原料因其特有的异味需要香精来进行成品矫味，便于消费者接受，如：鱼腥味、肉膻味、大豆蛋白臭味等。

(5) 补充作用　产品的香气由于加工而造成原有香气的损失，这时添加的香精就对产品香气起到一定的补充作用，如果脯、果酱、蔬菜罐头等。

(6) 稳定作用　天然产品的香气往往受地理条件、气候环境及人为因素的影响而有所变化，这就需要通过香精对产品香气进行标准化，以适应消费者既有的香气印象或先入为主的香气概念；还可以延长产品的保质期。

食品风味对消费者消化吸收影响的研究还处于起步阶段，但优良的或偏好的食品风味总能刺激人的食欲。有研究表明食品的风味能够影响消化道对食物的吸收。另外食品风味还对消费者的心理有着明显的影响，比如不同宗教信仰的消费者面对同一风味的食物产生的心理反应不尽相同。

（一）食品用香精的分类

1. 按剂型分类

根据产品的外观形态，食品用香精分为：液体香精（包括水溶性、油溶性及乳化香精等）、固体香精（包括调配型粉末香精、反应型粉末香精等）、膏体香精（又称浆状香精，包括各种浸膏和反应型香精等）。

2. 按性能分类

为了适应各种加香食品的理化性质和不同加香食品加工工艺的要求，食品用香精可分为如下几类：

(1) 水溶性香精　也称水质香精，在一定的用量范围内完全溶解于水或低浓度乙醇中，溶液呈清澈透明。这类香精的香气比较清逸，香味强度不高，由于香精中含有较多的乙醇，所以较易挥发、不耐热，在较高的温度下，随着乙醇的蒸发会同时带走一部分较易挥发的香味成分，从而影响香味的完整性。这类香精仅适用于不经加热工艺或可在温度不高时加香的产品，如果汁和果味饮料、冷饮、酒类等。

(2) 油溶性香精　也称油质香精，此类香精的香气比较浓郁、沉着和持久，香味强度较高，相对来说比较耐热，可适用于较高温度加工的食品加香，如糖果、糕点和焙烤食品等。

(3) 乳化香精　一种将油溶性、易挥发的香精或香料通过乳化剂及机械力的作用使油相香料（内相）均匀分布于水相（外相）中，形成一种相对稳定的水包油（O/W）型的乳化液。其在水中能迅速分散成稳定的乳浊液，因而不适用于外观需要透明的饮料和酒类等。乳化香精是一种两相体系的产品，不宜久藏，特殊条件下会破乳而导致两相分离。

(4) 固体香精　以固体粉末形态存在的香精产品，根据生产工艺又可分为固体香料粉碎混合制成的粉末香精、粉末状载体吸附调和香料制成的粉末香精和由赋形剂包裹香料而形成的微胶囊粉末香精三种类型。

3. 按香型分类

食品用香精按香型分类如表 4-2 所示。

表 4-2 整体香气类型分类

香型	代表物	香型	代表物
水果香型	甜橙、柠檬、菠萝、草莓等	肉香型	牛肉、羊肉、鸡肉等
奶香型	奶油、黄油、干酪等	辛香型	桂皮、茴香、胡椒等
坚果香型	核桃、榛子、咖啡等	海鲜香型	鱼、虾、蟹等
花香型	玫瑰、桂花、茉莉花等	其他香型	可乐、雪碧等
蔬菜香型	番茄、黄瓜、芹菜等		

4. 按组成属性分类

食品用香精按组成属性可分为天然香精、天然等同香精和人造香精三类。

(1) 天然香精

①纯天然香精：纯天然香精（Natural flavor）全部由天然食品香味物质（包括精油、油树脂、浸膏、酊剂等以及从果蔬中经过特殊加工方法制得的香味浓缩物）调配而成。

②反应香精：反应香精（Processed flavor）在不同场合都有提及，但其描述的内容分为如下几类：原材料自身没有特殊风味轮廓而在精心加工处理后产生目标香气轮廓的产品（如咖啡）；糖和氨基酸发生美拉德或其他相关反应的产物（如肉味香精）；酶反应香精（如酶解乳味香精）；发酵香精（如葡萄酒香精及醋香精）；脂肪热解香精（如法式油炸香精）。一些反应香精是综合上述方法制造而成，如可可香精是经过发酵及焙烤而成。

(2) 天然等同香精　以天然香料和天然等同香料调配而成的香精或全部由天然等同香料调配而成的香精；产品不含有任何人造香料。

(3) 人造香精　含有任何一种人造香料的香精均属此类。

5. 按用途分类

根据食用香精所应用的产品类型不同可分为普通食品香精、酒用香精、饮料香精和糖果香精等。

（二）香精的调配与制作

香精的调配简称调香，其不仅是一项工业技术，同时也是一门艺术；与艺术学科一样，拥有很多流派（如自然派、真实派、印象派和表现派等）。调香本身不仅仅是艺术创造过程，更是科学知识的综合运用。从事调香工作的人员在香精香料行业称为调香师（Flavorist），而在食品及其他相关行业称为香精技术人员（Flavor technologist）。相对于香化行业抽象的香水而言，食品行业的调香称为“仿香”更为贴切。

1. 食品用香精的组成

根据香原料在香精产品中的作用分为主香剂、合香剂和矫香剂；根据香料的挥发度及香气强度，香精中还包括定香剂及头香剂等部分。

(1) 主香剂　主香剂又称香基，体现主题香气的骨骼结构、主体和轮廓的香料；形成香精主体香韵的基础；其主要由一种香料或多种香料经调香师个性化设计、反复调配等一系列复杂的工作及验证后得到的产物；是食品用香精的灵魂，它的优劣对香精的生命力起着决定性作用。不同食品的特征香气成分见表 4-3。

表 4-3　不同食品的特征香气成分

食品	特征香气成分	食品	特征香气成分
牛肉	2-糠基硫醇、4-羟基-2,5-二甲基-3（2H）-呋喃酮、2-甲基-3-呋喃硫醇等	咖啡	反-2-大马烯酮、2-糠基硫醇、甲酸（3-巯基-3-甲基）丁酯、3-甲基-2-丁烯-1-硫醇、2-异丁基-3-甲氧基吡嗪、5-乙基-4-羟基-2-甲基-3（2H）-呋喃酮、2,3-丁二酮、2,3-戊二酮等
绿茶	香叶醇、（Z）-己酸-3-己烯酯、芳樟醇、壬醛、（E）-橙花叔醇等	德州扒鸡	壬醛、癸醛、辛醛、己醛、茴香脑、蘑菇醇、丁香酚、2-戊基呋喃等
鸡肉	（E，E）-2，4-壬二烯醛、（E，E）-2，4-癸二烯醛、己醛、（E）-2-壬烯醛等	焦糖	糠醛、4-羟基-2,5-二甲基-3（2H）-呋喃酮等
橙	丁酸乙酯、（Z）-3-己烯醛、（E）-3-己烯醛、乙酸乙酯、α-蒎烯、芳樟醇、月桂烯、D-柠檬烯等	红茶	芳樟醇、（E）-2-己烯醛、苯乙醛、香叶醇等
苹果	（E）-2-己烯醛、丁酸乙酯、苯甲醇、己醛等	牛乳	1-辛烯-3-酮、1-壬烯-3-酮、己醛、壬醛等

（2）合香剂　合香剂又称协调剂，是使香气协调一致的香料；其香气与主香剂属于同一类型，使主香剂的香气更加明显突出。

（3）矫香剂　矫香剂又称变调剂，是修饰主题香气的香料，使其在香精中发出特定效果香气，对主体香气起缓冲圆和作用；其香气与主香剂并不属于同一类型，可以使香精增添新的香韵。

（4）定香剂　定香剂又称保香剂，主要是调节、调合成分的挥发性，使香精的挥发性较不加入该物质有所延长或使整个香精的挥发过程中都带有某一种香气，其与香精质量中香气的持久性和稳定性有直接关系。一般分子质量较大、沸点较高的物质均可作为定香剂。

（5）头香剂　头香剂又称顶香剂，是易挥发的香料，使整个香气突出，在香精中也具有重要作用。

食品用香精根据产品剂型、用途的不同还添加不同的稀释剂（溶剂或载体）。常用的符合食用要求的稀释剂有：乙醇、水、丙二醇、甘油、三乙酸甘油酯、精炼植物油、糖类、食盐、可溶性淀粉、阿拉伯树胶、麦芽糊精等。

2. 香精的调配

（1）调配香精的前提　香精的调配一般由香精用户发起，香精用户向调香师说明目标应用产品的风味特征。香精用户与调香师之间的沟通是最难的一项工作，沟通的详细与否、理解的正确与否决定了目标香精产品模拟的成败，所以最好能够给调香师出示一个标样。调香师了解目标产品的加工工艺、包装形式、贮存条件等信息也非常关键。另外，香精用户最好能够给调香师提供一份未加香的产品样品及该产品的加工工艺/参数。但食品公司很少愿意告诉香精公司目标产品的全部信息，这导致调香师所“仿香”香精样品不能够快速的尽如人意。

另外在开始调香前，必须考虑下列问题：①产品的目标认证标签：Kosher 认证、Halal 认证、全天然、天然等同、非转基因等。②产品成本：天然香精将远比天然等同香精及人工香精昂贵，便宜的香精也不会使用昂贵的香原料。③目标市场区域决定香精原料的选择范围。④香精的剂型：不可以用液体香精去开发产品而用固体香精去生产产品。当搞清楚上述问题后，调香师可以进行香精的创造/模拟开发。

（2）调配香精的方法　在调香过程中，通常使用两种方法。

①传统方法：基于先建立目标香精所需使用的主要香料构成基本配方，再通过在目标风味轮廓所发现的不同特征回忆具有该香气特征的香料进行细微差别的引入。所有香料的使用均是依靠调香师的经验。也许有人认为这就是在碰运气，但在现实工作中，这是调香师在处理问题、方法的灵活运用及应用香料复杂配伍能力等专长的体现。该方法的使用经过多年的时间，非常奏效。

②分析方法：依靠仪器设备（主要是 GC/MS）对目标风味的分析结果去决定目标仿香香精的用料组成。一支香精中的主要成分通过仪器设备可以轻松获得各自用量占比。但经验显示，该方法所调配的香精无法与原始样品媲美，而香精产品之所以成为一支产品通常都是因为其中含有少量痕量的物质，而且这些物质的阈值都非常低，因此这些物质对香气及风味轮廓的贡献将与其量的占比不成比例。

因此，任何一种方法都不能称之为十全十美。传统方法过分依赖于调香师的经验，且效率低下；而分析方法也因方法自身的局限使所得到的结果不能令人满意。最满意的方法即综合运用两种方法，运用仪器分析所得到的分析结果及香料之间的组配技巧。这要求调香师不仅仅拥有一定的香精香料理论、香料的实际感受经验，还需要具有创香的天赋。

（3）调配香精的步骤　食品用香精的调配一般包含如下几步。

①构建目标风味轮廓：目标物可能是一种天然的水果、蔬菜或者其他存在的香精或者食品竞争产品。且不论目标的来源，必须对其进行仔细的分析以界定其香气特征及风味轮廓，以及香气格调的相对强度。最初的感官评价可以由调香师独立完成，也可以由包含调香师在内的、经过培训的评价团队完成。根据所得到的风味轮廓，调香师往往需要对目标物进行再一次的仔细辨别，确证每一个可察觉的风味特征，并将其与已知的香料或者其他香料轮廓相联系。感官辨别的结果将决定拟用香料所对应的主要香气特征及细微特征。

②调香师根据分析的数据选用化学香料、精油等原料对目标香料进行“仿香”组合。

③小样制备：香精小样也分为主香剂、合香剂、矫香剂等几大部分。所配制的小样必须经过多次的修改、润饰才能接近所要的目标风格。需要指明的是，所配制的小样必须经过一定时间的陈化再进行评估及应用评价，否则将被评价结果误导。

④请其他调香师根据目标产品在合适的实验/食品基质中对所调配的香精小样进行评价。

⑤针对所需目标香精重复前述步骤。

⑥建立应用数据：将所调配的样品经过一定时间的熟化后，在应用实验室进行应用评价。

⑦香精产品的商业化开发：在完成调香过程之后，进行香精产品的商业化开发。

3. 餐饮/咸味香精的调配

目前随着餐饮市场的发展、餐饮香精发展很快，厨师的技术与调香师技术的完美结合生产传统烹饪的调味品产品是很多大香精公司重要业务。设计一个符合目标要求的餐饮香精配方，包括如下步骤：

（1）建立目标风味轮廓　需要对所使用的调味品的组成、加工特性有一个综合的了解，未调味的食品原料在烹饪/加工之后的风味特征决定了调味品的选择；通常，清淡的食品需要较少的调味料（比如：鱼类食品仅需要很少的调味料；而牛肉制品需要重、辛辣的调味品进行调味）。

（2）对所选择的调味品之间的风味平衡进行决定　辛香料调味品配料可以按下列风味进行组合：①淡、甜的辛香料；②中等风味强度的辛香料；③香气浓度浓烈、饱满调味品；④辛辣类辛香料。还需要配一些非辛香料物质（如味精、水解植物蛋白、酵母提取物、盐、麦芽糊精等）。

（3）调味料的初次复配　这取决于厨师/调香师团队对不同风味特征需求的平衡及创新能力。

（4）在热的白调味汁或者空白汤中进行香气和风味轮廓的评价。

（5）重复前述步骤，直至达到一个平衡的、符合目标风味轮廓的调味品小样。

（6）将调味料添加到目标产品中，并在正常生产条件下进行应用评价。产品配料及加工条件对调味效果的影响非常显著，如果目标产品需要进行冷冻，那么，在进行应用评价时，应用产品也必须经过最少 24h 的冷冻后，再进行评价。

如果对一个已经存在的调味品进行“仿制”，需要对仿制的对象进行深入的分析，但需要注意的是，液体的香精通常比较稳定，而固体的调味品混合物风味容易损失、保质期较短；所以，如果欲仿制的样品是固体调味品香精，且保存方式不合适，不建议对其进行仿制。一旦决定对某一调味品香精进行仿制，首先需要对其含盐量、色泽、香气强度、MSG 等物质进行分析。后续的仿制调配过程与前面所述的一致，所仿制香精产品的一致与否必须经过严格的应用实验进行评判。

（三）食品用香精评价

任何一支香精在开发过程中均需要经过多轮评价，以建立香精产品自身的特性及找到实验小样品与目标产品之间的差异。当进行香精评价时，简单、快速地获得评价结果是调香师/厨师所希望的。

制备香精香气及风味评价的基料时，需要对高浓度/高风味强度的香精进行稀释到可以直接添加的水平。采用的方法包括：与合适的简单食品配料进行预混合稀释，这些食品配料包括葡萄糖、蔗糖、乳糖和食盐等；采用可接受的溶剂（如乙醇）进行稀释；在未加香的食品产品或载体中添加合适浓度的香精样品。未加香的食品产品或载体根据不同的目标产品进行相应的选择。具体包括：

①空白汤：玉米淀粉 600g/L、白砂糖 220g/L、食盐 180g/L 组成的原料，按 4.5%的比例加入沸水中保持 1min。该空白汤用于评价用于预制汤的香精产品。该空白汤特别适合评价辛香料、烹饪用中草药以及复配的调味品。

②白调味汁：由黄油/人造黄油、普通面粉和牛乳组成。

③糖水：含 100g/L 蔗糖的水。该糖水是评价食品用香精、精油及甜味辛香料（如生姜、肉桂等）的标准基料。

④土豆泥：根据消费指南进行制作，但不添加任何黄油。土豆泥用于评价洋葱、大蒜、辣椒及复配调味料。

⑤凝胶糖果［方旦糖（Fondant）］：根据凝胶糖果的配方进行制作，添加欲评价的香精后，在玉米淀粉模具中成型。

⑥糖稀（Sugar boilings）：配方组成：蔗糖 120g、水 40mL、液体葡萄糖（Glucose syrup）40g。液体葡萄糖和水混合并煮沸，直至混合均匀；加入蔗糖并加热至 152℃，停止加热，并加入香精、色素、柠檬酸等配料，搅拌均匀；然后倾倒在预涂油脂的平板上，冷却后，通过压辊（Drop roller）形成产品。

⑦果胶糖果（Pectin jellies）：配方组成：蔗糖 100g、水 112.5mL、果葡糖浆（43DE）100g、柑橘果胶（慢凝型）6.25g；500g/L 柠檬酸溶液 2mL。将糖与果胶混合均匀后缓慢加入 77℃的水中，持续搅拌并升温至 106℃，停止加热。加入香精、色素、酸溶液并快速搅拌后倒入玉米淀粉模具中，保持 12h 后从模具中取出并评价。

⑧碳酸软饮料基料：配方组成：100g/L 苯甲酸钠溶液 0.25mL、500g/L 柠檬酸溶液 1mL、120g 糖浆，定容至 160mL，在这个基料中添加合适量的目标评估香精。饮料在封瓶前需添加 5 倍体积的水并充入二氧化碳气体。

⑨牛乳：一种评价用于冰淇淋及乳品饮料香精的良好基料。如果需要，可以在纯牛乳中添加 80g/L 的蔗糖，其目的是给评价者提供最好的样品以期获得更加可靠的评价结果。

（四）食品用香精的发展

食品用香精的发展与食品消费趋势的变化紧密相关。现代的消费者喜欢到感觉舒适的场所进行探险及品尝不同的风味及其组合。香精的创新必须满足消费者的需求且能够带来快乐和价值。成功的关键因素是聆听消费者的需求、审视目前的流行趋势和预测未来的需求。食品用香精表现出如下发展趋势。

1. 香精香型

随着社会经济的发展，人员流动的加快，消费者的经历越来越丰富，也越来越喜爱选择一些具有特殊风味的食品。风味的选择主要受环境及季节的影响，目前外出就餐非常流行，消费者具有更多体验新食品风味的机会；这种消费趋势表明消费者希望品尝、体验新的、奇异的食品。风味的选择也受年龄的影响，儿童的口味喜好通常受家长的影响，但这种现象正在改变，因为现代的儿童已拥有一定的购买决定权；但成年人的喜好受文化的影响，而老年人都在寻找味道浓烈的食品，因为他们已经厌倦了常规食品的风味特征。

（1）奇异的风味　奇异的风味、异国风情的风味及不同寻常的风味组合在市场上引导消费热潮，这种趋势被消费者愿意尝试新的口味及独一无二的风味组合所驱使。但对香精公司而言，正确理解消费者的嗜好并及时将奇异香型的香精应用于产品呈献给消费者是一件极具挑战性的工作。

（2）民族风情风味　如今消费者已经倾向于购买具有民族风情的食品。具有民族特色风味的食品在市场上持续受欢迎，特别是富有东方特色的中华民族特色风味食品及其他亚洲国家的特色食品引导消费潮流。这种消费趋势促进了具有民族风情风味香型的香精产品创新。

（3）保健食品　目前，保健食品拥有很大的发展机会，因为人们希望永葆健康与青春，应用于保健食品的传统香精旨在使保健食品口感更适宜，消费者寻求的具有怀旧风格的特定香精主要为了提升心理健康。这些产品对现代年轻人非常必要，因为生活、工作充满压力。

2. 香精生产技术

香精产品中有机香料化合物如何与各种食品混合均匀是众多香精香料公司的主攻方向，低脂食品消费的流行加大了香精与食品基质混合均匀的难度。此外保证挥发性的香精产品在食品保质期内稳定并能够按照人们的意愿定时释放也是香精公司的研究重点。

（1）香精乳化技术　乳化香精生产主要集中于相对密度调节剂、乳化剂的选择及乳化工艺的优化研究；乳化香精中使用的食品添加剂（包括相对密度调节剂和胶体）因合法性问题正受到越来越多的关注。具有潜在价值的天然材料有淀粉及其他碳水化合物、植物油和蛋白质等，包含上述原料的乳化香精为了在饮料和食品产品中达到可接受的稳定性，乳化香精不同相的密度差、乳滴的粒径分布、静电相互作用和油水界面膜的形成等需要进行评估。

香精微乳可以在无醇产品或低酒精含量产品中用于分散香精油滴。当达到合适的条件时，可以自发形成透明状的微乳，产品油滴很小，且具有热稳定性和相对高的香精载量。

（2）香精微胶囊技术　微胶囊具有提高被包埋物质的稳定性，控制其释放等功能，已被广泛应用于医药、纺织、食品等领域。微胶囊化的香精克服了香精挥发性强、保香期短等缺点，大大延长了留香时间。微胶囊技术常被用来保护易受环境因素（光、热、湿度）影响的精油、风味物质等，从而延长其保质期，减少损失。通过调控生物大分子的电荷性质，利用蛋白、多糖、脂质分子之间的非共价相互作用形成微胶囊壁材，包裹芯材。许多生物大分子系统的包封传递作用已经得到广泛应用，例如“明胶-阿拉伯胶”体系已用于香料（香精油）、紫草、辣椒素、芥菜籽精油、异硫氰酸烯丙酯的包埋。大豆分离蛋白-阿拉伯胶复合物体系用于包埋甜橙油、ω-3多不饱和脂肪酸乙酯。大豆分离蛋白-果胶复合物体系用于包埋蜂胶提取物和酪蛋白水解产物。乳清蛋白浓缩物和阿拉伯胶或牧豆树胶的共混合传递系统可以用来包埋芡欧鼠尾草精油。牛乳蛋白（酪蛋白酸钠和乳清蛋白分离物）和阴离子多糖羧甲基纤维素复合凝聚物已成功应用于β-萜烯的包埋。有研究发现，添加甘油可以提高β-萜烯在酪蛋白酸钠/乳清蛋白分离物-CMC复合物中的包封效率，该研究所开发的甘油-蛋白-多糖复合物体系可应用于食品用香精香料的不同释放特性。在高速乳化条件下通过复凝聚方法以壳聚糖和海藻酸钠为壁材，可制备包埋古龙香精的纳米香精胶囊。

（3）香精缓释技术　香精缓释技术的研究也是香精生产工艺研究的重点。微胶囊香精工艺包括对传统喷雾干燥壁材的选择、工艺参数的优化等；利用挤压技术也可以对香精进行微胶囊化处理，生成的玻璃态物质可以使香精的释放速度得到很好地控制。

降低食品的脂肪含量及用其他物质取代食品中的脂肪将显著地改变食品的风味，因为脂肪通常是香精的溶剂和保护剂。因此，脂肪的降低改变了香精成分的蒸汽压，破坏了原有的香气平衡。在低脂食品中，香精成分在食品的水相和油相中的分配比例发生改变。此外，香精的成分可能因失去油相的保护而更易与食品中的其他成分发生氧化反应及美拉德反应。

香精的特性需符合应用食品的要求。对于微波食品，研究香精在不同产品中在合适的温度释放对于食品的可口性和拥有促进食欲的香气非常重要。

固体饮料及固体汤料要求香精在接触水的时候释放香气，每一个固体饮料及汤料产品根据其应用特征都有香气释放时间和温度的特殊要求。对于袋泡茶这样的产品，微胶囊化香精的胶囊粒径非常关键。在所有的情形中，香精产品必须具有优异的稳定性才能保证长的保质期。不断进步的微胶囊化技术促进了香精贮存过程中稳定性的提高。

天然香精将是未来最主要的发展趋势，也将促使天然香精生产厂家适应流行趋势供应更多的天然香精产品。另外无糖产品的风靡，很多香精公司努力开发具有掩蔽应用甜味剂带来的后苦感功能的香精产品。食品用香精的发展正随着饮食习惯及消费潮流的发展而不断前行。

二、食品用香料

食品用香料系指生产食品用香精的主要原料，在食品中赋予、改善或提高食品的香味，只产生咸味、甜味或酸味的物质除外。食品用香料包括食品用天然香料、食品用合成香料、烟熏香味料等，一般配制成食品用香精后用于食品加香，部分也可直接用于食品加香。很多原料都可以被用来开发香精，包括：动植物原料及其制品、发酵制品及合成香料等（表4-4）。随着新物种（如异域植物）的发现、生产技术（如蒸馏、提取、吸附）、生物技术（发酵、酶处理）、化学反应（反应香料）及合成（如手性合成）技术等的进步，调香师所用的香料原料在不断扩大。本节将对这些香料原料及其在香精中的作用择要介绍。

表4-4　调香所用的香料原料来源

合成香料	天然香料		
	植物源	动物源	生物发酵源
醛	果蔬汁	血浆	醋
酮	提取物或蒸馏产物	油滴	酒
醇	草药	海产品副产品	蛋白水解物
酯	香辛料及其制品	酶处理干酪	脂肪酶解物
杂环类香料	坚果	肉类提取物	

（一）食品用香料的分类

国际上将食品用香料分成天然（Natural）香料、天然等同（Natural-identical）香料和人造（Artificial）香料三类。

（1）天然香料　食品用天然香料系指通过物理方法、酶法、微生物发酵法等工艺，从动植物来源材料中获得的香味物质的制剂（由多种成分组成）或化学结构明确的具有香味特性的物质，包括食品用天然复合香料和食品用天然单体香料。动植物来源材料可以是未经加工的，也可以是通过传统食品制备工艺加工过的。

（2）天然等同香料　天然等同香料系指从芳香原料中用化学方法离析出来的或用化学合成法制备的香味物质，它们的化学结构与天然香料产品中存在的物质结构相同。

（3）人造香料　人造香料系指那些尚未从供人类食用的天然产物中发现的香味物质（即其化学结构为人工构造）。

根据香料的分子结构和官能团，允许在食品用香精中应用的香料分类见表4-5。

表4-5　允许在食品用香精中使用的有机合成香料分类

芳香族		脂肪族	
苯环类	杂环类	脂环类	开链类
酚类	噻唑类	内酯类	烃类
醚类	呋喃类		醇类
乙缩醛类	吡喃类		醛酮类
羰基类	噻吩类		羧酸类

续表

芳香族		脂肪族	
苯环类	杂环类	脂环类	开链类
羧酸类	吡嗪类		酯类
酯类	咪唑类		萜烯类
内酯类	吡啶类		含硫化合物
含硫化合物	吡咯类		含氮化合物
	噁唑类		

（二）食品用香料的特点

（1）品种繁多　天然存在于供人类消费的食品中。目前人们从各类食品中发现的风味物质达 1 万余种，且随着食品工业的发展和分析技术的进步，新的食品用香料还会大量涌现。由于使用量和经济的原因，目前世界上允许使用的食品香料已达 4000 多种，其允许使用的数目每年还以相当快的速度在增加。

（2）同系物众多　所谓同系物是指结构上完全类似的系列物质。如果某食品中含有乙醇、丙醇和丁醇，同时含有乙酸、丙酸和丁酸，其很可能同时含有 9 种酯类，这 9 种酯类的结构和风味仅有微细差别；但不能缺少其中任何一个，若缺少某一个香料物质，就不能构成该食品和谐的特征风味。由于它们是同系物，往往从一种或几种化合物的毒理学资料，可推断其他同系物的毒理学性质，不需要对每个同系物都进行试验。

（3）用量极低　尽管目前使用的食品用香料已达 4000 多种，除个别用量较大的外，大多数（>80%）用量在 10^{-6}级，甚至于 10^{-9}级。众所周知，评价一个化合物安全与否，一个重要的因素是暴露量（Exposure）。对于用量很小的化合物，即使其急性口服毒性（LD_{50}）很大，也不一定是不安全的。食品用香料在食品中的添加量大多数小于其天然存在量。即使人们不消费含食品香精的食品，消费者每天也在摄入天然存在的食品用香料。

早在 20 世纪 80 年代初，世界食品科技界就提出了消费比（Consumption Ratio，CR）的概念。CR 是指天然等同的食品用香料以天然存在于食品中形成的消费量与同一物质作为食品用香料添加剂的消费量之间的比值。从现已发表的 350 种比较重要的天然等同香料的 CR 看，CR 一般都大于 1。例如，2,5-二甲基吡嗪，它天然存在于咖啡和土豆中，人们因食用这两种食品而消费的该化合物约为 7365kg/年，但作为食品添加剂加入食品的量只有 11kg/年，其 CR 为 670。

（4）是一种自我限量的食品添加剂　消费者接受风味浓淡适度的食品，过量使用香精的食品将无人消费。

（三）合成香料

食品用合成香料是指通过化学合成方式形成的化学结构明确的具有香味特性的物质。体现天然风味的香料几乎涉及所有的有机化合物种类，仅有有限的、经过认可的合成香料允许在调香中应用；在天然原料中存在的化合物并不能简单地直接应用于调香中，认定对人体有害的化合物将禁止使用，比如香豆素、黄樟脑、侧柏酮等。另外，在自然界中不存在的化合物在认定是安全的前提下也可以应用于调香中，如乙基香兰素、二苯醚、乙酸乙二醇酯。根据香料分子的官能团，常用的香料包括醇类、醛类、酮类、酯类、内酯类、萜烯类、酸类、杂环化合物及硫醚类等（表4-6）。

表 4-6　　合成香料分类举例及其感官特征

香料种类	特征化合物举例		CNS 号	FEMA 号	天然来源	香气特征
	结构式	名称				
酚类	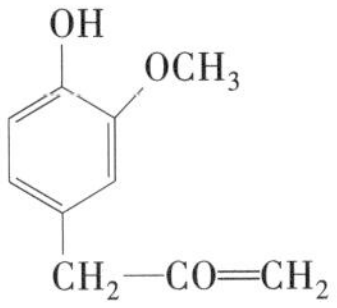 OH, OCH_3, $CH_2—CO═CH_2$	丁香酚	I1101	2467	丁香油、香蕉、肉桂叶油、可可、咖啡	丁香似的、辛香
	 CH_3, OH	对甲酚	I1104	2337	衣兰树、茉莉、树莓、干酪、咖啡、可可	烟味、药味
醚类	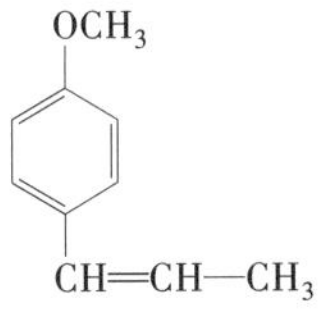 OCH_3, $CH═CH—CH_3$	茴香脑	N009	2086	八角茴香、小茴香、罗勒、薄荷、干酪、茶	八角茴香味、甜味、草药味
	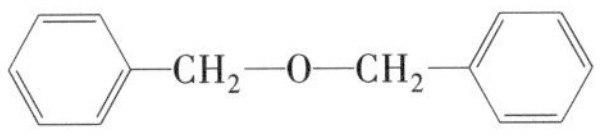 $—CH_2—O—CH_2—$	二苄醚	2007 年第 8 号公告	2371	未见报道	土味、弱玫瑰味
缩醛类	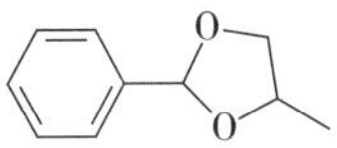 O, O	苯甲醛丙二醇缩醛	I1116	2130	未见报道	弱的、杏仁香味、尘土味
	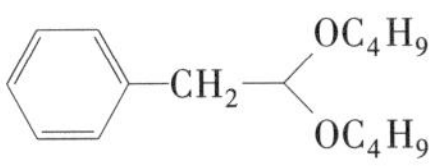 $—CH_2—$, OC_4H_9, OC_4H_9	苯乙醛二异丁缩醛	2006 年第 5 号公告	3384	未见报道	甜味、花香味、清香
羰基化合物	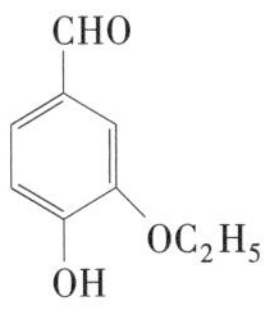 CHO, OC_2H_5, OH	乙基香兰素	A3015	2464	未见报道	强烈的香兰素味、甜味、奶脂味
	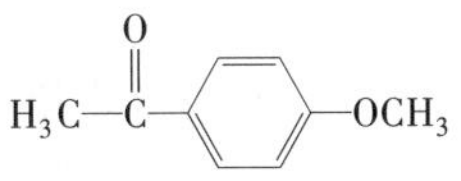 $H_3C—C(═O)—$, $—OCH_3$	对甲氧基苯乙酮	I1255	2005	茴香籽、番茄、茶	花香、苦味

续表

香料种类	特征化合物举例		CNS 号	FEMA 号	天然来源	香气特征
	结构式	名称				
酯类	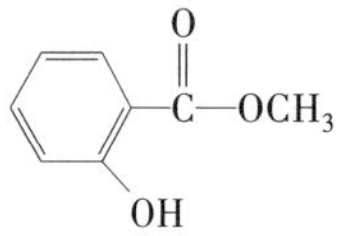 O; C—OCH_3; OH	水杨酸甲酯	I1533	2745	冬青油、樱桃、苹果、番茄、葡萄酒	特征冬青味
	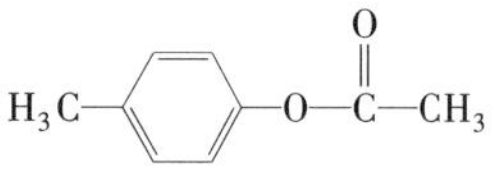 H_3C—; O; O—C—CH_3	乙酸对甲酚酯	I1418	3073	卡南加油（Cananga oil）、衣兰油	花香、蜜样味
内酯类	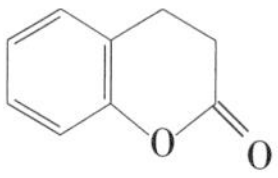 O; O	二氢香豆素	I1742	2381	甜丁香	辛香、香兰素味
呋喃类和吡喃类	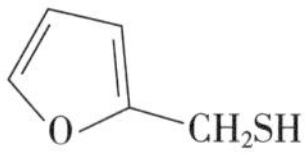 O; CH_2SH	糠基硫醇	I1787	2493	咖啡、牛肉	强烈的、不为人接受的咖啡样风味
	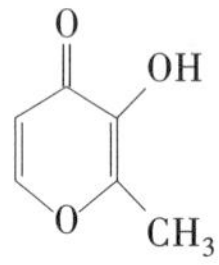 O; OH; O; CH_3	麦芽酚	I1108	2656	松树、松针、菊苣、烤麦芽、草莓、面包	甜的、水果味、果酱风味
吡咯类和吡啶类	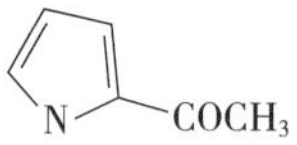 N; $COCH_3$	2-乙酰基吡咯	I1831	3202	面包、干酪、烤榛子、烟草、茶	强烈的烤香
	 N	吡啶	I1835	2966	木油、咖啡、烟草	渗透的、焦的、鱼臭味
含硫化合物	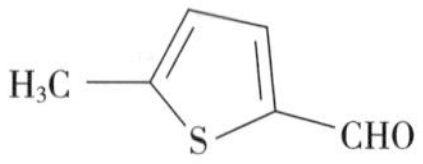 H_3C; S; CHO	5-甲基-2-噻吩甲醛	2007 年第 8 号公告	3209	烤花生	强烈的坚果味、肉香味
	$CH_2=CH-CH_2-S-S-CH_2-CH=CH_2$	烯丙基二硫醚	I1844	2028	大蒜、肉、洋葱	大蒜特征味、刺激味

续表

香料种类	特征化合物举例		CNS 号	FEMA 号	天然来源	香气特征
	结构式	名称				
吡嗪类	N N	2,3,5-三甲基吡嗪	I1808	3244	焙烤产品、咖啡、可可、花生、土豆	甜味、烤花生味
	N N OCH_3	2-甲氧基-3-异丁基吡嗪	I1863	3132	灯笼椒、豌豆、咖啡、土豆、面包	强烈的、土样、灯笼椒味
噻唑类	H_3C N H_3C S CH_3	2,4,5-三甲基噻唑	I1823	3325	土豆、牛肉、咖啡	巧克力味、坚果味、咖啡味
烷烃类		*d*-苧烯	I1734	2633	柠檬、橙、中国柑橘、薄荷	弱的橙或柠檬味
醇类	OH	叶醇（顺-3-己烯-1-醇）	I1027	2563	苹果、橙、覆盆子、柚子、茶、草莓	强烈的叶青味
	OH	正癸醇	I1022	2365	柑橘、黄葵、蘑菇、葡萄酒、苹果	脂肪味、略带花香味
羧酸	O OH	丁酸	I1324	2221	乳制品、香茅、面包、草莓、牛肉	腐臭的、酸牛奶味
含氮化合物	N	哌啶	I1869	2908	黑胡椒、烟草、面包、肉、鱼	重的甜味、动物样味道
	NH_2	丁胺		3130	桑葚、甘蓝、面包、肉、鱼	氨味

这里需要指出的是，尽管合成香料物质的官能团对其香气特征及风味轮廓具有显著的影响，但香料的化学结构与其感官特性并没有非常紧密的相关性。很多具有类似结构的有机物确实具有相似的香气特征，但更多结构类似的化合物并不具有相似的香气特征，或者即使香气特征类似，但香气强度相差很大。根据香气特性，香料分子结构与其香气特性具有下述特性：①相似结构、相似香气特征；②不同结构、相似香气特征；③相似结构、不同香气特征（表4-7）。另外还有一些物质具有立体异构体，有些物质的不同异构体具有相似的香气特征，而有些香料的不同异构体具有不同的香气特征。

表4-7　　香料香气与分子结构的关系

类别		举例
相似结构、相似香气特征	柠檬香气	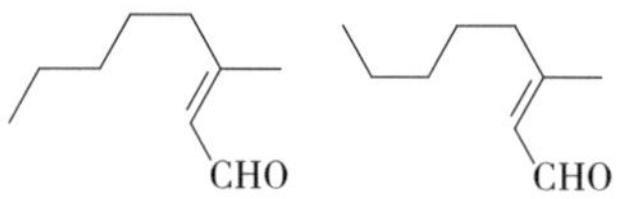 CHO　CHO
	可可香气	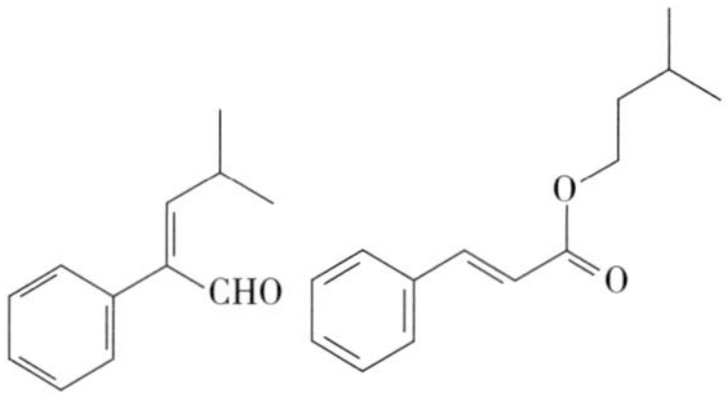 CHO　O　O
	肉香	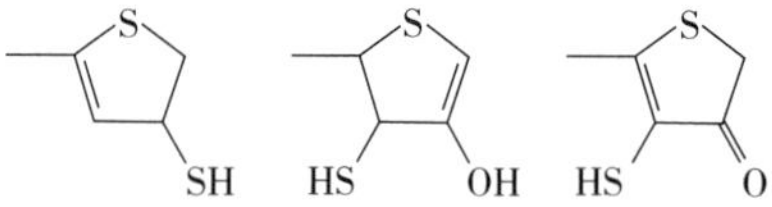 S SH　S HS OH　S HS O
	蘑菇香气	 N=CS　N=CS
不同结构、相似香气特征		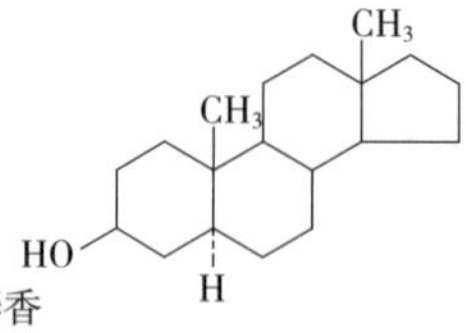 CH_3 CH_3 HO H 麝香　$(CH_2)_{10}$ CH_2 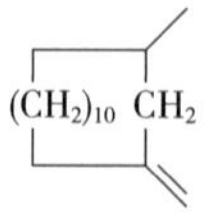
		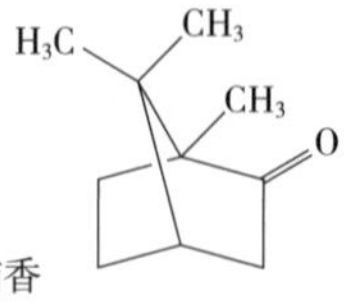 H_3C CH_3 CH_3 O 樟脑香 　Cl Cl
相似结构、不同香气特征		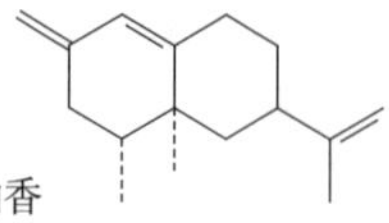 西柚香 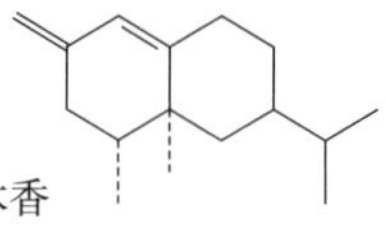　木香

香料还有一个重要的概念是香气阈值（Sensory threshold value）。美国材料与实验协会（American Society for Testing and Materials，ASTM）将阈值分为四类，分别是：觉察阈值（Detection threshold）、区别阈值（Difference threshold）、识别阈值（Recognition threshold）、终止阈值（Terminal threshold）。不同香料的香气阈值可以在一些杂志（如 *Perfumer and Flavorist*）或者数据库（如 Flavor-Base-2004）中查找。毫无疑问的是，香料的香气阈值与测试采用的溶剂/载体、测试人员、测试协议/方法紧密相关。因此在一些文献中，香料的香气阈值几乎都是以一个范围存在。

（四）天然香料

香料行业主要关注原料的感官特征，原始状态的香辛料或其他天然食品原料很少直接应用。香辛料或食品原料需经分离、纯化等工艺，以最合理的成本生产出浓度最高、稳定性最好、风味轮廓最佳的香料物质。但实际生产中，通常需要损失一个特征以获得另一个特征。

植物性原料或动物性原料在溶剂萃取前一般需经过粉碎等预处理，主要是尽可能多地暴露表面积而提高萃取效率。该阶段也可以通过浸渍、酶处理或其他法律允许使用的方法辅助有效物质从细胞基质中释放。原材料必须小心处理，避免过度加工以减少风味物质损失和产生人造物（Artifacts）。

对于天然香料生产商而言，在遵循 GB 29938—2013《食品安全国家标准 食品用香料通则》允许使用的提取溶剂范围的前提下，通常根据产品及原料的特性选择萃取方法及萃取溶剂。萃取设备可从简单的渗透过滤到复杂的改良索氏提取设备及压力反应器。油和液体物料可以通过蒸馏或逆流 Kerr 柱及离心提取器等液液提取器进行浓缩。生产浓缩物和油树脂时需严格控制产品中的溶剂残留量。

常见的天然香料包括：辛香料及其制品、植物精油（如柑橘精油）、香荚兰豆（通过采后发酵及腌制）、咖啡/茶/可可（采后处理，且主要用于饮料制作）；反应香料（Maillard 反应香料、酶处理香料、发酵香料、热裂解香料）等。

1. 辛香料原料及其制品

辛香料在食品中的应用史与人类文明史一样悠久，其可以整体应用，或以粉末应用，或加工成精油、浸膏、油树脂、净油、酊剂等进行应用。这里仅对大宗辛香料进行简要说明。

（1）月桂叶提取物/油树脂（Laurel leaves extracts/oleoresin，CNS 号：N157，FEMA 号：2613） 提取自樟科常绿乔木月桂（*Laurus nobilis*）的叶子，呈长椭圆形，叶片较厚，叶面光滑，呈深绿色，叶底浅绿色，干燥后较硬，有韧性。具有近于玉树油的清香香气，略有樟脑味，与食物共煮后香味浓郁。含有精油 1%~3%，主要成分为桉叶素，占 40%~50%。此外，尚有丁香酚（0.5%~1.9%）、α-蒎烯、α-水芹烯、L-芳樟醇、香叶醇和乙酸丁香酚等。

（2）柠檬油（Lemon oil，CNS 号：N086，FEMA 号：2625） 淡黄色至深黄色或绿黄色挥发性精油。呈柠檬特殊清甜香气，味辛辣、微苦。几乎不溶于水，可与无水乙醇及冰醋酸混溶。含 *d*-苧烯（80%以上），主要成分为柠檬醛（2%~5%），另有 α-蒎烯和 β-蒎烯、月桂烯、α-水芹烯、γ-松油醇、十一醛、香茅醛、甲基庚烯酮、α-香柠檬烯、香叶醇等。作为允许使用的香料可在糖果、面包和饮料中应用。其大鼠经口的 LD_{50} 为 2840mg/kg 体重。

（3）亚洲薄荷油（Cornmint oil，CNS 号：N150，FEMA 号：4219） 由唇形科草本植物亚洲薄荷（*Mentha arvensis* var. *piperascens*）的全株开花植物经水蒸气蒸馏制得，得率 1.3%~1.6%。为淡黄色或淡草绿色液体。稍遇冷即凝固。呈强烈的薄荷香气和清凉的微苦味。凝固点5~28℃，溶于丙二醇，不溶于甘油。可在糕点、胶基糖果、烟草和甜酒中使用。

（4）甜橙油（Orange oil，CNS号：N131，FEMA号：2821） 冷榨甜橙油（Cold pressed orange oil）是由芸香科植物甜橙（*Citrus sinensis*）新鲜果实冷磨或由鲜橙皮冷榨而得。得率占全果的0.4%~0.67%。为鲜明的黄色至橙色或深橙黄色挥发性精油，呈清甜的橙子香气和柔和的芳香滋味，无苦味。遇冷浑浊。可与无水乙醇、二硫化碳混溶，溶于冰醋酸（1∶1）和乙醇（1∶2），难溶于水。其主要成分有*d*-苧烯（90%以上）、癸醛、己醛、辛醇、*d*-芳樟醇、柠檬醛、十一醛、甜橙醛、萜品醇、邻氨基苯甲酸甲酯等百余种组分。含酯量1.08%~1.53%，羰基化合物0.75%~1.12%，两者比值为1.09~1.81。其可用于配制甜橙、橘子等水果香精或直接用于清凉饮料、啤酒、冷冻果汁露、糖果、糕点、饼干和冷饮等。用量可达0.05%（橘汁）。

蒸馏甜橙油（Distilled orange oil）是由芸香科植物甜橙（*Citrus sinensis*）新鲜果实或果汁蒸馏而得。得率为0.4%~0.7%。为无色至淡黄色挥发性精油，具有新鲜橙子皮特有的香味。溶于大部分非挥发性油和乙醇（有浑浊），不溶于甘油和丙二醇。主要成分与冷榨甜橙油相似。

（5）桂花浸膏（Osmanthus fragrans flower concrete，CNS号：N120） 由木樨科植物桂花包括银桂（*Osmanthus fragrans*）和丹桂（*O. fragrans* var. *thunbergii*）的鲜花用石油醚浸提而制成。得率为1.3%~1.7%。为黄色或棕黄色膏状物，呈桂花清甜香气。主要成分包括α-、β-紫罗兰酮，二氢β-紫罗兰酮，橙花醇，*d*-芳樟醇，γ-癸内酯，香叶醇等。可作为食品用香料使用。

（6）玫瑰浸膏（Rose concrete，CNS号：N056） 以玫瑰鲜花为原料，用两倍的石油醚冷法浸提，经过滤后，油水混合物先经常压浓缩，再用13.3~16kPa真空浓缩，温度不得超过50℃，浓缩后即得，得率为0.2%~0.3%。玫瑰浸膏为黄色、橙黄色或褐色膏状或蜡状物，溶于乙醇和大多数油脂，微溶于水，熔点41~46℃。主要成分是高分子烃类、醇类、脂肪酸、萜烯醇、脂肪酸酯、香茅醇、香叶醇、芳樟醇、苯乙醇、金合欢醇、丁香酚、丁香酚甲醚、玫瑰醚、橙花醚等。具有玫瑰花香气，可用于调配花香型食品香精。

（7）生姜油树脂（Ginger oleoresin，CNS号：N036，FEMA号：2523） 用丙酮萃取干姜，蒸出萃取液中的丙酮，制得生姜油树脂。生姜油树脂为暗棕色黏稠液体，含有精油30%~40%，含姜酚、姜脑、姜酮等辣味物质，还含有龙脑、柠檬醛、樟烯酚等多种成分。具有木香、辛香、药草、姜、柑橘、柠檬香气，用于调配焙烤食品、可乐、调味品香精。

（8）小花茉莉净油（Jasminum sambac absolute，CNS号：N070） 主产于我国的中南，华南地区。用石油醚浸提鲜花制得浸膏，得膏率为0.25%~0.35%。用乙醇萃取浸膏制得净油，得油率为50%~60%。主要成分：乙酸苄酯、苯甲酸苄酯、苯甲酸叶醇酯、茉莉内酯、茉莉酮酸甲酯、亚麻酸甲酯、茉莉酮、金合欢醇、橙花叔醇、苄醇、叶醇、丁香酚等。具有茉莉鲜花香气。可用于调配杏、覆盆子、桃、浆果、热带水果等食品香精；净油还可用于调配茶叶香精。

（9）甘草酊（Licorice tincture，CNS号：N026，FEMA号：2628） 主要含有甘草素、甘草次酸、甘草苷、异甘草苷、新甘草苷等。为黄色至橙黄色液体，有微香，味微甜，甘草酊具有增香、解毒等功效。

天然香料以其绿色、安全、环保等特点正日益受到人们的青睐，世界天然香料的产量正以每年10%~15%的速度递增。我国拥有丰富的植物性天然香料资源，有500余种芳香植物广泛分布于20多个省，但由于提取加工工艺落后，深加工程度严重不足。日本、韩国、美国、德国、瑞士等国家近年对天然香料的功能性应用研究非常活跃，天然香料的免疫性、抗癌、抗老化、抗菌、消炎等生理功能备受关注，具有这些功能的物质主要包括萜烯类化合物、酚类和生物碱等。

2. 反应香料

（1）美拉德反应香料　食品热加工过程所发生的美拉德反应和Strecker降解反应仅仅是全部化学反应的一小部分，但它们对加工食品香气的贡献远高于其他化学反应。根据反应原料及反应条件的差异，美拉德反应可以产生很多挥发性风味化合物，有些具有非常强的香气和独特的香气特征。

采用美拉德反应模拟肉的香气成分是一个渐进发展的过程，而采用热加工过程生产肉味香料是随着植物水解蛋白（Hydrolyzed vegetable proteins，HVPs）而产生的。而氯丙醇事件的出现，酶法生产HVPs取代了传统的热-酸处理方法，但酶法传统方法所生产的HVPs风味轮廓的不一致性令美拉德反应香料存在欠缺。最终的美拉德反应香料需要借助引入头香物质。

美拉德反应香料的原料包括：蛋白氮源、糖源、油脂或脂肪酸、水、酸度调节剂、增味剂等，但在反应结束，成为最终产品前还可能添加食盐、防腐剂、增稠剂、表面活性剂、色素、抗结剂等。

（2）酶处理香料　酶作为一种生物催化剂可以应用于香料行业的很多领域，比如作为加工助剂用于细胞破壁生产精油；从非挥发性的香料前体中释放香料；香料的生物转化。食品领域在酶处理香料比较重要的是乳味香料/酶解黄油香料等。脂肪酶、蛋白酶、核酸酶和糖苷酯酶可用于香料化合物的提取过程，而且还可将大分子前体化合物水解为小分子香料物质。与微生物发酵法相比，酶催化过程具有时间短、易控制、效率高和产品易分离等优点。

（3）发酵香料　发酵香料是利用微生物的生长代谢活动产生的天然香料物质。发酵主要指通过细菌或真菌发酵所产生的酶在厌氧条件下催化底物（如糖）生产其他产物（如丙酮酸、乙酸等）的过程。经发酵过程产生的乙酸、乳酸、乙醇、丁醇等即为发酵香料。可以事先添加底物，由微生物进行催化转化，也可以直接由微生物发酵产生。

（4）植物细胞培养技术生产香料　植物细胞培养技术是随着生物技术而发展起来的一种使植物组织细胞在培养液中生长合成代谢产物的技术。基本理论依据是细胞学说和细胞具有潜在的“全能性”的理论。植物细胞培养至今已有近百年的历史，利用植物细胞培养发酵具有广阔的应用前景。该技术使植物的生长和加工工业化成为可能，避免了气候、地域、病虫害的影响，更易于控制，而且生产的香味物质与天然香料完全相同。

（5）热裂解香料　热裂解香料主要指烟熏香料（Smoke flavors）。烟熏香料是一种用于赋予食品烟熏风味的浓缩制品，不以烟熏食品为原料，而是以未经处理的硬木为原料在控制燃烧、或者在300~800℃干馏、或者以300~500℃的过热蒸汽处理、浓缩所得的符合目标风味特性的产品，其3，4-苯并芘的浓度应低于0.3μg/kg。

（五）食品用香料的法规和安全性

香料的安全性决定了香精产品的安全性，不同国家对食品用香料的管理并不一致；此外，食品用香料自身的差异性导致食品用香料立法管理的特殊性。

1. 美国对食品用香料的立法管理简况

自1958年开始美国根据新的食品法将食品香料列入食品添加剂范畴并进行立法管理。最早美国食品药品管理局（FDA）直接参与法规的制定和管理。FDA 根据人们长期的使用经验和部分毒理学资料将允许使用的食品用香料列入联邦法规 21CFRx172 和 21CFRx182 节的有关章节，当时他们仅将香料分为天然和合成香料两大类。在法规的第二部分共列入约 1200 种允许使用的食品用香料，确定了用“肯定列表”（Positive List）的形式为食品用香料立法，即只允许使用列表中的食品用香料，而不得使用表以外的其他香料。但是随后 FDA 发现新食品用香料层出不穷，用量又小，仅靠国家机构从事食品用香料立法并不切合实际。美国香料和萃取物生产者协会（Flavor and Extract Manufacturers' Association，FEMA）是一个行业自律性组织，成立于 1956 年，FEMA 组织内有一个专家组，它由行业内外的化学家、生物学家、毒理学家等权威人士组成。自 1960 年以来连续对食品用香料的安全性进行评价。由 FEMA 的专家组评估食用香味物质的安全性，在公开发行的出版物上向公众公布，并在六个月内向美国国家食品药品管理局（FDA）提交经评估的全部有关申报产品的信息，包括该香味物质的相关化学结构家族的其他物质的资料。评价是依据自然存在状况、暴露量（使用量）、部分化合物（或相关化合物）的结构与毒性的关系等。自 1965 年公布第一批 FEMA GRAS 3 名单以来，到 2015 年 8 月已公布到 FEMA GRAS 27（公开发表于 *Food Technology* 上），对每种经专家评价为安全的食品用香料都给一个 FEMA 编号，编号从 2001 号开始，目前已编到 4816 号，FEMA GRAS 得到美国 FDA 的充分认可，作为国家法规在执行。已通过的食品用香料也属于肯定列表，但不是一成不变，专家组每隔若干年根据新出现的资料对已通过的香料要求进行再评价，重新确定其安全性。FEMA GRAS 名单不仅适用于美国，而且被阿根廷、巴西、捷克、埃及、巴拉圭、波多黎各和乌拉圭等国家全盘采用；原则上采用的国家和地区也有 40 多个 。

2. 欧洲的食品用香料法规和管理

欧洲大多数国家实际上采用国际食用香味物质工业组织（International Organization of Flavor Industry，IOFI）的规定，对食用香料进行管理。该组织成立于 1969 年，现有成员国 20 余个，绝大多数为发达国家（如英、美、日、法、意、加等）。IOFI 的《实践法规（Code of Practice）》对于天然和天然等同香料采用否定表（Negative List）加以限制，而对人造香料才用肯定表（Positive List）来规定。

3. 日本的食品用香料法规和管理

日本于 1947 年由厚生省公布食品卫生法，并对食品中所用化学品采取了认定制度。日本对天然香料采用否定表的形式加以管理，而对合成香料才一一列出名单，并规定质量规格，但有案可查的食用香料不足 100 种（氨基酸、酸味剂除外）。对于否定表之外的物质，日本采用同系物类推的方法评价其安全性。由于日本国内的食用香精市场有限，该国的许多香精以外销为主，这部分香精执行的是进口国的法规。日本已倾向接受 IOFI 和 JECFA 的规定，其食用香料法规已逐步国际化。

4. 我国的食品用香料法规和管理

我国食品香料立法工作自 1980 年以来已有 30 多年的历史。食品香料的安全性评价由全国香料香精化妆品标准化技术委员会报原卫生部批准，制订成国家标准后由原国家卫生和计划生育委员会发布。该标准化技术委员会下设香料香精分标委员会，委员来自食品香料香精领域的科研、生产、使用和卫生管理等方面的专家，专门研究食品香料的立法和管理。

对于研制、生产、应用新食品香料的审批程序，我国规定未列入中华人民共和国食品添加剂使用卫生标准中的食品香料品种，应由生产、应用单位及其主管部门提出生产工艺、理化性质、质量标准、毒理试验结果、应用效果等有关资料，由原卫生部对产品的安全性评估材料进行审查，对符合食品安全要求的，决定准予许可并予以公布。

GB 2760—2014《食品添加剂使用标准》也将食品用香料分为天然和合成两类，截至2015年1月列入GB 2760及中华人民共和国卫生部公告的食品用香料共有1870种，只有列入此表的香料才允许使用。

到目前为止，我国形成了国家标准、行业标准、地方标准和企业标准四级标准体制，且国家标准又分为强制性标准和推荐性标准；采取统一管理与分工负责相结合的标准管理体制。目前制定食品用香精香料标准83个，其中方法标准39个，产品国家标准24个，产品行业标准20个。2013年12月6日，原国家卫生与计划生育委员会发布的75项新食品安全国家标准中包括GB 29938—2013《食品用香料通则》，是食品用香料通用的质量规格与安全要求标准。该标准参考了世界卫生组织（WHO）和联合国粮农组织（FAO）食品添加剂联合专家委员会（JECFA）的规定，也参考了美国《食品化学法典》（FCC）关于食品用香料的质量规格要求，共对1600多种食品用香料的质量规格作出了规定，基本解决了食品用香料质量规格标准缺失的问题（表4-8）。

表4-8　　食品用香料法规标准对照表

国家、地区组织	美国	欧洲	国际组织	中国
法规或标准代号	FDA、FEMA	COE	JECFA、IOFI	GB 2760
分类	天然、合成	天然、天然等同、人造	天然、天然等同、人造	天然、天然等同、人造
形式	肯定表	否定表、肯定表	肯定表、否定表；肯定表	肯定表
品种	1200、2600	1700	1300、400	1853

根据我国原卫生和计划生育委员会公布的GB 15193.1—2014《食品安全性毒理学评价程序》及欧盟香精香料专家委员会编写的《热反应香精安全评价系统指南》及相关文献的介绍，食品用香料、香精的安全性评价可包括：①化学结构与毒性关系的确定；②特殊组分如砷、铅、镉等重金属元素和丙烯酰胺以及杂环胺类等有毒特殊成分的测定；③必要的毒理学试验，包括急性毒性试验、遗传毒性试验、染色体畸变试验、28天和90天经口毒性试验、毒物动力学试验等，必要时还应包括慢性毒性试验；④根据现有的测定数据和毒理学数据对该香料进行安全评价。

联合国粮农组织/世界卫生组织的食品法典委员会（CAC）下设的食品添加剂联合专家委员会（JECFA），负责对食品添加剂的安全性进行评价，评价结果为世界最高权威。但由于食用香料具有其独有的特点，其安全评价方法与其他大宗食品添加剂并不同。又由于食用香料品种太多，从人力物力上来说，不可能不计成本地对每种食用香料开展安全性评价。实践证明，根据用量和从分子结构上可能预见的毒性等指标来确定优先评价的次序是可行的。到目前为止，该组织只评价了约900种食用香料，从评价的结果看，更证明美国FEMA GRAS（GRAS译为：一般公认安全）的管理方法是正确和科学的。目前，美国FDA公布的GRAS FEMA的物质已经到了第26批。

（六）食品用香精香料的发展与展望

随着食品加工技术、食品化学、香料化学、分析化学和物理化学的发展，在今后相当长的时间内，香料工业仍将以高于其他行业的平均增长速度快速发展。具体表现在以下几个方面。

1. 香料化学

（1）人工香料　人工香原料的优点很多，包括化学组成成分及理化性质已知，易于人工控制，其贮藏条件良好时性质稳定，且最为实用及价格比较低廉和货源供应充足；另外所有被允许应用于食品用香精调配的人工香原料的成分均是经严格审核、确定用量后批准的。随着人们生活方式、价值观和消费市场的变化。尽管新香料的开发日益趋缓，但是新产品、新工艺的寻找、开发和生产仍在继续进行。这包括利用新的或廉价易得的天然或石油原料和中间体进行香料开发；常用香料的工艺开发和原料更新研究的不断深入；手性合成、立体异构体的合成研究不断深入；绿色催化合成技术不断发展。

（2）反应香料　由于很多食物本身并不具有香气，而是在加工过程中食物原料成分中的还原糖类与氨基酸类化合物发生反应，生成了一系列具有特殊香味的风味物质（不包括类黑素），利用这类称为美拉德反应及热分解反应（Pyrolyses reaction）原理制得的一些香料耐高温、留香时间长、逼真度高。根据美国 FDA 在联邦法典中对天然香料的定义，热反应香料属于天然香料。其发展的动力正是由于被定义冠以“天然”二字，其香型从坚果、巧克力到肉味比较广泛。目前这方面的研究主要集中于反应机理的探讨、反应过程中风味前驱物质的形成以及如何控制这种反应。在这个领域的困惑乃是反应的复杂性以及反应结果对原料配比、反应条件的高灵敏性使实际工作中这类反应的控制更多地依赖于经验。随着化学分析技术的不断提高，使得组成各种香韵香味的微量和稀缺成分陆续被发现，但多数研究工作人员认为香味各组成成分在构成特征香味方面所起的作用是不完全相同的。因此，研究人员的注意力逐渐从发现新的香味组分转移到研究各类香味特征的主要成分及其含量，各类香味组成成分的形成和转化方式，进而促使反应向着有利于特定香韵的方向发展。在回归自然、追求绿色食品的时代潮流下，随着科学技术的发展，热反应香料作为一类天然香料必将迎来更大的发展空间。

（3）生物香料　由于对化学合成香料安全性的担心和对环境污染的忧虑，以生物技术生产单体香料越来越受到重视。据美国 FDA 的规定，所有发酵产品可视为天然产物，常用的香原料有香兰素等，这些人工天然香料的发展适应了时代消费需求，随着微生物发酵技术的进步与发展，一些微生物的生长代谢特性逐渐被掌握，其中间代谢产物及其对某一营养源的特征性变异株促使微生物香料发展迅速，由于其菌种在一定条件下可以扩大培养，成本相对低廉。据文献报道，一些世界级的香料公司都已在生物香料开发领域有一定建树，某些公司利用微生物发酵生产香料已达到工业规模，且自动化程度很高。此外，乳制品或脂肪经生物酶解反应制成的天然香料也有相当的进展，通过把一些微生物与生物酶加入牛乳或奶油中可以生产高强度香味的奶味香料，这些产物可作为很多点心食品的香料。寻找香味的前体物质，加入适当的生物酶进行反应，在理论上就可以制得所需要的香味物质。

2. 香料评价

食品用香料的研究旨在为香精开发服务，而食品用香精尽可能更逼真地模拟天然香韵，只有在明晰天然食品或原料香味精确构成的基础上才能更好地进行模拟。香料的检测评定进展主要在食品风味化合物的分离分析技术。

（1）风味物质分离制备技术　香味是一种很复杂的感觉，主要由嗅觉和味觉构成，也为触觉和听觉所补充。味觉仅限于舌头对基本味（咸、甜、酸、苦）、触觉（组织感和涩味）和温度刺激（凉味和热辣味等）的反应。但这些感觉对整个香味的认识有作用，香味最重要的特点是香气。由于香气对香味感觉的重要性，绝大多数香味的分析研究集中于食品挥发性组分（或气味）的研究。

食品用香精产品多是模拟天然食品的香气，所以分析鉴定食品的挥发性香味成分非常重要。在鉴定挥发性香味成分方面，目前的研究工作已有长足的发展，下面几个因素使风味分析要求比较特殊：①食品中的风味化合物以很低的浓度（多是在 $10^{-12} \sim 10^{-6}$数量级）存在；②风味混合物的多样性与复杂性，食品中鉴定出超过 4300 种不同的香味化合物，咖啡中也已经鉴定出 900 多种挥发性化合物，但实际存在的数量可能更多；③风味化合物极高的挥发性（高蒸汽压）；④某些风味化合物的不稳定性（容易发生光分解、氧化、聚合等反应）；⑤风味化合物之间及与食品其他组分间存在动态平衡。食品中香味化合物种类的鉴定可能相对简单，但要确知它们的绝对数量非常复杂；另外，一种食品的香味物质在分离检测之后，要确定被鉴定出的每一个化合物对既定香味的重要性就更加复杂与繁琐。目前对食品风味的鉴定一般是对风味化合物先分离、浓缩，最后进行定性和定量分析；上述每步分析操作均要求确保风味化合物的变化降到最低程度。风味萃取物的组成与使用的分离方法息息相关，食品香味物质的分离方法一般是根据风味物质的溶解性、挥发性以及分析目标来选定（表 4-9）。

表 4-9　　食品风味成分分离方法

分类依据	方法
根据溶解性	Soxhlet 抽提（Soxhlet Extraction） 液液提取（Liquid-Liquid Extraction） 超临界流体萃取（Supercritical Fluid Extraction，SFE） 固相萃取（Solid Phase Extraction，SPE）
根据挥发性	水蒸气蒸馏（Steam Distillation） 真空转移（Vacuum Transfer） 顶空分析（Headspace Analysis）
多种原理与方法混合	同时蒸馏萃取（Simultaneous Distillation-Extraction，SDE） 蒸馏-膜分离萃取（Distillation-Membrane Extraction） 同时蒸馏吸附（Simultaneous Distillation-Adsorption）

为了能够实时检测食品的香气释放情况，Arvisenet 等（2008）利用人造口腔（Artificial mouth）与顶空固相萃取结合对食品（苹果）在咀嚼过程中释放的香气进行模拟并富集分析（图 4-1）。

分离方法的选择主要根据所得香味萃取物与食品样品的风味特征是否等同或近似，在化学分析的同时还需对食品风味萃取物进行风味感官评价检测（诸如用水、油等适当的溶剂稀释后进行），最终才能模拟食品的特征风味。

（2）分析技术　样品的风味物质在分离制备之后，还需对起作用的香味物质进行验证。目前对于复杂香味进行分析主要是用气相色谱进行分离，然后根据不同目的利用不同的检测器

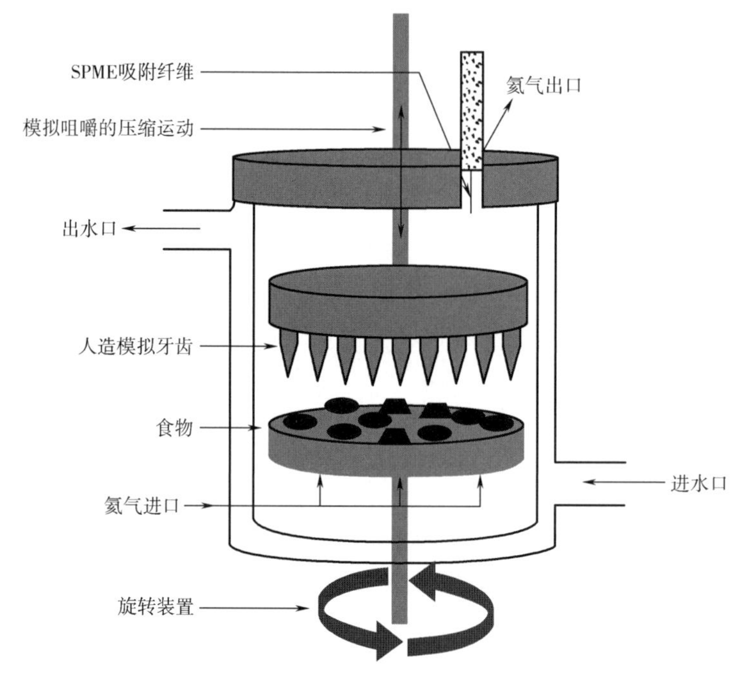

图 4-1　人造口腔示意图

进行分析鉴定，用得较多的是 FID、MS、红外检测器等。但调香工作者在了解风味物质具体构成的基础上，更关心的是特征风味物质的香气特征。对于痕量的风味组分，获得纯物质，然后感官评价并确定浓度在目前而言还比较困难。

特征风味物质的香气特征一般采用风味提取稀释分析法（Aroma extract dilution analysis，AEDA）（Schieberle，1995）进行分析。AEDA 的优点是确定复杂香味萃取物中某一香料的相对香味强度而不用了解该香料的化学结构，具体分析操作为：香味萃取物用溶剂逐步稀释，每一稀释度用气相色谱-嗅觉测量（Gas Chromatography/Olfactometry，GC/O）进行评价分析，这一操作反复进行，直到 GC 的馏出物中没有香味可以嗅辨。某种化合物可以嗅辨的最高稀释度在 AEDA 方法中被定义为该化合物的风味稀释因子，这种技术根据食品风味萃取物中各化合物的相对风味强度将各种风味化合物进行排序，这种耗时的鉴别实验目前一般集中于高稀释因子风味化合物的分析。很多因素对 AEDA 结果有影响，如：既定的静态气相中风味化合物的稳定性、嗅辨系列稀释度过程中出现的嗅觉疲劳等。为减小这些影响，AEDA 可以按如下细节进行操作：开始的香味萃取物和最初的两个稀释度，比如：10^{-1}，10^{-2}，在至少两种不同极性的固相柱上用 GC/O 分析，此步骤必须做三个平行样，最高稀释度分析由最大峰面积的固相柱用作 AEDA 分析，为了避免嗅觉疲劳现象的出现，既定香味离析物的感官评析可以在两天内完成；在这整个稀释系列中，原始萃取物图谱中的每个峰都必须进行嗅辨。

AEDA 方法还可以用作分析食品的风味是否随贮藏条件、加工工艺及原材料等的改变而发生变化，这种方法又称作香味提取稀释比较分析法（Comparative aroma extract dilution analysis，CAEDA）。具体的操作步骤如下：两批/种等量需要对比样品的香味离析物蒸馏浓缩至相同的体积，取相同的量用于 GC/O 分析，假设实验过程中发生相同的损失，在实验中对不同样品同一化合物的风味稀释因子进行比较，确定何种物质主要导致食品风味的改变。

风味提取物浓缩分析（Aroma Extract Concentration Analysis，AECA）（Kerscher 等，1997）与 AEDA 相对应，与一系列 GC/O 分析相匹配。AECA 可以作为 AEDA 的替代程序，这种技术是用高分辨率 GC/O 系统对未分离挥发性组分的原料初始提取物进行分析。然后萃取物通过蒸馏溶剂而逐步浓缩，每一步的浓缩物均用 HRGC/O 进行分析。

目前需要进行关于稀释因子的感官风味评价工作，以及复杂的关于如何更好地理解一种风味物质是如何改变混合物风味特征的标准。人们应该寻找更新、更权威的食品风味萃取方法，即用不同的技术从一种食品中分离风味物质及香味萃取物可靠性的鉴别。选择最可靠的风味萃取物，意味着所有在萃取物中的风味化合物按照适当的比例混合，可以重现既定的食品风味。

三、 食品用香精香料的使用注意事项

食品的香味始终处在一种动态平衡的状态，食品的复杂性使得食品的配方和生产工艺与精确的科学性相距甚远；食品产品的最终状态很多都是取决于感官鉴评及统计分析，以使产品尽可能满足更大范围的消费群体。由于不同食品的工艺参数相差很大，广谱性香精种类较少。另外每类食品产品都有各自的加香技术问题，但香精香料应用的标准和需要注意的事项包括：

1. 食品用天然香料生产加工过程中，因工艺必要性需要使用提取溶剂的，在达到预期目的前提下应尽可能降低溶剂使用量。食品用天然香料允许使用的提取溶剂应符合 GB 29938—2013 要求。

2. 按照表 4-10 中的安全限量值控制食品用天然香料中的重金属和砷含量。

表 4-10　　重金属和砷限量要求

项目		海产品来源的食品用天然香料	非海产品来源的食品用天然香料	检验方法
重金属（以 Pb 计）/(mg/kg)	≤	10		GB /T 5009. 74—2014
总砷（以 As 计）/(mg/kg)	≤	—	3	GB /T 5009. 76—2014 或 GB /T 5009. 11—2014
无机砷/(mg/kg)	≤	1. 5	—	GB /T 5009. 11—2014

3. 食品用香料、香精在各类食品中按生产需要适量使用，根据 GB 2760—2014《食品添加剂使用标准》规定：标准中附表 B. 1 所列食品没有加香的必要，不得添加食品用香精香料，法律、法规或国家食品安全标准另有明确规定者除外。除附表 B. 1 所列食品外，其他食品是否可以加香应按相关食品产品标准规定执行。

4. 食品用香精的应用标准：

（1）消费者喜好；

（2）符合法规和消费习俗；

（3）香精质量能经受食品加工条件的挑战。

5. 食品用香精应用注意事项

（1）温度和时间　食品用香精都具有一定的挥发性，对必须受热处理的食品，应尽可能在加热后或冷却时，或在加工处理的后期添加，尽量减少挥发损失和热处理带来的损失。

（2）添加顺序　挥发度低的香精先添加，挥发度高的香精后添加；味淡的先添加，味浓的后添加。

运用香料进行调香时也是如此，沸点高、溶解度大的香料先行添加，沸点低、挥发度大的香料在调香最后进行添加。

（3）体系的 pH　食品用香精的理化稳定性与其香原料的组成有关，而香料又根据官能团的不同具有不同的 pH 稳定性。对于直接在食品中应用的香料如香兰素与碳酸氢钠接触会变成红棕色并失去香味。

（4）工序的压力参数　无论是加压还是减压，都会改变食品加工体系空隙的气液平衡，改变香精的浓度，使香气发生变化。饮料生产时，在均质工序前需要脱气处理，脱气前后，产品的香气成分存在区别，易挥发的香料（如 D-柠檬烯）在脱气后会损失 10%~20%。

（5）系统的封闭性　在食品加工过程中，香气在开放系统的损失远比密闭系统要大，所以应尽量避免食品暴露于开放式环境中，或者避开此工序添加香精。

第二节　酸度调节剂

一、酸度调节剂的作用

酸度调节剂（Acidity regulators）又称为酸味剂、酸化剂、pH 调节剂，是指用以维持或改变食品酸碱度的物质。除赋予食品酸味外，还具有调节食品 pH、用作抗氧化剂增效剂、防止食品酸败或褐变、抑制微生物生长等作用。

（一）防腐作用

微生物在一定的 pH 范围内才能生存，如多数细菌较适宜的 pH 为 6.5~7.5，少数能耐受 pH3~4 的范围（如酵母菌、霉菌），因此，酸味剂能调整食品 pH 而起到防腐作用，还能增加苯甲酸、山梨酸等防腐剂的抗菌效果。

酸的抑菌效果主要取决于最终调酸产品的酸度，及该酸的未解离形式是否属于真正的防腐剂。另外，碳链长度小于 7 个碳原子数的有机酸在低 pH 体系的抑菌效果较强，而 C_9~C_{12}有机酸在中性和碱性条件下的抑菌效果更显著。众所周知，酸的作用机理和分子的解离形式有关，且酸的解离比添加该酸所引起的外部环境 pH 变化产生的影响更重要。加入弱酸后，细胞膜的转运过程受到抑制，未发生解离的弱酸因其脂溶性而迅速穿越细胞膜到达细胞内部，进入细胞膜的脂肪酸在微生物生理 pH 条件下几乎会全部解离，从而引起蛋白质变性。另一方面，酸能有效利用能量循环进入周质空间，并通过在细胞膜上分散与特定组分发生交换，减弱外膜各组分间的相互作用，从而产生良好的抑菌效果。实际上，延长酸与微生物的接触时间可导致微生物活力的下降甚至死亡。此外，由于微生物对酸的敏感性不同，有些微生物能够利用酸进行合成代谢，从而降低其含量和作用效果。

（二）抗氧化作用

Fe、Cu 离子是油脂氧化、果蔬褐变、色素褪色的催化剂，酸味剂能螯合金属离子使其失去催化活性，从而提高食品的品质。

（三）缓冲作用

食品加工保存过程中均需稳定的 pH，单纯酸碱调节 pH 往往在后续的加工、贮存过程中容易失去 pH 平衡，用有机酸及其盐类配成缓冲体系，可防止因原料调配及加工过程中酸碱含量变化而引起 pH 大幅度波动。

（四）其他作用

酸味剂与碳酸氢钠配制成膨松剂，高酯果胶在胶凝时需要用酸味剂调整 pH，酸味剂对解酯酶有钝化作用等。

二、酸度调节剂分类

GB 2760—2014《食品添加剂使用标准》已经批准许可使用的酸度调节剂有：DL-苹果酸钠、L-苹果酸、DL-苹果酸、冰乙酸、冰乙酸（低压羰基化法）、柠檬酸、柠檬酸钾、柠檬酸钠、柠檬酸一钠、葡萄糖酸钠、乳酸、乳酸钠、乳酸钙、碳酸钾、碳酸钠、碳酸氢钾、碳酸氢钠、富马酸、富马酸一钠、己二酸、L（+）-酒石酸、*dl*-酒石酸、偏酒石酸、磷酸、焦磷酸二氢二钠、焦磷酸钠、磷酸二氢钙、磷酸二氢钾、磷酸氢二铵、磷酸氢二钾、磷酸氢钙、磷酸三钙、磷酸三钾、磷酸三钠、六偏磷酸钠、三聚磷酸钠、磷酸二氢钠、磷酸氢二钠、焦磷酸四钾、焦磷酸一氢三钠、聚偏磷酸钾、酸式焦磷酸钙、硫酸钙、偏酒石酸、氢氧化钙、氢氧化钾、碳酸氢三钠、盐酸、乙酸钠。酸度调节剂按化学性质可分为：①无机酸：磷酸、盐酸；②无机碱：氢氧化钙、氢氧化钾；③有机酸：柠檬酸、酒石酸、L-苹果酸、DL-苹果酸、富马酸、抗坏血酸、乳酸、冰乙酸等；④无机盐：碳酸钾、碳酸钠、碳酸氢钾、碳酸氢钠等；⑤有机盐：DL-苹果酸钠、柠檬酸钾、柠檬酸钠、葡萄糖酸钠、乳酸钠、乳酸钙、富马酸一钠等。各种酸度调节剂的理化性质见表 4-11。食品的酸味除与游离氢离子浓度有关外，还受酸度调节剂阴离子的影响。有机酸的阴离子容易吸附在舌黏膜上，中和舌黏膜中的正电荷，使得氢离子更易与舌面的味蕾接触；而无机酸的阴离子易与口腔黏膜蛋白质相结合，对酸味的感觉有钝化作用，所以在相同 pH 时，有机酸的酸味强度一般会大于无机酸。由于不同有机酸的阴离子在舌黏膜上的吸附能力有差别，酸味强度也不同。

表 4-11　　各种酸度调节剂的理化性质

名称	CNS 号	相对分子质量	分子式	溶解性	p*K*a（p*K*b）
柠檬酸（枸橼酸）	01.101	192.13	$C_6H_8O_7$	易溶于水和乙醇	3.14 4.77 6.39
柠檬酸钾	01.303	324.42	$C_6H_5K_3O_7 \cdot H_2O$	溶于水	
柠檬酸钠	01.304	258.07	$C_6H_5Na_3O_7$	溶于水	
柠檬酸钙		498.44	$C_{12}H_{10}Ca_3O_{14}$	微溶于水	

续表

名称	CNS 号	相对分子质量	分子式	溶解性	p*K*a（p*K*b）
乳酸（2-羟基丙酸）	01. 102	90. 08	$C_3H_6O_3$	易溶于水和乙醇	3. 08
乳酸钙	01. 310	218. 22	$C_6H_{10}CaO_6 \cdot H_2O$	水	
L（+）-酒石酸	01. 111	150. 09	$C_4H_6O_6$	易溶于水和乙醇	2. 98 4. 34
dl-酒石酸	01. 313	150. 09	$C_4H_6O_6$	易溶于水和乙醇	2. 98 4. 34
酒石酸钾		188. 18	$C_4H_5KO_6$	溶于水	
酒石酸钾钠		282. 23	$C_4H_4KNaO_6 \cdot 4H_2O$	溶于水	
酒石酸钠		194. 05	$C_4H_4Na_2O_6$	溶于水	
苹果酸（羟基丁二酸）	01. 104	134. 09	$C_4H_6O_5$	易溶于水，可溶于乙醇	3. 4 5. 11
偏酒石酸	01. 105	258. 14	$C_6H_{10}O_{11}$	溶于热水	
磷酸	01. 106	98. 00	H_3PO_4	易溶于水和乙醇	2. 12 7. 2 12. 36
乙酸（醋酸）	01. 107	60. 05	$C_2H_4O_2$	溶于水，乙醇和甘油	4. 75
乙酸钙		158. 17	$C_4H_6CaO_4$	易溶于水，微溶于乙醇	
乙酸钾		98. 14	$C_2H_3KO_2$	易溶于水，溶于乙醇	
乙酸钠	00. 013	82. 03	$C_2H_3NaO_2$	易溶于水，微溶于乙醇	
己二酸（肥酸）	01. 109	146. 14	$C_6H_{10}O_4$	微溶于水 溶于乙醇	4. 43 5. 41
富马酸（反丁烯二酸、延胡索酸）	01. 110	116. 07	$C_4H_4O_4$	微溶于水 溶于乙醇	3. 03 4. 44
富马酸钠	01. 311	138. 06	C_4H_3NaO	溶于水	
脱氢乙酸	17. 009i	168. 15	$C_8H_8O_4$	微溶于水和乙醇	5. 27
双乙酸钠	17. 013	142. 09	$C_4H_7NaO_4$	易溶于水	4. 75
抗坏血酸	04. 014	176. 12	$C_6H_8O_6$	溶于水 微溶于乙醇	4. 17 11. 57
辛酸	I1337	144. 21	$C_8H_{16}O_2$	微溶于水 溶于乙醇	4. 89
丙酸	17. 029	74. 08	$C_3H_6O_2$	易溶于水和乙醇	4. 87
丙酸钙	17. 005	186. 22	$C_6H_{10}CaO_4$	易溶于水，微溶于乙醇	
丙酸钠	17. 006	96. 07	$C_3H_5NaO_2$	易溶于水，微溶于乙醇	

续表

名称	CNS 号	相对分子质量	分子式	溶解性	p*K*a（p*K*b）
琥珀酸（丁二酸）		118.09	$C_4H_6O_4$	溶于水，微溶于乙醇	4.16 5.61
琥珀酸二钠	12.005	162.05	$C_4H_4Na_2O_4$	易溶于水	

比较酸味的强弱通常以柠檬酸为标准，将柠檬酸的酸度确定为100，其他酸味剂在相同浓度条件下与其比较，酸味强于柠檬酸，则其相对酸度超过100，反之则低于100。以无水柠檬酸的酸味强度为100，其他酸接近无水柠檬酸酸味强度的用量（经验值）为：富马酸67%~73%，酒石酸80%~85%，L-苹果酸78%~83%，己二酸110%~115%，磷酸（浓度为85%）55%~60%。

在食品中如何应用酸度调节剂，需考虑产品种类、加工特性和酸度调节剂的浓度、风味特征等许多因素。就酸度调节剂本身而言，由于化学结构不同导致其产生的酸味强度、刺激阈值和呈味速度有明显差异，如柠檬酸、抗坏血酸和葡萄糖醛酸所产生的是一种令人愉快的、兼有清凉感的酸味，但味觉消失迅速；苹果酸产生的是一种略带苦味的酸味，这使其在某些软饮料及番茄制品中较受欢迎，其酸味的产生和消失都比柠檬酸慢；富马酸有较强的涩味，其酸味比柠檬酸强，但低温时溶解度较小；磷酸和酒石酸兼有较弱的涩味，酒石酸还带有较强的水果风味，适用于乳饮料、碳酸饮料和葡萄、菠萝类产品中；乙酸和丁酸有较强的刺激性，泡菜、醋等含有的乙酸/丁酸有增强食欲的功能。琥珀酸兼有贝类和豆酱类的风味，常用于一些复合调味品中；乳酸的酸味柔和，有后酸味。目前尚未有用一种酸替代另一种酸以获得同样酸味强度的规则，食品中的酸味剂，半数以上选用柠檬酸，其次是苹果酸、乳酸、酒石酸及磷酸。

酸味与甜味、咸味、苦味等基本味之间存在相互影响。甜味与酸味易相互抵消，酸味和咸味、酸味和苦味具有协同增效作用；酸味与某些苦味物质或收敛性物质（如单宁）混合，则能使酸味增强。

美国官方分析化学家协会（Association of Analytical Communities，AOAC International）制订了酸度调节剂的基本分析方法。一般而言，采用何种方法对酸度调节剂进行分析取决于该酸味剂从食品产品中分离的难易程度及定性、定量分析的需要。乙酸、柠檬酸、异柠檬酸、L-乳酸、D-乳酸、L-苹果酸和琥珀酸等有机酸一般采用酶法进行分析鉴定。薄层层析法、气相色谱法及高效液相色谱法（HPLC）可对酸度调节剂进行定量分析。

三、 酸度调节剂各论

1. 柠檬酸（Citric acid，CNS 号：01.101，INS 号：330）、柠檬酸钠（Trisodium citrate，CNS 号：01.303，INS 号：331iii）、柠檬酸一钠（Sodium dihydrogen citrate，CNS 号：01.306，INS 号：331i）和柠檬酸钾（Tripotassium citrate，CNS 号：01.304，INS 号：332ii）

柠檬酸又称枸橼酸（图4-2），相对密度1.542，熔点153℃（失水），175℃以上分解释放出水及二氧化碳。柠檬酸为无色半透明晶体或白色颗粒或白色结晶性粉末，无臭、味极酸，易溶于水和乙醇，20℃时溶解度为59%，其20g/L水溶液的pH为2.1。柠檬酸结晶形态因结晶条件不同而存

```
      CH2COOH
       |
HO—C—COOH
       |
      CH2COOH
```

图4-2　柠檬酸

在差异，在干燥空气中微有风化性，在潮湿空气中有潮解性，加热可以分解成多种产物，可与酸、碱、甘油等发生反应。

柠檬酸及其盐对细菌、真菌和霉菌的抑制作用已有许多研究，柠檬酸对番茄酱中分离出的平酸菌具有特殊的抑制作用，这种作用和产品的 pH 有关。同时柠檬酸对嗜热细菌、沙门菌有一定的抑制效果。柠檬酸含量为 0.3%时就能降低禽肉中沙门菌总数，在 pH4.7 和 pH4.5 的条件下，金黄色葡萄球菌 12h 后分别被抑制 90%和 99%。另外，柠檬酸对霉菌如寄生霉菌、杂色霉菌的生长和毒素产生具有一定的限制作用。寄生霉菌在 0.75%柠檬酸的环境中，毒素产生受到抑制而霉菌生长不受影响；杂色霉菌在此条件下的生长也受到限制，而毒素在柠檬酸浓度仅为 0.25%时就停止产生。

在所有动物组织中柠檬酸是三羧酸循环的中间代谢产物，所以柠檬酸和柠檬酸盐的 ADI 值没有限制。柠檬酸、柠檬酸钠、柠檬酸钾以及柠檬酸一钠可在各类食品中按生产需要适量添加。

柠檬酸主要用于香料或作为饮料的酸度调节剂，在食品和医学上用作多价螯合剂，也是重要的化学中间体。

在碳酸饮料中柠檬酸是最主要的酸味剂之一，赋予饮料强烈的柑橘味道。它还可作为抗氧化剂的增效剂和褐变反应的延缓剂。在粉状食品中柠檬酸的吸湿作用比己二酸或富马酸强，从而会带来一定的贮藏问题。在一些常见食品中，柠檬酸和乳酸发酵会产生双乙酰化合物及其他风味成分。

柠檬酸的 LD_{50} 为 6730mg/kg 体重（大鼠，口服），ADI 值不作限制性规定（FAO/WHO，2001）。GB 2760—2014《食品添加剂使用标准》规定：柠檬酸及其盐可在各类食品中按生产需要适量使用，但不包括表 A.3 所列食品类别。

2. 乳酸（Lactic acid，CNS 号：01.102，INS 号：270）及乳酸盐

乳酸又称 2-羟基丙酸（图 4-3），为无色或微黄色的糖浆状液体；具有一种柔和的、令人愉快的乳脂气味，味微酸，有吸湿性，可以与水、乙醇、丙酮任意比例混合，不溶于氯仿、二硫化碳和石油醚。相对密度 $D_4^{25}=1.2060$，折射率 $n_{20}^{D}=1.4392$，熔点 18℃，沸点 122℃（2kPa）。在常压下加热分解，浓缩至 50%时，部分变成乳酸酐，因此乳酸商品是乳酸和乳酸酐（$C_6H_{10}O_5$）的混合物，一般乳酸的浓度为 85%~92%。

```
     COOH
      |
  H—C—OH
      |
     CH3
```

图 4-3 乳酸

乳酸主要对结核分支杆菌有抑制作用，而且随着 pH 的降低其作用效果逐渐升高。乳酸对在番茄酱中引起平酸腐败的凝结杆菌的抑制效果是苹果酸、柠檬酸、丙酸以及乙酸效果的 4 倍。在 pH6.0 条件下乳酸抑制产孢细菌的最小抑制浓度（MIC）31~63mmol/L，而对于酵母和霉菌最小抑制浓度为 250mmol/L 以上。当 pH 降低到 5.0 时乳酸对产孢细菌的最小抑制浓度降至 6~8mmol/L，而酵母和霉菌的最小抑制浓度未发生变化。

乳酸可用作防腐剂、pH 控制剂、酸洗剂、风味增强剂、加工助剂、溶剂和载体。乳酸有很强的防腐保鲜功效，可用在果酒、饮料、肉类、食品、糕点制作、蔬菜（橄榄、小黄瓜、珍珠洋葱）腌制以及罐头加工、粮食加工、水果的贮藏，具有调节 pH、抑菌、延长保质期、调味、保持食品色泽、提高产品质量等作用；乳酸独特的酸味可增加食物的美味，在色拉酱、酱油、醋等调味品中加入一定量的乳酸，可保持产品中的微生物的稳定性、安全性，同时使风味

更加柔和；在酿造啤酒时，加入适量乳酸既能调整 pH 促进糖化，有利于酵母发酵，提高啤酒质量，又能增加啤酒风味，延长保质期。在白酒、清酒和果酒中用于调节 pH，防止杂菌生长，增强酸味和清爽口感；乳酸还可应用于硬糖、水果糖及其他糖果产品中，酸味适中且糖转化率低。乳酸粉可用于各类糖果的上粉，作为粉状的酸味剂；天然乳酸是乳制品中的天然固有成分，它有着乳制品的风味和良好的抗微生物作用，已广泛用于调配型酸干酪、冰淇淋等食品中，成为备受青睐的乳制品酸味剂。乳酸是一种天然发酵酸，因此可令面包具有独特风味；乳酸作为天然的酸味调节剂，在面包、蛋糕、饼干等焙烤食品中用于调味和抑菌，并能改进食品的品质，保持色泽，延长保质期。乳酸在医药、皮革、纺织、烟草、化妆品、农业等领域有广泛的应用。

乳酸有很多衍生物，包括其盐和酯，盐类溶解度较高，是很好的矿物元素补充剂，也是很多药物的成分之一，其酯类由于具有天然降解的优势，广泛用于各种工业制品和日常生活用品中。乳酸钙能用作风味增强剂、加工助剂、发酵剂以及营养补充剂；它能有效地对苹果切片定型，在热加工之前又能阻止其褪色。乳酸亚铁可用作膳食补充剂及营养物质等。

乳酸的 LD_{50}为 3730mg/kg 体重（大鼠，经口）。乳酸是食品中的一种正常组成成分，也是人体内的一种中间代谢产物，其 ADI 值未作限制性规定。

GB 2760—2014《食品添加剂使用标准》规定：乳酸可在各类食品中按生产需要适量使用，但不包括表 A. 3 所列食品类别，且婴儿食品中不允许添加 D-乳酸和 DL-乳酸。

3. L（+）-酒石酸（L（+）-tartaric acid，CNS 号：01. 111，INS 号：334）、*dl*-酒石酸（*dl*-tartaric acid，CNS 号：01. 313）

酒石酸又称 2,3-二羟基丁二酸或二羟基琥珀酸（图 4-4），分子结构中有两个不对称碳原子，存在 D-酒石酸、L-酒石酸、*dl*-酒石酸（内消旋体）三种光学异构体。L-酒石酸为无色透明棱柱状晶体，或白色细至粗结晶粉末，有葡萄和白柠檬似香气，味酸，在空气中稳定。相对密度 D_4^{20} = 1. 7598，比旋光度 $[\alpha_D^{20}]$ +11. 5° ~ +13. 5°，熔点 168 ~ 170℃，易溶于水（139. 44g/100mL，20℃）。3g/L 水溶液的 pH 为 2. 4，稍有吸湿性，较柠檬酸弱。天然酒石酸是 L-酒石酸。D-酒石酸为 L-酒石酸的旋光异构体。内消旋酒石酸的相对密度 D_4^{20}=1. 666，熔点 140℃。内消旋酒石酸的溶解性小于 D-型和 L-型异构体，用作酸度调节剂的主要是 D-酒石酸和 L-酒石酸。等量右旋酒石酸和左旋酒石酸的混合物的旋光性相互抵消，称为外消旋酒石酸。

```
      COOH
       |
   H—C—OH
       |
  HO—C—H
       |
      COOH
```

图 4-4　酒石酸

酒石酸有很强烈的酸味，在葡萄、酸橙饮料中广泛用作风味增强剂及调节饮料酸度。酒石酸还可作为抗氧化剂的增效剂。酒石酸与柠檬酸类似，可用于食品工业，如饮料制造。酒石酸也是一种抗氧化剂，可在食品工业中有所应用。

酒石酸主要用作酸度剂、发酵剂和风味物质，其抑菌功能的应用很少。酒石酸在食品中可用作固化剂、风味物质、风味增强剂、润湿剂以及酸度调节剂，酒石酸及其钠、钾盐和酒石酸二氢胆碱按照生产需要适量添加，一般公认安全。酒石酸衍生物可以用作风味物质，酒石酸钾可作为发酵剂、抗菌剂、酸度调节剂、润湿剂、稳定剂、增稠剂及表面活性剂。酒石酸钠在干酪、脂肪、植物油、果酱和果冻中用量不受限制。酒石酸二氢胆碱可作为一种膳食补充剂和营养强化剂。食用油或由脂肪形成的脂肪酸中二乙酰酒石酸单酯或二酯用作乳化剂。

FAO/WHO 规定 L（+）酒石酸及盐的 ADI 值为 0~30mg/kg 体重。

GB 2760—2014《食品添加剂使用标准》规定：酒石酸可在各类食品中按生产需要适量使用，但不包括表 A.3 所列食品类别。

4. L-苹果酸（L-malic acid，CNS 号：01.104）、DL-苹果酸（DL-malic acid，CNS 号：01.309）、DL-苹果酸钠（DL-disodium malate，CNS 号：01.309）

苹果酸又称羟基琥珀酸、羟基丁二酸（图 4-5），由于分子中有一个不对称碳原子，有两种立体异构体，大自然中，以三种形式存在，即 D-苹果酸、L-苹果酸和其混合物 DL-苹果酸。为无色结晶或白色结晶性粉末，无臭，有极圆润的酸涩味，吸湿性强。易溶于水、乙醇，其 10g/L 水溶液 pH 为 2.36，25℃时在水中的溶解度为 55.5%。

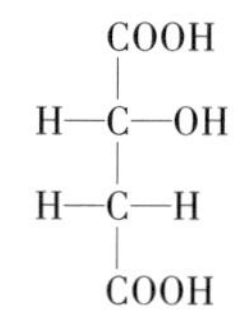

图 4-5　苹果酸

L-苹果酸的相对密度 D_4^{20}=1.595，比旋光度［α_D^{20}］+2.3°（8.5g/100mL 水），熔点 100℃，140℃时发生分解，易溶于水（139.44g/100mL，20℃）、甲醇、丙酮、二噁烷，不溶于苯。D-苹果酸为其旋光异构体。等量的左旋体和右旋体混合得外消旋体。密度 1.601g/cm^3；熔点 131~132℃，150℃时发生分解；溶于水、甲醇、乙醇、丙酮，不溶于苯。

L-苹果酸是人体必需的一种有机酸，口感接近天然苹果的酸味，与柠檬酸相比，具有酸度大、味道柔和、滞留时间长、具特殊香味，不损害口腔与牙齿，代谢上有利于氨基酸吸收，不积累脂肪等特点。100g 苹果酸比添加 100g 柠檬酸几乎要强 1.25 倍，由于其酸味刺激效果优于柠檬酸，使口感更自然、谐调、丰满。目前已广泛用于饮料和食品的生产，已成为继柠檬酸、乳酸之后用量排第三位的食品酸味剂。用 L-苹果酸配制的饮料更加酸甜可口，接近天然果汁的风味。苹果酸与柠檬酸复配使用，可以模拟天然果实的酸味特征，当 50% L-苹果酸与 20%柠檬酸共用时，可呈现强烈的天然果实风味。

L-苹果酸是生物体三羧酸循环的中间体，可以参与微生物的发酵过程，能作为微生物生长的碳源，因此可以用于食品发酵剂。比如做酵母生长促进剂，也可以加入发酵乳中。当有一定量的果胶和糖时，酸是凝胶形成的关键条件。L-苹果酸可以使果胶产生凝胶作用，因此可以用来制作果糕、果冻凝胶态的果酱和果泥等。L-苹果酸可以控制食品体系的 pH，减少果蔬色素色调因 pH 变化而发生变色，起护色作用，另外苹果酸的螯合作用还可以抑制酚酶的活性，防止果蔬的酶促褐变。苹果酸可广泛用于食品保鲜剂。微生物需要在一定酸碱度的环境中才能正常地进行生长繁殖，如果环境中的 pH 不适宜，则可能影响细胞表面的带电性质，从而引起膜通透性的变化，影响细胞的正常代谢。苹果酸在中性条件下电离而在酸性条件下不电离，但酸性条件下的杀菌能力却比中性条件高 100 倍以上，主要是因为分子状态的有机酸更容易透过细胞膜起作用，而离子状态的酸不易透过细胞。L-苹果酸对面食具有强化效果，可以使面筋蛋白中的二硫基团增多，蛋白质分子变大，形成大分子网络结构，增强面团的持气性、弹性和韧性。L-苹果酸可以使面粉中所含的半胱氨酸和胱氨酸丧失激活蛋白酶的能力，阻止蛋白酶分解面粉中的蛋白质。L-苹果酸衍生物还可用于制作咸味食物，减少食盐用量。比如苹果酸钠咸度适中，常可用来制作代盐咸味的食物。L-苹果酸有较好的抗氧化能力，食品中脂类的氧化会导致酸败、蛋白质破坏和色素氧化，使食品的感官品质下降、营养价值降低、保质期缩短。添加苹果酸可延缓氧化、延长保质期、保持食品的色香味和营养价值。

苹果酸的抗菌功能主要是由于酸度引起的。在研究各种有机酸对金黄色葡萄球菌的抑制效果时发现苹果酸在 pH 为 3.98 时产生抑制作用，介于乙酸（pH4.59）和酒石酸（pH2.94）之间。

L-苹果酸存在于不成熟的山楂、苹果和葡萄果实中。苹果酸广泛应用于食品、化妆品、医疗和保健品等领域。苹果酸作为风味增强剂、香料、加工助剂和酸度调节剂在饮料、冰淇淋、糖果、焙烤食品、罐装食品、果酱、果冻、蜜饯等食品中广泛应用。

L-苹果酸在食品中天然存在，而 DL-苹果酸为三羧酸循环的一种中间代谢产物，其 ADI 值<100mg/kg 体重。GB 2760—2014《食品添加剂使用标准》规定：L-苹果酸、DL-苹果酸、DL-苹果酸钠可在各类食品中按生产需要适量添加，但不包括表 A.3 所列食品类别。

5. 偏酒石酸（Meta tartaric acid，CNS 号：01.105，INS 号：353）

偏酒石酸为微黄色轻质多孔固体，无味，难溶于水，有吸湿性，可与酒石酸盐的钾或钙离子结合成可溶性络合物，使酒石酸盐处于溶解状态。受高热分解成酒石酸。用作酸度调节剂时需配成溶液，通常需加热至沸方可溶解，溶解后立即冷却至室温，具有爽口酸味。避免使用金属容器。

经动物实验表明，偏酒石酸的毒性极低，未导致动物异常变化。EEC（1990）规定：ADI 值不作特殊规定。GB 2760—2014《食品添加剂使用标准》规定：偏酒石酸在生产水果罐头时可按生产需要适量使用。

6. 磷酸（Phosphoric/Orthophosphoric acid，CNS 号：01.106，INS 号：338）及磷酸盐

纯净的磷酸是无色晶体，熔点 42.3℃，高沸点酸，易溶于水。市售磷酸为黏稠的、不挥发的浓溶液，无臭。含量为 85% 的磷酸，密度为 1.59g/cm^3，极易溶于水和乙醇，若受热至 150℃则成为无水物，200℃缓慢变成焦磷酸，300℃以上则变成偏磷酸。磷酸在一些碳酸饮料，特别是传统可乐饮料中广泛用作酸味剂，是构成可乐风味不可缺少的添加剂。磷酸还可作为食品饮料中的澄清剂和酵母的营养剂。

无机酸的风味一般不及有机酸，应用较少。FAO/WHO（1985）规定，磷酸的 ADI 值为0~0.070g/kg 体重。在新修订的 GB 2760—2014《国家食品安全标准 食品添加剂使用标准》征求意见稿与 Codex Stan 192 保持一致，将磷酸及磷酸盐进行了合并，同时不论是单独使用还是混合使用，在食品中的最大使用量按磷酸根（PO_4^{3-}）进行限定。GB 2760—2014《食品添加剂使用标准》规定：磷酸及磷酸盐可以应用于米粉（包括汤圆粉）、谷类和淀粉类甜品（如米布丁、木薯布丁）（仅限谷类甜品罐头），最大使用量为 1.0g/kg；杂粮罐头、其他杂粮制品（仅限冷冻薯条、冷冻薯饼、冷冻土豆泥、冷冻红薯泥），最大使用量为 1.5g/kg；可用于熟制坚果与籽类（仅限植脂末）、膨化食品，最大使用量为 2.0g/kg；可用于乳及乳制品（01.01.01/01.01.02/13.0 涉及品种除外）、稀奶油、水油状脂肪乳化制品、02.02 类以外的脂肪乳化制品，包括混合的和（或）调味的脂肪乳化制品、冷冻饮品（03.04 食用冰除外）、蔬菜罐头、可可制品、巧克力和巧克力制品（包括代可可脂巧克力及制品）以及糖果、小麦粉及其制品、小麦粉、生湿面制品（如面条、饺子皮、馄饨皮、烧卖皮）、面糊（如用于鱼和禽肉的拖面糊）、裹粉、煎炸粉、杂粮粉、食用淀粉、即食谷物，包括碾轧燕麦（片）、方面米面制品、冷冻米面制品、预制肉制品、熟肉制品、冷冻水产品、冷冻鱼糜制品（包括鱼丸等）、热凝固蛋制品（如蛋黄酪、松花蛋肠）、饮料类（14.01 包装饮用水除外）、果冻，最大使用量为 5.0g/kg；乳粉和奶油粉调味糖浆，最大使用量为 10.0g/kg；再制干酪，最大使用量为 14.0g/kg；

焙烤食品，最大使用量为15.0g/kg；复合调味料、其他油脂或油脂制品（仅限植脂末），最大使用量为20.0g/kg；其他固体复合调味料（仅限方便湿面调料包），最大使用量为80.0g/kg；婴幼儿配方食品中仅限使用磷酸氢钙和磷酸二氢钠，最大使用量为1.0g/kg。

7. 乙酸（Acetic acid，CNS号：01.107，INS号：260）及乙酸盐（Acetate salts）

乙酸，食醋的主要成分，又称醋酸/冰醋酸；在常温下为无色透明液体，有强刺激性气味。100%乙酸在16.75℃凝固成冰状结晶。相对密度 $D_4^{20}=1.049$，折射率 $n_{20}^D=1.3718$，沸点118℃。乙酸与水、乙醇互溶，水溶液呈酸性，60g/L水溶液的pH为2.4。当水加到乙酸中，混合后的总体积变小，密度增加，直至分子比为1∶1，相当于形成一元酸的原乙酸 $CH_3C(OH)_3$，进一步稀释，体积不再变化。

乙酸在食品中主要用作酸度调节剂，乙酸的pH低于微生物生长的最适pH，对细菌和真菌具有广谱的抑菌效果。低pH发酵食品中的细菌对酸有较大的耐受力，产乳酸、醋酸、丙酸和丁酸的细菌最能忍受乙酸对其生长的抑制作用。乙酸对霉菌的抑制效果较差。当pH4.5时，10g/L乙酸钾抑制曲霉菌的生长和黄曲霉毒素的产生。酸浓度分别为6g/L和8g/L时，霉菌的生长与毒素的产生可分别减少70%和90%。乙酸、生姜、食盐三者混合后，对空气中杂菌和供试的大多数易污染食品的真菌有明显协同抗菌作用。

冰醋酸按用途又分为工业和食用两种，食用冰醋酸可作酸味剂、增香剂。可生产合成食用醋，用水将乙酸稀释至4%~5%浓度，添加各种调味剂而得食用醋，其风味与酿造醋相似。常用于番茄调味酱、蛋黄酱、泡菜、干酪、糖食制品等。使用时适当稀释，还可用于制作番茄、芦笋、婴儿食品、沙丁鱼、鱿鱼等罐头；还有酸黄瓜、肉汤羹、冷饮、酸法干酪；用于食品香料时，需稀释，可制作软饮料、冷饮、糖果、焙烤食品、布丁类、胶姆糖、调味品等。作为酸味剂，可用于饮料、罐头等的生产。

乙酸在动植物组织中广泛存在。乙酸一般公认安全（GRAS），可作为食品固化剂、浸渍剂、酸度调节剂、风味增强剂、加工助剂、溶剂和载体在番茄酱、色拉酱、酱油、蛋黄酱、腌泡汁、腌渍猪蹄、香料等产品中有着广泛的应用。WHO认为乙酸是食品中正常的组分，对其ADI值不作限定。GB 2760—2014《食品添加剂使用标准》规定：乙酸可在各类食品中按生产需要适量使用，但不包括表A.3所列食品类别。

乙酸钠（Sodium acetate，CNS号：00.013，INS号：262i）用作酸度调节剂、防腐剂。乙酸乙酯作为脱除咖啡和茶中咖啡因的溶剂；乙酸-α-生育酚和乙酸-维生素A作为营养强化剂；乙酸乙烯聚合物作为口香糖的胶基。乙酸盐是人体中一种正常的中间代谢产物，在体内转化速度很快，其ADI值不作限定。乙酸钠用于复合调味料和油炸小食品（仅限油炸薯片）中。

8. 己二酸（Adipic acid，CNS号：01.109，INS号：355）

己二酸又称肥酸（图4-6），为白色结晶或晶体粉末，味酸，有骨头烧焦的气味，相对密度 $D_4^{20}=1.366$，熔点152℃，沸点330.5℃（发生分解）。己二酸吸湿性小，性质稳定，可燃烧，易溶于乙醇和丙酮，微溶于水，1g/L己二酸水溶液的pH为3.24，室温下己二酸的溶解度比富马酸高4~5倍。己二酸在水中的溶解度随温度变化较大，当溶液温度由28℃升至78℃时，其溶解度可增大20倍。15℃时溶解度为14.4g/L；25℃时溶解度为23g/L；100℃时溶解度为1600g/L。

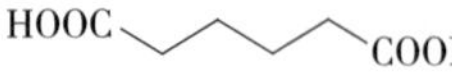

HOOC COOH

图4-6 己二酸

己二酸可用作酸度调节剂，常在饮料、凝胶和布丁等食品中用于改善产品形状和保持pH。

己二酸还作为一种良好的发酵剂，能够使焙烤食品中二氧化碳均匀释放，是市售焙烤粉中酒石酸的替代物。己二酸可提高加工干酪的混合性能和质地，改善果酱和果冻凝胶过程中的混合特性。

己二酸公认安全。其 LD_{50} 为 5.05g/kg 体重（大鼠，经口），1900mg/kg 体重（小鼠，经口），其 ADI 值为 0~5mg/kg 体重（游离酸计，FAO/WHO，2001）。GB 2760—2014《食品添加剂使用标准》规定：己二酸可应用于胶基糖果、固体饮料类、果冻中。

9. 富马酸（Fumaric acid，CNS 号：01.110，INS 号：297）及富马酸一钠（Monosodium fumarate，CNS 号：01.311，INS 号：365）

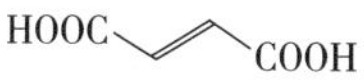

富马酸为最简单的不饱和二元羧酸，又称反丁烯二酸、延胡索酸（图 4-7），为白色颗粒或结晶性粉末，无臭，有特殊酸味，熔点 300~302℃，在 165℃（17mmHg）升华，相对密度 $D_4^{20}=1.635$。吸湿性小，易溶于乙醇，微溶于冷水，可溶于热水，其溶解度在 25℃时为 0.62%，在 100℃时为 9.8%，3g/L 水溶液 pH 为 3~4。添加 3g/L 的二辛基硫化琥珀酸钠和 5g/L 的碳酸钙能得到富马酸的冷水溶液。反丁烯二酸加热至 250~300℃转变成顺丁烯二酸酐。

HOOC COOH

图 4-7　富马酸

富马酸是固体酸中酸性最强的酸之一。冷水中的低溶解度在很大程度上限制了富马酸的应用，但是它对水分子缓慢的吸收能延长粉状食品的保质期。富马酸可用于果汁饮料、饼干、饼馅和葡萄酒中，也可用于提高凝胶糖果的凝胶强度。与 BHA 或 BHT 混用，富马酸在含脂食品中具有一定的抗氧化协同增效作用。富马酸可以消除海藻酸盐为基料的甜点的过硬和塑化质构。

富马酸是三羧酸循环的中间代谢产物，如果每天富马酸的摄入量不足 6mg/kg 体重，可以按生产需要适量添加。富马酸可在胶基糖果、碳酸饮料、生湿面制品和果蔬汁（肉）饮料中应用。富马酸及其盐可作为特殊的膳食和营养添加剂。如富马酸亚铁是一种铁强化剂。硬脂酰富马酸钠在酵母发酵的焙烤食品中可用作面团调节剂，用量不超过所用面粉质量的 0.5%。在脱水番茄和用作烹调的加工谷物中不超过质量的 1%以及在淀粉和面粉增稠的食品中不超过 0.2%。

富马酸一直用作防腐剂防止酒中苹果酸转变为乳酸的发酵，同时增强酒的酸度。富马酸酯衍生物可延长接种肉毒梭状杆菌的培根罐头的保质期由 4~6d 到 8 周，但相同条件下单独使用富马酸只能起到很小的抑制作用。使用 0.5g/L 的富马酸甲酯和乙酯或 2g/L 的富马酸二甲酯和二乙酯同样能对番茄酱中真菌的生长起到很好的抑制作用。富马酸酯还被证明能有效抑制面包中霉菌的生长。正烷基富马酸单酯和 C_{15}~C_{18}醇酯化的苹果酸表现出显著的防腐抗菌效果。甲基正烷基富马酸酯则表现出较低的活性，而正烷基富马酸二酯几乎没有防腐抗菌的活性。

GB 2760—2014《食品添加剂使用标准》规定：富马酸可在胶基糖果、生湿面制品、生湿面制品（如面条、饺子皮、馄饨皮、烧卖皮）、面包、糕点、饼干、焙烤食品馅料及表面用挂浆、其他焙烤食品、果蔬汁（浆）类饮料、碳酸饮料中使用。

第三节 甜 味 剂

一、 甜味剂概述

（一）甜味原理

甜味剂是指使食品呈现甜味的物质。对于人类及其他许多动物而言，甜味是最重要的味感之一。人类对甜味的反应与生俱来，几乎大部分甜味化合物都能产生一种令人愉悦的、享乐的感知。由于蔗糖、葡萄糖等消费量大，它们实际上已属于食品的范畴，故狭义的“甜味剂”并不包括蔗糖、葡萄糖等属于食品的甜味物质。

目前，甜味的呈味机理还不为人类所完全掌握，尽管许多研究者试图研究简单模式糖类及其脱氧衍生物的立体化学结构来解释甜味呈味理论。Schallenberger 和 Acree 最早提出 AH/B 系统甜味呈味理论假说，认为氢键是甜味产生的根源，这是人类第一次解释各种甜味分子产生甜味的简单基础理论；但迄今为止，从不同角度针对甜味的深入研究均不能完全解释对甜味的感知。

（二）甜味剂分类

随着科学技术的发展，甜味剂的种类和功能得到了不断的发展，种类繁多的新型甜味剂不断涌现，目前 GB 2760—2014《食品添加剂使用标准》中批准使用的甜味剂共 19 种。甜味剂按来源可分为天然存在和人工合成的两大类。按能量的高低可分为营养型甜味剂和非营养型甜味剂或是填充型甜味剂（见表 4-12）。

表 4-12　　GB 2760—2014《食品添加剂使用标准》中批准使用的甜味剂

营养型甜味剂	非营养型甜味剂
糖醇	磺胺类（人工合成）
麦芽糖醇	邻磺酰苯甲酰亚胺钠（糖精钠）
异麦芽酮糖（帕拉金糖）	环己基氨基磺酸钠（甜蜜素）
赤藓糖醇	乙酰磺胺酸钾（安赛蜜，A-K 糖）
D-甘露糖醇	二肽类（人工合成）
木糖醇	
乳糖醇	天门冬酰苯丙氨酸甲酯（阿斯巴甜）
山梨糖醇	
	天门冬酰丙氨酰胺（阿力甜）
	天门冬酰苯丙氨酸甲酯乙酰磺胺酸
	纽甜
	非糖类（天然提取）

续表

营养型甜味剂	非营养型甜味剂
	索马甜
	甜菊糖苷
	甘草酸铵、甘草酸一钾及三钾
	罗汉果甜苷
	蔗糖衍生物（人工合成）
	三氯蔗糖（蔗糖素）

蔗糖具有较高的能量（蔗糖为16.7kJ/g），一般将与蔗糖等甜度时能量值低于蔗糖能量2%的甜味剂称为非营养型甜味剂，非糖类天然甜味剂和人工合成甜味剂都是低热量或无热量的，归属为非营养型甜味剂。

衡量甜味剂的甜度是将其全部甜味特性与标准甜味物质（通常是蔗糖）进行比较，并用一个具体数值表示，因此，某种甜味剂或几种甜味剂混合物的甜度可以表示为相当于等甜度标准糖（通常是葡萄糖或蔗糖）的倍数浓度。相对于蔗糖甜度来说，一般糖醇类的甜度较低，称为低甜度甜味剂，而非糖类的天然甜味剂和人工合成甜味剂的甜度明显超过蔗糖，被称为高甜度或超高甜度甜味剂。

很多人工合成的、非营养型甜味剂具有不愉快的后感促进了复配甜味剂的发展。复配甜味剂一般将多种甜味剂按不同比例混合，并通过添加其他食品添加剂以消除甜味剂固有的不愉快后感。

二、 非营养型甜味剂

（一）人工合成非营养型甜味剂

1. 糖精钠（Sodium saccharin，CNS号：19.001，INS号：954）

糖精钠是在1879年由两位美国化学家（Remsen和Fahlberg，1879）首次合成的，至今仍有许多加工制造业采用他们这种合成方法进行生产。最初糖精钠被用作防腐杀菌剂，但人们很快发现了其作为食品甜味剂的潜力。1900年，糖精钠在美国首次被推荐为食品添加剂，并立即引起了人们对其安全性的关注。第二次世界大战期间，由于蔗糖的紧缺，糖精钠在欧洲的使用量快速增长。自第二次世界大战起，尽管糖精钠的安全性屡次遭到人们的质疑，但由于特殊饮食及功能食品广泛地为人们所接受，因此其消费量稳步增长。自20世纪80年代起，由于天门冬氨酰苯丙氨酸甲酯（阿斯巴甜）的使用，糖精钠消费量明显减少。

糖精实际上是糖精、糖精钠、糖精钾、糖精铵以及糖精钙的统称，人们普遍称谓的糖精实际上为糖精的钠盐——糖精钠。糖精化学名为邻磺酰苯甲酰亚胺，分子式$C_7H_5NO_3S$，无色单斜晶体，熔程228~230℃（分解），密度0.828g/cm^3，在真空下升华为针状晶体，微溶于水（25℃，1g/290mL；沸水，1g/25mL），溶于乙醇、丙酮，微溶于氯仿和乙醚，又称不溶性糖精或糖精酸。糖精钠为邻磺酰苯甲酰亚胺钠，分子式$C_7H_5NO_3SNa$，结构式见图4-8，呈无色至白色斜方晶系板状结晶（纯度大于99%），无臭或微有芳香气味，

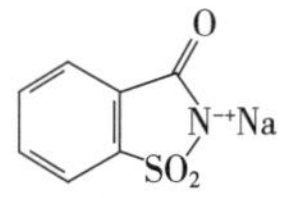

图4-8　糖精钠

溶于水，其水溶液有后苦味。低浓度糖精的水溶液，甜度是同等质量浓度蔗糖溶液的300倍。

糖精钠在诸多加工工艺过程中均非常稳定，具有较长的保质期（表4-13），应用广泛，可用于饮料、蜜饯、果糕点、冰淇淋、复合调味料等的生产，并且可以用于大多数的药品和特殊食品中。然而，由于钠有轻微金属性或苦的后味，并且这种不良后味可以通过使用乳糖或将糖精钠与阿斯巴甜混合使用的方法加以修饰，同时糖精钠与阿斯巴甜、甜蜜素等甜味剂复配时，通常具有协同增甜的效果，在减少非营养甜味剂的添加量、节约成本的同时，还能保证产品中甜味剂添加量不超标。

表4-13　一些非营养甜味剂的特性

甜味剂	甜度（与蔗糖相比）	后味	稳定性		ADI值/（mg/kg体重）
			溶液	加热过程	
乙酰磺胺酸钾	150倍	很微弱的苦味	稳定	稳定	0~15
天门冬氨酰苯丙氨酸甲酯	150~200倍	持续的甜味	酸性条件下不稳定	不稳定，甜味可能消失	0~40
环己基氨基磺酸钠（甜蜜素）	30~60倍	化学药品味	比较稳定	比较稳定	0~7
糖精钠	300倍	金属性苦味	pH<2.0时稳定	比较稳定	0~5
甜菊糖苷	100~300倍	苦味	比较稳定	比较稳定	0~4.0
索马甜	200~2500倍	类似甘草味	比较稳定	中性至酸性条件下稳定	不作规定
三氯蔗糖	600倍	—	稳定	稳定	0~15
甘草素	50倍	苦味	稳定	稳定	未评
罗汉果甜苷	300倍	甘草味	稳定	稳定	未评

糖精钠在人体内不能被代谢，不产生热量，LD_{50}为17.5g/kg体重（小鼠，经口），ADI值为0~5mg/kg体重（ADI值指糖精及其钙、钾、钠盐之和，FAO/WHO，2001）。糖精钠不参与体内代谢，进入人体后几乎全部经由内脏，然后很快随尿液和粪便排出体外。我国也采取了严格限制糖精使用的政策，并规定婴儿食品中不得使用糖精钠。

GB 2760—2014《食品添加剂使用标准》规定：糖精钠可在冷冻饮品、水果干类、果酱、蜜饯凉果、凉果类、话化类、果糕类、腌渍的蔬菜、新型豆制品（大豆蛋白及其膨化食品、大豆素肉等）、熟制豆类、带壳/脱壳熟制坚果与籽类、复合调味料和配制酒等食品中应用。

2. 环己基氨基磺酸钠/钙（甜蜜素，Sodium/ Calcium cyclamate，CNS号：19.002，INS号：952）

1937年，美国人首次人工合成得到环己基氨基磺酸钠，其商业生产始于1950年。目前，环己基氨基磺酸盐在许多国家和地区生产，包括日本、德国、西班牙、中国和巴西等。在20世纪60年代，由于其规定用量有所调整，环己基氨基磺酸盐的使用量有所降低。JECFA规定了新的ADI值之后，其使用量又开始有所增长。

环己基氨基磺酸钠又名甜蜜素。市售商品甜蜜素实际上是环己基氨基磺酸钠或环己基氨基磺酸钙，纯度不小于98%，呈无色至白色片状结晶，环己基氨基磺酸钠的分子式 $C_6H_{12}NO_3SNa$，无味，结构式见图 4-9。易溶于水，熔点大于 300℃。

环己基氨基磺酸盐是人工合成品，在自然界中并不存在，这类化合物是由环乙胺合成而来，氯磺酸、氨基磺酸等磺化，再经氢氧化物中和后形成。环己基氨基磺酸盐在高温和低温下比较稳定，甜度是蔗糖的 30~60 倍（表 4-13）。

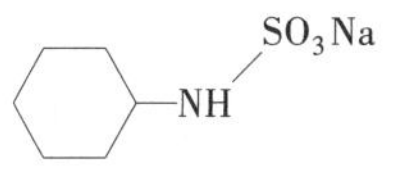

图 4-9　环己基氨基磺酸钠

环己基氨基磺酸盐可作为非营养甜味剂应用于大部分食品中，且常与糖精复配使用，可增强甜度并减少甜味剂的后苦味，同时降低成本。复配甜味剂的甜度可以较使用任何一种甜味剂的甜度提高 10%~20%，比如 5mg 的糖精与 50mg 的甜蜜素复配使用，其甜度相当于单独使用 125mg 的甜蜜素或者 12.5mg 的糖精，尽管不同产品间甜蜜素与糖精的复配比例不尽相同，但常用的比例为 10：1；这样的比例可以保证每种甜味剂对甜度的贡献是相当的，因为糖精的甜度约为甜蜜素甜度的 10 倍。目前也有很多专利将甜蜜素与阿斯巴甜进行复配的报道。

环己基氨基磺酸在体内不产生热量，摄入后由尿（40%）和粪便（60%）排出。LD_{50} 为 17g/kg 体重（大鼠，经口）；15.25g/kg 体重（小鼠，经口）。其 ADI 值为 0~11mg/kg 体重（以环己基氨基磺酸计，FAO/WHO，2001）。1970 年因用糖精-环己氨基酸磺酸钠喂养的白鼠发现患有膀胱癌，故美国、日本相继禁止使用。在后续研究中，没有发现甜蜜素有致癌作用。我国 1987 年批准使用甜蜜素。目前，虽然美国、英国、法国、日本、印度、中国香港、中国台湾等国家和地区禁用甜蜜素，但仍有包括中国、澳大利亚等 80 多个国家和地区批准甜蜜素作为非营养甜味剂使用。

GB 2760—2014《食品添加剂使用标准》规定：甜蜜素可在冷冻饮品、水果罐头、果酱、蜜饯凉果、凉果类、话化类、果糕类、腌渍的蔬菜、熟制豆类、腐乳类、带壳/脱壳熟制坚果与籽类、面包、糕点、饼干、复合调味料、饮料类、配制酒、果冻等食品中应用。

3. 乙酰磺胺酸钾（安赛蜜，A-K 糖，Acesulfame K，CNS 号：19.011，INS 号：950）

乙酰磺胺酸钾于 1967 年由 K. Clauss 和 H. Jensen 发明，由叔丁基乙酰乙酸酯异氰酸氟磺酰加成反应后，在 KOH 作用下环化而成。

乙酰磺胺酸钾的分子式 $C_4H_4NO_4KS$，结构式见图 4-10，相对分子质量 201.2，纯品为无臭白色斜晶型结晶状粉末，易溶于水，溶液呈中性，不易潮解，对光、热稳定，但在高于 235℃ 的高温加工过程中发生分解，pH 适用范围较广（pH3~7），是稳定性最好的甜味剂之一。室温条件下，乙酰磺胺酸钾甜度较高（为蔗糖的 150~200 倍），无不良后味，甜味持续时间长，与阿斯巴甜 1：1 复配有明显增效作用。

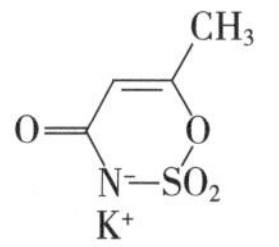

图 4-10　乙酰磺胺酸钾（安赛蜜）

乙酰磺胺酸钾具有非致遗传突变性和非致癌性。乙酰磺胺酸钾不参与动物和人体内代谢作用，在体内不分解，在人体组织中不残留。所有受试动物和人体均能很快地吸收它，但同时很快通过尿液将之排出体外，LD_{50} 为 2.2g/kg 体重（大鼠，经口）。1994 年 JECFA 提出的 ADI 值为 15mg/kg 体重。包括我国在内的 90 多个国家和地区批准使用。

乙酰磺胺酸钾除在食品工业应用外，在制药领域、漱口液及牙膏等日化领域也有应用。GB 2760—2014《食品添加剂使用标准》规定：乙酰磺胺酸钾可在风味发酵乳、冷冻饮品（食用冰除外）、水果罐头、果酱、蜜饯类、腌渍的蔬菜、熟制坚果与籽类、加工食用菌和藻类、糖果、无糖胶基糖果、杂粮罐头、黑芝麻糊、谷类甜品罐头、面包、糕点、餐桌甜味料、调味品、酱油、饮料类、果冻等食品中应用。

4. L-天门冬氨酰-L-苯丙氨酸甲酯（Aspartame，CNS 号：19.004，INS 号：951）

L-天门冬氨酰-L-苯丙氨酸甲酯，又称阿斯巴甜或甜味素，由 L-苯基丙氨酸和 L-天门冬氨酸合成的二肽甜味剂，是美国 G. D. Searle 实验室的 J. M. Schlatter 在 20 世纪 60 年代初偶然发现。目前，在自然界中尚未发现阿斯巴甜，其人工合成法可以分为化学合成法和生物合成法两类，并且以化学合成法为主。生物合成法尽管已实现工业化，但所用嗜热蛋白芽孢杆菌的嗜热蛋白酶（Thermolysin）的来源较难解决，且其成本是否有竞争力，尚难定论。阿斯巴甜的生产商主要有美国的纽特（Nutra sweet）和日本味之素（Ajinomoto）两大公司。

天门冬氨酰苯丙氨酸甲酯为无嗅白色晶体粉末，分子式 $C_{14}H_{18}N_2O_5$（图 4-11），甜味纯正，并且具有和蔗糖近似的清爽甜味，无不愉快苦后味或金属涩味，微溶于水，难溶于酒精，其甜度是蔗糖的 150~200 倍（表 4-13），与蔗糖或其他甜味剂混合使用有协同效应，添加 2%~3% 于糖精中，可明显掩盖糖精的不良口感，热值 16.72kJ/g。天门冬氨酰苯丙氨酸甲酯除了增甜效应外，还可以增强某些食品的风味。

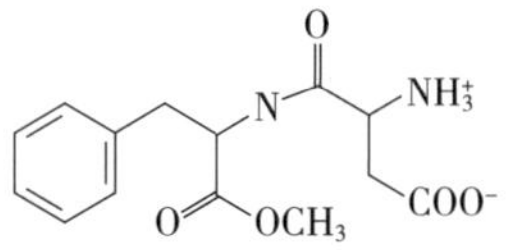

图 4-11　阿斯巴甜

天门冬氨酰苯丙氨酸甲酯的水溶液在低温且 pH3~5 时较稳定，但在高温或低 pH 时，其 *O*-甲基酯键易被水解，形成天门冬氨酰苯丙氨酸二肽和甲醇；天门冬氨酰苯丙氨酸甲酯可以与甲醇发生环化作用生成二酮哌嗪，二酮哌嗪又可以水解为天门冬氨酰苯丙氨酸，最终分解生成天门冬氨酸盐和苯丙氨酸，甜味也随之消失。上述特征限制了天门冬氨酰苯丙氨酸甲酯在低 pH 或焙烤、油炸及高温长时间处理的食品中应用。软饮料工业常采用提高产品 pH 以及控制添加量的方法提高天门冬氨酰苯丙氨酸甲酯的稳定性。糖精与天门冬氨酰苯丙氨酸甲酯复配应用于软饮料，可提高其稳定性。但经过长时间贮藏后，发现甜味特征明显不同以及约 40% 的天门冬氨酰苯丙氨酸甲酯降解。天门冬氨酰苯丙氨酸甲酯在固体粉末饮料和什锦点心类的干燥产品中稳定性较好。

阿斯巴甜对人体无害，可在人体内迅速分解为天冬氨酸、苯丙氨酸和甲醇，甲醇虽有毒性，但生成量甚微，且毒理学试验证明，在允许摄入量内，安全可靠。美国 FDA 曾于 1974 年批准阿斯巴甜可用作食品甜味剂使用，但 1975 年停止使用，要求进一步研究其安全性，1981 年又重新批准阿斯巴甜可作为食品甜味剂使用，并确定其 ADI 值为 50mg/kg 体重，之后，JECFA 也确认了其安全可靠性，批准其 ADI 值为 40mg/kg，同时对二酮哌嗪推荐的 ADI 值为 7.5mg/kg 体重。目前，全世界有 100 多个国家允许使用阿斯巴甜，是允许使用国家最多的一种强力甜味剂，但由于苯丙酮酸尿症患者代谢苯丙氨酸的能力有限而需要控制苯丙氨酸的摄入量，因此一些国家要求含有阿斯巴甜的饮料和食品需标明阿斯巴甜的使用量，我国于 1986 年批准在食品中应用，但规定添加阿斯巴甜的食品应标明“阿斯巴甜（含苯丙氨酸）”。

GB 2760—2014《食品添加剂使用标准》规定：阿斯巴甜可应用在调制乳、风味发酵乳、非熟化干酪、干酪类似品、脂肪类甜品和冷冻饮品、冷冻水果、水果干类、醋、油或盐渍水果、水果罐头、果酱、蜜饯类、发酵的水果制品、冷冻蔬菜、干制蔬菜、腌渍的蔬菜、胶基糖果、面包、糕点、水产品罐头、醋、饮料等食品。阿斯巴甜的使用范围和使用量见 GB 2760—

2014《食品添加剂使用标准》表 A.1 续。

5. L-α-天冬氨酰-*N*-（2,2,4,4-四甲基-3-硫化三亚甲基）-D-丙氨酰胺（阿力甜，Alitame，CNS 号：19.013，INS 号：956）

L-α-天冬氨酰-*N*-（2,2,4,4-四甲基-3-硫化三亚甲基）-D-丙氨酰胺是美国 Pfizer 公司于 1979 年研制成功，1983 年申请美国发明专利 USP4411925，1986 年向美国 FDA 申请批准使用，现由丹尼斯克（Denisco）公司商业化生产。

L-α-天冬氨酰-*N*-（2,2,4,4-四甲基-3-硫化三亚甲基）-D-丙氨酰胺属二肽甜味剂，简称阿力甜，又称天胺甜精，分子式 $C_{14}H_{25}N_3O_4S \cdot 2.5H_2O$，结构式如图 4-12 所示。呈白色结晶性粉末，无臭，甜度为蔗糖的 2000 倍。

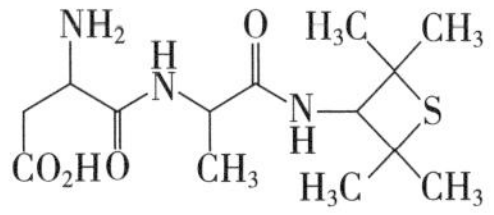

图 4-12　阿力甜

阿力甜甜味清爽、口味与蔗糖接近，无后苦味和金属涩味，分子结构中含有硫原子而稍带硫味，易溶于水，耐热耐酸耐碱，在 pH5~8 环境中非常稳定，在 pH2~4 酸性环境中的半衰期是阿斯巴甜的 2 倍，在焙烤条件下阿力甜的稳定性优于阿斯巴甜。阿力甜具有良好的贮存和加工稳定性。

阿力甜可被人体代谢分解，其 ADI 值为 0~1mg/kg 体重。

到目前为止，阿力甜已在中国、美国、澳大利亚、墨西哥等 6 个国家批准作为非营养甜味剂使用，我国于 1994 年批准使用。

GB 2760—2014《食品添加剂使用标准》规定：阿力甜可在冷冻饮品、话化类、胶基糖果、餐桌甜味料、饮料类（包装饮用水除外）及果冻等食品应用。

6. 三氯蔗糖（蔗糖素，Sucralose，CNS 号：19.016，INS 号：955）

三氯蔗糖是用氯原子取代蔗糖分子中 5 个仲位羟基中的一个羟基和 3 个伯位羟基中的两个羟基而成，是 C-4 乳蔗糖差向异构体的三氯衍生物（图 4-13），由英国 Leslie Hough 等人于 1976 年发明。

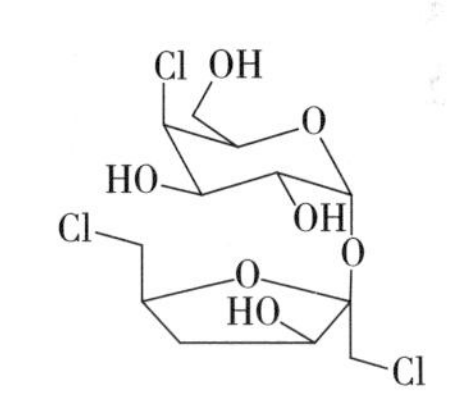

图 4-13　三氯蔗糖

三氯蔗糖又称蔗糖素，白色结晶性粉末，分子式 $C_{12}H_{19}Cl_3O_8$，相对分子质量 397.64，熔点 125℃，极易溶于水，在乙醇中也具有良好的溶解度，无热量，甜度约为蔗糖的 600 倍，并与蔗糖具有相似的甜味轮廓，是目前为止甜味特性最接近蔗糖的一种强力甜味剂，无后苦味，对酸味和咸味有淡化效果，对涩味、苦味、酒味等有掩盖效果，对奶等有增效作用。该甜味剂不与典型食品成分发生反应。

三氯蔗糖适用于食品加工中的高温灭菌、喷雾干燥、焙烤、挤压等工艺，在焙烤工艺中，三氯蔗糖比阿力甜更稳定；三氯蔗糖对 pH 适应性广，在酸性水溶液中的性质特别稳定，适用于酸性和低酸食品；三氯蔗糖易溶于水，溶解时不容易产生起泡现象，适用于碳酸饮料的高速灌装生产。

三氯蔗糖在人体内不参与代谢，不被人体吸收，是糖尿病人理想的甜味代用品，不会引起龋齿。在普通志愿者身上进行的长期试验表明，不会对人类健康产生不可逆作用。1994 年，JECFA 批准其 ADI 值为 15mg/kg 体重，我国原卫生部于 1995 年批准使用，1998 年 3 月 21 日美国 FDA 批准三氯蔗糖为食品添加剂，目前加拿大、澳大利亚、俄罗斯、中国、美国、日本等 30 多个国家和地区批准使用。

GB 2760—2014《食品添加剂使用标准》规定：三氯蔗糖可在调制乳、风味发酵乳、调制乳粉和调制奶油粉、冷冻饮品（食用冰除外）、水果干类、水果罐头、果酱、蜜饯凉果、煮熟的或油炸的水果、腌渍的蔬菜、加工食用菌和藻类、腐乳类、加工坚果与籽类、糖果、杂粮罐头、其他杂粮制品（仅限微波爆米花）、即食谷物（包括碾压燕麦（片））、方便米面制品、焙烤食品、餐桌甜味料、醋、酱油、酱及酱制品、香辛料酱、复合调味料、蛋黄酱、沙拉酱、饮料类（包装饮用水除外）、配制酒、发酵酒、果冻等食品中应用。

7. *N*-［*N*-3,3-二甲基丁基］-L-α-天门冬氨酰-L-苯丙氨酸1-甲酯（纽甜，Neotame，CNS号：19.019）

N-［*N*-3,3-二甲基丁基］-L-α-天门冬氨酰-L-苯丙氨酸1-甲酯简称双丁基天门冬氨酰苯丙氨酸甲酯，也称纽甜、乐甜，分子式 $C_{20}H_{30}N_2O_5 \cdot H_2O$，结构式见图4-14，无嗅、白色结晶性粉末，熔程80.9~83.4℃，200℃以下不分解，在水中的溶解度与阿斯巴甜相似，25℃时为12.6g/L。纽甜为阿斯巴甜分子中天冬氨酸的 NH_2 上连接3,3-二甲基丁基的阿斯巴甜衍生物，其结构中含有羧基和亚氨基，为两性化合物，p*K*a值分别为3.03和8.08，等电点5.5。纽甜既可形成酸性盐，也可形成碱性盐，并可与金属形成复合物，从而改善其稳定性。纽甜分子中的天门冬氨酸和苯基丙氨酸都为L型时，甜味很强，若为其他构型如L、D-，D、D-，D、L-型时，甜度不高。另外，纽甜以盐的形式（如磷酸盐）和以结合态（与环状糊精结合）的形式存在时，其溶解度明显增加。纽甜甜度约为蔗糖的7000~13000倍，是目前最甜的甜味剂，甜味纯正，十分接近阿斯巴甜，没有其他强力甜味剂常带有的苦味和金属味，与阿斯巴甜相比，其最初甜味的形成略有滞后，而甜味持续时间略长。

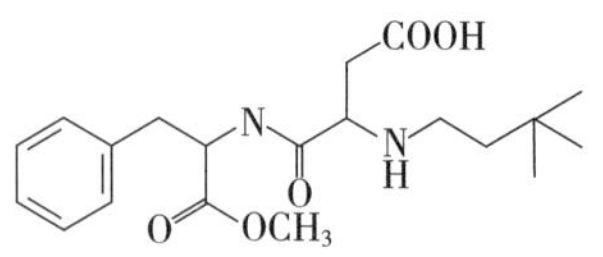

COOH N N H O O OCH3

图4-14　纽甜

纽甜在干燥环境中非常稳定，其热稳定性也较阿斯巴甜明显提高。含水条件下，纽甜的稳定性与pH、湿度、温度有关，在pH3~5.5范围内较稳定，添加二价或三价阳离子可增加其稳定性。纽甜适用于包括蛋糕、曲奇等焙烤食品在内的许多食品，同时还具有风味增强效果。

JECFA在第61届年会上认为目前的研究已足以证明纽甜不具有致癌性、致突变性、致畸性及生殖毒性，其ADI值为0~2mg/kg体重（JECFA，2003）。纽甜摄入人体后不会被分解为单个氨基酸，适用于苯丙酮尿症患者，是一种安全性高、稳定性好，具有广阔应用前景的第二代二肽甜味剂。

GB 2760—2014《食品添加剂使用标准》规定：纽甜可在调制乳、风味发酵乳、调制乳粉和调制奶油粉、稀奶油（淡奶油）、干酪类似品、以乳为主要配料的即食风味食品或其预制产品［不包括冰淇淋和风味发酵乳冷冻饮品（食用冰除外）］、脂肪类甜品、冷冻水果、水果干类、醋、油或盐渍水果、水果罐头、果酱、果泥、蜜饯凉果、装饰性果蔬、水果甜品（包括果味液体甜品）、发酵的水果制品、加工蔬菜、腌渍的蔬菜、加工坚果与籽类等食品中应用。

（二）天然非营养型甜味剂

1. 甜菊糖苷（甜菊糖，甜菊苷，Stevioside，CNS号：19.008，INS号：960）

甜菊糖苷（甜菊糖、甜菊苷）是从菊科甜菊属多年生草本植物 *Stevia rebaudiana*（中国称为甜叶菊）干叶中提取的一种天然非营养型甜味剂。甜叶菊原产于巴拉圭和巴西，目前在中国、新加坡、马来西亚等国家均有种植。甜菊糖苷由于植物来源和其应用食品的不同，其呈现的甜味存在差异。甜菊糖苷具有高甜度、低热能、纯天然的特性，其甜感与蔗糖相似，但刺激缓慢、味觉延绵，浓度较高时略带苦味。

甜菊中的甜味物质有甜菊糖苷（ST）、莱鲍迪苷 A（R-A）、莱鲍迪苷 B（R-B）、莱鲍迪苷 C（R-C）、莱鲍迪苷 D（R-D）、莱鲍迪苷 E（R-E）等（表 4-14）。1931 年法国化学家 Bridel 和 Lavieille 第一次从甜菊中提取结晶的纯甜味物质，分子式 $C_{38}H_{60}O_{18}$，相对分子质量 803，熔程 196~198℃，高温下性能稳定，在 pH3~10 范围内十分稳定，易存放。甜菊苷的相对甜度为蔗糖的 100~300 倍（表 4-11），其结构如图 4-15 所示。可溶于水和乙醇等，不溶于苯、醚等有机溶剂，其纯度越高，在水中溶解速度越慢，市售品由于添加了其他的糖、糖醇和其他甜味剂，其溶解度有很大差异，且易吸潮。与蔗糖、果糖、葡萄糖、麦芽糖等混合使用时，不仅甜菊糖苷味更纯正，且甜度可得到相乘效果。莱鲍迪苷 A（rebaudiodside A）为甜菊甜味成分中甜度最接近蔗糖的一种，其甜度约为蔗糖的 450 倍。甜菊的甜味物质具有的后苦味可通过酶法改性予以修饰，酶改甜菊糖是在甜菊糖苷的葡萄糖基上再接上 1~15 个葡萄糖基（图 4-15），常用的酶有：环糊精葡糖基转移酶、β-呋喃果糖苷酶、半乳糖苷酶等。

表 4-14　　甜菊糖苷主要甜味成分及其特性[1]

成分名称	简符	R_1（▲位）	R_2（★位）	相对分子质量	熔点/℃	旋光度 $[\alpha]_D^{25}$	甜度倍数	干叶中含量/%[2]
甜菊糖苷（Stevioside）	St	-glu	-glu-glu	804.9	196~198	-39.0	270~300	2~16（6.5±2）
莱鲍迪苷 A（Rebaudioside A）	R-A	-glu	glu - glu glu	967.0	242~244	-20.8	350~450	0~12（2.5±0.5）
莱鲍迪苷 B（Rebaudioside B）	R-B	-H	glu - glu glu	804.9	193~195		10~15	
莱鲍迪苷 C（Rebaudioside C）	R-C	-glu	glu - glu glu	951.0	215~217	-29.8	40~60	0.2~1.39（0.4±0.2）
莱鲍迪苷 D（Rebaudioside D）	R-D	-glu-glu	glu - glu glu	1129.2	283~286		150~250	0.1 以下（0.06）
莱鲍迪苷 E（Rebaudioside E）	R-E	-glu-glu	-glu-glu	967.0	205~207		100~150	0.1 以下（0.05）
杜尔可苷 A（Dulcoside A）	D-A	-glu	-glu-rhm	788.9	193~195	-46.7	40~60	0~1.55（0.6±0.3）
甜菊糖二糖苷（Steviolbioside）	S-Bio	-H	-glu-glu	642.7	189~192	（二噁烷）-37.4	10~15	
甜菊醇（Steviol）		-H	-H	318.5	94.7		0	

注：①glu—葡萄糖基；rhm—鼠李糖基；R_1，R_2为取代基，对应图 4-15。

②括号内的数据为常见品种含量。

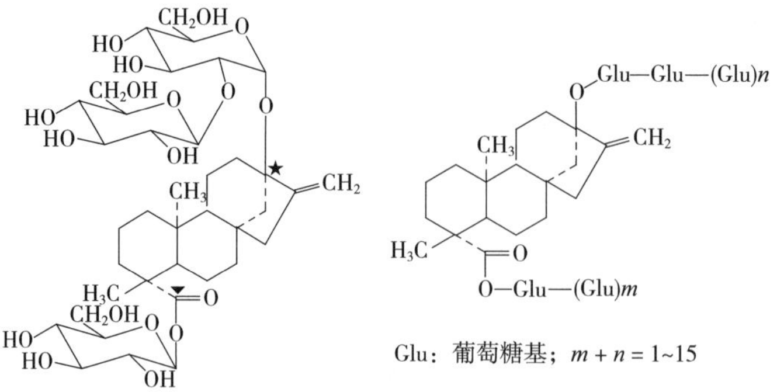

Glu：葡萄糖基；$m+n=1\sim15$

(1)甜菊糖苷　　(2)酶改甜菊糖苷

图 4-15　甜菊糖苷和酶改甜菊糖苷

甜菊糖具有保健功能，不仅可以预防糖尿病、肥胖病、高血压、小儿龋齿、心脏病等症，而且还具有良好的辅助治疗作用，是食品、医药、化妆品等工业的理想代糖品，被国际上誉为“世界第三糖源”。JECFA 在第 69 届年会上对甜菊糖苷的安全性重新评价，新制定的 ADI 值为 0~4mg/kg 体重（以 steviol 计，FAO/WHO，2008）。

日本自 1969 年禁用甜蜜素以来，对甜菊糖苷倍加重视，常于软饮料、糖果蜜饯、口香糖、烘烤食品中单独应用甜菊糖苷或与其他非营养甜味剂混合使用；甜菊糖苷还用于无糖和糖尿病患者食品的生产。GB 2760—2014《食品添加剂使用标准》规定：甜菊糖苷可在风味发酵乳、冷冻饮品（食用冰除外）、蜜饯凉果、熟制坚果与籽类、糖果、糕点、餐桌甜味剂、调味品、饮料类（包装饮用水除外）、果冻、膨化食品、茶制品（包括调味茶和代用茶类）中使用。

2. 甘草酸铵，甘草酸一钾及三钾（Ammonium Glycyrrhiza，monopotassium and tripotassium glycyrr hizinat CNS 号：19. 012，19. 010，INS 号：958）

甘草酸铵是从甘草中提取的甘草酸铵盐，为天然甜味剂。甘草酸铵为白色粉末，分子式 $C_{42}H_{65}NO_{16}\cdot5H_2O$，结构式见图 4-16，甜度约为蔗糖的 200 倍，溶于氨水，不溶于冰乙酸。与蔗糖相比，甘草酸铵甜味感觉速度偏慢，带有甘草后余味，温凉感弱。将甘草酸铵直接作为甜味剂应用到食品中，甜味不纯正，一般将其与三氯蔗糖、赤藓糖醇等其他甜味剂复配，使其甜味更接近蔗糖。

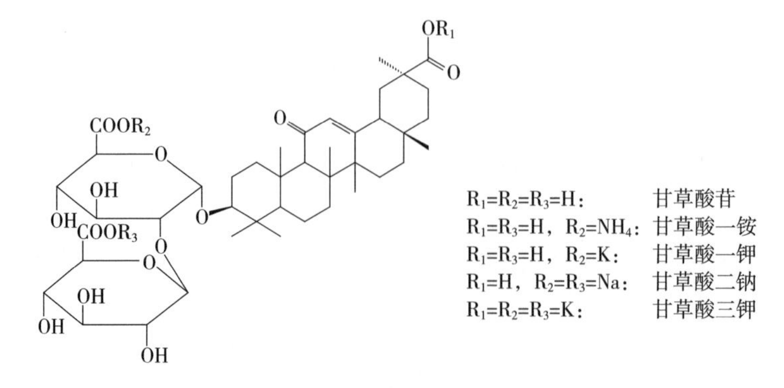

图 4-16　甘草酸苷及其衍生物

甘草酸一钾及三钾类似白色或淡黄色粉末，分子式 $C_{42}H_{61}O_{16}K$，结构式见图 4-16，无臭，有特殊的甜味，甘草酸一钾的甜度约为蔗糖的 500 倍，甘草酸三钾为蔗糖的 150 倍，甜味残留时间长，易溶于水，溶于稀乙醇、甘油、丙二醇，微溶于无水乙醇和乙醚。由于采集野生甘草时对环境破坏严重并造成自然资源枯竭，我国新疆等地已开始种植人工甘草以满足工业化生产对甘草原料的大量需求。

甘草酸苷的半数致死量 LD_{50} 为 0.8g/kg 体重（小鼠，腹腔）。

GB 2760—2014《食品添加剂使用标准》规定：甘草酸铵（甘草酸铵，CNS 号：19.012）、甘草酸一钾及三钾（CNS 号：19.010）可作为甜味剂用于肉罐头类、调味品、糖果、饼干、蜜饯凉果、饮料类等食品中。甘草酸二钠在日本主要用于酱油和 MISO（发酵大豆酱）中控制大豆制品的腥味，在美国，甘草甜素用作调味料。

3. 罗汉果甜苷（Lo-Han-Kuo extract，CNS 号：19.015）

罗汉果是我国广西特产果实，属于葫芦科草本蔓藤植物。罗汉果甜苷属天然三萜类糖苷甜味剂，目前鉴定的共有 11 种，分别是：罗汉果甜苷Ⅳ、罗汉果甜苷Ⅴ、罗汉果甜苷Ⅲ、罗汉果甜苷ⅡE、罗汉果甜苷ⅢE、罗汉果甜苷Ⅵ、罗汉果甜苷 A、罗汉果新苷（Neomogroside）、赛门苷Ⅰ（Siamenside Ⅰ）、11-O-罗汉果甜苷Ⅴ和罗汉果二醇苯甲酸酯（表 4-15），其最主要的甜味成分为罗汉果甜苷Ⅴ（图 4-17），含 5 个葡萄糖残基，呈白色结晶状粉末，甜味绵延，带有类似甜菊糖的后苦味。用水或 50% 乙醇从干罗汉果中提取，再经浓缩、干燥、重结晶而成，市售商品有黑色膏状物，甜度约为蔗糖的 15～20 倍。

表 4-15　罗汉果提取物中罗汉果甜苷的物性参数

组分	分子式	相对分子质量	熔点/℃	$[\alpha]_D^{25}$	水中的浓度/%，甜度
罗汉果甜苷Ⅳ	$C_{54}H_{92}O_{24} \cdot 2H_2O$	1116.33	185～188	-4.2 -5.8	0.012，392
罗汉果甜苷Ⅴ	$C_{60}H_{102}O_{29} \cdot 2H_2O$	1323.47	197～201	-11.7	0.012，425
罗汉果甜苷Ⅵ	$C_{66}H_{112}O_{34} \cdot 2H_2O$	1993.54	—	+4.9	0.01，563
罗汉果甜苷Ⅰ	$C_{54}H_{92}O_{24} \cdot 7/2H_2O$	1184.82	198～204	-4.2	0.01，125
罗汉果甜苷Ⅱ	$C_{60}H_{100}O_{29} \cdot 7/2H_2O$	1344.94	—	+20.5	0.05，84

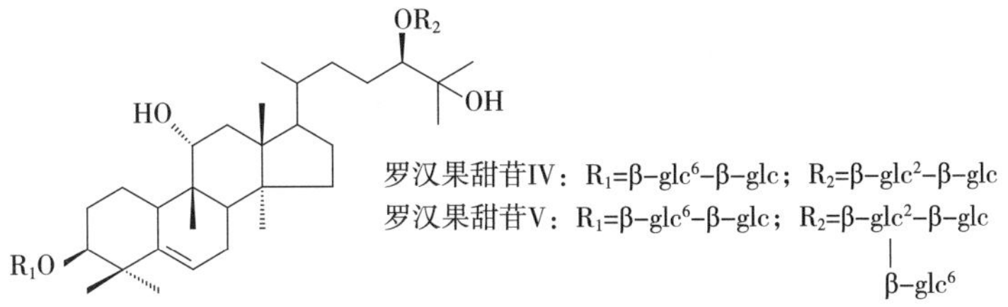

OR_2　HO　OH　R_1O

罗汉果甜苷Ⅳ：R_1=β-glc⁶-β-glc；R_2=β-glc²-β-glc

罗汉果甜苷Ⅴ：R_1=β-glc⁶-β-glc；R_2=β-glc²-β-glc（β-glc⁶）

图 4-17　罗汉果苷

（注：glc 为吡喃葡萄糖基）

初步毒理学试验和长期的食用历史可以证明罗汉果所含的罗汉果甜苷食用安全。1997 年罗汉果甜苷被批准用作甜味剂，GB 2760—2014《食品添加剂使用标准》规定：罗汉果甜苷可在各类食品中按生产需要适量添加，但不包括表 A. 3 所列食品类别。

4. 索马甜（Thaumatin，CNS 号 19. 010，INS 号：957）

索马甜属蛋白质类甜味剂，来源于生长在非洲西部的多年生植物——非洲竹芋（*Thaumatococcus danielli*）果实。索马甜主要由索马甜蛋白Ⅰ（T_{I}）和索马甜蛋白Ⅱ（T_{II}）两种蛋白质组成，均由除组氨酸以外的其他常见氨基酸（计 207 个）以直链形式构成，两者仅在 5 个氨基酸序列上存在差异，以 T_{I} 为主，其次是 T_{II}（<45%）。商业生产的索马甜中包含少量植物胶等非蛋白质类的混杂物，主要包括阿拉伯半乳聚糖和阿拉伯葡糖醛酸木聚糖。

索马甜相对分子质量约 22000，分子中大量交错的二硫键使得分子具有热稳定性和抗变性的能力，其多肽链空间环绕的三级结构赋予了索马甜的呈甜特性，其二硫键的断裂将造成甜味损失。索马甜甜味持续时间长，甜度为蔗糖的 2000~3000 倍，在冻干的条件下稳定存在，在酸性条件下不易发生分解，其蛋白质结构在焙烤和炙烤温度条件下不稳定。

索马甜可以改善和增强食品风味，掩盖苦味和涩感，还可以降低很多芳香物质的感觉阈值，常用于牛乳、巧克力、薄荷、橙汁、柠檬、香草和牛肉制品中作为风味增强剂。索马甜与糖精钠、安赛蜜和阿斯巴甜等高倍甜味剂复配使用具有协同效果，添加 1~10 mg/kg 的索马甜可以提高一般高倍甜味剂的甜感 20%，且能够掩盖金属味和其他甜味剂带来的苦味，并提供更接近蔗糖的口感，增进甜味和延长甜味感。

索马甜不会引起过敏、诱变或畸变，先在体内分解代谢为氨基酸后才被吸收，短期研究发现，用索马甜喂养大鼠和狗，这两种动物并不受其影响。畸形学研究中，与对照组相比，饲喂索马甜的组群并没有发现任何畸变。体外体内的诱变性研究，包括艾姆斯氏沙门菌试验和显性致死性试验，均呈阴性。人体试验志愿者每天摄入不少于 100mg，并持续数周，其血液内未发现过敏抗体或其他不利影响（WHO，1983）。无论是短期试验还是人类临床实验研究，甚至一些索马甜大剂量水平的试验，均未发现任何副作用。然而，并没有进行长期的研究试验，因此人们发出质疑，对于确立索马甜安全性地位，现有试验数据尚未充分；但在非洲西部，竹芋作为甜味剂具有悠久的历史，并且在日本也使用多年，没有报道有任何副作用。

JECFA 于 1983 年审查它的安全毒理问题后，于 1986 年 6 月同意作为一种食品添加剂使用，并对它的 ADI 值不作规定，欧美也有许多国家已批准使用。GB 2760—2014《食品添加剂使用标准》规定：索马甜可用在冷冻饮品（食用冰除外）、加工坚果与籽类、焙烤食品、餐桌甜味料和饮料类（包装饮用水除外）等食品中。

（三）其他非营养型甜味剂

除了传统的及大量研究开发的非营养型甜味剂外，许多新化合物也逐渐被建议用作蔗糖的替代品，其中一些在表 4-11 中已列出，大部分是植物萃取物。

双甜（Twinsweet）是由荷兰甜味剂公司（Holland Sweetener Company）开发的，实际上是用两种已知的甜味剂以特定形式最佳组合复配出来的化合物。双甜是安赛蜜的阿斯巴甜盐。用阿斯巴甜取代安赛蜜中的钾离子即得双甜，它在溶液中能完全离解成阿斯巴甜和安赛蜜，双甜不吸湿，易溶于水。JECFA 认为双甜未引入其他甜味剂，其 ADI 值按阿斯巴甜和安赛蜜分别计算，具体见表 4-13（FAO/WHO，2001），其安全性在美国被认为 GRAS。主要应用于口香糖中，较其他甜味剂或化合物甜味持久、耐嚼。

甜茶素是从蔷薇科植物甜茶悬钩子（*Rubus suavissimus* S. Lee）中提取出的一种低热量、高甜味的二萜苷物质甜茶悬钩子苷（Rubusside），产于广西柳州、桂林、梧州等地区。其纯品为白色针状结晶，甜度为蔗糖的300倍，而且热值低，可以与蔗糖复配使用，在甜茶素含量为1%时，可使蔗糖的甜度提高3倍。甜茶素对热和酸都比较稳定，食用时不会增加体内胆固醇含量，不致龋齿，心血管、肥胖、糖尿病等患者均可食用。

莫内林（Monellin）是用酶法处理非洲的一种野生植物（*Dioscoreophyllum cummiusii*），经萃取、精制获得的含有两条多肽链的蛋白质。莫内林的甜度为蔗糖的150~300倍，且具有甘草的风味。莫内林在食品加工过程中不稳定，用其作甜味剂的可乐饮料应用试验发现，甜味仅在饮料体系保留几个小时，随后消失。

马槟榔甜蛋白（Mabinlin）可从中药马槟榔（*Capparis masaikai* Levl.）的成熟种子中分离获得，甜味持久，但其甜度要比索马甜和莫内林弱。甜蛋白甜度高、热量低、又不易被细菌所利用，该产品适于糖尿病、心血管病等患者食用，且能预防儿童龋齿。

低聚果糖是一种呋喃低聚糖，是蔗糖在酶作用下的产物。甜度为蔗糖的40%~60%，并且在肠道内并不能够完全代谢。低聚果糖是不断发展的且在体内不能完全代谢的低聚糖的一个典型。有一些低聚糖可以被肠内特殊种类的细菌代谢，产生有益的代谢产物，进而促进这类肠内细菌的生长。然而，需要进一步对这些代谢产物的安全性进行研究。

非洲奇果蛋白（Miraculin）实际上不是甜味剂，而是一种味觉修饰糖蛋白，从非洲植物 *Richardella dulcifica* 中萃取获得。在发酵酸味食品中，非洲奇果蛋白可呈现出甜味，并持续数小时（Janelm 等，1985）。

植物萃取领域开发的糖草（L型甘素，Hernandulcin），是从墨西哥香草（*Lippia dulcis*）中得到的具有甜味的植物萃取物，甜度为蔗糖的1000倍。

三、 营养型甜味剂

（一）人工合成营养型甜味剂

1. 异麦芽酮糖（帕拉金糖，Isomaltulose/Palatinose，CNS 号：19.003，）

异麦芽酮糖属还原性双糖，1957年由 Weidenhagen 等发明。异麦芽酮糖又称为加氢异麦芽酮糖，是6-*O*-α-D-吡喃葡萄糖基-D-呋喃果糖。异麦芽酮糖是由蔗糖经蔗糖异构酶转化，再经浓缩、结晶、分离而成的甜味剂。

异麦芽酮糖分子式 $C_{12}H_{22}O_{11} \cdot H_2O$，结构式见图 4-18。纯品呈白色结晶，无异味，熔程122~123℃，热值16.72kJ/g。甜度为蔗糖的一半，在常规的酸性和碱性条件下都比较稳定。异麦芽酮糖可以作为蔗糖的替代品，用于糖果、口香糖、巧克力、果酱、果冻、谷物早餐食品、冰淇淋、软饮料及甜点等食品，也可作为餐桌甜味剂。在人体内，只有一半的异麦芽酮糖可以代谢。异麦芽酮糖最初在胃肠道中分解，形成山梨糖醇、甘露醇和葡萄糖。其生龋性比蔗糖弱，不会引起血糖升高，适于糖尿病人食用，并且致轻度腹泻的作用比山梨糖醇和木糖醇弱。

WHO 专家组在1981年对异麦芽酮糖进行评估，因考虑到其缺少长期毒理学数据结果，认为对其安全性数据尚未充分，制定了暂定 ADI 值为0~25mg/kg 体重。1985年对其 ADI 值规定为“不作限定性规定”（FAO/WHO，1985）。中国、日本、加拿大、南非、秘鲁、土耳其等国家允许使用。GB 2760—2014《食品添加剂使用标准》规定：异麦芽酮糖可在调制乳、风味发酵乳、冷冻饮品（食用冰除外）、水果罐头、果酱、蜜饯凉果、糖果、面包、糕点、饼干、饮料类（包装饮用水除外）、配制酒等食品中应用。

2. 麦芽糖醇（4-*O*-α-D-吡喃葡萄糖基山梨糖醇，Maltitol，CNS 号：19.005，INS 号：965）

麦芽糖醇由一分子葡萄糖和一分子山梨糖醇以 1,4（1,4-葡萄糖基-山梨糖醇）键相连而形成的二糖醇，结构式见图 4-19。白色晶体状粉末，熔程 135~140℃，热值 1.67kJ/g，属低能量型甜味剂。

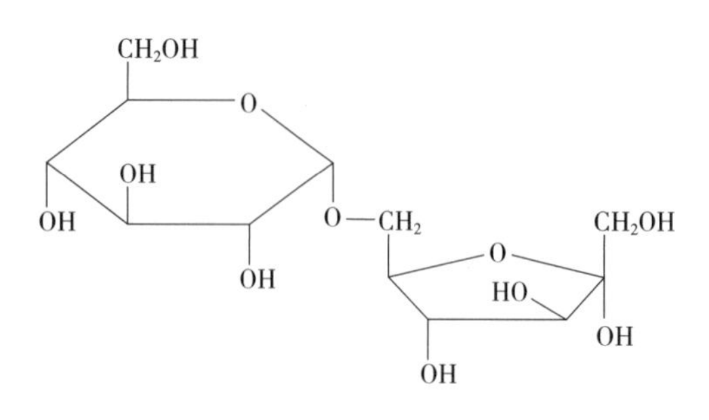

图 4-18　异麦芽酮糖

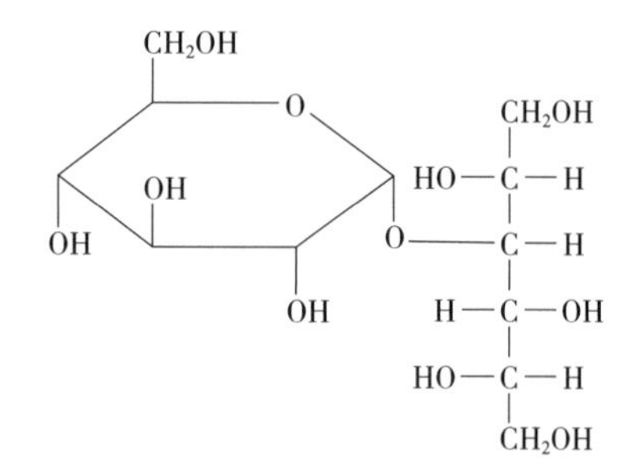

图 4-19　麦芽糖醇

麦芽糖醇由淀粉（马铃薯或玉米）加酶水解为高麦芽糖浆，再加氢得到相应的高麦芽糖醇溶液，而后结晶得到麦芽糖醇晶体。液态和晶体麦芽糖醇均有应用，这两种状态的麦芽糖醇均溶于水，在不同 pH 和温度下都非常稳定，其甜度分别为 0.6 和 0.9（以蔗糖甜度为 1）。麦芽糖醇吸湿性很强，故一般商品为含有 70%麦芽糖醇的水溶液。

至少有 50%的麦芽糖醇在摄入体内之后以完整的分子形式进入大肠，而后被大肠内微生物发酵所利用。麦芽糖醇具有较低的急性毒性（LD_{50}>24g/kg 体重）。麦芽糖醇不具有致突变、致畸性毒性。对麦芽糖醇的亚急性和长期毒理学研究表明，用麦芽糖醇灌喂的各种动物与对照相比，在行为和生物化学等方面没有明显差异。由于能量摄入减少，这些灌喂麦芽糖醇的试验动物的生长速率有所减缓。JECFA 在第 33 届、第 41 届年会上审定麦芽糖醇的 ADI 值不作限制性规定，在第 49 届年会上仍保持原定的 ADI 值规定（FAO/WHO，1997）。

GB 2760—2014《食品添加剂使用标准》规定：麦芽糖醇可用于调制乳、风味发酵乳、炼乳及其调制产品、稀奶油类似品、冷冻饮品、加工水果、腌渍的蔬菜、熟制的豆类、加工坚果与籽类、可可制品、巧克力和巧克力制品（包括代可可脂巧克力及制品）、糖果、粮食制品馅料、面包、糕点、饼干、焙烤食品馅料及表面用挂浆、冷冻鱼糜制品、餐桌甜味料、半固体复合调味料、液体复合调味料、饮料类、果冻等食品中。

3. 乳糖醇（4-β-D 吡喃半乳糖-D-山梨醇，Lactitol，CNS 号：19.014，INS 号：966）

乳糖醇早在 1912 年就已被发现，1974 年才开始大量生产，20 世纪 80 年代人们才对其性质开始关注。乳糖醇甜度较低（表 4-15），口感凉爽。有研究表明，乳糖醇比其他碳水化合物甜味剂含有较低的能量，所以其主要用途并不是用作甜味剂，更多地用作药物和功能食品配料。结晶的乳糖醇主要有三种形式：三水合乳糖醇、二水合乳糖醇和一水合乳糖醇。另有一种乳糖醇商品是 540g/L 的乳糖醇溶液。

固体乳糖醇分子式 $C_{12}H_{24}O_{11}$，结构式见图 4-20，为白色结晶或结晶状粉末或无色液体。无臭，味甜。热量约为蔗糖的一半（8.4kJ/g）。100g/L 水溶液的 pH 为 4.5~7.0。三水合乳糖醇的熔程为 52~56℃，二水合乳糖醇的熔程为 70~80℃，一水合乳糖醇的熔程为 115~125℃。

乳糖醇极易溶于水，对光、热较稳定，加热至100℃时失去结晶水，至250℃时发生分子内脱水作用而生成乳焦糖和低分子分解物。在pH3～9，100℃下仍稳定，不分解，不变色，但可被强酸、强碱所分解。乳糖醇基本无吸湿性，是吸湿性最小的糖醇之一，可以代替山梨糖醇用于口香糖的生产，以防止生产中和保质期内的吸潮，此外，还具有较高的保湿性能，防止食品干燥，避免糖、盐从食品中析出结晶，保持食品的风味。乳糖醇可由乳糖或乳果糖加氢制得。即可用脱脂乳制得乳糖液，然后在镍催化下通入氢气，加压氢化（100℃，30%～40%乳糖液，4MPa）后过滤，经离子交换树脂和活性炭脱色后浓缩、结晶而成（张卫民等，2003）。

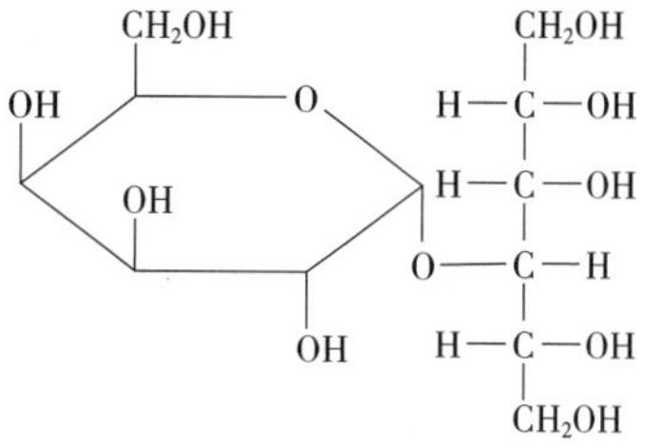

图4-20　乳糖醇

乳糖醇最主要是作为一种综合性能良好的蔗糖替代品而加入巧克力、冰淇淋、硬糖果、软糖、口香糖及焙烤等食品中（信成夫等，2016）。乳糖醇由于甜度较低，作为甜味剂应用于大多数食品中并不引人注目；但添加乳糖醇生产的产品具有极好的口感，并且没有不良后味产生。由于其能量较低，乳糖醇和其他大部分多元醇一样可以应用于糖尿病患者等特殊人群食品中，可以替代乳糖用于特殊饮食食品的生产；还可以用作填充剂或质构改良剂，在面包、蛋糕中加入乳糖醇可有效增加其弹性，提高口感和延长保质期。乳糖醇作为配料成分在制药中也有应用。

乳糖醇很稳定，在胃肠道中不易被消化和吸收，在结肠部末端易被微生物利用、分解。乳糖醇不刺激胰岛素的分泌，可抑制血糖上升、脂肪积累。乳糖醇不会被口腔内的微生物发酵，具有抗龋齿性。乳糖醇具有调节肠道菌群和pH的功能，可使肠道中的双歧杆菌增殖10～100倍。乳糖醇的毒理学研究表明，除大量摄入乳糖醇会导致腹泻外，其他方面没有明显的副作用（WHO，1983）。JECFA对乳糖醇的ADI值不作规定（WHO，1983）。我国于1997年批准乳糖醇可用作甜味剂。欧盟规定含乳糖醇的食品标签上必须写明“过量摄取可能引起腹泻，但每人每天食用20g乳糖醇不会引起腹泻”。日本、加拿大、巴西、丹麦、英国、墨西哥、美国、瑞士、韩国、印尼、马来西亚、西班牙、瑞典、南非等国也已批准使用。

GB 2760—2014《食品添加剂使用标准》规定：乳糖醇可在各类食品中按生产需要适量使用，但不包括表A.3所列食品类别。

（二）天然营养型甜味剂

1. 山梨糖醇（山梨醇，Sorbitol，CNS号：19.006，INS号：420）

山梨糖醇是一种己六醇，最初发现于花楸的浆果果实中，在许多水果和蔬菜中存在。山梨糖醇分子式$C_6H_{14}O_6$，与葡萄糖具有相同的空间构型，结构式见图4-21；山梨糖醇纯品为无色、无嗅的针状晶体，山梨糖醇是由还原糖化学合成而来。山梨糖醇的甜度约为蔗糖的一半，热值12.54kJ/g，其一些性质见表4-16。

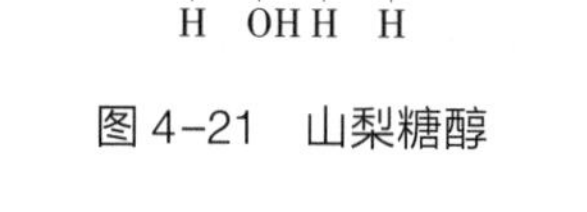

图4-21　山梨糖醇

山梨糖醇主要用作糖尿病患者的甜味剂，通常与中等甜度甜味剂混合使用，具有特殊的风味，并且在液体中具有良好的黏性。山梨糖醇可在无糖食品、口香糖和糖尿病患者食品中使用，当与其他糖类混合时，可以改善食品的结晶特性。将其添加于果葡糖浆可减少贮藏过程的结晶现象。山梨糖醇用作水分保持剂和稳定剂，并且用作丙三醇的替代品。在低能量饮品中添加少量山梨糖醇可以掩盖糖精的不良后味。在欧洲，使用山梨糖醇的食品包括糖果、药片锭剂、糖尿病患者食用的果酱和饼干、冰淇淋、巧克力和糕饼等。

JECFA 对山梨糖醇的 ADI 值不作规定（WHO，1982）。由于山梨糖醇吸收较为缓慢，如果考虑产生的热量，用山梨糖醇作甜味剂的食品适合糖尿病患者食用。然而每人每天食用超过 50g 山梨糖醇时，因在肠内滞留时间过长可导致腹泻和腹胀，美国 FDA 规定含山梨糖醇的食品标签必须标明“过量摄取可能导致腹泻”以示警告，其 LD_{50} 为 15.9g/kg 体重（大鼠，经口）。在饮食过程中，不断地增加山梨糖醇的摄入量，可以增强个体对其耐受能力。目前，中国、美国、日本等 20 多个国家和地区允许山梨糖醇用作甜味剂。

GB 2760—2014《食品添加剂使用标准》规定：山梨糖醇可用于炼乳及其调制产品、冷冻饮品（食用冰除外）、果酱、腌渍的蔬菜、熟制坚果与籽类（仅限油炸坚果与籽类）、巧克力和巧克力制品、糖果、生湿面制品（如面条、饺子皮、馄饨皮、烧卖皮）、面包、糕点、饼干、焙烤食品馅料及表面用挂浆（仅限焙烤食品馅料）、冷冻鱼糜制品、调味品、饮料类、膨化食品等食品中。

2. 木糖醇（Xylitol，CNS 号：19.007，INS 号：967）

木糖醇是存在于大多数水果和蔬菜中的一种五碳糖醇，商业生产的木糖醇是用含有木聚糖的植物原料进行酸水解，加氢并进一步纯化，如用玉米芯、甘蔗渣、棉籽壳等原料，加入硫酸使其水解，净化处理后加入氢氧化钠调节 pH 至 8，通入氢气，加压加热进行氢化反应，然后脱色、浓缩、结晶而成；木糖醇同样可以采用微生物发酵的方法进行生产。

木糖醇分子式 $C_5H_{12}O_5$，结构式见图 4-22，白色晶体或结晶性粉末，其性质见表 4-16。结构上不具有醛基或酮基，加热不产生美拉德反应。室温条件下，木糖醇的甜度略低于蔗糖（表 4-16），是山梨糖醇的 2 倍，甘露糖醇的 3 倍，并且与蔗糖具有相同的热值，直接食用时会有凉爽的口感。

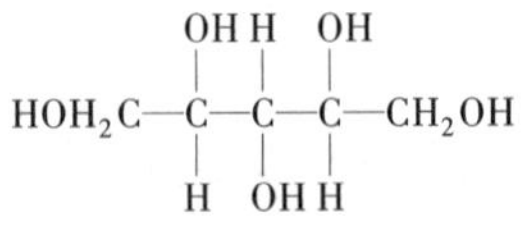

```
         OH H  OH
         |  |  |
HOH2C—C—C—C—CH2OH
         |  |  |
         H  OH H
```

图 4-22　木糖醇

表 4-16　多元醇甜味剂的一些特性

多元醇	甜度（蔗糖=100）	熔程/℃	25℃溶解性/（g/100g 水）	对血糖的影响	致腹泻作用	ADI 值，制定时间
木糖醇	90~100	93~94.5	64	很低	++	不作规定，1985
山梨糖醇	5~60	93~112	72	低	++	不作规定，1982
甘露醇	50~60	165~168	18	无	+++	不作规定，1987
乳糖醇	3~40	94~97	149	低	+	不作规定，1983
麦芽糖醇	80~90	—	易溶	无	++	不作规定，1985
异麦芽糖醇	50	—	易溶	无	+++	不作规定，1985
赤藓糖醇	60~70	126	58	无	—	不作规定，2000

木糖醇通常可以替代蔗糖，应用于糖果、甜点、巧克力和口香糖的生产，尤其是无糖产品及非致龋齿性口香糖。用于口香糖、胶姆糖等糖果中，具有润喉、洁齿、防龋齿等特点。

利用其不发酵性，用于饮料、牛乳、果脯、酸奶、果酱、八宝粥中，使其口感好，甜味持久。木糖醇是糖尿病患者理想的食糖代用品，成人每天的总摄入量一般不超过40g，儿童减半。用于无糖月饼、蛋糕、饼干、曲奇等烘焙食品中，可以制成不同风味的焙烤食品。在酒类生产中。木糖醇作为酒类添加剂，以改善酒类的品质，加入0.5%~3%的木糖醇能改进酒的色香味。

人体对木糖醇的吸收缓慢，其主要部分可能被肠内微生物代谢所利用，除此之外，木糖醇也在肝中代谢。一次摄入木糖醇不超过30g的情况下，不会产生致病作用，也不会引起血糖及胰岛素分泌的明显增加，更多地摄入木糖醇会引起肠胃不适或腹泻，这可能与肠内微生物无法代谢如此大量的木糖醇有关。木糖醇的致癌、致突变及致畸等毒理学研究均为阴性。20世纪70年代，JECFA将木糖醇批准为A类食品添加剂，其ADI值不作限制性规定。

GB 2760—2014《食品添加剂使用标准》规定：木糖醇可在各类食品中按生产需要适量使用，但不包括表A.3所列食品类别。

3. 赤藓糖醇（Erythritol，CNS号：19.018，INS号：968）

赤藓糖醇是一种重要的填充型甜味剂，在自然界分布广泛，海藻、蘑菇以及甜瓜、樱桃、桃等水果中均含有赤藓糖醇，一些发酵食品中也存在赤藓糖醇。赤藓糖醇最早是采用生物技术利用某些酵母或霉菌进行生产。由淀粉等经酶法水解获得的富含葡萄糖基质，经渗透酵母（*Moniliella* sp. *Trichosporonides* sp.）或霉菌（*Aureobasidium* sp.）发酵生成，主要含赤藓糖醇、丙三醇、核糖醇及微量其他多元醇混合物，然后经过滤、浓缩、精制而得到赤藓糖醇，平均收率约50%。中华人民共和国原卫生部2008年第13号公告，增补两种赤藓糖醇的生产用菌株（*Moniliella pollinis* 和 *Trichosporonoides megachiliensis*）。赤藓糖醇还可以从海藻、苔藓及一些草类中提取，也可以人工合成。人工合成法是由丁烯二醇与过氧化氢反应，其中丁烯二醇是由乙炔和甲醛先制成2-丁炔-1,4-二醇，然后将其水溶液与活性镍催化剂混合并加入氨水，在0.5MPa压力下通入氢气，氢化后获得赤藓糖醇产品。

赤藓糖醇为白色结晶粉末，是一种四碳多元醇，化学名为1,2,3,4-丁四醇，分子式$C_4H_{10}O_4$，结构式见图4-23，相对分子质量122.12，熔点119℃，沸点329~331℃。赤藓糖醇溶于水成为无色溶液，25℃溶解度为360g/L。化学性质类似于其他多元醇，不含还原性端基，对酸稳定（适用pH2~12）；耐热性很强，即使在高温160℃条件下也不会分解或加热变色。赤藓糖醇是一种极难吸湿的糖醇，在20℃、相对湿度达90%仍不吸湿。热量为蔗糖的1/20，木糖醇的1/15。甜味接近蔗糖，相对甜度是蔗糖的70%~80%，甜味纯正，无不良后苦味。溶解时吸热（-97.4J/g），食用时有一种凉爽的口感特性。赤藓糖醇与糖精、阿斯巴甜、安赛蜜复配，可掩盖强力甜味剂通常带有的不良味感或风味，如赤藓糖醇与甜菊糖苷以1000：（1~7）复配，可掩盖甜菊糖苷的后苦味。

```
         OH OH
         |  |
HOH2C—C—C—CH2OH
         |  |
         H  H
```

图4-23 赤藓糖醇

赤藓糖醇作为低热量甜味剂可广泛应用于焙烤制品、各类糕点、乳制品、巧克力、各类糖果、餐桌糖、口香糖、软饮料、乳制品以及糖尿病患者专用的食品中，不仅较好地保持了食品的色香味，而且还能有效地防止食品变质。由于赤藓糖醇熔点低、吸湿性低，可利用这一特点进行食品涂抹保藏，从而延长食品的保质期。例如，煎饼在125℃的赤藓糖醇溶液中浸渍1~2s，室温下冷却，在相对湿度80%，温度30℃下放置5d后，涂抹赤藓糖醇的煎饼吸水率仅为0.5%，未涂抹的是18%。可利用赤藓糖醇溶解时吸热大的特点制成清凉性固体饮料。实验表明，10g赤藓糖醇溶解于90g水中，温度下降约4.8℃。在100mL，22℃的自来水中溶解17g赤藓糖醇时，约有6℃的降温效果。赤藓糖醇和其他甜味剂并用，可制成低热量、非蚀性、有清凉感的糖果及餐桌甜味料；利用赤藓糖醇的低渗透压性能，还可以生产低酸性发酵乳制品。

赤藓糖醇是小分子物质，通过被动扩散很容易被小肠吸收，大部分都能进入血液循环，少量直接进入大肠作为碳源被微生物发酵，进入血液的赤藓糖醇不能被机体利用，只能透过肾从血液中滤去，经尿排出，进入机体内的赤藓糖醇有80%通过尿排出。赤藓糖醇的人体最大无作用量为山梨醇的2.7~4.4倍，木糖醇的2.2~2.7倍。JECFA在第53届年会审定赤藓糖醇不具有致癌性、致突变性、致畸性和生殖毒性，其ADI值不作限制性规定（FAO/WHO，2000）。GB 2760—2014《食品添加剂使用标准》规定：赤藓糖醇可在各类食品中按生产需要适量使用，但不包括表A.3所列食品类别。

4. D-甘露糖醇（D-Mannitol，CNS号：19.017，INS号：421）

D-甘露糖醇是一种己糖醇，是山梨糖醇的立体异构体，无色至白色针状斜方柱状晶体或结晶性粉末。普遍存在于一些植物源食品中，如甜菜、芹菜、橄榄和海藻，甜度为蔗糖的40%~50%，并且其性质与山梨糖醇十分相似（表4-16），溶解性较山梨糖醇差。

D-甘露糖醇可用在无糖食品、无糖口香糖、糖果和冰淇淋中。除了用作甜味剂外，D-甘露糖醇也可用作质构改良剂、抗结剂和水分保持剂，可在谷物早餐中用作糖粉。目前，D-甘露糖醇主要用作无糖口香糖的甜味剂和口香糖表层的糖粉。

D-甘露糖醇在肠道中吸收很缓慢，且可能会引起腹泻和肠胃胀气。在试验过程中，发现试验动物对其不断的适应性。每天食用量不得超过20g，LD_{50}为17.3g/kg体重（大鼠，经口），人体若摄入20~30g D-甘露糖醇后，会轻度腹泻。毒理学研究表明，D-甘露糖醇除了会导致腹泻外，没有其他副作用。D-甘露糖醇的ADI值为不作限制性规定（FAO/WHO，1986）。中国、美国、日本等20多个国家和地区允许甘露醇作为甜味剂使用。我国GB 2760—2014《食品添加剂使用标准》规定：D-甘露糖醇可在糖果中使用。

四、 甜味剂在食品工业的应用

（一）甜味剂在食品工业中的应用

1. 在饮料中的应用

饮料中甜味剂的品质和成本直接关系到产品的品质和质量。当今，人们对饮料的要求不仅要有良好的口感、味质，而且还要注重其营养价值和内在质量。高倍甜味剂中的阿斯巴甜、安赛蜜、三氯蔗糖等广泛应用在无糖碳酸饮料中。阿斯巴甜对天然风味有较明显的协同增效作用，可加强果汁饮料的风味，在果蔬汁、果汁、含乳饮料、茶饮料等应用广泛。三氯蔗糖具有良好的稳定性，不易与其他物质发生反应，不会对饮料的香味、色泽、黏度等稳定性指标产生任何影响；且三氯蔗糖在高温下具有良好的稳定性，适用于采用加热杀菌的饮料，避免这类饮料在高温时出现的甜度降低和甜味口感下降等现象；在功能性饮料的生产中，三氯蔗糖可以掩蔽维生素等功能性成分产生的苦味、涩味等不良味道；在发酵乳和乳酸菌饮料的生产中，三氯蔗糖不仅不会被乳酸菌和酵母菌分解，也不会抑制发酵过程，非常适用于发酵乳类、乳酸菌类饮料的生产。另外，在酒精饮料生产中添加三氯蔗糖，可以起到缓解酒精饮料辛辣口感的独特作用。纽甜以其独特的清凉口味以及甜味协同作用，用于碳酸饮料或非碳酸饮料中，且性质很稳定，与市场上销售的低能量碳酸饮料如柠檬汽水、柠檬茶、酸奶等的保质期相同。在饮料中添加赤藓糖醇，可以提高饮料的甜度、厚重感和滑润感，降低苦涩感，掩饰异味，改善饮料的整体风味，提高其甜味品质，同时降低饮料中蔗糖的添加量及其热量。利用赤藓糖醇生产新型低热量果汁饮料时，可降低其热量的75%~80%。在茶饮料中添加赤藓糖醇既降低了茶饮料热量又明显减少其苦后味，建议添加量为0.8%~2%。另外，赤藓糖醇对果汁饮料中的维生素C也有一定的保护作用，能够促进溶液中乙醇分子与水分子结合，可降低酒类饮料中酒精的异味和感官刺激，有益于改善蒸馏酒和葡萄酒的质量。在酒精饮料中添加0.5%~1%的赤藓糖醇，还能大大缩短发酵周期。低温条件下，木糖醇和麦芽糖醇以1：1的比例复配使用能够使无糖饮料口感柔和醇厚，产品口感清爽宜人，木糖醇主要是改善饮料的甜味及赋予其清凉感，还可以控制热量，稳定和保护营养成分不受破坏，麦芽糖醇给予饮料以质体感。甜菊糖苷化学结构稳定，能增长饮料保质期，在饮料中应用较多。用0.462g/L的甜菊糖苷代替60g/L的蔗糖的添加量不影响冰红茶的性状，还能有效降低产品的热量。利用罗汉果甜苷与葛根提取物制成的低糖型固体饮料冲溶后澄清透明，气味清香，具有解渴、利尿、提神、降血压、促进肠胃蠕动的功效。

2. 在焙烤食品中的应用

随着人们健康意识的提高，焙烤产品由原来的高糖高油高热量逐渐向低糖、低脂、低热量、营养、健康过渡。利用甜味剂低能值及甜味剂间的协调作用替代蔗糖，不仅有利健康，而且可以使焙烤产品具有更好的结构紧密性和柔软性，所以甜味剂广泛应用于焙烤食品。纽甜在高温焙烤中，只有很少一部分（约15%）的损失，而且这一损失并不会对产品的风味及品质构成影响，可用于焙烤食品中。当纽甜替代20%左右的蔗糖时，蛋糕的口味更易被接受，其口感优于完全使用蔗糖生产的产品。面包中加适量木糖醇可有效保持面包的体积和水分，降低面包的硬度，增加面包的含水量，改善面包的焙烤特性。木糖醇不参加美拉德反应，以其为原料制成的含奶油焙烤制品色泽更加洁白；而对于深色焙烤食品的加工，木糖醇与果糖的配合使用则可以很好地解决色泽问题。添加赤藓糖醇可以减少烘焙产品将近30%的热量，并且可以使产品保持良好的新鲜度和柔软性，延长产品的保质期。试验表明，煎饼在125℃的赤藓糖醇溶液中浸渍1~2s，室温下冷却，在相对湿度80%，温度30℃的条件下放置5d后，吸水率仅为0.5%。未经赤藓糖醇处理的产品吸水率达18%。在高浓度油糖类蛋糕和松糕中，使用赤藓糖醇和麦芽糖醇的混合物来替代蔗糖，可以获得具有良好口感、较长保质期的低糖类产品。罗汉果甜苷代替蔗糖制造出来的饼干结构质地好，入口后清凉爽口，咀嚼无干涩感。

3. 在乳制品中的应用

三氯蔗糖对乳酸菌无抑制作用，蔗糖被完全替代后后产品的发酵不受影响，甜度和口感基本保持不变。在酸乳中使用4%的蔗糖，其余部分用三氯蔗糖代替能生产出品质优良的低糖酸乳。纽甜耐酸耐碱，在潮湿的环境中也相对更稳定，因此可用于乳制品及早餐谷物食品的生产。甜菊糖苷甜味与乳酸所具有的特殊收敛性酸味相调配，可完全替代蔗糖，制成有清凉感的产品。在发酵乳制品中加入甜菊糖苷可促进乳酸菌的繁殖，增加活菌数，加入甜菊糖苷的酸奶在硬度、黏性、凝聚性和弹性方面与全蔗糖的酸奶并无显著差异。此外，在贮藏期内，随着甜菊糖苷添加量的增加，酸奶的酸度变化趋于平缓，减缓酸奶的后酸化。

4. 在糖果中的应用

甜味剂不但热量低，而且有预防龋齿的作用，在糖果、巧克力等产品中被广泛的应用。纽甜适于制造无糖和低热量的糖果、巧克力、胶基糖果，满足了日益注重健康的消费需求。纽甜具有令人满意的类似蔗糖的甜味，无热量，并能够强化、延长风味，适合于生产无糖胶基糖果。赤藓糖醇在糖果配方中替代蔗糖，除有明显降低热量、改善低热量糖果的消化耐受性、改善产品的风味、组织形态及贮存稳定性等作用外，还可以有效防止因为蔗糖引起的龋病问题。在巧克力中应用，除了减少巧克力的“起霜”，使巧克力在食感、风味、口感等方面更优于蔗糖制品外，对防止龋齿也有很好的效果。由于木糖醇不会发生美拉德反应，代替蔗糖生产的糖果，色泽稳定，能够经受高温环境，不易发生分解。应用木糖醇生产的糖果还具有良好的贮存性能，即使暴露在空气中也不会吸潮，延长了产品保质期。

5. 在其他方面中的应用

冰淇淋属于高糖、高油产品，热值高，通过使用阿斯巴甜、纽甜、糖醇类甜味剂及其他填充料，开发出无糖低热量冰淇淋等产品，能够有效达到降糖的效果。此外，制得的冰淇淋和冰冻甜点心具有很好的溶解特性和质构特征。

在果脯、蜜饯中，用甜菊糖苷和罗汉果苷等高倍甜味剂代替 20%~30% 的蔗糖，这可以解决甜味剂添加过量的问题；另一方面高倍甜味剂添加量较少，能够降低食品的成本。

甜味剂还可用于改善酒类的品质，甜菊糖苷配制的白酒，可压抑低度酒的糙辣味，甜味持久。甜菊糖苷应用在啤酒中，可起增泡作用，使啤酒泡沫丰富、洁白、持久。日本研究认为，加入 0. 13%~3%的木糖醇能够改善酒的色香味。例如清酒中加入 0. 13%的木糖醇代替葡萄糖，可使清酒香味芳醇，甜味柔和，并有减轻微生物腐败的特性；威士忌酒中加入 0. 15%~2%的木糖醇，也取得了类似效果；在白酒中加入 1. 15%的木糖醇，可使白酒口味滑爽、醇厚。

（二）甜味与其他基本味间的相互作用

甜味对于食品的可接受性非常重要，但甜味感通常与各种复杂的风味混合在一起，且经常受食品酸度、质构、风味的影响。具有不同风味特征的产品，其中任一呈味物质都可被感知，但不再像单一呈味物质所感受到的味感明显，这种现象被称为味的“消杀现象”，且经常存在于不同味道的产品中。甜味剂之间及甜味剂与其他呈味添加剂之间的相互作用将对很多食品及饮料产品的整体风味轮廓产生影响。

1. 甜味剂与苦味物质间的相互作用

很多食品和饮料既具有甜味也具有苦味特征，典型代表是巧克力糖果和咖啡饮品。上述两种产品的苦味均被所含有的甜味所抑制。蔗糖掩蔽可可苦味的能力与可可的苦味降低蔗糖甜味的感知力是混合后消杀的结果，也是这种感官现象的重要表现。

甜味和苦味之间的相互抑制经常存在，这种消杀现象并不是化学分子在溶液中的相互作用或者对味蕾的竞争导致的，而是外在媒介的作用。首先，从甜味-苦味混合溶液中不添加甜味物质，或者用蔗糖或者用匙羹藤提取液使舌头适应，使感知的苦味增强。由于自适应和匙羹藤抑制甜味均不影响舌头所感知的蔗糖浓度，所以消杀现象主要是神经抑制。

2. 甜味剂与酸味剂间的相互作用

食品和饮料因 pH 变化，产品从酸性到中性有不同表现；其口感也从弱酸性的酸奶到强酸性的软饮料及硬糖食品。在很多食品产品中，蔗糖及其他糖类甜味剂除了赋予产品甜味特性之外，还具有提供产品体积，改善产品质构的作用，因此，糖类甜味剂的用量往往控制在提供理想的食品质构水平附近，而不是达到理想甜味的用量水平，并通过改变酸味剂的用量达到满意的糖酸比。与之相对应的是，高倍甜味剂是单功能食品配料——仅提供甜味，在这种情况下，酸味剂抑制甜味剂将带来显著的经济影响，如高倍甜味剂应用于碳酸饮料中。

传统理念而言，酸味剂能抑制甜味剂甜感的释放。比如柠檬酸能够抑制蔗糖的甜感，但柠檬酸抑制蔗糖甜感的作用不及蔗糖抑制柠檬酸酸感的作用显著。所有的文献均表明，柠檬酸产生的酸感与蔗糖产生的甜感之间互相抑制。另外碳酸化的甜味液体所感受的甜感也将降低。碳酸化将显著降低实际蔗糖添加量所带来的甜感，但令人感到奇怪的是，在接近甜味感知阈值时，碳酸化过程能促进甜味感知。

酸味剂影响果糖溶液的甜度是一个特例。果糖溶液中存在三种差向异构体，β-吡喃糖，β-呋喃糖及 *keto*-六碳糖。在这三种糖中，仅有 β-吡喃糖具有甜味，当果糖溶液的 pH 下降时，β-吡喃糖异构体增多，从而溶液的甜味增强。因此在低温和低 pH 时，果糖溶液的甜度最高。

很少有文献记载酸味剂对高倍甜味剂的影响，发表的文献因为不同的评价方法而难以比较，另外甜味剂的蔗糖当量甜度也无法定量。但很多资料表明，在酸性溶液中阿斯巴甜的甜度高于相同当量蔗糖在水中的甜度。另外也有文献说明酸味剂能提高甜度，上述实验结果常令人感到困惑：是阿斯巴甜的甜度被酸味剂真正提高了？还是酸味剂抑制了蔗糖的甜度？

此外，不同酸味剂表现出不同的酸感，苹果酸的酸感要长于柠檬酸，这样的感知区别使得苹果酸更适合作为高倍甜味剂的酸味剂，特别是适合有绵长后苦味的高倍甜味剂。但这些推测需要系统的实验结果验证。

3. 甜味剂与咸味物质间的相互作用

几乎很少食品给消费者既甜又咸的感知，只有一些以番茄为原料的汤、汁制品。但乙酸钾、氯化钾、氯化钠这些盐在特定浓度时能够增强甜味感知（表 4-17）。有研究认为番茄制品的风味品质与甜味有密切关系。Rosett 等（1997）开发番茄汤产品时发现，产品的咸味强度与整体的番茄风味成正相关，而且产品配方中如果含有原料乳，咸味将被掩盖，这表明咸味会被牛乳中乳糖源的甜味剂所掩蔽。

表 4-17　　增强甜味的盐类

盐	显著提升甜味的剂量/（mg/L）	盐	显著提升甜味的剂量/（mg/L）
乙酸钾	700	碳酸钾	450
氯化钾	450	乙酸镁	700
氯化钠	300		

4. 甜味剂之间的相互作用

甜味协同作用是指两种甜味剂混合后带来的甜感比其中任何一种甜味剂单独使用时更强。有些甜味剂之间能表现出很强协同作用的机理在目前还不能确定，但机理的阐释与协同作用带来的经济效益和成本缩减而言并不重要。最显著的甜味协同作用发生在阿斯巴甜与安赛蜜之间，部分甜味剂之间具有协同效应及不具有协同效应的情况见表 4-18。表中所列的甜味剂组合所表现的甜味协同效应可能也来源于添加剂复配的“消杀”效应，以阿斯巴甜为例，阿斯巴甜的甜味能有效消杀糖精或安赛蜜等甜味剂的后苦味。阿斯巴甜通过简单的抑制糖精或安赛蜜的后苦味，从而使糖精或安赛蜜被其后苦味所掩蔽的甜味得以释放并被感知，从而产生比单一甜味剂更甜的感知。

表 4-18　　高倍甜味剂之间有协同效应与无协同效应组合

强协同作用的甜味剂组合	无协同作用的甜味剂组合
阿斯巴甜-安赛蜜	糖精-安赛蜜
阿斯巴甜-糖精	三氯蔗糖-糖精
甜蜜素-阿斯巴甜	三氯蔗糖-安赛蜜
糖精-甜蜜素	三氯蔗糖-阿斯巴甜
安赛蜜-甜蜜素	三氯蔗糖-甜蜜素

尽管有关复配甜味剂对味道影响的报道尚不多见，但复配甜味剂中，甜味剂的种类越多，获得的甜感越接近蔗糖。

（三）软饮料开发过程中甜味剂的选择

开发低能量食品和饮料的主要困惑是所有的甜味剂不能简单地替代蔗糖，产品配方必须重新设计。产品成功的两个关键因素是风味和质构。因为用蔗糖提供甜味的产品与用甜味剂提供甜味的产品，两者的风味存在明显的差异，当开发低能量食品或饮料产品时，产品的风味必须进行适当地调整。首先产品的甜酸需要达到适当的平衡。当来自甜味剂的延滞甜味超过了所期望的甜味时，可以通过提高产品的酸度进行修正。另外，如果甜味剂的用量达到了所期望的甜度，但存在不可掩蔽的后味，这可以通过降低产品酸度的前提下减少甜味剂用量，从而减少甜味剂的不良后味。

开发低能量产品的另外一个方面是产品的质构，因为甜味剂取代蔗糖，减少了产品的可溶性固形物含量，这通常可通过添加合适的胶体或者填充剂（Bulking agent）解决。在软饮料开发中的另一个备选方案是实现甜味与酸味间的平衡，通过使用新的香精或调整碳酸化水平。

虽然阿斯巴甜能够呈现与蔗糖非常相似的甜味，但蔗糖与阿斯巴甜的功能不同，在多数情况下，蔗糖并不能简单地由天门冬氨酰苯丙氨酸甲酯替代，蔗糖的一些物理及功能特性必须使用一些合适的填充剂和碳水化合物予以补充。例如，添加阿斯巴甜作为甜味剂的饮料食品，可以选用葡聚糖作为填充剂。

此外，甜味剂的价格是一个重要因素，非营养型甜味剂在实现蔗糖用量的甜度时，成本相对便宜。然而，如果需要添加填充剂，则就会明显地增加生产成本。

总之，在实际生产中选择甜味剂时，至少要考虑以下几个方面：与法规规定的一致性、实用性、等甜度的价格（包括其他成分和添加剂的成本）、营养价值、感官特性以及在食品体系中的功能特性。在决定了改良一种产品的主要方向和所选择的甜味剂之后，产品的优化更重要。

（四）全糖及无糖花生露配方之比较分析

全糖及无糖花生露配方的比较分析见表 4-19。

表 4-19　　全糖及无糖花生露配方比较

原料	花生露（全糖）	花生露（无糖）
	用量/kg	用量/kg
花生仁	40	40
白砂糖	80	—
木糖醇	—	60
安赛蜜	—	0.025
三氯蔗糖	—	0.025
碳酸氢钠	适量	适量
单甘酯	0.2	0.2
复配乳化剂	1.8	1.8
稳定剂	—	2
复配磷酸盐	0.2	0.2
乙基麦芽酚	0.007	0.007
香兰素	0.013	0.013
花生香精	0.88	0.88
水	定容至 1000L	定容至 1000L

注：无糖产品选用三氯蔗糖和安赛蜜作为甜味剂，同时选用木糖醇来提供可溶性固形物及改善口感；产品的最终稳定性通过选用合适的稳定剂及调整配方来实现。

第四节　增　味　剂

增味剂，又称风味增强剂，是指补充或增强食品原有风味的物质。常用的增味剂有 L-谷氨酸一钠（MSG）、5′-肌苷酸二钠（IMP）和 5′-鸟苷酸二钠（GMP）；增味剂商品有味精、鸡精、干贝素等。

世界各地何时广泛采用蔬菜、肉或骨头烹制美味的汤肴虽已无从考证，但早在公元 8 世纪的日本，就有关于使用烘干的海藻制作汤料的记载。Ritthausen 在 1866 年首次从面筋（小麦蛋白）中分离得到谷氨酸，并对其命名。1908 年，日本的 Kikunae Ikeda 教授从海带肉汤中成功分离出谷氨酸，同时将谷氨酸的独特味感命名为“Umami”，并提出该味也是一种基本味，与四种传统基本味（酸、甜、苦、咸）并列。我国描述鱼和肉的“鲜味”一词，即指“Umami”。在 1913 年 Shintaro Kodama 研究鲣鱼干制品时发现肌苷酸（次黄嘌呤核苷酸）是另一种典型的鲜味物质。当 Akira Kuninaka 在 1960 年从普通香菇汁中认识到 5′-鸟苷酸是构成鲜味的另一关键成分后，鲜味的组成得以阐明。

一、鲜味基础

（一）鲜味特性

微量谷氨酸钠就可以增强食品的风味强度，但鲜味与酸、甜、咸、苦四种基本味中的任何一种均不同，味觉受体也不同；鲜味不能通过混合任何四种基本味的化合物实现。鲜味不会影响其他任何风味刺激，但会增强如持续性（Continuity）、适口性（Mouthful）、影响力（Impact）、温和性（Mildness）等风味特征，使食品变得更美味。因此，鲜味也是一种基本味。

Tilak 根据鲜味物质在受体上的特点，提出了酸甜咸苦四种基本味的感受位置在一四面体的边缘、表面、内部或邻近四面体处，而鲜味独立于四面体外部的鲜味受体模式（图 4-24）。并通过 MSG 对食盐、盐酸、蔗糖、奎宁四种基本味代表物质对老鼠鼓索神经的刺激实验发现，MSG 没有改变四种基本味代表物对神经的响应效应；另外发现，老鼠舌和咽的神经纤维对 MSG 特别敏感，但对蔗糖和食盐没有刺激反应，从而认为鲜味是独立的基本味。

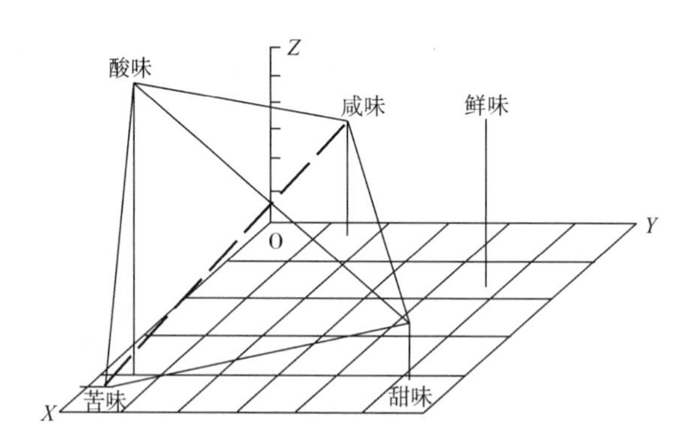

图 4-24　鲜味与四种基本味的相对位置

（二）鲜味呈味机理

目前有关鲜味受体的性质尚无定论，但 MSG 与 IMP 不同的鲜味阈值及其鲜味强度随浓度变化的不同趋势认为 MSG 和 IMP 的鲜味受体不同，其呈味机理也不一致。

1. 谷氨酸钠及其衍生物

L 型含有 4~7 个碳 α-氨基二羧酸盐，通常与 L-谷氨酸钠（Ⅰ）具有类似的呈味特性（图 4-25）。具有苏式结构及羟基在 β 位的化合物，如 DL-苏式-β-羟基谷氨酸钠（Ⅱ），与具有赤式结构和羟基在 γ 位的化合物相比，具有更强烈的呈味特性。在 L-谷氨酸钠分子的 γ 位上具有一个磺酸基（—SO_3H）的 L-高半胱氨酸钠（Ⅲ）也具有鲜味。其他具有相似味觉特性的氨基酸盐有鹅膏蕈氨酸（Ibotenic acid，Ⅳ）、口蘑氨酸（Tricholomic acid，Ⅴ）和 L-茶氨酸（Ⅵ）；相反，α 氢原子被一个甲基替代后形成的 α-甲基-L-谷氨酸钠（Ⅶ）并没有味道，而 L-谷氨酸钠的氨基和 γ 位上的羧基失掉一分子的水，形成的吡咯烷酮酸（Ⅷ）仅具有酸味。由此可知，L-谷氨酸钠产生鲜味主要是由于 α-NH_3^+ 和 γ-COO^- 两个基团之间产生静电吸引形成五元环结构，当 α-C 和 γ-C 上的基团性质发生改变时，其鲜味即消失。

2. 核苷酸

鲜味与核苷酸化学结构之间的关系已有系统的研究，结构式见图 4-26，嘌呤核苷酸至少

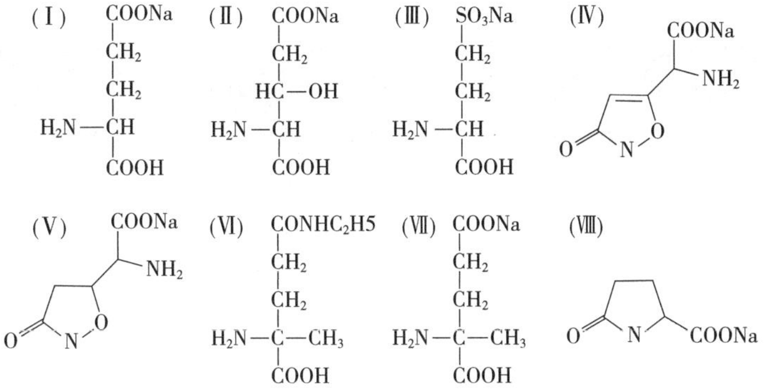

Ⅰ：L-谷氨酸钠

Ⅱ：L-苏式-β-羟基谷氨酸钠

Ⅲ：L-高半胱氨酸钠

Ⅳ：鹅膏蕈氨酸钠

Ⅴ：口蘑氨酸钠

Ⅵ：L-茶氨酸钠结构式中无Na^+

Ⅶ：α-甲基-L-谷氨酸钠

Ⅷ：吡咯烷酮酸钠

图 4-25　谷氨酸钠及其衍生物

有 2 个位置与鲜味受体相结合，分别是嘌呤环的 C-6 上的羟基及核糖环 C-5′上的磷酸酯键，因此其呈现出鲜味。然而，嘌呤核苷酸在核糖环的 C-2′和 C-3′上磷酸化后就没有味道。因此，IMP、GMP 和 XMP（黄嘌呤核苷酸二钠）均具有鲜味。脱氧嘌呤核苷酸在嘌呤环的 C-6 上有一个羟基，脱氧核糖环的 C-5′上有一个磷酸酯键，也具有鲜味，但鲜味强度比核糖核苷酸要弱一些。C-5′上的磷酸必须同时具有羟基的一级和二级解离才能呈现鲜味；如果羟基被酯化或酰胺化后将失去鲜味。众所周知，核苷酸的合成衍生物如 2-甲基-IMP、2-乙基-IMP、2-*N*-甲基-GMP、2-甲硫基-IMP 和 2-乙硫基-IMP 等在谷氨酸钠存在的条件下可以呈现出比普通核苷酸更强的鲜味。

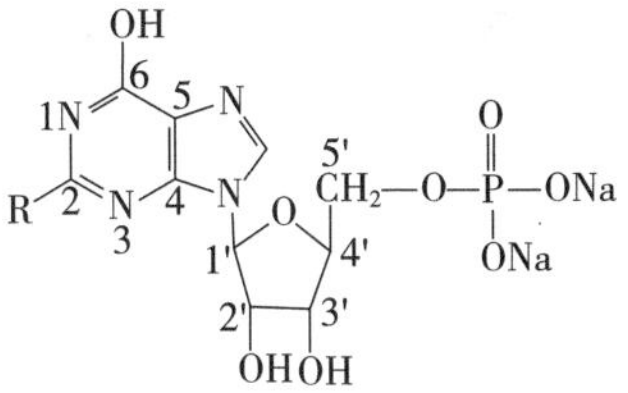

(Ⅰ)R=H：　5′-肌苷酸（5′-IMP）

(Ⅱ)R=NH_2：5′-鸟苷酸（5′-GMP）

(Ⅲ)R=OH：5′-黄苷酸（5′-XMP）

图 4-26　核苷酸二钠

（三）增味物质的天然分布

谷氨酸盐和核苷酸是来源于生鲜组织中构成鲜味的两种关键化合物。谷氨酸盐在包括畜肉、鱼肉、禽肉、乳（母乳）和蔬菜等几乎所有食品中存在，但母乳、牛乳、干酪和畜肉等富含蛋白质的食物含有大量的结合态谷氨酸盐，而绝大多数蔬菜含量较少。尽管蔬菜中的蛋白质含量较低，但是包括蘑菇、番茄和豌豆在内的许多蔬菜均含有较高水平的游离谷氨酸盐。在自然成熟和传统熟化获得食品良好风味的过程中，谷氨酸盐是一种重要的成分。这大概就是番茄、干酪和蘑菇这些天然含有大量谷氨酸盐的食品原料对世界流行烹饪越来越重要的原因。从瘤状鹅膏菌（*Amanita tumor*，又称松果伞）和毒蝇口蘑（*Tricholoma muscarium Kawamura*）中分离得到了鹅膏蕈氨酸和口蘑氨酸。然而，并没有这两种化合物的商业生产。

5′-肌苷酸二钠（IMP）主要存在于畜肉、禽肉和鱼肉中，腺苷一磷酸盐（AMP）主要存在于甲壳类和软体动物原料中，此外，几乎所有的蔬菜均含有 AMP。核苷酸在食品中具体含量见表 4-20 和表 4-21。

表 4-20 核苷酸在动物性食品中的分布

食品	核苷酸含量/（mg/100g）			食品	核苷酸含量/（mg/100g）		
	IMP	GMP	AMP		IMP	GMP	AMP
牛肉	163	0	7.5	河豚	287	0	6.3
猪肉	186	3.7	8.6	美洲鳗	165	0	20.1
鸡肉	115	2.2	13.1	干鲣鱼	630~1310	0	微量
参鱼	323	0	7.2	鱿鱼	0	0	184
香鱼	287	0	8.1	章鱼	0	0	26
真鲈	188	0	9.5	日本龙虾	0	0	82
小海鱼	287	0	0.8	毛蟹	0	0	11
黑鲷	421	0	12.4	虾蛄	26	0	37
秋刀鱼	227	0	7.6	鲍鱼	0	0	81
鲭鱼	286	0	6.4	圆蛤	0	0	98
大马哈鱼	235	0	7.8	海扇	0	0	116
金枪鱼	286	0	5.9	花蛤	0	0	12

表 4-21 核苷酸在植物性食品中的分布

食品	核苷酸含量/（mg/100g）			食品	核苷酸含量/（mg/100g）		
	IMP	GMP	AMP		IMP	GMP	AMP
文竹	0	微量	4	香菇	0	103	175
大葱	0	0	1	干蘑菇，干香菇	0	216	321
结球莴苣	微量	微量	1	法国蘑菇	0	微量	13
番茄	0	0	12	法国干蘑菇	0	微量	190
嫩豌豆	0	0	2	金针菇	0	32	45
黄瓜	0	0	2	松蕈	0	95	112
日本小萝卜	微量	0	2	红汁乳菇	0	85	58
洋葱	微量	0	1	榛蘑	0	0	微量
竹笋	0	0	1				

尽管很多氨基酸、核苷酸及其衍生物均发现有鲜味，但真正商业化的还是易得的谷氨酸钠等不多的几种物质。

二、增味剂各论

（一）氨基酸类

1. 谷氨酸钠（Monosodium glutamate，CNS 号：12.001，INS 号：621）及其衍生物

谷氨酸钠又称味精，麸氨酸钠，谷氨酸一钠，分子式 $C_5H_8NO_4Na \cdot H_2O$，结构式见图 4-25，无色至白色柱状结晶或结晶性粉末，无臭，相对密度 1.635，熔点 195℃，加热至

120℃时失去结晶水，易溶于水（71.7%，20℃），50g/L 水溶液的 pH 为 6.7~7.2。微溶于乙醇，不溶于乙醚。MSG 有鲜味，略有甜味和咸味，MSG 在 pH3.2 时，呈味最低，在 pH6~7 时，鲜味最佳，pH>7 时，鲜味消失。MSG 不吸湿，对光稳定，贮存时不会发生外观和质量上的改变。谷氨酸钠的鲜味特征是其分子立体化学结构所具有的功能，鲜味阈值为 0.12g/L 或 6.25×10^{-4}mol/L。只有 L-谷氨酸钠具有鲜味，D-谷氨酸钠不具有鲜味。谷氨酸盐在普通的食品加工及烹饪过程中不会发生分解。在酸性（pH2.2~4.4）高温条件下，一部分谷氨酸盐脱水转化为 5′-吡咯烷酮-2-羧酸盐。在高温和强酸强碱，尤其是强碱的条件下，谷氨酸盐发生外消旋形成 DL-谷氨酸盐。高温处理谷氨酸盐和还原糖，与其他氨基酸一样，发生 Maillard 反应而失去鲜味。

MSG 在烹饪中作为风味增强剂主要应用于汤羹、酱汁中，也在香精和香料混合物中使用。MSG 在很多罐头和冷冻肉制品、禽肉制品、蔬菜制品和杂烩中使用。食品中添加 0.05%~0.8%的 MSG 能够给予食品自然风味最好的增强效果。最佳使用量因人而异，一些菜肴要求在烹制过程中添加 MSG，然后在上桌时再进行调味。

谷氨酸钠除了广泛用作增味剂外，还作为药物使用，谷氨酸钠可与血液中过多的氨结合为无害的谷氨酰胺，由尿排出，并可改善中枢神经系统功能。近年来，有许多关于 MSG 是否会诱导肥胖的研究，但是这些研究并没有得出完全一致的结论。此外，多数研究利用动物模型进行实验，得出结论是否能完全适用于人类还有待进一步研究确定。有研究表明在汤中加入 MSG 会增加超重和肥胖女性（无饮食失调症）的饱腹感，从而减少其能量摄入。

谷氨酸钠的 LD_{50}为 17g/kg 体重（大鼠，口服）。在 1987 年，JECFA 回顾并讨论了谷氨酸盐的安全性，取消之前的 ADI 值及 12 周以下婴儿限制食用的规定，确定谷氨酸盐的 ADI 值为不作限制性规定；否定 MSG 是“中餐馆综合征（Chinese restaurant syndrome，CRS）”的病因。

GB 2760—2014《食品添加剂使用标准》规定：谷氨酸钠可在各类食品中按生产需要适量添加，但不包括表 A.3 所列食品品类。

2. L-丙氨酸（L-Alanine，CNS 号：12.006）

L-丙氨酸，相对分子质量 89.09，分子式 $C_3H_7NO_2$，结构式见图 4-27，比旋光度［α_D^{20}］+13.5°~+15.5°，为白色无臭结晶性粉末。易溶于水（17%，25℃），微溶于乙醇（0.2%，80%冷酒精）；不溶于乙醚。50g/L 水溶液的 pH 为 5.5~7.0，化学性能稳定。200℃以上开始升华，熔点 297℃（分解）。有特殊甜味，甜度约为蔗糖的 70%。另有异构体 L-β-丙氨酸，未见有存在于蛋白质中的报告，存在于苹果汁中，甜度比 α-型小。

$$\begin{array}{c} CH_3 \\ | \\ H_2N—C—H \\ | \\ COOH \end{array}$$

图 4-27　L-丙氨酸

L-丙氨酸具有良好的鲜味，可以增强化学调味料的调味效果；具有特殊的甜味，可以改善人造甜味剂的味感；改善有机酸的酸味；具有酸味，使盐入味快，提高腌制咸菜、酱菜的腌制效果，缩短腌制时间，改善风味；作为合成清酒和清凉饮料的酸味矫正剂、缓冲剂，可防止发泡酒老化，减少酵母臭；具有抗氧化性，应用在油类、蛋黄酱、发酵食品、酱油浸渍食品、腌制食品等各种食品加工中，既能防止氧化，又能改善风味。L-丙氨酸属于非必需氨基酸，是血液中含量最多的一种氨基酸，有重要生理作用，还常用作营养强化剂。L-丙氨酸与糖在加热时发生美拉德反应，可生成特殊香味物质。L-丙氨酸还具有减轻酒精对肝脏的损害、刺激胰岛素分泌、减肥等功效，可用于医药工业。

L-丙氨酸为食品中蛋白质组成成分，参与体内正常代谢，其 LD_{50}>10g/kg 体重（大鼠，口服）。GB 2760—2014《食品添加剂使用标准》规定：L-丙氨酸可在调味品生产中按生产需要适量添加。

3. 氨基乙酸（Glycine，CNS 号：12.007，INS 号：640）

氨基乙酸，又称甘氨酸，相对分子质量 75.07，分子式 $C_2H_5NO_2$，结构式见图 4-28。为白色单斜晶系或六方晶系晶体，或白色结晶性粉末，无臭，有特殊甜味。相对密度 1.1607。熔点 248℃（分解）。易溶于水，在水中的溶解度：25℃时为 250g/L；50℃时为 391g/L；75℃时为 544g/L；100℃时为 672g/L。极难溶于乙醇，在 100g 无水乙醇中约溶解 0.06g。几乎不溶于丙酮和乙醚。氨基乙酸化学性质稳定，是海鲜呈味的主要成分。氨基乙酸的味觉阈值为 1.3g/L。

甘氨酸及其盐常用作营养强化剂，在酿造、肉制品加工和清凉饮料生产中也有应用，同时可作为糖精的去苦剂等。

氨基乙酸为食品中蛋白质组成成分，参与体内正常代谢。GB 2760—2014《食品添加剂使用标准》规定：氨基乙酸可在预制肉制品、熟肉制品、调味品、果蔬汁（浆）类饮料和植物蛋白饮料中应用。

```
     NH2
     |
H—C—H
     |
    COOH
```

图 4-28　氨基乙酸

4. 其他氨基酸

氨基酸中的天冬氨酸及其钠盐是竹笋的主要鲜味物质，氨基酸不同的化学结构导致它们所呈现的综合味感不同，天冬氨酸的鲜味约为其整体风味的 53.4%，酸味为 6.8%。

（二）核苷酸类

1. 5′-鸟苷酸二钠（Disodium 5′-guanylic acid，CNS 号：12.002，INS 号：627）

5′-鸟苷酸二钠又称鸟氨酸钠，简称 GMP。水解 RNA 得到的 GMP 是 2′-磷酸鸟苷和 3′-磷酸鸟苷的混合物。用稀酸水解 GMP 可生成鸟嘌呤、D-核酸和磷酸。用蛇毒磷酸二酯酶处理 RNA 生成 5′-磷酸鸟苷。在生物体内由次黄苷酸生成，此外也由鸟嘌呤或鸟苷生成。

5′-鸟苷酸二钠为无色至白色结晶，或白色结晶性粉末，含约 7 分子结晶水。分子式 $C_{10}H_{13}N_5PO_8Na_2 \cdot 7H_2O$，结构式见图 4-26。不吸湿，溶于水，水溶液稳定。稍溶于乙醇，几乎不溶于乙醚。在酸性溶液中，高温时易分解，可被磷酸酶分解破坏而失去呈味能力。味鲜，鲜味阈值为 0.125g/L，鲜味强度为肌苷酸钠的 2.3 倍。鸟甘酸或 5′-鸟甘酸二钠与谷氨酸钠或 5′-肌苷酸二钠并用，有显著的协同作用。

通常，核苷酸能增强很多食品的风味，这些食品包含汤、罐头、鱼、蔬菜和蔬菜汁等。

5′-鸟苷酸二钠的 LD_{50}>10g/kg 体重（大鼠，经口）。其 ADI 值不作限制性规定（FAO/WHO，1994）。

如前所述，核苷酸的存在增强了谷氨酸钠的呈味能力。IMP 和 GMP 均可降低很多食品中谷氨酸盐的添加量。目前，MSG、IMP、IMP 与 MSG 的混合物及 MSG+IMP+GMP 均有商品出售。在很多汤料中，4.5~7kg 的 95%MSG+2.5%IMP+2.5%GMP 混合物可以替代 45kg 的 MSG 而且不改变产品的风味。GB 2760—2014《食品添加剂使用标准》规定：5′-鸟苷酸二钠可在各类食品中按生产需要适量添加，但不包括表 A.3 所列食品品类。

2. 5′-肌苷酸二钠（Disodium 5′-inosinate，IMP，CNS 号：12.003，INS 号：631）

5′-肌苷酸二钠为无色至白色结晶，或白色结晶性粉末，含约 7.5 分子结晶水，分子式

$C_{10}H_{11}N_4Na_2O_8P \cdot H_2O$，相对分子质量 392.17（无水），结构式见图 4-26（I）。溶于水，水溶液稳定，呈中性。在酸性溶液中加热易分解，失去呈味能力。也可被磷酸酶分解破坏。微溶于乙醇，几乎不溶于乙醚。5′-肌苷酸二钠不吸湿，40℃开始失去结晶水，120℃以上成无水物。味鲜，鲜味阈值为 0.25g/L，鲜味强度低于鸟苷酸钠，但二者并用有显著的协同作用。当二者以 1∶1 混合时，鲜味阈值可降至 0.063g/L。与 0.8% 谷氨酸钠并用，其鲜味阈值降至 0.00031g/L。

核糖与 5′-核苷酸相连的化学键与磷酸酯键相比更易发生变化，在 1mol/L HCl，100℃的条件下加热，嘌呤碱基可完全释放。酶活力对鲜味的形成具有显著影响。常存在于动植物产品中的磷酸单酯酶非常容易地使 5′-核苷酸上的磷酸单酯键发生裂解。依据实际经验，在添加 5′-核苷酸这类风味增强剂之前必须将这类酶灭活。加热或置于零度以下贮藏通常能够有效钝化酶活。5%~12%的肌苷酸钠与谷氨酸钠混合使用，其呈味能力比单独用谷氨酸钠高约 8 倍，并有“强力味精”之称。

5′-肌苷酸二钠的 LD_{50} 为 14.4g/kg 体重（大鼠，经口），ADI 值不作限制性规定（FAO/WHO，1994）。GB 2760—2014《食品添加剂使用标准》规定：5′-肌苷酸二钠可在各类食品中按生产需要适量添加，但不包括表 A.3 所列食品品类。

3. 5′-呈味核苷酸二钠（Disodium 5′-ribonucleotide，CNS 号：12.004，INS 号：635）

5′-呈味核苷酸二钠又称 5′-核糖核苷酸二钠或核糖核苷酸钠，主要由 5′-鸟苷酸二钠和5′-肌苷酸二钠组成，其性状也与之相似，为白色至米黄色结晶或粉末，无臭，味鲜，与谷氨酸钠合用有显著的协同作用，鲜度明显提高。溶于水，微溶于乙醇和乙醚。5′-尿苷酸二钠和 5′-胞苷酸二钠的呈味力较弱。

5′-呈味核苷酸二钠可直接加入到食品中，起增鲜作用。是较为经济而且效果最好的新一代核苷酸类食品增鲜剂，是方便面调味包、调味品如鸡精、鸡粉和增鲜酱油等的主要呈味成分之一；5′-呈味核苷酸二钠常与谷氨酸钠合用，其用量约为味精的 2%~12%，还可与其他多种成分合用，如一种复合鲜味剂味精占 88%、呈味核苷酸占 8%、柠檬酸占 4%；另一复合鲜味剂配方为味精 41%、呈味核苷酸 2%、水解动物蛋白 56%、琥珀酸二钠 1%。5′-呈味核苷酸二钠还对迁移性肝炎、慢性肝炎、进行性肌肉萎缩和各种眼部疾患有一定的辅助治疗作用。

5′-呈味核苷酸二钠的毒理学特性与 5′-鸟苷酸二钠和 5′-肌苷酸二钠相同，其 ADI 值不作限制性规定。GB 2760—2014《食品添加剂使用标准》规定：5′-呈味核苷酸二钠可在各类食品中按生产需要适量添加，但不包括表 A.3 所列食品品类。

（三）其他鲜味剂

1. 琥珀酸二钠（Disodium succinate，CNS 号：12.005）

琥珀酸二钠又称丁二酸二钠，分子式 $C_4H_4Na_2O_4$，结构式见图 4-29，相对分子质量 162.05。为白色颗粒或结晶性粉末，易溶于水（300 g/L，25℃）。水溶液呈中性或微碱性，不溶于乙醇。琥珀酸二钠除做食品工业中的鲜味剂外，还用作饲料添加剂。

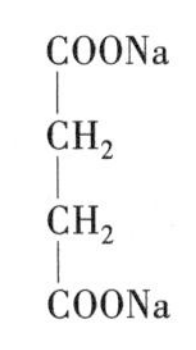

图 4-29 琥珀酸二钠

实际应用中的单体鲜味剂是琥珀酸及其钠盐，在畜肉、禽肉和鱼肉中有少量存在，在贝类中含量较多，是贝类鲜味的主要成分，所以俗称“干贝素”。琥珀酸二钠通常含有一分子结晶水和含三分子结晶水两种产品，琥珀酸二钠在制作调味品时，可以与 MSG 复配使用，有协同增鲜效果，但其使用量不能过高，否则易使谷氨酸钠变成游离的谷氨酸，反而降低鲜味。

琥珀酸二钠的 LD_{50}>10g/kg 体重（大鼠，经口）。GB 2760—2014《食品添加剂使用标准》规定：琥珀酸二钠可应用于调味品。

2. 蛋白水解物

水解植物或动物蛋白含有大量的谷氨酸盐（约 10gMSG/100g），动物蛋白水解物含有 IMP（约 1gIMP/100g），水解蛋白提取物不仅含有 MSG、IMP 等增味剂，还含有其他氨基酸和多肽等成分，具有特定的风味，是一类天然调味料。

（1）酵母抽提物（Yeast extract）　酵母抽提物又称酵母味素，是以蛋白质含量丰富的食用酵母细胞（如啤酒酵母、面包酵母和产朊假丝酵母等）为原料，通过酵母细胞自溶破壁和酵母自身的酶系对酵母细胞质进行水解或以酶制剂进行水解，将酵母细胞内的蛋白质、核酸等降解后、经一系列抽提、浓缩等精制工序而成的天然调味料，主要成分为多肽、氨基酸、呈味核苷酸、B 族维生素、微量元素和挥发性芳香化合物等。酵母抽提物具有天然、营养丰富、味道鲜美等优点，在食品工业中应用广泛。

市售的酵母抽提物产品除了普通的纯酵母抽提物外，还有一些特殊的风味型产品，是由酵母抽提物与香精复配制成，具有肉类、烟熏味等特有的风味特征。在应用上，酵母抽提物通常作为酸水解植物蛋白和 MSG 的替代品。

酵母抽提物营养丰富、加工性能良好，在一些食品加工中能起到有效增强产品鲜味与醇厚感，同时缓和产品咸味与酸味，掩盖异味，在食品加工业都得到了广泛应用。酵母抽提物还被应用于生物制药、生物发酵等领域。

（2）植物水解蛋白（Hydrolyzed vegetable protein，HVP）　植物水解蛋白是植物性蛋白质在酸或生物酶催化作用下，水解后的产物。其构成成分主要为氨基酸和肽。传统 HVP 生产以酸法水解为主，但由于酸法水解温度较高（一般在 100℃以上），原料中的碳水化合物易脱水生成糠醛类物质及乙酰丙酸等羰基化合物，含硫氨基酸（胱氨酸、半胱氨酸、甲硫氨酸等）会分解产生二甲基硫醚、甲基硫醇、硫化氢等风味不易接受的含硫化合物，而且水解程度难控制，活性肽含量低，水解产物中的盐分含量较高，酸法水解制得的 HVP 含有微量的一氯丙醇（MCP）和二氯丙醇（DCP）；碱法水解会引起精氨酸、胱氨酸和部分赖氨酸被破坏；酶法生产 HVP 成为目前的主要生产工艺。

植物水解蛋白在医疗、化工、食品等领域有着广泛的用途，特别是在调味品行业，以往主要用于酱油和酱腌菜生产，近年来，随着食品工业的发展，特别是方便面等食品加工中，HVP 及其产品需求量逐步增加，成为人们餐桌上的调味佳品。

（3）动物水解蛋白（Hydrolyzed animal protein，HAP）　动物水解蛋白与植物水解蛋白类似，是酸或生物酶催化动物蛋白质水解后的产物，有液体和粉体两种商品形式。动物水解蛋白的特有成分为 L-羟脯氨酸和羟赖氨酸，且羟脯氨酸的含量高达 10%以上，而大豆蛋白和乳蛋白中不含此成分。目前动物水解蛋白在肉类香精中应用广泛。

采用畜禽肉或水产原料生产肉类调味料的方法包括：干态粉碎法、高温高压蒸煮法、冷冻干燥法以及酶解法等几种，由于酶解工艺条件温和，容易控制，有效降低了工艺难度及能耗，另外酶解反应的高效性，产品质量的稳定性，产品营养丰富（表4-22），以及天然、饱满的肉风味，使酶解反应产品在食品工业、饲料工业广泛应用。

表4-22 动物水解蛋白产品的营养成分 单位：%

产品	蛋白质	氨基酸	多肽	脂肪	灰分	水分
鸡肉粉	60.50	11.30	49.20	25.00	3.00	3.00
牛肉粉	62.50	12.50	50.00	14.00	4.50	3.10
猪肉粉	28.20	10.63	47.57	18.00	3.20	3.00

酶解工艺中，不同蛋白酶的选择将产生不同的水解结果，胰蛋白酶、胃蛋白酶、中性蛋白酶和木瓜蛋白酶水解牛肉、鸡肉及鱼肉的最佳工艺条件见表4-23（王志民等，2000）。但是当原料肉经过热处理后，水解率将有效提高，如牛肉经80℃，30min预处理，胰蛋白酶对其的水解率将会提高10.8%。

表4-23 不同酶水解肉类产品的条件

酶种类	固液比			酶量/%			pH			温度/℃			水解时间/h		
	牛肉	鸡肉	鱼肉	牛肉	鸡肉	鱼肉	牛肉	鸡肉	鱼肉	牛肉	鸡肉	鱼肉	牛肉	鸡肉	鱼肉
胰蛋白酶	1:5	1:3	1:3	2.0	1.5	1.5	8.0	8.5	8.5	50	45	45	5.5	5.0	5.0
胃蛋白酶	1:5	1:4	1:4	2.0	2.5	2.5	2.0	7.8	7.8	37	37	37	5.5	5.0	5.0
中性蛋白酶	1:4	1:5	1:5	1.5	2.0	2.0	7.0	7.5	7.5	45	50	50	5.5	6.0	6.0
木瓜蛋白酶	1:5	1:3	1:3	1.0	1.0	1.0	7.0	7.0	7.0	50	50	50	5.5	5.0	5.0

注：酶量为原料肉的质量分数。

水解度的控制是蛋白质水解过程中的关键因素，水解过度将产生肽所特有的苦味。国外提出了一个水解度的概念：$DH=h/h_{tot}\times100\%$［其中，h 为水解后每克蛋白质裂解的肽键毫物质的量（mmol）；h_{tot} 为每克蛋白质原料的肽键物质的量（mmol）］。原料蛋白质中肽键被裂解的百分数表示蛋白质被水解的程度，当蛋白质全部生成游离氨基酸时，DH=100%，没有水解时，DH=0。计算蛋白质水解过程中被裂解的肽键数可以通过水解前后新生成的氨基（$—NH_2$）及羧基（—COOH）推算获得（李志军等，2003）。

三、 增味剂特性

（一）鲜味阈值

MSG的风味强度与其浓度之间呈线性关系，但其斜率不如其他4种基本味的高。此外，当IMP浓度增大到一定值后，其风味强度几乎不发生变化。氨基酸衍生物及核苷酸的相对鲜味强度见表4-24和表4-25。5种基本味物质在不同溶剂中的味觉阈值见表4-26。

表 4-24　　氨基酸衍生物的相对鲜味强度

化合物	相对鲜味强度
L-谷氨酸一钠·H_2O	1
dl-苏式-β-羟基-谷氨酸一钠·H_2O	0.86
dl-高半胱氨酸一钠·H_2O	0.77
L-天冬氨酸一钠·H_2O	0.077
L-α-氨基-己二酸一钠·H_2O	0.098
L-口蘑氨酸一钠	5~30
L-鹅膏蕈氨酸	5~30

表 4-25　　不同核苷酸对谷氨酸盐鲜味的协同作用强度

物质（二钠盐）	鲜味相对丰度	物质（二钠盐）	鲜味相对丰度
5′-肌苷酸盐·7.5H_2O	1	2-乙氧基乙硫基-5′-肌苷酸盐	13
5′-鸟苷酸盐·7H_2O	2.3	2-乙氧基羰基乙硫基-5′-肌苷酸盐	12
5′-黄苷酸盐·3H_2O	0.61	2-糖硫基-5′-肌苷酸盐·H_2O	17
5′-腺苷酸盐	0.18	2-四氢化糖硫基-5′-肌苷酸盐·H_2O	8
脱氧-5′-鸟苷酸盐·3H_2O	0.62	2-异戊烯硫基-5′-肌苷酸盐（Ca）	11
2-甲基-5′-肌苷酸盐·6H_2O	2.3	2-（β-甲代烯丙基）硫基-5′-肌苷酸盐	10
2-乙基-5′-肌苷酸盐·1.5H_2O	2.3	2-（γ-甲代烯丙基）硫基-5′-肌苷酸盐	11
2-苯基-5′-肌苷酸盐·3H_2O	3.6	2-烯丙氧基-5′-肌苷酸盐（Ca）·0.5 H_2O	6.5
2-甲氧基-5′-肌苷酸盐·H_2O	4.2	N^2,N^2-二甲基-5′-鸟苷酸盐·2.5H_2O	2.4
2-乙氧基-5′-肌苷酸盐	4.9	6-巯基嘌呤-核苷-5-磷酸盐·6H_2O	3.4
2-*i*-丙氧基-5′-肌苷酸盐	4.5	2-甲基-6-巯基嘌呤-核苷-5-磷酸盐·H_2O	8
2-*n*-丙氧基-5′-肌苷酸盐	2	2-甲硫基-6-巯基嘌呤-核苷-5-磷酸盐·2.5H_2O	7.9
2-氯-5′-肌苷酸盐·1.5H_2O	3.1	2′，3′-*O*-异亚丙基-5′-肌苷酸盐	0.21
N^2-甲基-5′-鸟苷酸盐·5.5H_2O	2.3	2′，3′-*O*-异亚丙基-5′-鸟苷酸盐	0.35
N^1-甲基-5′-肌苷酸盐·H_2O	0.74	N^1-甲基-2-甲硫基 5′-肌苷酸	8.4
N^1-甲基-5′-鸟苷酸盐·H_2O	1.3	2-甲硫基-5′-肌苷酸盐·6H_2O	8.0
6-氯吡啶核苷 5-磷酸盐·H_2O	2	2-乙硫基-5′-肌苷酸盐·2H_2O	7.5

表 4-26　　基本风味物质的味觉阈值

溶剂	绝对阈值				
	蔗糖（甜味）	氯化钠（咸味）	酒石酸（酸味）	硫酸奎宁（苦味）	谷氨酸（鲜味）
纯水	2.5×10^{-3}mol/L	6.25×10^{-4}mol/L	6.25×10^{-5}mol/L	6.25×10^{-7}mol/L	6.25×10^{-4}mol/L
MSG，5×10^{-3}mol/L	1.25×10^{-3}mol/L	6.25×10^{-4}mol/L	1.25×10^{-4}mol/L	6.258×10^{-7}mol/L	—
IMP，5×10^{-3}mol/L	1.25×10^{-3}mol/L	6.25×10^{-4}mol/L	2.00×10^{-3}mol/L	2.50×10^{-6}mol/L	—

从表 4-26 可见，MSG 和 IMP 所体现的鲜味与氯化钠所体现的咸味间没有相互作用，而对甜味均有显著的衬托作用（协同），但是对酒石酸所体现的酸味和硫酸奎宁所体现的苦味均表现出抑制作用，尽管 MSG 对硫酸奎宁的抑制作用很有限。

（二）增味剂间相互作用

增味剂之间存在协同作用，MSG 和 IMP 之间协同作用可以简单地表示为 $y=u+1200uv$，其中 u 和 v 分别为 MSG 和 IMP 在混合物中的浓度，y 为同等鲜味强度单独所需 MSG 的浓度。MSG-IMP 混合物的风味强度随浓度增加而呈指数增加，其协同作用的强度依赖于 IMP 占 MSG 的比例。表 4-27 所示为鲜味强度随 IMP 浓度在 IMP-MSG 混合物中变化的关系，当 MSG 为 50%时，鲜味强度达到最大，混合物的风味强度是 MSG 的 7 倍，这种放大倍数依赖于浓度，且浓度越高越明显。

表 4-27 MSG-IMP 混合物的鲜味强度

MSG∶IMP	相对鲜度	MSG∶GMP	相对鲜度
1∶0	1.0	1∶0	1.0
1∶1	7.0	1∶1	30.0
10∶1	5.0	10∶1	18.8
20∶1	3.5	20∶1	12.5
50∶1	2.5	50∶1	6.4
100∶1	2.0	100∶1	5.4

注：MSG、IMP、GMP 溶液的浓度均为 0.05g/100mL，按体积比混合后所得溶液的鲜味。

若将 IMP 更换为 GMP，且 MSG 为 50%时，混合物的鲜味强度是 MSG 的 30 倍，MSG 和 GMP 之间的协同作用可表示为 $y=u+2800uv$（注：这里的 v 为 GMP 在混合物中的浓度）。尽管 IMP 和 GMP 与 MSG 等量混合时的鲜味协同效应最显著，但 IMP 与 GMP 的高成本令这种组合的商品没有市场，现在常见的通常是 MSG∶IMP∶GMP 为 95∶2.5∶2.5 的商品，相对鲜度为 MSG 的 6 倍。

增味剂的协同效应在四种基本味的溶液体系中不受影响，当体系含碱性氨基酸（如精氨酸和组氨酸）时，增味剂的协同效应将受到抑制。另外，增味剂的复合使用还会影响食品的整体感受，如 5′-IMP 与 5′-GMP 等比例混合时可以抑制食品的苦味和酸味，提升甜味和咸味。

第五节 调味技术

当带有滋味的物质对舌头的味蕾产生刺激作用时，围绕在味蕾上面的神经纤维会产生兴奋，这种兴奋沿味觉神经传入大脑皮层，产生相应的味感觉。物质刺激味蕾所引起的感觉就是生理学上的味表现形式。“口之于味也，有同嗜焉”，美味除了与风味物质本身和食品组分有关系，在很大程度上取决于人们的习惯和情感作用。人的主观意识对食品味道也有着重要的影响，而人的主观判断又与人所处的环境、自身的生理条件、当时的心理精神状态及所感受到的食品外形不可分割。影响食品风味的因素见图 4-30（李健，刘景春，2000）。

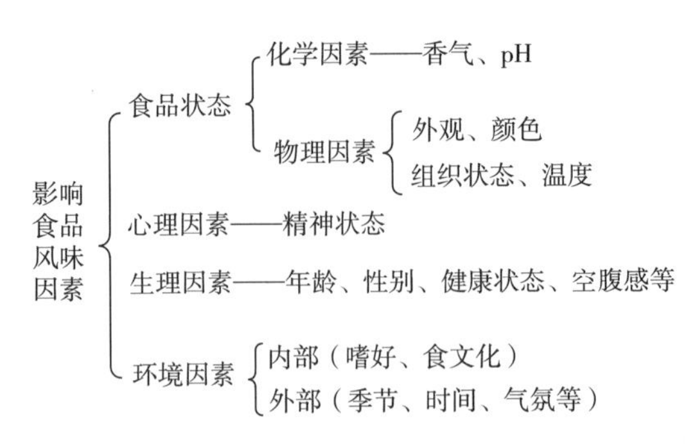

图 4-30　影响食品风味的因素

我国将味分为酸、甜、苦、咸、鲜五种基本味，基本味的组合可以千变万化，探寻风味组合规律，巧妙运用调味基本原理及风味组合规律，实现“五味调和百味香”的妙笔之效，努力达到调味之“大味必巧，巧而无痕”的最高境界。

一、 味的相互作用

风味物质间的相互作用发生在 3 个层面，即化合物混合时的化学反应、一种物质对另一种物质滋味受体的影响、混合物质在大脑中的综合感知。其中研究较多的是滋味物质在第二层面上的相互作用。

（一）风味物质间的相互作用

有人将“五味”之间的搭配/调味关系与中国传统的“五行”相对应，存在相生相克的现象。具体概述如下：

1. 相生现象

（1）协同增效作用　协同增效作用又称味的相乘现象或味的强化原理，即一种味的加入会使另一种味得到一定程度的增强。这两种味可以是相同的，也可以不同，而且同味强化的结果会远大于两种味感的叠加。谷氨酸钠与 IMP/GMP 一同使用会显著增强 MSG 的鲜味，如果再添加适量柠檬酸或琥珀酸，鲜味增强效果会更加明显；在 150g/kg 蔗糖水溶液中添加 17mg 的食盐，会感到甜味较不加盐时甜；麦芽酚也能增强糖果、饮料的甜度。

（2）派生作用　派生作用又称变调效应，即两种味混合后会产生第三种味道。如番石榴与甜橙相混合产生粒粒橙的香味；又如焦枯味与豆腥味相结合能够产生出肉鲜味。

（3）味反应作用　食品的原味成分相同，但食品的物理或化学状态会致使人们的味感发生改变，如食品的黏稠度和醇厚度能增强味感，细腻的食品能改善口感，$pH<3$ 的食品会导致鲜味下降等。

2. 相克现象

（1）消杀现象　消杀现象又称掩蔽原理，即一种味的加入使另一种味的强度减弱甚至消失。如鲜味、甜味可以掩盖苦味；葱、姜的辛辣味可以掩盖鱼、肉的腥味等。研究表明可以利用溴苯那敏马来酸盐（苦味物质）与单宁酸的络合来掩蔽儿童药品中的苦味。谷氨酸钠在中等或高浓度时对甜味和苦味有抑制作用，高浓度时能增强食盐的咸味。

（2）干扰现象　干扰现象即一种味的加入导致另一种味的失真。如尝过盐水后喝无味清水，会感到有些甜味，又如在红茶中加入菠萝汁会使红茶变得苦涩。

（二）风味物质与食品组分的相互作用

风味物质应用到不同的食品中，会产生不同的香气。因为食品基质中的不同组分，如蛋白质、多糖、脂类物质等，与风味化合物之间存在相互作用，从而影响风味的释放。研究发现，风味物质与食品基质之间主要存在物理性和化学性两种相互作用的模式。物理性的相互作用主要是指，风味物质在不同的介质中所表现出来的不同的分配系数和分子迁移系数对风味释放的影响；化学性的相互作用是指，某些食品基质会使风味物质的分子结构发生变化，从而影响风味释放和风味感知。

1. 风味物质与蛋白质的相互作用

蛋白质与风味化合物之间具有可逆或不可逆的相互作用。比如醛类物质可与蛋白质发生共价不可逆的结合，同时也存在疏水相互作用。模式体系的研究表明：蛋白质与食品风味化合物之间的相互作用程度取决于很多因素，主要包括风味化合物的化学本质、温度、离子条件、蛋白质的结构及媒介条件等。

在研究与风味物质相互作用的众多蛋白质中，β-乳球蛋白受到最多的关注。蛋白质可与许多风味化合物相互作用，如酯类、醛类、酮类、醇类等系列的风味化合物，这些化合物最可能的结合部位是蛋白质的疏水团。此外，蛋白质的疏水基团也可与脂肪酸结合。

2. 风味物质与碳水化合物的相互作用

碳水化合物广泛存在于各类食品中，对食品风味的保留和释放有重要影响。碳水化合物主要包括单糖、双糖、寡糖和多糖，不同种类碳水化合物与风味物质的相互作用机理不同。单糖与双糖因为羟基的存在，易溶于水；与食物基质中的水分子强烈作用，从而改变食物的理化特性。同时，水合作用使得体系中的游离水减少，风味物质的相对浓度增加，从而影响平衡后不同区域风味物质的浓度，气相区的浓度增加。相反的，单糖、双糖干扰风味物质的扩散，从而降低释放速率。多糖则主要是由于其羟基、羧基与风味物质的极性基团之间形成氢键以及亲水性较弱的极性分子、弱极性分子之间的疏水作用。

3. 风味物质与脂类的相互作用

脂类广泛存在于各类食品基质，这些天然存在的脂类物质不仅是重要的食品成分，影响食品的感官品质。大部分风味物质，尤其是香气类物质，属于脂溶性成分，因此食品中的脂类是风味物质良好的溶剂及载体。此外，脂质分子由于其特殊的结构，容易形成多种形态的聚合体，为风味物质包埋提供稳定贮存和可控释放的条件，在风味物质贮藏和释放过程中发挥重要作用。用脂类作为包埋体系的材料，一直是研究食品风味包埋的研究热点。

在食品加工和贮藏的过程中，脂类还充当食品风味的前体。脂类通过氧化或裂解，产生可挥发性短链化合物，人体对这些化合物的阈值普遍较低。脂类参与风味形成的反应，对含油食品的生产和加工极为重要。

4. 风味物质与其他小分子的相互作用

酚类化合物可以改变风味释放特性与风味特征。通过过滤与沉降法除去葡萄酒的多酚类物质会改变其风味平衡。在水醇溶液中，加入儿茶酚，由于疏水相互作用可以降低不同葡萄酒风味化合物的活度系数。在醇溶液中，多酚类物质与柠檬精油间未发现结合作用，可能是由于其无法接近柠檬油分子的结合部位。

盐类物质通常被加入到水溶液中以增加风味化合物在蒸汽相中的浓度，这种作用尤其对醇类风味物质影响显著，其次是醛类，再次是酯类物质，这种区别最终将导致实风味感知的变化。

二、调味技术

调味就是指使用各种调味料和各种调味方法获得满意产品风味的过程。调味是决定食品质量的关键因素之一。各种调味料、添加剂的正确使用及掌握适宜添加顺序才能生产各具特色风味的食品。具体而言，调味一般分如下三个步骤。

1. 基本调味

调味的第一阶段，主要是使原料具有一个基本味，一般是指在加热熟制前通过食盐、味精、料酒及合适的辛香料对原料进行腌制等预处理。

2. 决定性调味

调味的第二阶段，指在加热熟制过程中用调味料对食品调味，确定食品风味，是食品形成特有风味和质量的关键。

3. 辅助调味

通过此阶段的调味来增加食品的滋味，以弥补第一、第二阶段调味的不足。

加工食品的调味与中式烹饪相似，产品的开发应根据食品本身的原料、目标消费群、销售区域及季节等进行不同的风味设计。但“食无定味，适口者珍”，随着反季节消费的流行，人员流动频率的加快，加工食品的风味更多地是依赖市场消费者的调研结果进行最终确定。目前调味品市场及食品工业的发展，令以上调味步骤间的区分非常模糊。

三、影响调味效果的因素

调味效果的好坏与各种基本味之间的合理搭配密切相关，如果搭配不当，即使最好的原辅料也不能产生让人齿颊留香的美味。

食品的味道一般都有一个基本味——咸味，咸味为“百味之首”。而鲜味与咸味的搭配往往能够对食品起到增味作用，咸味与鲜味之间有一个调味平台或平衡关系，如果平衡没有达到，食品的美味将无法体现，因为食品鲜味的增加并不是依靠增加味精的用量进行提升。食盐和味精在食品中有一个最佳的平衡关系（表 4-28，毛羽扬，2001）。

表 4-28 食盐与味精的最佳平衡关系 单位：%

食盐	谷氨酸钠	食盐	谷氨酸钠
0.40	0.48	0.12	0.28
0.52	0.45	0.18	0.31
0.80	0.38		

食品的调味效果除咸鲜搭配影响之外，还会受酸味的影响，在酸味食品中，由于食品体系的 pH 较低，谷氨酸钠解离不彻底，所以添加于其中的味精的鲜味体现不足，因而在酸味食品中可以不使用增鲜剂。

很多食品原料成分相当复杂，如畜肉原料中存在的磷酸酯酶对肌苷酸和鸟苷酸会产生水解，从而影响调味效果。

影响调味效果的不仅仅是人主观对食品的感受，还有调味本身存在的问题。味的组合千变万化，巧妙组合搭配各种调味料才能实现理想的风味。

四、 中医组方理论在调味中的应用

中国的传统烹饪以味道复杂而著称于世，食品的风味均是复合味型，普通的、不具备专业烹饪知识的消费者对单一调味品的复配使用感觉十分困难；社会的飞速发展导致生活节奏加快、工作压力加大，更多的年轻人及中年人对烦琐的厨房工作感到厌烦，这促进了中国复合型调味品的快速发展。目前，调味品呈现功能化、方便化及风味时尚多元化等发展趋势。博大精深的调味技术也体现得淋漓尽致。

我国素有“药食同源”之说，璀璨闻名的中医理论与悠久的饮食文化一直都融为一体、互不分开。我国传统中医在组方用药上有“君、臣、佐、使”，成分间的主从分治、相与宣摄、相反相助的理论应用。根据中医组方中药材配伍的原理，君、臣、佐、使四个部分的内容可以在调味时借鉴应用，主体风味用料就是调味配方中的君，帮助其更好地发挥主体味或使主味更加突出的基质/调料就是臣；配方中体现次于主味的基质就是佐，为了使君、臣、佐相互协调，融为一体，共同发挥作用的调料为使。

五、 调味技术在方便面调味包中的应用

中国是面条制品的故乡，一千多年的演变历史使阳春面、炸酱面、臊子面、炒面、刀削面、拉面等加工方法、形态、口味迥异的面条在中国约有 400 多种。任何一种面条都有与之相配的佐料和调料，从而形成了富有地域特色、风味独特、绚丽多彩的中国面食。方便面是随着社会进步、生活节奏加快等社会现象应运而生的一种快速消费品。方便面自身的特点迎合了亚太地区的传统饮食习惯，市场巨大。随着方便面市场的扩大和人们消费需求的提高，在方便、美味基础上，使方便面调味料走上健康、营养的创新道路，对于方便面行业发展具有重要意义。

方便面的调味方式大体分为三种：

底料加味（内调）：在和面时将调料直接加入面团中，主要是增加面条的底味，并掩盖面粉本身加碱及其他辅料所带来的异味。

表面着味（外调）：在蒸面或油炸之前以淋喷或浸润形式将调味水附着在面上，使面块具有一定的风味，可以直接干吃。

成品调味（后期调味）：即与面块相匹配的调味料包，包括粉包、酱包、油包、菜包等形式。泡面时可将粉酱菜等包同时进行调味；干吃时可撒于面条表面来增强风味及口感。

目前，方便面调味偏重于最后一种，即成品调味，包括粉包、酱包的配制。

1. 调味、调香的总原则（也适用于其他咸味产品的调味应用）

（1）确定一个产品的口味风味时，应先明确产品的定位，即消费区域、消费群体、消费习惯，以再现食品的特有风味和消费者熟悉的风味为基本点。

（2）调味料的香气和滋味要与被调物本身的香气和滋味相一致，底料、成品调味相一致，使之能起到强化作用。

（3）选用呈味原料和香精时，需考虑耐热性、挥发性，头香、体香、尾香之间的连贯。

（4）香辛料的添加应以突现主题风味为原则。

（5）应尽量选择天然调味料，使其具有浓郁、纯正、稳定的口感和香气。

（6）选择化学调味料时，应保证所用原料的安全。

2. 调味步骤

（1）明确目标产品的主题风味　牛肉味、猪肉味、鸡肉味或海鲜味等；牛肉味是红烧牛肉、清炖牛肉还是其他。已有研发人员研发了具有广式地方特色的粉葛鲮鱼方便面调味料；其他还有利用香菇、海带和麦芽糊精进行的功能性方便面香菇酱包、低盐方便面酱包和低能量方便面酱包的研制。

（2）确定香辛料　不同主题风味所需的香辛料不同（表4-29）。

表4-29　不同主题风味的香辛料组合

主题风味	香辛料
牛肉味	辣椒、胡椒、肉豆蔻、肉桂、洋葱、大蒜、生姜、草果、芫荽、八角、山柰
猪肉味	胡椒、肉豆蔻、丁香、肉桂、香叶、洋葱、大蒜、八角、砂仁
鸡肉味	辣椒、香芹、咖喱、五香、洋葱、生姜、胡椒、白芷
羊肉味	草果、白芷、麝香草、孜然（枯茗籽）
鱼肉味	生姜、辣根、洋葱、胡椒、香芹、芫荽、大蒜、香葱、肉豆蔻

在确定所用香辛料之后，先对香辛料进行颜色、香气的辨别，看其颜色是否正常、香气是否纯正、是否含有杂味；然后将产品用开水泡成浓度为0.05%的无味汤（含玉米淀粉：白砂糖：食盐为60：22：18的4.5%浓度的水溶液）进行颜色、香气的鉴定以及口感的品尝鉴定，择优选用。

（3）确定香精产品　不同主题风味所需的香精不同（表4-30）。

表4-30　不同主题风味的香精

主题风味	香精
牛肉味	牛肉油香精、烤牛肉油香精、牛肉粉末香精、牛肉膏
猪肉味	猪肉油香精、烤肉油香精、红烧肉香精、猪肉粉末香精、排骨香精、猪肉膏
鸡肉味	鸡肉油香精、鸡肉粉末香精、烤鸡粉末香精、鸡肉膏、炖鸡膏
海鲜味	海鲜膏、海鲜粉末香精、鱼肉粉末香精、虾肉粉末香精、虾肉油

确定香精产品后，需要对不同供应商的香精产品进行筛选，具体方法如下：①无论固体、液体还是膏状香精，首先对产品香气进行判定，是否符合目标产品的主题风味；拌和型粉体香精及调配型液体香精的头香是否浓烈、逼真；反应型粉体香精及膏体香精的体香是否饱满逼真，品尝时是否肉感很强。②配制含2g/L香精、5g/L食盐的水溶液进行进一步评判，看其香气特征是否仍符合主题风味，有无杂质，肉感强度如何（油溶性香精不做此实验）。③了解香精的溶解性和热稳定性与加工工艺的匹配性。④加香应用试验。考虑与生产配方中香辛料间的配伍性，同时综合考虑成本和风味等因素。

（4）拟配方及调味应用实验　依据产品的特性（如干脆面、汤面或凉拌面）及产品的包装形式（袋装面或碗面）确定产品的调味包是以单一的粉包、单一的酱包、粉酱包搭配还是粉油包搭配。

一般按配方称量制作之后，用实际粉包、酱包的重量冲泡开水先行评判，此时的评判分如下几步：一是看基本味即盐、糖等是否适口；二是看香辛料的搭配是否协调，是否有某一香辛料的味道突出；当所有的香辛料之间搭配协调后且所要得到的主题风味明显、纯正，符合设计要求后再进行实际泡面试验，看面的味道是否将汤味有所掩盖，再决定是否进行修饰、更改配方设计。张永清等以海带浸提物替代部分钠盐，采用炒酱方法，在单因素试验基础上，进行正交试验，以感官评分为标准，对低盐方便面酱包的配方进行研制。结果表明：食盐加入量为0.7g，海带浸提物7g，猪肉香精加入温度75℃，淀粉3 g时制得的酱包品质最佳。

（5）保质期实验及稳定性验证。

3. 配方举例

（1）粉包、酱包组合调味配方举例

表4-31　清炖牛肉风味方便面的粉包、酱包配方

原料	粉包/%	酱包/%	备注
食盐	12.50	13.32	面汤含盐量在0.8%~1.2%时比较适口，综合考虑粉末香精、酱油及面饼中的含盐量计算确定
白砂糖	18.75	7.92	面汤含糖量在0.2%~0.5%时具有良好的协调口味作用
味精	18.75	4.17	常用的鲜味剂，方便面给人的感觉都是很鲜的，其中MSG与I+G联用有一个味觉增强效应，I+G：MSG一般为1：20
I+G	3.75	—	
干贝素	1.25	—	
八角粉	—	0.42	总体用量为面汤的0.2%~0.8%
辣椒粉	—	0.08	
白胡椒粉	3.75	—	
草果粉	0.25	—	
山柰粉	0.38	—	
肉桂粉	—	0.25	
辣椒精	—	0.08	
大蒜蓉	—	4.17	
洋葱蓉	—	7.50	
生姜蓉	—	2.50	
牛肉酱	—	5.00	用于增强口感及牛肉的逼真感
酱油	—	16.67	一般含有15%~20%的盐分，有增鲜效果，用量据口味确定
植脂末	6.25	—	增强面汤的浓厚、逼真感及口感
瓜尔胶	2.50	—	
酵母精粉	18.75	—	
玉米淀粉	—	0.42	与其他胶体一起作为酱的赋形剂

续表

原料	粉包/%	酱包/%	备注
牛肉粉末香精	12.5	—	牛肉味香精的用量一般为面汤的0.3%~0.5%，其配伍要考虑到头香、体香及尾香的协调。呈味粉和牛肉膏是增强口感及后味的。烤牛肉油用于加强头香
牛肉膏香精	—	4.08	
烤牛肉油香精	—	0.08	
冷开水	—	适量	用于调节酱包的水分活度
抗结剂	0.62	—	使粉包有一个很好的流散性及外观
精制牛油	—	11.67	改善口感、增强头香
棕榈油	—	21.67	

注：以90g面饼，8g粉包，12g酱包的包装形式，冲400mL开水为基础。

（2）粉包调味配方举例

表4-32　　鸡肉风味方便面调味粉配方

原料	配方1：清炖鸡/%	配方2：葱油鸡/%	配方3：沙姜鸡/%
鸡粉	3.0	4.0	3.0
鸡油粉	4.5	6.0	5.0
酱油粉	—	2.0	1.0
食盐	50.0	50.0	50.0
白砂糖	8.5	6.0	7.0
味精	20.0	20.0	25.0
鸡肉香精	2.0	2.0	—
肉香精	—	—	2.0
I+G	0.3	0.3	0.3
姜粉	1.0	1.0	—
洋葱粉	2.0	—	—
胡椒粉	0.5	1.5	0.5
葱粉	—	1.7	—
沙姜粉	—	—	2.0
麦芽糊精	8.2	6.5	4.2

表4-33　　牛肉风味方便面调味粉配方

原料	配方1：红烧牛肉/%	配方2：五香牛肉/%
牛肉粉	3.5	3.0
牛油粉	5.0	8.0
酱油粉	3.0	1.0
HVP	2.0	2.0
食盐	45.0	45.0
白砂糖	8.5	8.0
味精	30.0	30.0
牛肉香精	3.0	3.0

思考题

1. 试论述食用香料与食用香精的关系，哪些食品不得添加食用香料、香精?
2. 香料为什么会产生香气？有哪些类型?
3. 以食用番茄香精为例，试论述香精的调配需要哪几类成分，各种食用香料成分分别起什么作用?
4. 酸度调节剂的功效是什么？在调味酸乳饮料中应用时需要注意哪些事项?
5. 食品甜味剂的功效是什么?
6. 简述如何改善甜菊糖苷、罗汉果甜苷等天然甜味剂的后甜味。
7. 简述食品增味剂的分类及不同食品增味剂的协同效应。
8. 以食用香精为例，论述复配食品添加剂对食品工业的影响。
9. 试论述蔗糖、食盐在食品调味中的作用。

参考文献

[1] Voilley A, Etiévant P. Flavour in food [M] . CRC Press, Woodhead Publishing Limited, 2006.

[2] Larry Branen A, Michael Davidson P, Salminen S, et al. Food Additives (Second edition) [M] . Mercel Dekker INC, 2002.

[3] Sinki G S, Schlegel W A F. Flavoring Agents in Food Additives [M] . Marcel Dekker, Inc, 1990.

[4] Stegink L D, Filer L J (Eds.) . Aspartame: Physiology and Biochemistry [M]. Marcel Dekker, New York, 1984.

[5] Reineccius G. (Ed) . Flavor Chemistry and Technology (Second Edition) [M] . Taylor & Francis Group, New York, 2006.

[6] Parker J K, Elmore J S, Methven L. Flavour Development, Analysis and Perception in Food and Beverages [M] . United Kingdom, 2014.

[7] Fennema O. R. 食品化学（第三版）[M] . 王璋，许时婴等译 . 北京：中国轻工业出版社，2003.

[8]（美）加里赖内修斯 . 香味化学与工艺学 [M] . 张建勋译 . 北京：中国科学技术大学出版社，2012.

[9] 何坚，孙宝国 . 香料化学与工艺学 [M] . 北京：化学工业出版社，2004.

[10] 凌关庭 . 食品添加剂手册（第二版）[M] . 北京：化学工业出版社，1997.

[11] 高彦祥等 . 食品添加剂 [M] . 北京：中国林业出版社，2013.

[12] 高彦祥 . 食品添加剂基础 [M] . 北京：中国轻工业出版社，2012.

[13] 孙宝国等 . 食用调香术 [M] . 北京：化学工业出版社，2010.

[14] 王德峰 . 食品香味料制备与应用手册 [M] . 北京：中国轻工业出版社，2000.

[15] 张承曾，汪清如. 日用调香术 [M]. 北京：中国轻工业出版社，1989.

[16] Anand R, Malanga M, Manet I, et al. Citric acid-γ-cyclodextrin crosslinked oligomers as carriers for doxorubicin delivery [J]. Photochemical & Photobiological Sciences, 2013, 12 (10): 1841-1854.

[17] Carlborg, F. W. A cancer assessment for saccharin [J]. Food Chem Toxicol, 1985, 23: 499-506.

[18] Comunian T A, Thomazini M, Alves A J G, et al. Microencapsulation of ascorbic acid by complex coacervation: Protection and controlled release [J]. Food Research International, 2013, 52 (1): 373-379.

[19] Comprande C, Pezzutto J, Kinghorn A. Hernandulcin: an intensely sweet compound discovered by review of ancient literature [J]. Science, 1985, 227: 417-418.

[20] Dong X H, Sun X, Jiang G J, et al. Dietary Intake of Sugar Substitutes Aggravates Cerebral Ischemic Injury and Impairs Endothelial Progenitor Cells in Mice [J]. Stroke, 2015, 46 (6): 1714-1718.

[21] Dong Z J, Xia S Q, Hua S, et al. Optimization of cross-linking parameters during production of transglutaminase-hardened spherical multinuclear microcapsules by complex coacervation [J]. Colloids and Surfaces B: Biointerfaces, 2008, 63 (1): 41-47.

[22] de Conto L C, Grosso C R F, Gonçalves L A G. Chemometry as applied to the production of omega-3 microcapsules by complex coacervation with soy protein isolate and gum Arabic [J]. LWT-Food Science and Technology, 2013, 53 (1): 218-224.

[23] Evageliou V, Mavragani I, Komaitis M. The effect of salts on the retention of ethyl butyrate by gellan gels [J]. Food hydrocolloids, 2012, 26 (1): 144-148.

[24] Grembecka M. Sugar alcohols—their role in the modern world of sweeteners: a review [J]. European Food Research and Technology, 2015, 241 (1): 1-14.

[25] Grenby, T. H. Nutritive sucrose substitutes and dental health. In: Developments in sweeteners. Applied Science Publishers, London, 1983: 51-88.

[26] Holmer, B. E. Aspartame: implications for the food scientist. In: Aspartame, Physiology and Biochemistry, Stegink, L. D. Filter, L. J. (Eds.) [M]. Marcel Dekker, New York, 1984: 247-262.

[27] Jun-xia X, Hai-yan Y, Jian Y. Microencapsulation of sweet orange oil by complex coacervation with soybean protein isolate/gum Arabic [J]. Food Chemistry, 2011, 125 (4): 1267-1272.

[28] Koupantsis T, Pavlidou E, Paraskevopoulou A. Flavour encapsulation in milk proteins-CMC coacervate-type complexes [J]. Food Hydrocolloids, 2014, 37: 134-142.

[29] Koupantsis T, Pavlidou E, Paraskevopoulou A. Glycerol and tannic acid as applied in the preparation of milk proteins-CMC complex coavervates for flavour encapsulation [J]. Food Hydrocolloids, 2016.

[30] Kumar P, Agnihotri S, Roy I. Synthesis of Dox Drug Conjugation and Citric Acid Stabilized Superparamagnetic Iron-Oxide Nanoparticles for Drug Delivery [J]. Biochem Physiol, 2016, 194 (5): 2.

[31] Lange F T, Scheurer M, Brauch H J. Artificial sweeteners—a recently recognized class of emerging environmental contaminants: a review [J] . Analytical and Bioanalytical Chemistry, 2012, 403 (9): 2503-2518.

[32] Leclercq S, Harlander K R, Reineccius G A. Formation and characterization of microcapsules by complex coacervation with liquid or solid aroma cores [J] . Flavour and Fragrance Journal, 2009, 24 (1): 17-24.

[33] Lee C N, Wong K L, Liu J C, et al. Inhibitory effect of stevioside on calcium influx to produce antihypertension [J] . Planta Medica, 2001, 67 (9): 796-799.

[34] Lina B A R, Jonker D, Kozianowski G. Isomaltulose (Palatinose©): a review of biological and toxicological studies [J] . Food and Chemical Toxicology, 2002, 40 (10): 1375-1381.

[35] Lindley M. Taste-ingredient interactions modulating sweetness. In: Optimising sweet taste in foods, Spillane W. J. (Eds) . CRC Press: 85-96.

[36] Maillet E L, Cui M, Jiang P, et al. Characterization of the Binding Site of Aspartame in the Human Sweet Taste Receptor [J] . Chemical Senses, 2015, 40 (8): 577-586.

[37] Mendanha D V, Ortiz S E M, Favaro-Trindade C S, et al. Microencapsulation of casein hydrolysate by complex coacervation with SPI/pectin [J] . Food Research International, 2009, 42 (8): 1099-1104.

[38] Miller L E, Tennilä J, Ouwehand A C. Efficacy and tolerance of lactitol supplementation for adult constipation: a systematic review and meta-analysis [J] . Clinical and Experimental Gastroenterology, 2014, 7: 241.

[39] Miyaki T, Imada T, Hao S S, et al. Monosodium l-glutamate in soup reduces subsequent energy intake from high-fat savoury food in overweight and obese women [J] . British Journal of Nutrition, 2016, 115 (1): 176-184.

[40] Nofre C, Tinti J M. Neotame: discovery, properties, utility [J] . Food Chemistry, 2000, 69 (3): 245-257.

[41] Nori M P, Favaro-Trindade C S, de Alencar S M, et al. Microencapsulation of propolis extract by complex coacervation [J] . LWT - Food Science and Technology, 2011, 44 (2): 429-435.

[42] Paraskevopoulou A, Kiosseoglou V. Interfacial Properties of Biopolymers, Emulsions, and Emulsifiers [J] . Handbook of biopolymer-based materials: From blends and composites to gels and complex networks, 2013: 717-740.

[43] PasqualottoSchool A C. Conflict of interests and consensus meetings [J] . European Journal of Clinical Nutrition, 2009, 63 (301): 301.

[44] Peng C, Zhao S Q, Zhang J, et al. Chemical composition, antimicrobial property and microencapsulation of Mustard (Sinapis alba) seed essential oil by complex coacervation [J] . Food Chemistry, 2014, 165: 560-568.

[45] Pimentel T C, Madrona G S, Prudencio S H. Probiotic clarified apple juice with oligofructose or sucralose as sugar substitutes: Sensory profile and acceptability [J] . LWT-Food Science and Technology, 2015, 62 (1): 838-846.

［46］ Porzio M. Flavor Encapsulation：A convergence of science and art ［J］. Food Technology，2004，58（7）：40-47.

［47］ Rahman Z，Zidan A S，Berendt R T，et al. Tannate complexes of antihistaminic drug：Sustained release and taste masking approaches ［J］. International Journal of Pharmaceutics，2012，422（1）：91-100.

［48］ Reid A E，Chauhan B F，Rabbani R，et al. Early Exposure to Nonnutritive Sweeteners and Long-term Metabolic Health：A Systematic Review ［J］. Pediatrics，2016，peds：2015-3603.

［49］ Remsen I，Fahlberg C. On the oxidation of substitution products of aromatic hydrocarbons. IV. On the oxidation of orthotoluenesulphamide ［J］. J Am Chem Soc，1879（1）：426-438.

［50］ Rodea-González D A，Cruz-Olivares J，Román-Guerrero A，et al. Spray-dried encapsulation of chia essential oil（Salvia hispanica L.）in whey protein concentrate-polysaccharide matrices ［J］. Journal of Food Engineering，2012，111（1）：102-109.

［51］ Santos M G，Bozza F T，Thomazini M，et al. Microencapsulation of xylitol by double emulsion followed by complex coacervation ［J］. Food Chemistry，2015，171：32-39.

［52］ Sides A. et al. Developments in extraction techniques and their application to analysis of volatiles in foods ［J］. Trends in Analytical Chemistry，2000，19（5）：322-329.

［53］ Smith R L，Waddell W J，Cohen S M，et al. GRAS flavoring substances 24 ［J］. Food Technol，2009，63（6）：46-105.

［54］ Schallenberger R S. Hydrogen bonding and the varying sweetness of sugars ［J］. Journal of Food Science，1963，28：584-589.

［55］ Schallenberger R S，Acree T E. Molecular theory of sweet taste ［J］. Nature，1967，216：480-482.

［56］ Suez J，Korem T，Zeevi D，et al. Artificial sweeteners induce glucose intolerance by altering the gut microbiota ［J］. Nature，2014，514（7521）：181-186.

［57］ Tarrega A，Ramírez-Sucre M O，Vélez-Ruiz J F，et al. Effect of whey and pea protein blends on the rheological and sensory properties of protein-based systems flavoured with cocoa ［J］. Journal of Food Engineering，2012，109（3）：467-474.

［58］ Uliniuc A，Hamaide T，Popa M，et al. Modified starch-based hydrogels cross-linked with citric acid and their use as drug delivery systems for levofloxacin ［J］. Soft Materials，2013，11（4）：483-493.

［59］ Voirol，F. The value of xylitol as an ingredient in confextionery ［M］. In：Xylitol，Counsell，J. N.（Ed.）. Applied Science Publisher，London，1978：11-20.

［60］ Waddell W J，et al. GRAS Flavoring Substances 23 ［J］. Food Technology，2007，61（8）：22-28.

［61］ Wiet S G，Miller G A. Does chemical modification of tastants merely enhance their intrinsic taste qualities ［J］. Food Chemistry，1997，58（4），305-311.

［62］ Xiao Z，Liu W，Zhu G，et al. A review of the preparation and application of flavour and essential oils microcapsules based on complex coacervation technology ［J］. Journal of the Science of Food and Agriculture，2014，94（8）：1482-1494.

［63］ Xiao Z，Liu W，Zhu G，et al. Production and characterization of multinuclear microcapsules encapsulating lavender oil by complex coacervation ［J］. Flavour and Fragrance Journal，2014，29（3）：166-172.

［64］ Yin Y，Huang R，Li T，et al. Amino acid metabolism in the portal-drained viscera of young pigs：effects of dietary supplementation with chitosan and pea hull ［J］. Amino Acids，2010，39（5）：1581-1587.

［65］ 曹怡，徐易，金其璋. 烟熏香味料及其安全性 ［J］. 香料香精化妆品，2009（2）：39-41.

［66］ 杜琨，张亚宁，方多. 呈味核苷酸及其在食品中的应用 ［J］. 中国酿造，2005，24（10）：50-52.

［67］ 丁红梅，李进军，魏冉. 乳与乳制品中动物水解蛋白的检测 ［J］. 食品安全导刊，2015（30）：114-115.

［68］ 付娜，王锡昌. 滋味物质间相互作用的研究进展 ［J］. 食品科学，2014，35（3）：269-275.

［69］ 黄平. 防霉剂双乙酸钠的性质用途与制备 ［J］. 广西化工，2001，30（3）：37-39.

［70］ 李健，刘景春. 调味料口味分析及生产技术 ［J］. 中国调味品，2000（2）：5-8.

［71］ 李建周，倪莉. 酶法制备 HAP 的研究 ［J］. 福建轻纺，2003（10）：44-47.

［72］ 李新玲. 三氯蔗糖的特性及其在乳制品中的应用 ［J］. 中国奶牛，2013（17）：15.

［73］ 李志军，张明，吕宁华. 水解蛋白的研究与应用 ［J］. 食品研究与开发，2003，24（4）：42-44

［74］ 李志诚，石光，黄杨，林立. 复凝聚法制备壳聚糖/海藻酸钠纳米香精胶囊 ［J］. 精细化工，2012（4）：378-382.

［75］ 梁敏，翟娅菲，邹洋，等. 新型甜味剂塔格糖的应用及生产 ［J］. 食品与药品，2011，13（3）：125-128.

［76］ 林妙玲，刘大槐. 纯天然水果香精调配研究进展 ［J］. 中国食品添加剂，2013（S1）：153-158.

［77］ 刘超，李来生，许丽丽，等. 高效液相色谱法测定甜叶菊糖中的甜菊苷和莱鲍迪苷 A ［J］. 分析实验室，2007，26（7）：23-26.

［78］ 刘庆梅，苏纯营. 将传统中医组方理论引入现代调味技术中的应用研究 ［J］. 中国调味品，2002（11）：33-36.

［79］ 龙立梅，宋沙沙，李柰，等. 3 种名优绿茶特征香气成分的比较及种类判别分析 ［J］. 食品科学，2015（2）：114-119.

［80］ 罗香莲，李汴生，陈鹏，等. 复合甜味剂的应用及其安全性研究 ［J］. 食品工业科技，2008（11）：221-224.

［81］ 毛羽扬. 咸味、鲜味和咸鲜调味平台的建立 ［J］. 中国调味品，2001（12）：25-27，29.

［82］ 孟鸿菊，杨坚. 功能性鲜味剂的最新研究进展 ［J］. 中国食品添加剂，2007（1）：109-113.

［83］ 彭小红，李朝慧. 广式特色营养风味——粉葛鲮鱼方便面调味料的研究 ［J］. 食品

科技，2006，31（12）：95-96.

［84］申玉民．木糖醇的功能和应用［J］．江苏调味副食品，2014（3）：40-43.

［85］生产许可/分包装/过期香原料复检的规则不符合行业规律 食用香料香精行业亟待解决三大法规问题（上）［J］．国内外香化信息，2013，12：15-16.

［86］宋文凤，李克文，胥九兵，等．赤藓糖醇防龋病机制与应用研究进展［J］．精细与专用化学品，2014，22（9）：23-25.

［87］苏会波，林海龙．新资源食品 L-阿拉伯糖的制备，功能，应用和市场现状［J］．食品工业科技，2014，35（7）：368-372.

［88］唐婧苗，刘章武，吴绍武，等．水解动物蛋白（HAP）的制备及其在食品中的应用［J］．武汉工业学院学报，2009，28（2）：26-28.

［89］万艳娟，吴军林，吴清平．功能性甜味剂罗汉果甜苷的生理功能及食品应用研究进展［J］．食品与发酵科技，2015，51（5）：51-56.

［90］王东伙，廖国洪．浅述方便面的调味与增香［J］．中国调味品，2002（6）：37-41.

［91］王关斌 王成福．功能性甜味剂——木糖醇［J］．中国食物与营养，2005（10）：28-29.

［92］王学敬，李聪，王玉峰，等．SPME-GC-MS 法分析德州扒鸡挥发性风味成分的条件优化及成分分析［J］．南京农业大学学报，2016（3）：495-501.

［93］魏志勇，刘颖秋，佘志刚．纽甜的应用及研究进展［J］．食品工业科技，2008（12）：252-255.

［94］翁利荣，罗发兴，黄强．功能性甜味剂——麦芽糖醇［J］．中国食品添加剂，2005（1）：102-105.

［95］吴娜，顾赛麒，陶宁萍，等．鲜味物质间的相互作用研究进展［J］．食品工业科技，2014，35（10）：389-392.

［96］吴璞强，赵桂霞，张亚楠，等．阿斯巴甜的合成和应用研究进展［J］．中国调味品，2010（1）：30-32.

［97］信成夫，景文利，于丽，等．乳糖醇的性质及其在食品，保健品中的应用［J］．中国食品添加剂，2016（3）：151-155.

［98］晏日安，林楠，逯与运，等．纽甜在蛋糕中应用的研究［J］．食品研究与开发，2013，34（15）：134-136.

［99］杨阳，李淑燕，倪元颖．甜味蛋白 Thaumatin 研究进展及在食品工业中的应用［J］．中国食品添加剂，2012（5）：171-176.

［100］杨双春，赵倩茹，张爽，等．甜菊糖苷应用研究现状［J］．中国食品添加剂，2013（2）：195-198.

［101］余飞，陈云霞．三氯蔗糖在咖啡饮料中的应用研究［J］．山东食品发酵，2012（4）：18-21.

［102］袁尔东．功能性甜味剂塔格糖的生产及应用［J］．食品与发酵工业，2005，31（1）：109-113.

［103］曾婉俐，朱洲海，高茜，等．FEMA 对食用香料物质进行安全性评估概述［J］．中国调味品，2012（5）：23-27.

［104］曾小兰，胡兆波．双乙酸钠及其在食品中的应用［J］．食品研究与开发，2000，21（4）：26-27.

［105］赵耀．人工合成甜味剂的特点及其发展趋势［J］．中国食物与营养，2004（8）：30-31.

［106］赵燕，李建科，李锋．麦芽糖醇在无糖食品中的应用［J］．中国食品添加剂，2007（1）：155-158.

［107］詹永，杨勇．功能性甜味剂在食品中的应用［J］．中国食品添加剂，2006（4）：147-152.

［108］张丽君．糖醇及低聚糖在烘焙食品中的应用及差异［J］．食品工业科技，2014，35（23）：38-41.

［109］张卫民，齐化多．中国甜味剂的现状［J］．食品工业科技，2003，24（9）：64-67.

［110］张永清．方便面香菇酱包的研制［J］．中国调味品，2014，39（5）：86-90.

［111］张永清．海带浸提物低盐方便面酱包的研制［J］．食品研究与开发，2014，35（21）：59-62.

［112］张永清．麦芽糊精低能量方便面酱包的研制［J］．中国调味品，2014，39（6）：102-104.

［113］朱明婧，刘博，李飞飞．天然甜味剂研究进展与开发前景分析［J］．中国调味品，2015，40（11）：136-140.

第五章 食品质构改良剂

CHAPTER 5

[学习目标]

本章主要介绍了乳化剂、增稠剂、膨松剂、稳定剂和凝固剂、抗结剂和水分保持剂等食品质构改良剂。着重介绍了食品乳状液的制备、形成原理；食品增稠剂的定义、分类及其结构与食品特性的关系。

通过本章的学习，应掌握食品乳化剂的定义及其分类，掌握食品乳化剂的作用机理，掌握 HLB 的概念，掌握常用食品乳化剂的基本特性及应用，了解食品乳化剂的应用现状；应掌握食品加工中常见的具有代表性的增稠剂的性状、性能、应用；掌握食品膨松剂、稳定剂和凝固剂、抗结剂、水分保持剂的概念及其作用原理；熟悉并了解国内法定使用的食品膨松剂、稳定剂和凝固剂、抗结剂、水分保持剂的种类及实际应用范围。

食品中含有的营养素既有水溶性成分，也有油溶性成分，但是绝大多数食品是以水溶性成分为主的多相、多组分复杂体系。为了使食品保持稳定、均一的质构，且保持良好的外观，往往需要对食品的质构进行构建和调整，其实质就是油溶性成分的乳化和多糖类成分的水合。实现乳化和水合不仅需要一定的食品机械设备，还需要乳化剂和增稠剂这两类食品添加剂。本章主要对起改良食品质构作用的乳化剂和增稠剂进行介绍，食品生产中常用的膨松剂、稳定剂、凝固剂、抗结剂和水分保持剂等几类质构改良剂在此章中一并介绍。

第一节 乳 化 剂

乳化剂，又称表面活性剂，是指能使两种或两种以上不相混溶的液体（例如油和水）均匀分散成乳状液的物质。乳化剂在自然界中广泛存在，如牛乳中的蛋白质、大豆中的磷脂等。从 20 世纪 20 年代美国人将卵磷脂用于面包制作开始，人类利用乳化剂制造食品已有近百年历史。乳化剂不仅用于生产乳状液态食品，也是生产糖果、面包、方便食品等固态食品所必需的食品添加剂。

一、乳化剂概述

（一）乳化剂的分类与作用

乳化剂的主要特点是其分子结构中通常含有亲水基团和亲油基团，其乳化性质的差异主要与亲水、亲油基团有关。相比于疏水基团，亲水基团数量和结构的变化对乳化剂的性能具有更显著的影响。因此，乳化剂的分类，一般以其亲水基团的结构，即按离子的类型分类，可分为阴离子乳化剂（Anionic emulsifiers）、阳离子乳化剂（Cationic emulsifiers）、两性乳化剂（Amphoteric emulsifiers）和非离子型乳化剂（Nonionic emulsifiers）。乳化剂还可按来源分为天然乳化剂和人工合成乳化剂两大类；按其在两相中所形成乳状液性质又可分为水包油（O/W）型乳化剂和油包水（W/O）型乳化剂两类。

离子型乳化剂在油水界面的吸附使液滴带电，油水界面产生双电层，双电层的排斥效应能有效阻止液滴间的絮凝。非离子型乳化剂则通过吸附膜产生的空间位阻效应防止液滴聚结。

乳化剂虽然不能从根本上改变食品乳状液热力学不稳定的性质，但可以提高产品的动力学稳定性从而获得理想的保质期。食品乳化剂能降低油水两相的界面张力，促进乳状液的形成，提高食品组分间的亲和能力，改善食品配料的加工性能。食品乳化剂与淀粉形成络合物，使产品得到较好的瓤结构，增大食品体积，防止淀粉老化；用作油脂结晶调整剂，控制食品中油脂晶体结构，改善食品口感；与面粉中蛋白质或油脂络合，增强面团强度，改善气泡组织结构，稳定气泡；改善食品的质构，使食品更快地释放出香味；提高食品持水性能，使产品更加柔软；提高某些营养成分的消化吸收率。有些乳化剂还有杀菌防腐作用。

（二）乳化剂的选择

乳化剂的选择首先要考虑乳状液的类型，即 O/W 型或 W/O 型。制备 W/O 型乳状液通常选择亲油性乳化剂，如司盘系列乳化剂、卵磷脂、松香甘油酯等；制备 O/W 型乳状液需选择亲水性乳化剂，如吐温系列乳化剂、蔗糖酯、聚甘油酯等。

选择乳化剂时，还要考虑到乳化剂在各相的稳定性。乳化剂必须与油相和水相中的成分相适应，且被选择的乳化剂至少在一相中可溶，否则无法形成乳状液。

乳化剂的乳化能力、形成乳状液的类型和稳定性不仅与乳化剂的类型和浓度有关，而且与体系中组分的种类与浓度有关。

乳化剂选择的基本原则为：①乳化剂在体系中必须具有迁移至界面的倾向，而不滞留于任意一相中。乳化剂在所应用的体系中具有较高的表面活性，乳化剂的亲水亲油基团的合理平衡将使两相产生较低的界面张力，所选乳化剂在任何一相中溶解度过大都将影响乳状液的稳定性。②乳化剂分子在界面上必须通过自身的吸附或与其他被吸附的分子形成具有一定机械强度的吸附膜。从分子结构要求而言，界面上的乳化剂分子之间应有较大的侧向相互作用力。③乳化剂必须以一定的速度迁移至界面，使乳化过程中体系的界面张力及时降至较低值。某一特定的乳化剂或乳化剂体系向界面迁移的速度与乳化剂添加时间有重要关系。

目前，亲水亲油平衡指数（Hydrophile-lipophile balance，HLB）被广泛应用于指导乳化剂的选择。乳化剂的亲水基团含量越高，HLB 就越大。当亲水基团质量分数达到 100%时，HLB 为 20；若亲水基团的质量分数为 0，则 HLB 为 0。通常以石蜡的 HLB 为 0，油酸的 HLB 为 1，油酸钾的 HLB 为 20 作为标准，HLB 越大表示亲水性越大，HLB 越小表示亲油性越大。根据乳化剂的 HLB（表 5-1）可确定其基本应用范围（表 5-2）。

表 5-1　　常见乳化剂的 HLB

乳化剂名称	HLB	乳化剂名称	HLB
聚氧乙烯山梨醇酐单月桂酸酯（吐温 20）	16.7	琥珀酰单硬脂酸酯	5.7
聚氧乙烯山梨醇酐单软脂酸酯（吐温 40）	15.6	单油酸甘油酯	3.4
聚氧乙烯山梨醇酐单硬脂酸酯（吐温 60）	15.0	单硬脂酸甘油酯	3.8
聚氧乙烯山梨醇酐单油酸酯（吐温 80）	14.9	单月桂酸甘油酯	5.2
山梨醇酐单月桂酸酯（司盘 20）	8.6	二乙酰化单硬脂酸甘油酯	3.8
山梨醇酐单软脂酸酯（司盘 40）	6.7	双乙酰酒石酸单甘油酯	8.0
山梨醇酐单硬脂酸酯（司盘 60）	4.7	蔗糖脂肪酸酯	3~16
山梨醇酐三硬脂酸酯（司盘 65）	2.1	聚甘油单硬脂酸酯	5~13
山梨醇酐单油酸酯（司盘 80）	4.3	脂肪酸（钾、钠、钙）盐	16~18
山梨醇酐三油酸酯（司盘 85）	1.8	磷脂	3~4

表 5-2　　不同 HLB 的乳化剂应用范围

HLB 范围	应用	HLB 范围	应用
1.5~3	消泡剂	8~18	O/W 型乳化剂
3~6	W/O 型乳化剂	13~15	洗涤剂
7~9	湿润剂	15~18	增溶剂

乳化剂的 HLB 只取决于其分子结构，除了用实验的方法测定外，还可以根据分子结构确定 HLB。对于多元醇脂肪酸酯，可用式（5-1）计算 HLB。

$$\mathrm{HLB} = 20 \times \left(1 - \frac{S}{A}\right) \tag{5-1}$$

式中　S——酸的皂化值；

A——脂肪酸的酸价。

对于含聚氧乙烯基和多元醇的乳化剂可用式（5-2）计算其 HLB。

$$\mathrm{HLB} = \frac{E + P}{5} \tag{5-2}$$

式中　E——乳化剂分子中聚氧乙烯基的质量分数；

P——多元醇的质量分数。

对于只含有聚氧乙烯基的乳化剂，其 HLB 的计算公式为：

$$\mathrm{HLB} = \frac{E}{5} \tag{5-3}$$

式中　E——聚氧乙烯基的质量分数。

当两种或两种以上的乳化剂混合使用时，复合乳化剂 HLB 与各自的 HLB 有关，可按式（5-4）计算。

$$\mathrm{HLB} = \frac{(A\% \times \mathrm{HLB_A}) + (B\% \times \mathrm{HLB_B}) + (C\% \times \mathrm{HLB_C}) + \cdots}{100} \tag{5-4}$$

例如，以 83%的司盘 80 和 17%的吐温 60 混合，则此复配乳化剂的 HLB 为：

$$HLB = \frac{(83\% \times 4.3) + (17\% \times 15)}{100} = 6.1 \tag{5-5}$$

据此，人们可以按所需 HLB 的大小确定不同乳化剂的混合比例。

为获得稳定的乳状液，通常选用 HLB 差异较小的乳化剂复配。不同乳化剂复配后其 HLB 具有加和性，但对于 HLB 差异较大的乳化剂这一规律有时并不准确。此外，HLB 计算法并不能应用于所有乳化剂，主要原因是：第一，离子型乳化剂在不同 pH 溶液中所带的电荷不同，乳化性能也存在差异，无法确定其真正的 HLB；第二，商业乳化剂通常是多种乳化剂复配的混合物，乳化剂之间可能存在协同效应；第三，HLB 仅考虑乳化剂的分子结构，未考虑乳状液的基本性质。尽管 HLB 计算法存在一定局限性，但仍是目前选择乳化剂和评价乳化剂功效应用最广泛的方法。

二、 乳状液的制备及稳定性

乳状液（或称乳化体系）是一种（或几种）液体以液滴形式分散在另一不相混溶的液体之中所构成的分散体系。乳状液中被分散的一相称作分散相或内相；另一相则称作分散介质或外相。显然，内相是不连续相，外相是连续相。如果分散相本身也是一个分散体系，则可以形成多重乳状液，O/W/O 型或 W/O/W 型。乳状液属于多分散体系，具有热力学不稳定性，而乳化剂是保持乳状液稳定的重要因素。乳状液（Emulsion）广泛存在于工业化生产及我们的日常生活中，如牛乳、冰淇淋、药品、化妆品、洗涤剂、涂料、金属切割油、乳化钻井液等。在食品领域，乳状液不仅应用方便，还可以将许多原本应用受限的营养成分添加到食品中。乳状液作为一种常见的食品或配料，对提升食品的感观品质、促进吸收、提高生物利用率具有重要作用。

（一）乳状液的制备

乳状液的制备方法多种多样，主要的乳化设备如图 5-1 所示。针对乳化设备和产品的不同特点，目前主要有以下几种乳状液制备方法。

1. 电乳化和超声乳化

电乳化由电喷雾（气液）发展而来，由喷嘴喷出的分散相液滴在电场的极化斥力效应下互相分散，从而与连续相形成稳定体系；超声乳化技术利用超声空化效应把两种或多种互不相溶的液体互相分散成乳状液。超声乳化过程中，样品通过预混器，输送至超声波乳化器被破碎、混合、乳化，形成乳状液（粒径可达 1μm 以下）。

2. 定转子乳化

定转子系统包括搅拌器、高速剪切仪和胶体磨等常见设备（图 5-1），其乳化过程可概括为：流体或半流体物料在离心力的作用下，强制通过相对高速运动下的定转子间空隙，在剪切、磨擦、高频震动等作用下，进行有效地粉碎、乳化、均质、分散、混合等，形成稳定的乳状液体系。

3. 膜乳化和微通道乳化

膜乳化法（Membrane emulsification）属于微孔分散法，其基本原理为：连续相在具有均一细孔的多孔质膜表面流动，分散相在压力作用下通过膜孔在膜表面形成液滴。当液滴的直径达到某一值时就从膜表面分离进入连续相。连续相中常含有合适的乳化剂，并以一定的速度流动，使分散相液滴得到很好的分散，见图 5-2（1）。膜乳化法能够制备 W/O、O/W、W/O/W 和 O/W/O 等各种类型的乳状液。

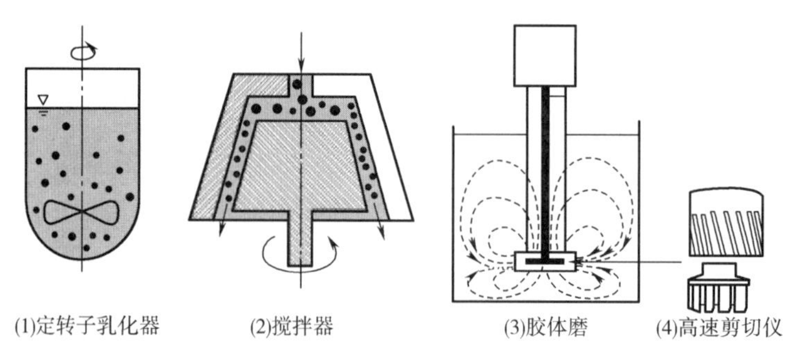

图 5-1　常见乳化设备

微通道乳化法（Microchannel emulsification）也是微孔分散法的一种，与膜乳化具有相似的工作原理：通过光刻或定向蚀刻法制备的错流型微通道硅板进行连续的乳化作用和乳状液收集。分散相液体在氮气压力下进入硅板和玻璃板之间的空间，穿过阵列式微通道，并形成光盘状液滴，从硅板上脱落后被流动着的连续相收集，完成分散过程，见图5-2（2）。同膜乳化法相比，微通道的孔径更容易控制，而且大小高度一致，制备的乳状液分布更均匀。

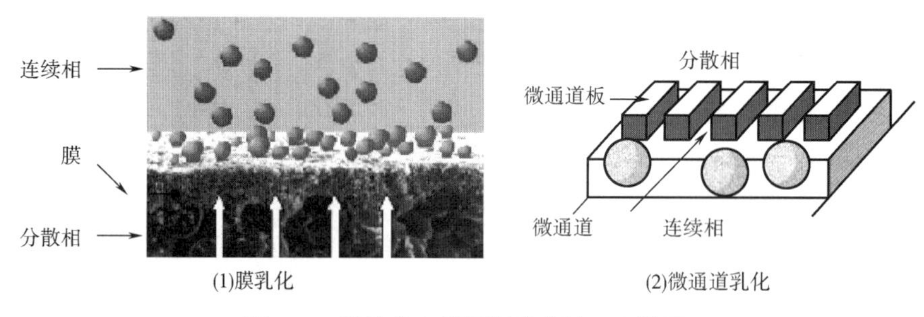

图 5-2　膜乳化和微通道乳化法原理简图

膜乳化法和微通道乳化法与超声乳化、定转子乳化等传统方法相比具有以下优点：①分散相液滴分布均匀，体系热力学稳定性高；②分散相液滴直径和乳化微孔孔径密切相关，故可通过改变膜或微通道孔径控制分散相液滴的粒径；③膜乳化法和微通道乳化法过程温和，能耗低，不涉及高剪切力，乳化过程一般不引起产品温度升高，尤其适合对剪切敏感和热不稳定的物料。

4. 高压均质乳化

高压均质（High pressure homogenization）乳化技术在工业化生产中应用广泛，是目前最主要的乳状液制备技术，一般通过高压均质机实现（图 5-3）。高压均质乳化的工作原理可基本概括为：物料通过高压往复泵输送至工作阀（一级和二级均质阀），在柱塞所造成的高压条件下进入可调节压力的阀组件中，失压后的物料从大小可变的限流缝隙中以极高的流速（200～300m/s）喷

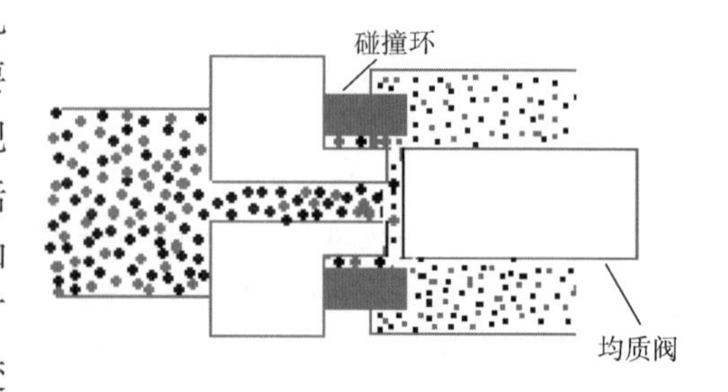

图 5-3　高压（阀）均质原理图

出，撞在阀组件之一的碰撞环上，产生空化、撞击、剪切等三种效应，从而使液态物质或以液体为载体的固体颗粒得到超微细化，形成均一稳定的乳化体系。

（二）乳状液的稳定性

乳状液是多分散体系，液滴粒径小，分散度大，存在强烈的布朗运动（Brown motion），能克服重力作用而不沉降，属于动力学稳定（Kinetically stable）体系；但由于存在巨大的界面能，又是热力学不稳定（Thermodynamically unstable）体系。因此，一旦液滴相互聚集增大，乳状液的动力学稳定性也将消失。乳状液的不稳定性常表现为：絮凝（Flocculation）、聚结（Coalescence）、乳析（Creaming）或沉淀（Sedimentation）、相转换（Inversion）、奥氏熟化（Ostwald ripening）等（图 5-4）。

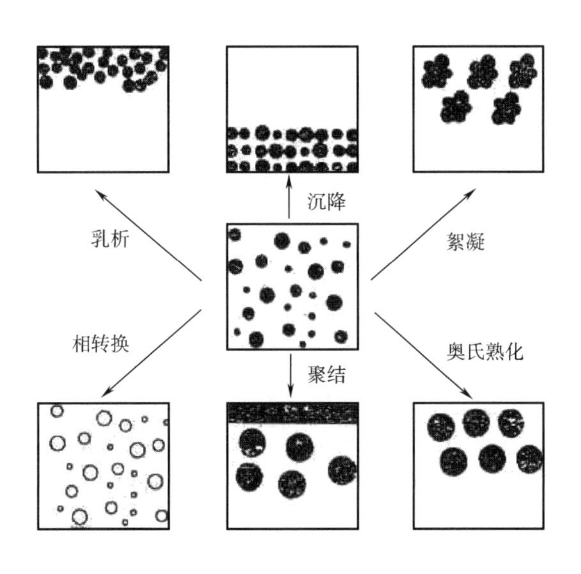

图 5-4　乳状液失稳过程图解

乳状液分层（乳析或沉淀）主要是由于分散相和连续相之间存在密度差，重力或离心力等外力作用抑制了系统中液滴的布朗运动，产生浓度梯度（密度小的聚集在顶部，密度大的聚集在底部），最终形成大液滴上浮或下沉的分层现象。通过 Stokes 公式，可以计算出乳状液中液滴的沉降速度，见式（5-6）。

$$V_0 = \frac{2R^2 \Delta\rho g}{9\eta} \tag{5-6}$$

式中　V_0——粒子的沉降速度，cm/s；

R——液滴半径，cm；

$\Delta\rho$——两相密度之差，g/cm^3；

g——重力加速度，$980cm/s^2$；

η——体系黏度，Pa · s。

由式（5-6）可知，缩小两相密度差、减小液滴粒径，或者增大体系黏度均能够减小乳状液分层的速度。但通常情况下，体系中两相的密度是确定的，因此只有通过改变液滴粒径和体系黏度改善乳状液的稳定性，可以通过均质作用和选择合适的乳化剂/增稠剂实现。事实上，如果液滴足够小，将观察不到明显的沉降现象，因为液滴还受到热力导致的扩散作用（即布朗运动）的影响，由沉降引起的液滴浓度差恰好是扩散的推动力。

絮凝指分散相液滴相互聚集形成三维堆积体的过程。絮凝的液滴间仍存在一层液膜，液膜破裂将使液滴合并成更大的液滴，这一过程称为聚结。絮凝的多个液滴聚集体经适当搅拌仍可分散，但絮凝增大了质点的表观尺寸，是聚结的前奏，将加速乳析或沉降；聚结是不可逆的，它是破乳的前过程。聚结主要是液滴界面膜被破坏所致，抑制液滴的絮凝或增强膜的机械强度可控制聚结，因此减慢聚结速度是维持乳状液稳定性防止破乳的关键环节。

相转换是一种类型的乳状液变为另一种类型的现象，其实质是原来的分散相液滴经过聚结变成了连续相，而原来的连续相被分裂成分散相。一般而言，乳化剂决定形成的乳状液的类型，但若改变外界条件使乳化剂的亲水、疏水性质或液滴表面性质发生变化就可能引起乳状液变型。如提高温度可使聚氧乙烯非离子乳化剂疏水性增加，原 O/W 乳状液可变为 W/O 型；含离子型乳化剂的 O/W 乳状液加入强电解质可使油滴表面电势下降，乳化剂与反离子间电性作用增强，从而使原乳液变为 W/O 型乳状液。此外，相体积分数的改变也可以导致相转换。

乳状液体系中通常存在不同粒径的液滴，而小液滴不断溶解、大液滴不断长大的过程称为奥氏熟化。这一过程导致体系的平均粒径随时间延长而增大，是一种不稳定过程。

三、 乳化剂各论

（一）离子型乳化剂

当乳化剂溶于水时，凡是能离解成离子的，称为离子型乳化剂。如果乳化剂溶于水后离解成一个较小的阳离子和一个较大的包括羟基的阴离子基团，且起主导作用的是阴离子基团，则称为阴离子型乳化剂；如果乳化剂溶于水后离解成的是较大的阳离子和较小的阴离子基团，且起主导作用的是阳离子基团，则称为阳离子乳化剂；两性乳化剂分子也是由亲油的非极性部分和亲水的极性部分构成，特殊的是亲水的极性部分既包括以羧酸基、磺酸基或磷酸基为主的阴离子，也包括胺盐或季铵盐为主的阳离子。在食品工业中应用较为广泛的离子型乳化剂有硬脂酸钾、硬脂酰乳酸钙、硬脂酰乳酸钠以及两性乳化剂磷脂类等。

1. 改性大豆磷脂（Modified soybean phospholipid，CNS 号：10.019）及酶解大豆磷脂（Enzymatically decomposed soybean phospholipid，CNS 号：10.040）

大豆磷脂主要来自大豆，由大豆油生产过程中的副产品提取而得。改性大豆磷脂是以天然大豆磷脂为原料，经过乙酰化和羟基化改性及脱脂后制成的黄色或黄棕色粉状，极易吸潮，易溶于动植物油脂，能分散于水，部分溶于乙醇。与天然大豆磷脂相比，改性大豆磷脂的乳化性、水分散性、溶解性均有提高。酶解大豆磷脂是另一种改性大豆磷脂，为白色至褐色粉状、粒状或块状固体，或淡黄色至暗褐色黏稠液体，有特殊气味。酶解大豆磷脂是以大豆磷脂为原料，在适当温度条件下，用磷脂酶 A2 进行分解，分解产物中的丙酮不溶物并经过精制而得。

在食品工业中，磷脂可用作乳化剂、抗氧化剂、抗结剂、润湿剂、软化剂以及分散剂等。目前，大豆磷脂已广泛应用于糖果、饼干、糕点、冰淇淋和人造奶油等食品中。在巧克力生产中，大豆磷脂可降低巧克力浆的稠度，便于注模；在饼干生产中，大豆磷脂能使脂肪与其他成分混合更容易、更均匀，并能防止粘辊，改善饼干质量，其用量一般为面粉的 1%~2%。近年来，人们不断采用新技术、新工艺加工大豆磷脂，在保证原有大豆磷脂优点的同时，运用化学和生物技术提高其性能，并不断开发新的功能特性，例如利用磷脂低毒性且生物相容性好的优势，制备以磷脂双分子层为基本结构的脂质体传递系统，包埋保护具有生物活性的功能因子，Jin 等人（2016）分别利用乳脂肪球膜磷脂和大豆磷脂制备姜黄素脂质体，其脂质体化的姜黄素在保留率上远高于游离姜黄素。经过化学和生物技术处理的改性大豆磷脂具有亲水性强、HLB 高、稳定性好等特点，解决了天然大豆磷脂难溶于水的缺点，扩大了大豆磷脂在速溶食品中的应用范围。安红（2010）等研究表明乙酰化改性脑磷脂乳化能力显著提高。此外，磷脂中所含的胆碱和肌醇属于 B 族维生素，有良好的营养价值，脑磷脂具有抗氧化或金属螯合作用，卵磷脂可以预防高血压，因此，磷脂还可用于功能食品开发。近年来，人们不断研究新的富含大豆磷脂的功能性食品以满足市场需要。饶安平（2015）开发了一种以纳豆、大豆磷脂、红曲等为主要成分的降血脂保健食品。郭红珍（2014）等研究了大豆磷脂与单甘脂和抗坏血酸复配使用可显著改善全麦馒头的食用品质。

磷脂为天然成分，安全性高。在美国被认为 GRAS 物质，FAO/WHO 规定其 ADI 值不受限制。GB 2760—2014《食品添加剂使用标准》及原卫生部公告规定：改性大豆磷脂及酶解大豆磷脂均可在各类食品中按生产需要适量使用。

2. 硬脂酸钾（Potassium stearate，CNS 号：10.028，INS 号：470）

硬脂酸钾为白色或者黄白色蜡状固体或白色粉末，通常有油脂气味，相对分子质量 322.58，易溶于热水、醇，缓溶于冷水，水溶液对石蕊和酚酞均呈强碱性，但醇溶液对酚酞仅呈微碱性，一般商品中含有一定比例的棕榈酸盐。其结构式如图 5-5 所示。

$$CH_3—(CH_2)_{16}—\overset{\overset{\displaystyle O}{\|}}{C}—OK$$

图 5-5　硬脂酸钾

FAO/WHO（1994）规定：硬脂酸钾的 ADI 值不作限制。GB 2760—2014《食品添加剂使用标准》规定：硬脂酸钾可作为乳化剂、抗结剂在糕点和香辛料及粉中限量使用。

3. 酪蛋白酸钠（Sodium caseinate，CNS 号：10.002）

酪蛋白酸钠又称酪朊酸钠，为白色至淡黄色固体，呈粒状、粉状或片状，无臭、无味或稍有特殊的香气或味道。热稳定性高于其他蛋白质，94℃加热 10s 或 121℃加热 5s 不发生凝固。酪蛋白酸钠易溶于或分散于水中，水溶液 pH 为 7.0，水溶液加酸会沉淀析出酪蛋白。

酪蛋白酸钠作为一种乳化剂，营养丰富，是一种绿色的食品添加剂，目前广泛用于干酪、冰淇淋、肉制品和水产品中。午餐肉添加 1.5%~2%酪蛋白酸钠，可提高原料肉利用率，降低成本，增强耐热性和乳化稳定性；灌肠类肉制品添加 0.2%~0.5%酪蛋白酸钠，可防止灌肠中脂肪凹陷，并使其分布均匀，增加肉的黏结性；冰淇淋中添加 0.3%酪蛋白酸钠，可稳定气泡，改善产品质构，防止其在贮存过程中收缩或塌陷；酪蛋白酸钠用于鱼糕制品，可显著增加其弹性。酪蛋白酸钠还是高质量的蛋白源，可添加于面包、饼干等谷物食品中作为营养强化剂，制成高蛋白的谷物食品及供老人、婴幼儿、糖尿病患者用的特殊营养食品；用于饮料可替代全脂乳、脱脂乳、乳清等。

酪蛋白酸钠的 LD_{50}>400~500g/kg 体重（大鼠，经口）。FAO/WHO（1994）规定其 ADI 值不作限制。GB 2760—2014《食品添加剂使用标准》规定：酪蛋白酸钠可用于各类食品，按生产需要适量添加，其中在婴儿、较大婴儿和幼儿配方食品中有最大使用量限制。

4. 硬脂酰乳酸钙及硬脂酰乳酸钠（Calcium stearoyl lactylate，CNS 号：10.009，INS 号：482i；Sodium stearoyl lactylate，CNS 号：10.011，INS 号：481i）

硬脂酰乳酸钙及硬脂酰乳酸钠分别为白色或黄色粉末，有特殊的臭味，一般很难溶于水，但经强烈搅拌，则可完全分散于水中。加热时，这两种乳化剂可溶于植物油、猪油、起酥油，但冷却后容易析出。其结构式如图 5-6 所示。

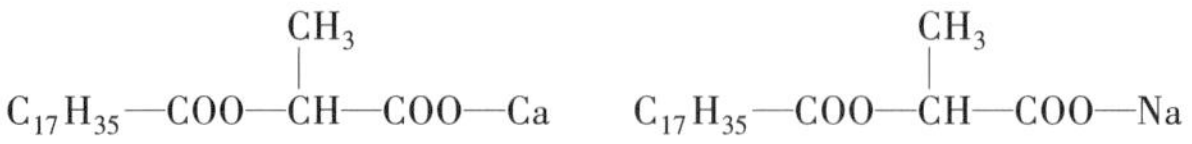

$$C_{17}H_{35}—COO—\underset{}{\overset{CH_3}{\overset{|}{CH}}}—COO—Ca \qquad C_{17}H_{35}—COO—\overset{CH_3}{\overset{|}{CH}}—COO—Na$$

图 5-6　硬脂酰乳酸钙及硬脂酰乳酸钠

硬脂酰乳酸钙（钠）这两种 W/O 型乳化剂对面制食品的乳化效果尤其明显，既可用于面包糕点等焙烤食品，还可用于馒头等蒸煮面制品；在馅料、布丁等产品中也得到较好应用。烘焙食品添加硬脂酰乳酸钙（钠），在炉中胀发效果良好，使产品体积增大、质构改善。硬脂酰乳酸钙（钠）与面团的作用机理是能与小麦蛋白发生相互作用，其中亲水基团可与小麦面筋中麦胶蛋白结合，而疏水基团则与麦谷蛋白结合，形成面筋蛋白复合物，使面筋网络更为细致而有弹性，从而提高发酵面团持气性和焙烤产品体积。此外，硬脂酰乳酸钙（钠）不仅是一种面团改良剂，也是一种理想的面包组织软化剂，应用于馒头中，可提高面团筋力，改善馒头外观。吴翠彦等（2014）研究发现硬脂酰乳酸钠和硬脂酰乳酸钙钠对热风干燥方便面的品质影响效果最显著，二者最佳添加量为 0.2%。现在最常采用的是与其他添加剂进行复配，如增稠剂等，能显著改善面团流变性及焙烤特性，肖东等（2015）研究鲜湿面保质期内硬化问题时，对瓜尔豆胶、硬脂酰乳酸钠、水溶性大豆多糖和 β-环糊精的复配工艺进行优化，发现优化抗老化复配剂能很好地延缓鲜湿面淀粉的回生，延长其保质期。

FAO/WHO（1994）规定：硬脂酰乳酸钙（钠）的 ADI 值为 0～20mg/kg 体重。GB 2760—2014《食品添加剂使用标准》规定：硬脂酰乳酸钙（钠）可用于糕点、面包、饼干、肉灌肠、果酱、干制蔬菜、装饰糖果、专用小麦粉、生湿和发酵面制品、乳品及乳化制品、含乳饮料及水油状脂肪乳化制品中。

（二）非离子型乳化剂

非离子型乳化剂的疏水基和亲水基在同一分子上，分别起亲油和亲水的作用。由于其溶于水时不发生电离，不形成离子，因而在某些方面比离子型乳化剂具有更为优良的功能特性。

1. 单（双）甘油脂肪酸酯（油酸、亚油酸、亚麻酸、棕榈酸、山嵛酸、硬脂酸、月桂酸）[Mono（Di）glycerides of fatty acids，CNS 号：10.006，INS 号：471]

单（双）甘油脂肪酸酯（图 5-7）主要指食用脂肪或构成油脂的脂肪酸与甘油酯化所得的产品，脂肪酸基团可以是硬脂酸、棕榈酸、油酸、亚油酸等高级脂肪酸，也可以是醋酸、乳酸、琥珀酸等低级脂肪酸，一般指硬脂酸。甘油脂肪酸酯的 HLB 为 5～6（粗品）或 3～4（精制品）。

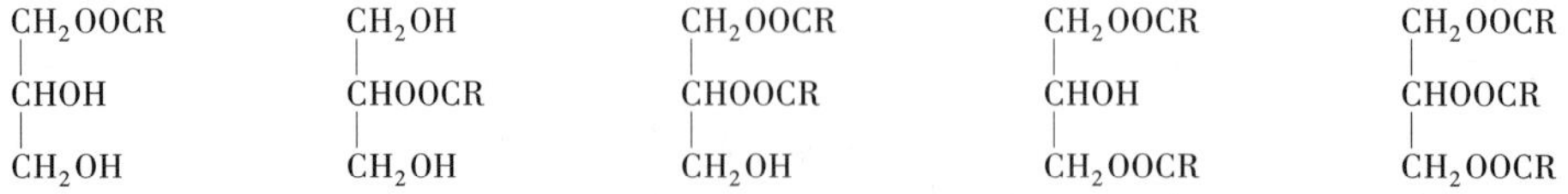

(1) α-单甘油酯	(2) β-单甘油酯	(3) $\alpha\beta$- 双甘油酯	(4) $\alpha\gamma$- 双甘油酯	(5) $\alpha\gamma$-三甘油酯
CH_2OOCR	CH_2OH	CH_2OOCR	CH_2OOCR	CH_2OOCR
CHOH	CHOOCR	CHOOCR	CHOH	CHOOCR
CH_2OH	CH_2OH	CH_2OH	CH_2OOCR	CH_2OOCR

图 5-7　单（双）甘油脂肪酸酯（—OCR 代表脂肪酸基团）

甘油脂肪酸酯，按甘油与脂肪酸的结合情况可分为甘油三酯、甘油二酯、单甘油酯。天然油脂主要成分是甘油三酯，具有一定的保健功能。人们可以根据需要合成甘油脂肪酸酯，即构造脂质（结构脂），使其呈现一定的保健功能。其中，甘油单硬脂酸酯又称单甘酯，为微黄色的蜡状固体，凝固点不低于56℃，不溶于水，在热水中经处理可以形成W/O型乳化剂，HLB为3.8。单甘酯本身具有很强乳化性，有时也可作为O/W型乳化剂使用。单甘油酯、甘油二酯是人体代谢的中间产物，但实际生产中使用的为人工合成品，与天然油脂有部分相似性。

单（双）甘油脂肪酸酯用途广泛，可用于制造咖啡饮料、稀奶油、生干/湿面制品、婴幼儿配方食品及断奶期食品、黄油/浓缩黄油、原味发酵乳、香辛料、糖和糖浆等食品。此外，除了乳化作用外，甘油脂肪酸酯还具有一定的保健功能，因此也可以用于保健食品的研究与开发。

甘油脂肪酸酯在美国被认为GRAS物质，FAO/WHO规定其ADI值不作限制。GB 2760—2014《食品添加剂使用标准》规定：单（双）甘油脂肪酸酯可用于稀奶油、黄油和浓缩黄油、生湿和生干面制品、部分糖和糖浆、香辛料类以及婴儿配方和辅助食品中。

2. 双乙酰酒石酸单（双）甘油酯（Diacetyl tartaric acid esters of mono-and-diglycerides，CNS号：10.010，INS号：472e）

双乙酰酒石酸单（双）甘油酯可用无水双乙酰酒石酸与单（双）甘油酯酯化合成，其乳化特性主要依赖于脂肪酸的类型及酯化的酒石酸含量。双乙酰酒石酸单甘油酯的分子式$C_{29}H_{50}O_{11}$，相对分子质量574.69，结构式如图5-8所示。根据生产原料油脂的碘值不同和被酯化的双乙酰酒石酸的数量，产品近似黏稠液体或蜡状固体的脂肪样物，其熔点随着产品中双乙酰酒石酸含量的升高而降低，而黏性增大。带有微酸臭味。能以任何比例溶于油脂及多数油脂溶剂，溶于甲醇、丙酮、乙酸乙酯，但不溶于其他醇类溶剂及乙酸和水，可分散于水中而不发生水解现象，其HLB为8~9.2，一般形成水包油（O/W）型乳状液。

```
            O   OCOCH3  OCOCH3
            ‖   |       |
CH2O—C—CH———CHCOOH
|
CHOH
|
CH2OCO—(CH2)16CH3
```

图5-8　双乙酰酒石酸单甘油酯

双乙酰酒石酸单甘油酯（DTAEM）含有双乙酰基、羟基等亲水基团，是一种亲水性较强的乳化剂，能与面筋蛋白质相互作用，形成复合物。在和面过程中，DATEM的亲水部分与亲油部分分别与面团中的麦胶蛋白质和麦谷蛋白质结合，将分离的蛋白质分子相互连接起来，形成一种面筋蛋白复合物。这样，面筋蛋白由小分子变成了大分子甚至高分子，弥补了面团面筋蛋白质中二硫键结合不充分的缺陷，使面筋网络结构更为强韧，面筋膜结合更为完善，从而使加工过程中因机械搅拌散落的面筋蛋白质分子相互连接起来，变为更大分子，形成结构牢固、紧密的面筋网络。另一方面，DATEM具有助溶性，可使水不溶的亲油性物质贮存到DATEM内，从而能够转变成一种假溶液。这两种作用对于面团延伸性、持气性等具有促进作用。因此DATEM在面制品中应用最为广泛。

双乙酰酒石酸单（双）甘油酯在食品中的主要功能包括：①提高乳化性能，防止油水分离；②增加面团面筋力，增大体积，改善结构，使质地柔软，防止老化；③与淀粉形成络合物，防止淀粉溶胀流失，改善淀粉的糊化特性；④用于奶油，可使奶油软滑。

双乙酰酒石酸单（双）甘油酯的LD_{50}>10g/kg体重（小鼠，经口）。FAO/WHO（1994）规定：双乙酰酒石酸单（双）甘油酯的ADI值为0~50mg/kg体重。GB 2760—2014《食品添加剂使用标准》规定：双乙酰酒石酸单（双）甘油酯可用于乳制品、原味发酵乳、水油状脂肪乳化制品、稀释奶油、冷冻饮品、水果蔬菜制品、黄油、面制品、焙烤制品、肉和水产制品、各类饮料、酒类、膨化食品以及香辛料类中。

3. 乙酰化单、双甘油脂肪酸酯（Acetylated mono- and diglyceride，acetic and fatty acid esters of glycerol，CNS 号：10.027，INS 号：472a）

乙酰化单、双甘油脂肪酸酯为部分乙酰化的甘油与脂肪酸构成的单酯、双酯，产品中一般还含有游离的甘油和脂肪酸，其存在三种形式，即一乙酸一脂肪酸甘油酯、二乙酸一脂肪酸甘油酯和一乙酸二脂肪酸甘油酯。其结构式如图 5-9 所示。此类产品为白色至浅黄色，不同稠度的黏稠液体或蜡状固体，稍有乙酸臭味，味温和，不溶于水，溶于乙醇、丙酮和其他有机溶剂，属于 W/O 型乳化剂，HLB 为2~3.5。

$$\begin{array}{l} CH_2—OR_1 \\ | \\ CH—OR_2 \\ | \\ CH_2—OR_3 \end{array}$$

图 5-9　乙酰化单、双甘油脂肪酸酯

R_1、R_2、R_3 为脂肪酸基、乙酸基或者 H

FAO/WHO（2001）规定：乙酰化单、双甘油脂肪酸酯的 ADI 值不作限制，LD_{50}为 4g/kg 体重（大鼠，经口）。乙酰化单、双甘油脂肪酸酯可用作乳化剂、被膜剂、组织改良剂和润滑剂。GB 2760—2014《食品添加剂使用标准》规定：乙酰化单、双甘油脂肪酸酯可在各类食品中按生产需要适量添加，但表 A.3 所列食品种类除外。

4. 辛癸酸甘油酯（Octyl and decylglycerate，CNS 号：10.018）

辛癸酸甘油酯（简称 ODO 或 MCT）是基于椰子油脂肪酸的甘油酯，为无色透明的油状液体，溶于油脂和各种有机溶剂；耐高温，长时间煮炸后黏度几乎不变；不易被氧化，具有良好的乳化性、溶解性、延伸性和润滑性，HLB 为 12.5。

ODO 是一种不同于普通油脂的中碳链、半合成的天然脂肪酸甘油酯类产品，它和油脂、维生素及一些有机物质具有很好的相溶性，因而在食品和医药领域常用作乳化剂、稀释剂、溶解剂、油基使用，也用作消泡剂和防腐剂。目前，ODO 已广泛用于乳化香精、奶类制品、冷饮、豆奶、固体和液体饮料、胶姆糖等。ODO 用于乳化香精可显著提高香精及其稀释液的物理及化学稳定性；用于糖果的涂布，可降低油脂黏度，显著提高产品的光泽；可降低巧克力的黏度，提高巧克力在口中的速溶性能，提高天然可可脂与类（代）可可脂的互溶性，从而提高巧克力的质量。此外，将其作为添加剂加入食用油脂中，或与食用油脂反应形成结构脂（Structured lipids），可使食用油成为高档营养油。

人体消化吸收 ODO 的途径完全不同于普通油脂，ODO 具有供能迅速、新陈代谢快、在人体中不累积、不会引起肥胖等优点；ODO 还具有改善免疫功能，防止网状内皮系统受损，降低癌症发病率，防止形成血栓，降低胆固醇，改善氮平衡等功能特性。从而，可用于治疗脂肪代谢紊乱症；在不影响正常肝细胞的前提下，ODO 还对肝癌细胞有较强的杀伤作用而表现出很好的抗癌作用。

国际上将 ODO 作为一种特殊的食用营养脂类产品，为 GRAS 类，已在医药、食品、饮料、食用油脂、化妆品上广泛应用。其 LD_{50}为 15g/kg 体重（大鼠，经口）。GB 2760—2014《食品添加剂使用标准》规定：ODO 可用于乳粉和奶油粉及其调制产品、氢化植物油、冰淇淋类、可可制品、巧克力和巧克力制品（包括类巧克力和代巧克力）以及糖果、除包装水外的饮料类等。

5. 聚甘油单硬脂酸酯（Polyglycerol monostearate，CNS 号：10.022，INS 号：475）

聚甘油单硬脂酸酯为浅黄色蜡状固体，无臭，味微甜，耐酸性强，可溶于甘油、苯、丙二醇、热的乙醇和冷的乙酸乙酯，不溶于冷水，但在热水中可搅拌分散成乳浊液，HLB 为 11.3。

其结构式如图 5-10 所示。聚甘油单硬脂酸酯的亲水性能好，其性能与吐温 80 相似，在 120℃ 酸性条件下，具有独特的乳化稳定效果。具有优良的感官特性和良好的分散、乳化能力。在食品工业中可用作乳化剂和稳定剂。

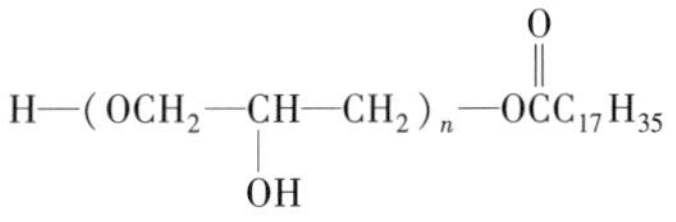

$$H—(OCH_2—\underset{\displaystyle OH}{\underset{|}{C}H}—CH_2)_n—O\overset{\displaystyle O}{\overset{\|}{C}}C_{17}H_{35}$$

图 5-10　聚甘油单硬脂酸酯

聚甘油单硬脂酸酯的 LD_{50}>20g/kg 体重（大鼠，经口），FAO/WHO（1994）规定：聚甘油单硬脂酸酯 ADI 值为 0~25mg/kg 体重。GB 2760—2014《食品添加剂使用标准》规定：聚甘油单硬脂酸酯可用于雪糕、冰棍、冰淇淋、植物蛋白饮料、乳酸菌饮料、糖果、茶、咖啡等。

6. 聚甘油单油酸酯（Polyglycerol monooleate，CNS 号：10.023，INS 号：475）

聚甘油单油酸酯为浅黄色蜡状固体，耐酸性强，不溶于水，能分散于水中，溶于乙醇等有机溶剂和油脂，HLB 为 8~14.5（n=4~10）。结构式见图 5-11。该乳化剂亲水性强，其性能与吐温 80 相似，在 120℃ 酸性条件下，具有独特的乳化稳定效果。

$$H—(OCH_2—\underset{\displaystyle OH}{\underset{|}{C}H}—CH_2)_n—O\overset{\displaystyle O}{\overset{\|}{C}}C_{17}H_{35}$$

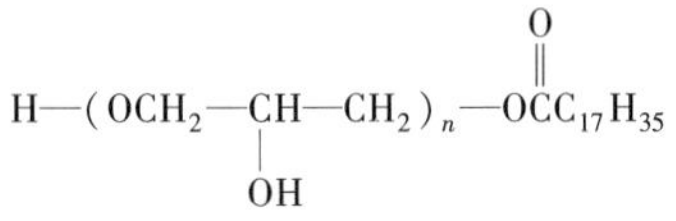

图 5-11　聚甘油单油酸酯

聚甘油单油酸酯的 LD_{50} 为 20g/kg 体重（小鼠，经口）。FAO/WHO（1994）规定：聚甘油单油酸酯的 ADI 值为 0~25mg/kg 体重。GB 2760—2014《食品添加剂使用标准》规定：聚甘油单油酸酯可用于调制乳、调制乳粉和调制奶油粉、稀奶油等食品。

7. 聚甘油蓖麻醇酯（Polyglycerol polyricinoleat，CNS 号：10.029，INS 号：476）

聚甘油蓖麻醇酯由聚甘油与缩合的蓖麻油脂肪酸酯化制成，为高度黏稠的液体，不溶于水和乙醚、烃类及卤代烃，可溶于热甘油及热的油脂，具有良好的热稳定性。

聚甘油蓖麻醇酯最重要的特性是能降低巧克力浆料的黏度，抑制晶体的产生，从而提高其流动性。聚甘油蓖麻醇酯与卵磷脂混合使用时，有良好的协同作用，可显著降低剪切应力，减少可可脂的用量，降低巧克力涂层的厚度，提高加工特性。

FAO/WHO（1994）规定：聚甘油蓖麻醇酯的 ADI 值为 0~7.5mg/kg 体重。GB 2760—2014《食品添加剂使用标准》规定：聚甘油蓖麻醇酯可用在水油状脂肪乳化制品，可可制品、巧克力和巧克力制品，包括代可可脂巧克力及制品，糖果及巧克力制品包衣及半固态复合调味料。

8. 丙二醇脂肪酸酯（Propylene glycol esters of fatty acids，CNS 号：10.020，INS 号：477）

丙二醇脂肪酸酯的性状随脂肪酸种类不同而变化，丙二醇的硬脂酸和软脂酸酯多数为白色固体。以油酸、亚油酸等不饱和酸制成的产品为淡黄色液体。此外还有粉状、粒状和蜡状。丙二醇单硬脂酸酯的 HLB 为 3.4，是亲油性乳化剂，不溶于水，在热水中搅拌可分散成乳浊液，可溶于乙醇、乙酸乙酯、氯仿等。其结构式如图 5-12 所示。

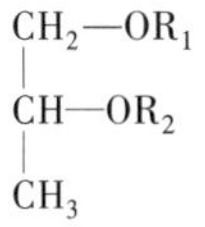

$$\begin{array}{l} CH_2—OR_1 \\ | \\ CH—OR_2 \\ | \\ CH_3 \end{array}$$

图 5-12　丙二醇脂肪酸酯

丙二醇脂肪酸酯是典型的非离子型乳化剂，具有优良的乳化稳定性和热稳定、不易水解等特点，广泛用于食品工业。用于糕点、起酥油制品，能提高保湿性，增大比体积，具有保持质地柔软，改善口感等特性；用于人造奶油，可防止油水分离。丙二醇脂肪酸酯的乳化性能较其他乳化剂稍差，一般不单独使用，而多与其他乳化剂合用，具有协同效应。

丙二醇脂肪酸酯的 LD_{50} 为 10g/kg 体重（小鼠，经口）。FAO/WHO（1994）规定：丙二醇脂肪酸酯的 ADI 值为 0~25mg/kg 体重。GB 2760—2014《食品添加剂使用标准》规定：丙二醇脂肪酸酯可用于乳及乳制品、脂肪、油和乳化脂肪制品、冷冻饮品、熟制坚果与籽类、油炸面制品、糕点、复合调味料及膨化食品。

9. 聚氧乙烯山梨醇酐单月桂酸酯［Polyoxyethylene（20）sorbitan monolaurate］，聚氧乙烯山梨醇酐单棕榈酸酯［Polyoxyethylene（20）sorbitan monopalmitate］，聚氧乙烯山梨醇酐单硬脂酸酯［Polyoxyethylene（20）sorbitan monostearate］，聚氧乙烯山梨醇酐单油酸酯［Polyoxyethylene（20）sorbitan monooleate］（CNS 号：10.025，10.026，10.015，10.016；INS 号：432，434，435，433）

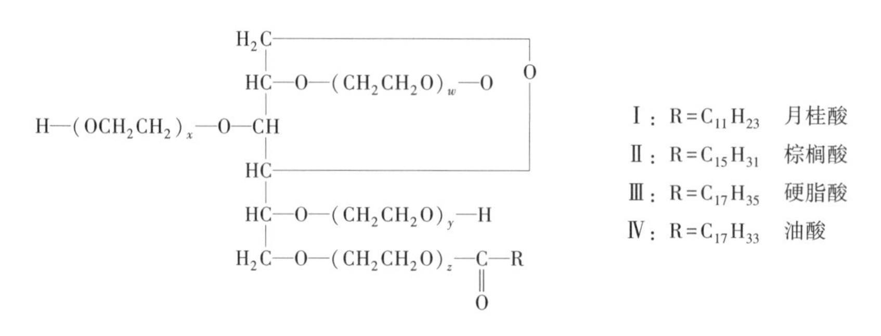

图 5-13 聚氧乙烯山梨醇酐单脂肪酸酯

$w+x+y+z=20$；R 为脂肪酸的烃基

聚氧乙烯山梨醇酐单月桂酸酯又称吐温 20（Tween 20），为琥珀色黏稠液体，有轻微特殊臭味，味微苦，相对密度 1.08～1.13，沸点 321℃，溶于水、乙醇、甲醇和乙酸乙酯，不溶于矿物油和石油醚，HLB 为 16.7。聚氧乙烯山梨醇酐单棕榈酸酯又称吐温 40（Tween 40），为琥珀色黏稠液体，有轻微特殊臭味，味微苦，相对密度（1.1008±0.05），溶于水、乙醇、甲醇、乙二醇、乙酸乙酯、丙酮和棉籽油，不溶于矿物油和石油醚，HLB 为 15.6。聚氧乙烯山梨醇酐单硬脂酸酯又称吐温 60（Tween 60），淡黄色黏稠液体或膏状体，有特殊臭味，味微苦，相对密度（1.10±0.05），凝固点 20～30℃，浊点温度 85℃，可溶于水，也可溶于乙酸乙酯、乙醇、甲苯等有机溶剂，不溶于矿物油和植物油，常温下耐酸、碱和盐，HLB 为 15。聚氧乙烯山梨醇酐单油酸酯又称吐温 80（Tween 80），淡黄色黏稠液体，有特殊臭味，味微苦，相对密度（1.10±0.05），凝固点 0℃以下，浊点温度在 85℃以下，极易溶于水，也溶于乙醇、乙酸乙酯、非挥发性油、苯等有机溶剂，不溶于矿物油和石油醚，常温下耐酸、碱和盐，HLB 为 14.9。Tween 系列乳化剂属于 O/W 型乳化剂，可单独使用或与司盘 60，司盘 65，司盘 80 混合使用。该系列乳化剂结构式如图 5-13 所示。其 ADI 值为 0～25mg/kg 体重（FAO/WHO，2001），LD_{50}分别为 37g/kg（Tween20）、>10g/kg（Tween40）以及 25g/kg（Tween80）体重（大鼠，经口）。GB 2760—2014《食品添加剂使用标准》规定：吐温 20、吐温 40、吐温 60 和吐温 80 可用于调制乳、稀奶油、调制稀奶油、水油状脂肪乳化制品、冷冻饮品、豆类制品、面包、糕点、固体和半固体复合调味料、果蔬汁（浆）类饮料、含乳饮料、植物蛋白饮料以及乳化天然色素等。

10. 蔗糖脂肪酸酯（Sucrose esters of fatty acid，CNS 号：10.001，INS 号：473）

蔗糖脂肪酸酯又称蔗糖酯，是由蔗糖和脂肪酸酯化而成，主要产品为单酯、双酯和三酯及其混合物，其分子结构通式：$(RCOO)_nC_{12}H_{12}O_3(OH)_{8-n}$，结构式如图 5-14 所示。蔗糖酯是白色至黄褐色粉末或无色至微黄色黏稠液体，无气味或稍有特殊气味，有旋光性，易溶于乙醇和丙酮，口味微甜和苦。蔗糖酯糖残基含有多个羟基和醚键的亲水结构，而其脂肪酸基团则表现出一定的亲油能力。蔗糖酯产品中单酯含量高时，亲水性强，可溶于热水；双酯和三酯含量越高，亲油性越强，溶于水时有一定的黏度，有润湿性，对油和水有良好的乳化作用，软化点50~70℃，单酯 HLB 为3~7，二酯 HLB 为7~10，三酯 HLB 为10~16。高亲水性产品能使 O/W 乳状液非常稳定；蔗糖酯分解温度233~238℃，在120℃以下稳定，145℃开始分解；蔗糖酯耐高温性较差，在受热条件下酸值明显增加，蔗糖基团可发生焦糖化作用，从而使颜色加深；酸、碱、酶都会导致蔗糖酯水解，但在20℃以下时水解很慢。蔗糖酯在酸性或碱性条件下加热易发生皂化反应。

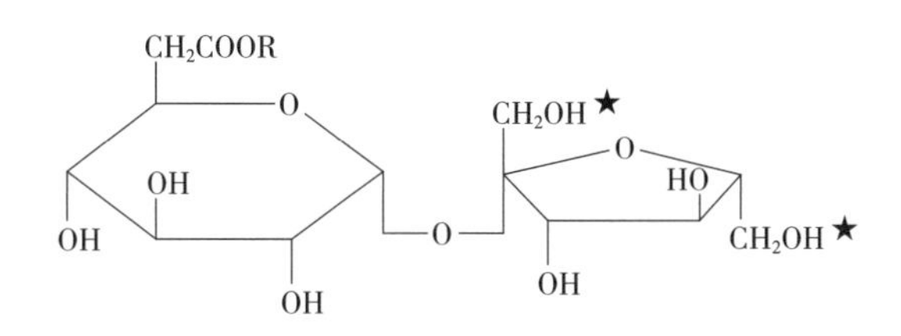

图 5-14　蔗糖脂肪酸酯

R：脂肪酸烃基，能与脂肪酸结合成二酯或三酯的羟基位置

蔗糖酯在食品工业中应用广泛，可在肉制品、冰淇淋、奶油、奶糖、乳化香精、乳化天然色素中用作乳化剂；在色拉油、巧克力中作为结晶抑制剂和黏度控制剂；在糖果中用作润滑剂；在饼干、糕点、面制品中作为淀粉的络合剂，防止淀粉老化，提高面条的韧性；在水果及鸡蛋中可作为保鲜剂。在冷冻面团中，蔗糖酯能防止冷冻保存过程中面团的变质，改善解冻面团烘烤后的面包内部结构。在普通面类制品中，蔗糖酯可防止原料混合时黏附在机械上，以及面团相互间的黏附，提高作业效率。蔗糖酯用量为面粉质量的0.1%~1.0%（HLB 为11~16）；在糖果生产中，蔗糖酯可提高其胶基混合度，使香料分散均匀，另外还可以防止产品在咀嚼过程中粘牙，提高其咀嚼性；用于冰淇淋和雪糕，可使乳液分散均匀，增加膨胀率，减少凝冻搅打时间，使产品组织在保质期内保持均一和细腻。蔗糖酯在冰淇淋和雪糕中的一般用量为0.1%~0.3%（HLB 为7~16）；在饮料中能使物料均匀分散，乳化液稳定，可延长保存期；此外，蔗糖酯还可用于果蔬的保鲜以及乳化香精等。

蔗糖酯的 LD_{50}>39g/kg 体重（大鼠，经口）。FAO/WHO（1995）规定其 ADI 值为0~20mg/kg 体重。GB 2760—2014《食品添加剂使用标准》规定：蔗糖酯可用于稀奶油（淡奶油）及其类似品，基本不含水的脂肪和油，水油状脂肪乳化制品，冷冻饮品，经表面处理的鲜水果，果酱、可可制品、巧克力和巧克力制品（包括代可可脂巧克力及制品）、专用小麦粉、生湿和生干面制品、面糊、裹粉、煎炸粉、杂粮罐头、方便米面制品、焙烤食品、肉及肉制品、鲜蛋、调味糖浆和调味品、饮料类、果冻、乳化天然色素及即食菜肴等。

11. 山梨醇酐单月桂酸酯（Sorbitan monolaurate），山梨醇酐单棕榈酸酯（Sorbitan monopalmitate），山梨醇酐单硬脂酸酯（Sorbitan monostearate），山梨醇酐三硬脂酸酯（Sorbitan tristearate），山梨醇酐单油酸酯（Sorbitan monostearate）　（CNS 号：10.024，10.008，10.003，10.004，10.005；INS 号：493，495，491，492，494）

山梨醇酐单月桂酸酯又称司盘 20（Span 20），琥珀色黏稠液体或米黄至棕黄色蜡状固体，稍带特殊气味，温度高于熔点时溶于甲醇、乙醇、甲苯、乙醚、乙酸乙酯、苯胺、石油醚和四氯化碳等，不溶于冷水，但能分散于热水中，HLB 为 8.6。山梨醇酐单棕榈酸酯又称司盘 40（Span 40），乳白至淡褐色蜡状固体，片状或粒状物，稍带脂肪气味，熔点 45℃，可分散于热水中，溶于植物油和热的乙酸乙酯，微溶于热的乙醇、丙酮、甲苯和矿物油，常温下在不同 pH 和电解质溶液中稳定，HLB 为 6.7。山梨醇酐单硬脂酸酯又称司盘 60（Span 60），白色至淡黄色，呈片状或块状，稍带脂肪气味，相对密度 0.98~1.0，熔点 51℃，凝固点 50~52℃，能与油类及一般有机溶剂互溶，溶于热的乙醇、乙醚、甲醇及四氯化碳，分散于温水及苯中，不溶于冷水和丙酮，HLB 为 4.7。山梨醇酐三硬脂酸酯又称司盘 65（Span 65），奶油色至棕黄色片状或蜡状固体，微臭，稍带脂肪气味，熔点 53℃，能分散于石油醚、矿物油、植物油、丙酮中，难溶于甲苯、乙醚、四氯化碳及乙酸乙酯，不溶于水、甲醇及乙醇，溶于异丙醇和甲苯，微分散于热水中，HLB 为 2.1。山梨醇酐单油酸酯又称司盘 80（Span 80），琥珀色黏稠油状液体或浅黄至棕黄色小珠状或片状硬质蜡状固体，有特殊的异味，味柔和，相对密度 1.00~1.05，熔点 10~12℃，不溶于水，但在热水中分散即成乳状液，溶于热油及一般有机溶剂，HLB 为 4.3。司盘系列乳化剂属于 W/O 型乳化剂，可单独使用或与吐温 60、吐温 80、吐温 65 混合使用。该系列乳化剂结构式如图 5-15 和图 5-16 所示。

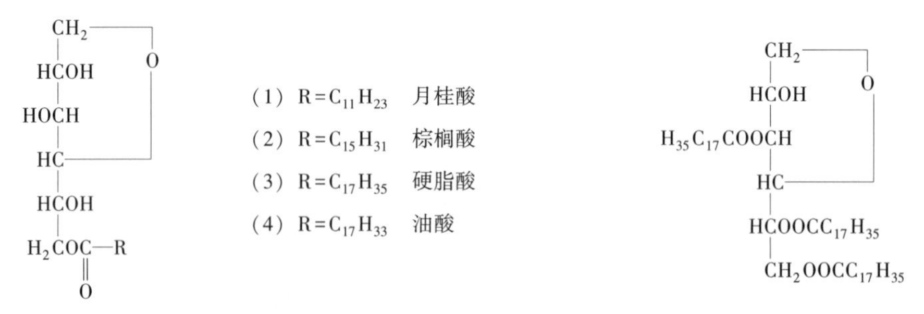

图 5-15　山梨醇酐单脂肪酸酯（R 为脂肪酸的烃基）　　图 5-16　山梨醇酐三硬脂酸酯

FAO/WHO（1994）规定：该系列乳化剂 ADI 值为 0~25mg/kg 体重。LD_{50} 分别为 10g/kg（Span20）以及>10g/kg 体重（大鼠，经口）（Span40、Span60、Span65 和 Span80）。GB 2760—2014《食品添加剂使用标准》规定：该系列乳化剂可用于调制乳、稀奶油（淡奶油）及其类似品、脂肪、油和乳化脂肪制品、氢化植物油、冰淇淋和雪糕类、经表面处理的鲜水果和新鲜蔬菜、豆类制品、可可制品、巧克力和巧克力制品包括代可可脂巧克力及制品、除胶基糖果以外的其他糖果、面包、糕点、饼干、果蔬汁（浆）类饮料、植物蛋白饮料、固体饮料类、速溶咖啡、风味饮料（仅限果味饮料）、干酵母以及饮料混浊剂等。

司盘 60 在食品工业中可用作乳化剂、稳定剂及消泡剂。在面包制作过程中，面粉中加入 0.35%~0.5%的司盘 60，可使面包柔软，延缓老化。与其他乳化剂复配使用，可使糕点原料中的水分、奶油等分布均匀，形成细密的气孔结构，改善产品质量；冰淇淋制作中加入 0.2%~0.3%的司盘 60，可使冰淇淋制品坚硬，成形稳定，不出现“化汤”现象；巧克力中添加总物料 0.1%~0.3%的司盘 60，可防止脂肪晶体浮于表面而形成“起霜”现象，同时还防止油脂酸败，改善光泽，增强风味和柔软性；口香糖、糖果中加入总量为 0.5%~1%的司盘 60，可使物料均匀分散，防止粘牙；在人造奶油制作过程中，司盘 60 可作为晶体改良剂，减少人造奶油的“沙粒”，促使奶油成形，改善口感。

12. 木糖醇酐单硬脂酸酯（Xylitan monostearate，CNS 号：10.007）

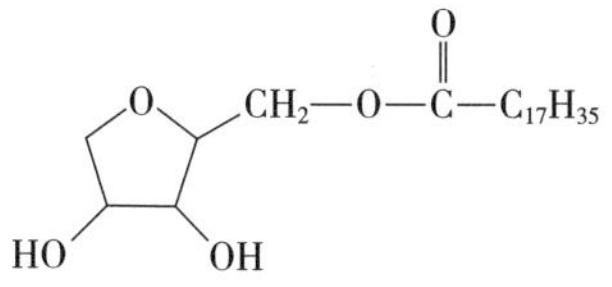

木糖醇酐单硬脂酸酯为淡黄色或棕黄色蜡状固体，无异味，有奶油光泽，凝固点 50~60℃，溶于热乙醇、甲苯等有机溶剂，不溶于冷水，在热水中可分散成乳状液，其结构式如图 5-17 所示。

图 5-17　木糖醇酐单硬脂酸酯

木糖醇酐单硬脂酸酯作为乳化剂广泛用于食品工业，如在面包加工中，可使面包体积明显增大，松软、有弹性、色泽好、口感好；加入糖果中，使其组织结构疏松，口感细腻、均匀，不粘牙、不糊口。对提高巧克力抗起霜作用效果显著；用于人造奶油中作乳化剂，能将油、水均匀乳化。

FAO/WHO（1994）规定：其 ADI 值为 0~25mg/kg 体重。GB 2760—2014《食品添加剂使用标准》规定：木糖醇酐单硬脂酸酯能用于糕点、面包、糖果及氢化植物油等。

13. 氢化松香甘油酯（Glyceride of hydrogenated colophony，CNS 号：10.013）

氢化松香甘油酯又称酯胶，氢化松香酯化制成，浅黄色透明或玻璃状固体，较脆，无臭、无味，不溶于水和乙醇，可溶于大多数低分子芳香族和脂肪族烃、萜烯、酯、酮以及精油等。软化点 84~88℃，具有良好的抗氧化性能，相对密度 1.08~1.09，LD_{50} 为 21.5g/kg 体重（大鼠，经口），可作为乳化剂或增重剂使用，松香甘油酯和氢化松香甘油酯的结构式如图5-18 所示。

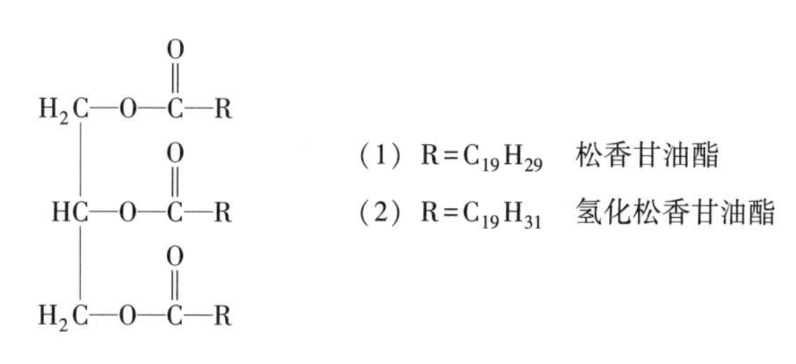

图 5-18　松香甘油酯及氢化松香甘油酯

该乳化剂用作口香糖胶基时与其他物料有较好的相溶性，并具有口感好、咀嚼柔和细腻等优点；在乳化香精中使用时，能增加精油的相对密度，可提高产品（如饮料）的混浊度和稳定性。作为乳浊剂，可与不同的香精配合，制成不同的浑浊型饮料，是一种通用型的乳浊剂。与其他胶体混合，可起增黏、增加咀嚼性及柔韧性，保持香气的作用；作为胶黏剂用于食品及食品包装，起增黏作用。GB 2760—2014《食品添加剂使用标准》规定：氢化松香甘油酯可用于经表面处理的鲜水果、果蔬汁（浆）类饮料以及果味饮料中。

14. 聚氧乙烯木糖醇酐单硬脂酸酯（Polyoxyethylene xylitan monostearate，CNS 号：10.017）

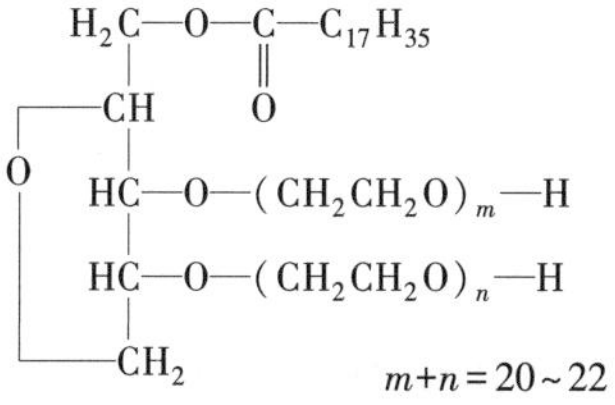

聚氧乙烯木糖醇酐单硬脂酸酯是在碱性催化剂作用下由木糖醇酐单硬脂酸酯和环氧乙烯聚合而成，琥珀色，呈半胶状、油状液体，能溶于水、稀酸、稀碱及大多数有机溶剂，不溶于油类及乙二醇。耐热性、耐腐蚀性好，其结构式如图 5-19 所示。

$m+n=20\sim22$

图 5-19　聚氧乙烯木糖醇酐单硬脂酸酯

聚氧乙烯木糖醇酐单硬脂酸酯乳化性能与吐温相当，还具有发泡、消泡和分散等作用。LD_{50}>18g/kg 体重（大鼠，经口）。FAO/WHO（1995）规定：其 ADI 值为 0~15mg/kg 体重（大鼠，经口）。GB 2760—2014《食品添加剂使用标准》规定：此乳化剂可用于氢化植物油和发酵制品中。

15. 辛烯基琥珀酸淀粉钠（Sodium starch octenyl succinate，CNS 号：10.030，INS 号：1450）

辛烯基琥珀酸淀粉钠商品名为纯胶，是一种特殊的食用变性淀粉胶，由糯玉米淀粉经过与辛烯基琥珀酸酐反应生成。由于在淀粉的多糖长链上同时引入了亲水基和亲油基，且二者的比例为稳定的 1∶1,辛烯基琥珀酸淀粉钠是具有很强乳化作用的两性分子，其结构式如图 5-20 所示。纯胶通常为白色粉末，无臭无异味，可溶于冷水，在热水中迅速溶解，呈透明液体。纯胶在酸、碱性的溶液中都有很好的稳定性。

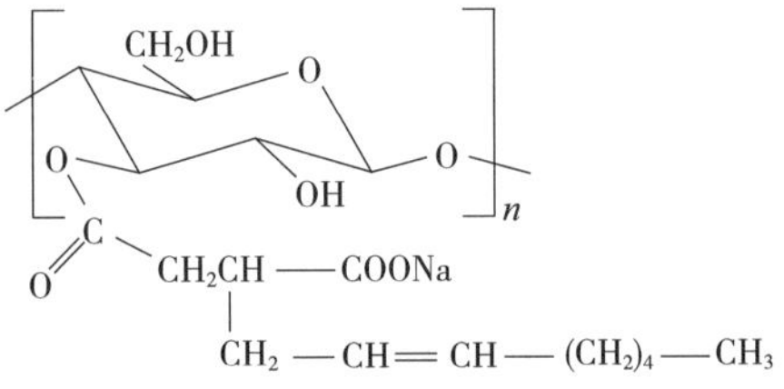

图 5-20　辛烯基琥珀酸淀粉钠

纯胶的分子质量较大，可在油水界面处形成一层强度很大的薄膜，稳定水包油（O/W）型乳状液。在油水混合液中，亲水的羧酸基团伸入水中，而亲油的烯基长链则伸入油中，从而在油水界面上形成一层很厚的界面膜（小分子的乳化剂只能形成单分子界面膜），并大幅度地降低油水的界面张力，从而有效降低油水体系的自由能，并使不同的油滴带上相同的负电荷而彼此间产生排斥作用，使乳化体系具有很好的稳定性。纯胶与未酯化的淀粉相比，黏度提高且较稳定，但凝胶强度略有下降，蒸煮物的抗老化稳定性也得以提高，在酸、碱溶液中均具有很好的稳定性，在冷热水中均具有较好的水溶性和稳定性。

纯胶可应用于饮料、食用乳化香精、调味色拉油、焙烤食品和乳制品等，是一种用途极为广泛的乳化稳定剂。纯胶应用于混浊剂和乳化香精主要利用其优良的乳化性能，此外，纯胶还可用于制备色素乳液和香精油微胶囊，毛立科等（2007）应用纯胶制备 β-胡萝卜素纳米乳液（色素含量 1%）。

目前，纯胶已被美国、欧洲、中国和亚太地区的其他国家批准使用，WHO/FAO 认为纯胶的 ADI 值无需作特殊规定，在食品工业，其使用范围没有限制。GB 2760—2014《食品添加剂使用标准》规定：纯胶可在各类食品中按生产需要适量使用，且在婴儿配方食品、较大婴儿和幼儿配方食品以及特殊医学用途婴儿配方食品有最大使用量限制，但表 A.3 所列食品类别除外。

16. 乳酸脂肪酸甘油酯（Lactic and fatty acid esters of glycerol，CNS 号：10.031，INS 号：472b）

乳酸脂肪酸甘油酯包括三种产品，即一乳酸一脂肪酸甘油酯、二乳酸一脂肪酸甘油酯和一乳酸二脂肪酸甘油酯，除因原料不同而带来的脂肪酸基不同外，产品中还含有游离的甘油、乳酸、聚乳酸等，其结构式如图 5-21 所示。

（1）一乳酸一脂肪酸甘油酯　（2）二乳酸一脂肪酸甘油酯　（3）一乳酸二脂肪酸甘油酯

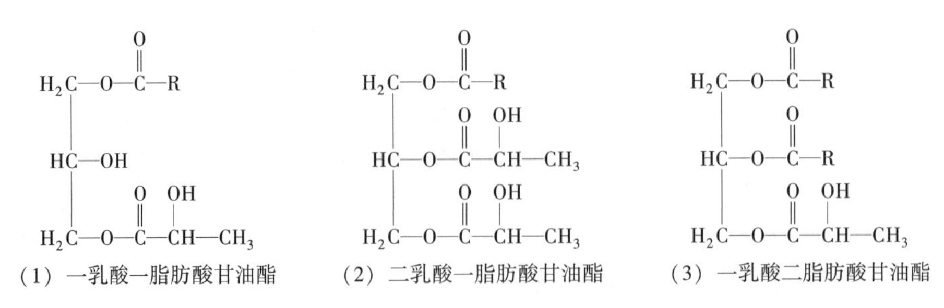

图 5-21　一乳酸一脂肪酸甘油酯、二乳酸一脂肪酸甘油酯及一乳酸二脂肪酸甘油酯

乳酸脂肪酸甘油酯与淀粉有很强的亲和力，具有优良的持气性，故广泛应用于需要较高充气量和持气能力的食品，尤其适用于蛋糕。乳酸脂肪酸甘油酯的热稳定性较差，也易于受碱、酸和解脂酶的作用而水解成简单的化合物，因此在有水存在的条件下，较长的时间和较高的温度均会导致乳酸脂肪酸甘油酯水解而使其失去乳化持气能力。乳酸脂肪酸甘油酯外观可以为稀液体至蜡状固体，取决于脂肪酸的饱和度和被酯化的乳酸量。乳酸脂肪酸甘油酯不溶于水、甘油、丙二醇等极性物质，属于 W/O 型乳化剂，HLB 为 3~4。

乳酸脂肪酸甘油酯的 ADI 值不作限制性规定（FAO/WHO，2001），GB 2760—2014《食品添加剂使用标准》规定：乳酸脂肪酸甘油酯可在各类食品中按生产需要适量使用，稀奶油中有最大使用量限制，但表 A.3 所列食品类别除外。

17. 柠檬酸脂肪酸甘油酯（Citric and fatty acid esters of glycerol，CNS 号：10.032，INS 号：472c）

柠檬酸脂肪酸甘油酯为柠檬酸和脂肪酸与甘油的混合酯，可含有少量的游离脂肪酸、游离甘油、游离柠檬酸和单双甘油酯。产品为白色至黄白色蜡状固体或质软半固体，气味温和，不溶于冷水，能分散于热水，易溶于乙醇。由于成品的柠檬酸基团中存在自由羟基，会发生分子重排、分子内和分子间酰基转移，还有可能进一步发生各种相应反应，从而导致结构的复杂化。正是由于产品结构的多样性，其性状可从黏稠液体到蜡状固体。柠檬酸脂肪酸甘油酯的 HLB 为 10~12，通常具有 O/W 型乳化特性。

柠檬酸脂肪酸甘油酯具有乳化、分散、螯合、抗氧化增效、抗淀粉老化及控制脂肪凝集等作用；能与微量重金属络合，与抗氧化剂混合使用起增效和增溶作用。

柠檬酸脂肪酸甘油酯作为一种无毒、无污染、无刺激、生物降解性好的“绿色产品”，被广泛地应用于食品、纺织、塑料、制革、洗涤剂、化妆品、烟草等行业，市场前景广阔。作为乳化剂，柠檬酸酯类可用在人造奶油、掼奶油、植脂鲜奶油、起酥油以及膨化食品中，改善油和水的相溶性，提高乳化性，抑制结晶，改善搅打发泡能力，增加泡沫稳定性，改善可塑性和产品的组织结构、口感和风味使奶油软滑细腻，提高稳定作用，延长贮存期；在冰淇淋中使用，可使脂肪粒子微细，分布均匀，提高乳化液稳定性，有助于控制脂肪粗大结晶的形成，改进空气混入，提高起泡性和膨胀率；在芝麻酱、蛋黄酱、花生酱、沙司等涂抹料中可防止析油分层，提高组织的均匀度和成品的保质期。此外，柠檬酸乙酯还可作为膨松保形剂，改善食品的膨松状态；作为抗氧化剂，用来稳定大豆油、人造奶油、起酥油、色拉油及其食用油脂；作为增香剂，用于软饮料、冷饮、糖果、焙烘食品中，可以增加风味；作为保鲜剂可辅助制备乳状液用于果、蔬、肉、蛋、海产品的涂膜保鲜，延缓失水干耗、酸败和腐败。

柠檬酸脂肪酸甘油酯在欧美等国家作为抗氧化剂、乳化剂、螯合剂、稳定剂、增稠剂在各类食品中使用非常普遍。FAO/WHO（2001）规定：柠檬酸脂肪酸甘油酯的 ADI 值不作限制性规定。GB 2760—2014《食品添加剂使用标准》规定：柠檬酸脂肪酸甘油酯可在各类食品中按生产需要适量添加，婴幼儿配方食品有最大使用量限制，但表 A.3 所列食品类别除外。

四、 乳化剂及乳化剂复配技术在食品工业的应用

（一）乳化剂在食品工业的应用

乳化剂作为一种高效的质构改良剂在食品领域应用广泛，主要应用领域分述如下：

1. 巧克力与糖果类

在糖果生产中，乳化剂可以降低糖膏的黏度，增加流动性，使糖果在压片、切块、成型中不粘刀，并使糖果产品表面光滑、易分离，防止糖果融化、粘牙，改善口感。因此，乳化剂是高油脂糖果生产中常用的添加剂。此外，多聚甘油酯等乳化剂还可用于制造糖果食品的包衣。

巧克力和糖果表面经常会出现“起霜”现象，包括糖霜和脂霜两种，环境相对湿度影响砂糖晶体的溶化和结晶，而由脂肪晶体构相转变所导致的脂霜发生率更高。乳化剂的加入一方面可降低配料间的界面张力，使油水相能在较长时间内以稳定均一相存在；另一方面影响脂肪结晶，作为抗霜剂以及油脂同质多晶型调节剂使用，从而减少“起霜”现象。例如，卵磷脂和聚甘油多聚蓖麻酸酯可显著改善巧克力的黏度和屈服应力，山梨醇酯和单甘脂可影响油脂的结晶过程。孟宗等人（2013）在研究乳化剂对类可可脂巧克力物性影响时发现：乳化剂的添加可显著改善体系的流变性质，其中 Span60 促使巧克力体系致密结晶结构的形成，延缓体系相分离和起霜现象。为将巧克力制成特定形状，必须使其具有较低的黏度及良好的塑变性，磷脂和蓖麻醇聚甘油酯复配可达到此目的，谷晓青等人（2014）在研究乳化剂使用与巧克力品质时发现：单一乳化剂应用方面，聚甘油蓖麻醇酯比大豆卵磷脂效果更好，而两者复配使用（0.1%大豆卵磷脂+0.3%聚甘油蓖麻醇酯）效果更佳，可显著降低体系黏度和硬度，延缓表面起霜现象。在糖果加工过程中，若糖浆含量太高，添加乳化剂可以减少产品中某些成分的渗出。添加 0.01%~0.05%蔗糖脂肪酸酯、山梨聚糖脂肪酸酯、甘油脂肪酸酯以及丙烯乙二醇脂肪酸酯等乳化剂于糖果夹心中可以延长产品的保质期。蔗糖酯在糖果生产中的具有广泛应用，它们可以在不降低屈服强度的条件下使糖果的塑性黏度下降。除此以外，蔗糖酯可赋予硬糖适当的脆性，提高软糖的嚼劲，并在糖体表面形成均一的糖衣，白度较高，容易进一步上色。

乳化剂还可以减缓油脂酸败，改善产品光泽、风味和柔软性，节约可可脂用量。胶姆糖中应用乳化剂可提高“胶基”的特性，并通过降低胶姆糖的黏着力而提高生产效率。使用单甘酯可以解决奶糖熬煮时常发生的原料分离、糖浆发泡、黏着及糯米糖等含淀粉量较大的糖类因淀粉失水而发硬的问题。

2. 方便食品

乳化剂能提高速溶原料、方便面、方便米饭、方便菜等商品的食用性能并延长保质期，添加乳化剂能显著促进水的润湿和渗透，缩短冲泡时间。单甘酯是方便食品中应用最广的乳化剂之一。在方便米饭抗老化问题中，有研究发现：亲水单甘酯可显著抑制复水米饭的回老，用量达到 0.13%时，回老值最低，食味较好。除此以外，分子蒸馏单甘酯、硬脂酰乳酸钙、硬脂酰乳酸钠、双乙酰酒石酸单甘油酯、蔗糖酯以及磷脂等均有不错效果，其中分子蒸馏单甘酯优势明显（李艳平，2012）。金征宇（2010）在其专利中提到：通过超高压浸泡、渗透和热蒸煮，将单甘酯或环糊精等小分子乳化剂均匀分散至米饭颗粒体系，得到改善口感，延缓淀粉老化，延长保质期的非脱水方便米饭。在方便豆腐脑粉生产过程中，由于其中含有蛋白质、脂肪、碳水化合物以及矿物质成分等，乳化剂的使用在加水冲调后能维系体系的相容稳定性，形成状态较好的凝胶。常用乳化剂包括单硬脂酸甘油酯、蔗糖酯、大豆卵磷脂以及酪蛋白酸钠等，复配使用（0.27%单甘酯+0.27%大豆磷脂+0.3%亲水蔗糖酯）效果更佳（高长城等，2015）。

3. 饼干和糕点

无论是 O/W 型还是 W/O 型乳化剂，表面张力的降低使空气更容易被搅入面团中，提高糕点生面团的气孔率，减小面糊的相对密度，形成更加细密的气孔。充气均匀的面团使焙烤出的糕点体积明显增大，特别是在烘烤温度较高的情况下。但过量乳化剂的添加又可降低蛋糕的体积。有研究表明当硬脂酰乳酸钠（O/W 型）添加量为 1%或 Span60（W/O 型）添加量达到 1.5%时，蛋糕体积最大（王耀鑫，2015）。此外，在糕点的生产过程中，分子蒸馏单甘酯的加入可使油脂分散得更细、更均匀，从而改善糕点口感。而且质地软细的糕点保水性好，不易老化，食用时不发干，不发硬。蔗糖酯和辛烯基琥珀酸淀粉酯可有效改善蛋糕内部结构，使其均匀致密（王丽，2013）。李冬文等人（2015）在研究单硬脂酸甘油酯（GMS）、月桂酸甘油酯（GML）、蔗糖酯（SE）以及硬脂酰乳酸钠（SSL）四种不同的乳化剂对小麦胚芽酥性饼干品质影响中发现：GMS 和 SSL 均有改善饼干品质的效果，且 SSL 优势更加明显；GMS 和 SSL 的最适添加量分别为 0.4%和 0.5%。唐华丽（2012）在研发葡萄籽饼干时所应用的棕榈油乳化剂中同样也含有单硬脂酸甘油酯。在面点加工的和面工序中，乳化剂亲水基与麦胶蛋白结合，亲油基与麦谷蛋白结合，形成的络合物可改善面团内部结构，提高面团质量。

传统方法调制海绵蛋糕面糊需要半小时左右，但乳化剂的添加可以将此过程缩短至几分钟，同时有助于增强蛋糕泡沫的稳定性。这主要是由于乳化剂可以在细小油滴周围形成界面膜，防止油脂与蛋白质的直接接触，并减弱油脂的消泡作用。制作蛋糕时，禽蛋用量通常决定蛋糕体积，但用蛋量大时蛋糕容易有腥味，且口感差。选用小苏打虽然可以增加蛋糕体积，但它容易破坏面团中的维生素。乳化剂可以很好地解决这一矛盾，并提高蛋糕的感官品质。

在奶油类糕点生产中，乳化剂可使糕点中的水分和奶油处于更加稳定的状态，缩短搅拌时间，改善产品质量。乳化剂还可以提高产品的口感和酥脆性，减少因提高油脂用量出现的“反油”现象。

4. 面包类

乳化剂可作为面包软化剂，保持新鲜面包的烘焙特征。乳化剂与淀粉混合后，水分子吸附在淀粉表面，降低了水分子的迁移速率，因而能够减缓淀粉老化。乳化剂不仅改善传统方法所制作的白面包的品质，其他包括高度机械化生产的白面包、小圆面包和面包卷、发酵甜面包、炸面圈和各种无麦面包等类型的焙烤食品应用乳化剂后，品质也得以改善。在面包制作过程中，乳化剂的主要作用有：①改善面粉中不同成分间的兼容性；②提高面团搅拌和机械加工的耐受力，提高面团韧性和强度；③促进气体在面包中的保存，同时减少酵母用量，缩短醒发时间，增大产品体积，从琛等人（2011）在研究不同乳化剂影响冷冻面团酵母活性时发现：蔗糖酯、单甘酯以及双乙酰酒石酸单甘酯在保持冷冻面团酵母活性及胀发力方面更具优势；④提高面团吸水性；⑤增加面包弹性；⑥增加面包的表面层厚度；⑦减少起酥油用量；⑧改善面包切片品质等。蛋白质同样可利用其乳化性来提高面包产品的品质。在研究无麸质面包工艺中，乳清浓缩蛋白的添加可以促进面团发酵中气孔的生成，提高气孔数量及均匀性（张中义，2012）。值得注意的是，乳化剂自身的酸价会对面包酸价产生重要影响，适量乳化剂的添加可降低酸价对面包品质的影响（周崇飞等，2015）。

5. 冰淇淋类

乳制品中的蛋白质和极性脂类（如卵磷脂）在冰淇淋中起着乳化剂的作用。在冰淇淋生产中，除了这些天然成分，通常还要添加其他乳化剂，用来提高脂肪的分散性，促进脂肪-蛋白质的相互作用，抑制脂肪聚结，增加空气混合量，赋予成型产品干燥度，减小冰晶粒度，降低气泡体积，减少发泡时间，改善融化性能，进而提高产品各项感官品质，其中还包括在冰淇淋三明治、切片和机械灌装蛋卷冰淇淋等特殊成型产品当中的应用。

乳化剂吸附在乳脂肪球上，提高了冰淇淋中蛋白质膜对气泡吸附力，保证产品细腻的质地和光滑的外形，从而减少冰晶的形成数量和冰晶里层空气的体积。在冰淇淋生产中，主要使用的是单（双）甘油酯和聚氧乙烯衍生物糖醇脂肪酸酯两类乳化剂，典型的是聚氧乙烯山梨聚糖单硬脂酸酯和二月桂酸酯。以单甘酯为例，饱和程度不同的单甘酯对冰淇淋品质有较大影响，不饱和单甘酯能提高低脂冰淇淋的膨胀率，且比饱和单甘酯冰淇淋具有更好的抗融性（曾凡逵，2011）。

6. 饮料制品

乳化剂主要通过乳化、润湿、起泡、增溶等作用，使饮料产品达到稳定、赋香、起浊、着色等效果。随着乳化剂制备技术的发展，乳化剂已经广泛应用于各种饮料体系中。

在软饮料中，柠檬味和橙味产品主要是以从果皮中提取的水不溶性香精油（如橙油、柠檬油等）为基料制成。而这些风味物质混合到饮料中的方法主要是通过将香精油加工成水中可分散的乳状液，即乳化香精。吴伟莉（2007）在研究一种饮料乳浊剂时，发现以辛烯基琥珀酸淀粉钠和阿拉伯胶作为乳化稳定剂，利用高压均质法制备饮料用乳浊剂，在橙汁饮料中的应用时，感官和稳定性满足要求。与其他食品乳状液不同，饮料乳状液是以稀释的形式而不是以原始的溶液形式消费的一类独特的乳状液。张忠慧等（2012）研究吐温 80 和十聚甘油月桂酸酯两种乳化剂乳化甜橙油时发现：吐温 80 效果良好，产品外观透明，离心稳定，且千倍稀释液放置 72h 后无浮油现象。黄强等（2013）在其专利中利用辛烯基琥珀酸淀粉钠制备出橙油饮料乳液，其中辛烯基琥珀酸淀粉钠的质量分数为 10%～14%，橙油为 5%～9%。饮料乳状液为产品提供风味、色泽和某些饮料必需的混浊感。当饮料乳状液在糖液中稀释时，往往要稀释几百倍。无论是浓缩的乳状液还是稀释的乳状液，都必须有高度的稳定性。

乳饮料一般是由蛋白质、脂肪、糖类、食用纤维、淀粉类、维生素及矿物质等组成的营养性饮料，是一种客观不稳定的分散体系，既有蛋白质微粒形成的悬浮液，又有脂肪类物质形成的乳浊液，还有以糖类、盐类形成的真溶液。这一复杂体系即使采用最先进的加工机械和加工工艺，也很难达到饮料的质量要求，会发生不同程度油层上浮、蛋白沉淀、色素凝聚等问题。要解决这一问题，需加入适量的乳化剂、增稠剂等，以使产品稳定。

含有乳化剂的食品还包括人造奶油/黄油类、果酱和果馅类、肉馅制品类、豆腐类、面条类、香肠类、饮料等。乳化剂在食品工业中还可以发挥被膜剂和保鲜剂的作用。

（二）乳化剂复配技术及其应用

实践表明，采用单一的乳化剂很难形成稳定的乳化体系，经不同类型食品研究表明，乳化剂复配使用是解决食品稳定性较为有效的方式。由于各种乳化剂具有不同的亲水亲油性，分子结构、化学基团以及空间结构各不相同，乳化性能有较大差异。在实际应用过程中，常根据乳化剂的 HLB 进行选择，乳化剂复配时，其 HLB 可用简单相加法确定，计算方法如式（5-4）所示。但由于乳化剂的种类不同以及商业乳化剂多为复配物的原因，多数情况下 HLB 简单相加法并不能完全反映乳化剂复配的最佳效果。除此之外，还包括分子结构相似乳化剂协同复配，离子型互补复配以及亲水基团构象互补复配等方法。

复配乳化稳定剂并不是简单地将几种乳化剂及其他稳定剂随意进行混合，各组分间的混合配比一般由实验结果确定。乳化剂的常见复配方式有：①粉体直接混合。如梁瑞红等（2012）研究了酸性植物蛋白饮料的乳化剂和稳定剂复合配方，将单硬脂酸甘油酯、聚甘油脂肪酸酯、蔗糖酯等主要乳化剂在通用混合器内搅拌均匀并过筛。②粉体溶解于溶剂进行复合和活化。如

Jyotsna（2008）等生产一种蛋糕复合乳化剂，将蒸馏单甘酯、聚甘油单酯、山梨醇单甘酯、司盘 60，按一定的比例加水混合均匀，热至 60℃，然后加入 SSL、SDS 和甘油，最后加乳酸调节 pH 至中性，得到一种凝胶状的复合型乳化剂。③粉体乳化剂的生产通常需要先将各种配料搅拌混合后经溶解、活化、均质等处理，再经过造粒、干燥而得成品。如 Tetsuro Fukuda 等（1982）生产一种用于淀粉制品的粉末乳化剂，将蒸馏单甘酯和脂肪以一定的比例混合熔融经喷雾干燥得到粉末乳化剂，然后在高于 45℃（低于粉末熔化温度）的温度下调质 30min 得到最终产品。

1. 复配乳化剂在冰淇淋制品中的应用

冰淇淋中使用的乳化剂有助于挤压时得到细腻的形体和质构以及抗融化性。在冰淇淋浆料中存在的乳化剂具有降低脂肪和水相间界面张力的作用，因而取代在原脂肪球表面的蛋白质，优先被吸附在脂肪球的表面，使脂肪球表面膜强度变弱。由于酪蛋白比乳化剂分子大得多，而诸如甘油一酯、甘油二酯和吐温 80 等乳化剂分子质量较小，如果脂肪球表面膜完全由乳化剂组成，使脂肪球表面膜变薄，虽然降低了界面张力和体系的自由能，但这样的乳状液在冷冻过程中受到剪切作用时，脂肪球外薄膜不足以阻止脂肪球相互碰撞而产生絮凝或聚集，形成簇集或结块，使乳状液部分破乳。冰淇淋浆料中的乳化剂具有降低油水界面张力，在脂肪球表面取代蛋白质，降低乳状液对剪切力的稳定性，增加在凝冻过程中脂肪的失稳作用，有助于得到具有质构细腻的抗融化产品。目前应用于冰淇淋中的乳化剂原料主要包括单硬脂酸甘油酯、蔗糖酯、吐温 80、司盘 60 等。周宇鸿等（2013）在研究半乳脂冰淇淋乳化稳定剂时利用的是质量分数 0.1%单硬脂酸甘油酯与 0.2% Span60 的复配。魏华强等（2012）在研究意大利 Gelato 冰淇淋时则采用的是质量分数 0.125%单硬脂酸甘油酯与 0.125%吐温 80 的复配。此外，蔗糖酯产品间的复配同样可以在冰淇淋生产中使用，能明显延缓冰淇淋的溶解。

一定程度的脂肪球凝聚对优质冰淇淋的生产是必不可少的，但是如果乳化剂引起脂肪球的过度凝聚则造成了乳脂析出，从而抑制冰淇淋的起泡性和膨胀率，口感油腻。因此通过乳化剂的复配来控制脂肪球的凝聚可生产出优质冰淇淋。复配乳化稳定剂是将多种增稠剂和乳化剂经过特殊的工艺加工，使其均匀混合成为大小均一、流动性强的细小颗粒复合体。近年来随着冰淇淋产业的迅猛发展，冰淇淋生产中的复配乳化稳定剂日益增多，其优点包括：①复配乳化稳定剂经过高温处理，确保了该产品微生物指标符合国家标准；②避免了单体增稠剂、乳化剂的缺陷，得到整体协同效应；③充分发挥了每种亲水胶体的有效作用；④可获得良好的膨胀率、抗融性、组织结构及良好口感的冰淇淋；⑤提高了生产的精确性，获得良好经济效益。

复配乳化稳定剂能否获得理想效果，很大程度上取决于能否使乳化剂、增稠剂、水分保持剂、酸度调节剂等在水中充分地分散与水合。由于复配乳化稳定剂综合考虑了各种食品添加剂的协同作用，集乳化、稳定功能于一体，可以有效地改变冰淇淋的内在结构，明显提高冰淇淋的品质。采用复配乳化剂/亲水胶体时，可以使不同的亲水胶体共同作用以增强彼此的协同效应。如当使用刺槐豆胶和卡拉胶混合物时能得到更高的黏稠度。目前在复配乳化稳定剂中常用的原料有分子蒸馏单甘酯、明胶、羧甲基纤维素钠、海藻酸钠、魔芋胶、黄原胶、卡拉胶、瓜尔豆胶、刺槐豆胶等，复配使用效果要优于单一品种，而复配乳化稳定剂的用量取决于配料中的脂肪含量和总固形物含量，同时要考虑冰淇淋的质构特性、对稳定性和加工工艺的要求及凝冻设备的特性等因素，使用量一般为 0.3%～0.6%。评价复配乳化稳定剂质量的好坏，一般用混合料的黏度，冰淇淋的口感、组织结构、膨胀率、抗融性等指标衡量。

2. 复配乳化剂在面制品中的应用

乳化剂与淀粉混合后，例如分子蒸馏单甘酯可与淀粉作用形成不溶性复合物，能够减缓淀粉再结晶老化，保持新鲜面包的烘焙特征，双乙酰酒石酸单甘酯能够强化面筋网络，增强面团弹性、韧性与持气性，改善面包品质。由于单一乳化剂具有很大的局限性，在实际应用过程中大多采用复配型乳化剂进行面包的生产。如李雪琴（2011）研究发酵冷冻面团蒸制食品中的复合乳化剂时，为改善冷冻面团的冻裂情况，将硬脂酰乳酸钠-钙、三单酯、单甘酯以及蔗糖酯进行复配。严晓鹏等（2007）研究表明，复配型乳化剂能有效改善麸皮面团的机械加工性能并且提高面包品质，复配乳化剂的最佳配比为：硬脂酰乳酸钠（SSL）：双乙酰酒石酸单甘酯（DATEM）：琥珀酸单甘酯（SMG）=3：4：6。

3. 复配乳化剂在乳及饮料制品中的应用

乳及饮料制品中因含有多种生物大分子营养物质，能够通过外界环境和自身相互作用容易产生表观不稳定现象，影响产品在市场上的销售。实践证明，由两种或两种以上乳化剂复配而成的混合乳化剂，常常比单一乳化剂具有更好的乳化效果和乳化稳定性，原因在于混合乳化剂吸附在油-水界面上时，分子间发生相互作用，甚至形成络合物，混合乳化剂在界面上的吸附量增大，形成的界面膜强度更大，对乳状液的稳定性有利。如王妮妮等（2014）在探究不同乳化剂对含谷物调制乳饮料乳化稳定性影响时发现：蔗糖酯、单硬脂酸甘油酯、双乙酰酒石酸单双甘油酯、硬脂酰乳酸钠以及聚甘油脂肪酸酯复配添加比单一添加效果更好，其中0.08%单硬脂酸甘油酯和0.03%双乙酰酒石酸单双甘油酯复配添加的乳化稳定效果最好。功能饮料方面，金文等（2014）研究了叶黄素-蓝莓功能饮料的乳化稳定性，先确定最适HLB，再通过不同乳化剂的复配，得出42%双乙酰酒石酸单甘油酯+58%辛奎酸甘油酯效果最好，并与黄原胶等稳定剂复配，进一步提高饮料稳定性。

（三）乳化剂使用注意事项

食品工业用乳化剂除必须严格按照GB 2760—2014《食品添加剂使用标准》使用规定之外，在实际应用中还应该满足以下条件：能显著降低表面张力，不易发生化学变化，在界面上形成稳定的膜，使亲水基和疏水基之间有适当的平衡，在低浓度时能有效稳定乳状液、无毒等特点。

理想乳化剂的选择是取得最佳乳化效果的基本保证，应用乳化剂于食品体系应注意几点：乳化剂在使用时应先在水或油中充分分散或溶解，再制备成乳状液；一般情况下，HLB较小的乳化剂适用于制备W/O型乳状液，HLB较大的乳化剂适用于制备O/W型乳状液；由于复配乳化剂具有协同效应，在应用复配乳化剂时考虑乳化剂HLB之间相差不要大于5，否则很难得到最佳的稳定效果。

五、乳化剂的发展现状和趋势

近年来，随着食品工业迅速崛起成为我国产值位居第一的产业，食品添加剂的生产和科研也获得了长足的发展，在食品添加剂总量中，乳化剂用量占到近一半。作为最重要的食品添加剂之一，食品乳化剂不但具有以维持食品稳定乳化状态的典型表面活性作用，还可以使食品形成均一、稳定的结构，从而进一步改善食品的口感，延长产品的保质期，因而在食品工业中占有重要地位，并得到越来越广泛的应用。

据相关统计，目前全球生产和使用的食品乳化剂共约70种，FAO/WHO制定有标准的共34种，美国有58种，全球每年总需求量大约为8亿美元，耗用量超过40万t，在消费量较大的5类乳化剂中，最多的是甘油脂肪酸酯，占总消费的2/3~3/4，其次是卵磷脂及其衍生物（20%）、蔗糖脂肪酸酯（10%）、山梨醇酐脂肪酸酯（10%）以及丙二醇脂肪酸酯（6%）。国外知名乳化剂生产厂商包括主要从事单甘脂销售的丹尼斯克（Danisco，丹麦），提供复配乳化剂解决方案的帕斯嘉（Palsgaard，丹麦），从事甘油脂肪酸酯销售的日本太阳化学株式会社以及从事蔗糖酯研发销售的日本三菱化学食品株式会社等。我国在1981年批准使用的食品乳化剂只有单甘酯和大豆磷脂两个品种，到2014年，允许使用的食品乳化剂已达到30多种。虽然我国食品乳化剂的生产和发展起步较晚，但发展迅速，甘油酯、蔗糖酯、司盘和吐温、丙二醇脂肪酸酯、大豆磷脂等乳化剂均已实现国产化。

结合国内外现状，食品乳化剂的发展趋势主要有：①利用高新技术开发天然高效的食品乳化剂；②开发使用方便、多用途、多功能的乳化剂；③具有营养、保健功能的乳化剂开发；④发展复配型乳化剂，加强复配技术理论研究与实际应用的结合。以下主要针对近年来开发的新型乳化剂及其应用作一简要介绍。

（一）聚甘油酯系列乳化剂的开发及应用

聚甘油酯（Polyglycerol esters of fatty acids，PGE）最早用做人造奶油的乳化剂，但是由于当时产品的质量（色泽、气味、味道）不佳，在食品方面的应用未能推广。20世纪60年代初，Ballayan等人改进了聚甘油酯的精制工艺，使PGE的品质大大提高，因而才在食品和化妆品中得到应用，20世纪70年代后期，美国、欧洲等国便相继开始了大量生产并积极推广应用。目前研究发现：Lipozyme 435可催化低聚甘油与亚油酸酯化制备聚甘油脂肪酸酯，相比于传统的机械搅拌釜，鼓泡式反应器的利用可减小酶的破坏性，大大提高反应效率（万分龙，2015）。近些年来，PGE的应用对象正逐步扩大到日化、医药、纺织等工业部门。目前世界上生产PGE的公司主要有日本的太阳化学和阪本药品工业公司以及三菱食品化学公司。我国历经十多年的研究和发展，PGE已在多个领域替代了初级产品单硬脂酸甘油酯，同时也有了较为广泛的应用和市场需求。

聚甘油酯可用作O/W型、W/O型或双重乳化型（W/O/W或O/W/O）乳状液的乳化剂。①O/W型乳化剂：亲水型聚甘油酯在中性范围内的乳化性能与高HLB的蔗糖脂肪酸酯大致相同，但随着酸性的增加，聚甘油酯的乳化性能则越来越好，当在pH3.5~5.0时，其乳化性和稳定性最佳。因此，聚甘油酯适用于含酸或盐的食品中作乳化剂。亲水型聚甘油酯应用于各类含奶或蛋白饮料中，可显著提高蛋白及脂肪的溶解度和稳定性，防止沉淀的生成和分层现象。亲水型聚甘油酯单独使用或与卵磷脂、单甘酯、蔗糖酯等混合使用时，可以改善O/W型乳状液的稳定性、起泡性和保形性等。吴超平等（2015）在研究板栗浊汁饮料稳定性时，发现聚甘油酯和海藻酸丙二醇酯的持水力要高于蔗糖酯和单甘脂。②W/O型乳化剂：亲油型聚甘油酯与W/O型乳化剂一样，对油相较多的体系具有很好的乳化能力，可用于人造奶油、起酥油、流动性黄油、可塑性黄油、冻凝用黄油等，赵兰清（2014）在研发一种新型复合蛋糕起泡乳化剂时，复合乳化剂中聚甘油脂肪酸酯占总质量比的20%~30%，远高于其他类型的乳化剂。③双重乳化型乳状液：在低热量、低脂肪类食品的研发中，双重乳化技术的应用引起人们的重视，特别是W/O/W乳化技术在食品领域中的商品化。由于聚甘油酯的开发成功，特别是PGE强有力的W/O乳化作用，使得双重乳化技术推广应用成为可能。与通常的乳化剂相比，用少量的聚甘油酯就可以制成稳定性好的双重乳状液。此外，PGE还可以用作O/W/O型乳状液的乳化剂。目前，利用这种双重乳化作用开发的食品有咖啡奶油、人造奶油、冰淇淋、饮料、蛋黄酱、调味汁等。

此外，聚甘油酯在食品工业中还可用作淀粉改良剂，如十聚甘油单月桂酸酯对淀粉有防老化作用，可改善面包、点心类食品的加工质量，能降低淀粉的黏性，提高耐冲击性，增加烘烤容积，使面包变得松软，并改善食品风味和咀嚼口感；还可充当黏度调节剂，改善可可脂、可可粉、奶粉、蔗糖等的分散性，降低黏度从而使油脂与蔗糖间的摩擦力减小、结晶稳定，防止起霜；此外，还可用作结晶改性剂、抗菌剂等。

（二）蛋白质系列乳化剂的开发及应用

随着人民生活水平的提高，人们对食物提出了更高的营养和保健要求。具有良好乳化的性能、天然、营养、多功能的蛋白质乳化剂越来越受到人们的欢迎。蛋白质是由氨基酸以肽键连接而成的长链高分子，既有亲水基又有亲油基，能够吸附在油-水或空气-水界面上，特别适合稳定泡沫和悬浮液。影响蛋白质乳化能力的主要因素有蛋白质的溶解度、扩散速率、分子间相互作用、表面电荷和水合度等。因此，蛋白质系列乳化剂的开发均以这些因素为依据，如蛋白质水解产物、脱酰氨基蛋白质、衍生性蛋白质等。

制备蛋白质乳化剂的原料分为动物源蛋白质和植物源蛋白质。动物源蛋白质主要有乳清蛋白、酪蛋白等。与动物源蛋白质相比，植物源蛋白质具有来源广泛、生产成本低等特点；但由于其稳定性差且品种单一，一般很难满足食品工业的要求。因此通过蛋白质改性以获得性能优良、满足多种功能的乳化剂，已经成为一种发展趋势。目前蛋白质改性的研究主要集中于：脱酰胺改性、酶水解改性、磷酸化改性、糖基化改性以及蛋白质的接枝共聚等。脱酰胺改性可以使蛋白质的溶解性得到很大提高，而溶解性又可对其乳化功能产生显著影响。廖兰等（2015）在湿热条件下采用琥珀酸对小麦面筋蛋白进行脱酰胺作用发现：湿热琥珀酸脱酰胺作用使小麦面筋蛋白结构松散，利于酰胺基团与氢离子发生接触反应。这一作用是分阶段的，前 6min 湿热处理导致蛋白聚集，6～10min 随着静电斥力的增大，蛋白质三维结构裂解，促进脱酰胺作用的发生，一方面能够较好保持小麦面筋蛋白的构象特征，另一方面达到专一脱酰胺改性的作用。随着蛋白质改性技术的不断发展，蛋白质磷酸化的研究越来越受到广泛的重视。研究表明，蛋白质经磷酸化会提高其乳化性，从而使植物源蛋白质乳化剂在食品中应用成为可能。刘丽莉等（2013）采用三聚磷酸钠（STP）为磷酸化试剂，对鸡蛋清蛋白进行磷酸化改性，水溶性提高 29.74%，保水性提高 13.26%，乳化性和乳化稳定性分别提高了 2.27%和 3.53%，且鸡蛋清蛋白微观结构变化较小。

与化学改性相比，酶法改性具有专一性强、效率高、毒副作用小等优点，成为目前最主要的改性手段。酶水解的程度不同，蛋白质水解产物的物化特性也有改变，研究发现利用蛋白酶对蛋白质的限制性水解可显著提高蛋白质的乳化活性和乳化稳定性。许多化学改性方法，包括去酰胺、磷酸化都可用酶法改性代替。在蛋白质的酶法改性当中，蛋白酶的限制性降解改性的研究最为透彻。国外早在 20 世纪 70 年代，就广泛地采用不同来源的蛋白酶降解食物蛋白质，利用蛋白酶降解蛋白质生产水解物已成为一种较为成熟的技术，国内大豆蛋白生产厂家也广泛使用酶解方法生产高分散性大豆蛋白质。大豆蛋白质经过限制性酶解改性后，溶解性、分散性及乳化性得到明显改善，黏度和凝胶性降低，产品可用于饮料或乳品等液态食品体系，沈敏江等人（2015）利用胰蛋白酶对核桃蛋白进行有限酶解增溶改性，将其氮溶解指数从 8.74%显著提升到 78.16%，乳化性和起泡性也得到明显改善，解决了核桃蛋白水溶性差的问题。蛋白质的糖基化改性与许多化学和酶法改性方法相比，具有很好的安全性，能极大改善蛋白质乳化性，提高不溶的面筋蛋白溶解性以及卵清蛋白抗氧化性，拓宽溶菌酶杀菌谱。许朵霞等（2013）通过美拉德反应生成乳清分离蛋白-甜菜果胶共价复合物，相比混合物，复合物使乳状液界面张力降低更明显。此外，复合物蛋白质羟基基团增多可以提高其亲水性，分子质量增大可以提高其在乳状液界面的空间稳定性，从而提高乳化稳定性。卓秀英等（2011）发现大豆分离蛋白和葡聚糖通过美拉德反应生成的复合物同样具有良好的乳化稳定性。这种以美拉德反应制备蛋白质-多糖复合物可用作乳化剂、抑菌剂和抗氧化剂，应用于食品、药品和化妆品中。

（三）亲水性胶体系列乳化剂的开发及应用

亲水性胶体在食品工业中主要作为增稠剂用于乳制品和饮料等液态食品中，以改善液态食品的稳定性和保质期。许多水溶性胶体不但具有乳化性能，而且具有增加水溶液黏度而表现出稳定乳状液的能力，因此这些胶体在乳状液体系中能够作为稳定剂、增稠剂，并通过它们的成膜性、位阻作用和静电作用在乳状液饮料中得到广泛的应用。例如阿拉伯胶、改性淀粉、改性纤维素以及果胶等已广泛用于食品乳状液的制备。近年来的研究表明，与小分子表面活性剂以及蛋白质乳化剂相比，一些具有乳化性能的亲水胶体在乳状液制备及稳定性方面具有独特的优势。如毛立科（2008）等比较了大小分子乳化剂制备所得的β-胡萝卜素乳状液理化性质发现：与小分子乳化剂（如吐温、司盘等）相比，大分子乳化剂（如蛋白质、改性淀粉、阿拉伯胶等）制备的β-胡萝卜素乳状液具有更好的物理及化学稳定性。阿拉伯胶被认为是稳定水包油体系最适宜的胶体。例如，用阿拉伯胶稳定柑橘香精油水分散体系，其可以应用在柑橘味饮料中。现又有研究用甲基纤维素和羟丙基甲基纤维素取代阿拉伯胶在浓缩橙油乳状液中的应用。目前，在许多饮料研发过程中，都会考虑通过添加胶体来弥补乳化剂自身乳化能力的不足，同时降低乳化剂的用量。如马晓军等（2014）在研究大麦饮料乳状液时发现，通过将黄原胶和卡拉胶与柠檬酸单甘酯复配，可以显著提高大麦饮料的离心稳定性。

（四）生物表面活性剂的发展及其在食品工业中的应用前景

生物表面活性剂（Biosurfactants）是指利用酶或微生物等通过生物催化和生物合成等生物技术制备的集亲水和疏水性基团于一体的天然表面活性剂。生物表面活性剂的种类很多，根据其亲水基的不同，可分为糖脂系、氨基酸类脂系、磷脂系、脂肪酸系和高分子聚合物表面活性剂五类。

生物表面活性剂拥有不同于化学合成品的特殊结构，具有一定的生理特性和营养价值，可以生物降解且降解产物无害，其具有分散、增溶、润湿和渗透等性能的亲水亲油分子结构，使得其在食品工业可以得到广泛应用。生物表面活性剂与生物、微生物细胞之间特殊的联系是化学合成表面活性剂所欠缺的，是生物表面活性剂在食品、医药和化妆品等工业取代化学合成品的基础。但当前技术条件下，其生理特性和作用机理尚未完全被人类所掌握，限制了生物表面活性剂的广泛应用与开发。由发酵法生产的糖脂类生物表面活性剂可能较易被接受为食品乳化剂，这是因为其结构与化学合成的糖脂十分相似。陈启和等（2014）利用蚜虫拟酵母发酵生成的甘露糖赤藓糖醇酯具有很高的表面活性，且整个操作过程绿色环保、简单安全，具有产业化扩大生产的潜质。李宏吉等（2014）的总结表明：纤维二糖脂可通过酵母菌发酵烷烃、植物油等得到，具有良好的表面活性和抗真菌活性，目前在食品中的应用多以抑菌为主，未来可考虑其表面活性的应用。生物表面活性剂不仅具有乳化性和抗菌性，而且符合功能性食品和绿色食品添加剂的要求。但由于缺乏相关的安全性评价以及生产成本过高，使得生物表面活性剂在食品工业中的应用受到很大的限制。因此，需要建立、健全适合生物表面活性剂安全评价的体系。

目前生物表面活性剂还有很多品种处于实验研究阶段，只有少数产品走向了市场，这主要是由于其生产成本较高，据估计生物表面活性剂的成本比化学合成表面活性剂的成本高 3~10 倍。因此，选育高产菌株，改进发酵工艺，降低生产成本是进一步研究开发生物表面活性剂的主要方向。余奎等（2014）通过富集培养、蓝色凝胶平板分离等筛选技术获得铜绿假单胞菌，利用其进行微生物发酵，可以获得具有良好乳化性能的鼠李糖脂。

现代生物技术的进步，推动着生物表面活性剂的发展。人类环保意识的增强，加快了生物表面活性剂发展进程。最近研究发现，利用农业废弃物生产生物表面活性剂可以极大地降低生产成本。如以廉价碳源如葡萄糖、淀粉以及油和乳品加工废弃物为底物的菌种或构建基因工程菌，生产并纯化生物表面活性剂，用于化妆品、食品以及制药等行业，可以降低生物表面活性剂的成本。因此，寻找生产生物表面活性剂的新资源、新技术也是将来研究的重要方向。

第二节　增　稠　剂

增稠剂是一类可以提高食品的黏稠度或形成凝胶，从而改变食品物理性状、赋予食品黏润、爽滑的口感，并兼有乳化、稳定或使呈悬浮状态作用的食品添加剂。增稠剂在食品中添加量较低，却能有效改善食品的品质和性能。其化学成分除明胶、酪蛋白酸钠等蛋白质外，还有自然界中广泛存在的天然多糖及其衍生物，以及人工合成的增稠剂。

一、概　　述

（一）增稠剂的基本性质

增稠剂通过在溶液中形成网状结构或具有较多亲水基团的胶体对保持食品（液态食品、胶冻食品）的色、香、味、结构和食品的稳定性发挥极其重要的作用，其作用大小取决于增稠剂分子本身的结构及其流变学特性。不同分子结构的增稠剂，即使在其他理化参数一致、相同浓度条件下，黏度也可能有较大的差别。同一增稠剂品种，随着分子质量的增加，网状结构的形成几率增加，黏度增大。

大部分食品增稠剂溶液，在较低浓度时，符合牛顿流体特性；在较高浓度时呈假塑性（假塑性是指溶液或所测物质的表观黏度与剪切速率成幂律关系，即剪切速率增大，表观黏度持续降低）。随着增稠剂浓度的增高，其分子体积增大，相互作用几率也增大，体系黏度不断提高。

影响增稠剂溶液黏度的因素除增稠剂本身外，还受 pH、温度、金属离子、有机溶剂、表面活性剂等影响。增稠剂在一定 pH 条件下可能发生降解或沉淀，如海藻酸钠在 pH 5~10 时黏度稳定，当 pH<4.5 时，可发生酸催化水解，体系黏度显著降低；明胶在等电点时因蛋白质沉淀而黏度最小。一般的增稠剂溶液，温度越高，热运动加剧，溶液的黏度也越低。温度每升高 5~6℃，海藻酸钠溶液黏度下降 12%。温度升高，增稠剂分子水解速度加快，体系黏度降低，冷却后黏度则可能恢复。对于一些高分子增稠剂，发生解聚后，体系的黏度无法恢复。因此在实际生产过程中，应尽量避免增稠剂溶液长时间高温加热。

一定浓度的增稠剂溶液，其黏度随搅拌、均质、泵送等加工、输送过程而变化，这主要是增稠剂溶液的黏度受剪切力影响。剪切力的作用是降低分散相颗粒间的相互作用力，对于假塑性流体，这种作用力越大，体系黏度降低越多。液体食品在剪切力作用下的稀化现象有利于产品的管道运输和分散包装。

增稠剂之间还存在协同作用，即两种增稠剂混合使用时，复合体系的黏度高于单一组分体系黏度的总和，或者形成高强度的凝胶。因此，在实际生产过程可以选择复配增稠剂满足不同的生产需要。常见增稠剂中，卡拉胶与槐豆胶、黄原胶与槐豆胶、明胶与羧甲基纤维素之间都存在相互增效的协同作用。此外，部分增稠剂之间存在拮抗作用。如阿拉伯胶可以降低黄原胶的黏度（80%黄原胶与20%阿拉伯胶的混合物具有最低的黏度，比其中任一组分的黏度均低）。

（二）增稠剂在食品中的作用

增稠剂在食品中的主要作用是赋予食品不同的流变特性，改变食品的感官品质，形成特定的组织状态，并使其稳定、均匀，满足生产消费需求。增稠剂在食品中的具体作用主要有以下几方面：

1. 提供食品所需的流变特性

增稠剂对改善液态食品、凝胶食品的色、香、味、质构和稳定性等发挥着极其重要的作用，保持液态食品和浆状食品特定的形态，使产品均一、稳定，且具有黏爽适口的感觉。例如，冰淇淋的口感很大程度上取决于其内部冰晶形成的状态，冰晶颗粒越大，质地越粗糙，口感越差。应用增稠剂可以有效防止冰晶的长大，并包入大量微小气泡，从而使产品组织更细腻、均匀，口感更爽滑，外观更整洁。

2. 提供食品所需的稠度和胶凝性

利用增稠剂的胶凝特性，使其在食品体系中形成三维网状结构凝胶，获得果冻、奶冻、凝胶糖果等特殊的食品形态，并具有适度的弹性、透明性和良好的质构、风味。应用增稠剂可使果酱、颗粒状食品、罐头食品、软饮料、人造奶油等许多食品实现理想的质构和口感。

3. 改善糖果的凝胶性，防止“起霜”

在糖果加工中，使用增稠剂能显著改善糖果的柔软性和光滑性。在巧克力生产中，添加增稠剂能增加表面的光滑性和光泽，防止巧克力表面“起霜”。

4. 提高起泡性及稳定性

增稠剂溶液在搅拌时可包入大量气体，并因液泡表面黏性而保持稳定，这对蛋糕、面包、啤酒、冰淇淋等产品生产起着重要作用。

5. 成膜作用

在食品中添加明胶、琼脂、海藻酸钠等增稠剂，能在食品表面形成一层光滑均匀的薄膜，从而有效防止冷冻食品、粉末食品表面吸湿而影响食品质量。部分增稠剂对水果、蔬菜等食品具有保鲜作用，并使水果、蔬菜表面的光泽度更高。

6. 持水、黏合作用

食品增稠剂通常具有很强的亲水能力，在肉制品、面粉制品中起到改善产品品质的作用。如在面团调制过程中，添加增稠剂有利于缩短调粉的时间，改善面团的吸水性，增强产品的品质。增稠剂能吸收几十倍乃至上百倍于自身重量的水分，并依靠其在食品中形成的三维结构很好地防止水分流失，同时对于抑制淀粉的老化也有促进作用。在肉肠等产品中，添加槐豆胶、卡拉胶等增稠剂，经斩拌、搅拌等处理后，产品的组织结构更稳定、均匀、润滑，并且持水能力增强。在粉末状、颗粒状及片状产品中，阿拉伯胶等增稠剂具有很好的黏合能力。

增稠剂除具有上述功能外，还有许多其他功能特性，如利用增稠剂的包埋作用掩盖食品的不良风味，在酒类中作为澄清剂，在果汁类饮料中用作混浊剂等。

二、增稠剂各论

增稠剂种类繁多，按来源可分为动物来源的增稠剂，如明胶、酪朊酸钠等；植物来源的增稠剂，如树胶（阿拉伯胶等）、种子胶（瓜儿豆胶、罗望子多糖胶等）、海藻胶（琼脂、海藻酸钠、卡拉胶等）及其他植物胶（果胶等）；微生物来源的增稠剂，如黄原胶、结冷胶等。此外，还有人工合成的增稠剂，如羧甲基纤维素类、改性淀粉类等，其中改性淀粉是一大类物质，由淀粉经不同处理后制得，如酸处理淀粉、碱处理淀粉、酶处理淀粉和氧化淀粉等，它们在凝胶强度、流动性、颜色、透明度和稳定性方面均有不同。我国将淀粉作为食品，但是改性淀粉则列为食品添加剂加以管理。

（一）动物来源的增稠剂

1. 明胶（Gelatin，CNS 号：20.002，INS 号：428）

明胶是动物的皮、骨、韧带等含的胶原蛋白，经水解后得到的高分子多肽。明胶又称白明胶、全力丁，白色或淡黄色、半透明、微带光泽的薄片或细粒，有特殊臭味，主要成分为蛋白质（82%以上），受潮后易被细菌分解。明胶可溶于热水、甘油和乙酸，不溶于冷水、乙醇和其他有机溶剂，但能缓慢吸水膨胀而软化，可吸收 5~10 倍的水。明胶水溶液冷却后即凝结成胶块。明胶凝固力较弱，5%以下不能形成凝胶；15%左右可形成结实的凝胶，且温度保持在 20~25℃，高于 30℃时凝胶融化。明胶凝胶富有弹性，口感柔软。

明胶在食品工业有重要应用价值。明胶是含有除色氨酸之外的其他全部必需氨基酸的一种蛋白质，是生产特殊营养食品的重要原料。因此，明胶添加到食品中可以提高食品的营养价值。在欧美很早就把明胶作为保健品，将其制成粉状或液态供食用。以明胶为原料的饮料、饼干、肉汤等在国外及我国华东地区甚为流行。

在冷饮制品中利用明胶的吸水能力，将其用作稳定剂。如在冰淇淋的冻结过程中，明胶通过形成凝胶，可阻止冰晶增大，保持冰淇淋柔软、疏松和细腻的质构。明胶在冰淇淋中的添加量一般控制在 0.5%左右，用量过大将延长冻结搅拌时间。明胶使用前应用冷水冲洗干净，再加热制成 10%溶液后混入原料中。明胶溶液如果不加搅拌从 27~38℃缓慢冷却到 4℃进行老化，可获得最大的黏度。

在糖果特别是软糖、奶糖、蛋白糖和巧克力等生产过程中可应用明胶，其用量依品种各异，一般用量为 1.0%~3.5%，个别的可高达 12%。在罐头制品中也可以使用明胶作为增稠剂，如生产原汁猪肉罐头时使用猪皮胶，用量约为 1.7%。猪皮胶也是一种明胶，一般均由罐头厂自制。火腿罐头也可使用明胶，在火腿罐头装罐后向其表面撒一层明胶粉，可形成透明度良好的光滑表面。明胶可以用作澄清剂，用于果酒、葡萄酒的加工。

明胶本身无毒，其 ADI 值无限制（FAO/WHO，1970）。明胶的使用范围和使用量见 GB 2760—2014《食品添加剂使用标准》及增补公告。

2. 甲壳素（Chitin，CNS 号：20.018）

甲壳素又称几丁质、甲壳质、壳多糖等，是法国科学家布拉克诺 1811 年首次从蘑菇中提取的一种类似于植物纤维的六碳糖聚合体，被命名为 Fungine（茸素）。1823 年法国科学家欧吉尔（Odier）在甲壳动物体外壳中也提取了这种物质，并命名为几丁质和几丁聚糖。甲壳素广泛存在于低等植物菌类和水生藻类细胞中，节肢动物的甲壳类虾、蟹、蝇蛆及昆虫类的外壳、软体动物的贝类及头足类的软骨和高等植物的细胞壁中。

甲壳素的构造类似于纤维素，由1000~3000个2-乙酰胺-2-脱氧葡萄糖聚合而成，属于直链氨基多糖，相对分子质量从几十万到几百万不等，理论含氮量6.9%，其结构式见图5-22。甲壳素为白色无定形半透明物质，无味无臭，溶于浓盐酸、硫酸、磷酸和冰乙酸，不溶于水、稀酸、碱、醇及其他有机溶剂。

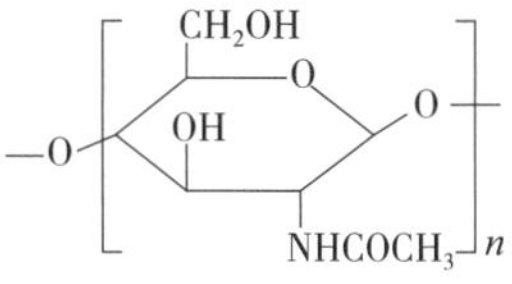

图5-22　甲壳素

甲壳素是自然界中唯一带正电荷的一种天然高分子聚合物，它由几丁质与几丁聚糖组成，是天然无毒性高分子，与生物机体细胞有良好的兼容性，并且具有生物活性，因此广泛应用在食品、医药和养殖的饲料等方面。它可作为：①保湿剂和乳化剂；②增稠剂和絮凝剂；③食品保鲜剂；④功能性活化剂；⑤不溶水可食薄膜。

甲壳素为天然产物，无毒。FAO/WHO规定：其ADI值不作限制。甲壳素可作为稳定剂和增稠剂在氢化植物油、植脂末、冷冻饮品、果酱、坚果与籽类的泥（酱）、醋、蛋黄酱、沙拉酱、醋、乳酸菌饮料、啤酒和麦芽饮料中使用。具体使用量见GB 2760—2014《食品添加剂使用标准》及增补公告。

3. 脱乙酰甲壳素（Deacetylated chitin，CNS号：20.026）

脱乙酰甲壳素，又称壳聚糖（Chitosan），是指脱乙酰度为50%~100%的甲壳素，结构式见图5-23。壳聚糖为白色至淡黄色或淡蓝白色或淡红白色非结晶性粉末或鳞片状，无味无臭，不溶于水，可溶于甲酸、乙酸、乳酸、苹果酸，酸性水溶液有涩味，不溶于磷酸、硫酸、中性或碱性溶液。

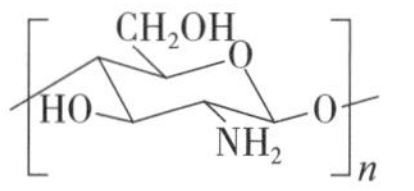

图5-23　脱乙酰甲壳素

壳聚糖可用作增稠剂和被膜剂，还具有杀菌、钝酶的功效，能显著抑制多酚氧化酶和过氧化物酶的活性（刘进杰，2007）。壳聚糖及其衍生物具有广谱抗菌性，对金黄色葡萄球菌、沙门菌、大肠杆菌等致病细菌及青霉、毛霉和根霉等霉菌均有一定抑菌能力。壳聚糖对各种细菌和真菌的抗菌活性见表5-3（赵希荣，2006）。在各类微生物中，细菌最容易被抑制，酵母次之，对霉菌的抑制作用相对较弱。

壳聚糖可用于果实的防腐保鲜，通过在果实表面形成一层无色透明的半透膜，可降低水分的蒸发，阻止果蔬呼吸产生 CO_2 的散失和大气中 O_2 的渗入，从而抑制果蔬的呼吸强度，调节其生理代谢。利用壳聚糖的抗菌作用，可推迟生理衰老、防止果实腐败变质。壳聚糖的作用机理可能为：①分子质量小于5000ku的壳聚糖可以透过细胞膜，与细胞内带负电荷物质（主要是蛋白质和核酸）结合，使细胞的正常生理功能（例如DNA的复制和蛋白质的合成等）受到影响，导致微生物死亡。②大分子壳聚糖通过吸附在细胞表面，形成高分子膜层，阻止营养物质向细胞内运输，从而起到杀菌和抑菌作用。③壳聚糖的正电荷与细胞膜表面的负电荷相互作用，改变细胞膜的通透性，引起细胞死亡。④壳聚糖是一种螯合剂，可选择性地螯合对微生物生长起关键作用的金属离子，从而抑制微生物的生长和毒素产生。⑤壳聚糖能够激活微生物本身的几丁质酶活性，当壳聚糖浓度足够高时，微生物的几丁质酶被过分表达，导致其自身细胞壁几丁质的降解，从而损伤细胞壁。

表 5-3　　壳聚糖的抗菌活性

微生物	最小抑菌浓度/%	微生物	最小抑菌浓度/%
细菌类		真菌类	
根癌土壤杆菌（*Agrobacterium tumefaciens*）	0.1	蔬菜灰霉病菌（*Botrytis cinerea*）	0.1
蜡样芽孢杆菌（*Bacillus cereus*）	1.0	根腐德氏霉（*Drechslera sorokiniana*）	0.1
密执安棒状杆菌（*Clavibacter michiganensis*）	0.1	大豆根腐病菌（*Fusarium oxysporum*）	0.1
欧文菌亚种（*Erwinia* ssp.）	0.5	雪腐镰孢菌（*Microbectriella nivalis*）	0.1
软腐欧氏杆菌（*Erwinia carotovora* ssp.）	0.2	稻瘟病菌（*Piricularia oryzae*）	5.0
埃希大肠杆菌（*Escherchia coli*）	0.5	立枯丝核菌（*Rhizoctonia solani*）	1.0
克雷伯杆菌（*Klebsiella pneumoniae*）	0.7	马类毛癣菌（*Trichophyton equinum*）	2.5
藤黄微球菌（*Micrococcus luteus*）	0.2		
荧光假单胞菌（*Pseudomonas fluorescens*）	0.5		
金黄色葡萄球菌（*Staphylococcus aureus*）	0.1		
野菜黄单胞杆菌（*Xanthomonas campestris*）	0.5		

壳聚糖的抗菌作用受内在因素［如来源、类型（天然或衍生物）、聚合度、相对分子质量、脱乙酰度、浓度等］、外在因素（如宿主营养成分、培养基的化学和/或营养素的组成）和环境条件（如培养基的水分活度、pH、含水量和含盐量）等的影响。随着 pH 的升高，壳聚糖溶解性和质子化程度的降低，抗菌能力逐渐减弱。pH 在 7 以上，壳聚糖不再具有杀菌能力。

来源于真菌的壳聚糖较来源于蟹、虾的抗菌活性弱，这可能是来源于真菌的壳聚糖的相对分子质量较大的原因。壳聚糖的浓度与其抗菌活性之间没有明显的线性关系，但壳聚糖的抗菌活性与其脱乙酰度有线性关系，脱乙酰度在 70%～95%的壳聚糖有较高的抗菌活性。脱乙酰度的增加意味着壳聚糖游离氨基的增加，在酸性条件下，壳聚糖质子化氨基数增加，水溶性增强，壳聚糖与微生物带负电荷细胞壁之间相互作用的几率增大，抗菌活性增强。

壳聚糖自身的性质限制了其在食品中的应用，通过化学改性可提高壳聚糖的应用效果。如通过酰基化反应、烷基化反应和引入碳水化合物支链可提高壳聚糖的溶解性；通过酯化反应、与醛酮反应生成 Schiff 碱或与碘复合能提高壳聚糖的抗菌活性；通过羧烷基化反应、引入磺基或者合成壳聚糖季铵盐可同时提高壳聚糖的水溶性和抗菌活性。赵希荣（2006）用乳酸对壳聚糖改性制成壳聚糖乳酸盐，有效提高了壳聚糖的溶解性。通过对羟基苯甲酸酯对壳聚糖进行衍生，得到了一种新的壳聚糖衍生物——对羟基苯甲酸壳聚糖酯，该化合物具有与尼泊金丁酯相似的抑菌活性，有效提高了壳聚糖的抗菌效果。

脱乙酰甲壳素的使用范围和使用量见 GB 2760—2014《食品添加剂使用标准》及增补公告。

（二）植物及海藻来源的增稠剂

1. 阿拉伯胶（Arabic gum，CNS 号：20.008，INS 号：414）

阿拉伯胶又称金合欢胶，由金合欢树的渗出液制得，是非洲特产。阿拉伯胶是由多种单糖（半乳糖、阿拉伯糖、鼠李糖、葡萄糖醛酸）和蛋白质组成的高分子聚合物，约由 98%的多糖和 2%的蛋白质组成，为黄色至浅黄色半透明块状物或白色至淡黄色粉末，无臭，无味，相对密度 1.35~1.49，溶于水，水溶液呈弱酸性，但不形成凝胶。不溶于油和多数有机溶剂，其中乙醇的浓度大约可达到 60%左右。

阿拉伯胶在水中可形成清澈而胶黏的溶液，与其他商品胶相比，阿拉伯胶水溶液的黏度是最低的，其凝固点随阿拉伯胶浓度的增加而降低。阿拉伯胶的最大特点是可以形成浓度超过 50%的高分子溶液，这是其他亲水胶体所不具备的特点之一。阿拉伯胶溶液的最大黏度在 pH 5.0~5.5，但在 pH4.0~8.0 范围内变化对阿拉伯胶的性质影响不显著。此外，乳状液在 pH 2.5 时不如在更高 pH 环境下（pH4.5 和 pH5.5）稳定，因为较高的离子强度使水相中液滴表面的电荷产生屏蔽效应，引起乳状液失稳。阿拉伯胶具有非常良好的亲水亲油性，在食品工业中广泛用作增稠剂和乳化剂，可与羧甲基纤维素、蛋白质、糖、淀粉和大多数水溶性胶体混合使用，但明胶和三价金属离子盐使阿拉伯胶溶液发生沉淀。

阿拉伯胶分子结构上含有 2%的蛋白质，这使得阿拉伯胶有非常良好的亲水亲油性，是一种优质的水包油型天然乳化稳定剂，具有良好的成膜特性，在食品工业中广泛用作增稠剂和乳化剂，可延长风味品质并防止氧化（Desplanques，2012）。阿拉伯胶能与大多数天然胶、蛋白质、糖和淀粉复配使用。

阿拉伯胶为天然成分，安全性高，其 LD_{50}为 16g/kg 体重；其 ADI 值不作特殊规定（FAO/WHO，1972）。阿拉伯胶的使用范围和使用量见 GB 2760—2014《食品添加剂使用标准》及增补公告。

2. 罗望子多糖胶（Tamarind seed polysaccharide gum，CNS 号：20.011）

罗望子多糖胶又称罗望子多糖（Tamarind seed polysaccharide，简称 TSP）或罗望子胶（Tamarind gum），它是从豆科罗望子属植物种子的胚乳中提取分离的一种中性多糖，为黄褐色或灰色粉末，无臭，无味，随着胶的纯度降低，制品的颜色逐渐加深，有油脂气味。罗望子多糖胶主要由 D-半乳糖、D-木糖、D-葡萄糖（1∶3∶4）组成的多糖，还含有少量游离的 L-阿拉伯糖。在罗望子胶的分子结构（图 5-24）中，主链为β-D-1,4-糖苷键连接的葡萄糖，侧链是α-D-1,6-糖苷键连接的木糖和β-D-1，2-糖苷键连接的半乳糖，由此构成了支链极多的多糖类物质。罗望子胶的相对分子质量 25 万~65 万，随测定方法而异。

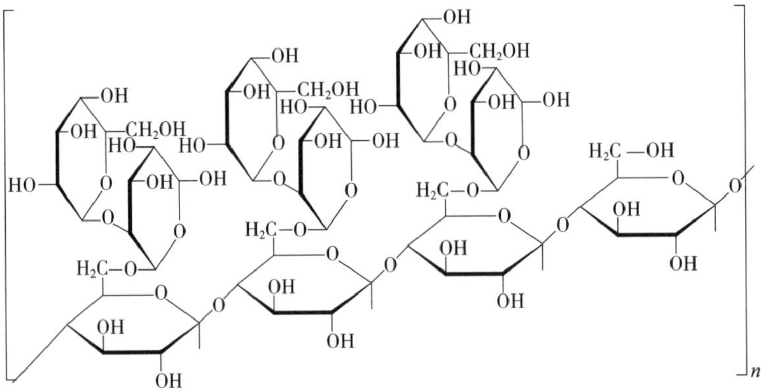

图 5-24　罗望子多糖胶

罗望子多糖胶是一种亲水性较强的植物胶，易结块，可在冷水中分散并溶胀，加热则成黏稠溶液，不溶于一般有机溶剂；有良好的耐热、耐盐、耐酸、耐冷冻和解冻性。罗望子多糖胶用金属氢氧化物或碱式盐溶液处理后，可得到相应的金属络合物。当罗望子多糖胶在冷水中分散后并被加热至 85℃以上时会形成均匀的胶体溶液。胶液的黏度与其质量浓度有关，当质量浓度<158g/L 时，溶液表现为牛顿流体性质；当质量浓度>158g/L 时，罗望子多糖胶溶液表现为非牛顿型流体的流变特性，即溶液具有剪切变稀的触变性或假塑性。罗望子多糖胶溶液干燥后能形成有较高强度、较好透明度及弹性的凝胶。罗望子多糖胶凝胶与果胶凝胶形成的模式相同，属于必须有糖存在才能形成凝胶的氢键结合，但罗望子多糖胶的凝胶强度比相同浓度果胶的凝胶强度高很多。罗望子多糖胶形成凝胶时，凝胶强度随煮沸时间的延长而显著提高。此外，罗望子多糖胶能在很宽的 pH 范围内与糖形成凝胶，在中性溶液中煮沸 2h，其凝胶强度几乎不受影响，而在热的酸或碱性介质中，罗望子多糖胶也会像果胶一样迅速降解，碱的降解作用与酸相比无显著差异。罗望子多糖胶溶于水时能够与很多水分子水合而表现出黏性，虽然罗望子胶的黏度与一些半乳甘露聚糖如槐豆胶和瓜尔胶相比不是很高，但是将糖添加到胶液中就能提高其黏度，随着糖的浓度升高，胶液黏度迅速增大。

罗望子多糖胶具有稳定、乳化、增稠、凝结、保水、成膜的作用。与其他动植物胶相比，罗望子多糖胶具有优良的化学性质和热稳定性，在食品工业中可用作增稠剂、凝胶剂、品质改良剂等。罗望子多糖胶通过增黏作用改善调味汁的口感和稳定性；增强乳制品的稠厚感和甜味；作为果酱及冷冻糕点等的稳定剂。罗望子多糖胶作为品质改良剂能够抑制淀粉老化、延长面包和蛋糕制品的保存期、改变淀粉糊化温度、防止加热过程的黏度下降。罗望子多糖胶用于咖喱类制品，可减少淀粉的用量和杀菌前后的黏度变化；保持良好的口感。罗望子多糖胶是一种理想的膳食纤维，可起到防治高血压的作用；另外，还可增加小肠非扰动层的厚度，减弱糖类物质的吸收。

罗望子多糖胶的 LD_{50} 为 9.26g/kg 体重（大鼠，经口）。罗望子多糖胶的使用范围和使用量见 GB 2760—2014《食品添加剂使用标准》及增补公告。

3. 田菁胶（Sesbania gum，CNS 号：20.021）

田菁胶是从豆科植物田菁的种子中提取的、以半乳糖为支链的甘露糖聚合物（半乳甘露聚糖，图 5-25）。为奶油色松散粉末，溶于水，不溶于醇、酮、醚等有机溶剂。

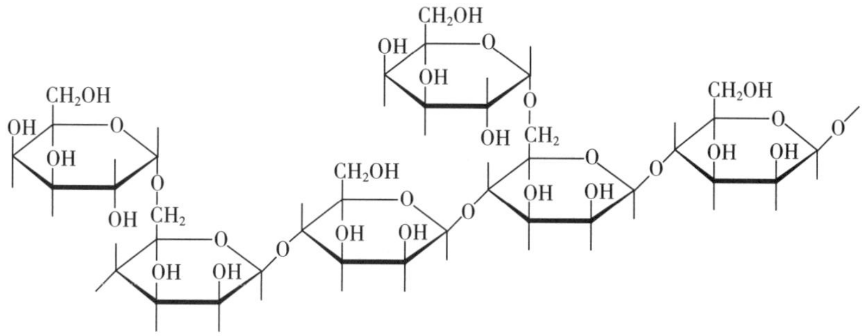

图 5-25　田菁胶

田菁胶属于天然多糖高分子化合物，根据其在常温下的水中溶解度分为两部分，即水溶性部分和水不溶性部分。水溶性部分占田菁胶的 63%～68%，主要是半乳甘露聚糖，水不溶性部分占田菁胶的 32%～37%，经测定大部分是由分子质量较大的半乳甘露聚糖和少量的粗纤维、蛋白质、脂肪和其他物质等组成。田菁胶分子结构中含有丰富的羟基及有规则的半乳糖侧链，故对水有很大的亲和力。在常温下它能分散于冷水中，吸收很多倍于自身重量的水而溶胀和产生水合作用，形成黏度很高的胶体溶液。10g/L 的田菁胶水溶液黏度达 1500～3000mPa・s，比淀粉的黏度高 5～10 倍，从而有良好的增稠效果。田菁胶是假塑性非牛顿流体，其黏度随剪切速率的增高而降低。此外，田菁胶能与络合剂中的过渡金属离子交联形成网状结构高黏弹性的冻胶，黏度比原溶液高 10～50 倍，具有特殊的物理、化学性能，从而广泛应用于化工及食品等相关领域。

田菁胶的 LD_{50}为 18.9～19.3g/kg 体重（小鼠，经口）。田菁胶的使用范围和使用量见 GB 2760—2014《食品添加剂使用标准》及增补公告。

4. 琼脂（Agar，CNS 号：20.001，INS 号：406）

琼脂又称琼胶、冻粉、洋菜，由海藻提取制得，属多糖类物质，主要由聚半乳糖苷组成，其结构式如图 5-26 所示。依制法不同，琼脂可有条状、片状、粒状和粉状等。条状琼脂呈无色透明或类白色至淡黄色，表面皱缩，微有光泽，质软而韧，不易折，完全干燥后，则脆而易碎；粉状琼脂为白色至淡黄色鳞片状粉末。琼脂无臭或有轻微的特征性气味，味淡，不溶于冷水，但能缓慢吸水，膨胀软化，可以吸收自身重量 20 多倍的水。琼脂浓度在 10g/L 以下不能形成凝胶，而成为黏稠状液体。浓度在 10～20g/L 范围内变化，将直接影响凝胶的强度。15g/L的琼脂溶液在 32～39℃时可以形成坚实而有弹性的凝胶，并在 85℃不融化为溶胶。这一特性可以区别于其他海藻胶。琼脂不参与人体代谢，无营养价值。

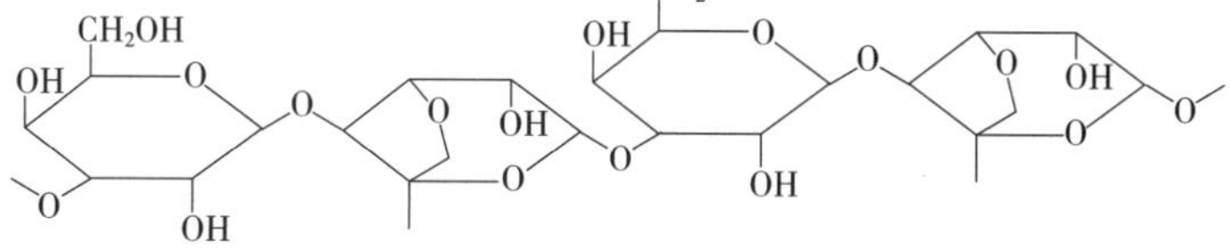

图 5-26　琼脂

琼脂具有很强的胶凝能力，与糊精或蔗糖共用时其胶凝强度升高，而与海藻酸钠、淀粉复配使用，凝胶强度则下降。琼脂与明胶复配使用，可轻度降低其凝胶的破裂强度。琼脂凝胶硬度大，但其组织粗糙，表皮易缩起皱，质地发脆。琼脂与卡拉胶复配使用时，可克服这些缺陷，得到柔软、有弹性的制品。

琼脂的低浓度凝胶和低胶凝温度特性使其在食品工业中具有独特的作用。用于冷冻食品，琼脂能改善冰淇淋的组织状态，并提高凝结能力。它也能提高冰淇淋的黏度及膨胀率，防止粗糙冰晶形成，使产品组织细腻。琼脂吸水力强，可加强产品的抗融化性能。糖果生产中广泛应用琼脂，主要用于制造凝胶软糖，其用量一般占配方总固形物的1%~1.5%。在果酱加工中，琼脂作为增稠剂，可以增加产品的黏度。在某些红烧菜和豉油类水产调味罐头的调味液中，添加琼脂，可增加汁液黏度，延缓晶体析出。如在红烧鲤鱼罐头的调味液中可加0.2%琼脂，豉油赤贝罐头的调味液中添加0.4%的琼脂。琼脂无营养价值，但琼脂可以作为填充剂和膨松剂添加到饼干、面包等低热量食品中，替代淀粉制造麦片、无淀粉面包和点心。琼脂浓度达到0.1%~1.0%时可用作蛋糕和面包的保鲜剂。

琼脂的LD_{50}为小鼠口服16g/kg体重。琼脂的使用范围和使用量见GB 2760—2014《食品添加剂使用标准》及增补公告。

5. 亚麻籽胶（Linseed gum，CNS号：20.020）

亚麻籽胶又称富兰克胶，来源于亚麻籽胚芽，黄色颗粒或白色至米黄色粉末，稍有甜香味。亚麻籽胶由酸性多糖和中性多糖组成，其中，鼠李糖是酸性多糖的主要组分，葡萄糖是中性多糖的主要组分，此外还有木糖、半乳糖、阿拉伯糖和岩藻糖等。亚麻籽胶中单糖的含量随品种不同而异，Oomah等（1995）对12个地区的109个品种的亚麻籽进行研究，发现水溶性多糖的含量为3.6%~8.0%，酸性多糖与中性多糖的物质的量比为0.3~2.2；92%的品种中鼠李糖的含量为10%~20%，葡萄糖含量为21%~40%。亚麻籽胶的组成和结构十分复杂，尽管对其结构已作了大量的研究工作，但由于其结构缺乏严格的规律性，导致对亚麻籽胶的精细结构仍不清楚。

亚麻籽胶具有较高黏度、较强的水合能力，并具有形成热可逆冷凝胶的特性，因此其在食品工业中可替代大多数的非凝胶性亲水胶体，与其他亲水胶体相比价格低廉。亚麻籽胶胶凝点低于其胶凝的熔化点，且胶凝点及凝胶的熔化点均随冷却起始温度的上升而提高。亚麻籽胶浓度、溶解温度、pH、氯化钠、氯化钙及复合磷酸盐等均能影响亚麻籽胶的凝胶强度，凝胶强度随着浓度的增加及溶解温度的升高而增强；在pH6.0~9.0的范围内，凝胶强度最大，氯化钠和复合磷酸盐可以降低亚麻籽胶的凝胶强度，低浓度（<0.3%）的氯化钙可以增强亚麻籽胶的凝胶强度，而高浓度（>0.3%）的氯化钙降低亚麻籽胶的凝胶强度（陈海华等，2004）。

亚麻籽胶作为增稠剂、乳化剂和稳定剂应用于饮料和冰淇淋等中，作为乳化剂应用于焙烤食品中；亚麻籽胶能与肉制品中的蛋白质相互作用，改善肉制品的品质，增加肉制品的保水和保油性。张慧等（2006）比较了不同的亲水胶体对银杏浊汁的稳定的影响。结果表明：0.05g/L的亚麻籽胶对银杏浊汁在贮藏期间保持混浊稳定性的效果最好。王宏霞等（2010）研究了亚麻籽胶添加量对乳化肠蒸煮损失率、析水率以及硬度等影响。结果发现：添加适量的亚麻籽胶能增强产品的保水性、保油性，改善食用品质，并能减缓淀粉老化的速度，且亚麻籽胶的最适宜添加量为1g/kg。此外，亚麻籽胶还与瓜尔豆胶、卡拉胶、黄原胶等胶体具有一定的协同增效作用。李向东等（2008）研究了亚麻籽胶、瓜儿豆胶和变性淀粉作为复配稳定剂在搅拌型酸奶中的应用。结果表明，亚麻籽胶与瓜尔豆胶有较好的协同作用，并得出了三种稳定剂的最佳配比为 3%：2%：20%。

此外，因为含有大量膳食纤维，亚麻籽胶又属功能性食品原料，可作为脂肪的替代品，无毒，且对某些重金属中毒有解毒效果。添加此胶制得的冰淇淋质地松软，口感清爽。作为膳食纤维，亚麻胶在降低糖尿病和冠状动脉病的发病率，防止结肠癌和直肠癌，减少肥胖病的发生等方面也有一定辅助作用；因此，亚麻籽胶的研究和开发具有重要的实用价值，并可能会产生巨大的经济效益。

亚麻籽胶的 LD_{50}>15g/kg 体重（大鼠，经口）。亚麻籽胶的使用范围和使用量见 GB 2760—2014《食品添加剂使用标准》及增补公告。

6. 槐豆胶（Carob beam gum，CNS 号：20.023，INS 号：410）

槐豆胶又称刺槐豆胶，为白色至黄色粉末状颗粒，无臭或稍带臭味，能分散在热水或冷水中形成溶胶。分散于冷水仅部分溶解，在 80℃水中可完全溶解成黏性液体，加热至 85℃达到最大黏度，属于热溶胶。槐豆胶溶液黏度在 pH 3.5~9.0 范围内稳定，且不受钙、镁离子的影响，但酸或氧化剂使其盐析而降低黏度。商品槐豆胶一般含有 75%~81%的多糖、5%~8%的蛋白质、1%~4%的不溶性纤维及 1%的灰分。槐豆胶的结构式如图 5-27 所示。

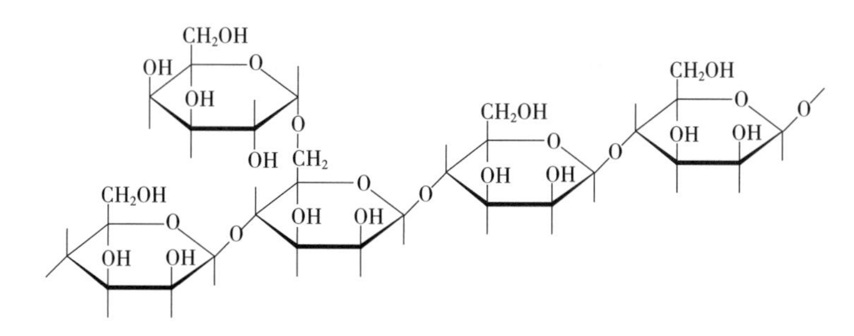

图 5-27　槐豆胶

在食品工业上，槐豆胶常与其他食用胶复配用作增稠剂、持水剂、黏合剂及胶凝剂等。槐豆胶与卡拉胶复配可形成弹性果冻，而单独使用卡拉胶则只能获得脆性果冻。槐豆胶、海藻胶与氯化钾复配广泛用作宠物罐头中的复合胶凝剂。槐豆胶/卡拉胶/CMC 的复合是良好的冰淇淋稳定剂，用量 0.1%~0.2%。槐豆胶还用在乳制品及冷冻乳制品甜食中充当持水剂，增进口感以及防止冰晶形成，用于干酪生产可加快干酪的絮凝作用，增加产量并增进涂布效果；用于肉制品、西式香肠等加工中改善持水性能以及改进肉食的组织结构和冷冻/熔化稳定性；用于膨化食品，在挤压加工时赋予润滑作用，并且能增加产量和延长保质期；用于面制品以控制面团的吸水效果，改进面团特性及品质，延长老化时间。近年来研究表明，槐豆胶与黄原胶通过协同效应还可用作保鲜剂（杨永利等，2009）。

槐豆胶的 LD_{50}>13g/kg 体重（大鼠，经口）。FAO/WHO（1995）规定：其 ADI 值不作特殊限制，在美国被认为是 GRAS 物质。槐豆胶的使用范围和使用量见 GB 2760—2014《食品添加剂使用标准》及增补公告。

7. 海藻酸钠（Sodium alginate，CNS 号：20.004，INS 号：401）

海藻酸钠又名藻酸钠、藻朊酸钠、海带胶、褐藻胶，从海藻中提取所得，结构式见图

5-28,为白色或淡黄色粉末，几乎无臭、无味，溶于水成胶黏状胶体溶液。不溶于乙醇、乙醚、氯仿和酸（pH <3）。海藻酸钠具有吸湿性，10g/L 的水溶液 pH 为 6~8，水溶液黏度在 pH 6~9 时稳定。

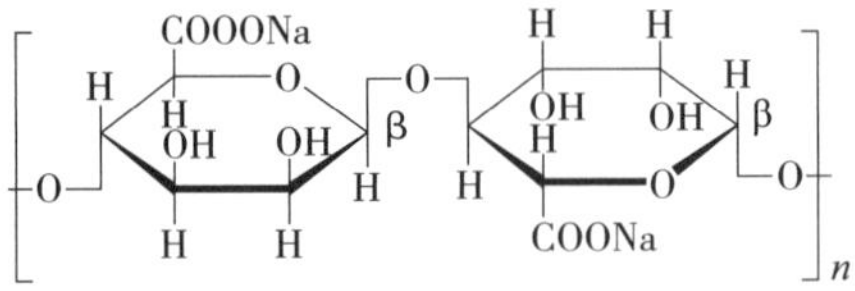

图 5-28　海藻酸钠

海藻酸易与金属离子结合。在海藻酸的金属盐中，除了 Na^+、K^+、Mg^{2+}、NH_4^+ 的盐能溶于水外，其他金属盐均不溶于水。利用此性质，将海藻酸钠的胶体溶液与钙离子接触时，可形成海藻酸钙凝胶，凝胶形成过程中可通过调节 pH，选择适宜的钙盐和加入磷酸盐缓冲剂或螯合剂来控制。海藻酸钠可与羧甲基纤维素、蛋白质、糖、淀粉和大多数水溶性胶混合使用。

海藻酸钠在食品工业应用广泛，可用作果酱的赋形剂，生产果酱时可利用钙离子与海藻酸的浓度调节果酱的黏稠度。在饮料及肉汁中使用 0.1%~0.5%的海藻酸钠可起到良好的增稠作用，冰淇淋中添加 0.15%~0.4%的海藻酸钠可有助于保持气泡，防止冰晶生长，使冰淇淋品质柔软细腻，并具有抗融化特性。此外，海藻酸钠还可防止淀粉老化，尽管淀粉也可以作为增稠剂，但是，贮存时间过长，其持水性降低，产生老化现象（即离浆、水分析出，淀粉沉淀），若加入 0.1%~0.5%的海藻酸钠，可防止其老化。

使用海藻酸钠时，应先将海藻酸钠完全溶于水后再添加，通常先将海藻酸钠与 5 倍的糖粉混合后再溶解。此外，还应注意所用水和工具不能含有酸或钙离子，否则会使海藻酸钠凝胶化。

海藻酸钠的 LD_{50} 为 0.1g/kg 体重（大鼠静脉注射）。其 ADI 值不作特殊规定（以海藻酸计，FAO/WHO，1992）。海藻酸钠的使用范围和使用量见 GB 2760—2014《食品添加剂使用标准》及增补公告。

8. 海藻酸钾（Potassium alginate，CNS 号：20.005，INS 号：402）

海藻酸钾为无色或浅黄色纤维状粉末或粗粉，几乎无臭无味，缓慢溶于水可形成黏稠胶体溶液。海藻酸钾不溶于乙醇、氯仿、乙醚等有机溶剂，在 pH<3 的酸性溶液中不溶。

FAO/WHO（2001）规定：海藻酸钾 ADI 值不作特殊限制。海藻酸钾的使用范围和使用量见 GB 2760—2014《食品添加剂使用标准》及增补公告。

9. 海藻酸丙二醇酯（Propylene glycol alginate，CNS 号：20.010，INS 号：405）

海藻酸丙二醇酯简称 PGA，是由海带提取的海藻酸与环氧丙烷经酯化反应制得，为白色或淡黄色粉末，几乎无臭、无味，易溶于热水，不溶于乙醇，在冷水中可缓慢溶解，其 10g/L 水溶液的 pH 为 3~4。其结构式如图 5-29 所示。海藻酸丙二醇酯对酸、盐及金属离子均较稳定，尤其是在酸性溶液中既不会像海藻酸那样凝沉，也不会像羧甲基纤维素那样出现黏度下降的现象。海藻酸丙二醇酯水溶液在高温加热时，黏度迅速下降，但在 60℃以下

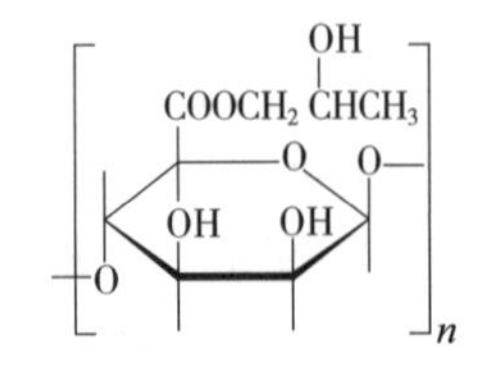

图 5-29　海藻酸丙二醇酯

温度影响不显著。海藻酸丙二醇酯的褐变温度为155℃，碳化温度220℃，灰化温度400℃。由于分子中含有丙二醇基，故亲油性大，乳化稳定性好。所以，PGA更能有效应用于乳酸饮料、果汁饮料等低pH范围的食品和饮料中。

海藻酸丙二醇酯在酸奶及含乳饮料中得到了广泛应用。海藻酸丙二醇酯应用在酸奶中能够赋予酸奶产品天然的质地口感，即使在乳固形物添加量降低的条件下也能很好地呈现出这种特性；能够有效地防止产品形成粗糙凹凸表面，使产品的外观平滑亮泽；在发酵期间不受环境pH的影响，并且在温和搅拌的条件下，就容易均匀分散在酸奶中；PGA具有良好的分散性和溶解性，并且PGA在整个加热过程中保持稳定。此外，PGA还可以在酸乳中提供乳化作用，能够使含脂的酸奶平滑、圆润，口感会更好（卫晓英，2009）。PGA与其他食用胶复配用于含乳饮料也具有一定的市场竞争力。此外，PGA还可改善面条性质和质构（杨艳，2009）。

海藻酸丙二醇酯的LD_{50}为1.6g/kg体重（大鼠，经口）。FAO/WHO（2001）规定：其ADI值不作特殊规定，在美国被认为是GRAS物质。海藻酸丙二醇酯的使用范围和使用量见GB 2760—2014《食品添加剂使用标准》及增补公告。

10. 卡拉胶（Carrageenan，CNS号：20.007，INS号：407）

卡拉胶又称鹿角藻胶、角叉胶，由某些红海藻提取制得，是由半乳糖所组成的多糖类物质，相对分子质量15万~20万。卡拉胶是半透明、表面皱缩、微带光泽的薄片或白色至淡黄色粉末，无臭，味淡，稍有海带味。卡拉胶又分κ-卡拉胶、τ-卡拉胶和λ-卡拉胶，各种胶的结构式如图5-30所示。κ-卡拉胶、τ-卡拉胶易溶于热水，λ-卡拉胶可溶于冷水，呈半透明的胶体溶液，但它们均不溶于有机溶剂。干燥的卡拉胶非常稳定，在中性和碱性溶液中即使加热也不发生水解，但在pH 4以下的酸性溶液中易发生水解。卡拉胶溶液在K^+或Ca^{2+}存在时，或溶解于热牛乳冷却后均能形成凝胶。

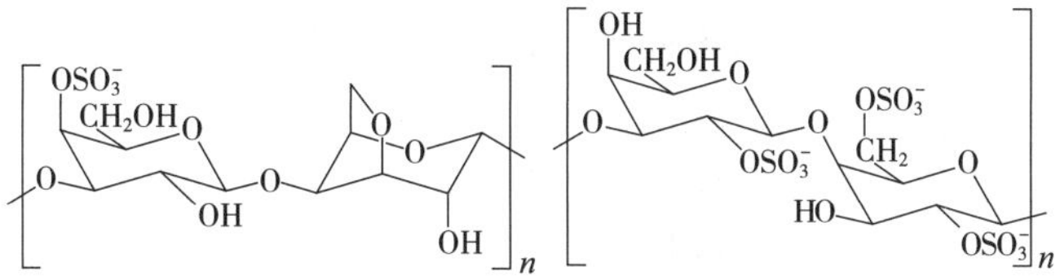

(1)κ-卡拉胶

(3)λ-卡拉胶

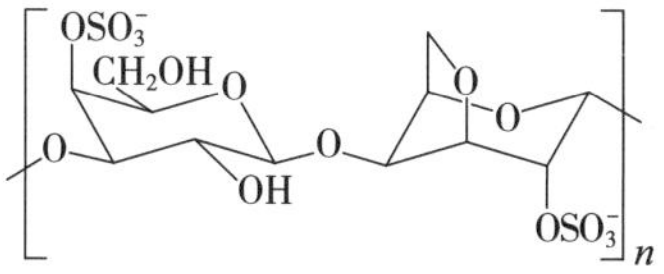

(2)τ-卡拉胶

图5-30 卡拉胶

卡拉胶水溶液具有高度黏性和胶凝特点，其凝胶具有热可逆性，即加热时溶化，冷却时又形成凝胶。k-卡拉胶的水凝胶因剪切力作用受到的影响是不可逆的。卡拉胶具有与蛋白质类物质作用形成稳定胶体的性质，在牛乳中加入低浓度k-卡拉胶时，卡拉胶与牛奶蛋白络合形成弱凝胶，当受到剪切力作用时则发生断裂，剪切力去除后，又重新形成凝胶，显示出触变特性；当卡拉胶含量达牛乳重量的0.2%时，可生成牛乳凝胶。啤酒工业中利用卡拉胶与蛋白质反应的特性沉淀大麦蛋白质，提高啤酒澄清度。改变卡拉胶的使用条件，可使同一食品的组织状态发生变化。例如用它可把干酪做成固体切片、刨丝，又可做成乳液，还可以加工成稳定的充气产品。卡拉胶在食品表面成膜后，还可以起到食品保鲜作用。

卡拉胶的LD_{50}为5.1~6.2g/kg体重（大鼠，经口）。FAO/WHO（2001）规定：其ADI值不作特殊规定，在美国被认为是GRAS物质。卡拉胶的使用范围和使用量见GB 2760—2014《食品添加剂使用标准》及增补公告。

11. 果胶（Pectin，CNS号：20.006，INS号：440）

果胶系指可溶性果胶，广泛存在于水果、蔬菜以及其他植物的细胞膜中，其主要成分为多缩半乳糖醛酸甲酯。果胶为白色至淡黄褐色的粉末，稍有果胶特有香气，味微甜且略带酸味，相对密度约0.7，无固定熔点，能溶于水，不溶于乙醇及其他有机溶剂。果胶水溶液呈酸性，若溶于20倍的水可形成黏稠状液体，若与3倍或3倍以上的砂糖混合，则更易溶于水。果胶对酸性溶液较碱性溶液稳定，与糖和酸在适当条件下可形成凝胶。果胶结构式如图5-31所示。

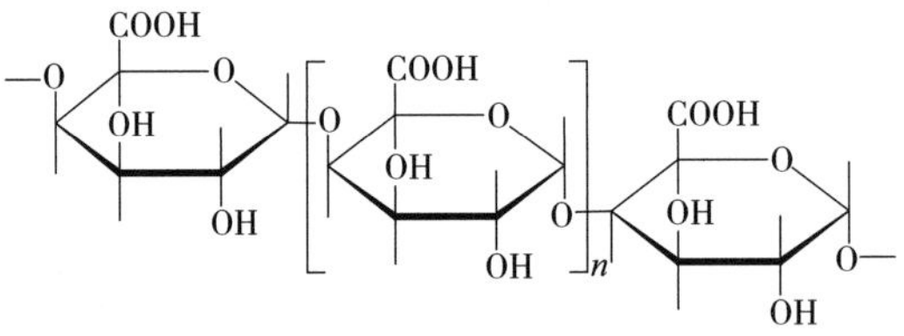

图5-31 果胶

果胶的聚半乳糖醛酸羧基可部分地被甲酯化，甲酯化的半乳糖醛酸残基数与半乳糖醛酸残基总数的比值称为酯化度。根据果胶分子的酯化度，可将其分为高甲氧基果胶和低甲氧基果胶。每4个半乳糖醛酸中有3个含有甲氧基的典型高甲氧基果胶的酯化度为75%。一般以酯化度50%为高甲氧基果胶与低甲氧基果胶的区分值，高甲氧基果胶的酯化度为60%~80%，低甲氧基果胶的酯化度为25%~50%。完全甲基化的果胶即酯化度为100%时，甲氧基理论含量为16.3%，故甲氧基含量大于7%者为高甲氧基果胶，而小于7%者为低甲氧基果胶。高甲氧基果胶在加糖、酸后，可以凝冻；低甲氧基果胶在加糖、酸后，还需添加多价金属离子（如钙离子）才能凝冻。低甲氧基果胶在氨水中水解并（由氨）引入酰胺到果胶分子中，则产生酰胺化的低甲氧基果胶。普通低甲氧基果胶与酰胺化的低甲氧基果胶的性质相似。

果胶在食品中应用广泛。生产果酱时，可选用果胶作为增稠剂，用量低于0.2%。低糖果酱中果胶的使用量可达0.6%左右。制造果胶软糖时，需根据所用果胶选择适宜的pH，采用高甲氧基果胶制造软糖时，最适pH3.3~3.6；用低甲氧基果胶时，最适pH4.0~4.5。在含乳饮料中添加高甲氧基果胶，能有效地稳定制品并改善产品风味，对酸乳效果尤为明显。当pH低于酪蛋白的等电点（pH 4.6）时，酪蛋白胶体颗粒带正电荷，而果胶带负电荷，从而产生稳定的酪蛋白—果胶复合物，果胶便起到抑制酪蛋白发生沉淀的作用。从而保持良好的产品稳定性，延长保质期。若缺乏果胶，在大多数情况下，牛乳中的酪蛋白容易发生凝固现象，产品分成两相——稠厚的白色酪蛋白浆相和稀薄无色透明的乳清相，杀菌过程则会使分层现象更为严重。

果胶天然无毒，FAO/WHO（1973）规定：其ADI值不作特殊规定，在美国果胶被认为是

GRAS 物质。果胶的使用范围和使用量见 GB 2760—2014《食品添加剂使用标准》及增补公告。

12. 瓜尔胶（Guar gum，CNS 号：20.025，INS 号：412）

瓜尔胶又称瓜尔豆胶，是由半乳糖与甘露糖（1∶2）组成的高分子半乳甘露聚糖，相对分子质量 5 万~80 万，其结构式如图 5-32 所示。瓜尔胶为白色至浅黄褐色自由流动的粉末，无臭，能分散在热或冷的水中形成黏稠液体，10g/L 水溶液的黏度为 4~5Pa·s，为天然胶中黏度最高者。瓜尔胶水溶液呈中性，黏度受 pH 影响显著，在 pH6~8 时的黏度最高；pH>10 时黏度迅速降低；在 pH 3.5~6.0 时，黏度随着 pH 的降低而下降；然而当 pH<3.5 时，溶液的黏度又增大。瓜尔胶在水中分散需要一个溶胀过程，粒度大小是瓜尔胶粉溶解动力学中的关键因素。Wang 等（2006）系统研究了瓜尔胶粉颗粒大小对水合过程的影响，提出线性模型、指数模型和 Weibull 模型三种方式评价瓜尔胶粉的水合过程。瓜尔胶的黏度对放射处理十分敏感，水溶液经 γ-射线处理后，流变学特性也发生改变。经过 10kGy 照射后，表观黏度由 1989 mPa·s 降为 35 mPa·s，黏度指数也有所下降，因此，瓜尔胶长期保存时不适合采用辐照处理。

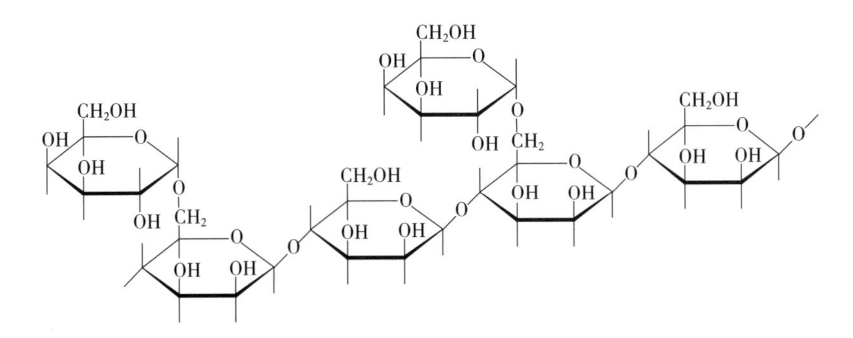

图 5-32　瓜尔胶

瓜尔胶因其具有良好的增稠能力和改善食品品质的特性而广泛应用于食品行业。由于瓜尔胶分子链上的羟基可与某些亲水胶体及淀粉形成氢键，因此，瓜尔胶可用作增稠剂、乳化剂等，通常单独使用或与其他食用胶复配使用，其使用量大大低于使用其他增稠剂或稳定剂的场合所需的添加量。此外，瓜尔胶还可用于脂肪替代品中，是脂肪替代品研究中的一个较新的分支。用于色拉酱、肉汁中起增稠作用，用于冰淇淋中使产品融化缓慢，面制品中增进口感，方便面里防止吸油过多，烘焙制品中延长老化时间，肉制品内作黏合剂，也用于干酪中增加涂布性等。在冰淇淋制备中，瓜尔胶能赋予产品润滑和糯性的口感，还能使产品缓慢融化，并提高产品抗骤热的性能。用瓜尔胶稳定的冰淇淋可以避免由于大冰晶生成而引起颗粒的存在。在罐头食品中，瓜尔胶可用于稠化产品中的水分，并使肉菜固体部分表面包裹一层稠厚的肉汁。瓜尔胶有时还可以用于限制装罐时的黏度。在软干酪加工中，瓜尔胶能控制产品的稠度和扩散性质，使产品能更均匀地涂敷干酪。在调味汁和色拉调味品中，利用瓜尔胶在低浓度下产生高黏度这一基本性质，可使得这些产品的质构和流变等感官品质更优。

FAO/WHO（2001）规定：瓜尔胶 ADI 值不作特殊规定，在美国属于 GRAS 添加剂，其 LD_{50} 为 7060mg/kg 体重（大鼠，经口）。瓜尔胶的使用范围和使用量见 GB 2760—2014《食品添加剂使用标准》及增补公告。

13. 皂荚糖胶（Gleditsia sinenis lam gum，CNS 号：20.029）

皂荚糖胶又称为皂角子胶、甘露糖乳酸，是从皂荚树（*gleditsia sinensis Lam.*）种子胚乳部位分离提取得到的一种半乳甘露聚糖型高分子多糖。多糖主链由 β-（1→4）-糖苷键连接的 D-吡喃甘露糖组成，D-半乳糖以侧链通过 α-（1→6）-糖苷键连接到主链甘露糖分子上，其半乳糖与甘露糖分子比为 1∶4，熔点 272℃。皂荚糖胶为乳白色粉末，分子结构中含有丰富的羟基，溶于冷/热水并同时迅速开始水合，最终形成透明状黏稠溶液，不溶于乙醇、丙酮等有机溶剂。皂荚糖胶溶液呈非牛顿的假塑性流动特性，即具有剪切变稀作用。其 10g/L 水溶液的表观黏度为 274mPa·s（30℃，$170s^{-1}$），黏度随浓度增加而上升，随 pH 的降低略有下降。温度上升时，皂荚糖胶溶液黏度下降。加热时间对皂荚糖胶黏度也有影响。皂荚糖胶溶液的天然 pH 为中性，在 pH4~10 范围内对胶体溶液性状影响不明显；pH 6~8 时，溶液的黏度可达到最大值。由于皂荚糖胶是非离子型高分子，具有良好的无机盐类兼容性能，耐受一价金属离子如食盐的能力较强，但高价金属离子的存在会降低其溶解度。此外，皂荚糖胶与黄原胶的协同效应显著，其中热水溶部分的协同效果强于冷水溶部分，冷水溶部分的皂荚糖胶与卡拉胶基本无协同效应。

皂荚糖胶可作为增稠剂、稳定剂、絮凝剂应用于食品、医药、石油钻采、造纸、涂料等行业。皂荚糖胶的 LD_{50}>10g/kg 体重（大鼠，口服）。皂荚糖胶的使用范围和使用量见 GB 2760—2014《食品添加剂使用标准》及增补公告。

14. 沙蒿胶（Artemisia gum，Sa-hao seed gum，CNS 号：20.037）

沙蒿胶是从沙蒿籽中提取而得的一种多糖类胶体，是由 D-葡萄糖、D-甘露糖、D-半乳糖、L-阿拉伯糖和木糖组成的一种具有交联结构的多糖类物质。沙蒿胶的黏度约为明胶的 1800 倍，10g/L 沙蒿胶溶液的黏度为 900 Pa·s。沙蒿胶不溶于水，但可均匀分散于水中，吸水数十倍后溶胀成蛋清样胶体。刘敦华等（2006）发现沙蒿胶的热分解温度在 300℃左右，热稳定性好，是一种十分优良的天然食品添加剂。

沙蒿胶具有很强的吸水溶胀能力，在水溶液中形成滑腻而黏稠的胶凝体，其胶原之间形成纤维结缔状结构，对面团有很强的黏结能力，从而使面团黏结络合力增强，改善面包焙烤性能；加大面团持水量且增大抗拉强度，使面团能够经受较长时间的调制糅合操作，保持良好的弹性与塑性；在面团发酵过程中还可包络大量气体，强化面筋筋力，起发迅速，起发度高，表皮筋韧，不产生崩解现象。面包比容体积增大，结构细腻，可阻止淀粉再结晶老化，延长面包保质期。耿树香等（2006）发现沙蒿胶主要通过增加面粉的糅合强度改良面粉的粉质。添加沙蒿胶的面条外观、口感明显优于未加胶的面条，说明沙蒿胶改变面团流变学特性，增强面筋能力，提高面团持水力，使面条耐蒸煮，成熟速度快，咀嚼性能好。张瑞珍等（2007）采用沙蒿胶作为荞麦面包品质改良剂，在面包中添加 0.5%沙蒿胶时，面包持水性较好，比容最大，同时可延缓面包老化，改善面包形状。

沙蒿胶的 LD_{50}>10g/kg 体重（小鼠，经口）。沙蒿胶的使用范围和使用量见 GB 2760—2014《食品添加剂使用标准》及增补公告。

15. 海萝胶［Funoran（Gloiopeltis furcata），CNS 号：20.040］

海萝胶系海萝属（*Gloiopeltis*）红藻所含的胶质，研究表明，海萝胶具有 β-（1→3）- D-半乳糖基 α-L -（1→4）-3,6-内醚-半乳糖为重复二糖的结构特征，其化学成分基本上是琼胶糖的骨架结构，但半乳糖的不同碳位置上结合有较多的硫酸基及少量甲氧基。

杨永利等（2007）研究了鹿角海萝胶的流变性，结果表明，鹿角海萝胶溶液的黏度随着浓度的升高而升高，溶液为“非牛顿流体”；当浓度达到5g/L时，溶液变为凝胶；鹿角海萝胶的最佳溶解温度为80℃；pH、冻融变化及不同提取工艺对鹿角海萝胶溶液黏度的影响较小；溶液有良好的耐盐稳定性和抗降解性能；鹿角海萝胶与卡拉胶显著的协同增效作用，二者的最佳配比为1∶9。此外，海萝胶还具有降血糖、抗肿瘤和增强免疫的作用，海萝胶加热水搅拌提取，提取液还具有退热、去火等药用价值，其滤液与染料也可直接配成印花浆使用。

海萝胶的LD_{50}为3.6g/kg体重（大鼠，经口）。FAO/WHO（1994）规定：其ADI值为0~1.4mg/kg体重。海萝胶的使用范围和使用量见GB 2760—2014《食品添加剂使用标准》及增补公告。

16. 刺云实胶（Tara gum，CNS号：20.041，INS号：417）

刺云实胶也称刺云豆胶（Peruvian carob），来源于秘鲁的灌木，由豆科的刺云实（*Caesalpinia spinosa*）种子的胚乳（一般只含25%~28%的胚乳），经研磨加工而成，加工方式与其他豆胶相似。刺云实胶主要是由半乳甘露聚糖组成的高分子质量多糖。为白色至黄白色粉末，气味无臭，溶于水，不溶于乙醇。其密度0.5~0.8g/cm^3，其水溶液不挥发。在pH >4.5时，刺云实胶的性质相当稳定。刺云实胶含有80%~84%的多糖，3%~4%的蛋白质，1%的灰分及部分粗纤维、脂肪和水。主要组分是由直链β-D-（1→4）-吡喃型甘露糖单元与α-D-吡喃型半乳糖单元以（1→6）键构成。刺云实胶中甘露糖与半乳糖的比值是3∶1。

刺云实胶具有很强的吸湿性，遇水浸渍溶胀，能产生很高的黏度。刺云实胶的溶液特性介于瓜尔胶和槐豆胶之间，其线性多糖的分子组成决定了在低浓度时就表现出相当高的黏度并且其黏度随浓度的增加而呈指数级增加。25℃下，10g/L浓度的刺云实胶溶液的黏度可高达4500~6500Pa·s，45℃时100%溶解并形成半透明的溶液，使得它比槐豆胶使用更方便。作为一种新型的食品增稠剂，通常利用刺云实胶与其他胶体的协同作用混合使用，达到更好的使用效果和产生更高的产品质量。在冷饮中，刺云实胶是一种新型的增稠稳定剂，其胶体的黏弹性较好。冷饮产品中的配方组成不同，刺云实胶的使用效果也有不同。除了刺云实胶自身的特性外，食品组分中含有螺旋结构的物质与刺云实胶产生一定的协同作用（增稠或胶凝），在水中形成凝胶结构，能建立一种在多相组成的食品内的网络结构。以不同胶体作为增稠剂生产冰淇淋为例，研究发现刺云实胶的黏度和形成的网状结构使得冰淇淋具有可控膨胀率（黏性表现），产品顺滑（连续凝冻生产时不断裂），产品有咀嚼感（黏弹性结合）；同时使形成的产品不起丝、不黏糊，与以瓜尔胶为增稠剂的产品有明显不同，与以槐豆胶为增稠剂基本相同。以刺云实胶、卡拉胶和CMC复配作为果冻、果酱和冷饮等产品的增稠和凝胶稳定剂的研究发现，含刺云实胶的复配胶体能使产品获得较好的凝胶效果，并能有效地发挥其增稠、持水、胶凝作用，使得产品口感好、组织结构致密，持水性强和抗融性强。从以上两种生产实例看，刺云实胶与槐豆胶的性质类似，所以，针对刺云实胶这种新型的增稠剂寻找它适合的应用领域，也可以在槐豆胶供应不足时，用刺云实胶替代或部分替代槐豆胶。

刺云实胶属于GRAS添加剂，FAO/WHO（1994）规定：其ADI值不作特殊限制。刺云实胶的使用范围和使用量见GB 2760—2014《食品添加剂使用标准》及增补公告。

17. 刺梧桐胶（Karaya gum，CNS号：18.010，INS号：416）

刺梧桐胶由43%D-半乳糖醛酸、14%D-半乳糖和15%L-鼠李糖及少量葡萄糖醛酸组成，属于高分子量酸性多糖，相对分子质量950万。刺梧桐胶商品为淡黄至淡红褐色片状或粉状固体，略带醋酸气味，不溶于水，在水中溶胀成凝胶。不溶于乙醇。受热分解，黏度下降，85℃以上时不稳定。刺梧桐胶来源于罗克伯氏（Roxburgh）刺苹婆（Sterculia urens）及其他苹婆属植物，一般通过划破树干采集其渗出的胶状分泌物，干燥、粉碎精制而成。

刺梧桐胶的 LD_{50} 为30g/kg 体重（大鼠，口服），属于GRAS 添加剂（FDA，2000），其ADI值不作特殊规定（FAO/WHO，2001）。刺梧桐胶的使用范围和使用量见 GB 2760—2014《食品添加剂使用标准》及增补公告。

18. 可溶性大豆多糖（Soluble soybean polysaccharide，SSPS，CNS 号：20.044）

大豆多糖类是从大豆子叶中提取所得水溶性多糖类物质，作为食物纤维具有很高生理活性。可溶性大豆多糖商品为白色至微黄色粉末。大豆多糖类主要成分是半乳糖、阿拉伯糖、半乳糖醛酸，并含有鼠李糖、岩藻糖、木糖及葡萄糖等多种成分。水溶性大豆多糖由于分子结构近于球状，与其他糖类相比，黏性较低。水溶性大豆多糖水溶液黏度几乎不受盐类影响，对温度也有良好热稳定性。

大豆多糖除具有膳食纤维的功能特性外，还具有许多优良的功能特性，如：①酸性条件下对蛋白质颗粒的稳定作用。②乳化及乳化稳定性。③良好的成膜性，可用于保鲜剂的开发。④抗黏结性。⑤泡沫稳定性。⑥大豆多糖可促进肠道蠕动、减肥、降低血压、降低血清胆固醇以及甘油三酯水平、降低血糖、提升高密度脂质蛋白、降低低密度脂质蛋白以及预防某些癌症等，还能调节胃肠中微生物营养平衡和类胆固醇代谢以及抑制免疫血清中脂质的氧化。

可溶性大豆多糖在美国被认为是 GRAS 添加剂。可溶性大豆多糖的使用范围和使用量见 GB 2760—2014《食品添加剂使用标准》及增补公告。

19. 决明胶（Cassia gum，CNS 号：20.045，INS 号：427）

决明胶是以豆科植物决明（*Cassia obtusifolia* L.）或小决明（*Cassia tora* L.）种子（决明子）的胚乳为原料，用萃取的方法加工而成的一种胶体，主要含半乳甘露聚糖，即包含甘露糖线性主链和半乳糖侧链的聚合物，灰白色粉末。

FAO/WHO（2009）规定：决明胶的 ADI 值不作特殊限制。决明胶的使用范围和使用量见 GB 2760—2014《食品添加剂使用标准》及增补公告。

（三）微生物来源的增稠剂

1. 黄原胶（Xanthan gum，CNS 号：20.009，INS 号：415）

黄原胶又称汉生胶、黄杆菌胶、黄丹胞多糖等，是通过微生物发酵（黄单胞菌培养）提取纯化制成，为高分子酸性杂多糖（由葡萄糖、甘露糖与葡萄糖醛酸组成，相对分子质量>100 万，图 5-33）。为类白色至浅黄棕色粉末，在常温下易溶于水形成半透明的黏稠液，不溶于乙醇、异丙醇和丙酮等有机溶剂。

黄原胶水溶液有良好的增稠性，在-4~80℃的范围内比较稳定，即使低浓度也有很高的黏度，其 10g/L 水溶液的黏度相当于明胶的 100 倍。当水中乙醇、异丙醇或丙酮的浓度超过 50%~60%时会引起黄原胶沉淀。黄原胶耐酸、碱，抗酶解，且不易受温度变化影响；黄原胶具有触变性与假塑性，当溶液静止时，呈高黏度；而在摇动或加以剪切（如搅拌等）应力时黏度下降。当剪切力减小或去除，溶液黏度很快恢复。此特性增加了其在食品工业中的应用，并赋予食品良好的感官特性。在 pH 2~12 范围内，水溶液的黏度不受 pH 影响，且对大多数盐类稳定，添加食盐可提高黏度和稳定性。黄原胶与其他增稠剂具有协同作用，如与槐豆胶、瓜尔胶并用，可增加黏度，并有形成凝胶的性能。黄原胶还具有一定的乳化、稳定性。

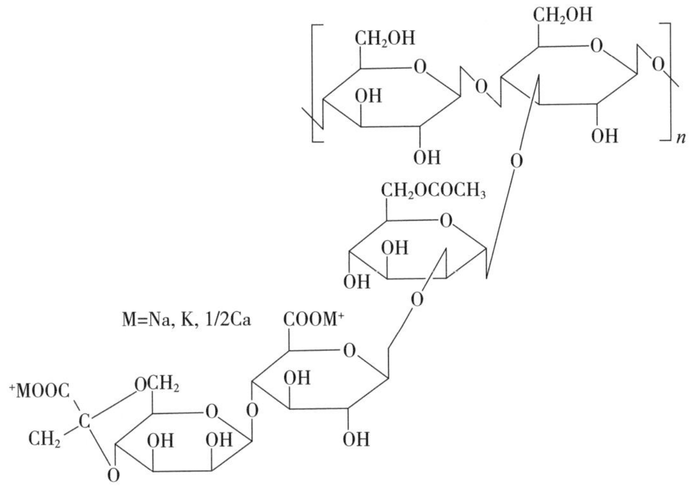

图 5-33　黄原胶

黄原胶可广泛应用于饮料产品、含淀粉食品、焙烤食品及派的芯料、糖浆、冷冻食品、调味料、酱汁调味品、海产品、色拉酱等食品中，具有控制析水、替代淀粉、降低产品对 pH 的敏感性、提高悬浮与附着性、提高产品耐酸/盐稳定性等作用。在方火腿、圆火腿、午餐肉、红肠等肉制品中使用黄原胶可明显提高制品的嫩度、色泽和风味，还可以提高肉制品的持水性，从而提高出品率。对方火腿、圆火腿等肉制品，黄原胶的使用量一般为 1%左右；对午餐肉、红肠等肉糜制品在斩拌工序的添加量一般为 0.1%~0.3%，起稳定作用，能够结合水分、抑制肉品的脱水收缩，还可以防止淀粉老化，延长保质期。

FAO/WHO（1986）：黄原胶的 ADI 值不作特殊限制。黄原胶的使用范围和使用量见 GB 2760—2014《食品添加剂使用标准》及增补公告。

2. 结冷胶（Gellan gum，CNS 号：20.027，INS 号：418）

结冷胶是由一个鼠李糖、一个葡萄糖酸和两个葡萄糖组成的多聚糖胶体（图 5-34），干粉

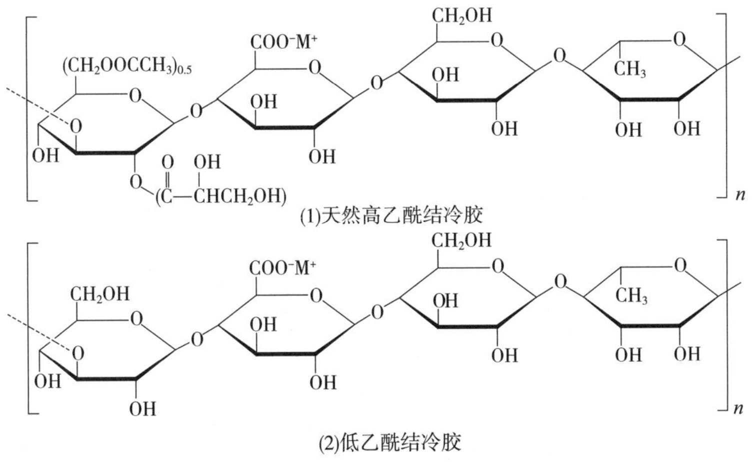

(1)天然高乙酰结冷胶

(2)低乙酰结冷胶

图 5-34　天然高乙酰结冷胶和低乙酰结冷胶

呈米黄色，无特殊气味，约于150℃不经熔化而分解。结冷胶耐热、耐酸性能良好，对酶的稳定性也高。结冷胶不溶于非极性有机溶剂，溶于热水，水溶液呈中性。在一价或多价离子存在时，结冷胶经加热和冷却后形成凝胶，凝胶即使在高压蒸煮和烘烤条件下都很稳定，在酸性产品中也很稳定，尤以在 pH4.0~7.5 条件下性能最好。贮藏时结冷胶的质构不受时间与温度的影响。由于结冷胶可在较低用量下产生凝胶，0.25%的使用量就可达到与琼脂 1.5%和卡拉胶 1%使用量相当的凝胶强度，现已逐步代替琼脂和卡拉胶在工业上应用。结冷胶凝胶性能比黄原胶更佳，凝胶形成能力强、透明度高、耐酸耐热性好、稳定性强、具有良好热可逆性等。此外，结冷胶不仅是一种凝胶体，且也是一种具纤维性状、黏弹特性和良好风味释放功能的多糖聚合体。

结冷胶主要有两种存在形式，即天然高乙酰结冷胶和低乙酰结冷胶。前者能形成柔软的凝胶，富有弹性且黏着力强，而后者所形成的凝胶具有强度大、易脆裂的特点。高乙酰结冷胶经过碱处理并加热后可以脱去乙酰基，经进一步沉淀精制可得到低乙酰结冷胶，两者混合时，高乙酰结冷胶含量越多，保水性和弹性越好。

结冷胶在食品工业中主要用作增稠剂、胶凝剂、悬浮剂和成膜剂等。如可用于冰淇淋、果冻、白糖、饮料、乳制品、果酱制品、面包填料、肉肠、糖果、调味料中。通常结冷胶可与其他食品胶配合，使食品能获得最佳感官、质构和稳定性。结冷胶与其他食品胶有较好相容性，针对不同食品品质要求，通过调节结冷胶与其他食品胶混合比例就可达到令人满意的效果。另外，结冷胶还可作为啤酒泡沫稳定剂，酒类澄清剂，人造肠衣成膜剂，还可用于冷冻饮品和糖浆，以防结晶。脱乙酰结冷胶也被用于微生物培养基以代替琼脂，透明度优于琼脂胶。

结冷胶的 LD_{50}>5g/kg 体重（大鼠，经口），其 ADI 值不作特殊规定（FAO/WHO，1990）。结冷胶的使用范围和使用量见 GB 2760—2014《食品添加剂使用标准》及增补公告。

3.β-环状糊精（β-Cyclodextrin，CNS 号：20.024，INS 号：459）

β-环状糊精是由淀粉经微生物酶作用后提取制成的，由 7 个葡萄糖残基、以 α-1,4 糖苷键结合构成的环状结构的低聚糖（由 6 个和 8 个葡萄糖残基构成环状者，分别称为 α-环状糊精和γ-环状糊精）。β-环状糊精的分子式（$C_6H_{10}O_5$）$_7$，相对分子质量 1135，结构式如图 5-35 所示。

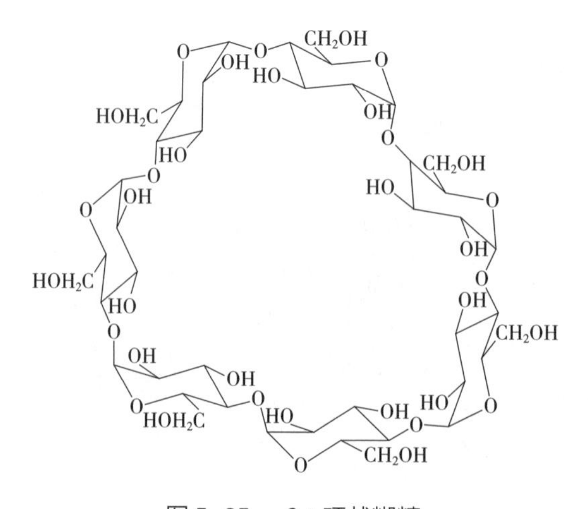

图 5-35　β-环状糊精

β-环状糊精为白色结晶性粉末，无臭、微甜，熔点300～305℃，可溶于水，不溶于甲醇，在碱性溶液中稳定，遇酸会缓慢水解，遇碘呈黄色反应。由于β-环状糊精为环状结构，其中的空腔可以包入各种物质，形成各种包接物，此包接物具有改善各种物质性能的作用。由于β-环状糊精的环状空腔内具有疏水性，而外侧呈亲水性，因此它还具有表面活性剂的作用。

β-环状糊精主要作为增稠剂、乳化剂等广泛用于食品工业。利用β-环状糊精的包合能力，使之与食品工业中的许多活性成分形成包合物，可以达到稳定活性成分、减少氧化、钝化光敏性及热敏性和降低挥发性等目的。例如，β-环状糊精包接天然色素可提高色素的稳定性，包接易挥发的香料可使其不易挥发，此外β-环状糊精的包接作用可以掩蔽某些物质不良气味，提高难溶于水物质的溶解度，改善食品组织结构，保持风味等作用，改善其物理化学性质。朱卫红等（2006）将薄荷油利用β-环状糊精微胶囊化后加入曲奇饼干，其薄荷风味明显高于直接添加薄荷油的饼干。

β-环状糊精的LD_{50}>5g/kg体重（大鼠，经口），FAO/WHO（1995）规定：其ADI值为0～5mg/kg体重。β-环状糊精的使用范围和使用量见GB 2760—2014《食品添加剂使用标准》及增补公告。

4. 可得然胶（Curdlan，CNS号：20.042，INS号：424）

可得然胶又称热凝胶，凝结多糖，是由微生物产生的，以β-1,3糖苷键构成的水不溶性葡聚糖，是一类将其悬浊液加热后既能形成硬而有弹性的热不可逆性凝胶又能形成热可逆性凝胶的多糖类的总称。可得然胶呈白色粉末状，无臭，具有良好的流动性，在干燥状态下保持极强的稳定性。可得然胶备受关注的独特特性表现在它既能形成热不可逆性凝胶，又能形成热可逆性凝胶。

可得然胶在食品中的作用主要有两方面：①提高食品的品质，改善食品的口感。作为品质改良剂使用时，常将可得然胶调制成水分散液或稀碱液使用；②利用其独特的胶凝特性开发生产新型食品。在食品体系中的可得然胶应用可以粗略地分为两类，即辅助性应用（可得然胶的加入量低，少于1%）；结构性应用（可得然胶凝胶为食物提供结构性支撑）和其他应用。

可得然胶独特的理化性质使之在食品中具有非常广泛的应用。如作为凝胶剂、结构改性剂、持水剂、成膜剂、螯合剂、增稠剂、稳定剂用于果冻、面条、汉堡、火腿、可食纤维膜、油炸食品、冷冻食品、低卡食品（减肥食品）等的制作中。这些应用与其性质是紧密相连的。可得然胶作为一种食品添加剂，可以改善产品的持水性、黏弹性、稳定性，并有增稠作用。它既可以粉末形式加入，也可以悬浮液形式添加，浓度在4～6g/L任意选择。可得然胶凝胶介于琼脂的脆性与明胶的弹性之间，并且在pH3～9.5稳定，而琼脂在pH<4.5则不能形成凝胶。可得然胶在食品中的应用见表5-4。

表5-4　可得然胶在食品工业中的典型应用

应用	可得然胶的功能	用量
肉禽类加工	可改善口感、代替脂肪、改善产品热稳定性和冷冻稳定性	0.1%～1%添加干燥或预分散的可得然胶

续表

应用	可得然胶的功能	用量
奶油面糊和涂层系统	可改善口感、提高持水和吸水能力、改善产品热稳定性和冷冻稳定性	0.1%~1%添加干燥或预分散的可得然胶
豆腐制品	改善产品的冷冻稳定性、结构及成形性能	0.5%~5%
果冻类甜点	提高弹性或延展性能	0.5%~3%
夹心和薄片类食品	改善产品热稳定性和冷冻及解冻稳定性	≥0.5%
人造肉禽类产品和海产品	模仿结构和质地、极端稳定的稳定性、部分或全部代替蛋白质源	3%~10%

FAO/WHO（2002）规定：其 ADI 值不作特殊限制。可得然胶的使用范围和使用量见 GB 2760—2014《食品添加剂使用标准》及增补公告。

（四）人工合成的增稠剂

1. 纤维素类

（1）羧甲基纤维素钠（Sodium carboxymethyl cellulose，CNS 号：20.003，INS 号：466） 羧甲基纤维素钠（CMC-Na）为白色纤维状或颗粒状粉末，其结构式见图 5-36，无臭，无味，不溶于乙醇、丙酮和乙醚等有机溶剂，褐变温度 226~228℃，碳化温度 252~253℃，有吸湿性，10g/L 水溶液的 pH 为 6.5~8.0。固体 CMC-Na 对光及室温较稳定，在干燥的环境中，可以长期保存。CMC-Na 易分散在水中形成透明的胶体溶液，溶液的黏度随温度的升高而降低，温度高于 45℃ 时黏度完全消失。CMC-Na 水溶液的黏度也受 pH 的影响：当 pH7 时，黏度最大，通常 pH4~11 较合适；pH<3 时，易成游离酸，生成沉淀，其耐盐性较差。

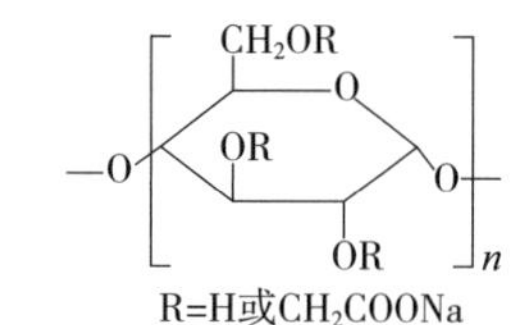

图 5-36 羧甲基纤维素钠（n=100~2000）

食品级 CMC-Na 商品有 FVH、FH、FM 和 FL 几种类型。衡量 CMC-Na 质量主要指标是取代度（degree of substitution，DS）和聚合度。CMC-Na 的实际取代度一般在 0.4~1.5，食品用 CMC 的取代度一般为 0.6~0.95。一般来说，取代度不同，CMC-Na 性质也不同，取代度增大，溶液透明度和稳定性越好。据报道，CMC-Na 取代度在 0.7~1.2 时透明度较好，其水溶液黏度在 pH6~9 时最大，取代度在 0.8 以上时耐酸性较好。CMC 的聚合度影响产品的黏稠度，聚合度指纤维素链的长度，决定着其黏度的大小。纤维素链越长溶液的黏度越大，CMC-Na 溶液也是如此，CMC-Na 的黏度大小与溶液酸碱度、加热时间的长短、溶液中是否存在盐等因素有关。

随着我国食品工业的发展，CMC-Na 在食品生产中的应用越来越多，CMC-Na 可以代替明胶、琼脂、海藻酸钠等食品胶用于食品工业中，起增稠、稳定、持水、乳化、改善口感、增强韧性等作用。CMC-Na 用于饮料中，可起到悬浮、乳化稳定的作用，耐酸型 CMC-Na 可作为稳定剂用于酸奶、酸性乳饮料中，具有防止沉淀分层、改善口感、耐高温、延长保质期等特性。使用量一般是 0.3%~0.5%；用于冰淇淋中，可提高冰淇淋的膨胀度，改进融化速度，赋予良好的外观和口感，并可以在运输和存储过程中控制冰晶的大小和生长，使用量一般为 0.5%；用于果酱、番茄酱或干酪制品中，不仅增加黏度，而且可增加固形物的含量，并使产品组织柔软细腻；用于面包生产，可使蜂窝均匀、体积增大、减少掉渣，同时还可增加其保水作用，防止老化。添加 CMC-Na 的面条持水性好，耐煮、口感好、有韧性。在方便面中加入 CMC-Na 后，可减少面条的吸油量，降低面条因油脂酸败而使制品败坏的可能性，还可以增加面条的光泽；用于减肥食品，可促进胃肠蠕动，对肠道清洁有帮助，适合为高血压、动脉硬化、冠心病患者制作低热量食品；此外，CMC-Na 还可用于酒类生产，使口感更为醇厚、馥郁，后味绵长；用作啤酒的泡沫稳定剂，使泡沫丰富持久，改善口感；还用于酱油、凝胶糖果等一些食品生产中。

FAO/WHO（2001）规定：CMC-Na 的 ADI 值为 25mg/kg 体重。GB 2760—2014《食品添加剂使用标准》规定：CMC-Na 可在各类食品生产中按生产需要适量添加，但 GB 2760—2014《食品添加剂使用标准》附录表 A.3 所列食品类别除外。

（2）甲基纤维素（Methyl cellulose，CNS 号：20.043，INS 号：461）　甲基纤维素为纤维素的一种甲基醚，白色或浅黄色或浅灰色小颗粒（95%过 40 目筛）、纤丝状或粉状固体。无臭无味，有吸湿性，密度 0.3~0.7g/cm^3。甲基纤维素水溶液在中性、常温下稳定，高温则产生胶凝作用并沉淀。胶凝温度视溶液的黏度和浓度而定，黏度和浓度大时胶凝温度较低，有无机盐存在时，可使黏度上升。甲基纤维素溶液为非离子型溶液，多价金属离子不能使其沉淀，只有当电解质浓度和其他溶解物质超过一定限度时，才会发生胶凝作用。

甲基纤维素属于 GRAS 添加剂（FDA，2000），其 ADI 值不作特殊规定（FAO/WHO，2001）。GB 2760—2014《食品添加剂使用标准》规定：甲基纤维素可在各类食品生产中按需适量添加使用，但 GB 2760—2014《食品添加剂使用标准》附录表 A.3 所列食品类别除外。

（3）羟丙基甲基纤维素（Hydroxypropyl methyl cellulose，HPMC，CNS 号：20.028，INS 号：464）　羟丙基甲基纤维素的分子式 $[C_6H_7O_2(OH)_x(OCH_3)_y(OCH_2CHOHCH_3)_z]_n$，其中 $z=0.34\sim0.7$，$y=1.12\sim2.03$，$x=3-(z+y)$，$z+y$=置换度。其结构式见图5-37，n 为 70~1000。羟丙基甲基纤维素为白色至灰白色纤维状粉末或颗粒，是一种甲基纤维素的丙二醇醚，其中的羟丙基和甲氧基都由醚键与纤维素的无水葡萄糖环相结合。不同类型的产品，其甲氧基和羟丙基含量不同。羟丙基甲基纤维素溶于水和某些有机溶剂，不溶于乙醇。

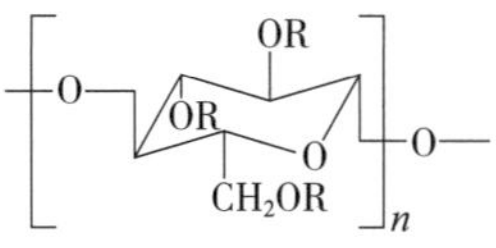

图 5-37　羟丙基甲基纤维素

[R=H 或 CH_3 或 $CH_3CH(OH)CH_3$]

羟丙基甲基纤维素 ADI 值不作特殊规定（FAO/WHO，2001），LD_{50}为 5200mg/kg 体重（大鼠，腹腔注射）。GB 2760—2014《食品添加剂使用标准》规定：羟丙基甲基纤维素作为增稠剂，可在各类食品生产中按需适量添加使用，但 GB 2760—2014《食品添加剂使用标准》附录表 A.3 所列食品类别除外。

2. 变性淀粉类

（1）羧甲基淀粉钠（Sodium carboxy methyl starch，CNS 号：20.012）　羧甲基淀粉钠简称羧甲基淀粉或 CMS-Na，由淀粉处理制成，其结构式见图 5-38；为白色或微黄色粉末，无臭，可溶于冷水形成无色透明的黏稠溶液，不溶于甲醇和乙醇等有机溶剂。CMS-Na 吸水性强，可膨胀 200~300 倍，其 10g/L 水

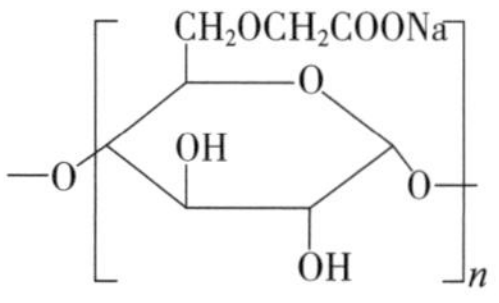

图 5-38　羧甲基淀粉钠

（n=300~3000）

溶液的 pH 为 6.5~8.0。有增稠性，其黏度与产品的分子质量及淀粉分子中的羧甲基钠基团的数目有关，性质与羧甲基纤维素钠相近，但易受 α-淀粉酶的作用。

羧甲基淀粉钠的 LD_{50}为 9.26g/kg 体重（大鼠，经口）。FAO/WHO 规定：其 ADI 值不作特殊限制。GB 2760—2014《食品添加剂使用标准》规定：羧甲基淀粉钠可用于冰淇淋、果酱、酱及酱制品、面包等食品中。

（2）淀粉磷酸酯钠（Sodium starch phosphate，CNS 号：20.013） 淀粉磷酸酯钠为白色粉末，无臭，无味，可溶于水，不溶于乙醇，水溶液黏性很大，在低温时很稳定，加热后黏度下降，水溶液 pH 为 6.0~7.5。构成淀粉的葡萄糖羟基与磷酸形成酯，结合状态因制法而异。一分子磷酸与一分子葡萄糖结合成单酯（Ⅰ型），一分子磷酸与二分子葡萄糖交联结合成双酯（Ⅱ型）。Ⅰ型淀粉磷酸酯钠在常温下遇水糊化，糊化温度随磷酸结合量的增大而降低。低温状态下稳定性增大，但黏度降低；Ⅱ淀粉磷酸酯钠与水一起加热则糊化。通常在同一分子内Ⅰ型和Ⅱ型同时存在，糊化温度（约 60℃）比普通淀粉（约 80℃）低，老化倾向降低。但通过酯化，其溶解度、膨润力及透明度显著高于原淀粉。淀粉磷酸酯钠比一般的增稠剂易分散于水，在低温下稳定。此外，磷酸酯与金属有螯合作用，可防止食品褐变。

淀粉磷酸酯钠可用作增稠剂、稳定剂和悬浮剂。淀粉磷酸酯钠的 LD_{50} > 19.24g/kg 体重（小鼠，经口），FAO/WHO（1994）规定：其 ADI 值不作限制。GB 2760—2014《食品添加剂使用标准》规定：淀粉磷酸酯钠可用于冷冻饮品（03.04 食用冰除外）、果酱、调味品、饮料类（14.01 包装饮用水除外）等。

（3）羟丙基二淀粉磷酸酯（Hydroxypropyl distarch phosphate，CNS 号：20.016，INS 号：1442） 羟丙基二淀粉磷酸酯为无臭、无味的白色细微粉末，易溶于水，不溶于有机溶剂。羟丙基二淀粉磷酸酯透明度和膨润力都比淀粉高，耐酸和耐热稳定性好。

FAO/WHO（1994）规定：其 ADI 值不作限制。GB 2760—2014《食品添加剂使用标准》规定：羟丙基二淀粉磷酸酯可在各类食品中按生产需要适量使用，但 GB 2760—2014《食品添加剂使用标准》附录表 A.3 所列食品类别除外。

（4）磷酸化二淀粉磷酸酯（Phosphated distarch phosphate，CNS 号：20.017，INS 号：1413） 磷酸化二淀粉磷酸酯为白色细微粉末，无臭无味，可溶于水，不溶于乙醇、乙醚和氯仿。该产品透明度、溶解度和膨润力都比淀粉高，温度越高差别越大。透光率 18%~25%，大于淀粉的透光率（8%）。

FAO/WHO（1994）规定：其 ADI 值不作限制。GB 2760—2014《食品添加剂使用标准》规定：磷酸化二淀粉磷酸酯可用于果酱、固体饮料、方便米面制品、生湿面制品等食品中。

（5）磷酸酯双淀粉（Distarch phosphate，CNS 号：20.034，INS 号：1412） 磷酸酯双淀粉又称二淀粉磷酸酯、淀粉磷酸双酯，白色粉末，糊化温度较高而湿润度较低。

FAO/WHO（1994）规定：其 ADI 值不作限制。GB 2760—2014《食品添加剂使用标准》规定：磷酸酯双淀粉可在各类食品中按生产需要适量使用，但 GB 2760—2014《食品添加剂使用标准》附录表 A.3 所列食品类别除外。

（6）醋酸酯淀粉（Starch acetate，CNS 号：20.039，INS 号：471） 醋酸酯淀粉又称醋酸淀粉酯，白色粉末，对酸、碱、热的稳定性高，冻融稳定性好，分子间不形成氢键。糊的透明度高，凝沉性低。

低取代度的醋酸淀粉酯含乙酰 0.5%~2.5%，在食品加工中用作增稠剂，其优点是黏度高，澄清度高，凝沉性弱，贮存稳定。在食品工业中，常将其进行交联变性后再进行使用，交联淀粉醋酸酯对于高温、强剪切力和低 pH 影响具有更高黏度稳定性，低温贮存和冻融稳定性也高，适于罐头类食品应用，能在不同温度下贮存。羟丙基淀粉醋酸酯中，羟丙基取代度 3~6，乙酰基取代度 0.5~0.9，为口香糖的良好基质，咀嚼弹性好。

FAO/WHO（1994）规定：其 ADI 值不作限制。GB 2760—2014《食品添加剂使用标准》规定：醋酸酯淀粉可在各类食品中按生产需要适量使用，但 GB 2760—2014《食品添加剂使用标准》附录表 A.3 所列食品类别除外。

（7）羟丙基淀粉及氧化羟丙基淀粉（Hydroxypropyl starch，CNS 号：20.014，INS 号：1440；Oxidized hydroxypropyl starch，CNS 号：20.033）　羟丙基淀粉为变性淀粉的一种，是淀粉乳在碱性条件下与环氧丙烷（≤25%）作用醚化反应后、洗涤、干燥而成。羟丙基淀粉的特点是亲水性强，糊化温度低，改善抗老化性、黏度的稳定性和透明度。

FAO/WHO（2001）规定：其 ADI 值不作特殊限制。GB 2760—2014《食品添加剂使用标准》规定：羟丙基淀粉及氧化羟丙基淀粉可在各类食品生产中按需适量添加，但 GB 2760—2014《食品添加剂使用标准》附录表 A.3 所列食品类别除外。

（8）乙酰化二淀粉磷酸酯（Acetylated distarch phosphate，CNS 号：20.015，INS 号：1414）　乙酰化二淀粉磷酸酯为白色粉末。在高温和低 pH 时黏度稳定，糊液在冷冻过程中的回生程度低，耐冷冻稳定性高，溶解度、膨润力和透明度均比天然淀粉显著提高。

FAO/WHO（2001）规定：其 ADI 值不作特殊限制。GB 2760—2014《食品添加剂使用标准》规定：乙酰化二淀粉磷酸酯可在各类食品生产中按需适量添加使用，但 GB 2760—2014《食品添加剂使用标准》附录表 A.3 所列食品类别除外。

（9）氧化淀粉（Oxidized starch，CNS 号：20.030，INS 号：1404）　氧化淀粉系指 45%左右的淀粉乳经氢氧化钠调节至 pH8~10 后，在 40~50℃温度添加一定量的次氯酸钠反应后调节至 pH6~6.5，用还原剂脱氯，然后洗涤、脱水、干燥得白色粉末状成品。氧化淀粉的特点是糊化温度低，糊液的透明度和稳定性好，不易凝沉。

FAO/WHO（2001）规定：其 ADI 值不作特殊限制。GB 2760—2014《食品添加剂使用标准》附录规定：氧化淀粉可在各类食品生产中按需适量添加使用，但 GB 2760—2014《食品添加剂使用标准》附录表 A.3 所列食品类别除外。

（10）乙酰化双淀粉己二酸酯（Acetylated distarch adipate，CNS 号：20.031，INS 号：1422）　乙酰化双淀粉己二酸酯又称乙酰化二淀粉己二酸酯，为白色粉末，系由乙酸酐和己二酸酐与淀粉酯化而成。

FAO/WHO（2001）规定：其 ADI 值不作特殊限制。GB 2760—2014《食品添加剂使用标准》规定：其可在各类食品生产中按需适量添加使用，但 GB 2760—2014《食品添加剂使用标准》附录表 A.3 所列食品类别除外。

（11）酸处理淀粉（Acid treated starch，CNS 号：20.032，INS 号：1401）　酸处理淀粉是指淀粉乳用盐酸（≤7.0%）或正磷酸（≤7.0%）或硫酸（≤2.0%）在低于糊化温度的条件下反应后再中和、洗涤、干燥而成的白色粉末。酸处理淀粉的水溶解性较高，凝沉性较强，可形成高强度凝胶。

FAO/WHO（2001）规定：其 ADI 值不作特殊限制。GB 2760—2014《食品添加剂使用标准》规定：酸处理淀粉可在各类食品生产中按需适量添加使用，但 GB 2760—2014《食品添加剂使用标准》附录表 A.3 所列食品类别除外。

3. 其他

（1）聚葡萄糖（Polydextrose，CNS 号：20.022，INS 号：1200） 聚葡萄糖又称聚糊精，为淡棕黄色粉末，有酸味，中和后的精制品为白色流动性粉末，无臭。有吸湿性，易溶于水，100g/L 水溶液的 pH 为 5.5。

聚葡萄糖是健康食品（低热量、低脂肪、低胆固醇、低钠食品）的重要原料。它在食品中能显示一些重要功能：如必要的体积、很好的质地和口感，可提高食品新鲜度和柔软性能，可降低食品中糖、脂肪及淀粉用量；具有热量低（4.18kJ/g）的特点，用于低热量食品中，适于糖尿病患者食用。并可作为可溶性膳食纤维用于功能饮料。聚葡萄糖还可作为膨松剂、水分保持剂和稳定剂。

聚葡萄糖的 LD_{50}>30g/kg 体重（小鼠，经口）。FAO/WHO（1994）规定：其 ADI 值不作限制性规定。GB 2760—2014《食品添加剂使用标准》规定：聚葡萄糖可在调制乳、风味发酵乳、可可制品、巧克力及巧克力制品、焙烤制品、蛋黄酱、沙拉酱等食品中按生产需要适量使用。

（2）聚丙烯酸钠（Sodium polyacrylate，CNS 号：20.036） 聚丙烯酸钠为白色粉末，无臭无味，吸湿性极强。具有亲水和疏水基团的高分子化合物。缓慢溶于水可形成黏稠的透明液体，不溶于乙醇、丙酮等有机溶剂。其 5g/L 溶液的黏度约 1Pa · s，黏性并非因吸水膨润（如 CMC，海藻酸钠）产生，而是由于分子内许多阴离子基团的离子现象使分子链增长，表观黏度增大而形成高黏性溶液。其黏度为 CMC、海藻酸钠的 15~20 倍。聚丙烯酸钠对热、有机酸有很好的稳定性，加热至 300℃不分解，碱性时黏性增大，久存黏度变化极小，且不易腐败。聚丙烯酸钠易受无机酸及金属离子的影响而使溶液黏度降低，遇二价以上的金属离子形成不溶性盐，引起分子交联而凝胶化沉淀。pH4.0 时聚丙烯酸产生沉淀。

聚丙烯酸钠具有增稠、乳化、赋形、膨化、稳定等多种功能，可代替 CMC、明胶、琼脂、海藻酸钠的作用，从而降低生产成本。聚丙烯酸钠在方便面、面条类、各类专用面粉、烘焙食品等面粉制品中，具有增强原料面粉中的蛋白质黏结力，防止可溶性淀粉和营养成分渗出，提高面团的延展性，改善口感和风味，抑制面包等食品因自然干燥引起的老化现象；在方便面等油炸食品加工中，使原料中的油脂充分稳定地分散在面团中，降低吸油率，节约用油，用量为 0.05%~0.12%。用于人造肉，可提高蛋白质纤维的黏弹性和伸长度，增加肉感。用于红薯、玉米、燕麦、马铃薯等粉丝、粉条、粉皮制品，可提高产品的筋力，增加耐煮性；还可用于果酱、番茄沙司、果冻、布丁、冰淇淋、调味酱及酱油的增稠和稳定。

聚丙烯酸钠的 LD_{50}>10g/kg 体重（小鼠，经口）。GB 2760—2014《食品添加剂使用标准》规定：聚丙烯酸钠可在各类食品中按生产需要适量使用，但 GB 2760—2014《食品添加剂使用标准》附录表 A.3 所列食品类别除外。

三、 增稠剂在食品工业的应用

增稠剂在食品、制药及化妆品等领域主要用作稳定剂、乳化剂、被膜剂、水分保持剂、填充剂、上光剂、冷冻-融化稳定剂等，增稠剂大部分都是各种亲水性胶体，能溶于水或在水中溶胀，并形成一定黏度溶液的大分子物质。尽管增稠剂广泛存在于自然界，但由于其特性、资源、商业价值及生产成本等原因，目前已商品化生产及工业化大规模应用的亲水性胶体只是其中一小部分。

目前，增稠剂的应用已经是食品生产技术与艺术的结合，为食品工业提供了多种选择性，各种胶体之间的复配应用也成为许多特色产品的加工关键技术。食品的造型、口感及成本等都与正确地选择增稠剂并达到最佳效果有关。因此，复配增稠剂的研究已成为国内外碳水化合物或糖化学方面的研究热点。

（一）增稠剂间的协同效应在食品工业的应用

随着人们对食品和健康关系的认识不断提高，以及方便食品对现代生活节奏需要的满足，高纤维、低脂肪食品越来越受到青睐，食品多糖的应用越来越广泛，人们对食用亲水性胶体进行了广泛的研究，逐步认识到多糖之间存在协同作用，并证明此协同作用可以改善单一胶体的性能，从而改善食品的流变、凝胶等方面的特性，改善和控制食品的质构，减少胶体用量，降低生产成本，从而达到更经济的目的。

1. 增稠剂间的协同效应

增稠剂混合使用时，会产生一种黏度协同效应，这种协同可以是增效的，即混合溶液经一定时间之后，体系的黏度大于各组分黏度之和，或者形成更高强度的凝胶，但这种叠加也可以是拮抗的。对于亲水性胶体混合体系，一般认为如果溶液中含有两种不同的聚合物，根据两种聚合物性质的不同，体系将形成三种不同的状态：①非亲和态：形成两种聚合物的非均一体系；②亲和态：两种聚合物完全混合形成均一的单相；③聚合物交联：以固相凝聚形式共沉淀或形成凝胶。

增稠剂有较好协同作用的组合是：CMC 与明胶，槐豆胶与黄原胶，卡拉胶、瓜尔胶与 CMC 等。其中，槐豆胶和黄原胶有强烈的协同增稠性，其复配胶的黏度随着浓度的增加而升高；复配胶为“非牛顿流体”。

通过与其他食品胶的协同增效作用可解决卡拉胶凝胶所存在的脆性大、弹性小等问题，在卡拉胶和槐豆胶体系中，卡拉胶是以具有半酯化硫酸酯的半乳糖残基为主链的高分子多糖，槐豆胶是以甘露糖残基组成主链，平均每四个甘露糖残基就置换一个半乳糖残基，其大分子链中无侧链区与卡拉胶之间有较强的键合作用，使生成的凝胶具有更高的强度。只要有槐豆胶存在，即使卡拉胶含量低于正常凝胶浓度，也能形成凝胶；不能凝胶的低分子质量卡拉胶在添加了半乳甘露聚糖后，也能形成凝胶或沉淀。卡拉胶与槐豆胶混合后，其弹性、稳定性、强度均有较大的提高，目前这种复配胶已在糕点、低能量果冻、饼馅、肉制品及宠物食品中得到了广泛使用。关于卡拉胶混合体系有三种可能性的作用机理：①无交互作用；②与卡拉胶的双螺旋交联；③在卡拉胶胶凝时伴随着半乳甘露聚糖的自动凝胶。交互作用的证据来自于半乳甘露聚糖与卡拉胶的反应，DSC 冷却曲线出现的两个峰值及其旋光性、ESR、NMR 等实验结果。最可能的解释为：在冷却过程中，卡拉胶分子链经历了从卷曲到双螺旋的构象转换过程，在与 K^+ 结合后变得更稳定。然后发生竞争性反应，螺旋结构可自交联或与甘露聚糖分子链交联。因甘露聚糖分子不带电荷，甘露聚糖与卡拉胶的交联优于卡拉胶与其自身的交联。交互作用因电解质的存在及硫酸酯量的增加而提高。交互作用的强度为：葡甘露聚糖>槐豆胶>半乳甘露聚糖。

2. 复配增稠剂在食品工业中的应用

利用增稠剂间的协同效应，采用复配的方法满足食品工业的不同需求。近年来，复配增稠剂由于其黏度高、凝胶强度大、用量低等优点在食品工业中得到广泛研究与应用。

在肉制品生产中，亲水性胶体可与肉制品中的蛋白质相互作用形成稳定的高分子聚合物，这种聚合物可将脂肪球束缚在基质的网状结构中。当肉糜乳状液受热时，围绕在脂肪球外面的黏弹性的网状结构由于具有较强的机械强度，既可以防止脂肪球撞击时凝结，又对脂肪球产生恒定的引力，将其牢固地束缚在基质的网状结构中。

Wallingford 和 Labuza（1983）指出，与卡拉胶、槐豆胶和低甲氧基果胶相比，黄原胶能有效减少低脂肉糜的水分损失。李博等（1995）将几种不同的亲水性胶体复配后应用于低脂肉糜制品中，通过肉制品的热稳定性和全质构分析以及感官评价等方法，筛选出一种可作为脂肪代用品的复配胶，该复配胶具有与高脂参照样（含脂肪 30%）相似的特点；同时还比较了几种低脂肉制品的配方，详细阐述了复配胶对低脂肉制品的凝胶强度、弹性、持水性、感官评价以及超微结构等方面所起的作用。张科等（2011）以猪肉和鸭肉为原料加工西式灌肠，研究魔芋胶、卡拉胶、黄原胶的加入量对产品质构特性的影响，通过食品胶的复配，同等添加量水平的复配胶与单体胶相比更具协效性，形成的三维网络结构更为紧密和牢固。刘成虎等（2000）进行了以魔芋替代肉制品中部分脂肪的试验，结果表明，作为脂肪代用品，复配魔芋胶具有与高脂参照样相似的可接受性，复配魔芋胶可以使低脂肉制品的外观、口感、持水性等各方面指标达到模拟高脂肉制品的要求。孙书静（2003）发现卡拉胶不仅能减少肉制品的蒸煮损失率、增加制品出品率，还可以明显改善肉制品的切片性、增加弹性；同时，添加该胶还能降低肉制品的水分活度，利于产品的保存。蔡为荣等（2000）将不同配比的黄原胶和卡拉胶加入到蒸煮火腿中，结果表明当两者的配比合理时，低脂蒸煮火腿具有品质鲜嫩、口感润滑的特点。李聪聪（2015）制备鱼糜，将壳聚糖分别与卡拉胶等 9 种多糖进行复配，择优进行复配比实验，分析不同复配比制得的鱼肉肠品质，择其优者与未添加增稠剂鱼肉肠品质指标进行对比，发现壳聚糖复配阴离子多糖具有较好的增稠作用，在 1∶1 配比 1%添加量下，制得鱼肉肠凝胶强度最大，且弹性、咀嚼性、白度、凝胶强度、感官评价相较于未添加增稠剂均有不同程度变化。

在乳及蛋白饮料产品中，应用亲水性胶体的主要原因有两方面：一方面亲水性胶体能改善产品的质地；另一方面亲水性胶体能延长乳品的保质期，防止产品的乳清析出、颗粒分层、乳脂肪分离及乳化颗粒聚集。亲水性胶体在稳定乳及蛋白饮料时，除了靠自身提供的黏度外，还涉及到多糖和蛋白质在水溶液中混合时相互作用的问题。多糖和蛋白质在水溶液中混合时会发生如下三种作用：①相容：当多糖和蛋白质之间的作用类似于同种高分子之间的作用，它们就会发生相容的情况，但由于每个分子中各片段轻微的排斥或吸引电势累积起来后会非常大，使得高分子之间的平衡很难达到；②不相容：当不同高分子之间的斥力大于同种高分子之间时，体系因为热力学不相容发生相分离，每相中只含有一种高分子；③络合：不同高分子间的引力会导致高分子之间发生络合作用。此时体系发生相分离，一相富含溶剂，另一相富含两高分子形成的凝聚物。如带相反电荷的聚电解质在水溶液中混合，会因电荷间相互作用发生络合。较高的高分子浓度会抑制自身的络合作用：一旦系统高分子的浓度达到凝聚的条件，能引起相分离的驱动力消失。同时，高离子强度通过消除释放抗衡离子增加的焓来减少或抑制络合物的生成。从两种高分子混合时产生的不同作用来看，选择不同的多糖使蛋白质稳定性发生变化。如酸性乳饮料体系，选择阴离子多糖和处于等电点以下带正电荷的酪蛋白产生络合作用是提高酪蛋白稳定性的有效措施。

亲水性胶体已广泛应用于各种蛋白质饮料，应用最广泛的胶体有果胶、卡拉胶、瓜尔胶、槐豆胶、阿拉伯胶、甲基纤维素及淀粉衍生物等。在实际应用中大多以复配形式添加到饮料体系。付天松等（2004）研究了黄原胶等几种增稠剂的黏度及悬浮性在加酸、加热前后的变化情况，选定几种耐热、耐酸性较好的增稠剂。选琼脂、黄原胶、羧甲基纤维素作果肉饮料的悬浮稳定剂，通过正交实验，得出最佳配比为 14 : 5 : 4；陈丽平等（2005）以 20%香蕉饮料为例，研究亲水性胶体对香蕉饮料稳定性的影响。通过比较饮料的混浊稳定性，发现单一胶体的稳定作用时间不长。在黄原胶的基础上与其他三种胶体进行复配，选出有明显稳定效果的配方即黄原胶：槐豆胶为 4 : 1，但该体系口感黏稠、流动滞缓。进一步研究三种胶对饮料的稳定效果，最后确定黄原胶：槐豆胶：瓜尔胶为 2 : 1 : 2 的复配胶体饮料稳定剂，添加量为 0.15%。钟秀娟等（2010）研究了不同食品胶体对高蛋白调酸乳饮料稳定性的影响，结果表明：当羧甲基纤维素钠用量为 0.4%，黄原胶与魔芋胶以 3 : 2 复配，且用量为 0.03%，阿拉伯胶用量为 0.02%时，可以有效解决产品的乳脂析出及沉淀等问题，稳定性最好。赵新淮等（2010）研究食品增稠剂卡拉胶与槐豆胶、果胶与海藻酸钠、明胶与果胶的三种复配组合对凝固型原味酸奶质地及微观结构的影响。结果表明，配比为 4 : 6 的卡拉胶与槐豆胶的复配组合呈现最好的协同增效作用，改善酸奶样品的质地和微观结构，酸奶具有连续、均一、致密的空间网状结构。此外，乳化剂与亲水性胶体的复配对饮料体系也有较好的稳定效果，如吕贞龙等（2008）研究了乳化剂、胶体和盐对苹果汁牛奶的稳定作用。结果表明，在苹果汁牛奶体系，复合乳化剂中的单甘酯和蔗糖酯的配比为 7 : 3 且总量为 0.10%、黄原胶与海藻酸丙二醇酯的复配比例为 2 : 3 且添加量为 0.025%、六偏磷酸钠添加量为 0.02%时，苹果汁牛奶体系油脂析出率、离心沉淀率明显降低，黏度显著增加，风味口感俱佳，且稳定性较好。王麟艳等（2015）利用花生粉部分替代牛乳生产涂抹型花生牛乳再制干酪，测定了单一增稠剂对再制干酪热性黏度及融化性的影响，选出效果较好的增稠，剂即刺槐豆胶、卡拉胶、黄原胶进行复配，通过正交试验以选定最佳配比，得出三种增稠剂添加比例分别为 0.2%、0.1%、0.2%时制得的涂抹型花生牛乳再制干酪的品质最佳。

此外，亲水性胶体的复配不合理也可能会破坏饮料的稳定性，而且胶体之间的复配效果也受胶体自身结构以及外界环境等因素的影响。杨海红等（2002）发现当黄原胶与槐豆胶、黄原胶与瓜尔胶复配后，添加到含酒精 O/W 型乳状液中，均不同程度地体现出对体系稳定性的破坏作用；当卡拉胶与槐豆胶复配（复配比例为 4 : 1，添加量为 0.02%）时，对体系产生较好的稳定性效果，10%蔗糖的添加，可在一定程度上提高复配胶存在下的体系稳定性。

（二）增稠剂应用注意事项

增稠剂的应用应该注意以下几个方面。

（1）不同来源或不同批号的产品其产品结构、性质会略有差异，同一增稠剂品种随着平均分子质量的增加，形成网络结构的概率增加，黏度也上升。

（2）使用时应注意增稠剂浓度对黏度的影响。一般来讲，浓度越大，增稠剂分子占的体积增大，相互作用的概率增加，溶液的黏度也会升高。

（3）温度对增稠剂的黏度影响很大，一般情况下，随温度增加，溶液的黏度降低。高分子胶体解聚时，黏度降低是不可逆的，为了避免黏度不可逆降低，应尽量避免胶体溶液长时间高温受热。

（4）pH 对增稠剂的稳定性和黏度影响非常大。增稠剂的黏度通常随 pH 发生变化。如海藻酸钠在 pH5～10 时黏度稳定，pH<4.5 时，黏度明显增加。CMC-Na 在酸性条件下黏度迅速下降，因此酸性饮料选 CMC-Na 作稳定剂时，应选用耐酸型的产品。

（5）为了更好地选择和应用增稠剂，应将常用的几种产品性能和应用特性分别加以比较。

四、 食品增稠剂的发展趋势

随着生活水平的提高，消费者对食品的品质、外观、风味等要求越来越高，增稠剂作为改善食品特性的一种常用的食品添加剂，其发展态势良好，增长空间巨大。近年来，我国对增稠剂新产品的开发、物理特性及应用等进行了大量的研究，但国内增稠剂生产企业与国外的同行相比，产品的开发能力和更新能力均亟待加强。因此，随着科学技术的发展，利用高新技术开发安全、健康、价廉、质优的新型食品增稠剂将具有广阔的市场前景。

由于食品亲水性胶体的天然性和特定功能，自20世纪90年代以来，几乎所有生产和销售厂商都争先恐后地推出能替代脂肪的复配产品。由于亲水性胶体的功能性优良，且迎合了市场需求众多的低脂、无脂及低热量产品，在过去10年内食用胶的生产及销售趋势稳中有升。

近几年来，有关各种新型增稠剂的结构组成、物化特性及其在食品工业中应用研究的报道较多，今后将以研究增稠剂的功能特性为基础，以拓宽其在食品工业中的应用范围。

1. 研究开发新型天然增稠剂以及生物增稠剂资源

经过较长时间的开发，目前从自然界的植物、动物中获得的食用胶已十分有限，并且自然界植物、动物生产周期长，生产效率低，同时也不利于自然生态保护。而采用现代生物技术（如微生物发酵、基因工程等生物新技术）生产天然增稠剂将成为一个重要方向。实践也证明，已被开发应用的微生物增稠剂，如黄原胶、结冷胶等，已为人类带来了巨大的经济和社会效益。

2. 深入研究食品增稠剂的流变学特性及其对食品品质的影响

食品增稠剂的主要功能是改善产品的黏稠度。通常情况下，其加入量非常小，但对食品的黏度却产生惊人的影响。通过研究流变学可深入到食品物质的组织结构中，以反映出组织结构的特性，这就可以在食品制作过程中通过调节产品的标准流变特性达到调节组织结构的目的。而且根据其流变学特性可以鉴别或预测消费者对食品的喜好程度。影响食品增稠剂流变特性的主要因素有增稠剂的分子结构、浓度、增稠剂分子间的协同效应、食品体系的pH、温度以及加工过程中所受到的机械力等。如Varliveli等（2005）指出，pH高时，淀粉凝胶会更黏，但是pH增大时高甲氧基果胶凝胶贮存模量和消失模量都会降低。蔡为荣（2002）研究发现pH 3.5~10的瓜尔胶的黏度变化不大；pH>10后，其黏度显著下降，经分析，其原因可能是随着OH^-离子的增多，瓜尔胶与溶剂间氢键结合更少。Michon等（2005）研究了剪切力、卡拉胶浓度等对其流变特性的影响，指出对牛乳中的τ-卡拉胶而言，未经剪切系统的剪切模数比经剪切系统的要高。凝胶化过程中经剪切获得的凝胶体更软，因为制取过程中若经剪切，卡拉胶的网状结构会减弱。

3. 复合型增稠剂以及增稠剂分子间相互作用

以在许可范围内食用胶为原料，通过研究各种单体胶的性质，胶体与胶体之间以及胶与各种电解质之间的静电作用、氢键作用以及空间位阻等相互作用的原理，确定单体胶种类及复配比例对食品组分的营养特性以及流变学特性等的影响，从而可以通过胶体复配的方法产生无数种复配胶，然后以功能特性、添加量、成本、使用方便性为指标，优选其中比较理想的复配胶转化为商业化生产，满足食品工业的发展需求。Rodri guez-Hernandez（2006）研究了淀粉-结冷胶混合物微观结构和流变学特性，结果表明淀粉颗粒均匀分布的网状结构弱化了结冷胶最终的网状结构。Rungnaphar Pongsawatmanit（2006）研究了木葡聚糖（Xyloglucan，XG）对木薯淀粉（Tapioca starch，TS）流变学特性和热稳定性的影响，发现混合物的黏性比TS的黏性高，TS和TS/XG混合物都表现出剪切稀化特性。TS和TS/XG混合物的表观黏度都随着温度的增加而下降，但混合物的活化能却比TS的低，所以XG增加了TS的热稳定性。XG赋予了胶状TS/XG混合物更多的黏性、动态流变学特性和热稳定性。

4. 对增稠剂的改性和人工合成研究

随着生产技术水平的提高，人们发现天然多糖的理化特性、功能特性不能完全满足实际需要，其实际应用性能受限。为改变目前部分单体胶功能性质的局限性，除了采取复配使用方法外，加强这些增稠剂自身的改性研究同样是新研究方向之一，这样也可为增稠剂在食品工业中更广泛的应用开辟新途径。此外，目前大部分增稠剂（包括其衍生物）来源于天然产物（主要是来源植物和动物），很大程度上是“靠天吃饭”。同时食用胶天然资源正趋于减少，而目前通过人工合成得到的还不多，所以加强增稠剂人工合成研究就显得十分重要。

已完成的研究证实，多糖的活性直接或间接地受到其分子结构的影响。采取一定的方法对多糖分子结构进行适当修饰可以改变多糖的活性，多糖的改性主要包括化学改性法和物理改性法。化学改性法主要是指对多糖进行分子表面修饰，从而进一步改善多糖的诸多性能，甚至可获得具有特定结构的功能新材料。对多糖进行修饰的常见化学方法有硫酸化、磷酸化、乙酰化、烷基化、磺酰化、羧甲基化等，通过这些方法可以很容易获得各种性能优异的新型增稠剂。随着对多糖构效关系研究的不断深入，针对多糖的化学修饰也显得越来越重要。如纤维素在经乙酰化修饰后，其溶解性有了较大的提高，产物取代基分布更为均匀，活性也更高。Ishihara 等（2002）制备了一种带 *p*-叠氮苯甲酸和乳糖酸（Lactobionic acid）交联的壳聚糖，得到具有优良的、橡胶状的柔软凝胶。物理改性法主要是指应用各种物理场（如超高压、高压微射流、脉冲电场及辐照处理等技术）的特殊效应，改变多糖的高级结构，从而改性其功能特性。张利兵等（2012）采用多聚磷酸钠对小麦醇溶蛋白进行磷酸化改性，以黏度为评价指标进行单因素实验和正交实验，确定了最佳改性工艺条件，并研究磷酸化改性后小麦醇溶蛋白的性质。实验结果表明最佳改性工艺为聚磷酸钠添加量与底物小麦醇溶蛋白添加量之比为 1∶2，反应时间 1.0h，反应温度 25℃以及 pH9.5，改性后的蛋白黏度、溶解性、乳化性及乳化稳定性、起泡性及其稳定性均有显著改善。

在物理改性方面，Czechowska-Biskup 等（2005）采用脱乙酰度为 88%的固态壳聚糖在 0~120kGy 的辐照剂量下进行实验。结果表明，随着辐照剂量的不断加大，壳聚糖的分子质量也随之降低。康斌等（2006）将粉末状的壳聚糖用蒸馏水或一定浓度的双氧水浸润，然后再进行 γ 辐射降解，从而成功制备了一系列小分子水溶性壳聚糖。陈惠元等（2007）以玉米淀粉为原料，采用 γ 射线对其辐射变性，淀粉的黏度随辐照剂量的增加而降低，辐照剂量达到 4kGy 后，淀粉黏度即可达到 14mPa·s 以下。陆海霞等（2010）研究了超高压对秘鲁鱿鱼肌原纤维蛋白凝胶特性的影响，结果表明：超高压具有促进凝胶形成和改善凝胶特性尤其是凝胶弹性的作用，可以代替热处理，成为一种秘鲁鱿鱼鱼糜制品生产的新技术。

5. 深入研究增稠剂的结构与功能的关系

研究各种增稠剂的功能与结构之间的关系很有必要，但目前这方面的研究尤其是比较系统的研究报道还不多。这种研究可为今后寻找增稠剂的替代品、增稠剂的改性、人工化学合成提供化学理论基础。

6. 深入研究增稠剂的生理功效

作为可溶性膳食纤维，更深入研究各种增稠剂所具有的功效成分也是今后的研究热点。尤其是对于那些产量大，应用广泛的增稠剂来说就显得十分重要，如果胶、卡拉胶、黄原胶和海藻胶等，这也符合当今食品添加剂天然、营养和多功能的发展潮流。

第三节　膨　松　剂

馒头、油条、饼干、蛋糕等食品具有海绵状多孔组织的特点，因此口感柔软、酥脆。这类食品之所以具有这些特点，是因为在制作过程中面团里含有足量的气体，气体受热膨胀使产品起发。这些气体的获得，除少量来自制作过程中混入的空气和物料中所含水分在烘焙时受热所产生的水蒸气外，绝大多数则是由膨松剂提供。

在食品加工过程中加入的，能使产品发起形成致密多孔组织，从而使制品具有膨松、柔软或酥脆的食品添加剂称为膨松剂，又称膨胀剂、疏松剂或发粉。食品膨松剂不仅能使食品产生松软的海绵状多孔组织，使之口感柔软可口、体积膨大，而且咀嚼食品时产生的唾液很快渗入制品的组织中，以溶出制品内可溶性物质，刺激味觉神经，使之迅速反映该食品的风味。当食品到达胃部之后，各种消化酶能快速进入食品组织，使食品更容易、快速地被消化、吸收，避免营养损失。

膨松剂一般是在和面工序添加，在焙烤或油炸过程中受热分解产生气体，使面坯起发，体积膨胀，在内部形成均匀、致密的多孔性组织，从而使制品具有酥脆或松软的口感。食品工业中经常使用的膨松剂一般可分为碱性膨松剂和复合膨松剂两大类。碱性膨松剂包括碳酸氢钠和碳酸氢铵为代表的单一膨松剂，而复合膨松剂是指由碳酸盐类、酸性物质、淀粉等物质按一定比例配制而成的膨松剂。用酵母发酵时也有上述特点，但酵母在我国并不作为食品添加剂管理。

一、　碱性膨松剂

1. 碳酸氢钠（Sodium bicarbonate，CNS 号：06.001，INS 号：500ii）

碳酸氢钠分子式 $NaHCO_3$，又称小苏打，白色晶体粉末，无臭，味咸，相对密度 2.159，易溶于水，水溶液呈碱性，不溶于乙醇。碳酸氢钠在干燥空气中稳定，加热时，自 50℃开始放出二氧化碳，至 270℃失去全部二氧化碳。碳酸氢钠遇酸即强烈分解而产生二氧化碳，分解后产生的碳酸钠，使食品的碱性增加，不但影响口味，还会破坏某些维生素，或与食品中的油脂发生皂化反应，甚至导致食品发黄或夹杂有黄斑，使食品质量降低。食品级碳酸氢钠可认为无毒，但过量摄取时有碱中毒及损害肝脏的危险，一次大量内服，可因产生大量二氧化碳而引起胃破裂。GB 2760—2014《食品添加剂使用标准》规定：碳酸氢钠可在各类食品中按生产需要适量使用，但表 A.3 所列食品类别除外。

2. 碳酸氢铵（Ammonium bicarbonate，CNS 号 06.002，INS 号：503ii）

碳酸氢铵分子式 NH_4HCO_3，俗称臭粉，白色粉状结晶，相对密度 1.573，熔点 107.5℃，有氨臭味，在空气中易风化，有吸湿性，潮解后分解加快。碳酸氢铵易溶于水，其水溶液呈弱碱性，不溶于乙醇，对热不稳定，固体在 58℃、水溶液在 70℃则分解。碳酸氢铵在食品加工过程中生成二氧化碳和氨，两者均可挥发，用于食品中使食品产生海绵状疏松结构体。氨气若溶于食品中的水则会生成氢氧化铵，使食品的碱性增加，还会影响食品的风味，即有氨臭味。此外，由于碳酸氢铵产生的气体量较大，起发面团效力强，容易造成制品过松，使制品内部出现较大的空洞。二氧化碳和氨均为人体正常代谢产物，少量摄入，对健康无害。GB 2760—2014

《食品添加剂使用标准》规定：碳酸氢铵可在各类食品中按生产需要适量使用，但表 A. 3 所列食品类别除外。

以上两种膨松剂都各有优缺点，在实际应用中常常将两者混合使用（表 5-5），这样可以弱化各自的缺点，获得满意的效果。

表 5-5　　碳酸氢钠和碳酸氢铵混合使用时的常用配比

面团类型	碳酸氢钠/%	碳酸氢铵/%
韧性面团	0. 5~1. 0	0. 3~0. 6
酥性面团	0. 4~0. 8	0. 2~0. 5
高油脂酥性面团	0. 2~0. 3	0. 1~0. 2
苏打面团	0. 2~0. 3	0. 1~0. 3

注：%以面粉量为基准。

3. 碳酸镁（Magnesium carbonate，CNS 号：13. 005，INS 号：504i）

碳酸镁分子式 $MgCO_3$，色单斜结晶或无定形粉末，无毒，无味，微溶于水，水溶液呈弱碱性，易溶于酸和铵盐溶液，遇稀酸即分解放出二氧化碳。GB 2760—2014《食品添加剂使用标准》规定：碳酸镁可用于小麦粉中，最大使用量为 1. 5g/kg。碳酸镁还可用作面粉处理剂、抗结剂和稳定剂。

4. 碳酸钙［包括轻质碳酸钙和重质碳酸钙，Calcium carbonate（light and heavy），CNS 号：13. 006，INS 号：170i］

碳酸钙分子式 $CaCO_3$，白色细微粉状，无定形结晶，无臭，无味，熔点 1339℃，相对密度 2. 5~2. 7，在 825~896. 6℃时分解。碳酸钙难溶于水和乙醇，稍有吸湿性，在干燥空气中稳定，遇稀硫酸、稀盐酸等易迅速发生反应。轻质碳酸钙系指用化学沉淀法制得的碳酸钙产品，而重质碳酸钙系指用优质的方解石型或石灰石为原料经机械粉碎制得的碳酸钙产品。

GB 2760—2014《食品添加剂使用标准》规定：碳酸钙可在各类食品中按生产需要适量使用，但表 A. 3 所列食品类别除外。

二、 复合膨松剂及其应用

（一）复合膨松剂各论

单一膨松剂虽然价格便宜，容易保存，使用方便，但反应速度不易控制的缺点十分明显，因此日常更多使用的是复合膨松剂。常见复合膨松剂的原料如下。

1. 硫酸铝钾、硫酸铝铵（Aluminium potassium sulfate，CNS 号：06. 004，INS 号：522；Aluminium ammonium sulfate，CNS 号：06. 005，INS 号：523）

硫酸铝钾分子式 $KAl(SO_4)_2 \cdot 12H_2O$，又称钾明矾、明矾、钾矾或铝钾矾。为无色透明坚硬的大块结晶，结晶性碎块或结晶性粉末。无臭，味微甜，有酸涩味。可溶于水，在水中分解成氢氧化铝胶状沉淀，受热时失去结晶而成白色粉末状的烧明矾。

硫酸铝铵分子式 $NH_4Al(SO_4)_2 \cdot 12H_2O$，又称铵明矾，为无色透明状结晶或结晶性粉末，无臭，味涩，具有强烈收敛性，相对密度约 1. 645，熔点 94. 5℃。硫酸铝铵不溶于乙醇，能溶于甘油和水，其水溶液呈酸性。硫酸铝铵加热至 120℃失去 10 个结晶水，250℃时失去全部结晶水，280℃以上则分解。作为净水剂和膨松剂，硫酸铝铵可代替钾明矾。

硫酸铝钾和硫酸铝铵可用作膨松剂和稳定剂。作为膨松剂，GB 2760—2014《食品添加剂使用标准》规定：硫酸铝钾和硫酸铝铵可用于豆类制品、面糊（如用于鱼和禽肉的拖面糊）、裹粉、煎炸粉、油炸面制品、虾味片、焙烤制品、腌制水产品（仅限海蜇），按生产需要适量使用，铝的残留量≤100mg/kg（干样品），其中，腌制水产品中铝的残留量≤500mg/kg（以即食海蜇中Al记）。

2. 磷酸氢钙（Calcium hydrogen phosphate，CNS号：06.006，INS号：341ii）

磷酸氢钙分子式$CaHPO_4 \cdot 2H_2O$，白色结晶或结晶性粉末，无臭，无味，相对密度2.306。磷酸氢钙易溶于稀盐酸、硝酸和醋酸，微溶于水，不溶于乙醇。磷酸氢钙在空气中稳定，加热至75℃开始失去结晶水，高温则变为焦磷酸盐。

磷酸氢钙可用作钙强化剂和膨松剂。作为膨松剂，GB 2760—2014《食品添加剂使用标准》规定：磷酸氢钙可用于米粉、小麦粉及其制品、生湿面制品、食用淀粉、方便米面制品等。磷酸氢钙还可作为水分保持剂、稳定剂、酸度调节剂、凝固剂和抗结剂使用。

3. 酒石酸氢钾（Potassium bitartarate，CNS号：06.007，INS号：336）

酒石酸氢钾分子式$C_4H_5KO_6$，白色结晶或结晶性粉末，无臭，有愉快的清凉酸味，能溶于热水，其饱和水溶液的pH为3.66（17℃），难溶于水和乙醇。

GB 2760—2014《食品添加剂使用标准》规定：酒石酸氢钾可用于小麦粉及其制品、焙烤食品，按生产需要适量使用。

4. 磷酸氢二铵（Diammonium hydrogen phosphate，CNS号：06.008，INS号：342ii）

磷酸氢二铵分子式$(NH_4)_2HPO_4$，是一种无机化合物，为无味无色透明单斜晶体或白色粉末，易溶于水，不溶于醇、丙酮、氨，水溶液呈碱性，10g/L溶液pH为8，与氨水反应生成磷酸三铵。GB 2760—2014《食品添加剂使用标准》规定：磷酸氢二铵可用于米粉、小麦粉及其制品、生湿面制品、食用淀粉、方便米面制品等。磷酸氢二铵还可作为水分保持剂、稳定剂、酸度调节剂、凝固剂和抗结剂使用。

5. 磷酸氢二钾（Dipotassium hydrogen phosphate，CNS号：15.009，INS号：340ii）

磷酸氢二钾，又称三水合磷酸氢二钾，分子式$K_2HPO_4 \cdot 3H_2O$，外观为白色结晶或无定形白色粉末，易溶于水，水溶液呈微碱性，微溶于醇，有吸湿性，温度较高时自溶。相对密度为2.338，204℃时分子内部脱水转化为焦磷酸钾。GB 2760—2014《食品添加剂使用标准》规定：磷酸氢二铵可用于磷酸氢钙可用于乳及乳制品、米粉、小麦粉及其制品、生湿面制品、食用淀粉、方便米面制品等。磷酸氢二钾还可作为水分保持剂、稳定剂、酸度调节剂、凝固剂和抗结剂使用。

（二）传统复合膨松剂及其应用

复合膨松剂一般由碳酸盐类、酸性物质和淀粉等三部分物质组成：①碳酸盐，又称膨松盐，主要是碳酸盐和碳酸氢盐，常用的是碳酸氢钠，用量占20%~40%，其作用是产生二氧化碳气体；②酸性盐或有机酸，也称膨松酸，主要是硫酸铝钾、酒石酸氢钾等，常用的是硫酸铝钾，用量占35%~50%，其作用是与碳酸盐发生反应产生二氧化碳气体，降低制品的碱性，调整食品酸碱度，消除异味，并控制反应速度，充分提高膨松剂的效率；③助剂，主要有淀粉、脂肪酸、食盐等，用量占10%~40%，其作用是用于控制和调节二氧化碳气体产生的速度，使气泡产生均匀，延长膨松剂的保存性，防止吸潮、失效，也能改善面团的性能，增强面筋的强韧性和延伸性，也能防止面团因失水而干燥。在实际应用中常用的复合型膨松剂配方（%）见表5-6。

表 5-6　　复合膨松剂配方　　单位:%

配方号	1	2	3	4	5	6	7	8	9	10	11	12	13	14	15	16	17
碳酸氢钠	25	48	—	28.5	—	27	30	—	36	37	45	39.2	28	30.9	31.9	27	35
酒石酸氢钾	10	5	10	12.5	10	4	10	3	12	1	6	—	—	6.8	—	23	5
烧明矾	10	—	15	18.5	23	23	15	—	34	28	1	20	10.6	5	9.7	16	25
磷酸氢钙	7.5	—	—	—	—	1	29	59	—	—	—	—	—	6.8	—	—	—
磷酸二氢钙	12	—	—	—	—	1	—	—	—	—	—	—	—	—	—	—	—
酒石酸	10	—	8	4.5	—	—	—	—	8	6	2	—	—	—	—	6	5
碳酸钙	0.5	—	—	—	—	—	—	—	—	—	—	20	—	—	—	—	—
氯化铵	—	46	—	16.5	—	—	—	36	—	21	—	—	—	—	—	24	—
碳酸镁	—	1	—	2.5	—	—	—	1	—	—	—	—	—	—	—	—	—
铵明矾	—	—	15	—	—	—	—	—	—	—	—	—	—	—	—	—	10
碳酸氢铵	—	—	30	—	—	—	—	—	—	—	—	—	—	—	—	—	—
富马酸	—	—	—	8.5	—	—	—	—	—	—	—	15	—	—	8.2	—	—
富马酸一钠	—	—	—	—	10	—	—	—	—	—	—	—	—	—	—	—	—
蔗糖脂肪酸酯	—	—	—	—	0.8	—	—	—	—	—	—	—	—	—	—	—	—
磷酸二氢钠	—	—	—	—	—	5	—	—	—	—	—	—	—	—	—	—	—
葡萄糖酸-δ-内酯	—	—	—	—	—	—	—	—	—	—	38	—	—	37.4	9.7	—	—
酸性焦磷酸钠	—	—	—	—	—	—	—	—	—	—	—	—	25.6	—	—	—	10
玉米淀粉	25	—	22	8.5	23	32	15	—	10	7	8	5.8	17.1	13.3	40.5	44	10

复合膨松剂在面团混合时，遇水后开始释放二氧化碳气体，并在加热过程中释放出更多的二氧化碳气体，使产品达到膨胀和松软的效果。一般来说，在冷面团里，气体的产生速度较慢，加热时，则能均匀地产生大量气泡。有的焙烤食品的面团需要经过调制、醒发和焙烤等工序，还要求膨松剂具有“二次膨发特性”。在面粉食品的整个加工过程中膨松作用都必须得到有效控制。食用碱会延缓二氧化碳的分解作用，而且在其分解后使食品呈碱性，若使用不当或过量，将使食品表面出现黄色的斑点及带来不良气味。添加明矾则能降低食品的碱性，调整食品酸碱度，消除异味，并控制反应速度，充分提高膨松剂的效能。使用时，两者必须按反应需要进行平衡，明矾添加过多则会带来酸味，甚至还会有苦味。

（三）新型复合膨松剂及其应用

由于传统膨松剂中的明矾中含有铝，在生产中若控制不当可导致铝超标，可致老年痴呆症，造成脑、心、肝、肾和免疫功能的损害。我国面制食品中铝限量应小于100mg/kg。根据原国家卫生与计划生育委员会等5部门关于调整含铝食品添加剂使用规定的公告（2014年第8号），各省级食品药品监督管理局、质量技术监督局不再受理食品添加剂酸性磷酸铝钠、硅铝酸钠和辛烯基琥珀酸铝淀粉生产许可申请。为了满足“天然、营养、多功能”食品添加剂的发展方向，以及国际上提倡“回归大自然、天然、营养、低热能、低脂肪”的食品添加剂发展趋势，为了便于食品生产企业在生产中的有效控制，充分提高产品的膨松效果，应大力研究开发和推广能替代明矾的新型安全、高效、方便的无铝复合膨松剂。

无铝复合膨松剂主要是由食用碱、柠檬酸、葡萄糖酸-δ-内酯、酒石酸氢钾、磷酸二氢钙、蔗糖脂肪酸酯和食盐等混合制成。如：食用碱 33%，葡萄糖酸-δ-内酯 17.46%，食盐 15%，柠檬酸 10.78%，酒石酸氢钾 9.83%，蔗糖脂肪酸酯 8.08%，碳酸二氢钙 5.85%。

无铝复合膨松剂的优点：①加速二氧化碳气体的产生，利用柠檬酸代替明矾，不但使食用碱在遇酸受热时能即时产生强烈反应，加快二氧化碳气体的产生，其膨松效果甚至超过使用明矾的效果，更为重要的是，柠檬酸本身不含铝，在生产应用中不易造成铝超标，不会对人体产生毒害作用；②口感佳，加工性能良好，为了改进直接加酸会在瞬间就产生大量二氧化碳气体而影响制品质量的缺点，在无铝膨松剂中还使用了酒石酸氢钾、磷酸二氢钙等酸性盐类，用以调整食品酸碱度，控制膨松剂的产气速度，充分地发挥气体的膨胀作用，而且磷酸二氢钙对成品的口味与光泽均有帮助，还兼具营养强化的作用。复合无铝膨松剂的成本虽然较高，但其制成品的口味好，组织柔软而膨松，加工性能也较佳，是理想的面食加工配料；③具有抗氧化和抗老化作用，葡萄糖酸-δ-内酯具有抗氧化作用，尤其适用于油炸类食品，而且葡萄糖酸-δ-内酯在加热时会产生水解作用而呈酸性，用以配制膨松剂，也能使制品口味良好，组织细致。蔗糖脂肪酸酯是一种乳化剂，用于面包、蛋糕的生产中，能起抗老化作用，用于饼干加工中，能提高饼干的起酥性；用于油炸食品中，能使制品体积比不添加时增加 10%左右，明显提高制品的质量。配制无铝复合膨松剂时，应将各种原料成分充分干燥，粉碎过筛，以使颗粒细微，有助于均匀混合。贮存时最好密闭存放于低温干燥处，其中的柠檬酸及磷酸二氢钙等酸性物质，可单独包装，使用时再将其与其他物质混合，以防贮存时分解失效，也易于调节 pH。碳酸盐与酸性物质混合时，碳酸盐使用量最好适当高于理论量，以防残留酸味。无铝膨松剂的优点很多，安全、高效、方便，适应于消费者的需求，也是近年来食品膨松剂的主要发展趋势，应逐步成为食品企业使用膨松剂的首选。

目前，新型复合膨松剂多用于蛋糕、油条及面制品产品中。段红玉等（2013）通过单因素实验和正交试验确定了蛋糕粉中添加的无铝复合膨松剂最佳配方：碳酸氢钠 28%，葡萄糖酸-δ-内酯 15%，酒石酸氢钾 23%，柠檬酸 10%，食盐 15%，淀粉 9%。在最佳配方下验证实验，蛋糕品质感官评分为 92.5。张慧慧（2013）等通过响应面分析得出无铝油条膨松剂的最佳参数为：以小麦粉 100g 计，碳酸氢钠 2.5g，葡萄糖酸-δ-内酯 1.72g，酸式焦磷酸钠 0.72g，柠檬酸 0.28g，此时油条的比容为 4.77mL/g，感官评分为 92 分。

三、 食品膨松剂发展方向

目前广泛使用的复合膨松剂主要以小苏打、硫酸铝钾、硫酸铝铵为配料，它们对改善产品膨松效果作用明显。但近几年研究表明，铝元素在人体内过多沉积，容易造成多种慢性疾病：铝沉积在大脑中，容易导致记忆力减弱，甚至痴呆；沉积于皮肤，降低皮肤弹性产生皱纹；沉积于骨骼，易导致骨组织密度增加，骨质疏松。正是由于此原因，世界卫生组织（WHO）于 1989 年正式把铝确定为食品污染物并要求加以控制。近几年来硫酸铝钾、硫酸铝铵这两种膨松剂有减少使用的趋势，取而代之的是越来越多的无铝膨松剂得到开发和应用。李小婷等（2011）以 90%甘薯淀粉和 10%木薯淀粉为原料，以羟丙基二淀粉磷酸酯和沙蒿胶为明矾替代物，研究了该复配添加剂对甘薯粉丝品质的影响。结果显示，原料中添加质量分数 5.0%羟丙基二淀粉磷酸酯和0.5%沙蒿胶可明显提高甘薯粉丝的品质，显著改善其断条及糊汤状况。

近几年，我国研究的无铝膨松剂主要用于传统食品油条中。新型无铝膨松剂一般还是以小苏打或碳酸氢铵作为二氧化碳源，而酸性物质则可选用磷酸氢钙、酒石酸氢钾、葡萄糖酸-δ-内酯、柠檬酸、蔗糖脂肪酸酯等物质。由此配制而成的无铝膨松剂除了提高产品安全性这个优点之外，在改善产品性状方面也能起到明显作用。研究表明，由新型无铝膨松剂制成的产品口味好，组织柔软而膨松，产气稳定、充分，加工性能也有所提高。其中的磷酸盐除对成品的口味和光泽有所帮助外，还是一种很好的营养强化剂。而葡萄糖酸-δ-内酯具有抗氧化的作用，非常适用于油炸食品中；蔗糖脂肪酸酯兼有乳化剂的功能，对稳定油水相，提高产品表面性质作用明显。在蛋糕制作方面，李春发（2012）在碳酸氢钠、玉米淀粉、葡萄糖酸-δ-内酯和磷酸二氢钙等无铝复合膨松剂组成成分的单因素试验的基础上，通过正交试验优化膨松剂的配比，确定蛋糕用无铝膨松剂的最佳配方为40%的碳酸氢钠、10%的玉米淀粉、30%的葡萄糖酸-δ-内酯和20%的磷酸二氢钙。而且还通过对比试验确定了该无铝复合膨松剂在蛋糕中的最佳添加范围为2.0%，以此配方制得的蛋糕安全并有营养。

传统的复合膨松剂一般以淀粉为填充剂隔离小苏打和酸性物质，以防止这两种物质过早接触反应而影响效果。但淀粉的隔离效果并不十分显著，而且产气也不稳定。采用微胶囊技术将小苏打或酸性物质包埋起来，使其在一定温度下释放出来与另一种物质反应而产生气体。选择不同的微胶囊壁材可以有效控制产气时间、速度和温度，进而延长膨松剂有效期，提高产品质量。

此外，食品微胶囊技术应用于膨松剂，可极大地改善膨松剂的作用效果。利用微胶囊对膨松剂进行包埋，可有效地控制气体的产生速度，在保证产品品质的前提下为减少膨松剂的使用量提供了可能。林家莲等（2001）选用产气能力迅速的$Ca(H_2PO_4)_2 \cdot H_2O$作为膨松酸，通过对$Ca(H_2PO_4)_2 \cdot H_2O$微胶囊化工艺的研究和产气能力的应用性实验比较，结果表明，通过对膨松酸进行微胶囊化，可改变其产气速率，得到了较好的效果。李凤林等（2009）通过对膨松剂中碳酸氢钠进行微胶囊化研究，确定出$NaHCO_3$的颗粒大小在130~170目，悬浮液中固形物的含量为20g/100mL，芯材与壁材的比例为4.5∶1，喷雾干燥室进风温度为190℃。所以，今后选择合适的壁材、确定恰当的微胶囊加工工艺是这一技术的关键，也是科技工作者研究的重点和难点。

第四节　稳定剂和凝固剂

稳定剂和凝固剂主要是使食品结构稳定或使食品组织结构不变，增强黏性固形物的一类食品添加剂。稳定剂和凝固剂能够使果胶、蛋白质等沉淀凝固为不溶性凝胶状物。

我国使用凝固剂的历史悠久，早在两千年前的东汉时期就已用盐卤点制豆腐，作为一种传统的方法沿用至今。如今为了便于豆腐的机械化、连续化生产，常用葡萄糖酸-δ-内酯作为豆腐的凝固剂。此外人们还常将氯化钙、碳酸钙和葡萄糖酸钙等用于水果和蔬菜，使其中的果胶酸形成果胶酸钙，防止果蔬软化。在低甲氧基果胶中，含有大量的果胶酸，若加入钙盐凝固剂，便与果酸的羧基生成果胶酸盐，加强果胶分子的交联作用，此时2个多糖分子之间形成许多离子键和氢键交联成双螺旋结构，对交联的双螺旋体紧密地结合在一起而形成具有弹性的凝胶固体。从而使果蔬加工制品具有一定脆度和硬度。

盐卤、硫酸钙、葡萄糖酸-δ-内酯等均为蛋白质凝固剂。蛋白质加热后，其立体结构发生变化，从而引起蛋白质的物理、化学、生物化学的性质发生变化，这种现象称为蛋白质热变性。大豆蛋白质热变性是：豆浆加热后，随着蛋白质分子运动加快，在相互撞击下，构成蛋白质的多肽链的侧链断裂，变为开链状态，大豆蛋白质分子原来有序的紧密结构变为疏松的无规则状态。这时加入凝固剂，变性的蛋白质分子相互凝聚、相互穿插缠结成网状的凝聚体，水被包在网状结构的网眼后，转变成蛋白质凝胶。在豆腐生产过程中，此工艺过程称为点脑、点卤或点浆。

一、 稳定剂和凝固剂作用机理

凝固剂是豆腐制造中不可缺少的化学物质。当溶液（豆浆）中大豆蛋白浓度低于100g/L时，只有加入凝固剂，大豆蛋白才能够相互结合到一起，形成凝胶网络结构，使溶液固化。传统上用作豆腐凝固剂的物质主要分为两类，一类是盐类凝固剂，另一类是酸类凝固剂。

（一）盐类凝固剂

盐类凝固剂是最早使用的豆腐凝固剂，主要包括石膏（主要成分硫酸钙）和盐卤（主要成分是氯化镁）等。石膏在水中的溶解度小，因此凝固速率慢，凝固操作容易掌握，做成的豆腐保水性能好，组织光滑细腻，出品率高，但制品难免会有一定的硫酸钙残留，而带有苦涩味；用盐卤制作的豆腐风味鲜美，但是豆腐持水性差，而且产品放置时间不宜过长。为解决盐卤点卤时蛋白凝固速率过快，不易操作的问题，日本公司开发了可延迟蛋白凝固的微胶囊包埋型卤水凝固剂。

关于盐类凝固剂的作用机理，目前主要有三种解释。一种是离子桥学说，认为豆浆凝固时，盐类凝固剂的二价阳离子（如 Ca^{2+}、Mg^{2+}）与蛋白分子结合，充当“桥”的作用。第二种是基于盐析理论，即盐中的阳离子与热变性大豆蛋白表面带负电荷的氨基酸残基结合，使蛋白质分子间的静电斥力下降形成凝胶。又由于盐的水合能力强于蛋白质，所以加入盐类后，争夺蛋白质分子的表面水合层导致蛋白质稳定性下降而形成胶状物。第三种认为，豆浆中加入中性盐后，豆浆的 pH 下降，在 pH 6 左右，豆浆凝固成豆腐。但以上三种解释具有各自的合理性和局限性。

（二）酸类凝固剂

常用的酸类凝固剂是葡萄糖酸-δ-内酯，其在低温时比较稳定，在高温（90℃左右）和碱性条件下可分解为葡萄糖酸，使豆浆的 pH 下降，它在浆液中释放质子会使得变性大豆蛋白表面带负电荷的基团减少，蛋白质分子之间的静电斥力减弱而相互靠近，有利于蛋白质分子的凝结。此外，乙酸、乳酸、柠檬酸、苹果酸等酸性物质也可使豆浆凝固。1962 年，葡萄糖酸-δ-内酯作为新型凝固剂首先在日本用于绢豆腐和充填豆腐的生产，成品品质较好，质地滑润爽口，弹性大，持水性好，但口味平淡，偏软，不适合煎炒，且略带酸味。随着人们对食品的天然性要求越来越高，研究人员开始寻求天然的有机酸凝固剂代替化学合成的葡萄糖酸内酯凝固剂。使用1.0%~3.0%的新鲜果汁（柠檬汁、橙汁、柚子汁）可以有效地凝固豆乳，而且果汁的使用还会使豆腐呈现彩色。

二、稳定剂和凝固剂各论

1. 硫酸钙（Calcium sulfate，CNS 号：18.001，INS 号：516）

硫酸钙分子式 $CaSO_4$，俗称石膏或生石膏，为白色结晶性粉末，无臭，有涩味，相对密度 2.32，熔点 1450℃。微溶于水。硫酸钙加热至 100℃成为含半水的煅石膏（$CaSO_4 \cdot 0.5H_2O$），加热至 194℃以上成为无水物。

GB 2760—2014《食品添加剂使用标准》规定：硫酸钙可用于豆类制品、小麦粉制品、面包、糕点、饼干、腌腊肉制品（如咸肉、腊肉、板鸭、中式火腿、腊肠）（仅限腊肠）、肉灌肠类，此外硫酸钙还可用作增稠剂和酸度调节剂。在目前市面上销售的食品里，硫酸钙应用于如曼可顿方面包，稻香村老面包等食品中。

2. 氯化钙（Calcium chloride，CNS 号：18.002，INS 号：509）

氯化钙分子式 $CaCl_2 \cdot 2H_2O$，白色坚硬的碎块或颗粒，无臭，味微苦，相对密度 1.835，易溶于水和乙醇。氯化钙置于空气中极易潮解，加热至 260℃变成无水物。

GB 2760—2014《食品添加剂使用标准》规定：氯化钙可用于稀奶油、调制稀奶油、水果罐头、果酱、蔬菜罐头、豆类制品、装饰糖果（如工艺造型，或用于蛋糕装饰）顶饰（非水果材料）和甜汁、调味糖浆、其他饮用水（自然来源饮用水除外）、其他（仅限畜禽血制品），氯化钙还可以用作增稠剂。

3. 氯化镁（Magnesium chloride，CNS 号：18.003，INS 号：511）

氯化镁分子式 $MgCl_2 \cdot 6H_2O$，为无色无臭的小片、颗粒、块状式单斜晶系晶体，味苦。氯化镁有吸潮性，水溶液呈中性。本品加热至 100℃时失去结晶水，加热至 110℃时放出部分氯化氢，高温时分解。无水物为无色六方结晶，相对密度 2.177，熔点 708℃。氯化镁是盐卤的主要成分（王菁文，1997），在非发酵豆制食品中可以按生产需要适量使用。氯化镁对豆腐的凝固速度低于氯化钙（刘志胜等，2000；薛文通等，2005）。GB 2760—2014《食品添加剂使用标准》规定：氯化镁可用于豆类制品中，按生产需要适量使用。

4. 丙二醇（Propylene glycol，CNS 号：18.004，INS 号：477）

丙二醇分子式 $C_3H_8O_2$，无色透明糖浆状液体，无臭，略有辛辣味和甜味，在潮湿空气中易吸水。相对密度 $D_4^{20}=1.0381$，沸点 188.2℃，凝固点-59℃，闪点 104℃，20℃黏度 0.056Pa·s，混溶于水、丙酮、醋酸乙酯和氯仿，溶于乙醚，可溶解许多精油，但与石油醚、石蜡和油脂不能混溶。对热、光稳定，低温时更稳定。

GB 2760—2014《食品添加剂使用标准》规定：丙二醇可在糕点中应用，也可以在生湿面制品（如面条、饺子皮、馄饨皮、烧卖皮）中应用。丙二醇同时还可以作为抗结剂、消泡剂、乳化剂、水分保持剂和增稠剂。

5. 乙二胺四乙酸二钠（Disodium ethylene-diamine-tetra-actate，CNS 号：18.005，INS 号：386）

乙二胺四乙酸二钠分子式 $C_{10}H_{14}N_2Na_2O_8 \cdot 2H_2O$，白色结晶颗粒或白色至近白色结晶性粉末，无臭，无味，熔点 240℃（分解），易溶于水，几乎不溶于乙醇，50g/L 水溶液的 pH 为 4~6。

GB 2760—2014《食品添加剂使用标准》规定：乙二胺四乙酸二钠可用于果脯类（仅限地瓜果脯）、腌渍的蔬菜、蔬菜罐头、蔬菜泥（酱）（番茄沙司除外）、坚果与籽类罐头、杂粮罐头、复合调味料、饮料类（14.01 包装饮用水除外），乙二胺四乙酸二钠还可以用作防腐剂和抗氧化剂。

6. 柠檬酸亚锡二钠（Disodium stannous citrate，CNS 号：18.006）

柠檬酸亚锡二钠分子式 $C_6H_6O_8SnNa_2$，结构式见图 5-39，白色结晶，呈强还原性，易潮解，极易溶于水。熔点 250℃（分解），260℃开始变黄，283℃呈棕色。柠檬酸亚锡二钠易被氧化，在罐头食品中能逐渐消耗罐内残余的氧，使亚锡离子（Sn^{2+}）氧化成锡离子（Sn^{4+}），故有防腐蚀和护色作用。

OH
NaOOCCH₂—C—CH₂COONa
C=O
OSnOH

图 5-39 柠檬酸亚锡二钠

GB 2760—2014《食品添加剂使用标准》规定：柠檬酸亚锡二钠可用于水果、蔬菜、食用菌和藻类罐头。

7. 葡萄糖酸-δ-内酯（Glucono delta-lactone，CNS 号：18.007，INS 号：575）

葡萄糖酸-δ-内酯分子式 $C_6H_{10}O_6$，结构式见图 5-40，为白色结晶或结晶性粉末，无臭，口感先甜后酸，易溶于水，微溶于乙醇，在约 135℃时分解。水溶液缓慢水解成葡萄糖酸以及其 δ-和 γ-内酯的平衡混合物。其水解速度可因温度或溶液的 pH 而有所不同，温度越高或 pH 越高，水解速度越快，通常10g/L 水溶液的 pH 约为 3.5，故本品也可作酸味剂使用。

CH_2OH
O
OH
O
OH
OH

图 5-40 葡萄糖酸-δ-内酯

葡萄糖酸-δ-内酯制成的豆腐洁白细嫩，无传统用卤水或石膏点的豆腐所具有的苦涩味，且使用方便。有关使用硫酸钙和葡萄糖酸-δ-内酯制成豆腐的品质差异见表 5-7。

表 5-7 硫酸钙与葡萄糖酸-δ-内酯凝固作用

项目	硫酸钙	葡萄糖酸-δ-内酯
水溶性	小（2g/L）	大（590g/L）
低温凝固性	有	无
高温凝固性	70℃适当，65~75℃时硬度变化小	温度越高，凝固力越大；硬度取决于温度
豆乳浓度	豆乳浓度影响硬度的范围大	豆乳浓度影响硬度的范围小
凝固物性状	有保水性，光滑，口感好，用量过大有苦味	有保水性及弹性，断面光滑，口感好

在国外，葡萄糖酸-δ-内酯还用于午餐肉和碎猪肉罐头，有助于发色，最大使用量为 0.3%。用于糕点防腐，一般用量为 0.5%~2%。作为糕点等复合膨松剂中的酸味剂，与碳酸氢钠并用，可缩短制作时间，增大起发体积，使结构细密，不产生异味。葡萄糖酸-δ-内酯的 ADI 值不作特殊规定（FAO/WHO，2001）。

GB 2760—2014《食品添加剂使用标准》规定：可在各类食品中按生产需要适量使用，但表 A.3 所列食品类别除外。

三、稳定剂和凝固剂的发展趋势

（一）复合凝固剂

近几年，为弥补单一凝固剂使用过程中的缺陷，许多学者进行了复合凝固剂的研究。选择合适的凝固剂种类及配比是使用复合凝固剂的关键，可以为高品质、低成本豆腐的工业化生产提供理论和技术指导。

宋莲军等（2011）将0.4%乳酸、0.6%乙酸、0.12%琥珀酸、0.1%酒石酸与0.02%抗坏血酸复配成凝固剂，制得的豆腐质地细腻，弹性大，感官评价高，产品得率和保水性分别为212.22g/100g和72.33%，其品质优于单一酸凝固剂制作的豆腐。沈建华等（2014）研究了一种环保豆腐的制作方法，采用由葡萄糖酸内酯（GDL）、石膏、盐卤复配而成的复合凝固剂。采用上述方法生产的无废渣、无废水的环保型豆腐其纤维素、异黄酮、低聚糖等功能因子含量明显增加，不仅提高了豆腐的保健性，同时对环境不会造成任何污染。王红燕（2014）采用葡萄糖酸内酯、硫酸钙、氯化镁三者进行复配，通过单因素和复配试验，研究了单一凝固剂和复合凝固剂对豆腐得率、感官的影响，筛选出复合凝固剂用量的最佳配比：葡萄糖酸内酯0.3%，硫酸钙为0.15%，氯化镁为0.15%。最佳工艺条件参数：复合凝固剂添加量为0.6%，凝固温度85℃，凝固时间30min。通过检测，复合凝固剂在产品得率，豆腐品质、口感、风味及感官评价上都优于单一凝固剂。

（二）酶凝固剂的开发及应用

随着人们对蛋白质胶凝认识的不断深入，采用一些酶处理也可诱导蛋白质形成凝胶，包括转谷氨酰胺酶、木瓜蛋白酶、菠萝蛋白酶、碱性蛋白酶等。关于蛋白酶使蛋白质凝结的机理目前尚不完全清楚，但现有的研究证实蛋白酶作用产生的大豆蛋白质胶凝主要是水解得到的肽段经非共价键，尤其是疏水相互作用而交联的结果。目前，虽然对于豆乳凝固酶的研究工作已取得很大进展，但仍存在不少的问题。主要有：①蛋白酶凝固的豆浆强度低，导致应用效果差，成为限制这一技术应用的瓶颈；②评价蛋白酶凝固豆浆能力标准法的不完善；③凝固机理还不完全清楚；④由自然界筛选到的菌株活力偏低等。因此需要更进一步的研究，以研究清楚凝固剂的凝固特性和作用机理以及其他因素对豆腐凝胶过程的影响，为豆腐生产工业化提供理论依据，开发出新型的豆腐凝固剂，生产出品质高、味道好、成本低的豆腐。

酶凝固剂中研究最多而且已进入实用阶段的是转谷氨酰胺酶（Transglutaminase），它是一类催化蛋白质中赖氨酸残基上的ε-氨基和谷氨酰胺残基上γ-羧酰氨基之间结合反应的聚合性酶。有关实验表明，植物蛋白（主要为7S和11S球蛋白）是转谷氨酰胺酶的优良底物，经过酶处理后的球蛋白稳定性得到明显提高。Fuke（1985）研究了菠萝蛋白酶在大豆7S和11S球蛋白凝固过程中降解的情况，认为大豆11S球蛋白是蛋白酶凝固豆浆过程中引起凝胶作用的主要物质，并测定了凝胶过程中大豆分离蛋白的表面疏水性和巯基含量，从而推测疏水作用和二硫键可能对蛋白酶凝固大豆蛋白形成凝胶起一定的作用。安静等（2011）研究转谷氨酰胺酶对大豆分离蛋白（SPI）和7S、11S球蛋白凝胶特性的影响，采用TA-XT plus物性测定仪、荧光分光光度计对各参数进行测定。结果表明：转谷氨酰胺酶能够显著提高大豆蛋白凝胶的凝胶强度，最佳工艺条件为酶添加量40U/g、温度40℃、pH7.5、作用时间2.5h，但此时凝胶表面疏水性和保水性有所下降。经转谷氨酰胺酶催化后，不同蛋白形成热处理凝胶的凝胶特性均发生显著变化，凝胶强度均显著增加，转谷氨酰胺酶催化后大豆蛋白凝胶强度的顺序为11S>7S>SPI。将豆浆与葡萄糖酸-δ-内酯、转谷氨酰胺酶混合，在50℃下保温1h，经110℃下杀菌处理制成耐保存的麻婆豆腐，这种豆腐在25℃保存6个月后仍有良好的口感、质构及风味。唐传核（2007）等人采用该酶作为凝固剂生产豆腐，所得絮凝过程温和、可控，且产品色泽、口感与风味与豆浆保持一致，解决了目前豆腐生产中存在的酸、涩的问题。

第五节　抗　结　剂

一、 抗结剂概述

抗结剂又称抗结块剂，是用于防止颗粒或粉末食品聚集结块，保持其松散或自由流动状态的食品添加剂。抗结剂的主要特点是颗粒细小，粒径 2～9μm；表面积大，比表面积 310～675m^2/g；比体积 80～465m^3/kg，具有微细多孔性，吸附能力很强，易吸附水分和其他物质使产品膨松，流动性好。

（一）抗结剂的种类及特点

抗结剂的种类很多，除了我国 GB 2760—2014《食品添加剂使用标准》规定的品种外，国外使用的还有硅酸铝、硬脂酸钙、硅酸镁、高岭土、氧化镁等，他们除了具有抗结作用外，还具有其他功效，如高岭土具有助滤作用，硬脂酸镁和硬脂酸钙具有乳化作用。各类抗结剂具有各自的物性，例如硬脂酸钙的润滑作用十分优良，而二氧化硅和硅酸盐的润滑作用较差，甚至添加这些抗结剂反而会使食品颗粒的内摩擦力稍有提高，硅酸盐类的抗结剂通过提供阻隔食品颗粒表面液滴作用达到抗结块的效果。所以，选用的抗结剂种类只有与食品颗粒物性相匹配才能收到良好的效果。

（二）抗结剂的作用机理

通常抗结剂微粒必须能黏附在食品颗粒的表面上，从而影响食品颗粒的物性。这种黏附程度是覆盖住颗粒的全部表面或部分表面。抗结剂颗粒与食品颗粒之间存在亲和力将形成一种有序的混合物。一旦抗结剂颗粒与食品颗粒黏附，就会通过以下途径达到改善食品流动性和提高抗结性的目的。

1. 提供物理阻隔作用

当食品颗粒表面被抗结剂颗粒完全覆盖以后，由于抗结剂之间的作用力较小，形成的抗结剂层自然成了一种阻隔食品颗粒相互作用的物理屏障。这种物理屏障将导致几种结果，其一是抗结剂阻隔了食品表面的亲水性物质，因吸湿或与制备所剩游离水分所形成的颗粒间的液桥；其二是抗结剂吸附在食品的表面后，使其更为光滑，从而降低了颗粒间的摩擦力，增加了颗粒的流动性，这一作用常被称作润滑作用。由于各种抗结剂自身性质各异，所以它们提供的润滑作用也不同。

2. 通过与食品颗粒竞争吸湿，改善食品颗粒的吸湿结块倾向

一般来说，抗结剂自身具有很大的吸湿能力，从而在与食品颗粒竞争吸湿的情况下，会减少食品颗粒因吸湿性而导致的结块倾向。

3. 通过消除食品颗粒表面的静电荷和分子作用力提高其流动性

微胶囊化粉末颗粒带有的电荷相同，它们之间相互排斥，防止结块。但是这些产品上的静电荷常与生产装置或包装材料的摩擦静电相互作用而带来许多麻烦。当添加抗结剂后，抗结剂中和食品颗粒表面的电荷，从而改善食品颗粒的流动性。这种作用常用来解释当抗结剂与食品颗粒之间的亲和力不是很大，抗结剂只是零星分散在食品颗粒的表面时却能很好地改善其流动性的原因。

4. 通过改变食品颗粒结晶体的晶格，形成一种易碎的晶体结构

当食品颗粒中能结晶物质的水溶液中或已结晶的颗粒表面上存在有抗结剂时，它不仅能抑制晶体的生长，还能改变其晶体结构，从而产生一种在外力作用下十分易碎的晶体。使原本易形成坚硬团块的食品颗粒结团现象减少，改善其流动性。

二、 抗结剂各论

1. 亚铁氰化钾（钠）（Potassium ferrocyanide，CNS 号：02.001，INS 号：536；Sodium ferrocyanide，CNS 号：02.009，INS 号：535）

亚铁氰化钾又称黄血盐，分子式 $K_4Fe(CN)_6 \cdot 3H_2O$，为浅黄色单斜结晶颗粒或粉末，相对密度 1.853，无臭，可溶于水，不溶于乙醇和乙醚等。亚铁氰化钾在空气中稳定，加热至 70℃失去结晶水，100℃时变成吸湿性白色粉末状无水物，高温时分解放出氮气，生成氰化钾和碳化铁。能与酸、碱、铁离子反应，与铁盐溶液生成普鲁士蓝沉淀。

亚铁氰化钾具有抗结性能，可用于防止细粉、结晶性食品板结，如防止食盐因堆放日久的板结现象，其主要原因是亚铁氰化钾能使食盐的正六面体结晶转变为星状结晶，而不易发生结块。

FAO/WHO（2001）规定：亚铁氰化钾 ADI 值为 0~0.25mg/kg 体重，LD_{50}为 1.6~3.2g/kg 体重（大鼠，经口）。GB 2760—2014《食品添加剂使用标准》规定：亚铁氰化钾可用于盐及盐制品中。

2. 磷酸三钙（Tricalcium orthophosphate，CNS 号：02.003，INS 号：341iii）

磷酸三钙分子式 $Ca_3(PO_4)_2$，是由不同磷酸钙组成的混合物，其大致组成为 $10CaO \cdot 3P_2O_5 \cdot H_2O$。磷酸三钙是白色无定形粉末，无臭无味，相对密度 3.18，熔点 1670℃，折射率 1.63，在空气中稳定性强；不溶于乙醇和丙酮，不溶于水，易溶于稀盐酸和硝酸。

美国 FDA 将磷酸三钙列为 GARS 物质，FAO/WHO（1994）规定其 ADI 值为 0~70mg/kg 体重。GB 2760—2014《食品添加剂使用标准》规定：磷酸三钙可用于固体饮料、小麦粉、复合调味料和油炸小食品等。除作抗结剂外，磷酸三钙还可作为 pH 调节剂。

3. 二氧化硅（Silicon dioxide，CNS 号：02.004，INS 号：551）

二氧化硅分子式 SiO_2，供食品用的为无定形产品，按制法的不同可分为胶体硅和湿硅两种。胶体硅为白色、蓬松、无砂、吸湿、粒度非常细小的粉末；湿法硅为白色、蓬松、吸湿或能从空气中吸收水分的粉末或似白色的微空泡状颗粒。二氧化硅相对密度 2.2~2.6，熔点 1710℃，不溶于水、酸和有机溶剂，溶于氢氟酸和热的浓碱液。

二氧化硅的 $LD_{50}>5$g/kg 体重（大鼠，经口），其 ADI 值不作特殊规定。GB 2760—2014《食品添加剂使用标准》规定：二氧化硅可用于香辛料、固体复合调味料、乳粉、奶油粉及其调制品、可可制品、脱水蛋制品、固体饮料类、速溶咖啡等产品。

4. 微晶纤维素（Microcrystalline cellulose，CNS 号：02.005，INS 号：460i）

微晶纤维素主要是以β-1,4-葡萄糖苷键结合的直链式多糖类，聚合度为 3000~10000 个葡萄糖分子。在一般的植物纤维中，微晶纤维素约占 70%，另 30%为无定形纤维素。微晶纤维素为白色细小结晶性粉末，无臭、无味，由可自由流动的、非纤维颗粒组成，并可由自身黏合作用而压缩成可在水中迅速分散的片剂。微晶纤维素不溶于水、稀酸、稀碱溶液和大多数有机溶剂。

微晶纤维素的 LD_{50}为 21.5g/kg 体重（大鼠，经口），其 ADI 值不作限制性规定（FAO/

WHO，2001）。GB 2760—2014《食品添加剂使用标准》规定：微晶纤维素可在各类食品生产中按需添加使用，但表 A.4 所列食品类别除外。

5. 硬脂酸镁（Magnesium stearate，CNS 号：02.006，INS 号：470）

硬脂酸镁分子式 $Mg[CH_3(CH_2)_{16}COO]_2$，白色松散粉末，无臭无味，细腻无砂粒感，有清淡的特征性香气，相对密度 1.028，熔点 88.5℃（纯品）或 132℃（工业品），不溶于水、乙醇和乙醚。商品为硬脂酸镁和棕榈酸镁按不定比例组成的混合体，另可能含有少量的油酸镁和氧化镁。

美国 FDA 将硬脂酸镁列为 GARS 物质，其 ADI 值不作限制性规定。硬脂酸镁同时还可作为乳化剂。GB 2760—2014《食品添加剂使用标准》规定：其可用于蜜饯凉果、可可制品、巧克力和巧克力制品及糖果中。

6. 滑石粉（Talc，CNS 号：02.008，INS 号：553iii）

滑石粉的分子式 $Mg_3(Si_4O_{10})(OH)_2$ 或 $3MgO \cdot 4SiO_2 \cdot H_2O$，是天然的含水硅酸镁（硅酸氢镁），有时可含有少量的硅酸铝。为白色或灰白色无臭无味结晶性细粉末，细腻滑润，易黏附于皮肤。对酸、碱、热十分稳定，易与砂性颗粒分离，相对密度 2.7~2.8，不溶于水、碱和乙醇，微溶于稀的无机酸。滑石粉主要用作抗结剂和胶姆糖基础剂。滑石粉实际无毒，但不能吸入肺部以免引起粉尘性肺炎。GB 2760—2014《食品添加剂使用标准》规定：滑石粉可用于凉果类、话化类（甘草制品）食品。

7. 硅酸钙（Calcium silicate，CNS 号：02. 009，INS 号：552）

硅酸钙为白色至灰白色易流动粉末，由新熟化的石灰与二氧化硅在高温下煅烧熔融而成，由不同比例的 CaO 和 SiO_2 组成，包括硅酸三钙和硅酸二钙；并分为有水和无水两种。硅酸钙不溶于水，但可与无机酸形成凝胶。

硅酸钙属于 GRAS 添加剂（FDA，2000），其 ADI 值不作特殊规定（FAO/WHO，2001）。GB 2760—2014《食品添加剂使用标准》规定：硅酸钙可在乳粉和奶油粉及其调制产品、干酪、可可制品、蛋糕预拌粉、淀粉及淀粉类制品、食糖、餐桌甜味料、盐及代盐制品、香辛料及粉、复合调味料、固体饮料、酵母类制品中按生产需要适量使用。

三、 抗结剂在食品工业的应用

抗结剂可以改善食品颗粒的流动性，并在一定程度上提高抗结性，但并非任何一种产品添加任何一种抗结剂后都能得到预期的效果。各类抗结剂具有各自不同的物性，选用的抗结剂种类只有与食品颗粒物性相适应才能收到良好的效果。通常抗结剂微粒必须能黏附到食品颗粒的表面，从而影响食品颗粒的物性。抗结剂颗粒和食品颗粒之间必须存在亲和力，形成一种有序的混合物，才能达到改善食品颗粒流动性和提高抗结性的目的。

21 世纪以来，随着食品行业的发展，抗结剂在食品领域的应用日益广泛，相关的研究也越来越多。下面主要介绍近些年来抗结剂在食品领域的应用研究进展。

（一）抗结剂在食品工业中的应用

1. 鸡精

鸡精调味料作为一种新型调味品近几年发展比较快，鸡精替代味精成为家庭调味品的发展趋势。鸡精贮存太久或受潮会产生结块现象，抗结剂（如二氧化硅或磷酸钙）的使用可延缓此现象发生，极大地提高鸡精产品的品质。

2. 微胶囊化油脂制品

近年来，微胶囊化的油脂制品是高附加值油脂产品领域中令人关注的热点之一，具有十分广阔的应用前景。目前，我国市场上已有各种高品质的微胶囊化粉末油脂制品，应用在汤料、冰淇淋粉以及固体饮料等领域。微胶囊化的各种粉末油脂制品在保质期内都会不同程度地出现结块和流动性变差等现象，尤其是高脂和芯材含液体油脂的制品。由于微胶囊化粉末油脂制品表面结构的特殊性，采用单一化合物不能有效改善其流动性，采用二氧化硅、硅酸盐和磷酸盐的复合物作为抗结剂应用在微胶囊化油脂制品中是一种可行的方法。

3. 蔬菜水果提取物

许学勤等（2011）发现未添加抗结剂的速溶香蕉粉，其颗粒多呈无定形态，表面不完整，难以形成一定的形状，颗粒直径一致性差，且粉粒之间黏连严重。这可能是由于浓缩汁中含有大量小分子糖，其玻璃化转变温度（T_g）值较低，干燥过程中极易形成无定形态，难以形成一定的形状和规则的内部结构，造成粉体吸湿性强易结块，影响产品形态和品质。添加抗结剂后，颗粒状态发生了明显的改变，所得香蕉粉颗粒变小，更易区分，形状更一致，更接近于球形。添加二氧化硅的颗粒较添加可溶性纤维的颗粒分散性更好，颗粒之间黏连较少，损伤的颗粒较少，极少数颗粒出现了晶形表面，说明在喷雾干燥过程中出现了结晶化，产品稳定性提高。喷雾干燥前在浓缩汁中加入适当的抗结剂可以帮助速溶香蕉粉在干燥过程中形成一定晶形，使颗粒大小、结构、理化性质等得到改善。

刘超（2012）研究杏果肉固体饮料在室温条件下含水量的变化和产品的结块性，发现黄原胶的添加可减轻杏果肉固体饮料的吸湿特性。随着添加量增加，产品吸水性减弱。放置 2h 后，添加黄原胶的混合粉含水量比未添加黄原胶的少 0.6%~0.7%；放置 8h 后，添加黄原胶的混合粉含水量比未添加黄原胶的少 1.8%~2.1%；未添加黄原胶的杏粉在 1h 后粉表面发生塌陷，出现轻微的结块，粉的流动性变差；2h 后杏粉完全结块。添加黄原胶的混合粉在放置 1.5h 后才出现大面积塌陷，比未添加黄原胶的推迟 0.5h 结块。

4. 液态饮料

Jarrard 等（2009）发现 1%~2%的二氧化硅添加量对豆奶饮料的稳定性没有影响，但对豆奶饮料的黏度却影响显著，且添加 1.5%的二氧化硅所得豆奶饮料黏度最高。

（二）抗结剂使用注意事项

1. 抗结剂的添加量

抗结剂并不是添加量越多越好，每种抗结剂都有其使用的最佳浓度范围。当用量大于此值时，非但不会改善流动性，反而适得其反。同一种抗结剂，对于不同的使用目的，也有各自适宜的添加量范围。

2. 加入方式

抗结剂加入到食品中的方式各异，产生的效果也不尽相同。根据各种抗结剂的品质，有些抗结剂如二氧化硅、硅酸盐可以与食品颗粒干混合，直到均匀即可。而有些抗结剂如磷酸盐必须加入到食品的水溶液中，经乳化、干燥脱水后而起抗结作用。

总之，需要根据抗结剂的作用机理及食品物料特性进行正确选择，才能达到有效抗结的目的。

四、抗结剂的发展趋势

抗结剂在食品工业中的使用日益广泛，更多天然的环境友好型的新型抗结剂有待开发和应用。在天然高分子材料的基础上进行适当化学修饰是开发新型抗结剂的途径之一。陈文静等（2009）比较了魔芋葡甘聚糖接枝丙烯酸共聚物（KAC）和通用的抗结剂微晶纤维素、二氧化硅在不同剂量和不同条件下的抗结性能。研究结果表明，在鸡精中添加3%的KAC时，鸡精颗粒分散良好且流动性最好，KAC抗结块效果达到最佳。KAC吸湿能力较强，且强度高，为多网格微观结构，作为以天然多糖为原料的KAC有望成为环境友好型的新型抗结剂，可应用在食品、化工、医药等行业。张敏燕等（2009）将一种由葡萄糖和甘露糖以β-糖苷键连接而成的杂多糖与丙烯酸接枝改性合成魔芋吸水树脂，即魔芋超强吸水剂用于奶茶粉的抗结，结果表明这种抗结剂由于分子结构中增加了大量羧基等亲水性基团，从而具有优良吸湿和保水性。与二氧化硅相比，这种魔芋超强吸水剂的抗结以及吸湿和保水性能均具有明显优势。

第六节　水分保持剂

水分保持剂是指在食品加工过程中，可以提高产品稳定性和持水性，改善食品形态、风味、色泽等的一类物质，一般为磷酸盐类。水分保持剂广泛用于各种肉禽、蛋、水产品、乳制品、谷物制品、饮料、果蔬、油脂及变性淀粉等。例如，磷酸盐可以减少肉、禽制品加工时的原汁流失，增加持水性，从而改善风味，提高出品率，并可延长贮藏期；防止鱼类冷藏过程中的蛋白质变质，保持嫩度，减少解冻损失，也可增加方便面的复水性。

水分保持剂在肉类食品中的持水作用主要表现在以下几个方面：①肉的持水性能在肉蛋白质的等电点时最低，而磷酸盐可提高肉的pH，使其偏离肉蛋白质的等电点，从而使肉的持水性增大。②磷酸盐中的多价阴离子能与肌肉结构蛋白质中的二价金属离子（如Mg^{2+}和Ca^{2+}）形成络合物，使蛋白质中的极性基团游离出来，由于极性基团间的斥力增大，蛋白质的网状结构膨胀，网眼增大，持水能力提高。③磷酸盐还能将肌动球蛋白解离为肌动蛋白和肌球蛋白，而肌球蛋白具有较强的持水性，故能提高肉的持水性。④磷酸盐的使用可使肉的离子强度增高，肉的肌球蛋白溶解增大而成为溶胶状态，持水能力增大。

除了持水性作用外，磷酸盐还可防止肉中脂肪酸败；防止啤酒、饮料混浊；可络合Cu^{2+}、Fe^{3+}等离子，抑制由此引起的氧化、变色和维生素C分解，延长果蔬的贮存。具有乳化作用，防止蛋白质、脂肪与水分离，改善组织混合结构，使组织柔软多汁。此外，还可用作酸度调节剂和品质改良剂等。

一、水分保持剂各论

食品工业中，磷酸盐是应用最为广泛的水分保持剂，包括正磷酸盐、聚磷酸盐和偏磷酸盐三大类。

（一）正磷酸盐

1. 磷酸三钠（Trisodium phosphate，CNS号：15.001，INS号：339iii）

磷酸三钠又称磷酸钠、正磷酸钠，分子式$Na_3PO_4 \cdot 12H_2O$，相对分子质量380.16。磷酸钠表现为无色至白色的六方晶系结晶或结晶性粉末，密度1.62g/cm^3，熔点73.3~76.7℃。在干燥空气中易风化，吸收空气中二氧化碳，生成磷酸二氢钠和碳酸氢钠。加热至 55~65℃成十水合物，加热至 60~100℃成六水合物，加热到 100℃以上成一水合物，加热到 212℃以上成为无水物。磷酸三钠易溶于水，不溶于乙醇，在水溶液中几乎完全分解为磷酸氢二钠和氢氧化钠，呈强碱性（10g/L 的水溶液 pH 为 11.5~12.1）。在食品中可用作水分保持剂，具有持水、缓冲、乳化、络合金属离子、改善色泽、调整 pH 和组织结构等作用。

磷酸三钠用于肉、鱼等制品能使食品保持新鲜、富有弹性；用于面包、点心，可增强制品韧性，防止酥条、断条，爽滑润口；还可防止海藻酸等增稠剂脱水收缩或由于金属离子引起的胶凝。此外，磷酸钠还具有缓冲、乳化作用。

FAO/WHO（2001）规定，磷酸三钠的 ADI 值为 0~70mg/kg 体重，美国 FDA 将其列为 GRAS 物质。GB 2760—2014《食品添加剂使用标准》规定：磷酸三钠可用于干酪、西式火腿、肉、鱼、虾和蟹、罐头、果汁、饮料和乳制品等食品中。

2. 磷酸三钾（Tripotassium phosphate，CNS 号：01.308，INS 号：340iii）

磷酸三钾（K_3PO_4）又称磷酸钾，为白色的斜方晶系结晶或粉末，相对分子质量 212.28，密度 2.564g/cm^3，熔点 1340℃。在空气中易潮解，对热很稳定，可溶于水，不溶于乙醇，其水溶液呈强碱性（10g/L 水溶液 pH 约为 11.5），吸湿性较强。水合物有三水合物和八水合物两种。三水合物为六方晶系粒状粉末或结晶体，八水合物为直角小片状结晶体，45.1℃时自溶于结晶水中。

磷酸钾是肉制品的品质改良剂，也作膨松剂的酸性盐使用。磷酸钾也是碱水的成分，在福建、台湾省用于面条，使用很广，它可使蛋白质具有弹性，而且可增加风味以及使面条的颜色变黄等。GB 2760—2014《食品添加剂使用标准》规定：磷酸三钾可用于非碳酸饮料。

3. 磷酸氢二钠（钾）（Disodium hydrogen phosphate，CNS 号：15.006，INS 号：339ii；Dipotassium hydrogen phosphate，CNS 号：15.009，INS 号：340ii）

磷酸氢二钠又称作磷酸二钠，其十二水合物分子式 $Na_2HPO_4 \cdot 12H_2O$，为无色半透明结晶或白色结晶性粉末，相对分子质量 385.7，密度 1.52g/cm^3，熔点 35.1℃。易溶于水，不溶于乙醇。水溶液呈碱性（35g/L 水溶液的 pH 为 9.0~9.4）。磷酸氢二钠在空气中迅速风化成七水盐，加热至 100℃失去全部结晶水成为白色粉末无水物，250℃则成为焦磷酸钠。磷酸氢二钾的分子式为 K_2HPO_4，为无色或白色正方晶系粗颗粒，易潮解，易溶于水（6.3g/d，25℃），水溶液呈碱性（10g/L 的水溶液的 pH 约为 9.0）。不溶于乙醇。

无水磷酸氢二钠在空气中逐渐吸湿形成七水合物或者与二氧化碳和水反应，生成磷酸二氢钠和磷酸钠。由于其水溶液呈碱性，所以磷酸氢二钠可用于调节乳制品和肉制品的 pH 以及结着性能，提高乳制品热稳定性。

静脉注射高浓度磷酸氢二钠，会引起血液中钙的减少，导致低血钙。磷酸氢二钠和磷酸二氢钠以 4∶1 存在于血浆中可以调节体内酸碱平衡。FAO/WHO（2001）规定：磷酸氢二钠的 ADI 值为 0~70mg/kg 体重。GB 2760—2014《食品添加剂使用标准》规定：磷酸氢二钠用于淡炼乳及复合发酵粉中，磷酸氢二钾还可用于植脂末。

4. 磷酸二氢钠（钾）（Sodium dihydrogen phosphate，CNS 号：15.005，INS 号：339i；Potassium dihydrogen phosphate，CNS 号：15.010）

磷酸二氢钠又称酸性磷酸钠和磷酸一钠，分子式 $NaH_2PO_4 \cdot 2H_2O$，相对分子质量 156.01，为无色至白色结晶或结晶性粉末，密度 2.04 g/cm^3，熔点 60℃，无臭，稍有吸湿性。易溶于水，不溶于乙醇，25℃时在水中的溶解度12.14%，水溶液呈酸性（10g/L的水溶液pH为4.1~4.7）。加热则逐渐失去结晶水，继续加热则分解呈酸性焦磷酸钠（$Na_2H_2P_2O_7$）。ADI值为0~70mg/kg体重（FAO/WHO，1994）。

磷酸二氢钠具有络合金属离子、提高离子强度等的作用，由此改善食品的结着力和持水性。GB 2760—2014《食品添加剂使用标准》规定：磷酸二氢钠可用于婴儿配方食品、较大婴儿和幼儿配方食品、婴幼儿断奶期食品。

磷酸二氢钾分子式KH_2PO_4，无色正方晶系结晶至白色颗粒或结晶性粉末，无臭，于空气中稳定，相对密度2.338。不溶于乙醇，易溶于水，水溶液呈酸性（27g/L的水溶液的pH为4.2~4.7）。其ADI值为0~70mg/kg体重（以磷计，FAO/WHO，1994）。

GB 2760—2014《食品添加剂使用标准》规定：磷酸二氢钾可作为水分保持剂用于小麦粉；作为酸度调节剂可用于除包装饮用水外的饮料。

5. 磷酸二氢钙（Calcium dihydrogen phosphate，CNS号：15.007，INS号：341i）

磷酸二氢钙分子式Ca（H_2PO_4）$_2$或Ca（H_2PO_4）$_2$·H_2O，无水物或一水合物，为无色至白色晶体或粉末，一水合物的相对密度2.22，加热至109℃失去结晶水，于203℃分解成偏磷酸盐。磷酸二氢钙微溶于水（1.8%，30℃），水解产生磷酸呈酸性（pH3），可溶于盐酸和硝酸，不容易乙醇。ADI值为0~70mg/kg体重（FAO/WHO，1994）。

GB 2760—2014《食品添加剂使用标准》规定：磷酸二氢钙可作为水分保持剂和酸度调节剂应用于干酪、小麦粉及其制品、焙烤食品、非碳酸饮料、固体饮料等。

（二）聚磷酸盐

聚磷酸盐是由聚磷酸所构成的盐类，聚磷酸盐的结构式通式见图5-41。

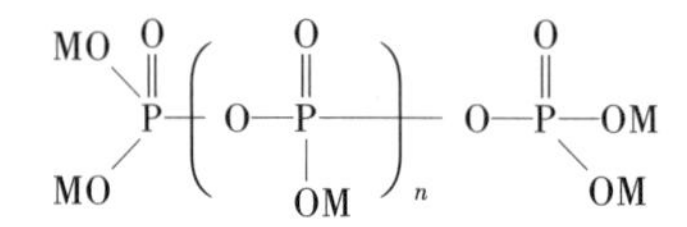

图5-41　聚磷酸盐结构式通式

M：置换氢原子的一价金属；n=0，焦磷酸盐；n=1，三聚磷酸盐

1. 三聚磷酸钠（Sodium tripolyphosphate，CNS号：15.003，INS号：451i）

三聚磷酸钠又称三磷酸钠，分子式$Na_5P_3O_{10}$或$Na_5P_3O_{10}$·$6H_2O$，有无水物和六水物两类产品。无水物为白色颗粒或粉末，熔点622℃。易溶于水，25℃在水中溶解度为13%，水溶液呈碱性（10g/L的水溶液pH为9.7）。有吸湿性，在水溶液中水解成焦磷酸盐和正磷酸盐，能与铁、铜、镍离子以及碱金属形成稳定的水溶性络合物。ADI值为0~70mg/kg体重（FAO/WHO，1994）。

GB 2760—2014《食品添加剂使用标准》规定：三聚磷酸钠可应用于乳及乳制品、冰淇淋、方便米面制品、预制肉制品、熟肉制品、鱼制品、禽肉制品、罐头、果蔬汁（肉）饮料、蛋白饮料和茶饮料中。

2. 焦磷酸钠（Tetrasodium pyrophosphate，CNS号：15.004，INS号：450iii）

焦磷酸钠分子式$Na_4P_2O_7$·$10H_2O$，为无色或白色结晶性粉末，相对密度1.82。易溶于水，不溶于乙醇，对热极稳定，在998℃下加热才分解，能与金属离子发生络合反应，10g/L的水溶液pH为10.0~10.2。焦磷酸钠易风化，加热至100℃时就失去结晶水，无水物为白色粉末。

有吸湿性，水溶液呈碱性。水溶液在70℃以下稳定，煮沸则成为磷酸氢二钠。能与铁离子以及碱金属形成稳定的水溶性络合物。ADI值为0~70mg/kg体重（FAO/WHO，1994）。

焦磷酸钠还可作为酸度调节剂和膨松剂。GB 2760—2014《食品添加剂使用标准》规定：焦磷酸钠可应用于乳及乳制品、冰淇淋、方便米面制品、预制肉制品、熟肉制品、八宝粥、预制水产品、水产品罐头、果蔬汁（肉）饮料、植物蛋白饮料、风味饮料及食用淀粉中。

3. 焦磷酸二氢二钠（Disodium dihydrogen pyrophosphate，CNS号：15.008，INS号：450i）

焦磷酸二氢二钠分子式 $Na_2H_2P_2O_7$，为白色单斜晶系结晶性粉末或熔融体，相对密度1.86，折射率1.510，有吸湿性，220℃以上分解成偏磷酸钠。可与 Mg^{2+}、Fe^{2+} 形成螯合物。焦磷酸二氢二钠可溶于水（10g/100g，20℃），10g/L水溶液的pH为4~4.5，不溶于乙醇。ADI值为0~70mg/kg体重（FAO/WHO，1994）。

焦磷酸二氢二钠还可以作为膨松剂和酸度调节剂。GB 2760—2014《食品添加剂使用标准》规定：焦磷酸二氢二钠可在面包和饼干中使用。与其他磷酸盐复配可用于干酪、午餐肉、火腿、肉制品和水产品加工的保水剂，方便面的复水剂等。在食品加工中一般添加0.5%~3%，在水产品加工中最大添加量为1%。

（三）偏磷酸盐

偏磷酸盐为环状或长链网状，结构式见图5-42（1）。已生产的有 n=3、4、5、6等几种。

偏磷酸盐大体可分为：环状偏磷酸盐，不溶性偏磷酸盐和偏磷酸钠玻璃体。后两类主要是链状聚磷酸盐，因链较长，即通式中 n 较大，组成近似于（MPO_3）$_{n+2}$，也就是组成近似于（MPO_3）$_n$，而被称为偏磷酸盐。

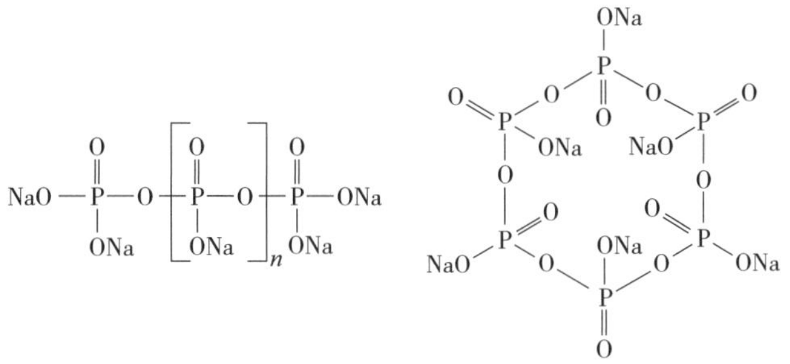

(1)偏磷酸盐　　(2)六偏磷酸钠

图5-42 偏磷酸盐及六偏磷酸钠

六偏磷酸钠（Sodium hexametaphosphate，CNS号：15.002，INS号：452i），六偏磷酸钠分子式 $Na_6P_6O_{18}$，结构式见图5-42（2），无色至白色玻璃状块无定形体，呈片状、纤维状或粉末，熔点616℃（分解），相对密度2.484。六偏磷酸钠易溶于水，水溶液可与金属离子形成络合物，二价金属离子络合物较一价稳定；不溶于有机溶剂。吸湿性强，在温水、酸或碱溶液中易水解为正磷酸盐。ADI值为0~70mg/kg体重（FAO/WHO，1994）。

六偏磷酸钠同时还可以作为乳化剂和酸度调节剂。GB 2760—2014《食品添加剂使用标准》规定：六偏磷酸钠可应用于乳及乳制品、冰淇淋、植脂末、方便米面制品、预制肉制品、熟肉制品、八宝粥罐头、水产品罐头、肉罐头类、果蔬汁（肉）饮料、植物蛋白饮料、茶饮料和风味饮料中。

食品加工中使用磷酸盐并不是简单的加入，其有效性与很多条件有关。对于肉制品，磷酸盐的作用还与下列因素有关：磷酸盐的品种、加入量、加入方式、温度、腌肉时间、离子强度、pH、原料肉、加工工艺及与其他添加剂的协同作用等，此外磷酸钙与蛋白质等高分子物质还存在一定作用。因此，使用磷酸盐时要考虑多方面因素。磷对生物机体是一种重要元素，它是以磷酸根的形式被生物机体所利用。目前，还未发现生物机体能自行合成磷酸根离子，一般通过食物摄取。因此，磷酸盐还被用作营养强化剂，一般动物与人对磷酸盐的耐受能力较大，正常用量不会导致钙磷失去平衡。但食用磷酸盐太多，对人体不利。

（四）其他

乳酸钠/钾（Sodium lactate，CNS 号：15.012，INS 号：325；Potassium lactate，CNS 号：15.013，INS 号：326），乳酸钠分子式 $C_3H_5NaO_3$，为无色或微黄色透明糖浆状液体，有很强的吸水能力，混溶于水、乙醇和甘油。乳酸钠可作为酸度调节剂、抗氧化剂、膨松剂、增稠剂和稳定剂应用于生湿面制品。乳酸钾分子式 $C_3H_5KO_3$，透明无色或基本无色的黏稠液体，无臭或略有不愉快的气味，混溶于水。

GB 2760—2014《食品添加剂使用标准》规定：乳酸钠/钾可在各类食品中按生产需要适量添加，但表 A.3 所列食品种类除外，乳酸钠在生湿面制品（如面条、饺子皮、馄饨皮、烧卖皮）中用量不得高于 2.4g/kg。

二、水分保持剂在食品工业的应用

（一）水分保持剂在食品工业的应用

水分保持剂可以通过保水、保湿、黏结、填充、增塑、稠化、增溶、改善流变性能和螯合金属离子等改善食品品质。如肉类制品通过保水、吸湿等作用可以提高其弹性和嫩度；面包、糕点等经保水、吸湿可避免表层干燥，经黏结作用可避免破碎成屑。

王修俊等（2008）将复合磷酸盐应用于鲜切青苹果保鲜中，利用复合磷酸盐中各组分的协同作用，既能有效防止酶促褐变，又能解决叶绿素褐变问题。结果表明：复合磷酸盐添加剂（磷酸盐：维生素 C：柠檬酸）的最佳配比为 10：1：20，最适用量（复合磷酸盐水溶液：鲜切青苹果）为 1L/kg，最佳保存温度为 15℃。张永明（2008）通过添加复合磷酸盐来提高鸡胸肉的保水性，改善油炸鸡胸肉的品质。实验采用了多种具有保水性的添加剂进行复配研究，通过对产品的出品率、失水率和样品感官评定进行综合评价分析。综合实验结果确定最佳的复合食品添加剂配比，即复合磷酸盐 0.3%、氯化钙 0.4%、卡拉胶 0.90%、山梨糖醇 0.52%。李苗云等（2008）研究结果表明，不同的磷酸盐对肉品保水性效果各不相同，其中以焦磷酸盐效果最佳。添加 0.2%、0.3%的焦磷酸盐可降低肉品滴水损失、减少蒸煮损失和提高灌肠成品率；添加 0.2%的多聚磷酸盐可显著减少滴水损失；添加 0.3%的六偏磷酸盐则会显著增大离心损失，保水效果不明显。李苗云等（2009）对肉制品保水性能进行研究，发现复合磷酸盐（六偏磷酸钠：多聚磷酸钠：焦磷酸钠）的最佳配比为 20：28：13 时产品蒸煮损失最小；比例为 10：30：19 时灌肠成品率最大；多聚磷酸钠：焦磷酸钠为 1：1 时灌肠感官评定最佳；三者比例为 10：30：11 时灌肠成品率最大且其感官评定最好；三者比例为 10：30：17 时产品蒸煮损失最小，灌肠成品率最大且其感官评定最好。白洁（2013）的研究结果表明，在添加剂含量相同的条件下，添加三聚磷酸钠的汤圆粉团持水性最好，黄原胶和单甘酯次之。这与三聚磷酸钠的保水性有关，因为其吸水、保湿从而避免了产品表面干燥，可以减少速冻汤圆在冷冻过程中表面水分的散失，使产品组织细腻，表面光滑，降低冻裂率。黄原胶能形成具有一定黏弹性的连续的三维凝胶网状结构，在糯米粉中适量添加能增强粉团黏结性和淀粉空间结构致密性，减少汤圆表面的开裂现象。单甘酯用于速冻汤圆的生产过程中能起到一定的乳化稳定效果，可以有效改善糯米团中水分的分布，减少游离水，保证在冻结过程中冰晶细小，使米团内部结构细腻无孔洞，减少汤圆的冻裂率，有助于保证冷冻食品的外观和口感。

（二）水分保持剂使用注意事项

使用水分保持剂最需要注意控制使用量，过量使用磷酸盐会对食品产生诸多不利影响。高浓度的磷酸盐会产生令人不愉快的金属涩味，导致产品风味恶化。而当浓度过低时，焦磷酸盐在乳化产品中有不愉快的后味。使用碱性磷酸盐调节产品 pH 时，会导致肉的颜色下降，出现呈色不良现象。如果肉制品的 pH 太高，磷酸的添加会造成脂肪分解，缩短产品保质期。磷酸盐和食盐的复合添加剂与胶质较多的肉结合时，其乳化性比单独使用食盐要差。此外，磷酸盐在肉制品的贮藏期间会在其表面或切面处出现透明或者半透明的晶体。此外，过量使用磷酸盐会对人体健康造成一定的危害：短时间内大量摄入磷酸盐会导致腹痛与腹泻，长期摄入则会导致机体的钙磷比失衡，引发代谢性骨病。

（三）新型水分保持剂及其应用

目前，国内外报道的新型无磷保水剂主要为蛋白质酶解产物、变性淀粉、酰胺化低甲基果胶、海藻糖、多聚糖等物质。

1. 聚谷氨酸

γ-聚谷氨酸（γ-PGA）是由 L-谷氨酸和 D-谷氨酸通过 γ-酰胺键结合形成的一种多肽分子。微生物合成的 γ-聚谷氨酸是一种水溶的可降解的生物高分子，相对分子质量通常为 10 万～100 万。不同的生物合成方法将会得到不同交联度的聚谷氨酸分子。由于聚谷氨酸分子链上有大量游离羧基，从而具有一般聚羧酸的性质，如强吸水、能与金属离子螯合等特点。此外，γ-聚谷氨酸分子结构上大量的活性位点便于材料的功能化，因此用途十分广泛。聚谷氨酸最大特点之一是保湿性极强。γ-聚谷氨酸水凝胶生物相容性好、可降解、安全无毒，且具有亲水性和保水性。单组分水凝胶具有强度低、离子敏感性、pH 敏感性等特点，为改善性能研制了复合水凝胶。γ-聚谷氨酸水凝胶对纯水的吸水倍率可达数千倍，但在盐水中吸水倍率快速下降。γ-PGA-Ca 具有抗冻性，可用于食品贮存；另外，在食品中添加 γ-PGA-Ca 可以提高钙的浓度，防止骨质疏松症。γ-聚谷氨酸还可作为增稠剂、膳食纤维、保健食品原料、稳定剂等应用于食品工业和作为蔬菜、水果的防冻剂等应用于农业领域。

2. 壳聚糖

壳聚糖是甲壳素脱乙酰基后的产物，壳聚糖因其独特的分子结构，是天然多糖中唯一大量存在的碱性氨基多糖。壳聚糖有 α、β、γ 三种构象，其分子链是以螺旋形式存在，其中研究 α-型的较多，因为这种构象的壳聚糖存在最多也最易制备；β-型则关注的相对较少，其构象的特征是具有很弱的分子间作用力，已有研究证实在不同的调节反应中会显示比 α-型更高的反应活性和对溶剂更高的亲和力。壳聚糖特别是分子质量很低的甲壳低聚糖，由于极性基团的存在，对水有很高的亲和力和持水性，因而对食品的保湿有重要作用。蒋林斌等（2007）在一定相对湿度下考察了壳聚糖（Cs）、壳聚糖与甲基丙烯酸（MAA）接枝共聚物（Cs-g-MAA）的保湿吸湿性能。结果表明：接枝共聚物钠盐（Cs-g-MAA）的吸湿保湿性能最优，且接枝率越高吸湿保湿性能越好，完全可以替代透明质酸，作为食品的保湿剂。壳聚糖还可以与各类环氧衍生物发生加成反应，生成的 *N*-烷基化衍生物水溶性好。将壳聚糖加入到异丙醇中与环氧丙基三甲基氯化铵反应生成季铵盐化合物，可以有效改善产品的水溶性，同时提高产品的吸湿性与保湿性。

3. 氨基酸保湿剂

三甲基甘氨酸（甜菜碱）是一种天然的、可食用的氨基酸，在甜菜根、菠菜、椰菜以及甲壳类生物中均有分布。该产品为白色结晶状粉末或微球体，其像扁豆的结构，容易与水分子结合；当物理条件改变时，它可以释放水分子，让水分子可以被活细胞利用。

4. 褐藻提取物

近年来，国内已有研究褐藻酸钠裂解产物对凡纳滨对虾及罗非鱼保水效果的报道，但目前该裂解产物尚无商业化产品。褐藻胶低聚糖在 2004 年研发成功，现已规模化生产，因此，褐藻胶低聚糖作为新型保水剂具有更广泛的现实意义。褐藻胶低聚糖是线性长链聚合物，基本单元由糖醛酸构成，有专利报道其是一种新型的益生元，也是一种新的药品、保健品、食品添加剂或饲料添加剂。另据文献报道褐藻胶低聚糖具有较好的抑菌和吸湿特性，而食品添加剂中常用的褐藻酸钠也具有吸湿性。张丽等（2010）研究表明黏度为 55mPa·s 的褐藻胶低聚糖对中国对虾有较好的保水效果，且冻藏 20d 内虾仁品质较好，可以作为复合磷酸盐的替代品。许小娟等（2013）研究表明无论高湿度环境还是低湿度环境，低分子质量的褐藻胶低聚糖的保湿性优良；保湿度与聚合度密切相关，随着分子质量的降低，褐藻胶低聚糖的保湿性能提高。褐藻胶低聚糖分子质量降低，其自由基的清除能力提高，褐藻胶低聚糖对脂溶性和水溶性自由基均具有清除能力，而且更适合于清除水溶性自由基。

思考题

1. 请简述 HLB 的概念和意义，HLB 的大小与食品的亲水亲油性有何关系？
2. 乳状液可分为几类？乳化剂的作用机理是什么？
3. 食品增稠剂具有哪些特性？如何分类？
4. 乳制品中常使用哪些增稠剂？在不同乳制品生产过程中，所适用增稠剂的添加时机分别是何时？
5. 膨松剂包括哪些类别？各自的特性是什么？
6. 什么是食品抗结剂？其作用原理是什么？
7. 哪些食品在加工贮运过程中易出现结块现象？通常结块的原因是什么？
8. 如何利用食品添加剂抑制冷冻面团的老化？
9. 试论述阿拉伯胶应用于乳制品所发挥的作用。
10. 试举例说明食用增稠剂之间的协同效应。
11. 以稳定的 β-胡萝卜素乳状液为例，试说明乳化剂的复配协同效应及乳化剂应用的要点。

参考文献

[1] Larry Branen A, Michael Davidson P, Salminen S, et al. Food Additives (second edition) [M]. Mercel Dekker, INC., 2002.

[2] Robert J Whitehurst. Emulsifiers in Food Technology [M]. Blackwell Publishing Ltd, 2004.

[3] 陈自珍，沈介仁. 食品添加物（新增订三版）[M]. 台北：台湾文源书局有限公司，1983.

[4] 刘志皋，高彦祥. 食品添加剂基础 [M]. 北京：中国轻工业出版社，1994.

[5] 陈正行，狄济乐. 食品添加剂新产品与新技术 [M]. 南京：江苏科学技术出版社，2002.

[6] 郝利平. 食品添加剂 [M]. 北京：中国农业大学出版社，2002.

[7] 凌关庭. 食品添加剂手册（第三版）[M]. 北京：化学工业出版社，2003.

[8] 刘程. 食品添加剂实用大全 [M]. 北京：北京工业大学出版社，2004.

[9] 胡国华. 食品添加剂应用基础 [M]. 北京：化学工业出版社，2005.

[10] 刘钟栋. 食品添加剂原理及应用技术（第二版）[M]. 北京：中国轻工业出版社，2005.

[11] 胡国华. 食品添加剂在粮油制品中的应用 [M]. 北京：化学工业出版社，2005.

[12] 李玲. 表面活性剂与纳米技术 [M]. 北京：化学工业出版社，2004.

[13] 林春棉，徐明仙，陶雪文. 食品添加剂 [M]. 北京：化学工业出版社，2004.

[14] 黄来发. 食品增稠剂 [M]. 北京：中国轻工业出版社，2000.

[15] 詹晓北，王卫平，朱莉. 食用胶的生产、性能与应用 [M]. 北京：中国轻工业出版社，2003.

[16] Czechowska B R, Rokita B, Ulanski P. Radiation-induced and sonochemical degradition of chitosan as a way to increase its fat-binding capacity [J]. Nuclear Instruments and Methods in Physics Research, 2005, 236: 383-390.

[17] Desplanques S, Renou F, Grisel M, et al. Impact of chemical composition of xanthan and acacia gums on the emulsification and stability of oil-in-water emulsions [J]. Food Hydrocolloids, 2012, 27 (2): 401-410.

[18] Fuke Y, Sekiguchi M, Matsuoka H. Nature of Stem Bromelain Treatments on the Aggregation and Gelation of Soybean Proteins [J]. Journal of Food Science, 2006, 50 (5): 1283-1288.

[19] Ishihara M, Nakanishi K, Ono K, et al. Photocrosslinkable chitosan as a dressing for wound occlusion and accelerator in healing process [J]. Biomaterials, 2002, 23: 833-840.

[20] Jin H H, Lu Q, Jiang J G. Curcumin liposomes prepared with milk fat globule membrane phospholipids and soybean lecithin [J]. Journal of Dairy Science, 2016, 99 (3): 1780-1790.

[21] Jyotsna R, Prabhasanka P, Dasappa I, et al. Improvement of rheological and baking properties of cake batters with emulsifier gels [J]. Journal of Food Science, 69 (1): 16-19.

[22] Michon C. Structure evolution of carrageenan /milk gels: effect of shearing, carrageenan concentration and nufraction on rheological behavior [J]. Food Hydrocolloids, 2005, 3 (19): 544.

［23］Oomah B D，Mazza G. Variation in the composition of water-soluble polysaccharides in flaxsed［J］. Journal of Agriculture and Food Chemistry，1995，43：1484-1488.

［24］Pongsawatmanit. Influence of tamarind seed xyloglucan on rheological properties and thermal stability of tapioca starch［J］. Journal of Food Engineering，2006，77（1）：41.

［25］Rodríguez-Hernández A I，Durand S，Garnier C，et al. Rheology-structure properties of waxy maize starch - gellan mixtures［J］. Food Hydrocolloids，2007，20（8）：1223-1230.

［26］Fukuda T，Matsuura H，Koizumi Y，et al. Emulsifier composition and quality improvement method for starch containing foods［P］. US Patent US4363826，1982.

［27］Varliveli S. Effects of citric acid and sucrose on the rheology of food thickeners［J］. Attachment Program of the Ngee Ann Polytechnic，Singapore and the Division of Chemical Engineering，University of Queensland，Australia，2005.

［28］Wallingford L，Labuza T P. Evaluation of the Water Binding Properties of Food Hydrocolloids by Physical/Chemical Methods and in a Low Fat Meat Emulsion［J］. Journal of Food Science，1983，48（48）：1-5.

［29］Wang Q，Ellis P R，Ross-Murphy S B. Dissolution kinetics of guar gum powders-Ⅲ：Effect of particle size［J］. Carbohydrate Polymers，2006，64（2）：239-246.

［30］安红，高树刚，杨烨. 大豆脑磷脂乙酰化改性及其乳化性能测定［J］. 食品与机械，2010，26（1）：86-88.

［31］安静，于国萍，初云斌，等. 转谷氨酰胺酶催化对不同大豆蛋白凝胶性的影响［J］. 食品科学，2011，32（6）：32-37.

［32］白洁. 低温条件下汤圆粉团中水分状态及品质变化研究［D］. 郑州：河南农业大学，2013.

［33］蔡为荣. 食品增稠剂瓜儿豆胶性质及复配性的研究［J］. 四川食品与发酵，2002（1）：41.

［34］曾凡逵，覃小丽，邵佩霞，等. 不饱和单甘酯在低脂冰淇淋中的应用［J］. 中国食品添加剂，2010（1）：169-173.

［35］陈海华，许时婴，王璋. 亚麻籽胶的溶解特性［J］. 食品与发酵工业，2004，30（4）：44-48.

［36］陈惠元，丁钟敏，彭志刚，等. 辐射变性淀粉的制备及浆液性能的研究［J］. 核农学报，2007，21（3）：264-267.

［37］陈丽平. 香蕉饮料的研制及其稳定性研究［D］. 无锡：江南大学，2005.

［38］陈启和，范琳琳，董亚晨. 一种甘露糖赤藓糖醇脂的生产方法［P］. 103589764，2014.

［39］丛琛，滕月斐，杨磊，等. 不同乳化剂对冷冻面团酵母活性的影响［J］. 保鲜与加工，2011，11（5）：43-47.

［40］段红玉，李文钊，肖诲. 蛋糕粉中无铝复合膨松剂的优化配方［J］. 天津科技大学学报，2013（2）：11-14.

［41］付天松，王林风，范义文，等. 黄原胶与其他食品胶协同作用及其在果肉饮料和米酒中的应用［J］. 食品工业科技，2004（3）：116-117.

［42］高长城，吴琼，李可人，等．影响方便豆腐脑粉品质的因素探讨［J］．食品研究与开发，2015，36（9）：127-130.

［43］耿树香，王丽．沙蒿胶特性运用研究［J］．云南农业大学学报，2006，21（5）：698-702.

［44］谷晓青，蔡桂林．大豆磷脂与聚甘油蓖麻醇酯对巧克力品质的影响［J］．内蒙古科技与经济，2014（18）：79-80..

［45］郭超．关于壳聚糖的化学改性及应用的探究［J］．化工管理，2015（36）：61.

［46］郭红珍，史振霞，解春艳．食品添加剂对全麦馒头品质的影响［J］．粮油食品科技，2014，22（1）：68-70.

［47］黄强，扶雄，罗发兴，等．利用辛烯基琥珀酸淀粉钠制备橙油饮料乳液的方法［P］．102907746，2013.

［48］金文，王振宇，程翠林，等．叶黄素-蓝莓功能性饮料乳化性能和稳定性研究［J］．东北农业大学学报，2014（4）：123-128.

［49］金征宇，田耀旗，胡秀婷，等．一种在方便米饭颗粒中均匀渗透小分子乳化剂的方法［P］．101919510A，2010.

［50］康斌，戚志强，伍亚军，等．γ 辐射降解法制备小分子水溶性壳聚糖［J］．辐射研究与辐射工艺学报，2006，24（2）：83-86.

［51］李博，许时婴．亲水胶体类脂肪代用品在低脂肉糜制品中的应用［J］．食品与发酵工业，1995（6）：1-8.

［52］李春发．蛋糕用无铝复合膨松剂配方的选择及优化［J］．农业机械，2012，33：81-83.

［53］李聪聪．壳聚糖复配增稠剂对鱼肉肠品质的影响分析［J］．中外食品工业月刊，2015（3）：73.

［54］李冬文，陈移平，杨鲁君，等．不同乳化剂对小麦胚芽酥性饼干的品质影响研究［J］．食品研究与开发，2015（9）：26-29.

［55］李凤林，余蕾．微胶囊化膨松剂的研究［J］．粮油加工，2009（8）：107-108.

［56］李宏吉，范琳琳，蔡瑾，等．微生物纤维二糖脂的活性及其应用研究进展［J］．食品与发酵工业，2014，40（3）：176-181.

［57］李向东，吕加平，夏志春，等．亚麻籽胶在搅拌型酸奶加工中的应用研究［J］．食品科学，2008，29（12）：331-335.

［58］李小婷，闫淑琴，刘碧婷，等．无矾红薯粉丝品质改进［J］．食品科技，2011（4）：122-126.

［59］李雪琴，王显伦，陈颖，等．一种复合乳化剂及其在发酵冷冻面团蒸制食品中的应用［P］．102057971 A，2011.

［60］李艳平．食品添加剂用于方便米饭抗老化的研究进展［J］．食品研究与开发，2012，33（4）：219-222.

［61］梁瑞红，张京京，刘伟，等．一种酸性植物蛋白饮料的乳化剂和稳定剂的复合配方［P］．102823657 A，2012.

［62］廖兰，韩雪跃，李章发，等．脱酰胺作用对降解小麦面筋蛋白特性的研究［J］．现

代食品科技，2015（1）：21-25.

［63］林家莲，周凌霄，蒋予箭．微胶囊工艺在膨松剂中的应用研究［J］．郑州工程学院学报，2001，22（2）：80-84.

［64］刘超．杏果肉固体饮料制作工艺的研究［D］．乌鲁木齐：新疆农业大学，2012.

［65］刘敦华，谷文英．沙蒿胶热稳定性的研究［J］．食品工业科技，2006，27（4）：159-161.

［66］刘虎成，李洪军，刘勤晋，等．魔芋胶在低脂肉糜制品中的应用研究［J］．肉类工业，2000（7）：44-46.

［67］刘丽莉，向敏，康怀彬，等．鸡蛋清蛋白磷酸化改性及功能性质的研究［J］．食品工业科技，2013，34（6）：154-158.

［68］刘志胜，李里特，辰巳英三．豆腐盐类凝固剂的凝固特性与作用机理的研究［J］．中国粮油学报，2000，15（3）：39-43.

［69］陆海霞，张蕾，李学鹏．超高压对秘鲁鱿鱼肌原纤维蛋白凝胶特性的影响［J］．中国水产科学，2010，17（5）：1107-1113.

［70］吕贞龙，印伯星，张在金．乳化稳定剂对苹果汁牛奶稳定性的研究［J］．现代食品科技，2008，24（12）：1274-1277.

［71］马晓军，贾可华．大麦饮料乳状液的稳定性［J］．食品与发酵工业，2014，40（7）：235-240.

［72］毛立科，许朵霞，杨佳，等．不同乳化剂制备β-胡萝卜素纳米乳液研究［J］．食品工业科技，2008（4）：64-67.

［73］毛立科，许洪高，高彦祥．高压均质技术与食品乳状液［J］．食品与机械，2007（5）：146-149.

［74］毛立科．β-胡萝卜素纳米乳液的制备及其理化性质研究［D］．北京：中国农业大学，2008.

［75］孟宗，耿温馨，王风艳，等．单一乳化剂对月桂酸型代可可脂巧克力物化性质影响研究［J］．食品工业，2013（12）：162-164.

［76］饶安平，陈芝清，李东强，等．一种含纳豆、大豆磷脂、红曲的降血脂保健食品及其制备方法［P］．104432091A，2015.

［77］沈建华，李立．一种环保豆腐的制作方法［P］．103891908A，2014.

［78］沈敏江，王文辉，刘丽，等．核桃蛋白有限酶解增溶改性的工艺研究［J］．中国粮油学报，2015，30（8）：93-98.

［79］宋莲军，张莹，乔明武，等．豆腐凝固剂的筛选与复配［J］．江西农业学报，2011，23（3）：143-146.

［80］孙书静．卡拉胶在肉制品中的应用［J］．肉类工业，2003（12）：34-35.

［81］唐传核，杨晓泉．一种以酶作凝固剂的豆腐的生产方法［P］．200710031820，2007-11-30.

［82］唐华丽，邬正南，杨帆，等．葡萄籽饼干的配方优化［J］．农产品加工·学刊，2012（5）：80-82.

［83］万分龙．低聚甘油脂肪酸酯的绿色制备及其性质分析［D］．广州：暨南大

学，2015.

［84］王红燕．豆腐凝固剂及保鲜研究［D］．郑州：河南工业大学，2014.

［85］王宏霞，徐幸莲，周光宏．亚麻籽胶在乳化肠中的应用研究［J］．食品科学，2010，31（15）：26-30.

［86］王菁文，刘涛．豆腐凝固剂的种类与特点［J］．大豆通报，1997（3）：24.

［87］王丽，赵思明，刘友明．乳化剂对微波蛋糕品质的影响［J］．食品工业科技，2013，34（2）：306-309.

［88］王麟艳，李岩，张冰．不同增稠剂对涂抹型花生牛乳再制干酪品质的影响［J］．中国奶牛，2015（Z1）：50-52.

［89］王妮妮，孙超，付永刚，等．探索不同乳化剂对含谷物调制乳饮料乳化稳定性的影响［J］．饮料工业，2014，17（2）：31-34.

［90］王艳阳，华嘉川，张旭令，等．聚氨基酸类水凝胶的研究进展［J］．轻工科技，2015（4）：47-50.

［91］王耀鑫，赵仁勇，崔言开，等．乳化剂对夹层蛋糕坯质地的影响［J］．河南工业大学学报：自然科学版，2015，36（3）：39-44.

［92］卫晓英，李全阳，赵红玲，等．海藻酸丙二醇酯（PGA）对凝固型酸乳结构的影响［J］．食品与发酵工业，2009，35（2）：180-183.

［93］魏强华，邹春雷．复合乳化稳定剂对意大利式冰淇淋品质的影响［J］．中国食品添加剂，2012（5）：181-186.

［94］吴超平，姜绍通，余振宇，等．板栗浊汁饮料稳定性的研究［J］．食品工业，2015（9）：5-8.

［95］吴翠彦，陈洁，刘真理，等．乳化剂对热风干燥方便面品质的影响［J］．粮油食品科技，2014，22（3）：11-14.

［96］吴伟莉．一种饮料乳浊剂的开发及其稳定性研究［D］．北京：中国农业大学，2007.

［97］肖东，周文化，邓航，等．鲜湿面抗老化剂复配工艺优化及老化动力学［J］．农业工程学报，2015（23）：261-268.

［98］许朵霞，曹雁平，袁芳，等．乳清分离蛋白-甜菜果胶共价复合物理化特性分析［J］．现代食品科技，2013（9）：2102-2105.

［99］许小娟，付晓婷，段德麟，等．褐藻胶低聚糖的保水性和抗氧化功能研究［J］．农产品加工，2013（4）：1-4.

［100］许学勤，李丹．喷雾干燥速溶香蕉粉制备工艺研究［J］．食品工业科技，2011（2）：201-204.

［101］薛文通，任媛媛，张泽俊，等．盐类凝固剂短时间内凝固特性的研究［J］．食品工业科技，2005（5）：130-132.

［102］严晓鹏．麸皮面包改良剂的研究［D］．无锡：江南大学，2007.

［103］杨海红，麻建国，许时婴．亲水胶体对含酒精 O/W（水包油）乳状液稳定性的影响［J］．无锡轻工大学学报，2002，21（6）：602-606.

［104］杨艳，于功明，王成忠．海藻酸丙二醇酯对酸性湿面条质构影响研究［J］．粮食

与油脂，2009（5）：16-18.

［105］杨永利，郭守军，陈涌程，等．刺槐豆胶复合涂膜保鲜剂低温保鲜荔枝的研究［J］．食品研究与开发，2009，30（12）：150-153.

［106］杨永利，郭守军，何都能，等．鹿角海萝多糖的流变性研究［J］．食品工业科技，2007，28（7）：103-106.

［107］杨宇鸿，司卫丽，周雪松，等．半乳脂冰淇淋乳化稳定剂的开发［J］．中国乳品工业，2013，41（10）：15-17.

［108］余奎，李静，邓毛程，等．一株鼠李糖脂产生菌的筛选及其产物特性分析［J］．食品科技，2014（6）：12-16.

［109］张慧，王璋，许时婴．不同的亲水胶体对银杏浊汁稳定性的影响［J］．食品科技，2006（4）：88-91.

［110］张慧慧，郑建仙．响应曲面法优化无铝油条膨松剂配方的研究［J］．粮食与饲料工业，2013（9）：18-21.

［111］张科，倪学文，陈洁，等．食品胶对西式灌肠质构特性的影响［J］．食品工业科技，2011（3）：247-250.

［112］张利兵，赵妍嫣，姜绍通．小麦醇溶蛋白磷酸化改性工艺及性质的研究［J］．食品工业科技，2012，33（12）：318-321.

［113］张瑞珍，赵丽芹，张曦沙．蒿胶对荞麦面包品质的影响［J］．保鲜与加工，2007（2）：41-43.

［114］张中义，孟令艳，晁文，等．牛乳蛋白对无麸质面包焙烤特性的改善作用［J］．食品工业科技，2012，33（8）：176-178.

［115］张忠慧，曹慧，黄健．甜橙油微乳的制备研究［J］．香料香精化妆品，2012（2）：14-16.

［116］赵兰清．一种新型复合蛋糕起泡乳化剂及其制造方法［P］．104012592A，2014.

［117］赵希荣．壳聚糖防腐抗菌剂的研究［D］．无锡：江南大学，2006.

［118］赵新淮，王微．复合增稠剂对凝固型原味酸奶质地及微观结构的影响［J］．东北农业大学学报，2010，41（1）：107-111.

［119］钟秀娟，张多敏，周雪松，等．食品胶体对高蛋白调酸乳饮料稳定性的影响［J］．现代食品科技，2010，26（7）：709-711.

［120］周崇飞，卢蓉蓉．乳化剂对耐贮存面包品质的影响［J］．中国科技论文在线，2015.

［121］朱卫红，许时婴，江波．微胶囊化薄荷油的制备及其热稳定性研究［J］．食品与机械，2006，22（5）：32-35.

［122］庄华红，王淑芳，高靖辰，等．γ-聚谷氨酸水凝胶的制备、性能及其应用［J］．应用化学，2014，31（3）：245-255.

［123］卓秀英，齐军茹，杨晓泉．大分子拥挤体系中SPI-葡聚糖共价复合物制备［J］．中国食品添加剂，2011（5）：158-162.

第六章

其他食品添加剂

[学习目标]

本章主要讲述了营养强化剂、食品酶制剂、其他加工助剂、面粉处理剂、胶母糖基础剂、消泡剂、被膜剂等食品添加剂的概念和应用原理。

通过本章的学习，应了解营养强化剂的强化原则及营养素的摄入计算方法；了解常见的营养强化成分；掌握食品酶制剂的定义和品种、常用酶制剂的性质及使用注意事项；掌握食品被膜剂的应用原理、种类及应用范围；掌握食品消泡剂的概念及其作用原理，了解食品消泡剂种类及其应用范围。

本书在前面的章节中介绍了食品保存剂、色泽调节剂、风味添加剂、质构改良剂，我国允许使用的食品添加剂还包括营养强化剂、食品工业用加工助剂、面粉处理剂、胶姆糖基础剂、被膜剂、消泡剂等，本章按照类别逐一介绍。

第一节　营养强化剂

长期以来，传统食品的营养价值主要由大自然赋予，各种食品中所含营养素不同，且分布不均；任何种类的食品或多或少缺乏一些人体生理所必需的营养素，长期单独食用某类食品将导致相应的营养缺乏症。例如，玉米中缺乏赖氨酸，经常食用玉米使人易得癞皮病；同时，食品中的营养素在加工、贮存、烹调等处理后将会减少或完全损失，例如果蔬类食品经过加工常导致维生素 C 的大量损失。为避免某种营养素缺乏症的发生及全面提高社会公民的身体素质，有必要对大众食品进行营养强化。

历史上最早进行营养强化的例子可以追溯到 1883 年，法国化学家 Boussingault 发现在食盐中添加碘可以防治甲状腺肿大。1924 年首次在美国密歇根州进行食盐碘强化，经试验发现该方法能有效预防甲状腺肿大（当时是一种很普遍的缺乏症）。其他一些较早使用营养强化剂的实例有：在人造奶油、牛乳及乳制品中添加维生素 D 以预防佝偻病；在稻米、玉米等谷物产品中添加 B 族维生素提高主食营养品质，并且有助于防治核黄素缺乏病、脚气病、糙皮病和缺铁性贫血等。维生素、矿物质、氨基酸和脂肪酸等在食品中的强化及营养科学的发展紧密相关。

与其他食品添加剂类似，部分营养强化剂不仅具有营养强化的功能，还具有其他功效，如，β-胡萝卜素可用作色素，维生素 E 可作为抗氧化剂。在食品中添加的营养强化剂也有很多产品形态，如乳液、粉末、胶囊等。

公众日益增长的健康意识真正促进了营养强化剂的发展。本节就维生素类、矿物质类及其他类等营养强化剂的营养功效及在食品中的强化进行介绍，但不涉及药物方面的内容。

一、概　　述

食品营养强化剂指“为了增加食品的营养成分（价值）而加入食品中的天然或人工合成的营养素和其他营养成分”。其中，营养素指食物中具有特定生理作用，能维持机体生长、发育、活动、繁殖以及正常代谢所需的物质，包括蛋白质、脂肪、碳水化合物、矿物质、维生素等；其他营养成分指除营养素以外的具有营养和（或）生理功能的其他食物成分。而特殊膳食用食品指为满足特殊的身体或生理状况和（或）满足疾病、紊乱等状态下的特殊膳食需求，专门加工或配方的食品，这类食品的营养素和（或）其他营养成分的含量与可类比的普通食品有显著不同。根据 GB 14880—2012《食品安全国家标准　食品营养强化剂使用标准》及原卫生部的后续公告，营养强化剂分为维生素类、矿物质类及其他类。

（一）营养强化方案的确定

个体需要从膳食中获取营养，从而维持每天的生存和生活，当长期摄取某种食物或某种营养素过多或不足，将产生相应营养素中毒和缺乏的危害。食品营养强化的前提条件有两点：①由于食物中缺乏一种或多种营养物质，为患有或可能罹患营养缺乏症的人群调整营养配比；②当膳食既适量又合理时，使食品在一定水平上满足现代营养科学的标准并保持一定的品质。

为了使消费者能安全摄入各种营养素，20 世纪 40 年代到 80 年代，许多国家根据本国的具体情况制定了各自的推荐营养素供给量（RDAs）。食品营养强化剂的添加应以 RDAs 为依据。我国自 1955 年开始采用“每日膳食中营养素供给量（RDAs）”评价和建议营养素的摄入水平，作为膳食质量标准。20 世纪 90 年代初，美国和加拿大的营养学界进一步发展了 RDAs 的范围，增加了可耐受最高摄入量（ULs），形成了比较系统的新概念——膳食营养素参考摄入量（DRIs）。我国营养学会也相继对膳食营养素参考摄入量进行了讨论和修订，形成了“中国居民膳食营养参考摄入量（Chinese DRIs）”。DRIs 包括平均需要量（EAR）、推荐摄入量（RNI）、适宜摄入量（AI）和可耐受最高摄入量（UL）等四方面内容，是营养强化方案的确定依据（黄文等，2006）。

1. 平均需要量（EAR，Estimated Average Requirement）

EAR 根据个体需要量研究制定，是根据某些指标判断可以满足某一特定性别、年龄及生理状况群体中 50%个体需要量的摄入水平。这一摄入水平不能满足群体中另外 50%个体对该营养素的需要。EAR 是制定 RDA 的基础。

2. 推荐摄入量（RNI，Recommended Nutrient Intake）

RNI 相当于传统使用的 RDA，是可以满足某一特定性别、年龄及生理状况群体中绝大多数（97%~98%）个体需要量的摄入水平。长期按 RNI 水平摄入，可以满足身体对该营养素的需要，保持健康和维持组织中有适当的储备。RNI 的主要用途是作为个体每日摄入该营养素的目标值。RNI 是以 EAR 为基础制定的。如果已知 EAR 的标准差，则 RNI 定义为 EAR 加两个标准差，即 RNI = EAR+2SD。如果关于需要量变异的资料不够充分，不能计算 SD 时，一般设 EAR 的变异系数为 10%，这样 RNI = 1.2×EAR。

3. 适宜摄入量（AI，Adequate Intake）

当个体需要量的研究资料不足，不能计算 EAR，因而不能求得 RNI 时，可设定适宜摄入量（AI）来代替 RNI。AI 是通过观察或实验获得的健康人群某种营养素的摄入量。如纯母乳喂养的足月产健康婴儿，从出生到 4~6 个月，他们的营养素全部来自母乳。母乳中供给的营养素量就是他们的 AI 值，AI 的主要用途是作为个体营养素摄入量的目标。

AI 与 RNI 相似之处是二者都用作个体摄入的目标，能满足目标人群中几乎所有个体的需要。AI 和 RNI 的区别在于 AI 的准确性远不如 RNI，可能显著高于 RNI。因此，与使用 RNI 相比，采用 AI 需更加小心。

4. 可耐受最高摄入量（UL，Tolerable Upper Intake Level）

UL 是平均每日可以摄入某营养素的最高量。这个量对一般人群中几乎所有的个体都不至于损害健康。如果某营养素的毒副作用与摄入总量有关，则该营养素的 UL 是依据食物、饮水及补充剂提供的总量而定。如毒副作用仅与强化食物和补充剂有关，则 UL 依据该类来源制定。

营养强化的理论基础是营养素平衡，滥加强化剂常因营养失调而有害健康。为保证强化食品的营养水平，避免强化不当所引起的不良影响，使用强化剂时必须先确定各营养素的合理使用量。

（二）使用营养强化剂的要求

营养强化剂的使用应符合以下要求：

（1）营养强化剂的使用不应导致人群食用后营养素及其他营养成分摄入过量或不均衡，不应导致任何营养素及其他营养成分的代谢异常。

（2）营养强化剂的使用不应鼓励和引导与国家营养政策相悖的食品消费模式。

（3）添加到食品中的营养强化剂应能在特定的贮藏、运输和食用条件下保持质量的稳定。

（4）添加到食品中营养强化剂不应导致食品一般特性如色泽、滋味、气味、烹调特性等发生明显不良改变。

（5）不应通过使用营养强化剂夸大强化食品中某一营养成分含量或作用误导和欺骗消费者。

（三）可强化食品类别的选择要求

选择营养强化剂的强化载体作为强化食品时应符合以下要求：

（1）应选择目标人群普遍消费且容易获得的食品进行强化。

（2）作为强化载体的食品消费量应比较稳定。

（3）我国居民膳食指南中提倡减少食用的食品不宜作为强化的载体。

（四）营养强化剂的强化方法

选择营养强化剂的两个主要标准是产品自身的稳定性及与目标食品产品的可混合性。为确保符合第二个标准，添加时机的准确把握非常重要。

（1）在原料或者必要的食物中添加　例如，面粉、谷物、米、饮用水、食盐等。

（2）在食品加工过程中添加强化剂　例如，各类糖果、糕点、焙烤制品、婴儿食品、饮料、罐头等都可采用这种方法，注意加工过程中强化剂的稳定性。

（3）在成品中加入强化剂　这样能更进一步减少原料加工前处理和加工过程中的损失，如乳粉类、压缩食品类以及一些军用食品都可采用此种方法。

（4）生物学添加方法　先使强化剂被生物吸收利用，使其成为生物有机体，然后再将这类含有强化剂的有机体加工成产品或者直接食用。例如，富含亚麻酸的鸡蛋、富硒茶等，也可用发酵的方法获取，例如高维生素发酵制品。

（5）物理化学添加方法　例如，紫外线照射使牛乳中的麦角固醇变成维生素 D_3。

（五）营养强化的主要目的

在以下情况下可以使用营养强化剂：

（1）弥补食品在正常加工、贮存时造成的营养素损失。

（2）在一定的地域范围内，有相当规模的人群出现某些营养素摄入水平低或缺乏，通过强化可以改善其摄入水平低或缺乏导致的健康影响。

（3）某些人群由于饮食习惯和（或）其他原因可能出现某些营养素摄入量水平低或缺乏，通过强化可以改善其摄入水平低或缺乏导致的健康影响。

（4）补充和调整特殊膳食用食品中营养素和（或）其他营养成分的含量。

二、营养强化剂各论

（一）维生素类营养强化剂

七大营养素之一的维生素几乎不能由人体合成，必须通过外界供给。维生素种类很多，按溶解性可分为脂溶性维生素和水溶性维生素两类。脂溶性维生素与油脂代谢紧密相关，很难或不溶于水，人体内有一定的贮存量，能够对人体每日脂溶性维生素摄入量的变化进行协调并减少受影响程度。核黄素、维生素 B_{12} 等水溶性维生素并不在人体内大量贮存，过量的水溶性维生素经尿液排出体外。维生素的分析和代谢在生物化学等文献资料中已有详细记载，本节仅介绍维生素类强化剂的性质及应用。

目前，GB 14880—2012《食品营养强化剂使用标准》允许的维生素类营养强化剂共 16 种，包括 5 种脂溶性维生素（维生素 A、维生素 D、维生素 E、维生素 K、β-胡萝卜素），11 种水溶性维生素（维生素 B_1、维生素 B_2、维生素 B_6、维生素 B_{12}、维生素 C、烟酸、叶酸、泛酸、生物素、胆碱、肌醇）。

1. 脂溶性维生素

（1）维生素 A（Vitamin A）　维生素 A 是一类具有与全反式视黄醇结构相似的物质总称，包括视黄醇、视黄醛、视黄酸及其酯。维生素 A 为淡黄色油溶液，冷冻后可固化，几乎无臭或微有鱼腥味，无酸败味，极易溶于三氯甲烷或酯中，溶于无水乙醇和植物油，不溶于甘油和水。视黄醇的分子式 $C_{20}H_{30}O$，相对分子质量 286.46，结构式见图 6-1。淡黄色片状结晶，熔点 62~64℃，沸点 120~125℃（0.667Pa）。维生素 A 在碱性条件下较稳定，酸性条件下不稳定，与维生素 C 共存时得到保护，受空气、氧、光和热的影响而逐渐降解，水分活度升高加速降解，通过降低湿度、隔绝氧气、添加抗氧化剂以及低温保存等措施可显著减缓维生素 A 的降解过程。

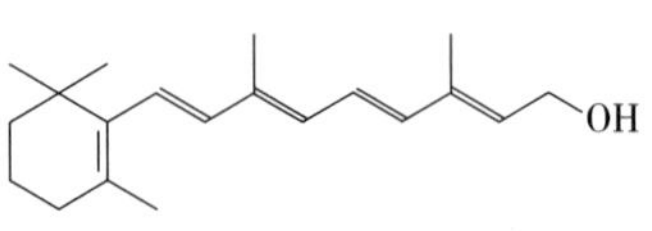

图 6-1　视黄醇

机体缺乏维生素 A 会降低抵抗疾病和传染的能力、骨骼及牙齿发育不良、夜盲症、上皮细胞（黏膜及皮肤）角质化、皮肤会变得干燥、粗糙和鳞屑化，干眼病等（Larry 等，2002）。维生素 A 最初作为影响鸟类等动物眼部健康和夜间视力的物质而被认识。

维生素 A 在自然界中主要以乙酸酯和棕榈酸酯形式存在，但视黄酸和视黄醛并不常见。在人体、鱼类、鸟类及蛋、乳和乳制品中均存在维生素 A。维生素 A 大多以棕榈酸酯形式贮存于肝脏中，且所有顺式同分异构体的生物活性都不同程度的低于反式同分异构体。

β-胡萝卜素分解成视黄醇后具有维生素 A 的活性，因而常称为维生素 A 前体或维生素 A 原。具有维生素 A 生物活性的类胡萝卜素必须具有至少一个不可取代的 β-紫罗兰酮基环和一个一端含环已烯环的碳链。30 种以上的类胡萝卜素同分异构体具有维生素 A 的生物活性。

维生素 A 主要以乙酸酯或棕榈酸酯添加于产品中，由于其稳定性较好且容易混合，可以结晶形式或根据实际应用制成一定浓度的粉剂或使用乳化剂、抗氧化剂制成乳状液进行添加。

维生素 A 的常用单位是国际单位（IU）。一个国际单位维生素 A 相当于 0.33μg 视黄醇或视黄醇当量（RE）。胡萝卜素强化可折算成维生素 A 表示，1μg β-胡萝卜素等于 0.167μg 视黄醇。维生素 A 的允许使用限量为 5000 个国际单位（U. S. RDA）。我国营养学会 2000 年制定的中国居民膳食营养素参考摄入量（DRIs）中对维生素 A 的摄入有着严格的标准：6 个月到 4 岁的婴幼儿每日 400μgRE；4~7 岁的儿童 500μgRE；7~11 岁的儿童 600μgRE；随着年龄的增长摄入量也应该相应增加，非哺乳期的成年人一般不得超过 800μgRE；而乳母的摄入量可以高达 1200μgRE。摄食超过 300000IU 和 100000IU 的维生素 A 对儿童和婴儿产生毒性，具体中毒症状包括：头痛、晕车、呕吐、厌食、晕眩、视力倾斜等。Korner 和 Volln 曾做过每日摄取 250000IU 维生素 A 的慢性毒性试验，中毒症状有头痛、晕车、厌食和骨质疏松，暂时停止摄入维生素 A 可缓解这些症状。由于胡萝卜素和维生素 A 的前体被归于维生素 A 一类，其衡量单位与维生素 A 相同。但是不同食物来源的胡萝卜素的吸收率不同，所以 β-胡萝卜素的总用量是视黄醇的 1/6，其他有维生素 A 前体活性的类胡萝卜素用量是视黄醇的 1/12。对于一般人，建议每天服用 15~50mg（25000~83000IU）β-胡萝卜素。

我国维生素 A 强化一般用于乳制品、婴幼儿食品和食用油等。这些营养强化食品将对改善我国居民的维生素 A 营养状况发挥重要作用。GB 14880—2012《食品营养强化剂使用标准》规定：维生素 A 可用于调制乳、调制乳粉、植物油、人造黄油及其类似制品、冰淇淋类、雪糕类、豆粉、豆浆粉、豆浆、大米、小麦粉、即食谷物［包括碾轧燕麦（片）］、西式糕点、饼干、含乳饮料、固体饮料类、果冻、膨化食品、植物蛋白饮料、风味发酵乳、干酪和再制干酪（仅限再制干酪）、特殊膳食用食品等。可作为维生素 A 来源的营养强化剂包括：醋酸视黄酯（醋酸维生素 A）、棕榈酸视黄酯（棕榈酸维生素 A）、全反式视黄醇及 β-胡萝卜素。但 β-胡萝卜素在固体饮料类的使用量为 3~6mg/kg。

（2）维生素 D（Vitamin D） 维生素 D 能够通过紫外线照射形成一种类固醇类化合物，维生素 D_2 和维生素 D_3 是维生素 D 的两种主要存在形式，果蔬酵母和真菌中常见的麦角固醇及动物组织中的胆固醇分别是它们的前体。

维生素 D_2 又称麦角钙化醇（Ergocalciferol），分子式 $C_{28}H_{44}O$，相对分子质量 396.66，分子结构式见图 6-2（1），白色柱状结晶或者结晶状粉末，无臭无味。熔点 115~118℃，极易溶于氯仿，易溶于乙醇、乙醚、环已烷和丙酮，微溶于植物油，不溶于水。

维生素 D_3 又称胆钙化醇（Cholecalciferol），分子式 $C_{27}H_{44}O$，相对分子质量 384.65，分子结构式见图 6-2（2），白色柱状结晶或者结晶状粉末，无臭无味。熔点 84~88℃，极易溶于氯仿，易溶于乙醇、乙醚、环己烷和丙酮，微溶于植物油，不溶于水。

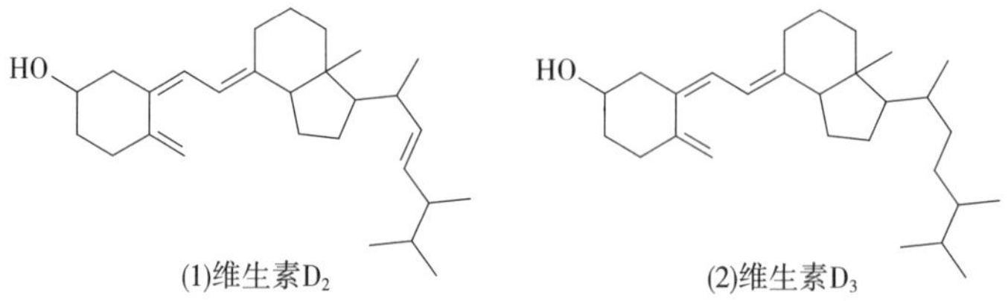

图 6-2 维生素 D_2 和维生素 D_3

维生素 D 对光、热、空气敏感，一般添加抗氧化剂或采取避光、隔绝氧气等手段保存。

维生素 D 能有效防治佝偻病，能促进人体对钙、磷的吸收，但其摄入过多会导致一些软体组织如心脏、肺、肾的局部钙化损伤，在某些情况下危及生命。维生素 D 中毒症状有头晕、呕吐、厌食、血钙过高、干渴、方向感减弱等反应。

维生素 D 主要来源是动物源性食品，而在果蔬、谷物、豆类和油脂中很少存在。维生素 D 可从酵母菌中分离、利用紫外线辐射麦角固醇经结晶纯化获得维生素 D_2；从鱼肝油中提取或由胆固醇前体制备维生素 D_3，人体也可以经太阳光紫外辐射后皮肤中自动生成。

维生素 D 常用单位是国际单位（IU）。一个国际单位代表了 0.025μg 晶体维生素 D_3 的活力。由于分子质量的不同，一个国际单位的麦角固醇或维生素 D_2 是 0.0258μg。美国维生素 D 每日推荐量为 400IU。中国维生素 D 的每日推荐量为 5~10μg，即 200~400IU。除了需大剂量补充外，维生素 D 过量的现象较少出现。过量补充维生素 D 将导致体内钙大量富集，骨钙吸收过多并最终导致软组织钙化及肾结石。

GB 14880—2012《食品营养强化剂使用标准》规定，维生素 D 可用于调制乳、调制乳粉、人造黄油及其类似制品、冰淇淋类、雪糕类、豆粉、豆浆粉、豆浆、藕粉、即食谷物［包括碾轧燕麦（片）］、饼干、其他焙烤食品、果蔬汁（肉）饮料（包括发酵型产品等）、含乳饮料、风味饮料、固体饮料类、果冻、膨化食品、风味发酵乳、干酪和再制干酪（仅限再制干酪）、其他乳制品（仅限奶片）、植物蛋白饮料、特殊膳食用食品等。可作为维生素 D 来源的营养强化剂包括麦角钙化醇（维生素 D_2）和胆钙化醇（维生素 D_3）。

（3）维生素 E（Vitamin E）　维生素 E 在自然界中普遍存在，在植物中普遍含量很高，在油脂和小麦胚芽中含量尤其高。维生素 E 不仅可以用作抗氧化剂，还用作营养强化剂。维生素 E 对紫外线不稳定，但对碱和热相对稳定，尤其是无氧或非酸性条件下。生育酚酯化后在紫外线或有氧条件下比未酯化时更稳定，但同时丧失了抗氧化的能力，乙酸生育酚酯没有抗氧化能力。维生素 E 在食品中多以乙酸酯、琥珀酸酯或 *dl*-α-生育酚、D-α-生育酚的形式用于强化。

维生素 E 常用单位为国际单位（IU）。一个国际单位维生素 E 相当于 1mg 合成 *dl*-α-乙酸生育酚酯。1mg *dl*-α-生育酚相当于 1.10 IU。天然的 *d*-α-生育酚及其酯酸酯有更高的 IU 值，分别是 1.49 IU 和 1.36IU。这是因为 L-型外消旋混合物的活性只有 D-型的 1/6。美国每日推荐摄入量为 30IU。我国 0~1 岁婴幼儿维生素 E 的每日适宜摄入量为 3IU，1~4 岁幼儿维生素 E 的每日适宜摄入量为 4IU，4~7 岁儿童维生素 E 的每日适宜摄入量为 5IU，7~11 岁儿童维生素 E 的每日适宜摄入量为 7IU，11~14 岁儿童维生素 E 的每日适宜摄入量为 10IU，14 岁以上人群维生素 E 的每日适宜摄入量为 14IU。生育酚几乎没有毒性，长期每日服用高达 1000IU，也仅表现出一些轻微的副作用，如皮炎、疲劳等。迄今为止，尚未发现摄入过多维生素 E 危及生命的报道。

GB 14880—2012《食品营养强化剂使用标准》规定：维生素 E 可用于调制乳、调制乳粉、植物油、人造黄油及其类似制品、豆粉、豆浆粉、豆浆、胶基糖果、即食谷物（包括碾轧燕麦（片））、饮料类（14.01，14.06 涉及品种除外）、固体饮料、果冻、特殊膳食用食品等。可作为维生素 E 来源的营养强化剂包括 *d*-α-生育酚、*dl*-α-生育酚、*d*-α-生育酚 α-醋酸生育酚酯、*dl*-α-生育酚 α-醋酸生育酚酯、混合生育酚浓缩物、维生素 E 琥珀酸钙、*d*-α-生育酚 α-琥珀酸生育酚和 *dl*-α-生育酚 α-琥珀酸生育酚。

（4）维生素 K（Vitamin K）　维生素 K 包括维生素 K_1、维生素 K_2 和维生素 K_3。维生素 K_1 为 2-甲基-3-叶绿基-1,4-萘醌，分子式 $C_{31}H_{46}O_2$，相对分子质量 450.71，结构式见图6-3。黄色至橙色黏稠液，无臭，相对密度 0.967，折射率 1.525~1.528，易溶于氯仿、乙醚，微溶于乙醇和水。维生素 K_1 来源于植物。维生素 K_2 是由几种含不饱和侧链的化合物组成，来源于微生物；自然界发现的维生素 K_2 化合物主要是甲基萘醌类，在侧链上含有 6 个异戊二烯。维生素 K_3 为人工合成品。

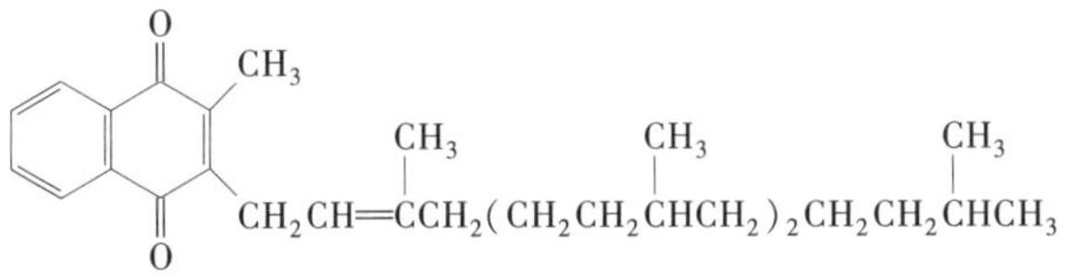

（1）维生素 K_1

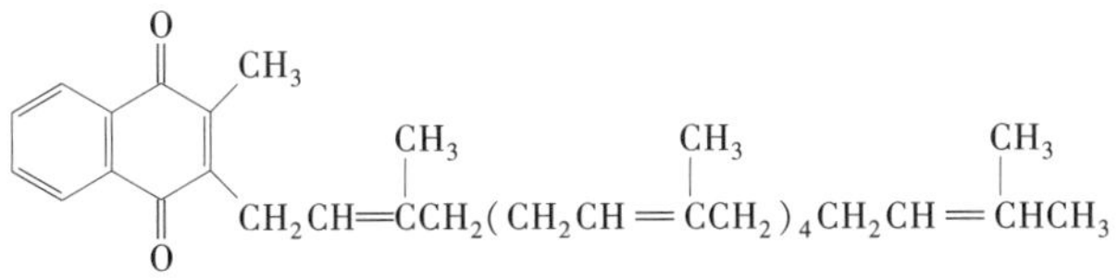

（2）维生素 K_2

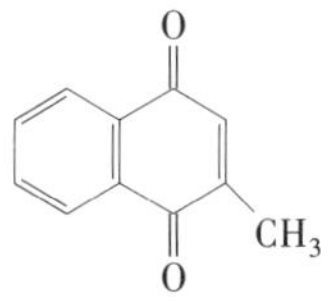

（3）维生素 K_3

图6-3　维生素 K

维生素 K 的热稳定性和耐氧性均较好，但对光很敏感；一些人工合成维生素 K 比天然维生素 K 稳定。维生素 K 的生物活性主要与萘醌部分结构相关，但是与分子侧链也有一定关系。维生素 K 是一组止血化合物，缺少维生素 K，血液流出处伤口不能完好凝结（张会丰等，2002）。由于日常食物中有充足的维生素 K 并且能通过人体内代谢合成，所以维生素 K 缺乏症很罕见。

临床医学上用的维生素 K 的形式多是维生素 K_1，在美国，这是唯一允许使用的维生素 K 食品添加剂。天然维生素 K 的毒性迄今还没有发现，长期大量服用未发现副作用，但是维生素 K_3 和它的一些水溶性同系物由于和巯基反应造成溶血性贫血和肝脏损害。

维生素 K 目前没有每日推荐量，主要是迄今尚未发现维生素 K 缺乏症，且维生素 K 可以由肠内微生物合成。但婴儿因肠胃处的微生物生长不完善可能会有缺乏症。1984 年，Suttie 提出人体每日摄入 0.5~1.0μg/kg 体重的维生素 K 比较合适。家禽推荐用量是 100~200μg/kg 体重。绿叶蔬菜是维生素 K_1 的良好来源，如菠菜、菜花、圆白菜等。水果和番茄中的维生素 K 含量较少，种子植物中的维生素 K_1 的量很少。动物组织中维生素 K_2 如牛乳、蛋中的量很少。肝脏是维生素 K 的良好来源。

GB 14880—2012《食品营养强化剂使用标准》规定：维生素 K 可用于调制乳粉（包括仅限儿童用乳粉和仅限孕产妇用乳粉）、特殊膳食用食品。允许作为维生素 K 来源的营养强化剂为植物甲萘醌（维生素 K_1）。

2. 水溶性维生素

（1）维生素 B_1（Thiamin）　维生素 B_1 又称硫胺素，含有一个嘧啶和噻唑环，嘧啶和噻唑之间以一个亚甲基相连。化学名称 3-（4′氨基-2′甲基-5′-嘧啶基甲基）-5-（2-羟乙基）-4-甲基噻唑基氯化物。常见硫胺素盐酸盐的分子式 $C_{12}H_{17}ClN_4OS \cdot HCl$，相对分子质量 337.26，结构式见图 6-4。硫胺素具有酵母香气和咸味的白色针状结晶或结晶性粉末，味苦。熔点 246~250℃，极易溶于水，微溶于乙醇，不溶于乙醚和苯。维生素 B_1 在酸性条件下即使加热时也极其稳定，但是在中性及碱性条件下不稳定，遇热更不稳定。亚硫酸盐使硫胺素失去生理活性，尤其是酸性条件下。硫胺素对氧化和还原反应均很敏感。

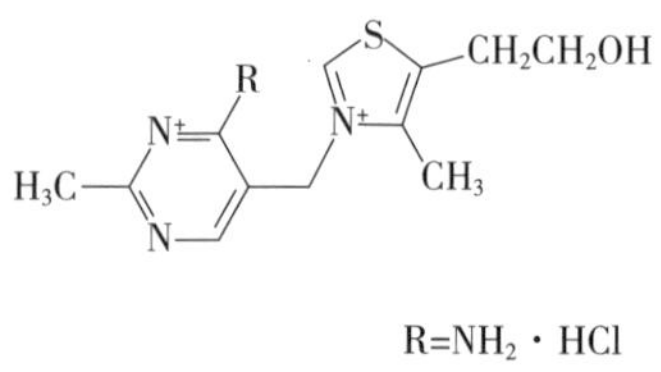

R
CH_2CH_2OH
H_3C
CH_3
$R=NH_2 \cdot HCl$

图 6-4　硫胺素

维生素 B_1 缺乏症的症状包括食欲减退、体重降低、厌食、心脏扩大和精神状况消沉、注意力不集中和记忆力减退等，而脚气病是主要的维生素 B_1 缺乏症。但维生素 B_1 缺乏症并不普遍，至少在发达地区不常见，以精米面为主的地方例外。缺乏症可能是由于饮酒造成，不仅因为食物摄取减少也由于吸收率的降低而导致缺乏。由于鱼肉中硫胺酶的存在，食用过多的生鱼也会导致维生素 B_1 缺乏症。

维生素 B_1 能够促进碳水化合物和脂肪在人体内的代谢，并且在能量代谢中起辅酶作用，简言之，没有硫胺素就没有能量；此外，维生素 B_1 提供神经组织所需要的能量，防止神经组织萎缩和退化，预防和治疗脚气病。对人体的直接功能有：维持正常的食欲，肌肉的弹性和健康的精神状态。

我国 11 岁以上人群维生素 B_1 的每日推荐量为 1.2~1.5mg，乳母维生素 B_1 的每日推荐量为 1.8mg。强化食品中含有高浓度的硫胺素不会产生毒性作用，几百倍于每日推荐用量维生素 B_1 不会产生副作用，但有时口服高剂量维生素 B_1 导致胃部功能紊乱。

GB 14880—2012《食品营养强化剂使用标准》规定：维生素 B_1 可用于调制乳粉（包括仅限儿童用乳粉和仅限孕产妇用乳粉）、豆粉、豆浆粉、豆浆、胶基糖果、大米及其制品、小麦粉及其制品、杂粮粉及其制品、即食谷物［包括碾轧燕麦（片）］、面包、西式糕点、饼干、含乳饮料、风味饮料、固体饮料类、果冻、植物蛋白饮料、果蔬汁（肉）饮料（包括发酵型产品等）、特殊膳食用食品等。可作为维生素 B_1 来源的营养强化剂有盐酸硫胺素和硝酸硫胺素。

（2）维生素 B_2（Riboflavin）　维生素 B_2 即核黄素，又称维生素 G，分子式 $C_{17}H_{20}N_4O_6$，相对分子质量 376.37，结构式见图 6-5。黄色至橙黄色晶体状粉末，微有臭味，苦味，约 280℃溶化并分解。核黄素易溶于碱性溶液和氯化钠溶液，微溶于水，饱和水溶液呈现黄绿色，有荧光，几乎不溶于乙醇，不溶于乙醚和氯仿。在酸性条件下对热相对稳定，但对光敏感；干燥保存时具有光稳定特性，核黄素是荧光性很强的化合物。遇氧化剂如过氧化氢时相对稳定，但含亚铁离子、硝酸根时除外；可被铬酸和高锰酸钾氧化。

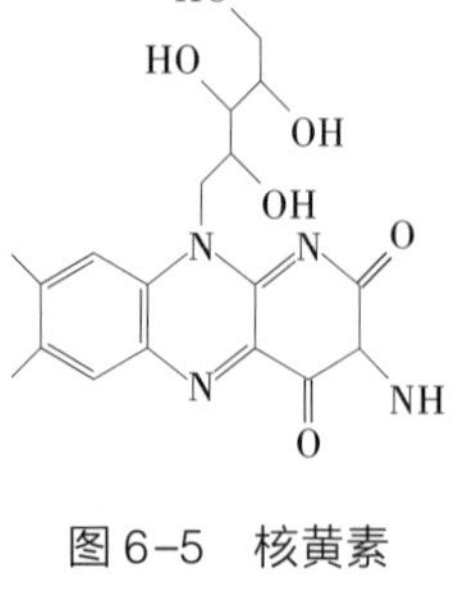

HO
HO
OH
OH
O
NH
O

图 6-5　核黄素

核黄素在自然界中多以自由态或磷酸酯的形式存在，而且有时和蛋白质结合在一起。牛乳、瘦肉、豆类、绿叶蔬菜和全麦等为核黄素的良好来源。在大多数地区，很少见维生素 B_2 缺乏症。

维生素 B_2 对神经细胞、视网膜代谢、脑垂体促肾上腺皮质激素的释放和胎儿的生长发育也有影响；碳水化合物，脂肪和氨基酸的代谢与核黄素密切相关。若缺乏时，可出现恐光、流泪、眼唇舌发烧、眼部疲劳和视力敏锐度降低、舌炎、口角炎、脂溢性皮炎和阴囊炎、眼结膜炎等。维生素 B_2 的缺乏主要是因为机体摄取维生素 B_2 不足所致，成人每天需要 15~20mg，体内的肠道细菌虽能合成少量维生素 B_2，但主要靠食物提供。机体贮存一部分，多余部分随尿液排出。由于维生素 B_2 缺乏症很少单独出现，常伴有 B 族维生素缺乏，复合维生素 B 可进行防治。迄今尚未见维生素 B_2 对机体有害的报道。

维生素 B_2 是黄素酶类的辅酶组成部分，在生物氧化的呼吸链中起传递氢作用。维生素 B_2 也能在日常饮食中得到充足供给。因此，在大多数地区，很少见维生素 B_2 缺乏症。

GB 14880—2012《食品营养强化剂使用标准》规定：维生素 B_2 可用于调制乳粉（包括仅限儿童用乳粉和仅限孕产妇用乳粉）、豆粉、豆浆粉、豆浆、胶基糖果、大米及其制品、小麦粉及其制品、杂粮粉及其制品、即食谷物［包括碾轧燕麦（片）］、面包、西式糕点、饼干、含乳饮料、固体饮料类、果冻、果蔬汁（肉）饮料（包括发酵型产品等）、植物蛋白饮料、特殊膳食用食品等。可作为维生素 B_2 来源的营养强化剂有核黄素和核黄素-5′-磷酸钠。

（3）维生素 B_6（Vitamin B_6）　维生素 B_6 又称吡哆素，是一种含吡哆醇或吡哆醛或吡哆胺的 B 族维生素。三种物质在吡啶环的 4 位上取代基不同，均有生物活性。吡哆醇分子式 $C_8H_{11}NO_3$，相对分子质量 169；吡哆醛分子式 $C_8H_9NO_3$，相对分子质量 167；吡哆胺分子式 $C_8H_{12}N_2O_2$，相对分子质量 264；结构式见图 6-6。白色至淡黄色结晶或者结晶粉末，无臭，味微苦，熔点 206℃（分解）。易溶于水和丙二醇，溶于乙醇，不溶于乙醚、氯仿。维生素 B_6 的盐酸盐为白色或类白色的结晶或结晶性粉末；无臭，味酸苦，在碱性溶液中，遇光或高温时均易被破坏。故应避光、密封保存。这三类维生素 B_6 的性质略有不同，均溶于水，但是在乙醇及有机溶剂中有不同的溶解度；对近紫外光十分敏感，在酸性条件下很稳定，但热稳定性有差异。同大多数维生素一样，干态保存时稳定。

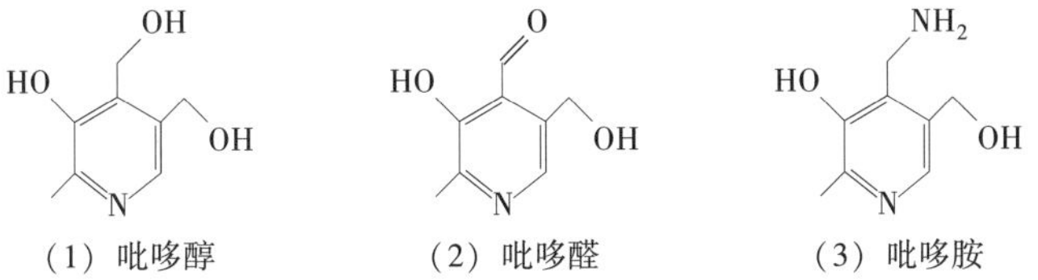

（1）吡哆醇　（2）吡哆醛　（3）吡哆胺

图 6-6　维生素 B_6

维生素 B_6 很容易与蛋白质或葡萄糖结合，成年人缺乏维生素 B_6 的症状是体重减轻、食欲减退、口腔炎、舌炎、鳞状皮炎等。

维生素 B_6 磷酸酯是机体不可缺乏的一种辅酶，可参与氨基酸、碳水化合物及脂肪的正常代谢。此外，维生素 B_6 还参与色氨酸将烟酸转化为 5-羟色胺的反应，并可刺激白细胞的生长，是形成血红蛋白所需要的物质。

维生素 B_6 相对无毒性，代谢后可转化为 4-吡哆酸随尿液排出。健康成年人每日摄入 50~

200mg 不会产生不良反应，但长期每日摄入高达 2~6g 时，产生运动性失调和感官神经紊乱等症状。

GB 14880—2012《食品营养强化剂使用标准》规定：维生素 B_6 可用于调制乳粉、即食谷物［包括碾轧燕麦（片）］、饼干、其他焙烤食品、饮料类（14.01、14.06 涉及品种除外）、固体饮料类、果冻、特殊膳食用食品等。可作为维生素 B_6 来源的营养强化剂有盐酸吡哆醇和 5′-磷酸吡哆醇。

（4）维生素 B_{12}（Vitamin B_{12}）　维生素 B_{12} 分子式 $C_{63}H_{88}CoN_{14}O_{14}P$，化学名 5,6-二甲基苯并咪唑基蓝藻钴胺酰胺（5,6-dimethylbenzimidazolylcyanocobamide），相对分子质量 1355.38，结构式见图 6-7，深红色结晶或无定形结晶粉末，无臭无味。熔点 210~220℃（碳化变黑），易溶于水和乙醇，不溶于丙酮、乙醚和氯仿。维生素 B_{12} 在自然界中易吸潮，在空气中较稳定，尤其干燥状态具有热稳定性，但遇光降解。

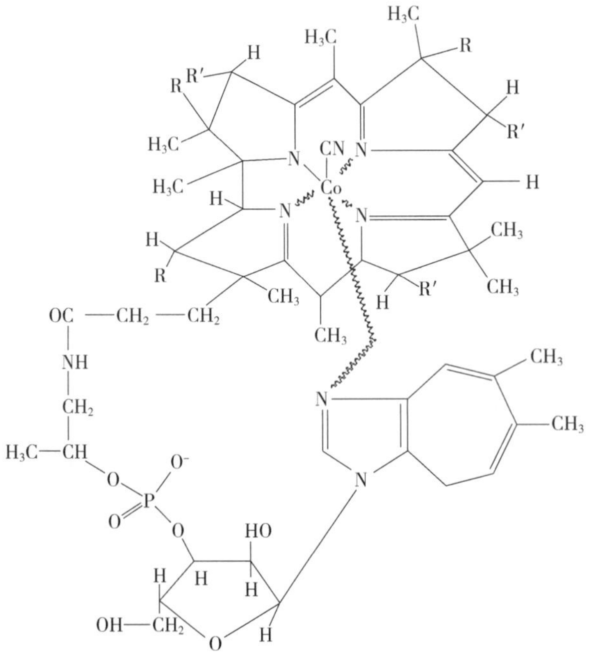

图 6-7　维生素 B_{12}

维生素 B_{12} 参与同型半胱氨酸甲基化为甲硫氨酸、一些氨基酸和单链脂肪酸降解的过程，间接地通过叶酸转化在核酸代谢中发挥作用。维生素 B_{12} 是唯一含有一种必需矿物质的维生素，其在人体内的吸收过程至关重要。大多数维生素是通过肠道扩散而吸收，而维生素 B_{12} 却是首先在胃肠道中与在胃液中被称为内在因子（Intrinsic factor，IF）的黏蛋白作用，运输到回肠并被消化吸收。一旦 IF 被维生素 B_{12} 饱和时（如当药片和正餐一起进入消化系统时），多余的维生素将被排出体外而不吸收。当人体摄入维生素 B_{12} 的量增多时，吸收率相应降低。例如，摄入 0.5μg 维生素 B_{12} 大约吸收率为 77%，而摄入 50μg 时仅有 3%被吸收。因此，通过摄入更多维生素 B_{12} 进行补充并没有效果，维生素 B_{12} 应该长期有节制的摄入。我国 14 岁以上人群维生素 B_{12} 的每日推荐量为 2.4μg，孕妇和乳母的每日推荐量为 2.6~2.8μg。

很多维生素 B_{12}的相似物没有生物活力，例如辅酶 B_{12}，它易与其他生物材质结合，在结合过程中发生取代作用，因此导致其失去生物活力。

维生素 B_{12}间接参与胸腺嘧啶脱氧核苷酸合成，在体内需转化为甲基钴胺和辅酶 B_{12}使其具有活性，甲基钴胺参与叶酸代谢。缺乏时可致叶酸缺乏，而叶酸参与 DNA 的合成，因而导致 DNA 合成受阻，导致巨幼细胞贫血。维生素 B_{12}还促使甲基丙二酸转变为琥珀酸，参与三羧酸循环，故缺乏时也可影响神经髓鞘脂类的合成，维持鞘神经纤维的正常功能。

缺乏维生素 B_{12}的症状是恶性贫血、神经衰退。除非营养极度不良，如不吃肉、蛋、乳的素食者才会出现维生素 B_{12}营养缺乏症。维生素 B_{12}缺乏时，主要影响造血系统和神经系统。这是因为造血系统的敏感性与细胞更新速率高，特别是红细胞系统表现得最为明显。主要特征是在外周血液中出现许多细胞碎片，变形细胞和高色素性巨大细胞。此外，神经系统表现在脊髓和脑皮层中皆可见到有髓神经元的进行性肿胀，脱髓鞘的细胞死亡，从而引起广泛的神经系统症状和体征。如手足感觉异常，振动和体位感觉减退，以致站立不稳，深部腱反射减弱，晚期可出现记忆丧失，神志模糊，忧郁，甚至中枢视力丧失等。表现为妄想，幻觉，以致发展成一种明显的精神病。缺乏维生素 B_{12}将出现肝功能和消化功能障碍，疲劳，精神抑郁，记忆力衰退，抵抗力降低，发生造血障碍、贫血、皮肤粗糙和皮炎等。维生素 B_{12}一般是以微克、毫克计量。维生素 B_{12}只来源于动物，如肉禽、鱼类、蛋、乳和乳制品等，肝脏是最好的维生素 B_{12}来源。不论是药物注射还是进食过量维生素 B_{12}未发现危害病例。

GB 14880—2012《食品营养强化剂使用标准》规定：维生素 B_{12}可用于调制乳粉（包括仅限儿童用乳粉和仅限孕产妇用乳粉）、即食谷物［包括碾轧燕麦（片）］、其他焙烤食品、饮料类（14.01、14.06 涉及品种除外）、固体饮料类、果冻、特殊膳食用食品等。可作为维生素 B_{12}来源的营养强化剂有氰钴铵、盐酸氰钴铵和羟钴胺。

（5）维生素 C（Vitamin C）　维生素 C 不仅可以用作抗氧化剂，还用作营养强化剂。维生素 C 易被氧化，热稳定性差。但在水果的高酸环境下，这种变化趋势减弱，由于维生素 C 的不稳定性和水溶性，加工过程损失较多。维生素 C 有助于连接骨骼、牙齿、结缔组织结构；对毛细血管壁的各个细胞间有黏合作用；增加抗体，增强抵抗力；促进红细胞成熟。还可用于治疗受伤、灼伤、牙龈出血；增强治疗尿道感染的药物的疗效；加速手术后的恢复；帮助降低血液中的胆固醇；预防滤过性病毒和细菌的感染，并增强免疫系统功能；有助于防止亚硝基胺（致癌物质）的形成；可减少静脉中血栓的发生；可治疗普通感冒，并有预防效果；可使蛋白质细胞互相牢聚，从而延长寿命；增加机体对无机铁的吸收；减弱许多能引起过敏症的物质的作用。维生素 C 常被推荐为预防婴儿猝死症（SIDS）药物；抽烟者和老人需要更多的维生素 C（一支香烟可以破坏 25~100mg 的维生素 C）。维生素 C 是合成胶原蛋白（collagen）的重要基质，胶原蛋白是形成软骨、骨质、牙釉质及血管上皮的必不可少物质，也构成结缔组织的细胞间质，所以它可以维持结缔组织的正常；维生素 C 可以促进脯氨酸转变为羟脯氨酸，而羟脯氨酸为构成胶原重要成分之一。因此，维生素 C 可促进胶原的生成；维生素 C 还可参与人体内酪氨酸及某些物质的氧化反应；制造肾上腺类固醇激素以增进伤口愈合；同时发现，在受感染、发热时，维生素 C 的损失会随之增加，因此其对刺激反应发挥重要作用。此外，还发现维生素 C 有解毒作用，能改善心肌功能，增强毛细血管韧性，增加机体抵抗力，对抗游离基，有助于防癌，降低胆固醇，预防坏血病。

GB 14880—2012《食品营养强化剂使用标准》规定：维生素 C 可用于风味发酵乳、调制乳粉、果泥、水果罐头、胶基糖果、除胶基糖果以外的其他糖果、豆粉、豆浆粉、即食谷物［包括碾轧燕麦（片）］、果蔬汁（肉）饮料（包括发酵型产品等）、含乳饮料、水基调味饮料类、固体饮料类、果冻、调制乳、特殊膳食用食品等。用于普通营养强化食品的维生素 C 源营养强化剂包括：L-抗坏血酸、L-抗坏血酸钙、L-抗坏血酸钠、维生素 C 磷酸酯镁、L-抗坏血酸钾、L-抗坏血酸-6-棕榈酸盐（抗坏血酸棕榈酸酯）等。其中，L-抗坏血酸、L-抗坏血酸钠、L-抗坏血酸钙、L-抗坏血酸钾、抗坏血酸-6-棕榈酸盐（抗坏血酸棕榈酸酯）还可以用于特殊膳食用食品的营养强化。

（6）烟酸（尼克酸，Nicotinic acid） 烟酸（尼克酸）或维生素 B_3，早期也称维生素 PP、抗糙皮病维生素，烟酸的化学名吡啶-3-羰基酸，分子式 $C_6H_5O_2N$，相对分子质量 123.11，结构式见图 6-8。白色结晶或结晶性粉末，无臭或稍有臭气，味微酸。熔点 234~237℃，易溶于热水、热乙醇、碱水、丙二醇以及氯仿，微溶于水和乙醇，不溶于乙醚和酯类溶剂，10g/L 水溶液 pH 3.0~4.0。

O
OH
N

图 6-8 烟酸

烟酸和肾上腺皮质激素、甲状腺素、胰岛素一样，是合成性激素（雌激素黄体酮、睾丸脂酮）不可或缺的物质；帮助人体维持健康的神经系统和正常的脑功能；但是使用尼克酸形态的烟酸常会引起皮肤红痒，为了防止这种现象，一般都用烟酰胺形态的烟酸；烟酸是少数在食物中存在且相对稳定的维生素，即使经过烹调及贮存也不会大量流失或变性；烟酸能有效促进消化系统的健康，减轻胃肠障碍，使皮肤更健康；预防和缓解严重的偏头痛；促进血液循环，使血压下降；减轻腹泻现象；使人体能充分地利用食物增加能量；治疗口腔、嘴唇炎症，防止口臭；降低胆固醇及甘油三酯。

日常摄入的色氨酸会部分转化为烟酸，60mg 的色氨酸相当于 1mg 烟酸。肝脏、肉类、禽肉、鱼肉、豆类、谷物、马铃薯和坚果是较好的烟酸来源。从烟酸含量而言，谷物是烟酸的良好来源，但仅有部分能被机体有效利用。

缺乏烟酸易患糙皮病，主要发生在以玉米和谷物为主食的地区；尽管这些地区的烟酸含量并不低，但主要是无法利用的结合态。而以玉米作为主食的美国中部并没有出现糙皮病病例，主要缘于当地居民在制作玉米圆饼时添加氢氧化钙使结合态的烟酸游离出来。小麦中的烟酸主要是 3-*O*-烟酰-D-葡萄糖，烟酸与葡萄糖结合后成为多糖或糖蛋白的一部分而变成不可利用。

烟酸相对来说没有毒性，在人体内很容易经代谢后随尿液排出体外。以每天超过 3g 的过量摄入是治疗酒精中毒和胆固醇含量过高的一种方法，但也会有一些副作用如发热、痒、反胃、呕吐和头疼；服用剂量减小后会缓解不良反应。迄今未发现因过量摄入烟酸而致死的例子。

GB 14880—2012《食品营养强化剂使用标准》规定：烟酸（尼克酸）可用于调制乳粉（包括仅限儿童用乳粉和仅限孕产妇用乳粉）、豆粉、豆浆粉、豆浆、大米及其制品、小麦粉及其制品、杂粮粉及其制品、即食谷物［包括碾轧燕麦（片）］、面包、饼干、饮料类（14.01、14.06 涉及品种除外）、固体饮料类、特殊膳食用食品等。可作为烟酸（尼克酸）来源的营养强化剂有烟酸和烟酰胺。

（7）叶酸（Folacin，Folic acid） 叶酸是一类具有生物活性的化合物的总称，其化学全名为 2-氨基-4-羟基-6-（对氨基苯甲酰 L-谷氨酸胺基）-甲基蝶啶，是蝶啶环通过亚甲基与对氨基苯甲酰谷氨酸胺苯环上 6 位上的氨基相连。叶酸分子式 $C_{19}H_{19}N_7O_6$，相对分子质量 441.40，结构式见图 6-9。叶酸常以7,8-二羟基-或5,6,7,8-四氢叶酸还原态存在。一碳化合物甲酰基和甲基在叶酸的 *N*-5 或 *N*-10 或两个碎片部位相遇而实现一碳化合物的转移。叶酸一般和多个谷氨酸分子（9 个或 10 个）通过 γ 肽键连接。

叶酸呈黄色至橙色结晶或结晶性粉末，无臭，无明确熔点，于约 250℃ 发生碳化，易溶于碱性溶液、碳酸盐溶液、盐酸、硫酸、冰乙酸、苯酚和吡啶。微溶于水，不溶于丙酮、乙醇、乙醚和氯仿。100g/L 悬浮液 pH 为 4.0~4.8。叶酸对光和氧敏感，热稳定性取决于化合物的类型、食品的 pH 和类似抗坏血酸的还原剂存在与否，叶酸和 5-甲酰四氢叶酸的热稳定性较好。

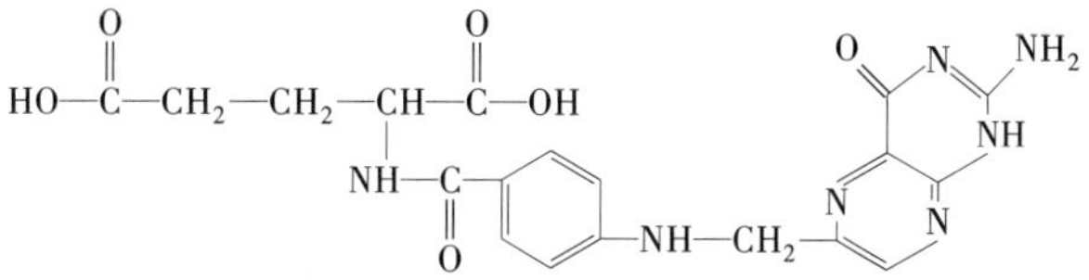

图 6-9　叶酸

叶酸作为辅酶参与氨基酸和核苷酸代谢过程中一碳转移过程。人体缺乏叶酸的症状为恶性贫血，骨髓异变及精神衰退。不仅营养摄取不足导致叶酸缺乏，身体对叶酸吸收率的下降也有关系，尤其是老年人或过量服用抗生素或硫胺类药物而肠胃功能紊乱的人群。由于叶酸与抗坏血酸、维生素 B_{12}、复合维生素 B、甲硫氨酸和铁离子等营养素之间会相互作用，因此这些营养元素缺乏将导致叶酸缺乏。

叶酸在形成核酸（RNA、DNA）时发挥重要作用，是细胞增殖、人体利用糖分和氨基酸时的必需物质。可促进乳汁的分泌；防治肠内寄生虫和食物中毒；增进皮肤健康；有镇痛剂的作用；与泛酸及对氨基苯甲酸一起服用时，可防止白发；在身体衰弱（健康状态不良）时，可增进食欲；防止口腔黏膜溃疡；预防贫血。

一般认为 100~200μg 叶酸足以满足成人组织器官的日常需要，在大多数食物中都有叶酸，肝脏是其最佳来源，其他较好的蔬菜来源为芦笋、菠菜、莴苣和马铃薯、豆类、一些坚果和谷物。在为一般人群准备的食物中，假如每天摄取的量不足 0.4mg 可以适量添加叶酸。按每天的供应量，添加量的上限对婴儿是 0.1mg，4 岁以下儿童是 0.3mg，孕妇和哺乳期的女性最多不超过 0.8mg。叶酸对人体毒性很小，成人连续 5 个月每日摄入 400mg 叶酸或连续 5 年每日摄入 10mg，未见副作用。

GB 14880—2012《食品营养强化剂使用标准》规定：叶酸可用于调制乳（仅限孕产妇用调制乳）、调制乳粉、大米（仅限免淘洗大米）、小麦粉、即食谷物［包括碾轧燕麦（片）］、饼干、其他焙烤食品、果蔬汁（肉）饮料（包括发酵型产品等）、固体饮料类、果冻、特殊膳食用食品等。可作为叶酸来源的营养强化剂有叶酸（蝶酰谷氨酸）。

（8）泛酸（Pantothenic acid）　泛酸的化学名 D（+）-*N*-（2,4-二羟基-3,3-二甲基丁酰）-*β*-丙氨酸，分子式 $C_9H_{17}O_5N$，相对分子质量 219.23，结构式见图 6-10。泛酸是一种黏性化合物，溶于水和乙醇，微溶于乙醚，但不溶于苯和氯仿，在空气中对光、热稳定。泛酸具有旋光性，只有右旋异构体具有生理活性。天然的泛酸均为右旋异构体，常用的人工合成泛酸为其钙盐，泛酸钙的分子式 $C_{18}H_{32}CaN_2O_{10}$，相对分子质量 476.54，白色针状结晶或者结晶性粉末，无臭，稍有苦味，熔点 195~196℃，易溶于水和甘油，不溶于乙醇、氯仿和乙醚，水溶液 pH 为 7.2~7.8。泛酸钙是右旋或消旋化合物，其生理活性仅为右旋泛酸的一半。

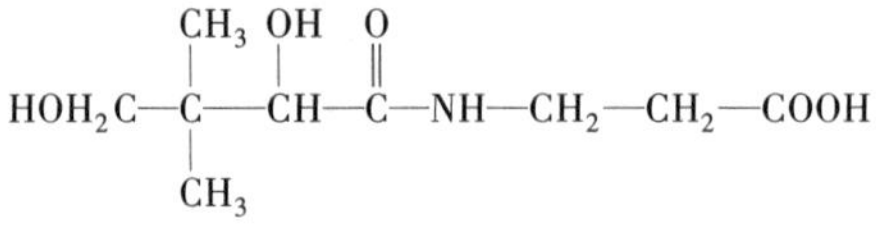

$$
\begin{array}{c}
\quad CH_3\ \ OH\ \ \ \ O \\
HOH_2C-C-CH-C-NH-CH_2-CH_2-COOH \\
CH_3
\end{array}
$$

图6-10　泛酸

泛酸是辅酶A的重要组成成分，参与脂肪、碳水化合物和氨基酸代谢过程的乙酰化反应。辅酶A形式的泛酸，最初从胆碱和磺胺与乙酸在乙酰化过程中被发现的。它存在于机体所有组织中，是组织代谢中最重要的物质之一。泛酸的其他生理功能还包括，维持正常的血糖浓度，帮助排出磺胺类药物，并影响某些矿物质元素和痕量元素的代谢，以及用作某些药物（包括磺胺类药物在内）的解毒剂。

泛酸通常以毫克计量。由于应用广泛的是泛酸钙，其最终效价需要转化为标准的泛酸进行衡量。1mg泛酸相当于1.087mg的泛酸钙。泛酸的较好来源为肌肉类、酵母、蛋类；一些蔬菜如芦笋、菜花；豆类和谷物尤其是麦麸含有丰富的泛酸。

人体内很少缺乏泛酸，除非营养极度不良时才会在短时期内出现。泛酸缺乏症表现为：体重减轻、疲劳、失眠、神经紊乱和抽筋，当调整泛酸摄入量后症状减轻乃至消失。由于泛酸缺乏症发生在营养极度不良的情况下，所以通过检查血清和尿液发现机体的营养状况。机体缺乏泛酸时肾上腺功能不足。动物实验显示，大鼠缺少泛酸时，其体重增长率和基础代谢率下降。有人认为，泛酸对各种动物繁殖的影响可能是由于泛酸与甾体激素合成之间存在着某种关系。泛酸对人体没有毒副作用，摄入高达10~20g/d会因腹泻而导致脱水。

GB 14880—2012《食品营养强化剂使用标准》规定：泛酸可用于调制乳粉（包括仅限儿童用乳粉和仅限孕产妇用乳粉）、即食谷物［包括碾轧燕麦（片）］、碳酸饮料、风味饮料、茶饮料类、固体饮料类、果冻、特殊膳食用食品等。可作为泛酸来源的营养强化剂有D-泛酸钠、D-泛酸钙。

（9）生物素（Biotin）　生物素又称维生素H，辅酶R，分子式$C_{10}H_{16}N_2O_3S$，相对分子质量244.31，结构式见图6-11。无色至白色结晶或者结晶性粉末，熔点230~232℃。生物素是一元羧酸连接一个含硫原子形成硫醚键的环化尿素结构，有8个立体异构体。自然存在的D-生物素的生物活性最高，*dl*-生物素的活性仅为其1/2，而L-生物素几乎无活性。生物素微溶于冷水，易溶于热水，生物素钠盐更易溶于水，微溶于乙醇，不溶于乙醚、丙酮和氯仿等大多数有机溶剂。生物素在偏酸性和碱性条件下对热稳定，但在极限pH时发生降解。在空气和氧气中较稳定，遇高锰酸钾和过氧化氢等氧化剂氧化降解，对紫外光很敏感。

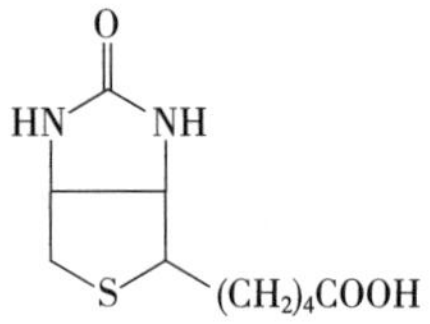

$$
\begin{array}{c}
O \\
HN\quad NH \\
S\qquad (CH_2)_4COOH
\end{array}
$$

图6-11　生物素

生物素在生物体中含量甚微，其参与碳水化合物和脂肪代谢过程中的羧基化作用和脱羧及转羧基作用。缺乏症主要发生在幼禽机体上，人体不会发生缺乏，但生食过多鸡蛋可能导致生物素缺乏。蛋清中含有易与生物素结合的抗生物素糖蛋白（Glycoprotein avidin）。当生物素与抗生物素蛋白结合后，生物素变成不可吸收的物质，并失去生物活性。

成人建议每日推荐摄取150~300μg生物素，强化用量范围是300~500μg/每日。生物素在肝脏、一些鱼、米糠、细菌、酵母、蛋（尤其是蛋黄）、花生酱、烤花生、胡桃中含量十分丰富。豆类、大多数坚果、蘑菇、鸡肉、菠菜和全麦的含量次之。大剂量的摄取生物素未发现任何毒副作用。

GB 14880—2012《食品营养强化剂使用标准》规定：生物素可用于调制乳粉（仅限儿童用乳粉）、特殊膳食用食品等。可作为生物素来源的营养强化剂为D-生物素。

（10）胆碱（Choline）　胆碱又称神经毒碱，分子式$C_5H_{15}NO_2$，相对分子质量121.18，结构式见图6-12。强碱性黏稠液体或结晶，500g/L水溶液相对密度1.073，折射率1.4304，是卵磷脂的组成成分，化学名为氢氧化（β-羟基乙基三甲基）铵（β-hydroxyethyltrimethylammonium hydroxide），季胺结构。相关的还有乙酰胆碱和磷酯酰胆碱，是卵磷脂和鞘磷脂的组成部分。

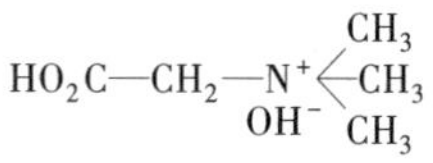

CH_3
$HO_2C—CH_2—N^+$—CH_3
OH^-　CH_3

图6-12　胆碱

胆碱是一种黏性、吸湿物质，可溶于水、甲醇、乙醇和甲醛中，微溶于丙酮和氯仿；不溶于乙醚、石油醚和甲苯。浓度低时遇热稳定。高浓度时，遇高温降解为三甲胺和乙二醇。

胆碱可由食物提供也可以由人体自身合成。胆碱作为营养强化剂仅限于婴儿配方食品和肠外营养配方食品，这些人群个体对胆碱的需求超过自身的合成能力。在人体中，胆碱参与转甲基反应，乙酰化胆碱在神经刺激的传送过程中相当重要，因为磷酯酰胆碱和细胞膜的结构和渗透性紧密相关，而同时脂蛋白在脂溶性物质的运输过程中也发挥作用。已有证据表明胆碱可以乳化胆固醇，避免胆固醇积蓄在动脉壁或胆囊中，帮助传送刺激神经的信号，特别是为了记忆的形成而对大脑所发出的信号，有防止老年人记忆力衰退的功效；有促进肝脏功能的作用，帮助人体排除毒素和药物，有镇定作用；有助于治疗老年痴呆症。

胆碱在自然界中普遍存在，常以卵磷脂的结合态形式存在。肝脏、蛋黄、肾、麦芽和大豆为胆碱的丰富来源。豆类、肉类、燕麦和一些蔬菜如芦笋、甘蓝、菠菜、马铃薯也含有较丰富的胆碱。

胆碱常以毫克为计量单位，成人每日适宜摄入量为500mg。高剂量（如20g/d）摄入胆碱可导致一些不良效果，包括盐化、出汗、恶心、痢疾和抑郁。长期的健康障碍包括神经和心脏血管系统的损伤，但没有关于胆碱摄入过量致死的报道。

GB 14880—2012《食品营养强化剂使用标准》规定：胆碱可用于调制乳粉（包括仅限儿童用乳粉和仅限孕产妇用乳粉）、果冻、特殊膳食用食品等。可作为胆碱来源的营养强化剂有氯化胆碱和酒石酸氢胆碱。

（11）肌醇（Inositol）　肌醇为顺-1,2,3,5-反-4,6-环己六醇，分子式$C_6H_{12}O_6$，相对分子质量180.16，结构式见图6-13。为白色结晶或晶状粉末，味甜，无臭，相对密度1.752（无水物）、1.524（二水物），熔点225~227℃（无水物）、218℃（二水物），沸点319℃。肌醇微溶于乙醇，不溶或者几乎不溶于有机溶剂。对热、酸及碱稳定。可被硝酸和高碘酸盐等强氧化剂所氧化。

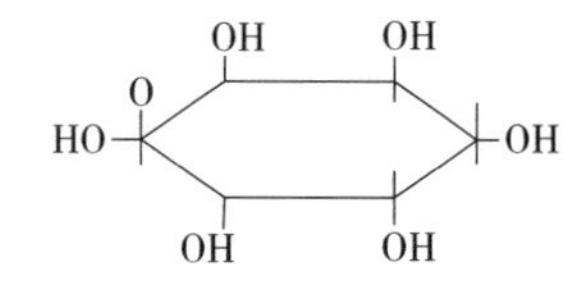

图6-13　肌醇

肌醇和胆碱协同利用脂肪与胆固醇，降低胆固醇，促进毛发生长，防止脱发；预防湿疹；促进体内脂肪代谢；还有镇静作用。

肌醇在食品中含量充足，可在人体内合成。尚未发现肌醇缺乏症，人体是否需要肌醇还存在争议。

肌醇通常以毫克为计量单位，尚未建立推荐摄入量标准。过量的肌醇通常通过尿液排出，没有过高剂量肌醇导致毒副作用的报道。

GB 14880—2012《食品营养强化剂使用标准》规定：肌醇可用于调制乳粉（仅限儿童用乳粉）、果蔬汁（肉）饮料（包括发酵型产品等）、风味饮料、特殊膳食用食品等。

维生素对机体虽然很重要，但对其含量和剂量应该慎重选择和使用，不可在各类食品中随意添加。此外，加工、贮存此类营养强化剂时应充分了解其理化性质和稳定性，以免造成不必要的损失。

（二）矿物质类营养强化剂

GB 14880—2012《食品营养强化剂使用标准》允许的矿物质类营养强化剂 9 种，主要包括：铁、钙、锌、硒、镁、铜、锰、钾、磷等物质，此外，碘、钼、铬等元素仅允许在特殊膳食用食品中强化。矿物质类营养强化剂一般以一种或多种盐的形式存在。矿物质的分析可以利用火焰分光光度计，原子吸收光谱或等离子发射光谱。除价格上的考虑外，选择强化剂时需考虑生物利用率、溶解度或者混合性及对最终产品品质的潜在影响等三方面因素。

1. 铁（Iron）

铁是人体的必要组分，主要存在于红血球细胞的血红蛋白、肌红蛋白、肌肉蛋白和一些酶中，其主要功能是运输氧气。缺乏会导致贫血。影响铁生物利用率的主要因素有两个：铁的添加形式和食物中某些特定化合物的存在。植酸、纤维素、磷酸盐、多酚、蛋白和有机酸能降低铁的吸收，而抗坏血酸和某些氨基酸可促进铁的吸收。

GB 14880—2012《食品营养强化剂使用标准》规定：铁源强化剂可应用于调制乳、调制乳粉、豆粉、豆浆粉、除胶基糖果以外的其他糖果、大米及其制品、小麦粉及其制品、杂粮粉及其制品、即食谷物［包括碾轧燕麦（片）］、面包、西式糕点、饼干、其他焙烤食品、酱油、饮料类（14.01 及 14.06 涉及品种除外）、固体饮料类、果冻、风味发酵乳、干酪和再制干酪（仅限再制干酪）、特殊膳食用食品等。可作为铁源的营养强化剂包括：硫酸亚铁、葡萄糖酸亚铁、柠檬酸铁铵、富马酸亚铁、柠檬酸铁、乳酸亚铁、氯化高铁血红素、焦磷酸铁、铁卟啉、甘氨酸亚铁、还原铁、乙二胺四乙酸铁钠、羰基铁粉、碳酸亚铁、柠檬酸亚铁、延胡索酸亚铁、琥珀酸亚铁、血红素铁、电解铁等。但强化特殊膳食用食品的铁源营养强化剂仅包括硫酸亚铁、葡萄糖酸亚铁、柠檬酸铁铵、富马酸亚铁、柠檬酸铁、焦磷酸铁和乙二胺四乙酸铁钠（仅限用于辅食营养补充品）。

2. 钙（Calcium）

骨骼的生长需要钙的参与。细胞外液因控制肌肉及神经的兴奋、肌肉收缩和血液凝固而需要钙。有效的钙吸收依赖于维生素 D。如果摄食含草酸或植酸的食物，维生素 D 就会失去作用，从而影响人体对钙的吸收。钙缺乏易导致儿童佝偻病的发生。钙与磷的比例对钙吸收起着重要作用。成人推荐钙磷比例为 1∶1，婴儿为 1∶0.7。

GB 14880—2012《食品营养强化剂使用标准》规定：钙源强化剂可应用于调制乳、调制乳粉、干酪和再制干酪、冰淇淋类、雪糕类、豆粉、豆浆粉、大米及其制品、小麦粉及其制品、杂粮粉及其制品、藕粉、即食谷物［包括碾轧燕麦（片）］、面包、西式糕点、饼干、其他焙烤食品、肉灌肠类、肉松类、肉干类、脱水蛋制品、醋、饮料类（14.01、14.02 及 14.06 涉及品种除外）、果蔬汁（肉）饮料（包括发酵型产品等）、固体饮料类、果冻、特殊膳食用食品等。可作为钙源的营养强化剂包括：碳酸钙、葡萄糖酸钙、柠檬酸钙［柠檬酸钙（三水）］、乳酸钙、L-乳酸钙、磷酸氢钙、L-苏糖酸钙、甘氨酸钙、天门冬氨酸钙、柠檬酸苹果酸钙、醋酸钙（乙酸钙）、氯化钙、磷酸三钙（磷酸钙）、维生素 E 琥珀酸钙、甘油磷酸钙、氧化钙、硫酸钙、骨粉（超细鲜骨粉）等。但强化特殊膳食用食品的钙源营养强化剂仅包括碳酸钙、葡萄糖酸钙、柠檬酸钙、L-乳酸钙、磷酸氢钙、氯化钙、磷酸三钙（磷酸钙）、甘油磷酸钙、氧化钙、硫酸钙。

3. 锌（Zinc）

锌在食物中普遍存在，对人类、动物和植物均是必需的，植物及鱼类能把土壤和水中的锌富集。动物食品中的锌比植物食品中的锌更易吸收，植物源食品中的肌醇六磷酸和膳食纤维的存在会影响锌的吸收。

人体缺乏锌将导致生长缓慢、食欲不振、皮肤病（湿疹、溃疡等）和免疫力下降。孕妇缺乏锌将导致婴儿先天性疾病。绝经后的妇女的高钙饮食可显著降低锌的吸收。尽管钙与锌的相互作用目前还没有完全清楚，但低钙人群个体的锌含量也较低。尽管锌中毒非常罕见，但若发生则可引起铜的缺乏。

GB 14880—2012《食品营养强化剂使用标准》规定：锌源强化剂可应用于调制乳、调制乳粉、豆粉、豆浆粉、大米及其制品、小麦粉及其制品、杂粮粉及其制品、即食谷物［包括碾轧燕麦（片）］、面包、西式糕点、饼干、饮料类（14.01 及 14.06 涉及品种除外）、固体饮料类、果冻、特殊膳食用食品等。可作为锌源的营养强化剂包括：硫酸锌、葡萄糖酸锌、甘氨酸锌、氧化锌、乳酸锌、柠檬酸锌、柠檬酸锌（三水）、氯化锌、乙酸锌、碳酸锌等。但强化特殊膳食用食品的锌源营养强化剂仅包括硫酸锌、葡萄糖酸锌、氧化锌、乳酸锌、柠檬酸锌、氯化锌、乙酸锌。

4. 硒（Selenium）

硒是维持人体正常生理活动的微量元素。硒是地壳中含量极微的稀有元素，但遍布于人体各组织器官和体液中，硒主要贮存于肌肉、肾脏、肝脏和血液中。硒在人体中构成含硒蛋白与含硒酶，具有抗氧化、维持正常免疫功能、维持正常生育能力等诸多作用。已证实硒缺乏是引起克山病的一个重要因素。

GB 14880—2012《食品营养强化剂使用标准》规定：硒源营养强化剂可应用于调制乳粉、大米及其制品、小麦粉及其制品、杂粮粉及其制品、面包、饼干、含乳饮料、特殊膳食用食品等。可作为硒源的营养强化剂包括：硒酸钠、亚硒酸钠、硒蛋白、富硒食用菌粉、L-硒-甲基硒代半胱氨酸、硒化卡拉胶（仅限用于 14.03.01 含乳饮料）、富硒酵母（仅限用于 14.03.01 含乳饮料）等。但强化特殊膳食用食品的硒源营养强化剂仅包括硒酸钠和亚硒酸钠。

5. 镁（Magnesium）

与磷相似，镁也是一种在食品中大量存在的元素。除病理条件下，镁缺乏比较罕见。镁的缺乏可导致心血管损伤，且镁可以有效治疗心律失常。葡萄糖酸镁被 FDA 列为 GRAS 营养强化剂。

GB 14880—2012《食品营养强化剂使用标准》规定：镁源营养强化剂可应用于调制乳粉、饮料类（14.01 及 14.06 涉及品种除外）、固体饮料类、特殊膳食用食品等。可作为镁源的营养强化剂包括：硫酸镁、氯化镁、氧化镁、碳酸镁、磷酸氢镁、葡萄糖酸镁等。

6. 铜（Copper）

铜是很多酶的辅助因子，帮助机体产生能量。参与铁的代谢和亚铁血红素的生物合成，需要铜将氧转移到血红细胞中。婴儿生长发育、机体防御系统、骨头强度、红细胞和白细胞的成熟、铁的运输、胆固醇和葡萄糖代谢、心肌收缩和脑的发育等需要铜的参与。

铜是人体必需矿物质元素，它在食物中含量丰富，一般不会缺乏，牡蛎和肝脏是铜的最佳来源，其他含量较高的食物有豆类、坚果和蘑菇。

GB 14880—2012《食品营养强化剂使用标准》规定：铜源营养强化剂可应用于调制乳粉、特殊膳食用食品等。可作为铜源的营养强化剂包括硫酸铜、葡萄糖酸铜、柠檬酸铜、碳酸铜。

7. 锰（Manganese）

锰在多种酶系中都是必需元素。锰缺乏症只发生在动物体内。贝类、全谷物和一些蔬菜通常是锰的良好来源。

GB 14880—2012《食品营养强化剂使用标准》规定：锰源营养强化剂可应用于调制乳粉、特殊膳食用食品等。可作为锰源的营养强化剂包括硫酸锰、氯化锰、碳酸锰、柠檬酸锰、葡萄糖酸锰。

8. 钾（Potassium）

钾是重要的营养元素，其在食品中大量存在，并且过多摄食可能造成危害。中国成人膳食钾的适宜摄入量（AI）为2000mg/d。孕妇和乳母的适宜摄入量为2500mg/d。

GB 14880—2012《食品营养强化剂使用标准》规定：钾源营养强化剂可应用于调制乳粉（仅限孕产妇用乳粉）、特殊膳食用食品等。可作为钾源的营养强化剂包括葡萄糖酸钾、柠檬酸钾、磷酸二氢钾、磷酸氢二钾、氯化钾。

9. 磷（Phosphorus）

磷元素在人体中广泛存在，它和钙均是人体骨骼的主要构成元素。磷元素在食品中普遍存在，由于磷的大量存在，食品中强化磷元素并不普遍，但婴幼儿配方食品例外。常见的焦磷酸盐、三聚磷酸盐、六偏磷酸盐等含磷食品添加剂多用于保水等其他目的。

GB 14880—2012《食品营养强化剂使用标准》规定：磷源营养强化剂可应用于豆粉、豆浆粉、固体饮料类、特殊膳食用食品等。可作为磷源的营养强化剂仅包括磷酸三钙（磷酸钙）和磷酸氢钙。

10. 碘（Iodine）

碘缺乏在任何年龄段都可能发生，胎儿、婴儿和儿童缺乏碘将导致不可治愈的呆小病，而众所周知的碘缺乏症——甲状腺肿大，可通过摄入足量的碘治愈。食品中的碘化盐能够被机体快速吸收。碘的其他食物来源包括海鱼、土豆、菠菜和杏仁。

GB 14880—2012《食品营养强化剂使用标准》规定：碘源营养强化剂包括碘酸钾、碘化钾、碘化钠，并限定在特殊膳食用食品中应用。

11. 钼（Molybdenum）

钼是生物必需的微量元素，也是人体必需的生命元素。人体对钼元素的需求极微，所以人体内钼的含量极微，一个体重为70 kg的健康人，体内钼的总量不超过9g。但钼元素在人体内的分布很广，且生理功能非常重要。它主要贮存在肝、骨骼和肾脏等器官中，以肝中含量最高，肾其次，通过尿、粪便、毛发排出体外。钼主要由消化道吸收，六价水溶性钼化合物可迅速由肠道吸收，而不溶性钼化合物，如三氧化钼和钼酸钙，大量摄入时，也可由肠道吸收，但二硫化钼不被吸收。钼的生物学功能主要表现为：①有效抑制亚硝酸胺类强致癌物质在体内的合成；②人体多种酶的重要成分，对氧化代谢有重要作用；③在人体内具有运载作用；④对心血管有保护作用。此外，钼还有许多其他功能，如防止贫血、预防龋齿和肾结石、降解汞等毒性物质对机体的毒性作用等。

钼是一种抗癌元素，缺乏时会产生癌变如食道癌、肝癌、乳腺癌等。据报道，南非食管癌高发地区生长的粮食有严重的缺钼现象；我国食管癌高发区河南省林县饮水中钼的含量仅为低发区的 1/23。此外，缺钼可导致出现心跳加速、呼吸急促、躁动不安、哮喘、枯草热、打喷嚏和眼睛瘙痒等症状；缺钼也易患心血管病和肾结石。钼过量摄入也能引起许多病症，如损伤生殖细胞及性功能，可致睾丸萎缩及性欲减退，甚至产生钼中毒，影响人体的生长发育。钼过量还能抑制铜吸收，增加铜排泄，有专家建议用钼辅助治疗肝豆状核变性及铜中毒。

GB 14880—2012《食品营养强化剂使用标准》规定：钼源营养强化剂包括钼酸钠和钼酸铵，并限定在特殊膳食用食品中进行强化。

12. 铬（Chromium）

铬是自然界中广泛存在的一种元素。主要分布于岩石、土壤、大气、水及生物体中。土壤中的铬分布极广，含量范围很宽；水和大气中铬含量较少，动、植物体内则含有微量铬。自然界铬主要以三价铬和六价铬的形式存在。铬的生理功能主要为三价铬的作用，其存在于葡萄糖耐量因子中，并作为活性成分发挥作用。三价铬主要参与糖类、蛋白质、脂肪和核酸及氨基酸的合成代谢，帮助维持身体中所允许的正常葡萄糖含量，促进血红蛋白的合成。铬也能抑制脂肪酸和胆固醇的合成，从而降低血清中甘油三酯、总胆固醇、低密度脂蛋白水平。同时，它还可以改善心肌缺氧，纠正心律不齐。

铬缺乏导致葡萄糖耐量降低，生长速度和寿命下降，血清胆固醇水平升高，外周组织对内在和外生胰岛素的敏感性降低，其表现为尿铬排泄减少和葡萄糖耐量降低。严重缺铬可使糖耐量降低，引起糖尿病；还会使胆固醇明显升高，引起血管内壁脂肪的沉积，使本来具有弹性的正常血管逐渐硬化，导致出现动脉硬化和心血管疾病。白内障、屈光不正也与铬缺乏有关。

GB 14880—2012《食品营养强化剂使用标准》规定：铬源营养强化剂包括硫酸铬和氯化铬，并限定在特殊膳食用食品中进行强化。

（三）其他类营养强化剂

1. 氨基酸和蛋白质类营养强化剂

作为强化剂的氨基酸多是一些必需氨基酸及其盐类。白面包和预煮米饭强化 L-赖氨酸是经典案例，甲硫氨酸也在一些配方中添加。食物强化氨基酸主要目的是补充食物蛋白质中缺乏或者加工过程中损失的必需氨基酸。

氨基酸以游离态、盐酸盐或钾盐形式存在。氨基酸相当稳定，但在还原糖存在下，受热时易发生美拉德反应，反应程度与糖浓度、加热温度和时间成正比。

与所有营养物质相似，当人体摄入氨基酸过多时，表现出一定的副作用，这一点对婴儿已有定论。建立在动物研究上的证据表明氨基酸的毒性作用将不会对成人产生影响，除非摄食 10 倍正常添加量的氨基酸。

GB 14880—2012《食品营养强化剂使用标准》允许的氨基酸和蛋白质类营养强化剂 8 种，包括 5 种氨基酸（L-赖氨酸、L-甲硫氨酸、L-色氨酸、L-酪氨酸和牛磺酸）和 3 种蛋白质（乳铁蛋白、酪蛋白钙肽、酪蛋白磷酸肽），其中 L-甲硫氨酸、L-色氨酸、L-酪氨酸仅用在特殊膳食食品。

（1）L-赖氨酸（L-Lysine） L-赖氨酸又称 L-2,6-二氨基己酸，分子式 $C_6H_{14}N_2O_2$，相对分子质量 146，结构式见图 6-14。白色或近白色晶体粉末，几乎无臭，易溶于水和甲酸，难溶于乙醇和乙醚。

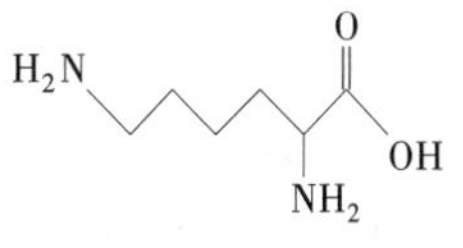

图 6-14 L-赖氨酸

赖氨酸是人体八种必需氨基酸之一，在生物机体的代谢中起着重要的作用，赖氨酸缺乏将会引起生长障碍。因植物蛋白中普遍缺乏赖氨酸，故营养学家将其称为“第一必需氨基酸”。赖氨酸在医药上具有特殊的用途，它是合成脑神经及生殖细胞、核蛋白、血红蛋白的必需物质。

L-赖氨酸作为营养强化剂，可用于强化黑米、大米、玉米、花生粉等常见植物食品。成人每日最小需要量（以L-赖氨酸计）：男性约0.8g，女性约0.4g，青年12~32mg/kg，幼儿180mg/kg。

GB 14880—2012《食品营养强化剂使用标准》规定：L-赖氨酸可应用于大米及其制品、小麦粉及其制品、杂粮粉及其制品、面包等。可作为L-赖氨酸来源的营养强化剂有L-盐酸赖氨酸和L-赖氨酸天门冬氨酸盐。

（2）牛磺酸（Taurine） 牛磺酸又称2-氨基乙基磺酸，分子式$NH_2CH_2CH_2SO_3H$，相对分子质量125.15。牛磺酸具有抗氧化作用，同维生素E、维生素C、类胡萝卜素和一些多酚类化合物一样，具有清除活性氧化剂的作用，被认为组成生命内源的防御系统，以防止毒素对细胞及组织的伤害，清除氧自由基和抗脂质过氧化损伤的效应与牛磺酸剂量呈一定的线性关系。体外实验表明，牛磺酸可抑制肝的脂质过氧化，可直接作用于微粒体膜，从而减少膜的脂质过氧化反应。现已证明牛磺酸具有视觉发育、神经发育、解毒作用、钙流动调控、胆汁酸结合作用、渗透压调控、稳定细胞膜等多种作用及在心血管系统有抗心律失常、心肌保护和降低血压等功能作用（白小琼等，2011）。

GB 14880—2012《食品营养强化剂使用标准》规定：牛磺酸可应用于调制乳粉、豆粉、豆浆粉、豆浆、含乳饮料、特殊用途饮料、风味饮料、固体饮料类、果冻、调制乳、风味发酵乳、干酪和再制干酪（仅限再制干酪）、其他乳制品（仅限奶片）、特殊膳食用食品等。可作为牛磺酸来源的营养强化剂有牛磺酸（氨基乙基磺酸）。

（3）L-甲硫氨酸（L-Methionine） 分子式$C_5H_{11}NO_2S$，相对分子质量149.22，结构式见图6-15。甲硫氨酸不仅能促进肝内脂肪代谢，临床用于慢性肝炎、肝硬化、脂肪肝等病症的预防和治疗，也可用于磺胺类药物中毒等辅助治疗。此外，甲硫氨酸也是人体所需的一种氨基酸，为医用氨基酸注射液的重要成分；此外，甲硫氨酸还能促进畜禽生长发育，是重要的饲料添加剂（朱中胜等，2015）。1994年，FDA规定可安全用于食品，但限量为食品中总蛋白质的3.1%。

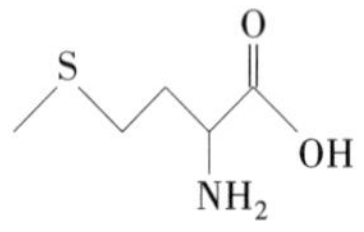

S O OH NH_2

图6-15 L-甲硫氨酸

GB 14880—2012《食品营养强化剂使用标准》规定：L-甲硫氨酸仅强化特殊膳食用食品。可作L-甲硫氨酸来源的营养强化剂仅限非动物源性L-甲硫氨酸。

（4）L-色氨酸（L-Tryptophan） 色氨酸分子式$C_{11}H_{12}N_2O_2$，相对分子质量204.23。分子结构式见图6-16。色氨酸可以转化生成人体大脑中的一种重要神经传递物质5-羟色胺，而5-羟色胺有中和肾上腺素和去甲肾上腺素的作用，并可改善睡眠的持续时间。当动物大脑中的5-羟色胺含量降低时，表现出异常行为，出现神经错乱的幻觉以及失眠等。此外，5-羟色胺有很强的血管收缩作用，存在于许多组织，包括血小板和肠黏膜细胞中。受伤后的机体，通过释放5-羟色胺来止血。人体可由色氨酸制造部分烟酸，但不能满足对烟酸的总需要量。医药上常将色氨酸用作抗抑郁剂、抗痉挛剂、胃分泌调节剂、胃黏膜保护剂和强抗昏迷剂等。

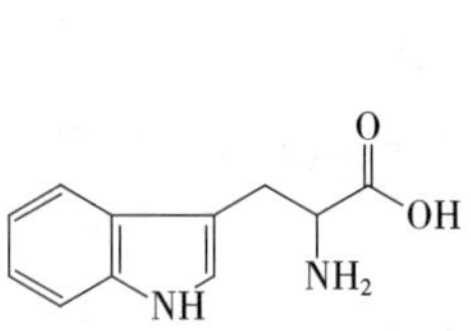

O OH NH NH_2

图6-16 L-色氨酸

GB 14880—2012《食品营养强化剂使用标准》规定：L-色氨酸仅强化特殊膳食用食品。可作L-色氨酸来源的营养强化剂仅限非动物源性L-色氨酸。

（5）L-酪氨酸（L-Tyrosine）　L-酪氨酸又称2-氨基-3-对羟苯基丙酸，分子式 $C_9H_{11}NO_3$，相对分子质量181.20，结构式见图6-17，是一种含有酚羟基的芳香族α氨基酸。L-酪氨酸是组成蛋白质的20种氨基酸中的一种，是哺乳动物的必需氨基酸，又是生酮和生糖氨基酸。

图6-17　L-酪氨酸

GB 14880—2012《食品营养强化剂使用标准》规定：L-酪氨酸仅强化特殊膳食用食品。可作L-酪氨酸来源的营养强化剂仅限非动物源性L-酪氨酸。

（6）乳铁蛋白（Lactoferrin，CNS号：00.019）　乳铁蛋白是一个大约有700个氨基酸残基构成的分子质量约为80000u的单体糖蛋白，属于转铁蛋白家族。因其晶体呈红色，故也有学者称之为“红蛋白”。乳铁蛋白对人体具有七大功能：①广谱抗菌作用：既能抑制需铁的革兰阴性菌，也抑制革兰阳性菌，但不能抑制对铁需求不高的菌；②抗病毒作用：天然的乳铁蛋白能够抑制人免疫缺陷病毒和巨细胞病毒对MT4细胞和成纤维细胞的病变作用，此外，还能抑制流感病毒的活性；③抗氧化作用：研究发现，乳铁蛋白能抑制铁诱导的脂质过氧化过程所产生的硫代巴比妥酸和丙二醛的生成。此外，牛乳铁蛋白能降解酵母中的转运RNA，具有核糖核酸酶的活性，且能抑制超氧离子的形成。这些均可降低人体自由基对动脉血管壁弹性蛋白的破坏，达到预防和治疗动脉粥样硬化和冠心病的目的；④抗癌作用：乳铁蛋白对消化道肿瘤具有化学预防作用，并可抑制由此引发的肿瘤转移。此外，乳铁蛋白具有启动宿主预防系统的初始活化作用，调节不同类淋巴细胞比例的改变对机体免疫反应的影响，提高免疫力等方面起到积极作用；⑤调节机体免疫反应：乳铁蛋白具有调节巨噬细胞活性和刺激淋巴细胞合成的能力，对抗体生成、T细胞成熟、淋巴细胞中自然杀伤细胞比例具有调节作用；⑥调节胃肠道铁的吸收：乳铁蛋白通过它的氨基和羧基末端两个铁结合区域能高亲和性地、可逆地与铁结合，并维持铁在一个较广的pH范围内而完成铁在十二指肠细胞的吸收和利用；⑦同药物协调作用：乳铁蛋白同多种抗生素和抗病毒物质具有协同作用，能减少药物用量，降低抗生素或抗真菌制剂对人体肝、肾功能的损害，同时能增强体内微生物对药物的敏感性。

GB 14880—2012《食品营养强化剂使用标准》规定：乳铁蛋白可应用于调制乳、风味发酵乳、含乳饮料、调制乳粉、婴幼儿配方食品。

（7）酪蛋白钙肽（Casein calcium peptide，CCP，CNS号：00.015）　酪蛋白钙肽（CCP）是来自牛乳酪蛋白的含有磷酸丝氨酸残基的生物活性多肽，其中酪蛋白磷酸钙约占12.5%，平均分子质量约为3000u。在小肠内可防止Ca、Fe等矿物元素沉淀，促进小肠对Ca、Fe等吸收。CCP还具有防止光褪色功能和抗氧化作用。将其添加到花色牛乳中，能保证产品在保质期内维持其特有的色泽；将其用于营养强化牛乳中，可防止脂溶性维生素、DHA、EPA等功能性油脂光、氧降解，发挥抗氧化作用。

GB 14880—2012《食品营养强化剂使用标准》规定：酪蛋白钙肽可应用于粮食和粮食制品[包括大米、面粉、杂粮、淀粉等（06.01期07.0涉及品种除外）]、饮料类（14.01涉及品种除外）、特殊膳食用食品。在特殊膳食用食品中可用于强化婴幼儿配方食品和婴幼儿辅助食品。

（8）酪蛋白磷酸肽（Casein phosphopeptides，CPP，CNS号：00.016）　酪蛋白磷酸肽（CPP）是以牛乳酪蛋白为原料，通过生物技术制得的具有生物活性的多肽。CPP分子由二十到三十多个氨基酸残基组成，其中包括 4~7 个成簇存在的磷酸丝氨酰基。CPP 能提高钙、铁、锌等矿物质吸收利用，促进牙齿、骨骼中钙的沉积和钙化，此外还能促进动物体外受精和增强机体免疫力。

GB 14880—2012《食品营养强化剂使用标准》规定：酪蛋白磷酸肽可应用于调制乳、风味发酵乳、粮食和粮食制品［包括大米、面粉、杂粮、淀粉等（06.01 期 07.0 涉及品种除外）］、饮料类（14.01 涉及品种除外）、特殊膳食用食品。作为营养强化剂仅限于强化婴幼儿配方食品。在特殊膳食用食品中可用于强化婴幼儿配方食品和婴幼儿辅助食品。

2. 脂肪酸类营养强化剂

油脂（包括油和脂肪），不溶于水的常量营养素，是机体能量来源的最集中形式。油脂主要以甘油三酯的形式存在于日常饮食中，每克油脂可提供 37.7kJ（9kcal）的能量，而每克碳水化合物和蛋白质仅提供 16.7kJ（4kcal）的能量。油脂在人体小肠内吸收，然后被转运到机体的不同部位，当机体需要能量时被氧化并释放能量，当能量充足时就以脂肪的形式贮存或沉积。油脂不仅是机体结构的组成物质，还参与许多重要生化反应如合成、氧化和交换等。

尽管机体可以合成大部分脂肪酸，但一些重要的脂肪酸必须从食物中摄取，如亚油酸（LA）和 α-亚麻酸（ALA），因而被认为是人体生长的必需脂肪酸。人体缺乏 LA 和 ALA 将会出现皮肤干裂呈鱼鳞状、水摄入量过多、生长迟缓、不孕等一系列必需脂肪酸缺乏症。必需脂肪酸缺乏症不仅与必需脂肪酸的摄取不足有关，也与其代谢产物——长链多不饱和脂肪酸（Long-chain polyunsaturated fatty acids，LC-PUFAs）的缺乏紧密相关。与维生素缺乏症类似，摄入少量的 LA 和 ALA 可以缓解并治愈这些症状，人体缺乏脂肪酸的事件鲜有报道。

随着人类饮食习惯的渐变，不同必需脂肪酸间的比例变化很大。为了达到健康和长寿的目的，需要对食品原料进行脂肪酸强化，使食品为人类提供最佳的必需脂肪酸配比。本部分将围绕功能性食品中的必需脂肪酸强化剂展开介绍。

（1）必需脂肪酸的化学性质

①脂肪酸生物化学性质：与生物化学相关的脂肪酸都是带有一个羧基末端的直链脂肪烃（12~22 个碳），是二碳单位供体在一系列酶的作用下不断延长形成的饱和脂肪酸或在直链脂肪烃的特殊位置脱氢形成 1~6 个双键的不饱和脂肪酸。不饱和脂肪酸的双键由亚甲基间隔，并且所有的双键都是顺式结构。双键的位置通过距离官能团（羧基）的碳原子个数表示（例如：油酸具有唯一双键以顺式结构位于 Δ9 位置）。标准的生化命名法先确定碳链长度，然后是不饱和双键的数量，最后是这些双键的位置。按照这种命名法，油酸应为 C18∶1（Δ9），或者双键在第九位的十八碳脂肪酸，结构式见图 6-18。

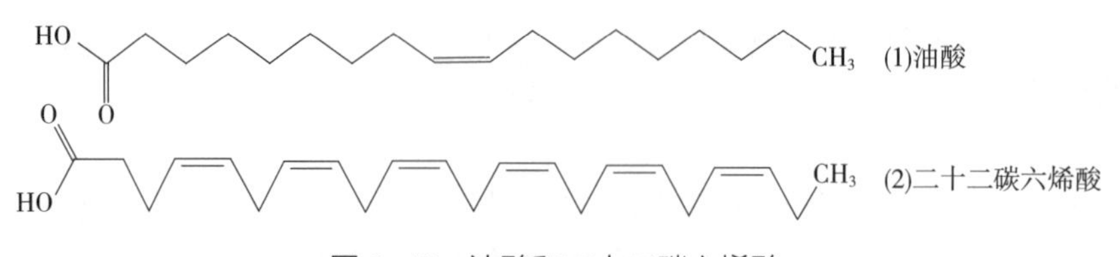

图 6-18　油酸和二十二碳六烯酸

营养学家常用另外一种命名法，即按照双键离甲基端的位置对脂肪酸进行分类。如亚油酸按照生化命名法为 C18∶2（Δ9，12），同时也可命名为 ω-6（或 n-6）脂肪酸，因双键位于离甲基末端的第 6 位碳原子上。这种命名法能很好体现脂肪酸功能，因为各类脂肪酸在体内具有不同的生理功能。另一种必需脂肪酸亚麻酸系统命名为 C18：3（Δ9，12，15），是 ω-3（或 n-3）族脂肪酸的一种。脂肪酸主要的系统命名法和普通命名法见表 6-1。

表 6-1　　必需脂肪酸及其衍生物的普通命名和系统命名

常见名	普通命名	系统命名符号
ω-6 族		
亚油酸（LA）	十八碳二烯酸	C18：2（Δ9，12）
γ-亚麻酸（GLA）	十八碳三烯酸	C18：3（Δ6，9，12）
双同 γ-亚麻酸	二十碳三烯酸	C20：3（Δ8，11，14）
花生四烯酸	二十碳四烯酸	C20：4（Δ5，8，11，14）
DPA	二十二碳五烯酸	C22：5（Δ4，7，10，13，16）
ω-3 族		
α-亚麻酸（ALA）	十八碳三烯酸	C18：3（Δ9，12，15）
硬脂四烯酸	十八碳四烯酸	C18：4（Δ6，9，12，15）
EPA	二十碳五烯酸	C20：5（Δ5，8，11，14，17）
DHA	二十二碳六烯酸	C22：6（Δ4，7，10，13，16，19）

②ω-6 和 ω-3 族脂肪酸：LA 和 ALA 分别是 ω-6 和 ω-3 族脂肪酸。用稳定同位素示踪法研究发现人体具有用必需脂肪酸合成所有 ω-3 和 ω-6 脂肪酸的能力。图 6-19 表示 ω-3 和 ω-6 族所有脂肪酸，只需一步 Δ6 或 Δ5 脱氢，同时碳链延长步骤即可。由二十碳五烯酸（EPA）到二

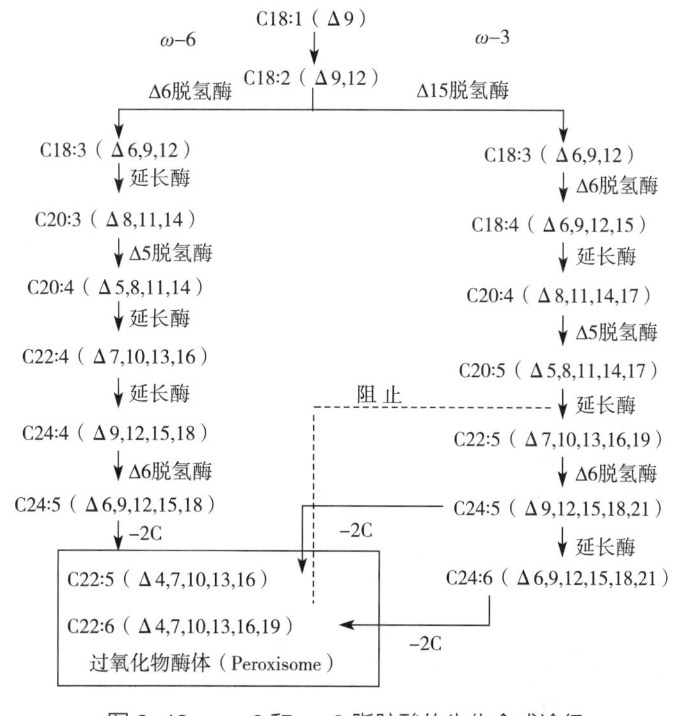

图 6-19　ω-6 和 ω-3 脂肪酸的生化合成途径

十二碳六烯酸（DHA）转化的最后步骤一直被认为是先延长 EPA 碳链至 C22：5（Δ7，10，13，16，19），然后发生 Δ4 脱氢形成 DHA，即 C22：6（Δ4，7，10，13，16，19）。但近年研究结果表明其过程并非如此，而是 EPA 首先进一步延长形成 C22：5（Δ7，10，13，16，19），然后形成 C24：5（Δ9，13，15，18，21），最后 Δ6 脱氢形成 C24：6（Δ6，9，12，15，18，21）并经过一次 β-氧化最终形成 C22：6（Δ4，7，10，13，16，19）即 DHA。当机体 ω-3 族脂肪酸不足时，ω-6 途径最终形成二十二碳五烯酸 C22：5（Δ4，7，10，13，16）。

ω-6 和 ω-3 族的二十碳脂肪酸（ARA 和 EPA）是具有循环生物活性的二十碳酸（eicosanoids）的前体物质。这些二十碳酸能够影响免疫应答、血小板凝集及许多其他细胞功能。很多情况下由 ω-6 脂肪酸衍生的二十碳酸具有与 ω-3 衍生的二十碳酸相反的作用，因此保持体内两类脂肪酸处于健康平衡状态非常重要。现代饮食习惯破坏 ω-6 和 ω-3 族脂肪酸的平衡，在饮食中强化这些脂肪酸可实现这一平衡。

DHA 不是二十碳酸的前体物质，在中枢神经系统中一些组织的细胞膜上大量存在，它是组成大脑灰质中细胞膜上最主要的 ω-3 族脂肪酸，而且还发现其在突触囊泡及一定的再生组织的含量水平非常高。因此 DHA 在保持这些组织的完整性和功能性方面发挥着独特的作用。

③脂类化合物的形成：脂肪酸一般以甘油三酯、磷酯、鞘磷酯和固醇酯等形式存在于人体中，甘油三酯是脂类最主要的贮存形式，在动物脂肪组织中也发现了大量的甘油三酯。除了甘油三酯外，在人体细胞膜的磷脂双分子层上也存在大量的脂肪酸。根据这些磷脂极性端的不同可以分为四大类，分别是磷脂酰胆碱（PC）、磷脂酰胆胺（PE）、磷脂酰肌糖（PI）和磷脂酰丝氨酸（PS）。这几种磷脂在人体的不同器官有着不同的分布，膜上的脂肪半酰基对于膜的理化性质起决定性作用。

（2）必需脂肪酸缺乏引起的生理影响　必需脂肪酸在机体中可构成膜脂蛋白，在免疫调节、基因调控等方面发挥重要的功能，但机体 EFAs 的低水平将对生理健康造成影响。

①婴儿必需脂肪酸需要量：人体内 EFAs 浓度最高的部位是大脑和视网膜。而且大脑和神经组织的 EFAs 主要是 DHA 和 ARA。因此，在婴儿出生前后两个月为了保证中枢神经系统正常发育需要大量摄入 DHA 和 ARA，由母体的供给来实现，出生前是通过胎盘转到胎儿中，出生后则是由母乳喂养来提供。母体的 DHA 水平逐渐下降，而且多胞胎的 DHA 水平比单胞胎的水平低。

非母乳喂养的婴儿如果没有额外地摄入 DHA 或 ARA，其大脑和血液中的化学组分相对于母乳喂养的婴儿而言就会发生改变，血液中的 DHA 含量降低到一半以下，而大脑中 DHA 水平则降至 30%。大量实验结果证实除了社会经济状况、性别、出生先后等种种影响因素外，母乳喂养婴儿（能够提供足量的 DHA 和 ARA）的 IQ 比非母乳喂养婴儿的 IQ 水平高 3~4 倍。神经系统和视觉系统的实验也证明在大多数情况下非母乳喂养的婴儿视觉和神经系统的发育延迟，但额外添加 DHA 的非母乳喂养婴儿和母乳喂养的婴儿情况一样。

为了满足未得到母乳的婴儿 DHA 和 ARA 的需要，一些权威机构以母乳中的水平为标准制定了婴儿补充 DHA 和 ARA 的推荐量（表 6-2），包括由 FAO 和 WHO 共同制定的推荐量，充足的 DHA 摄入量同样对哺乳期的母亲十分重要。

表 6-2 专家推荐婴儿配方食品中 DHA 和 ARA 的添加量

	BNF[a]	ISSFAL[b]	FAO/WHO
年份	1993	1994	1995
早产儿			
ARA（膳食配方脂肪中的比例）	0.30%	1.0%~1.5%	1.0%
DHA（膳食配方脂肪中的比例）	0.30%	1.0%~1.5%	0.8%
足月儿			
ARA（膳食配方脂肪中的比例）			0.6%
DHA（膳食配方脂肪中的比例）			0.4%
EPA/DHA 比值		>5∶1	10∶1

注：a 英国营养基金会（British Nutrition Foundation，BNF）。

b 国际脂肪酸和油脂研究学会（International Society for the Study of Fatty Acids and Lipids，ISSFAL）。

②必需脂肪酸与视觉功能：视觉组织是中枢神经系统的外部组织。视网膜杆细胞多层细胞膜（ROS）中 DHA 含量最高。ROS 的磷脂中富含 DHA，占总量的 50%~60%，在所有动物视觉系统中 DHA 是唯一的 EFAs 的膜结构成分。ROS 膜中有 10%~20%的 DHA 在不断循环形成新的细胞膜，这种重复利用 DHA 的机制十分复杂。低水平的 DHA 循环对一系列视觉染色功能具有一定的毒性作用，包括色素性视网膜炎、过氧化物酶体紊乱，甚至读写障碍（dyslexia）等症状。临床试验证明对这些炎症患者膳食补充 DHA 不仅可以改善患者的 EFAs 水平，而且显著提高他们的视觉功能。读写障碍患者补充 DHA 后在夜间适应能力及视觉均得到改善。据此可以推测，提高患者 ROS 中 DHA 水平可同时提高视网膜中视紫红质的含量。

③必需脂肪酸与神经功能：中枢神经系统中 DHA 和 ARA 含量都很高，而在这些神经细胞中突触膜上二者浓度最高。ω-3 缺乏会导致大脑中 DHA 水平急剧降低。

动物实验证明：灵长类动物早期的营养在青少年时期及成熟期有着显著的长期行为影响。多动症（ADHD）儿童血液的 DHA 水平越低，多动的症状就越明显。ADHD 的发病率随着饮食中 DHA 的损失而提高。其他一些神经系统症状也与血浆中 DHA 的低水平有关，如沮丧、神经分裂症、运动迟缓等。摄入 ω-3 长链多不饱和脂肪酸能改善这些状况。

④必需脂肪酸与心血管功能：EFAs 在心血管方面的功能在近 40 多年进行了大量细致的研究。自 1979 年首次报道北极地区当地人从鱼和海产品中摄入大量的 ω-3 不饱和脂肪酸，使得他们心血管疾病发生率很低。有许多临床试验研究结果表明多食用鱼油会减少甘油三酯及提高 HDL/LDL 的比值，EPA 在减少血小板凝集和延长止血时间方面有利，但在其他方面带来问题。近年来研究发现通过给动物一定剂量的 ω-3 LC-PUFAs，其心室纤维颤动的频率显著降低。每周三次以上的含鱼饮食（大约 200mg/d）可以将心脏性猝死的发生率降低 50%。

（3）必需脂肪酸各论

①花生四烯酸（Arachidonic acid，AA，ARA）：花生四烯酸又称花生油烯酸、全顺式-5,8,11,14-二十碳四烯酸，化学式 $C_{20}H_{32}O_2$，相对分子质量 304.46，结构式见图 6-20，室温下为液体，沸点 245℃，熔点 -49.5℃，溶于醇和醚，碘值 333.50g，紫外吸收峰 257，268，315nm。

图6-20　花生四烯酸

高纯度的花生四烯酸是合成前列腺素（Prostaglandins），血栓烷素（Thromboxanes）和白细胞三烯（Leukotrienes）等二十碳衍生物的直接前体，这些生物活性物质对人体心血管系统及免疫系统具有十分重要的作用。花生四烯酸是人体大脑和视神经发育的重要物质，对提高智力和增强视敏度具有重要作用。此外花生四烯酸具有酯化胆固醇、增加血管弹性、降低血液黏度、调节血细胞功能等一系列生理活性功能。

GB 14880—2012《食品营养强化剂使用标准》规定：花生四烯酸源营养强化剂可应用于调制乳粉（仅限儿童用乳粉）和特殊膳食用食品。可作为花生四烯酸源的营养强化剂仅指来源于高山被孢霉（*Mortierella alpine*）的花生四烯酸油脂。在特殊膳食用食品中可用于强化婴幼儿谷类辅助食品。

②二十二碳六烯酸（Docosahexaenoic acid，DHA）：DHA 的分子式 $C_{22}H_{32}O_2$，相对分子质量 328.5。熔点-44℃，沸点 447℃。无色无味，常温下呈液态，易溶于有机溶剂，不溶于水，低温下仍能保持较高的流动性。

自 20 世纪 90 年代以来，DHA 一直是儿童营养品的一大焦点。英国脑营养研究所克罗夫特教授最早揭示了 DHA 的奥秘，其研究结果表明 DHA 是人的大脑发育、成长的重要物质之一。DHA 是大脑细胞膜的重要构成成分，参与脑细胞的形成和发育，对神经细胞轴突的延伸和新突起的形成有重要作用，可维持神经细胞的正常生理活动，参与大脑思维和记忆形成过程。

GB 14880—2012《食品营养强化剂使用标准》规定：DHA 源营养强化剂可应用于调制乳粉（包括仅限儿童用乳粉和仅限孕产妇用乳粉）、特殊膳食用食品等。可作为 DHA 源的营养强化剂包括来源于裂壶藻（*Schizochytrium* sp.）、吾肯氏壶藻（*Ulkenia amoeboida*）、寇氏隐甲藻（*Crypthecodinium cohnii*）和金枪鱼油。在特殊膳食用食品中可用于强化婴幼儿谷类辅助食品。

③γ-亚麻酸（γ-Linolenic acid，GLA）：γ-亚麻油酸又称 γ-亚麻酸、全顺式 6，9，12-十八碳三烯酸，分子式 $C_{18}H_{30}O_2$，相对分子质量 278.43，结构式见图 6-21。熔点-11~-10℃，沸点 230~232℃。常温下呈无色或淡黄色油状液，不溶于水而易溶于乙醚、正己烷、石油醚等非极性溶剂，在空气中不稳定，尤其在高温下易发生氧化反应，在碱性条件下易发生双键位置及构型异构化反应，形成共轭多烯酸。

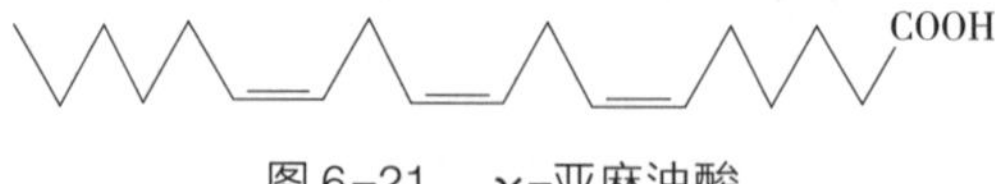

图6-21　γ-亚麻油酸

γ-亚麻酸是人体必需的一种高级不饱和脂肪酸之一，在人体内由亚油酸转化而来。从月见草的种子油中发现。现逐渐转向从微生物发酵法获得，如从被孢霉属中的 *Mortierlla isabellina*、*M. vinacea*、*M. ramanniana* 等菌种，特别是美丽技霉（*Thamnidium elegans*），得率较高。不论提取法或发酵法目前均可采用冷冻结晶法、尿素包合法、硝酸银柱层析等工艺分离纯化。GLA是人体内前列腺素等的前体物质，也是细胞生物膜的构建成分之一。临床结果显示它对甘油三酯、胆固醇、β-脂蛋白下降总有效率分别是81.5%、68.2%、64.8%，并具有提高高密度脂蛋白（HDL）的功效。此外它还有抗脂质过氧化减肥和抑制溃疡、增强胰岛素作用、抗血栓等作用，也有较强抗癌活性。

GLA的生物来源主要有植物和微生物。植物中玻璃苣的GLA含量为21%~25%。此外，黑加仑、微孔草、月见草等也富含GLA。GLA的微生物来源主要是微藻和真菌。

GB 14880—2012《食品营养强化剂使用标准》规定：γ-亚麻酸可应用于调制乳粉、植物油、饮料类（14.01，14.06涉及品种除外）等。

④1,3-二油酸2-棕榈酸甘油三酯（1,3-dioleoyl 2-palmitoyl triglyceride）：1,3-二油酸2-棕榈酸甘油三酯在25℃条件下为白色固体，系由脂肪酶催化酯交换，使脂肪酸在丙三醇分子上的位置重新排列而得。

GB 14880—2012《食品营养强化剂使用标准》规定：1,3-二油酸2-棕榈酸甘油三酯可应用于调制乳粉（仅限儿童用乳粉，液体按稀释倍数折算）和特殊膳食用食品。在特殊膳食用食品中可强化婴儿配方食品、较大婴儿和幼儿配方食品和特殊医学用途婴儿配方食品。

（4）必需脂肪酸在食品中的应用

①食品添加剂、食品及膳食补品：必需脂肪酸或其代谢产物对于人体维持正常生理功能的重要性不言而喻，但是某些多不饱和脂肪酸的需要量很少，两大类脂肪酸（ω-3和ω-6族）在不同食品中的含量和比例都不相同。不同饮食习惯造成的脂肪酸不平衡是导致许多慢性病的原因。

随着现代农业的进步，植物籽油易得且价格低廉，已成为人们日常饮食的主要油脂。由于植物籽油主要以ω-6为主，所以饮食中不仅脂肪含量显著增加，而且ω-6/ω-3的比值已增大到15∶1，这与人类长期进化形成的比值相差很大。因此，强化饮食中ω-3族脂肪酸含量或降低ω-6族脂肪酸含量，实现降低ω-6/ω-3比值的目标非常重要。由于后者需要彻底改变我们的消费习惯，所以可在摄入能量的同时补充少量ω-3族长链多不饱和脂肪酸。

②ω-3族脂肪酸的生物放大作用：当考虑在食品中补充ω-3族脂肪酸时，首先需要解决的问题是使用哪种脂肪酸。许多与ω-6/ω-3比值有关的疾病被认为对改变ω-6/ω-3比值有影响。然而也有可能是因为缺乏作为神经膜重要的结构物质——DHA引起的。尽管补充前体的ω-3脂肪酸ALA可以代谢产生EPA和DHA（平衡ω-6和ω-3比值的关键脂肪酸），但是直接补充EPA和DHA更加有效。大部分膳食中ALA被氧化作为能量。在人体代谢过程中20个ALA分子形成一个EPA分子，10个EPA分子形成一个DHA这一现象被称作生物放大。所以调整ω-6/ω-3比值同时降低饮食中脂肪的摄入量，直接使用EPA和DHA比添加前体ALA更加有效。

③技术难题：调整ω-6/ω-3比值的主要问题来源于这些脂肪酸的高度不饱和性。不饱和脂肪酸在制作和加工过程中非常容易氧化，其氧化产物在感官上无法接受。例如，鱼油富含不饱和脂肪酸，很快发生氧化形成难以接受的腥味和口感，甚至亚麻籽油也曾经用做工业用油，因为ALA发生氧化形成聚合物。因此，在食品中补充高不饱和脂肪酸，需要对加工技术进行一定的改进减轻或消除氧化脂肪酸对感官的影响。将不饱和脂肪酸微胶囊化，使外面具有一层抗氧化的壁材防止氧化是解决必需脂肪酸氧化降解的有效途径。但微胶囊化油只能在一部分食品中得到应用，在沙拉油、调味品和人造黄油中直接应用十分必要。在此情况下，由于有些油中含有抗氧化剂，或加工工艺特殊，使产品本身具有高度的内在稳定性。

④必需脂肪酸的来源：在食品中添加必需脂肪酸、制备保健食品或通过膳食补充提高消费者的必需脂肪酸水平，有许多ω-6或ω-3族脂肪酸来源的食物可供选择（表6-3）。选择哪种食物取决于制造商赋予食品的其他特性，例如在考虑补充不饱和脂肪酸的同时避免摄入的热量超标。

表6-3　　不饱和脂肪酸食品源

脂肪酸		商业来源	
ω-6	亚油酸（LA）	普通植物油	玉米、大豆、蓖麻
	γ-亚麻酸（γ-ALA）	特殊植物油	樱草、紫草、黑加仑籽
		单细胞油	霉菌、被孢霉
	花生四烯酸（ARA）	单细胞油	被孢霉
		动物	蛋黄
ω-3	α-亚麻酸（α-ALA）	普通植物油	大豆、蓖麻、亚麻
	二十碳五烯酸（EPA）	鱼	鲱鱼、鲑鱼、金枪鱼
	二十二碳六烯酸（DHA）	鱼	鲱鱼、鲑鱼、金枪鱼
		动物	蛋黄
		单细胞油	寇氏隐甲藻、裂壶藻

由于多不饱和脂肪酸极易被氧化，含多不饱和脂肪酸的食品普遍存在保质期问题。所以在加工、包装和贮藏过程中需十分小心。添加前体物质GLA和/或ALA是强化多不饱和脂肪酸的备选方法。这两种物质较ARA、EPA和DHA不易氧化，最终产品达到相同的效果需更高的添加量。在美国用亚麻籽作为ALA的来源加入到面包食品中，其中除了亚麻籽可以防止氧化以外，籽中还含有大量的外源抗氧化剂。

显然，必需脂肪酸和其他一些在神经组织结构中具有重要功能的长链物质产品是饮食中重要的组成部分；我们也逐渐意识到饮食中改变脂肪组成有着长远的影响以及恢复人类进化所形成的ω-6/ω-3比值的重要性。正是人们对这些脂肪酸平衡重要性的深刻认识，很有必要在婴儿甚至成人的饮食中强化必需脂肪酸。

如果我们的膳食结构是健康和多样化的，就没有必要在食品中使用添加剂提高食品的质量和营养。但我们目前的膳食结构现状并不合理。随着强化食品市场的不断扩大，这种强化方式会有更大的需求，同时，为了保证食品的安全和保障消费者的权益，这些强化剂经过很好的功能评价才能使用，用于预防疾病和提高人们生活的质量。

3. 低聚糖类营养强化剂

功能性低聚糖是指对人、动物、植物等具有特殊生理作用，单糖数在2~10的一类寡糖，其相对分子质量300~2000，包括水苏糖、棉子糖、低聚果糖、大豆低聚糖、低聚木糖、低聚半乳糖、低聚乳果糖等。因人体肠道内不具备分解消化低聚糖的酶，所以不能被消化吸收，而是直接进入肠道内为有益菌双歧杆菌所利用。功能性低聚糖因其独特的生理功能而成为一种重要的营养强化剂。

GB 14880—2012《食品营养强化剂使用标准》批准作为益生元类物质使用的营养强化剂有：低聚半乳糖、低聚果糖、多聚果糖、棉子糖、聚葡萄糖，均主要应用于特殊膳食用食品。

其中低聚半乳糖、多聚果糖批准为新资源食品。

GB 14880—2012《食品营养强化剂使用标准》规定：低聚果糖可用在调制乳粉（仅限儿童用乳粉和孕产妇用乳粉）。低聚半乳糖、低聚果糖、多聚果糖、棉子糖、聚葡萄糖，均主要应用于特殊膳食用食品。低聚半乳糖（乳糖来源）、低聚果糖和多聚果糖（菊苣来源）、棉子糖（甜菜来源），均用在婴幼儿食品、婴幼儿谷类辅助食品，单独或混合使用，该类物质总量不超过 64.5g/kg。聚葡萄糖用在婴幼儿配方食品，15.6~31.25g/kg。另外，酵母β-葡聚糖可添加在较大婴儿和幼儿配方食品中（仅限幼儿配方粉），调制乳粉（仅限儿童用乳粉）0.21~0.67g/kg。

4. 核苷酸类营养强化剂

我国批准使用的核苷酸类营养强化剂有：5′-单磷酸胞苷（5′-CMP）、5′-单磷酸尿苷(5′-UMP)、5′-单磷酸腺苷（5′-AMP）、5′-肌苷酸二钠（5′-IMP）、5′-鸟苷酸二钠（5′-GMP）、5′-尿苷酸二钠（5′-UMP 2Na）、5′-胞苷酸二钠（5′-CMP 2Na）等，核苷酸主要作为益生元类物质应用于婴幼儿配方食品，使用量为 0.12~0.58g/kg（以核苷酸总量计）。

核苷酸能满足婴儿早期快速生长的需要，自 1965 年以来被一些国家陆续允许添加到婴幼儿乳粉中。乳品中核苷酸的营养作用主要集中在以下几个方面：改善肠道菌群，维持肠道形态学和功能，促进生长发育，提高免疫功能，改善脂质代谢等。

5. 胡萝卜素类营养强化剂

叶黄素（Lutein，INS 号：161b），叶黄素为深棕色膏状物，纯度高时呈橘黄色至橘红色结晶或粉末状固体，有金属光泽，属于类胡萝卜素的四萜化合物，有两个紫罗兰环。熔点 183~190℃，不溶于水，微溶于油，溶于正己烷等有机溶剂。分子式 $C_{48}H_{56}O_2$，相对分子质量 664.97。一般以万寿菊油为原料，经皂化、提取精制而成。对光和氧不稳定，需在-20℃和氮气存在条件下贮存。

叶黄素是一种广泛存在于蔬菜、花卉、水果等植物中的天然物质，一种性能良好的抗氧化剂。人眼睛视网膜黄斑区域的主要色素是叶黄素，人体无法合成，必须靠摄入叶黄素来补充。在食品中加入一定量的叶黄素可预防细胞衰老和机体器官老化，同时还可预防老年性眼球视网膜黄斑退化引起的视力下降与失明。

叶黄素的 LD_{50}>2000mg/kg 体重（小鼠，经口），其 ADI 值为 0~2mg/kg 体重（FAO/WHO，2007）。

GB 14880—2012《食品营养强化剂使用标准》规定：叶黄素（万寿菊来源）可应用于儿童用调制乳粉，还可应用在特殊膳食食品，婴儿配方食品，较大婴儿和幼儿配方食品，特殊医学用途婴儿配方食品。

叶黄素酯在我国作为新资源食品管理，可以用于焙烤食品、乳制品、饮料、即食谷物、冷冻饮品、调味品和糖果中，每天的摄入量要求<12mg。

6. L-肉碱（Carnitine）

肉碱又称肉毒碱，是一种季胺盐，化学名β-羟基γ-三甲铵丁酸，分子式 $C_7H_{15}O_3N$，相对分子质量 161.20，结构式见图 6-22。有左旋和右旋两种同分异构体，自然界中只存在左旋肉碱，即 L-肉碱。

$$^{-}OOC—CH_2—CH(OH)—CH_2—N^{+}(CH_3)_3$$

图 6-22　肉碱

L-肉碱类似于胆碱，是一种水溶性化合物，对人体和动物的作用很大，是生物体必需的生命活性物质，但又不是氨基酸，是一种既类似氨基酸也类似维生素的特殊结构的物质。它能够促进脂肪酸的氧化和运输，提高人体耐受力；大量的人体和动物实验证明，L-肉碱具有抗心肌缺血、抗心律失调和降血脂的作用，甚至对预防老年性痴呆有显著效果。

肉碱在肉类中含量最多，可以由甲硫氨酸和赖氨酸在体内合成。与胆碱相似，它只能添加到婴儿配方食品中。过量肉碱可通过尿液排出体外，尚未发现过量摄入肉碱造成不良反应的报道。

GB 14880—2012《食品营养强化剂使用标准》规定：L-肉碱可用于调制乳粉（儿童用乳粉除外）、儿童用调制乳粉、果蔬汁（肉）饮料（包装发酵型产品等）、含乳饮料、风味饮料、特殊用途饮料（仅限运动饮料）、固体饮料类。允许作为L-肉碱来源的营养强化剂包括L-肉碱、L-肉碱酒石酸盐。

三、营养强化剂在食品工业中的应用

（一）食品营养强化剂稳态化技术

为提高营养强化剂的生物利用率，需要提高其溶解度，增强吸收能力和稳定性以及缓释能力。因此，食品营养强化剂稳态化技术将成为营养强化剂应用技术开发的趋势。

稳态化技术是指能有效防止食品质量裂变，并能够延长产品保质期的技术的总称。营养功能因子的稳态化技术是对功能因子进行多种形式的包埋，阻断不利因素的侵袭，达到保护营养功能因子的目的。营养强化剂的稳态化技术是在不造成食品物料发生化学性质特异性变化的前提下，改变物料的物理形态，通过控制环境条件，如温度、pH、离子力、压力、剪切力、浓度、体系组成比等，利用界面反应，如吸附、凝聚、聚集、成胶及成膜等现象，形成性能可控的空间网络结构，如囊壳、凝胶、膜等。稳态化技术除了对其包埋的营养功能因子有保护作用外，还因空间网络结构的性能具有控制性，实行带有智能特点的功能因子的缓释和靶向释放。营养强化剂的稳态化常用的技术是微乳化技术、微胶囊技术以及脂质体技术。

1.（微/纳米）乳化技术

微乳状液是由两种互不相溶的液体（指乳化剂、助乳化剂、水和/或油、添加物）形成的热力学稳定，各向同性、外观透明或半透明的分散体系。微乳状液可以自发形成，其在微观上由表面活性剂界面膜所稳定的一种或两种液体的液滴所构成，由于液滴的直径非常小，所以稳定，可长期放置且离心后不易分层。

生产ω-3多不饱和脂肪酸强化食品的一种方法就是制备ω-3多不饱和脂肪酸的微乳状液，然后再将其添加至食品中。Park等（2004）通过乳清分离蛋白（WPI）乳化多不饱和脂肪酸（PUFA），并添加生育酚、抗坏血酸棕榈酸酯和迷迭香提取物形成微乳状液，将其与鱼肉半成品混合后得到鱼肉酱产品。孙颖恩等（2016）利用大豆分离蛋白（SPI）/壳聚糖（CS）复合凝聚物制备了富含ω-3多不饱和脂肪酸二十二碳六烯酸（DHA）与二十碳五烯酸（EPA）的微藻油乳液，发现利用微生物谷氨酰胺转氨酶（TGase）交联明显改善了微藻油乳液的物理稳定性及氧化稳定性，并显著提高了微藻油的乳化效率，其认为通过此方法制备的微藻油乳液产品可应用于豆奶等液体蛋白饮料从而达到强化DHA的目的。姚晓琳等（2016）采用阿拉伯胶（GA）制备共轭亚油酸（CLA）乳液，发现GA乳液中CLA在模拟胃肠液中的释放显示出了良好的营养缓释性能，延长了CLA的释放时间，提高了CLA的生物利用度。

此外，雷菲等（2014）利用自由基接枝法制备的壳聚糖-EGCG共价复合物因其强抗氧化性和高乳化活性而减缓了贮藏过程中乳状液中β-胡萝卜素的降解，提高了其对光和热的稳定性，且该乳状液呈现出致密的凝胶状结构。Ozturk等（2015）利用WPI和GA制备维生素E橙油乳液，发现GA乳液在较低pH、较高离子强度和较高温度下的稳定性优于WPI乳液，为食品级维生素乳液传递系统的制备提供了有用信息。Liu等（2016）以大豆球蛋白颗粒制备食品级β-胡萝卜素Pickering乳液，在胃肠道的消化过程中无明显降解。

2. 微胶囊技术

微胶囊技术是指利用天然或合成高分子材料，将分散的固体、液体、气体物质包裹起来，形成具有半透性或密封性囊膜的微小粒子的技术。营养强化剂经微胶囊包埋后，可以改变物质的色泽、性状、体积、溶解性、反应性、耐热性和贮藏性等，并且在一定程度上能够起到控制芯材释放的速度。微胶囊常用的制备方法有喷雾干燥、喷雾冷却等。

浙江大学（2010）公布专利"一种连续化稳定维生素A微胶囊的制备方法"，在氮气保护下，将维生素A晶体与抗氧化剂按比例连续加至结晶熔化器中，制备含抗氧化剂的维生素A乳状液，然后用泵将上述乳状液送入超重力旋转填充床乳化器中，同时将含有改性淀粉的水溶液经脱氧处理后用泵送入上述乳化器中，在出口得到维生素A乳状液，将该乳状液连续雾化进行造粒，然后在氮气作干燥介质的流化床中进行干燥、凝胶化处理，得到维生素A微胶囊。

Romita（2011）将富马酸亚铁（100g/L）溶于水溶液和载体材料中进行喷雾干燥。载体材料包括羧甲基纤维素（CMC）、阿拉伯胶和不同比例的羟丙甲纤维素（HPMC）以及麦芽糖糊精。喷雾干燥进口温度150℃，进样流速0.39~0.90L/h，得到的粉末颗粒大小<20μm。在制备过程中，使用富马酸钠作为赋形剂，促进球形微粒的形成，防止胶囊的破裂。用这种方法，富马酸亚铁以溶液或悬浊液的形式被雾化。其悬浮时只有4%的铁被氧化。

南京农业大学（2012）采用明胶和多孔淀粉为复合壁材，大豆磷脂和蔗糖醋为复合乳化剂，制备的叶黄素微胶囊水溶性和稳定性有了明显的提高，且生物活性较高，与游离叶黄素相比，叶黄素微胶囊可直接溶解于水中，耐热性、耐酸碱度分别提高可达50%，光照及耐氧能力分别提高可达37%和20%，在100℃的高温、70%的氧气、高酸碱度（pH1~12）、长期光照（达30d）的环境下，其叶黄素的保留率仍保持在90%以上。

3. 脂质体包埋

脂质体是一个由双分子层膜组成的封闭囊状体，双分子层膜由油脂双分子层构成，如磷脂（脂类）和胆固醇。颗粒大小范围从30nm到几微米不等。虽然脂质体在制药学中已有广泛的研究，但是其在食品中的应用很少。

Ding（2011）利用反相蒸发法在磷脂酰胆碱中制备甘氨酸螯合铁纳米脂质体，此纳米脂质体包封率较高，并且呈现均匀的球形，通过体外模拟胃肠液消化吸收实验，此纳米脂质体在其中稳定存在5h，说明甘氨酸螯合铁纳米脂质体适宜添加在食品中用于铁强化。Marsanasco等（2011）采用大豆-磷脂酰胆碱制备同时包埋了维生素E和维生素C的脂质体用于橙汁品质改良，结果表明脂质体的加入可改善橙汁的感官特性，而且经巴氏杀菌和在4℃条件下贮藏37d后橙汁的微生物指示仍旧合格。Liu等（2013）采用薄膜分散法制备乳铁蛋白脂质体，研究表明脂质体的包封作用可保护乳铁蛋白，避免其在胃液消化时受胃蛋白酶的影响，而使其在小肠部位进行消化吸收，进而达到控制释放的特性及提高乳铁蛋白的利用率。

（二）营养强化剂在食品工业中的应用

现在人们越来越倾向于将多种营养强化剂科学地添加到食品中，所以针对不同的人群设计不同的复合营养强化剂是市场发展趋势。复合营养强化剂按原料种类可分为：①同类强化剂组成的复合强化剂，如复合维生素、复合微量元素、复合氨基酸、复合核苷酸等；②由两类或多类强化剂组成的复合强化剂，如由维生素、微量元素、氨基酸和不饱和脂肪酸等组成的复合营养强化剂。

目前食品中添加的强化剂种类已达数十种之多，最受欢迎和所占份额最大的是复合维生素。为一般人群设计的维生素和矿物质复合强化剂，主要是作为日常膳食的营养素补充，有效利用所摄入食品中的营养物质和能量，强化食品中经常添加的有维生素 A、维生素 D、维生素 C、维生素 B_1、维生素 B_2、维生素 B_6、维生素 B_{12}和烟酸、泛酸等。AD 钙就是维生素 A、维生素 D 与钙制剂的复合，可以相互促进吸收。维生素 A 可以增强抵抗力，增强人体免疫力；维生素 D 可预防和治疗佝偻病，也可提高钙和磷的比值，增强人体对钙的吸收；另外，B 族维生素产品一般都是维生素 B_1、维生素 B_2、维生素 B_3、维生素 B_5、维生素 B_6 和维生素 B_{12}等 B 族维生素复合，因其在功能上彼此相关，如果只大量服用其中一种，从治疗或功能性营养补充角度而言不合理，甚至会妨碍机体对其他维生素的吸收，导致其他维生素的缺乏。此外，矿物质的强化在食品中很常见，尤其在饮料中。在婴幼儿食品中，经常强化脂肪酸类、糖类营养素等。

1. 维生素类营养强化剂的应用

（1）大米　大米是我国、日本、泰国等一些亚洲国家消费的主食，是较为重要的营养强化载体。大米中营养素分布不平衡，并且稻谷经过清理、脱壳到糙米，糙米再碾去皮层（即米糠），除去 8%~10%营养素，主要是维生素、无机盐和含酪氨酸较高的蛋白质。大米碾磨程度（即精度）越高，营养素损失越大。营养素的损失不仅发生在加工过程中，在烹调过程中也有营养损失。

大米可强化的营养素包括水溶性维生素（维生素 B_1、维生素 B_2、维生素 B_6、维生素 C 和泛酸），脂溶性维生素（维生素 A、维生素 D、维生素 E），氨基酸（赖氨酸）、矿物质（Ca、Fe、Zn）等。

天津天隆农业科技有限公司于 2009 年报道了“复合多营养素大米”，是将质量分数叶酸 0.03%~0.03%，EDTA 铁钠 0.5%~2%，L-赖氨酸盐酸盐 0.3%~0.7%，葡萄糖酸锌 0.5%~2%，乳酸钙 3%~7%，溶于水中配制成溶液，然后将米与营养强化剂溶液按 1∶2 进行超声浸吸 2~3h，再进行气蒸糊化，锁住营养素，再经过微波干燥制成复合多营养米。

孙烈等（2013）发明了的正营养强化复合大米是以粳米、糯米、晚籼米、黑米、黄玉米、高粱米、香大米、黄豆、花生仁、薏米为主料，强化营养素类是以膳食纤维、维生素 A、维生素 D、维生素 B_1、维生素 B_2、维生素 B_6、维生素 B_{12}、烟酸、叶酸、维生素 E、维生素 K、维生素 C、泛酸、生物素、胆碱、肌醇、钙、铁、锌、硒、镁、钾、铜、锰、赖氨酸、ω-3 脂肪酸、10 种食物原料和 26 种营养素强化而成，具有很好的养生保健功能和健康价值。

（2）面粉　面粉含有人体所需的多种营养成分，但由于含量不足及加工过程还存在一定损失，为了满足人体所需营养素的多样性，需要向面粉内添加其含量不足或缺乏的营养成分，以提高面粉的营养价值，这个过程称为面粉营养强化。经过添加营养成分的面粉称为营养强化面粉。强化的目的主要是补充小麦粉在加工过程中的一些营养成分的损失。在面粉中强化微量营养素有易于添加、混配均匀、成本低廉的优点，无需额外包装和运输；面粉制品品种繁多，覆盖人群广泛。从目前来说，对小麦粉进行强化非常经济、有效、安全。面粉营养强化一般包括三个方面：添加氨基酸、矿物质和维生素。而维生素是面粉中应用最早，也是应用最广泛的一种强化剂。在面粉中，添加的维生素主要有维生素 A、维生素 D、维生素 C、维生素 B_1、维生素 B_2、维生素 B_6、维生素 B_{12}、烟酸、泛酸和叶酸。

"7+1" 营养强化面粉是我国目前"国家公众营养改善项目"的一部分，指添加铁、钙、锌、维生素 B_1、维生素 B_2、叶酸、烟酸 7 种营养素的基础配方和维生素 A 建议配方等微量元素的面粉。强化后的营养素人体吸收率高，在保质期内稳定、无营养素间相互反应，可放心食用。7 种微量营养素在每千克面粉中的添加量为：硫胺素 3. 5mg，核黄素 3. 5mg，烟酸 35mg，叶酸 2. 0mg，铁 20mg/kg（EDTA 钠铁）或 40mg/kg（硫酸亚铁），锌 25mg，钙 1000mg。"1"则是建议添加的维生素 A，添加量可达到 500μgRE/kg。

天津中瑞药业股份有限公司（2014）发明了一种添加肌醇烟酸酯营养强化剂的面粉，是在每吨面粉中添加肌醇烟酸酯 35~40g、膳食纤维素 35~40g、50%维生素 E 粉 5~10g。这种面粉，是将各添加剂原料组分经过混合搅拌、制湿颗粒、干燥、制得颗粒后，加入到面粉中搅拌均匀而制得。本发明的产品强化了面粉的营养成分，具有润肠和滋补的功能，能增强人体免疫力，提高抗病能力，延缓衰老，对预防糖尿病、高脂血症、心脑血管病及癌症有一定辅助作用。

2. 矿物质类营养强化剂的应用

矿物质类营养强化剂主要用于饮料中。美国卡夫食品集团公司（2004）发明了一种对食品和饮料的矿物质强化特别有用的乳糖酸矿物质复合物，特别是乳糖酸钙复合物。本发明提出的优选的乳糖酸钙复合物提供了一种可溶的、稳定的、口味纯净的钙源，适用于广泛不同的食品和饮料产品的钙强化。矿物质复合物通过把乳糖酸、一种矿物质源（例如，矿物质氢氧化物）和一种可食用酸（例如，柠檬酸）混合在水溶液中来制备。成进学（2013）发明公开了一种纳米维生素矿物质保健饮料，将人体每天必须摄入的维生素、矿物质和稀土元素特别是地球上人体内奇缺和分散的硒锗元素，强力清除人体自由基的金属硫蛋白、营养全面丰富的蜂花粉及松花粉，释放微量元素负离子清除各种污染及传统延寿中药膏及水组成的饮料供人们经常饮用，可弥补一日三餐摄入维生素、矿物质的不足，达到预防治疗疾病的目的。

除矿物质外，叶黄素、水苏糖等营养强化剂也被用于饮料工业中。江苏省农业科学院（2010）报道了一种强化叶黄素的甜玉米饮料，其采用反式叶黄素晶体为芯材，辛烯基琥珀酸酯化淀粉和蔗糖为壁材，通过乳化、均质、喷雾干燥等工艺，制成叶黄素胶囊。将速冻甜玉米粒原料解冻，经打浆、调节 pH、酶解、过滤后，加入复合稳定剂（黄原胶和海藻酸钠）、果糖、柠檬酸、抗坏血酸钠、叶黄素微胶囊进行调配，杀菌、灌装后制成强化叶黄素的甜玉米饮料，其反式叶黄素含量达 2. 03mg/100g，高于普通甜玉米饮料，对老年黄斑变性病（AMD）引起的视力下降与失明有一定的防治作用，特别适合老年人饮用。水苏糖具有良好的物理特性、甜度低（仅为蔗糖的 22%）、溶解度高、耐酸、耐高温、稳定性强，且水苏糖无任何不良气味，日推荐量仅为 0. 5~3g，可以使产品在保持原有优良口感及质量管理体系不变的前提下，充分表达产品功效。所以，水苏糖非常适合开发功能性饮料，可以广泛应用于清凉饮料、乳酸菌饮料等酸性饮料，豆奶粉、速溶茶奶茶等固体饮料以及水饮料等各种饮料中（高鹏等，2013）。

此外，调味品也经常用作矿物质强化的载体。常见的强化食盐为：碘强化食盐、铁强化食盐、低钠盐等。湖南轻工研究院有限责任公司（2009）发明公开了含有钙、铁、锌、硒等营养元素的食用微胶囊矿物质营养盐及其制备方法，其是在食用盐中混合了营养强化剂微胶囊，所述的营养强化剂微胶囊是将壁材和营养强化剂均质后形成的胶液喷洒在氯化钠表面形成，再将营养强化剂微胶囊按 GB 14880—2012《食品营养强化剂使用标准》要求，采用科学的复配加工技术制成食用微胶囊矿物质营养盐，对大大提高人们日常生活所需营养物质具有非常积极的意义。黄山学院（2015）报道了一种富含有机硒的复合调味盐及其制备方法为：将氯化钠、氯化钾、富硒酵母、酵母抽提物、氨基酸混合均匀于搅拌釜中；加入去离子水溶解；升温至80℃，搅拌至完全溶解；加入精制动物油、鸡肉粉、硒化卡拉胶、香菇粉、鸡枞菌粉等，搅拌30min；采用离心式喷雾干燥塔喷雾干燥，得颗粒产品。本发明调味盐低钠富钾，富含有机态硒。

目前，常见的强化酱油为：铁强化酱油、锌强化酱油、钙强化酱油等。我国最常见的是铁强化酱油，铁强化酱油就是指以酱油为载体，添加人体极易吸收的铁营养强化剂，即乙二胺四乙酸铁钠（NaFeEDTA，EDTA 铁钠），且制品含铁量高，旨在改善人群的铁营养状况和控制缺铁性贫血。研究结果表明乙二胺四乙酸铁钠在酱油中的稳定性在两年以上，在酱油中添加 1.8~2.1g/L 乙二胺四乙酸铁钠，相当于 0.2~0.3g/L 的铁，不影响制品的色、香、味及各项理化指标，包括 pH、密度、氨基态氮、固形物含量、糖分、总酸，且制品含铁量高，性能稳定，口感好（李昌文，2006）。

3. 脂肪酸类营养强化剂的应用

光明乳业股份有限公司于 2010 年公布了“混合油脂组合物的配方”，其包含油酸为 44%~49%，棕榈酸 12%~16%，亚油酸 13%~18%，亚麻酸 1.4%~2.5%，抗坏血酸棕榈油脂 0.0025%，该混合油脂组合物脂肪酸的配比与人乳水平接近，而且强化了 γ-亚麻酸，可直接制备婴幼儿配方食品。

黑龙江飞鹤乳业有限公司（2011）发明了一种适合孕产妇饮用的调制乳，其以牛乳为载体，强化 DHA、ARA、其他乳矿物质盐、维生素、其他营养成分，适合孕产妇饮用的调制乳是以生牛乳为主要原料，添加特定的食品营养强化剂和食品添加剂，经超高温瞬时灭菌、无菌灌装制成的，适合怀孕前的女士、孕妇、乳母食用。此调制乳以全营养为基础，以益智成分为主线，采用我国法规允许的天然原料，通过配方和工艺调整成功地解决了 DHA、ARA 与铁、锌离子共存的问题，并将添加量提高到常见市售产品的 5 倍。该公司（2011）还公布了一种促进脂肪酸和钙吸收的配方乳粉及其制备方法，以生牛乳、乳糖、1,3-二油酸 2-棕榈酸甘油三酯、脱盐乳清粉为主要原料、添加浓缩乳清蛋白粉、α-乳白蛋白粉、低聚糖、核桃油、酪蛋白磷酸肽、二十二碳六烯酸、花生四烯酸、核苷酸、叶黄素、肌醇、肉碱等，强化婴幼儿所需的维生素和矿物质等营养素，并实现了脂肪、蛋白质、碳水化合物母乳化。经配料、均质、浓缩、喷雾干燥、包装等工艺制成的粉末产品。本发明根据婴幼儿的生理特性及营养需求，强化钙、1,3-二油酸 2-棕榈酸甘油三酯、其他营养成分等，针对国外 1,3-二油酸 2-棕榈酸甘油三酯临床试验结论，在临床试验过程中，通过与人乳、市售婴儿配方乳粉对比，最终试验结论是此次设计的配方与人乳喂养结果接近，好于市售婴儿配方乳粉组。

此外，徐易（2015）通过微胶囊技术将鱼油制成微粉，并将其作为曲奇饼干的原料，增加饼干中所含的营养成分含量、提高其营养价值。所用壁材乳清蛋白、β-环状糊精、阿拉伯胶比例为1∶1∶1时，鱼油微粉的包埋率可达85.44%。微胶囊鱼油曲奇饼干经优化后的最佳配方为：鱼油微粉7.18g、低筋面粉100g、黄油60.67g、糖40.38g、鸡蛋31.31g、焙烤温度上下火190℃，烘烤10min，得到的产品中包含全部18种氨基酸，种类齐全并且含量较高，必需氨基酸也占一定比例，占全部氨基酸含量的32.21%。微胶囊鱼油曲奇饼干中的脂肪酸种类丰富，并且不饱和脂肪酸占绝大部分，特别是DHA。经试验确定微胶囊鱼油曲奇饼干产品在室温保藏条件下的保质期为4个月。

第二节　食品工业用加工助剂

食品工业用加工助剂是保证食品加工能顺利进行的各种物质，与食品本身无关，如助滤、澄清、吸附、脱模、脱色、脱皮、提取溶剂、发酵用营养物质等。

食品工业用加工助剂的使用原则：①应在食品加工过程中使用，使用时应具有工艺必要性，在达到预期目的前提下应尽可能降低使用量。②一般应在制成最终成品之前除去，无法完全除去的，应尽可能降低其残留量，其残留量不应对健康产生危害，不应在最终食品中发挥功能作用。③食品工业用加工助剂应该符合相应的质量规格要求。如果使用的加工助剂不符合规格要求，或者使用一般的化工产品，往往引起一些有害物质（如重金属等）残留。

一、食品酶制剂

（一）概述

酶是一种由细胞所产生、受多种因素调节、具有催化能力、以蛋白质为主要成分的生物催化剂。一切生物的新陈代谢都是在酶的作用下进行。酶作为生物体普遍存在的一种物质，可以从植物、动物和微生物中分离提取。食品酶制剂是指由动物或植物的可食或非可食部分直接提取，或由传统或通过基因修饰的微生物（包括但不限于细菌、放线菌、真菌菌种）发酵、提取制得，用于食品加工，具有特殊催化功能的生物制品。

酶作为一种生物催化剂，以上千种形式存在于生物体内。但目前商业化的酶制剂主要包括淀粉酶、脂肪酶、纤维素酶、葡萄糖异构酶、凝乳酶、乳糖酶、普鲁兰酶、木聚糖酶、蛋白酶等产品，在日化、食品、饲料、工程技术、医药、微生物、生物燃料等领域发挥着巨大的作用。根据酶制剂的特点和用途等，可以按以下方式分类：

1. 按来源分类

（1）植物源酶　能够提供食品工业用酶的植物品种较多，包括大麦芽、菠萝、木瓜、无花果和大豆粉等。最常见的植物来源酶是木瓜蛋白酶，从番木瓜乳胶中获得；还有菠萝蛋白酶和无花果蛋白酶等，这些蛋白酶可以用于生产蛋白水解物、防止啤酒冷沉淀和嫩化肉制品。

（2）动物源酶　由动物的各种分泌腺产生和分泌的。动物来源的酶主要是从牛或猪体内获取的蛋白酶，牛的粗制凝乳酶主要用于干酪生产，从小山羊和羔羊体内获得的前胃酯酶和脂酶主要用于意大利干酪的工业生产。

（3）微生物源酶　微生物是目前食品酶制剂的最主要来源，用于生产酶制剂的微生物包括细菌、酵母菌、霉菌、放线菌和原生动物等，常见的微生物有根霉属（*Rhizopus*）、曲霉属（*Aspergillus*）、栗疫壳菌属（*Endothia*）、杆菌属（*Bacillus*）、被孢霉属（*Mortierella*）、克鲁维酵母（*Kluyveromyces*）、毛霉属（*Mucor*）、假丝酵母属（*Candida*）、微球菌属（*Micrococcus*）、链霉菌属（*Streptomyces*）、游动放线菌属（*Actinoplanes*）等。现代生物技术不仅可以改进酶的产量，还能顺利地获取非传统酶制剂。

2. 按反应类型分类

（1）水解酶　这类酶主要包括淀粉酶、蛋白酶、脂肪酶、纤维素酶、植酸酶、果胶酶等。

（2）氧化还原酶　氧化还原酶是指参与有机物质氧化还原的酶类。主要有脱氢酶和细胞色素氧化酶等，存在于动植物体的体液和组织中，在添加剂中应用不多。

（3）转移酶　转移酶是一种催化一个分子的官能团转移至另一个分子的酶，如果糖基转移酶。

（4）裂合酶　裂合酶催化从底物分子双键上加基团或脱基团反应，即促进一种化合物分裂为两种化合物，或由两种化合物合成一种化合物。

（5）异构酶　异构酶促进同分异构体互相转化，即催化底物分子内部的重排反应，如固定化葡萄糖异构酶。

（6）合成酶（连接酶）　合成酶促进两分子化合物互相结合，即催化分子间缔合反应，如海藻糖合成酶。

3. 按作用底物分类

按作用底物分类可分为碳水化合物类、蛋白质类、脂肪类、其他类。

4. 按反应条件分类

（1）酸性酶类　最适酸碱度为 pH≤5。

（2）中性酶类　最适酸碱度为 pH6. 0~8. 0。

（3）碱性酶类　最适酸碱度为 pH≥9. 0。

（4）低温酶类　最适催化反应温度≤30℃。

（5）常温酶类　最适催化反应温度 31~50℃。

（6）中温酶类　最适催化反应温度 51~90℃。

（7）高温酶类　最适催化反应温度≥91℃。

5. 按制剂类型分类

（1）单一酶制剂　具有单一系统名称且具有专一催化作用的酶制剂。如淀粉酶、脂肪酶、蛋白酶、纤维素酶和植酸酶等。

（2）复合酶制剂　由一种或几种单一酶制剂为主体，加上其他单一酶制剂混合而成，或者由一种或几种微生物发酵获得。

目前，在食品行业中广泛应用的工业化生产的酶制剂 20 多种，其中 80%以上为水解酶类。以酶品种分：蛋白酶为 60%，淀粉酶为 30%，脂肪酶为 3%，特殊酶为 7%。以用途分：淀粉加工酶所占比例仍是最大，为 15%；其次是乳制品工业占 14%。为使酶具有更高的商业价值，应该考虑以下因素：①产品比传统工艺质量更好；②更加经济；③原料消耗低。因此酶的生产加工至少有三种不同的产品：①模仿传统产品；②模仿传统产品并且对成本和产品特性有所改进；③开发新产品。

（二）食品酶制剂各论

1. 以碳水化合物为底物的酶制剂

（1）淀粉酶　食品酶制剂已被广泛地应用于以淀粉为原料的葡萄糖、麦芽糖、高果糖浆、味精、柠檬酸等食品原料、食品添加剂的生产中。淀粉转化产品不仅可以提供甜度（淀粉转化糖），还在改善终产品黏度、保持水分等方面发挥重要作用。

①α-淀粉酶（α-Amylase，CNS 号：11.003，INS 号：1100，EC：3.2.1.1）：α-淀粉酶又称液化型淀粉酶、糊精化淀粉酶、细菌 α-淀粉酶、高温淀粉酶和 α-1,4-葡聚糖-4-葡萄糖水解酶等。相对分子质量 5×10^4 左右，每个分子中含有一个钙离子。α-淀粉酶一般为液体或浅黄色粉末。

α-淀粉酶最适 pH4.5~7.0，最适温度 85~94℃。钙离子可提高 α-淀粉酶的热稳定性，当 Ca^{2+} 存在时，α-淀粉酶可以抵抗高温、极端 pH、尿素和水解蛋白酶带来的不利影响。这缘于 Ca^{2+} 与蛋白质的结合有助于保持蛋白质分子的二级和四级结构。通常 100~200mg/kg 的钙浓度足以提高酶的热稳定性，铁离子、铜离子和汞离子则对其有抑制作用。

α-淀粉酶可将直链淀粉水解为葡萄糖、麦芽糖和糊精，将支链淀粉水解为葡萄糖、麦芽糖和异麦芽糖。α-淀粉酶还可以用于面包的生产，以改良面团，如降低面团黏度、加速发酵过程，增加含糖量和减缓面包老化。此外还可以用于酱油、醋、酒精、果蔬加工等。

美国 FDA 将枯草芽孢杆菌生产的 α-淀粉酶列为 GRAS 物质。小鼠经口 LD_{50} 为 7.375g/kg，ADI 值不作特殊规定。

α-淀粉酶酶源较广，可以从植物、动物和微生物中获得，是用量最大的一种酶制剂，在食品、酿造、医学和纺织等工业上应用广泛。GB 2760—2014《食品添加剂使用标准》规定：食品用 α-淀粉酶的来源包括地衣芽孢杆菌（*Bacillus licheniformis*）、黑曲霉（*Aspergillus niger*）、解淀粉芽孢杆菌（*Bacillus amyloliquefaciens*）、枯草芽孢杆菌（*Bacillus subtilis*）、米根霉（*Rhizopus oryzae*）、米曲霉（*Aspergillus oryzae*）、嗜热脂肪芽孢杆菌（*Bacillus stearothermophilus*）、猪或牛的胰腺（*hog or bovine pancreas*）等微生物或组织。所允许使用的范围包括淀粉糖浆、发酵酒、蒸馏酒、酒精、焙烤工业、酿造工业、果汁工业、淀粉工业等。

②β-淀粉酶（β-Amylase，CNS 号：11.003，INS 号：1100）：食品用 β-淀粉酶主要来源于大麦、山芋、大豆、小麦和麦芽等几种高等植物及枯草芽孢杆菌，相对分子质量及热稳定性与具体的酶源有关。

β-淀粉酶是一种外切酶，它按每两个葡萄糖为一个单位的方式从淀粉的非还原端性末端水解 α-1,4 糖苷键；但是该酶不能越过支链淀粉的 α-1,6 糖苷键水解分支点内侧的 α-1,4 糖苷键，而只能水解 α-1,6 糖苷键外侧碳链的 α-1,4 糖苷键，生成 β-糊精和麦芽糖（郝灵珍，2012）。因此，当作用于支链淀粉时，一般只有 50%~60%的淀粉可以转化成 β-麦芽糖，而其余的则是 β-极限糊精。

β-淀粉酶作为一种糖化剂，可用于生产啤酒用糖浆，为淀粉糖行业开拓新工艺（周春海，2012）。另外，它也被用于生产含大量糊精的糖浆，应用于制醋、酱油等食品工业。ADI 值不作特殊规定。

③麦芽糖淀粉酶（Maltogenic amylase，EC：3.2.1.133）：麦芽糖淀粉酶来源于以枯草芽孢杆菌表示的嗜热脂肪芽孢杆菌，为液体、粉体或颗粒。能够水解 1,4-α-葡萄糖苷键而将淀粉水解为麦芽糖，用于焙烤制品以延缓老化及生产高麦芽糖浆。ADI 值不作特殊规定。

④葡糖淀粉酶（Glucoamylase，CNS 号：11.004，EC：3.2.1.3）：葡糖淀粉酶又称为糖化淀粉酶、淀粉葡萄糖苷酶、糖化酶和糖化型淀粉酶。用于食品行业的糖化酶来源于根酶和黑曲霉，多为液体。来源于根酶的糖化酶需冷藏，粉末在室温下可存放一年；来源于黑曲霉的液体制品呈黑褐色，含有若干蛋白酶、淀粉酶和纤维素酶，溶于水，不溶于乙醇、氯仿和乙醚。

葡糖淀粉酶是一种外切酶，它从直链淀粉、支链淀粉和糖原的还原性末端水解 α-1,4 糖苷键，产生葡萄糖。支链淀粉中的 α-1,6 糖苷键和较小的低聚麦芽糖也可以被水解，只是比 α-1,4 糖苷键的水解慢，而且必须与 α-淀粉酶共同作用才能把支链淀粉彻底水解。

葡糖淀粉酶最重要的商业应用是生产葡萄糖含量高达 96%的糖浆，这种糖浆可以生产葡萄糖晶体。在 pH4.0、60℃条件下用葡萄糖淀粉酶水解淀粉 3~4d，可以将淀粉完全转化成葡萄糖。水解之后粗糖浆经真空过滤后再用活性炭和离子交换树脂纯化。保持水解过程的低 pH 有助于降低不期望形成果糖或其他糖的异构化反应，而且限制了微生物的污染。水解速率取决于底物分子的大小及 α-1,4 糖苷键与 α-1,6 糖苷键的排列顺序。葡糖淀粉酶也对葡萄糖聚合成麦芽糖和异麦芽糖的逆反应起作用。葡糖淀粉酶还用于生产含 35%~45% D-葡萄糖，30%~47%麦芽糖和 8%~15%麦芽三糖的糖浆。这种高 DE 值糖浆在酿造、焙烤、软饮料、罐头和糖果工业应用广泛。葡糖淀粉酶在无醇啤酒的生产中非常重要，在最适条件下，葡糖淀粉酶能够将至少 95%的糊精转化成葡萄糖，便于啤酒发酵过程中的酵母利用。

小鼠经口 LD_{50}为 11.7 g/kg 体重，ADI 值不作特殊规定。在体内无明显积蓄作用，无致突变作用。葡糖淀粉酶制剂可用于淀粉、酒精、酿造和果汁等行业。

⑤环糊精葡萄糖苷转移酶（Cyclodextrin glucanotransferase，CGTase，EC2.4.1.19）：环糊精葡萄糖苷转移酶是催化淀粉、糖原、麦芽寡聚糖等葡萄糖聚合物合成环状糊精的酶，可从数十种微生物中分离获得（表 6-4）。CGTase 催化的转糖反应通常包括环化、偶合、歧化、水解四类反应。

表 6-4　　不同来源环糊精葡萄糖苷转移酶的性质

来源	最适 pH	最适温度/℃	pH 稳定范围	主要产物
浸麻芽孢杆菌 ATCC 8514（*Bacillus macerans* ATCC 8514）	6.1~6.2	60	—	—
浸麻芽孢杆菌 IFO 3490（*Bacillus macerans* IFO 3490）	5.0~5.7	55	8.0~10.0	α-CD
浸麻芽孢杆菌 IAM 1243（*Bacillus macerans* IAM 1243）	6.0	60	6.0~9.5	α-CD

续表

来源	最适 pH	最适温度/℃	pH 稳定范围	主要产物
巨大芽孢杆菌 No. 5（*Bacillus magaterium* No. 5）	5.0~5.7	55	7.0~10.0	β-CD
蜡状芽孢杆菌 NCIMB 13123（*Bacillus cereus* NCIMB 13123）	5.0	40	—	α-CD
软化芽孢杆菌 sp. nov. C-1400（*Bacillus ohbensis* sp. nov. C-1400）	5.0	55	—	β-CD
地衣芽孢杆菌 *CLS* 403（*Bacillus licheniformis* CLS 403）	6.0	55	6.0~7.5	α-CD
肺炎杆菌 AS-22（*Klebsiella pneumoniae* AS-22）	5.5~9.0	35~50	6.0~9.0	α-CD
嗜热脂肪芽孢杆菌 SE-4（*B. stearothermophilus* SE-4）	6.0	75	5.5~9.5	α-CD
热硫热厌氧杆菌 EM1（*Thermoanaerobacterium thermosulfurigenes* EM1）	4.5~7.0	80~85	—	α-CD
嗜碱芽孢杆菌 AL-6 [*Bacillus* sp. AL-6 (alkalophilic strain)]	7.0~10.0	60	5.0~8.0	γ-CD
嗜碱芽孢杆菌 INMIA-A/7（*Bacillus* sp. INMIA-A/7）	6.0	50	5.5~10.0	β-CD

环状糊精（Cyclodextrins）简称 CDs，是由淀粉通过 CGTase 作用而生成的含有 6、7、8 个甚至更多葡萄糖单元，彼此间通过 α-1,4 葡萄糖苷键连接而成的环状低聚糖。α-环状糊精（α-CD）、β-环状糊精（β-CD）和 γ-环状糊精（γ-CD）分别是由 6、7、8 个葡萄糖单体在 C_1 和 C_4 上连接而成的环状低聚糖。CGTase 可通过转糖基作用在维生素 C 的 C-2 位上连接葡萄糖基合成 2-*O*-α-D-吡喃葡萄糖基抗坏血酸（AA-2G），从而使 AA-2G 在体内或皮肤环境中 α-葡萄糖苷酶的作用下分解释放出维生素 C，具有长效发挥维生素 C 正常生理功能的特点，可广泛应用于化妆品、医药、食品、畜牧等领域（熊艳军，2015）。

⑥转葡糖苷酶（Transglucosidase，EC：2.4.1.24，CAS：9001-42-7）：转葡糖苷酶来源于黑曲霉，为淡黄至深褐色粉末或液体，溶于水。

转葡糖苷酶的作用是水解 α-1,4-葡萄糖苷键，并产生异麦芽糖、异麦芽三糖、潘糖等带分支的寡糖。主要用于生产低聚异麦芽糖、酒精、啤酒、威士忌、酵母等产品。也可以用作面粉改良剂用于焙烤工业。GB 2760—2014《食品添加剂使用标准》规定：用于食品的转葡糖苷酶限于黑曲霉来源。

⑦普鲁兰酶（Pullulanase，EC：3.2.1.41）：普鲁兰酶又称为支链淀粉酶、聚麦芽三糖酶或茁酶多糖酶，来源于杆菌属，主要为 α-糊精-6-葡聚糖水解酶，另外还有 α-淀粉酶、细菌

性丝胶蛋白酶及细菌性天冬氨酸蛋白酶。为棕黄色粉末或液体，溶于水，几乎不溶于乙醇、氯仿和乙醚。

普鲁兰酶主要用于糖、蜂蜜、谷物、淀粉和饮料加工中的除杂。在食品中应用的普鲁兰酶主要来源于地衣芽孢杆菌（*Bacillus licheniformis*）、枯草芽孢杆菌（*Bacillus subtilis*）经深层发酵、提取精制所得酶制剂。

⑧纤维二糖酶（Cellobiase）：纤维二糖酶又称为β-D-葡萄糖苷葡萄糖水解酶、β-糖苷酶、龙胆二糖酶和苦杏仁苷酶，能水解葡萄糖苷成葡萄糖和其他组成物质，为苦杏仁酶的主要有效成分。

（2）果胶酶

①果胶酶（Purified pectinase，CNS 号：11.005，EC：3.1.1.11；4.2.2.10；3.2.1.15）：果胶酶是分解果胶的一类酶的总称，是三种酶的复合物：果胶酯酶、果胶裂解酶及多聚半乳糖醛酸酶。精制果胶酶为白色至黑黄色无定形粉末，溶于水，不溶于乙醇、氯仿和乙醚。在低温干燥条件下存放一年至数年活力不减。

果胶酶的最适 pH3.0~3.5，最适温度 50℃。钙、钠、镁等离子对其影响不明显，铁、铜、锌等离子对其具有明显的抑制作用，多酚类物质对其也具有抑制作用。

果胶酶在食品中的应用可以提高过滤速率、增加出汁率、降低浊度和澄清食品。果胶酶在葡萄酒酿造过程中可以降低葡萄汁的混浊度、促进葡萄酒的熟化。果胶酶在咖啡和茶的发酵过程中也起着重要的作用。

果胶酶的 LD_{50}为小鼠经口>21.5g/kg 体重，ADI 值不作特殊规定。

GB 2760—2014《食品添加剂使用标准》规定：精制果胶酶可以用于果酒、果汁及橘子脱囊衣，可按生产需要适量使用。

②果胶裂解酶（Pectinlyases）：果胶裂解酶只能裂解接近甲酯基的α-1,4-糖苷键，裂解反应遵循β-消除机制，生成的非还原末端的 C_4 和 C_5 位置有不饱和键的半乳糖醛酸。果胶裂解酶为一种内切酶，可随意切断高酯化果胶，快速降低果胶黏度。

③果胶酯酶（果胶甲酯酶，Pectinesterase，EC：3.1.1.11）：果胶酯酶又称果胶酶、果胶甲酯酶、果胶氧化酶。为催化水解高酯化果胶分子的α-1,4-糖苷键产生果胶酸和甲醇反应的酶。除广泛分布于高等植物外，在霉菌、细菌中也存在。此酶在高等植物中几乎仅作用于甲酯化果胶。

④多聚半乳糖醛酸酶（Polygalacturonase，EC 3.2.1.15）：多聚半乳糖醛酸（内切）酶（简称 PG 或 endo-PG）又称多聚-α-1,4-半乳糖醛酸聚糖水化酶，是可分解果胶或果胶酸酶类中的一种，也称果胶酶或果胶解聚酶。是水解组成果胶酸的 D-半乳糖醛酸α-1,4-糖苷键的酶，对果胶的水解速度及程度随果胶酸酯化程度的增加而降低，对寡聚半乳糖醛酸的水解作用也随着聚合度的长度减少而降低。PG 在食品工业特别是果汁澄清中有重要意义。PG 除在高等植物、霉菌和细菌中存在，也存在于蜗牛的消化液中。已知有各种类型的酶，根据切断底物分子链的方式可区别为内切型和外切型。此外对底物的酯化程度具有选择性，以酯含量高的果胶酯酸为底物的类型的酶也称多聚甲基半乳糖醛酸酶。

PG 是一种细胞壁结构蛋白，可以催化果胶分子多聚α-（1,4）-聚半乳糖醛酸的裂解，参与果胶的降解，使细胞壁结构解体，导致果实软化。而 PG 的多基因家族成员在植物发育不同阶段和不同组织中表达，PG 与果实成熟、细胞分离过程（如叶和花的脱落、豆荚开裂、花粉成熟、病原物防御、植物寄主互作）有关，还与细胞伸展、发育和木质化有关。因此，PG 一直是人们研究植物发育和果实成熟衰老的热点。多聚半乳糖醛酸酶水解果胶酸内部的键，此酶专一作用于高分子质量的果胶酸，快速降低其黏度，且酶活性随着酯化度的降低而增加。

（3）纤维素酶

①纤维素酶（Cellulase，EC：3. 2. 1. 4，3. 2. 1. 91，3. 2. 1. 21）：纤维素酶为灰白色无定形粉末或液体。应用于食品工业的酶源有曲霉属和木酶属。溶于水，几乎不溶于乙醇、氯仿和乙醚。

纤维素是能够降解纤维素 β-1,4 葡萄糖苷键，生成纤维二糖和葡萄糖的一组酶的总称，包括内切葡聚糖酶、外切葡聚糖酶和 β-葡聚糖苷酶。纤维素酶最适作用温度 50～60℃，最适 pH4. 5～5. 5，对热较稳定，100 ℃下保持 10 min 仍具有 20%的酶活力。

在食品工业中，纤维素酶的应用十分广泛，例如在茶叶提取过程中，纤维素酶主要作用于茶叶细胞壁中的纤维素，破坏细胞壁，提高可溶性糖含量和水浸出物；促进茶多酚、氨基酸和咖啡碱的溶出；利于芳香物质的释放，起到增香效果（龚玉雷，2013）；它还可使植物组织软化膨松，提高果汁出汁率并起澄清作用；此外，纤维素酶在饲料、酿酒等工业也具有非常广阔的应用前景（刘晓晶，2011）。

GB 2760—2014《食品添加剂使用标准》规定：纤维素酶可用于淀粉、发酵、果汁工业等。ADI 值不作特殊规定。

②半纤维素酶（Hemicellulase，EC：3. 2. 1. 78；3. 2. 1. 55；3. 2. 1. 72）：用于食品工业的半纤维素酶来源于黑曲霉，为白色至浅灰色粉末或深棕色液体。半纤维素酶是能够将构成植物细胞膜的多糖类（纤维素和果胶物质除外）水解的各种酶的总称。其最适 pH 及温度因酶源不同而各异。

半纤维素酶主要用于谷类及果蔬加工，常与纤维素酶、果胶酶等混用以便发挥提取及澄清等作用，其 ADI 值不作特殊规定。

（4）糖苷酶

糖苷酶系指能够水解含有糖苷键的酶，根据组成糖苷键的糖的种类分为半乳糖苷酶、葡萄糖苷酶等。

①α-半乳糖苷酶（α-galactosidase，EC：3. 2. 1. 22）：α-半乳糖苷酶又称蜜二糖酶，食品用 α-半乳糖苷酶来源于黑曲霉。

α-半乳糖苷酶的最适 pH5. 0，最适温度 60℃。α-半乳糖苷酶属外切糖苷酶类，可特异性水解半乳糖类寡糖和多聚半乳-（葡）甘露聚糖的非还原性末端 α-1,6-半乳糖苷键，因此它能水解蜜二糖、棉子糖、水苏糖和毛蕊花糖等低聚糖。Ag^+可强烈抑制该酶的活性，Cu^{2+}、K^+和 Na^+对酶活影响不大。Ca^{2+}、Mg^{2+}、Mn^{2+}和 Zn^{2+}等可激活 α-半乳糖苷酶活性，且激活作用随着离子浓度的增加而提升。1 mmol/L 甘露醇、抗坏血酸和 2 mmol/L 蜜二糖对 α-半乳糖苷酶的保护效果较好。

α-半乳糖苷酶可消除大豆低聚糖在肠道发酵所引起的嗝气、肠鸣、腹胀、腹痛等症状；另外，α-半乳糖苷酶可改造环糊精，改变药物胶囊的理化性质，增加药物的稳定性，延长药效。

②乳糖酶（β-半乳糖苷酶）（Lactase/β-galactosidase，EC：3. 2. 1. 23）：食品工业所用乳糖

酶来源于曲霉属或酵母属，相对分子质量 126000~850000，最适 pH 及温度因酶的来源不同而有所区别。最主要作用是使乳糖水解为葡萄糖和半乳糖。

GB 2760—2014《食品添加剂使用标准》规定：乳糖酶用于牛乳制品，包括调制乳、调制炼乳及稀奶油等类似品，可使得低甜度和低溶解度的乳糖转化为葡萄糖和半乳糖，另外可以防止部分人群的乳糖不耐症。

③阿拉伯呋喃糖苷酶（Arabinofuranosidease，EC：3. 2. 1. 55）：阿拉伯呋喃糖苷酶又称为阿拉伯糖苷酶，是一种能从双取代木聚糖释放阿拉伯糖和阿拉伯糖呋喃糖苷的酶，来源于黑曲霉，其最适 pH4. 0，最适温度 60℃。

阿拉伯糖苷酶能与其他半纤维素酶一起用来降解果汁、啤酒中的一些多糖类物质，因此有利于果汁、啤酒的澄清。这些酶在改善焙烤食品的质地和结构，提高咖啡和植物油浸出率方面也有很广泛的应用。阿拉伯糖苷酶在分解半纤维素过程中产生的阿拉伯糖能选择性地抑制肠道内蔗糖酶的活性，可作为安慰剂来降低糖的摄入（裴建军等，2003）。

④右旋糖酐酶（Dextranase，EC：3. 2. 1. 11）：右旋糖酐酶又称为葡聚糖酶、α-1,6-葡聚糖 6-葡聚糖水解酶或β-葡聚糖，来源于毛壳菌，为灰白色无定形粉末或液体，溶于水，不溶于乙醇和氯仿及乙醚。右旋糖酐酶主要有两类，内切右旋糖酐酶和外切右旋糖酐酶。内切右旋糖酐酶水解右旋糖酐中的α-1,6 键，外切右旋糖酐酶从还原端水解右旋糖酐酶中的α-1,6 键，并释放出葡萄糖。

（5）其他碳水化合物酶

①β-葡聚糖酶（β-Dextranase，CNS 号：11. 006，EC：3. 2. 1. 73）：β-葡聚糖酶为土黄色粉末或棕色液体，是一类能降解谷物中β-葡聚糖的水解酶类的总称，包括内切和外切β- 1,3-葡聚糖酶β-（1,3-1,4）-葡聚糖酶、内切和外切β-1,4-葡聚糖酶。溶于水，不溶于乙醇、氯仿和乙醚。

食品用β-葡聚糖酶来源于黑曲霉，最适 pH3. 0~6. 0，最适温度 40℃。β-葡聚糖酶能水解β-葡聚糖分子中的β-1,3 和β-1,4 糖苷键，使之降解为小分子。可用于啤酒工业，具有降低麦汁黏度、改善麦汁澄清度、提高啤酒的胶体稳定性等作用。

β-葡聚糖酶的 LD_{50} 为小鼠经口>10 g/kg 体重，ADI 值不作特殊规定。

②木聚糖酶（Xylanase，EC：3. 2. 1. 8）：木聚糖酶来源于曲霉属、木酶属及酵母等，其最适 pH4~7。木聚糖酶是一类包括多种内切酶和外切酶的复合酶系，能降解木聚糖成低聚木糖或木寡糖，属于水解酶类，主要包括以下 4 种类型：①内切β-1,4-木糖聚酶，主要作用于木聚糖主链糖苷键，生成木二糖和木三糖；②β-D-木糖苷酶，是一种外切酶，它主要对寡聚木糖的还原端起作用，降解生成木糖；③β-1,4-外切木聚糖酶，作用于木聚糖和木寡糖的非还原端，产物为木糖；④α-L-呋喃型阿拉伯糖苷酶、α-葡萄糖醛酸苷酶、乙酰木聚糖酯酶及能降解木聚糖上阿拉伯糖侧链残基与酚酸（如阿魏酸或香豆酸）形成的酯键酚酸酯酶等（林小琼，2013）。

木聚糖酶可作为面粉添加剂以提高馒头品质，适量的木聚糖酶能够有效地降解水不溶性阿拉伯木聚糖，使更多的水分保留在面筋网络结构中，从而抑制低温面筋网络结构和酵母细胞的破坏作用，改善馒头品质（任顺成等，2013）。

③菊糖酶（Inulinase，EC：3. 2. 1. 7）：菊糖酶又称β-果聚糖水解酶，为淡黄至深褐色粉末或液体，溶于水，不溶于乙醇。菊糖酶是一类β-2，1-D-果聚糖酶，能在一定条件下将菊糖

快速水解为果糖或低聚果糖。根据对底物的作用方式不同，可将其分为两类：一类是外切型菊糖酶，多数来源于微生物，底物专一性普遍差；另一类是内切型菊糖酶，主要来源于菊科植物，底物专一性强，仅作用于菊糖。菊糖酶可以使不易被人体消化的菊糖水解成为果糖，也可用于高果糖浆、低聚果糖的生产及酒精生产等。GB 2760—2014《食品添加剂使用标准》规定：食品用菊糖酶为来源于黑曲霉的菊糖酶产品。

④葡萄糖氧化酶（Glucose oxidase，EC：1. 1. 3. 4）：葡萄糖氧化酶又称β-D-葡萄糖氧化还原酶，白色至浅棕黄色粉末，相对分子质量约 186 000，溶于水，不溶于乙醇、氯仿和乙醚。

食品用葡萄糖氧化酶来源于黑曲霉，其最适 pH5. 6，在 pH 4. 5~7. 5 范围内，酶活力比较稳定，偏离这个范围酶活力急剧下降。反应温度范围 30~60℃，在此范围内温度变化对酶活力影响不显著。

葡萄糖氧化酶主要是使β-D-葡萄糖氧化为 D-葡萄糖醛酸-δ-内酯，以形成葡萄糖酸、除去葡萄糖和氧。目前主要用于生产葡萄糖酸；用于从蛋清中除去葡萄糖以防止蛋白成品在贮藏期间的变色、变质；用于啤酒、葡萄酒、果汁罐头食品中脱氧，以防止色泽加深、降低风味和金属溶出；用于食品软包装中作驱氧剂；用于全脂奶粉、谷物、可乐、咖啡、虾类、肉等食品以防止褐变。

GB 2760—2014《食品添加剂使用标准》规定：葡萄糖氧化酶可以用于啤酒工艺和小麦粉。

⑤葡萄糖异构酶（Glucose isomerase，CNS 号：11. 002 ，EC：5. 3. 1. 5）：固定化葡萄糖异构酶制剂又称葡萄糖异构酶、木糖异构酶、木糖酮醇异构酶、D-木糖酮醇异构酶等。相对分子质量 1.6×10^5~1.8×10^5。固定化葡萄糖异构酶制剂为浅棕色、棕色或粉红色条状或颗粒状固体，或者为液体，无臭味。粉末和液体可溶于水，颗粒不溶于水、乙醇、氯仿、乙醚等。

葡萄糖异构酶可从乳杆菌属、链霉菌属和放线菌属中获得，不同来源的酶其最适 pH、最适温度均有不同。最适 pH6. 0~8. 5，最适温度从产自短乳杆菌的葡萄糖异构酶的 45℃到产自米苏里游动放线菌的 90℃。金属离子对葡萄糖异构酶的活力有显著影响。镁、钴、锰、铬等离子可以提高酶的活力，而另一些离子抑制酶的活力，如铜、锌、镍、钙、银、汞等离子。钙离子抑制活力是因为它与镁离子竞争结合酶的活性位点，受汞离子抑制是因为巯基的存在。生产中需要在糖化后将糖浆去离子化，除去 α-淀粉酶水解淀粉时添加的钙离子及淀粉本身含有的钙离子，然后在异构化时加入适量镁离子。此酶也受糖醇，特别是木糖醇的抑制。

葡萄糖异构酶主要用于果葡糖浆的生产，人们广泛接受并商业应用的葡萄糖异构酶实际上是 D-木糖异构酶，该酶通常催化 D-木糖转化为木酮糖，也能把 D-葡萄糖转化为 D-果糖、D-核糖转化为 D-核酮糖，但转化速率很低。葡萄糖异构酶的催化反应最终获得含 55%~60%果糖的混合液，且温度对其影响很小。由于达到平衡的反应时间过长，生产商通常希望获得含 42%果糖的反应物，特别是由 α-淀粉酶和葡糖淀粉酶作用产生的含 93%葡萄糖原料。

美国 FDA 将固定化葡萄糖异构酶制剂列为 GRAS 物质，小鼠经口 LD_{50}>15g/kg 体重。ADI 值不作特殊规定。GB 2760—2014《食品添加剂使用标准》规定：固定化葡萄糖异构酶制剂可用于果葡糖浆的生产。

⑥已糖氧化酶（Hexose oxidase，EC：1. 1. 3. 5）：食品工业中的已糖氧化酶来源于面包酵母。已糖氧化酶可以催化六碳糖及低聚寡糖生成相应的内酯并产生过氧化氢。在有水的条件下内酯又可以生产相应的酸。已糖氧化酶可以催化氧化 D-葡萄糖、D-半乳糖、木糖、阿拉伯糖、纤维二糖、乳糖、麦芽糖、麦芽三糖、麦芽四糖。

己糖氧化酶可以用于面团中以增加面筋强度，也可以用于干酪、薯片、蛋白粉等以防止美拉德反应，还可以用于干酪及豆腐的生产中，通过形成糖酸而起到凝固作用。

⑦麦芽碳水化合物水解酶（α-、β-麦芽碳水化合物水解酶）［Malt carbohydrases（α- and β-amylase），EC：3.2.1.20］：麦芽碳水化合物水解酶又称为麦芽糖酶，为棕黄至暗棕色粉末或液体，来源于麦芽和大麦，是一种复合酶，其主要成分为α-淀粉酶和β-淀粉酶。用于生产饴糖、酒精、啤酒、酵母等，焙烤工业可作为小麦粉改良剂，FAO/WHO 规定可用于婴幼儿食品，ADI 值不作特殊规定。用量可按生产需要适量使用。

⑧转化酶（蔗糖酶）［Invertase（saccharase），EC：3.2.1.26］：食品工业所用蔗糖酶来源于酿酒酵母，为浅黄色微黏稠液体，最适 pH4.2~4.5，最适温度 60℃。

转化酶的主要作用是水解蔗糖生成转化糖，以得到比蔗糖的溶解度更高、不易结晶的高浓度糖液，作为新型甜味剂用于糖果、蜜饯、果酱、人造蜂蜜等。ADI 值不作特殊规定。

2. 蛋白质类为底物的酶制剂

（1）蛋白酶（Protease，EC：3.4.21.19）　蛋白酶一般专指微生物源蛋白酶。为近乎白色至浅棕黄色粉末或液体，溶于水，几乎不溶于乙醇、氯仿和乙醚。

微生物源粗制凝乳酶的凝乳同牛凝乳酶的凝乳方式相似，但干酪的口感、风味、黏稠度和结构是以牛凝乳酶生产的产品为标准。所有微生物源凝乳酶商品都是混合物，也包括可能破坏干酪生产的酶。对于凝乳活力与蛋白水解活力的比例，微生物源凝乳酶要比牛凝乳酶低。在特定的 pH 下，乳清中的微生物源凝乳酶比牛凝乳酶更具耐热性，因此有必要用高温热烫停止酶反应。微生物凝乳酶不同的水解特性可能会影响干酪的熟化特性，产生少见的不良风味。此外，由于发酵及其他条件的影响，不同批次的微生物源凝乳酶与牛凝乳酶相比，其批次间产品品质差异较大。

蛋白酶主要用于蛋白质精炼、水解、加工，乳制品工业，调味品工业和酿造工业等。

（2）胃蛋白酶（Pepsin，EC：3.4.23.1）　胃蛋白酶来源于动物或禽类的胃组织，为白色至淡棕黄色粉末，或琥珀色液体。相对分子质量约 33000，最适 pH1.8，与微生物源粗制凝乳酶不同，动物分泌的胃蛋白酶一开始是原酶（处于未激活状态），需要去除其氨基酸末端大约 40 个氨基酸残基的一条肽链而获得活性。

胃蛋白酶主要作用是水解多肽类为低分子的肽类。胃蛋白酶主要用于鱼粉制造、啤酒澄清及干酪制造中的凝乳剂。

（3）凝乳酶或粗制凝乳酶（Chymosin，EC：3.4.23.4）　凝乳酶来源于动物的胃组织，为琥珀至暗棕色液体，或白色至浅棕黄色粉末，是一种含硫的特殊蛋白酶，相对分子质量 36000~310000，最适 pH5.8，最适温度 37~45℃。溶于水，不溶于乙醇、氯仿和乙醚。

凝乳酶主要作用是水解多肽类，特别是胃蛋白酶难以水解的多肽。主要用于干酪制造及凝乳作用。ADI 值不作特殊规定。

（4）凝乳酶 A（Chymosin A，EC：3.4.23.4）　凝乳酶 A 为含有小牛前凝乳酶 A 基因的大肠杆菌 K-12 受控发酵产生的凝乳酶，商业制品为含有活性酶的液体，主要作用是断裂干酪中的多肽单链，ADI 值不作特殊规定，性状参照凝乳酶。

（5）凝乳酶 B（Chymosin B，EC：3.4.23.4）　凝乳酶 B 为含有小牛前凝乳酶 B 基因的黑曲霉或酵母发酵产生的凝乳酶，ADI 值不作特殊规定，性状参照凝乳酶。

（6）胰蛋白酶（Trypsin，Parenzyme，EC：3.4.21.4）　胰蛋白酶系自牛或猪胰腺中提取的一种蛋白水解酶，能选择地水解蛋白质中由赖氨酸或精氨酸的羧基所构成的肽链，是肽链内切酶。胰蛋白酶为白色或米黄色结晶性粉末，溶于水，不溶于乙醇、甘油、氯仿和乙醚。胰蛋白酶的相对分子质量 23800，等电点 10.5，最适温度 50℃，最适 pH7.8~8.5，pH>9.0 不可逆失活。Ca^{2+} 对酶活性有稳定作用；重金属离子、有机磷化合物、天然胰蛋白酶抑制剂对其活性有强烈抑制。

胰蛋白酶在脊椎动物体内作为消化酶而起作用，还能限制分解糜蛋白酶原、羧肽酶原、磷脂酶原等其他酶的前体而起活化作用。此外，与高等动物的血液凝固和炎症等有关的凝血酶、纤溶酶、舒血管素等蛋白酶在化学结构和特异性等方面与胰蛋白酶具有密切的关系。胰蛋白酶除存在于脊椎动物外，还广泛存在于蚕、海盘车、蝲蛄、放线菌等生物体中。

胰蛋白酶在食品加工中可用于酒类和饮料的澄清、畜蛋白原的水解及乳制品在贮存时产生的氧化味道（赵红辉，2012）。GB 2760—2014《食品添加剂使用标准》规定：应用于食品工业的胰蛋白酶仅限于猪或牛的胰腺。

（7）胰凝乳蛋白酶（Chymotrypsin，EC：3.4.21.1） 胰凝乳蛋白酶是脊椎动物的消化酶，在胰脏中以酶前体物质胰凝乳蛋白酶原的形态生物合成，随胰液分泌。在小肠受到胰蛋白酶和胰凝乳蛋白酶的一定的分解，转变成活性的胰凝乳蛋白酶。属于肽链内切酶，主要切断多肽链中的芳香族氨基酸残基的羧基一侧。对其氨基酸序列、高级结构，反应机制的研究仍在进行中。牛的 α-胰凝乳蛋白酶的氨基酸残基数 245 个，相对分子质量约 25000，第 57 位组氨酸、102 位天冬氨酸、195 位丝氨酸等三个残基在催化作用中起着中心作用。195 位丝氨酸受二异丙基氟磷酸（DFP）的作用受特异的修饰而丧失活性，即所谓丝氨酸蛋白酶。与同样在胰脏里生物合成的胰蛋白酶虽然在结构和催化机制方面关系非常密切，但底物特异性完全不同。

（8）菠萝蛋白酶［Bromelain，INS 号：1101（ⅲ）；EC：3.4.22.4］ 菠萝蛋白酶，简称菠萝酶，也称为凤梨酶或凤梨酵素，是从菠萝果茎、叶、皮提取出来，经精制、提纯、浓缩、酶固定化、冷冻干燥而得到的一种纯天然植物蛋白酶。其外观为白色至浅棕黄色粉末，溶于水，不溶于乙醇、氯仿和乙醚。相对分子质量约 33000。最适 pH6~8，等电点 9.55，最适温度 55℃。其 ADI 值不作特殊规定。

菠萝蛋白酶应用于焙烤食品加工可使面筋降解，提高饼干与面包的口感与品质；应用于肉制品的精加工，可将肉类大分子蛋白质水解为易吸收的小分子氨基酸和蛋白质；在干酪工业用于干酪素的凝结；其他食品工业有使用菠萝蛋白酶增加豆饼和豆粉蛋白的可溶性，生产含豆粉的早餐、谷类食物和饮料；其他还有生产脱水豆类、人造黄油、澄清苹果汁、制造软糖、为病人提供可消化的食品等。

（9）木瓜蛋白酶（Papain，CNS 号：11.001，INS 号：1101，EC：3.4.22.2） 木瓜蛋白酶又称木瓜酶，其纯品是由 212 个氨基酸组成的单链蛋白质，制品含有木瓜蛋白酶、木瓜凝乳蛋白酶和溶菌酶等。木瓜蛋白酶为灰色或淡黄色粉末、有木瓜特殊臭味，精制品无臭，易受潮，溶于水和甘油，不溶于乙醇、氯仿、乙醚等。

木瓜蛋白酶是一种巯基蛋白酶，耐热性好，最适温度 55~65℃，等电点 8.75，最适 pH5.0~8.0。木瓜蛋白酶在室温时，活力较低，但在肉的蒸煮过程中活力会增加，未变性的胶原蛋白可以抵抗木瓜蛋白酶的水解，但温度超过 50℃时，胶原纤维会变得疏松，在 60~65℃时，其溶解度最大。此酶在 90℃被完全灭活，但通常会因为与氧化剂或空气接触而灭活。

木瓜蛋白酶广泛用于肉类嫩化，也可作为啤酒的澄清剂使用。肉类嫩化剂由 2%的木瓜蛋白酶、15%的葡萄糖、2%的谷氨酸单钠和食盐组成，用量为0.5~5mg/kg。啤酒中存在的可溶性蛋白在低温下产生不透明产物，木瓜蛋白酶主要用于降解蛋白质为小分子肽。另外，在啤酒生产中木瓜蛋白酶还可以分解糖化及发酵过程中产生的游离蛋白质，显著提高麦汁中α-氨基氮的含量，使发酵水平稳定，还能防止蛋白质与啤酒中的醛糖、胶体和酒花中的多酚结合产生沉淀，以及因温度变化导致冷热混浊，从而提高啤酒的微生物稳定性，用量一般为1~4mg/kg。木瓜蛋白酶还可用于饼干、糕点的生产，以改善其成形性、光泽、质地、口感等，并可以减少油脂和糖的用量，用量一般为1~4mg/kg。

木瓜蛋白酶是木瓜果实的组分，无毒，ADI值不作特殊规定。其应用领域与菠萝蛋白酶相似，GB 2760—2014《食品添加剂使用标准》规定：木瓜蛋白酶可用于饼干、肉禽制品及水解动植物蛋白。

（10）无花果蛋白酶（Ficin，INS：1101（ⅳ），EC：3.4.22.3）

无花果蛋白酶来源于无花果树的胶乳和不成熟的无花果果实的乳汁，为白色至淡黄色粉末，相对分子质量约26000。热稳定性极高，最适pH5.7，最适温度65℃，用途与木瓜蛋白酶类似。

（11）氨基肽酶（Aminopeptidase，EC：3.4.1.1） 食品工业中的氨基肽酶来源于米曲霉，最适温度60℃左右、最适pH7.5~8.0。在生产过程中大豆蛋白质首先被蛋白酶作用，蛋白酶是内切酶，它能从蛋白质内部切断肽键，但却不能再把短肽的肽键切断释放出自由氨基酸，因而高活力的蛋白酶有助于提高酿造酱油的蛋白质利用率，却不会使氨基酸生成率增加，只有肽酶才能将小分子多肽从自由氨基末端或自由羧基末端将氨基酸逐一切下，释放自由氨基酸，从而提高了酱油的氨基酸生成率，增加酱油的鲜味。

（12）谷氨酰胺转氨酶（Glutamine transaminase，EC：2.3.2.13） 用于食品工业的谷氨酰胺转氨酶来源于茂原链轮丝菌，为白色至深褐色粉末、颗粒或液体，溶于水，不溶于乙醇。

谷氨酰胺转氨酶可以催化蛋白质的交联反应，使蛋白质变性，改善其持水性、水溶性等，广泛用于面制品、肉制品、植物蛋白及水产品等的加工，以改善蛋白质特性。

（13）谷氨酰胺酶（Glutaminase） 谷氨酰胺酶是酰胺酶的一种，是一种催化L-β-谷氨酰胺水解成L-谷氨酸和氨的反应的酶。在某些细菌、植物根中也含有此酶，但在高等动物中此酶的活力强。在动物肾脏和肝脏的酶，最适pH8.0；在脑皮质和网膜的酶，最适pH8~9；取自大肠杆菌的酶，最适pH4.7~5.1。此酶可受谷氨酸的阻抑，并且具有可被磷酸盐活化的和不活化的两种。在生物体内其从末梢组织转移来的谷氨酰胺生成的氨，具有调节体内碱储（肾脏）和尿素的合成（肝脏）作用。

（14）天门冬酰胺酶（Asparaginase，EC：3.5.1.1） 天门冬酰胺酶又称左旋门冬酰胺酶，L-天门冬酰胺酶，门冬酰胺酶。以转基因米曲霉（*Aspergillus oryzae*）生产菌在严格控制的条件下进行液体深层发酵制备而成的天门冬酰胺酶为浅褐色液体。以筛选的重组黑曲霉（*Aspergillus niger*）在严格控制的条件下进行发酵制备而成的天门冬酰胺酶。为浅黄色至褐色液体，或淡黄色至深黄色颗粒或粉末。

（15）脱氨酶（Deaminase） 由蜂蜜曲霉（*Aspergillus melleus*）经培养、深层发酵、提取、多次过滤和纯化精制而成。性状呈淡黄褐色至淡褐色颗粒，溶解性好。

3. 以脂类为底物的酶制剂

（1）脂肪酶（Lipase，EC：3.1.1.3） 脂肪酶又称脂酶，多为近白色至淡棕黄色结晶性粉末，应用于食品工业的酶源有根酶属、曲霉属、酵母及动物组织。溶于水，几乎不溶于乙醇、氯仿和乙醚。

脂肪酶最适宜作用温度 30~40℃，最适 pH7.0~8.5，对于植物性相对处理物质最适 pH 为 5。脂肪酶是一类具有多种催化能力的酶，可以催化三酰甘油酯及其他一些水不溶性酯类的水解、醇解、酯化、转酯化及酯类的逆向合成反应，除此之外还表现出其他一些酶的活性，如磷脂酶、溶血磷脂酶、胆固醇酯酶、酰肽水解酶活性等。

脂酶应用广泛，可通过合成短链脂肪酸酯、醇类、丙酮、乙醛、二甲硫醚及低级脂肪酸等增强食品风味；在乳品工业中，主要是干酪风味的加强和成熟时间的提高，拟干酪产品的开发等；脂肪酶也被用于改进大米风味，改良豆浆口感；改进果酒的口味，提高果酒发酵速度（王庭等，2010）。

脂肪酶可用于油脱胶、卵磷脂水解及蛋黄乳化等。ADI 值不作特殊规定。

（2）酯酶（Esterase）　食品工业所用酯酶来源于黑曲霉、李氏木酶及米黑根毛酶，是催化水解各种酯键的酶，包括催化水解羧酸酯和磷酸酯的两类酶。在催化羧酸酯的酯酶中，最常见的为脂肪酶，可催化水解甘油三酯为甘油和脂肪酸，催化磷酸酯的酶可催化水解磷酸酯键。

（3）磷酯酶（Phospholipase）　食品工业所用磷酯酶来源于猪胰腺组织，其可催化水解磷酸酯键，释放出无机磷酸，可以根据最适 pH 将其分为酸性磷酸酯酶和碱性磷酸酯酶，该酶在动植物组织及微生物中普遍存在。在干酪中，虽然这两种磷酸酯酶都存在，但前者的最适 pH 在酸性范围，故活力较高。在干酪的成熟过程中，在各种水解酶的作用下，释放出大量的含磷酸基的多肽，这些多肽由于磷酸基的保护作用不容易进一步水解，这就需要有磷酸酯酶和蛋白酶的联合作用，进一步将其水解为小肽和氨基酸，使干酪成熟。

（4）磷酯酶 A2（Phospholipase A2）　主要作用是催化水解由磷酸作为酸的部分的酯的酯键。两类磷酸酯水解酶即磷酸一酯水解酶和磷酸二酯水解酶的底物分别为磷酸一酯和磷酸二酯。磷酸二酯水解酶催化原磷酸形成的两个酯键中的一个水解，这类酶中最重要的是水解核酸和磷脂中特定的磷酸二酯键的那些酶。主要用于植物油精炼、卵磷脂修饰。

（5）溶血磷脂酶（磷脂酶 B）［Lysophospholipase（lecithinase B），EC：3.1.1.5］　溶血磷脂酶是水解溶血磷脂质中脂肪酸酯的酶，有时也称为磷脂酶 B。食品工业所用溶血磷脂酶来源于黑曲霉，溶血磷脂酶多数不受 Ca^{2+}影响，Hg^{2+}、硫酸十二酯钠，脱氧胆酸钠等对此酶有强烈的抑制作用。溶血磷脂酶用于淀粉和其他食品行业，按生产需要适量使用。

（6）磷脂酶 C（Phospholipase C，EC.3.1.3.32）　有磷脂酶 A、B、C、O 等多种酶可分解各种磷脂，如（用磷脂酶 A、B）将磷脂酰胆碱分解成溶血磷脂酰胆碱和甘油磷酸胆碱；用磷脂酶 C 将其分解成甘油二酯和胆碱磷酸；用磷脂酶 O 分解成磷脂酸和胆碱。磷脂酶 A 存在于蛇毒腺及细菌中，磷脂酶 B 存在于丝状菌、米糠、动物胰脏和细菌中，磷脂酶 C 存在于细菌、动物肝脏和植物中，O 存在于各种植物中，

磷脂酶 C 为淡黄色至深褐色粉末、颗粒、块状，或透明至深褐色液体。溶于水，不溶于乙醇。用于油脂食品的分解，主要用于分解磷脂及其部分分解物。

4. 以其他物质为底物的酶制剂

（1）α-乙酰乳酸脱羧酶（α-Acetolactate decarboxylase，EC：4.1.1.5）　α-乙酰乳酸脱羧酶来源于枯草芽孢杆菌，为白色至褐色粉末或透明液体。最适 pH7.0，最适温度 40℃。Mg^{2+}，

Mn^{2+}，Zn^{2+}，Fe^{2+}，Fe^{3+}，Cu^{2+}等金属离子能激活α-乙酰乳酸脱羧酶，加入金属螯合剂EDTA，能使酶活力降低。

在啤酒酿造中，双乙酰是影响啤酒风味成熟的主要因素，当其含量超过阈值（0.15×10^{-6}mg/kg）时，会产生难以接受的馊饭味，需要较长的后熟期才能消除。发酵过程中添加α-乙酰乳酸脱酸酶可将α-乙酰乳酸快速催化分解为乙偶姻，不形成双乙酰而加快啤酒成熟，从而有效地控制啤酒发酵中双乙酰的含量，克服了成品啤酒双乙酰的回升现象，并显著缩短啤酒后熟发酵期（韦函忠等，2011）。

（2）过氧化氢酶（Catalase，EC：1.11.1.6）　用于食品工业的过氧化氢酶来源于黑曲霉、溶壁微球菌及动物肝脏。过氧化氢酶为白色至浅黄棕色粉末或液体，相对分子质量约240000，溶于水，几乎不溶于乙醇、氯仿和乙醚。最适pH7.0，最适温度0~10℃。

过氧化氢酶主要用于干酪、牛乳和蛋制品等生产中，以消除紫外线照射产生过氧化氢而造成的特异臭味，也可作为面包生产中的疏松剂。

（3）漆酶（Laccase，EC：1.10.3.2）　漆酶是一种含铜的多酚氧化酶，能够催化酚类、芳胺类、羧酸类、甾体类激素、生物色素、金属有机化合物和非酚类物质生成醌类化合物、羰基化合物和水。漆酶是一种糖蛋白，肽链一般由500个左右氨基酸组成，糖基占整个分子的10%~45%。糖组成包括阿拉伯糖、半乳糖、甘露糖、岩藻糖、氨基己糖和葡萄糖等。由于分子中糖基的差异，漆酶的分子质量随来源或种类不同会有很大的差异，分子质量5.9~39ku。除柄孢漆酶Ⅰ是四聚体外，其他漆酶一般是单一多肽组成的，其中含19种氨基酸。

漆酶在食品工业上应用是近20年发展起来的，主要应用于饮料的澄清与色泽控制、食品分子交联、食（药）用菌、植物食品保鲜等方面。

（4）植酸酶（Phytase）　植酸在谷类和豆类食品中普遍存在，它可以同金属离子形成络合物，影响人体对微量元素的吸收，长期食用植酸含量高的食品，会引起微量元素缺乏。因此，必须将食品中的植酸降低到一定的水平。可行的办法是用植酸酶处理，该酶可以催化植酸（肌醇六磷酸）或植酸盐水解为肌醇和磷酸。植酸酶在麦芽中及某些微生物中存在，从微生物中提取植酸酶将是一条可行之路，Gargova等（1997）从203株真菌中筛选出一株*Aspergillus* sp. 307，其活力在pH 2.5~5.0几乎没有变化，是很有希望的菌株。冯慧玲等（2010）利用易错PCR技术对黑曲霉（*Aspergillus niger*）N25的植酸酶基因phyA进行定向进化研究，突变基因产物重组于表达载体中，并导入大肠杆菌BL21（DE3）构建突变体文库。筛选获得了最佳突变菌株中植酸酶活力比出发酶提高41.8%，与野生酶相比，它的热稳定性，最适温度和最适pH无显著变化。余鳗游等（2010）将黑曲霉植酸酶phyA~m基因结构进行延伸突变，改善酶的热稳定性。单胃动物体内无植酸酶存在，不能消化吸收食物中被植酸络合的矿质元素和蛋白质等营养物质。

外源性植酸酶能有效地水解食品中植酸/植酸盐，降低植酸/植酸盐的抗营养作用，从而提高植物性食品的营养价值。

（5）单宁酶（Tannase，EC 3.1.1.20）　单宁酶的全称是单宁酯酰水解酶，可以水解没食子酸单宁中的酯键和缩酚羧键，生成没食子酸和葡萄糖。单宁酶制剂为白色粉末，最适pH4.0~6.0，最适温度20~50℃。

原卫生部公告批准单宁酶可在茶饮料中按生产需要适量使用。传统茶饮料在生产、贮存过程中往往会因为茶汤中所存在的多酚类、咖啡碱、蛋白质等物质生成络合物，存在“冷后浑”

的质量缺陷。单宁酶是解决混浊沉淀的专一酶，能断裂儿茶酚与没食子酸间的酯键，使苦涩味的酯型儿茶素水解，释放出的没食子酸阴离子又能与茶黄素、茶红素等竞争咖啡碱，形成分子质量较小的水溶性短链物质，降低茶汤的混浊度。采用单宁酶处理茶汤，茶叶中的钙、铁、镁、锌等离子的溶解性也会增加；茶汤的抗氧化性能也有所提高。

（6）甘油磷脂胆固醇酰基转移酶（Glycerophospholipid cholesterol acyltransferase）　食品工业所用的甘油磷脂胆固醇酰基转移酶来源于地衣芽孢杆菌，它是以筛选的重组地衣芽孢杆菌生产菌在严格控制的条件下进行深层发酵、过滤、浓缩等工艺精制而成，为浅黄至褐色液体，产品颜色随批次不同略有不同。

（7）核酸酶（Nuclease，EC 3.1.4.1）　核酸酶又称5′-磷酸二酯酶，由橘青霉培养液中提取冻干而成，呈白色或黄色粉末；适宜 pH 范围 4.0~7.0，最适 pH5.0；最适温度 60℃；产品的酶活规格 7000~10000U/g。

核酸酶是一类可将核酸定向水解为5′-核苷酸的酶制剂。它可催化 RNA 或寡核酸分子上的3′-碳原子羟基与磷酸之间形成的二酯键，使断裂生成四种5′-核苷酸和5′-磷酸寡核苷酸。而5′-核苷酸具有强烈的增鲜作用，是一类很有价值的食品增鲜剂，由于核苷酸与氨基酸类物质混合使用时，会产生出单种鲜味剂无法达到的鲜味效果，且使鲜味倍增，即协同效应，应用于食物中具有突出主味，改善风味，抑制异味的功能，同时核苷酸对甜味、肉味有增效作用，对咸、酸、苦、腥味、焦味有消杀作用。故5′-磷酸二酯酶在核苷酸的工业生产及在酵母抽提物等调味食品的生产中都具有极其重要的作用。

（三）酶制剂在食品工业中的应用

1. 食品酶制剂的应用

人们对酶的认识和发展源于实践和生产，历史上，酶在被发现以前就已用于食品生产，如用特定的叶子包裹生肉保鲜。约公元前21世纪夏禹时代，我国人民就会酿酒，公元前12世纪周代已能制作饴糖和酱，因此，尽管当时对酶及其性质没有了解，但我们的祖先已经把酶利用到了相当广泛的程度。酶在食品工业中的主要用途有：改进食品加工工艺；改变食品加工条件；提高食品质量；改善食品风味、色泽等（侯占群等，2004）。随着现代酶技术的进步，酶制剂在食品工业被越来越广泛地应用。

（1）淀粉糖生产　淀粉糖是发展最快的行业之一，出现了不少新品种，目前利用酶制剂生产的品种有葡萄糖浆、麦芽糖浆、果葡糖浆、麦芽糊精、高麦芽糖等传统产品，近年发展比较快的是功能性食品原料——低聚糖（SPÖK，2006）。

（2）焙烤制品加工　在食品烘焙加工时，利用淀粉酶可增加面团体积，改善表皮色泽和松脆结构，防止腐败变质，利用蛋白酶可改善面筋的特性、降低黏度、降低能耗和成本，在面包、饼干糕点生产时，可根据产品的不同要求，选用相应的酶制剂，使面团发酵更为丰满，效果更好。在面包生产中不宜使用细菌 α-淀粉酶，因其耐热性能较好，60℃以上面包酵母已抑制，将产生过量糊精，造成面包松软和发黏。利用霉菌 α-淀粉酶来完成，其钝化温度 60~65℃。因此，目前大多采用米曲霉生产 α-淀粉酶用于面包生产。

面包改良剂的主要成分有霉菌 α-淀粉酶、麦芽糖淀粉酶和戊聚糖酶、抗坏血酸、乳化脂肪、酵母营养粉和大豆粉等，起到增白和松软的作用，并增加面包表皮烘焙早期发生美拉德反应的速度。

在饼干生产中，添加中性蛋白酶，改善谷蛋白水平、发挥酶解作用，同时保留维生素。在烘焙工业中添加β-葡聚糖可显著提高大麦-小麦混合粉面包的弹性及柔软度等焙烤品质，使其具有更佳的口感、柔软度及整体接受程度等感官品质，同时β-葡聚糖酶还有助于改善面包的抗老化特性，从而延长产品保质期（李真，2014）。

（3）饮料加工

①酿酒：啤酒是最早利用酶的酿造产品之一。其酿造过程中制浆和调理两阶段需要酶制剂。其中蛋白酶可降解啤酒的蛋白质组分，防止啤酒冷混浊，延长啤酒贮藏期；糖化酶能降解啤酒中的残留糊精，既保证了啤酒中最高的乙醇含量，又能增加糖度。

此外，酶制剂也广泛应用于葡萄酒等的酿造，果胶酶可以提高葡萄汁和葡萄酒的效率，增加葡萄酒的澄清效果，大大提高葡萄酒的过滤速度。蛋白酶制剂的添加可防止成品酒发生蛋白质混浊，提高葡萄酒的稳定性。

②果汁生产：果胶酶和淀粉酶是水果加工中最重要的酶，酶在浓缩苹果汁的加工过程中起着重要作用，酶的用量、时间、温度对出汁率和果汁澄清度有很大影响，研究表明：浓缩苹果汁在果胶酶和淀粉酶用量为0.1%、酶解时间1.5h、酶解温度50℃时澄清效果最好，苹果汁的透光率可达95%以上（郝瑞峰，2015）。而且应用复合酶作用效果更加明显，如Laaksonen等采用含纤维素酶、半纤维素酶和糖苷水解酶的复合果胶酶制剂处理黑加仑后，其澄清稳定性进一步提高，贮藏6周后仍可保持澄清（Laaksonen等，2012）。Schnürer等发现：在苹果汁中会出现一些非变质而产生混浊的现象，采用含淀粉酶的复合酶来处理果汁就能保持果汁的稳定性（Schnürer，2013）。

③其他饮料加工：如茶饮料加工中主要使用的酶有过氧化物酶、多酚酶及单宁酶，其主要功能是控制茶的颜色和风味及提高茶的溶解性能。

（4）乳品加工　乳制品是除母乳以外营养最为丰富和均衡的食品，其含有人体所必需的全部营养成分。由于乳的营养全面性和均衡性，使其在婴儿营养和成年膳食中占有极其重要的地位。

全世界干酪生产所耗牛乳达1亿多吨，占牛乳总产量的25%。凝乳酶是干酪生产的主要用酶，干酪通过凝乳酶水解k-酪蛋白，在酸性环境下，钙离子使酪蛋白凝固，再经切块加热压榨后熟化而成。由于部分人体内缺乏乳糖酶故有些人饮乳后常发生腹泻、腹痛等不良症状。于是乳糖酶便显示了其独特的作用，可水解乳糖为半乳糖与葡萄糖。此外，常作为废水排除的乳清经乳糖酶处理后，可供食用或作为饲料。乳品加工中，乳脂经脂肪酶作用产生游离脂肪酸可应用在许多乳类产品中，尤其是具有特殊风味特征的软干酪，脂肪酶也应用在咖啡伴侣中来增加奶油味（王庭等，2010）。

（5）水产品加工　近年来，随着海洋渔业资源的衰退，利用一些低值水产品生产高附加值的产品已显得越来越重要，而酶技术在水产品深加工中的应用正是解决了目前的难题。随着酶技术的进一步发展，其在水产品加工业的应用更加广泛。例如，利用蛋白酶水解鱼下脚料后其对动物的消化、吸收和利用率显著提高，品质大大改善，而且可有效地利用饲料资源，减少污染，保护环境（张月蛟，2015）；采用中性蛋白酶和碱性蛋白酶复合酶水解扇贝裙边可制备鲜味剂（王苏，2014）；通过蛋白酶分解蛋白质破坏组织内部结构得到高产优质鱼油，添加蛋白酶可缩短鱼露发酵时间，蛋白酶水解产物可作为新型鱼糜抗冻剂等（张娅楠等，2014）。

（6）肉制品加工　酶在肉制品加工中主要用于嫩化肉类，蛋白酶嫩化肉类的主要作用是分解肌肉结缔组织的胶原蛋白，促进嫩化。肌肉嫩化过程发挥重要作用的酶有两类：内源酶和外源酶。内源酶主要有钙激活蛋白酶、组织蛋白酶、蛋白酶体，以及具有蛋白水解作用的caspase-3和caspase-6等；外源酶主要包括蛋白水解酶类，如木瓜蛋白酶、菠萝蛋白酶、无花果蛋白酶，以及一些动物、微生物来源的蛋白酶（王稳航等，2013）。此外，蛋白酶还有利于腌肉制品风味的形成等（朱建军等，2013）。

（7）油脂加工 脂肪酶可以催化油脂的水解反应和酯交换反应，主要用于脂肪酸及甘油的改性，利用廉价的、稳定性不好的油脂制取价值较高的、特殊性油脂。酶制剂还可用于精制油脂，生产可可脂等专用油脂。

2. 食品酶制剂安全管理

酶制剂虽来源于生物，但因通常使用的不是酶的纯品，制品中的有关组分（如微生物的某些代谢产物，甚至是有害物质，如苯等）有可能在使用时随着食品而被带入，从而影响人体健康。因此，必须对酶制剂包括生产酶制剂的菌种进行安全评价。利用基因修饰微生物（GMO）生产酶制剂，如果微生物筛选不当，可能会将致病菌或可能产生毒素及其他生理活性物质（如抗生素等）的微生物筛选为产酶菌株。利用基因重组技术改造生产菌株的同时可能导致生产菌株发生遗传学或营养成分等的非预期的改变，给消费者或生产者的健康带来潜在危害，因此一些国家对GMO生产酶制剂有严格的法规进行管理（Robinson等，1997）。

美国、加拿大、欧盟、澳大利亚、新西兰、日本等国均规定酶制剂必须经过严格的安全性评价、批准后才能生产销售。美国、欧盟要求酶制剂的制备应符合良好生产规范（GMP），不论制备的原料如何，均不得导致被酶处理的食品中含有的菌落总数超过该食品的允许量。用于生产酶制剂的动物组织必须符合肉类检验的各项要求，必须按GMP进行管理。用于生产酶制剂的植物原料或微生物的培养基成分，在正常使用的情况下，它们转入食品的量不得超过有碍健康的水平。利用微生物生产酶制剂时，其生产方法和培养条件均应保证是在受控条件下发酵，以保证所用的微生物不致成为有毒物质和其他有害物质的来源。生产酶制剂所用的载体、稀释剂和加工助剂必须是食品级的，包括水和不溶于水的物质，在加工后都应从食品中去除。虽然未规定真菌毒素的允许限量，但应采取适当的措施保证成品中不含这类污染物（Amfep，2001）。

在我国食品工业用酶制剂按食品添加剂进行管理。对新申请的酶制剂进行卫生学评价，包括毒理试验、理化检验和微生物检验；使用微生物生产酶制剂，必须提供微生物的菌种鉴定报告、毒理学试验报告等安全性评价资料。分析目前我国食品工业用酶制剂的卫生管理，应当在以下几个方面加强管理：针对基因修饰微生物生产酶制剂逐步增多的现象，尽快制定有针对性的，特别是针对生产菌株的安全性评价程序和管理办法；制定酶制剂通用卫生标准；制定酶制剂生产良好卫生规范；制定酶制剂企业卫生管理办法，以保证其使用安全，保障消费者健康。

（四）新型食品酶制剂及发展趋势

食品酶工程作为食品生物技术一个重要组成部分，极大地推动了食品工业的发展，它的作用是难以估量的，酶制剂在食品加工中已得到了广泛应用，几乎渗透到各个领域，如酶法水解植物蛋白、制造干酪、啤酒澄清、制造果葡糖浆、生产果汁、调味品等；随着食品新产品的多样化，酶的需求也将发生变化，同时随着生物技术的发展及基因工程技术的应用，可用于食品中的酶将会有新的突破。现将近年来在食品工业中应用的新酶源或酶的新用途介绍如下：

1. 甲壳素脱乙酰酶（Chitin deacetylase，CDA）

甲壳素脱乙酰酶在接合菌纲（*Zygomycetes*）及半知菌纲（*Deuteromycetes*）真菌的某些菌株中存在。由于该酶可以脱除甲壳素的酰基，因此可以用它代替目前采用的碱法工艺生产壳聚糖。用 CDA 生产壳聚糖，不仅可以解决环境污染问题，而且可以生产脱乙酰程度均匀、分子质量分布范围窄的高品质壳聚糖产品，例如依据甲壳素脱乙酰酶的多点进攻可以定点脱去甲壳三糖、四糖等低聚甲壳素的乙酰基，从而得到低聚壳聚糖，而低聚壳聚糖能够得到某些高聚壳聚糖所没有的性质，如更好的抑菌性、水溶性及生物相容性等（王皓等，2015）。

2. 抗菌酶类

这类酶包括两类，即水解酶类和氧化还原酶类，水解酶类是通过水解微生物的细胞壁引起细胞自溶而起到抗菌作用，它包括溶菌酶、几丁质酶、葡聚糖酶等；氧化还原酶类包括葡萄糖氧化酶和乳过氧化物酶，这类酶本身不具有抗菌活性，但它们催化反应所形成的产物是细胞毒素，具有抗菌活性。

（1）溶菌酶（Lysozyme）　该酶可以水解细菌细胞壁肽聚糖的 β-1,4-糖苷键，导致细菌自溶死亡，而且即使是已经变性的溶菌酶也有杀菌效果，这是由于它是碱性蛋白质的缘故，故可用于食品防腐。不同来源的溶菌酶的抗菌谱和对不同类型的肽聚糖的活性是不同的，尤其是对革兰阳性细菌效果较好；而对于革兰阴性细菌来说，由于菌体细胞壁肽聚糖的外表还有一层由脂多糖、磷脂、糖脂组成的外膜覆盖，故杀菌效果不如对革兰阳性细菌好。此外，将溶菌酶与壳聚糖联合使用，可对包括多重抗菌细菌在内的多种菌株起抑菌作用（王丽丹等，2013）。

（2）甲壳素酶（Chitinase）和壳聚糖酶（Chitosanase）　真菌的细胞壁主要由几丁质（又称甲壳素）组成，几丁质是由 *N*-乙酰氨基-D-葡萄糖单体（D-GlcNAc）通过 β-1,4-糖苷键连接而成的直链高分子化合物，甲壳素酶可以水解几丁质中的 β-1,4-糖苷键，破坏真菌的细胞壁，可用于食品防腐。甲壳素酶的来源很多，广泛存在于自然界的各种植物、动物和微生物中，特别是细菌、真菌、放线菌等。

根据壳聚糖酶对壳聚糖分解方式的不同，将壳聚糖酶分为外切壳聚糖酶和内切壳聚糖酶，外切方式是从壳聚糖的非还原端开始切割以单糖或者二糖释放，产物为 D-氨基葡萄糖或者壳二糖；壳聚糖酶以内切方式切割壳聚糖，可以将壳聚糖水解为不同聚合度的壳低聚糖。壳聚糖酶一般为内切酶，水解产物为二糖、三糖、四糖和其他低聚壳聚糖。

不同生物体分泌的壳聚糖酶性质差别很大。一般微生物产壳聚糖酶的最适温度在 30~70℃。微生物分泌的壳聚糖酶最适 pH4.0~9.0。细菌分泌的壳聚糖酶分子质量一般 10~60ku，真菌壳聚糖酶的分子质量差别相对较大，一般 20~110ku，植物分泌的壳聚糖酶分子质量范围一般 10~30ku。不同来源的壳聚糖酶底物特异性也是不一样的，甚至同种生物体产生的壳聚糖酶性质也存在差异（夏祥，2015）。

（3）乳过氧化物酶　该酶可以由哺乳动物的各种腺体分泌，如唾液腺、乳腺等，它是乳品中的抗菌成分之一。可以催化下列反应：

乳过氧化物酶催化的反应：

$$H_2O_2+SCN^- \longrightarrow OSCN^-+H_2O \text{ 或}$$

$$H_2O_2+SCN^- \longrightarrow (SCN)_2+2H_2O$$

$$(SCN)_2+H_2O \longrightarrow OSCN^-+SCN^-+2H^+$$

进一步产生含氧酸：

$$HOSCN+H_2O_2 \longrightarrow HO_2SCN+H_2O$$

$$HO_2SCN+H_2O_2 \longrightarrow HO_3SCN+H_2O$$

蛋白质巯基的氧化：

$$Protein-SH+OSCN^- \longrightarrow Protein-S-SCN+OH^-$$

$$Protein-S-SCN+H_2O \longrightarrow Protein-S-ON+SCN^-+H^+$$

反应中形成的 HOSCN、HO_2SCN、HO_3SCN 等是起抗菌作用的直接原因，它们将蛋白质中的巯基氧化，使带巯基的酶失活。乳过氧化物酶需要与酶的底物组成乳过氧化物酶系统（Lactoperoxidase system，LPS）发挥作用，LPS 是一种天然的，具有实际应用价值的抗菌体系。乳过氧化物酶除具有杀死或抑制细菌活性的作用，还可清除对机体有害的氧自由基，因此它除了可抑制细菌、预防疾病，又可作为延缓衰老的天然保健品，其应用价值越来越为人们所重视，已在乳制品的保藏、饲料添加、临床医学上得到广泛应用（商圣哲，2015）。

3. 抗氧化酶类

（1）葡萄糖氧化酶-过氧化氢酶复合体系　该体系在有葡萄糖存在的食品体系中，可以除去氧，从而起到抗氧化作用，反应如下：

$$葡萄糖+O_2 \longrightarrow 葡萄糖酸内酯+H_2O_2$$

$$H_2O_2 \longrightarrow H_2O+O_2$$

从中可以看到，每消耗两个葡萄糖分子就可以除去一分子的氧。这一抗氧化系统十分有效，可以用于乳粉、蛋黄酱、啤酒除氧，还可以防止虾肉变色。

（2）超氧化物歧化酶（Superoxide dismutase，SOD）　超氧化物歧化酶（Superoxide dismutase,简称 SOD）是一种能够催化超氧化物通过歧化反应转化为氧气和过氧化氢的酶。它广泛存在于各类动物、植物、微生物中，是一种重要的抗氧化剂，保护暴露于氧气中的细胞。SOD 在食品工业的应用并不广泛，可能的原因是不同来源的 SOD 本身稳定性的差异。从动物、植物或者一般的微生物里提取出来的 SOD 稳定性较差，不能耐高温和酸。要想把各种来源的 SOD 做成食品，需要对 SOD 本身及载体进行改造，例如，口服 SOD 的时候同时服用酶抑制剂，应用膜透过促进剂、脂质体和微囊包埋等（董亮等，2013）。

（3）谷胱甘肽硫转移酶及谷胱甘肽过氧化物酶　谷胱甘肽过氧化物酶（GPx）是体内重要的含硒抗氧化酶，它能催化多种氢过氧化物及脂质氢过氧化物还原，从而保护机体免受氧化损伤（郭笑，2015）。但目前仅仅有一些实验报道，如在花生四烯酸的乳化体系中，同时加入谷胱甘肽硫转移酶和谷胱甘肽可以抑制其氧化。但该酶在真正的食品体系中究竟能否有作用尚未见报道。

除此以外，还有下列氧化还原酶类可以在食品中起到抗氧化作用（Meyer，1995）：醇氧化酶，催化伯醇氧化成为醛及氢过氧化物，消耗氧；硫醇氧化酶，该酶存在于乳中，可以将硫醇基氧化成为二硫键，与乳糖过氧化物酶一起在乳中起抗氧化作用；半乳糖氧化酶，该酶可以以半乳糖、乳糖、棉子糖、水苏糖为底物，将其氧化为氢过氧化物，消耗氧；吡喃糖氧化酶，催化葡萄糖及其他几种单糖的 2-位碳原子氧化，消耗氧，产生氢过氧化物。该酶在许多担子菌中存在，可以从中提取，并用于制造高纯度的食用糖，如果糖、甘露糖、山梨糖醇等。

4. 分解黄曲霉毒素的酶类

（1）辣根过氧化物酶（Horseradish peroxidase，HRP） 该酶可以催化过氧化氢氧化黄曲霉毒素，从而消除其毒性。郑国金等利用辣根过氧化物酶开发了一种管式磁微粒化学发光免疫分析法测定玉米中的黄曲霉毒素 B_1 的方法，此方法的检测限为 0.02ng/mL，具有良好的稳定性和重现性（郑国金等，2010）。

（2）黄曲霉毒素脱毒酶（Aflatoxindetoxi-fizyme） Liu（1998，2001）等发现在 *Armillariella tabescens* 中存在着可以脱除黄曲霉毒素 B_1 毒性的多酶体系，并分离出一种胞内酶——黄曲霉毒素脱毒酶。该酶最适温度 35℃，最适 pH6.8，等电点 5.4，相对分子质量 5118000。曹红等在黄曲霉毒素解毒酶对岭南黄肉仔鸡日粮中黄曲霉毒素解毒效果研究中发现，该酶能有效保护肉仔鸡肝脏，减轻或基本消除毒素对肉仔鸡组织器官的不利影响（曹红等，2010）。

5. 尿素酶（Urease）

尿素酶催化尿素水解成为氨和氨基甲酸盐，氨基甲酸盐进一步分解为氨和碳酸。尿素在发酵饮料中存在，它是在发酵过程中由精氨酸产生的，尿素与乙醇反应会生成氨基甲酸乙酯，这是一种潜在的致癌物，必须清除。在所有可行的办法中，用尿素酶分解尿素是一种最为合理的办法，因为它特异性强，效率高。目前所知的尿素酶大多数是中性或碱性的，由于发酵饮料是酸性的，而且很多还含有乙醇，因此中性或碱性的尿素酶是不适用的。后来，在一些肠道细菌中发现有该酶的活性，并从乳酸杆菌中分离纯化了该酶，目前在日本从乳杆菌中提取的酸性尿素酶已经有商品出售。在生产过程中只要加入酸性尿素酶即可分解尿素。但是，从乳杆菌中提取的酸性尿素酶有较强的热稳定性，在巴氏杀菌后仍有相当一部分活力残存，为除去这一部分酶活，必须采取诸如活性炭吸附或过滤等措施，增加了工艺的复杂性。为进一步解决这一问题，Miyagawa 等（1999）从 *Arthrobacter mobilis* 中寻找到了一种新的酸性尿素酶，该酶除了催化效率高外，还有比较低的热稳定性，在巴氏杀菌中自然失活，是一种很有希望的新酶源。

6. 使食品分子间形成交联的酶类

（1）过氧化物酶及漆酶 这两种酶可以催化阿魏酸氧化交联，使甜菜果胶形成凝胶，这种凝胶是热不可逆凝胶。其中如使用过氧化物酶，则需同时加入过氧化氢，而使用漆酶则不需要加入过氧化氢，因为漆酶可以利用溶解在体系中的氧（Norsker，2000）。

（2）多酚氧化酶（Polyphenol oxidase，PPO） 该酶可以氧化面筋蛋白质中的巯基使面筋蛋白质发生交联，研究发现：加水量是影响面团色泽的重要因素，因为水的多少与多酚氧化酶的活力相关，加水量少，PPO 处于相对缺水的环境，活力降低，加水量多，稀释了 PPO 所要作用的底物，同时抑制了充足的氧气参与反应，多酚氧化酶的活力直接影响了面团的色泽（艾宇薇，2013）。

7. Spezyme CP

Spezyme CP 作为纤维素酶复合体，含有纤维素酶、半纤维素酶和 β-葡聚糖酶等多种酶。在小麦淀粉加工中，Spezyme CP 可用于促进面筋含量较低或中等的小麦中淀粉和面筋的分离，快速降低粉浆黏度并可以提高面筋蛋白质含量（许宏贤等，2012）。

8. CakeZyme®

CakeZyme®是一种微生物硬磷脂酶，主要应用于焙烤行业，主要优点在于它能提升蛋糕的品质，使蛋糕更加柔软，更有奶油感，能够使蛋糕的产量增多，延长蛋糕的保鲜期限；而且在加工工艺中很容易就可以添加进去，不会受到任何加工工艺和流程的限制；能使食品厂商在生产蛋糕等食品中节省高达20%的鸡蛋用量，更有成本效应。Cakezyme推荐用量为鸡蛋用量的0.02%~0.2%（马哲，2011）。

9. Rapidase®FP Super

Rapidase®FP Super是一种高性能的酶制剂，能有效避免新鲜水果在经过机械或热处理加工后产生不良的副作用。在水果制品、果酱、沙司、果粒或果片中添加Rapidase®FP Super能显著提高水果的硬度，改善质构和口感。

二、其他食品工业用加工助剂

GB 2760—2014《食品添加剂使用标准》附录表C.1和表C.2中列举了除食品酶制剂以外的115种食品工业用加工助剂，每种食品加工助剂所起的作用各不相同，以下根据表C.1和C.2（表6-5、表6-6）中所列举的且前面未提及的加工助剂进行扼要介绍。

表6-5　可在各类食品加工过程中使用的食品工业用加工助剂

序号	助剂名称	序号	助剂名称
1	氨水	20	氢气
2	丙三醇（甘油）	21	氢氧化钙
3	丙酮	22	氢氧化钾
4	丙烷	23	氢氧化钠
5	单，双甘油脂肪酸酯	24	乳酸
6	氮气	25	硅酸镁
7	二氧化硅	26	碳酸钙（包括轻质和重质碳酸钙）
8	二氧化碳	27	碳酸钾
9	硅藻土	28	碳酸镁（包括轻质和重质碳酸镁）
10	过氧化氢	29	碳酸钠
11	活性炭	30	碳酸氢钾
12	磷脂	31	碳酸氢钠
13	硫酸钙	32	纤维素
14	硫酸镁	33	盐酸
15	硫酸钠	34	氧化钙
16	氯化铵	35	氧化镁（包括轻质和重质氧化镁）
17	氯化钙	36	乙醇
18	氯化钾	37	冰乙酸（又名冰醋酸）
19	柠檬酸	38	植物活性炭

表 6-6 规定功能和使用范围的食品工业用加工助剂

序号	功能	助剂名称	应用范围
1	提取溶剂	1,2-二氯乙烷	茶、咖啡的加工工艺
2	萃取溶剂	1-丁醇	发酵工艺
3	提取溶剂	6 号轻汽油（又名植物油抽提溶剂）	发酵、提取
4	提取溶剂	丁烷	提取工艺
5	提取溶剂	石油醚	配制酒加工、提取
6	提取溶剂	乙醚	配制酒
7	提取溶剂	乙酸乙酯	配制酒、酵母抽提物
8	提取溶剂	正己烷	大豆蛋白加工工艺
9	提取溶剂	异丙醇	提取工艺
10	消泡剂	聚甘油脂肪酸酯	制糖
11	消泡剂	聚氧丙烯甘油醚	发酵
12	消泡剂	聚氧丙烯氧化乙烯甘油醚	发酵
13	消泡剂	聚氧乙烯聚氧丙烯胺醚	发酵
14	消泡剂	聚氧乙烯聚氧丙烯季戊四醇醚	发酵
15	消泡剂	高碳醇脂肪酸酯复合物	发酵、大豆蛋白加工工艺
16	消泡剂	蔗糖聚丙烯醚	发酵、制糖工艺
17	消泡剂	蔗糖脂肪酸酯	制糖、豆制品加工工艺
18	消泡剂/脱模剂/被模剂	白油（液体石蜡）	油脂、薯片、糖果、胶原蛋白肠衣、膨化食品、粮食加工工艺
19	消泡剂/脱模剂	聚二甲基硅氧烷及其乳液	豆制品、肉、啤酒、焙烤、油脂、饮料、发酵等工艺
20	消泡剂/脱模剂/防粘剂/润滑剂	矿物油	发酵、糖果、豆制品、薯片
21	脱模剂	石蜡	糖果、焙烤食品
22	脱模剂	蜂蜡	焙烤、膨化食品
23	脱模剂	巴西棕榈蜡	焙烤、膨化、蜜饯果糕加工
24	脱模剂/防粘剂	滑石粉	糖果、发酵提取
25	澄清剂	固化单宁	配制酒及发酵工艺
26	澄清剂	硅胶	啤酒、葡萄酒、果酒、黄酒、配制酒加工
27	澄清剂	硫黄	制糖工艺
28	澄清剂	阿拉伯胶	葡萄酒加工

续表

序号	功能	助剂名称	应用范围
29	澄清剂	明胶	果酒、葡萄酒加工
30	澄清剂	卡拉胶	啤酒加工
31	澄清剂	脱乙酰甲壳素	果蔬汁、植物饮料、啤酒和麦芽饮料加工
32	澄清剂/螯合剂/发酵用营养物质	硫酸铜	葡萄酒、皮蛋、发酵加工
33	澄清剂/助滤剂	高岭土	葡萄酒、果酒、配制酒加工及发酵工艺
34	澄清剂/助滤剂/脱色剂	食用单宁	黄酒、啤酒、葡萄酒、配制酒加工及油脂脱色
35	澄清剂/食用油脱色剂/吸附剂	活性白土	配制酒、发酵、油脂、水处理工艺
36	澄清剂/精炼脱胶/发酵用营养物质	磷酸	制糖、油脂、发酵工艺
37	澄清剂/助滤剂/吸附剂/脱色剂	膨润土	葡萄酒、果酒、黄酒、配制酒、油脂、调味品、饮料及发酵工艺
38	脱色剂	凹凸棒黏土	油脂加工
39	絮凝剂/发酵用营养物质	磷酸氢二钠	饮料（水处理）、发酵工艺
40	絮凝剂/发酵用营养物质	磷酸三钠	饮料（水处理）、发酵工艺
41	絮凝剂/发酵用营养物质	硫酸	啤酒、发酵、淀粉、乳制品加工
42	絮凝剂	硫酸亚铁	饮料（水处理）及啤酒加工
43	絮凝剂/助滤剂	聚丙烯酰胺	饮料（水处理）、制糖、发酵
44	絮凝剂/螯合剂/发酵用营养物质	硫酸锌	皮蛋、啤酒、发酵工艺
45	助滤剂	聚苯乙烯	啤酒加工
46	助滤剂	珍珠岩	啤酒、葡萄酒、果酒、配制酒加工、发酵、油脂、淀粉糖加工
47	助滤剂	植物活性炭（稻壳活性炭）	油脂加工
48	催化剂	镍	发酵、油脂、糖醇加工
49	油脂酯交换催化剂	甲醇钠	油脂加工

续表

序号	功能	助剂名称	应用范围
50	分散剂/提取溶剂/消泡剂	聚氧乙烯失水山梨醇单月桂酸酯（吐温 20）	制糖、发酵、提取、果蔬汁饮料、植物蛋白饮料
51	分散剂/提取溶剂/消泡剂	聚氧乙烯失水山梨醇单硬脂酸酯（吐温 60）	制糖、发酵、提取、果蔬汁饮料、植物蛋白饮料
52	分散剂/提取溶剂/消泡剂	聚氧乙烯失水山梨醇单油酸酯（吐温 80）	制糖、发酵、提取、果蔬汁饮料、植物蛋白饮料
53	发酵用营养物质	DL-苹果酸钠	发酵工艺
54	发酵用营养物质	L-苹果酸	发酵工艺
55	发酵用营养物质	磷酸二氢铵	发酵工艺
56	发酵用营养物质	磷酸氢二铵	发酵工艺
57	发酵用营养物质	磷酸铵	发酵工艺
58	发酵用营养物质	磷酸二氢钾	发酵工艺
59	发酵用营养物质	磷酸二氢钠	发酵工艺
60	发酵用营养物质	硫酸铵	发酵工艺
61	发酵用营养物质	氯化镁	发酵工艺
62	发酵用营养物质	B 族维生素	发酵工艺
63	防粘剂	D-甘露糖醇	糖果加工
64	防粘剂	辛，癸酸甘油酯	糖果、蜜饯果糕、胶原蛋白肠衣的加工
65	防粘剂	辛烯基琥珀酸淀粉钠	胶基糖果加工
66	胆固醇提取剂	β-环状糊精	巴氏杀菌乳、灭菌乳、调制乳、发酵乳、稀奶油及干酪等加工
67	分散剂	磷酸三钙	乳制品加工
68	脱皮剂	月桂酸	果蔬脱皮
69	脱皮剂	松香甘油酯	禽畜脱毛处理
70	防褐变	抗坏血酸	葡萄酒加工
71	防褐变	抗坏血酸钠	葡萄酒加工
72	推进剂/起泡剂	氧化亚氮	水油状脂肪乳化制品
73	吸附剂/螯合剂	乙二胺四乙酸二钠	熟制坚果与籽类、啤酒、饮料、配制酒及发酵工艺
74	吸附剂/脱色剂	离子交换树脂	啤酒、葡萄酒、果酒、黄酒、配制酒、罐头食品、水处理、制糖、发酵工艺
75	吸附剂	不溶性聚乙烯聚吡咯烷酮	啤酒、葡萄酒、果酒、配制酒加工和发酵工艺
76	螯合剂	乙酸钠	发酵、淀粉加工

续表

序号	功能	助剂名称	应用范围
77	结晶剂	酒石酸氢钾	葡萄酒加工
78	冷却剂/提取溶剂	1,2-丙二醇	啤酒加工、提取工艺
79	交联剂	五碳双缩醛（戊二醛）	胶原蛋白肠衣的加工

1. 助滤剂和吸附剂

食品加工中所使用的助滤剂和吸附剂有硅藻土、高岭土、膨润土、植物活性炭等。

2. 澄清剂和螯合剂

起澄清作用的助剂包括氢氧化钙、聚丙烯酰胺、聚乙烯聚吡咯烷酮等。

食品生产过程中，需要进行沉淀分离等步骤而需要使用螯合剂加速沉淀，常用的有乙二胺四乙酸二钠、食用单宁等。

3. 润滑剂和脱模剂

常用的润滑剂和脱模剂有滑石粉、硅酸镁、矿物油等。

4. 脱色剂

在糖浆等加工生产过程中常需要进行脱色处理，有使用物理吸附脱色的，也有使用化学氧化还原反应进行脱色的。常用的脱色剂除了活性白土、活性炭外，还有离子交换树脂等。

5. 脱皮剂

在果蔬、坚果等的加工处理过程中，常需要对果实外面的表皮进行脱除处理，通常使用的是氢氧化钾和氢氧化钠等加工助剂。

6. 溶剂和助溶剂

溶剂又称溶媒，食品工业常用的溶剂有1，2-丙二醇、丙三醇（甘油）、丙烷、丁烷、正己烷、二氯乙烷、乙醚、乙酸乙酯、石油醚、6号轻汽油等。

7. 发酵用营养物质

微生物在生产发酵过程中，需要从培养基质中汲取碳、氮及其他营养成分，多数金属元素都是通过盐的形式进行补充，如氯化铵等。

8. 包装用气

食品包装过程中，为了保持食品的外形及品质，常需要进行充气包装，常使用的气体有氮气、二氧化碳等。

9. 其他食品用加工助剂

其他不在上述范围之内的加工助剂，还包括制糖工艺常用的分散剂，如聚氧乙烯山梨醇酐单月桂酸酯（吐温20）、聚氧乙烯山梨醇酐单硬脂酸酯（吐温60）、聚氧乙烯山梨醇酐单油酸酯（吐温80）等。

此外，食品生产过程中对食品加工设备、管道、包装材料等进行清洗与消毒的洗涤剂和消毒剂还包括烷基苯磺酸钠、十二烷基二甲基溴化铵（新洁尔灭）、过氧化氢、过氧乙酸等。按照《中华人民共和国食品安全法》的要求归属食品相关产品进行管理，不再归属食品工业用加工助剂。

第三节　其他食品添加剂

GB 2760—2014《食品添加剂使用标准》附录 D 按照食品添加剂的功能将食品添加剂分为22 类，本部分内容就本书前面章节未涉及的面粉处理剂、胶基糖果基础剂、消泡剂、被膜剂及脂肪替代物等几类添加剂进行介绍。

一、面粉处理剂

面粉处理剂（Flour Treatment Agents）是使面粉增白和提高焙烤制品质量的一类食品添加剂，包括面粉漂白剂、面粉增筋剂、面粉还原剂和面粉填充剂。面粉处理剂的主要作用有：改善面粉的色泽、缩短熟化时间、改变面粉的流变学特性（如筋道、弹性、拉伸性、爽滑感等）。

面粉氧化剂或起漂白作用、或改善生面团的性能、或两者兼而有之。如偶氮甲酰胺有氧化漂白作用，可使面粉增白，而它又还具有一定的熟成作用。面粉还原剂，如 L-半胱氨酸盐酸盐与面粉增筋剂配合使用时，只在面筋的网状结构形成后发挥作用，能够提高面团的持气性和延伸性，加速谷蛋白的形成，防止面团筋力过高引起老化，从而缩短面制品的发酵时间。L-抗坏血酸也被用作面粉还原剂，具有促进面包发酵的作用。面粉填充剂又称分散剂，是一种面粉处理剂的载体，包括碳酸镁、碳酸钙等，除具有使微量的面粉处理剂分散均匀的作用外，尚具有抗结剂、膨松剂、酵母养料、水质改良剂的作用。

GB 2760—2014 批准许可使用的面粉处理剂有 L-半胱氨酸盐酸盐、偶氮甲酰胺、碳酸镁、碳酸钙、抗坏血酸等 5 种。

1. L-半胱氨酸盐酸盐（L-cysteine monohydrochloride，CNS 号：13. 003，INS 号：920）

L-半胱氨酸盐酸盐晶体含有一分子的结合水，分子式 $C_3H_7NO_2S \cdot HCl \cdot H_2O$，相对分子质量 175. 64。无色至白色结晶或结晶性粉末，有轻微特殊气味和酸味，熔点 175℃，可溶于水、醇、氨水和乙酸，水溶液呈酸性，10g/L 的溶液 pH 约 1. 7，1g/L 溶液的 pH 约 2. 4。不溶于乙醚、丙酮、苯等。具有还原性，有抗氧化和防止非酶褐变的作用，是一种面粉还原剂。

L-半胱氨酸盐酸盐，可用于发酵面制品，与面粉增筋剂配合使用时，主要在面筋的网状结构形成后发挥作用，其作用具有时间的滞后性，能够提高面团的持气性和延伸性，加速谷蛋白的形成，防止面团筋力过高引起的老化，从而缩短面制品的发酵时间。

L-半胱氨酸盐酸盐属于 GRAS（FDA，§172. 230/184. 1271），其 LD_{50} 为小鼠口服3460mg/kg 体重；小鼠腹腔注射 1250mg/kg 体重。L-半胱氨酸盐酸盐在体内可转化成半胱氨酸，最终分解成硫酸盐和丙酸经代谢排出体外。GB 2760—2014《食品添加剂使用标准》规定其在发酵面制品中的最大使用量为 0. 06g/kg。

2. 偶氮甲酰胺（Azodicarbonamide，ADA，CNS 号：13. 004，INS 号：927a）

偶氮甲酰胺又称偶氮二酰胺、偶氮二甲酰胺（图 6-23），黄色至橙红色结晶性粉末，相对密度 $D_{20}^{20}=1.65$，溶于热水，不溶于大多数有机溶剂，微溶于二甲基亚砜。分解温度 195~220℃，分解时放出大量的氮气、少量的一氧化碳及氨气等其他气体。偶氮甲酰胺

$$H_2N-\overset{O}{\overset{\|}{C}}-N{=}N-\overset{O}{\overset{\|}{C}}-NH_2$$

图 6-23　偶氮甲酰胺

是一种优异的小麦粉改进剂，具备氧化和漂白双重功能，能明显强化小麦粉面筋作用和增白作用（林滉，2016）。

偶氮甲酰胺的氧化作用可使面粉中蛋白质的巯基氧化成二硫基，有利于蛋白质网状结构的形成。与此同时，还可抑制小麦粉中蛋白质分解酶的作用，避免蛋白质分解，借以增强面团弹性、延伸性、持气性，改善面团质构，从而提高焙烤制品的质量。

偶氮甲酰胺属于 GRAS（FDA，§172.806），小鼠口服 LD_{50}>10g/kg 体重，在骨髓微核试验中未发现致突变作用，其 ADI 值为 0~45mg/kg 体重（FAO/WHO）。GB 2760—2014《食品添加剂使用标准》规定：在小麦粉中的最大使用量为 0.045g/kg。

3. 碳酸镁（Magnesium Carbonate，CNS 号：13.005，INS 号：504i）

碳酸镁按结晶条件不同分为轻质碳酸镁和重质碳酸镁，轻质碳酸镁即 $MgCO_3 \cdot H_2O$，白色单晶或无定形粉末，无毒，无味，在空气中稳定，相对密度 2.1，微溶于水，水溶液呈碱性。15℃时在水中的溶解度为 1.02%。易溶于酸和铵盐溶液，遇稀酸即分解放出二氧化碳。加热至 700℃以上即分解生成二氧化碳和氧化镁。重质碳酸镁有：$5MgCO_3 \cdot Mg(OH)_2 \cdot 3H_2O$，$5MgCO_3 \cdot 2Mg(OH)_2 \cdot 7H_2O$，$3MgCO_3 \cdot Mg(OH)_2 \cdot 4H_2O$ 及 $4MgCO_3 \cdot Mg(OH)_2$ 等。碳酸镁常作为面粉填充剂，是一种面粉处理剂的载体，除了使微量的面粉处理剂分散均匀以外，还具有抗结、膨松和干燥的作用。碳酸镁常用作面粉处理剂、抗结剂、膨松剂和稳定剂。

碳酸镁属于 GRAS（FDA，§182.1425，1994）物质，其 ADI 值无需规定（FAO/WHO，1994）。GB 2760—2014《食品添加剂使用标准》规定其在小麦粉中最大使用量 1.5g/kg，在固体饮料中的最大使用量为 10.0g/kg。

4. 碳酸钙（Calcium Carbonate，CNS 号：13.006，INS 号：170i）

碳酸钙化学式 $CaCO_3$，白色微晶细粉，无臭无味，相对密度 2.5~2.7，熔点为 825℃，分解生成二氧化碳和氧化钙。在空气中稳定，几乎不溶于水和乙醇，溶于稀酸并产生二氧化碳。依据粉末粒径的大小分为重质碳酸钙（30~50μm）、轻质碳酸钙（5μm）和胶体碳酸钙（0.03~0.05μm）三种。

碳酸钙的 ADI 值无需规定（FAO/WHO，1994），属于 GRAS（§182.5191，1994）物质，其 LD_{50} 为大鼠口服 6450mg/kg 体重。在体内只有部分转变为可溶性的钙盐被吸收而参与机体代谢。GB 2760—2014《食品添加剂使用标准》规定其作为面粉处理剂在小麦粉中的最大使用量为 0.03 g/kg。

5. 抗坏血酸（Ascorbic acid，CNS 号 04.014，INS 号：300）

抗坏血酸又称维生素 C，分子式 $C_6H_8O_6$，相对分子质量 176.13，为白色或略带淡黄色的结晶或粉末，无臭，味酸；闪点 99℃，熔点 187~192℃。易溶于水，溶于乙醇（1g 样品溶于约 5mL 水和 30mL 乙醇），但不溶于氯仿、乙醚、非挥发性油脂、苯和乙醚等溶剂，呈强还原性，分子中的烯二醇基能被氧化成二酮基，常用作抗氧化剂。抗坏血酸的稳定性则取决于温度、pH、铜离子和铁离子的含量以及和氧气接触的程度；但干燥状态下在空气中相当稳定。抗坏血酸的水溶液由于易被热、光等显著破坏，特别是在碱性及重金属存在时更易被破坏，因此，在使用时必须注意避免在水及容器中混入金属和与空气接触。抗坏血酸在 pH 3.4~4.5 时较稳定。5g/L 的抗坏血酸水溶液 pH 为 3.5，50g/L 时为 pH 为 2.0。

抗坏血酸能结合氧而成为除氧剂，正常剂量的抗坏血酸对人无毒性作用。大鼠口服 $LD_{50} \geq$ 5g/kg 体重；ADI 值为 0~15mg/kg 体重（包括自然界存在的量在内）；FDA 认定在饮料等食品中为 GRAS。GB 2760—2014《食品添加剂使用标准》规定其在小麦粉中的最大使用量为 0.2 g/kg。

二、 胶基糖果基础剂

胶基糖果基础剂是赋予胶基糖果（口香糖、泡泡糖、非甜味的营养口嚼片等）起泡、增塑、耐咀嚼等作用的一类食品添加剂，一般以高分子胶状物质如天然橡胶、合成橡胶等为主，加上软化剂、填充剂、抗氧化剂和增塑剂等组成。

胶基糖果又称胶姆糖，有口香糖（Chewing gum）和泡泡糖（Bubble gum）两大类，约占全球糖果巧克力销售量的5%，约60万~70万t，日本和美国是现在世界上生产口香糖最多的国家。胶基糖是一种别具一格的耐咀嚼性功能糖果，具有清洁口腔、去除口臭、防瞌睡、促进口腔血液循环、促进唾液分泌等特性（赵发基，2007）。随着人们消费水平的不断提升，市场上涌现出各种新功能、新口味、复合型的胶基糖果。

胶基糖果是由胶基、糖、香精和少量的甜味剂、卵磷脂、色素等按一定比例制成，胶基占胶姆糖的20%~30%；砂糖、葡萄糖、饴糖、麦芽糊精等甜味剂占胶姆糖的70%~80%；香精香料等占0.5%~2.0%。各种胶基很少单独使用，大多情况下相互配合使用。胶基中树脂占30%~35%，主要起增加塑性、弹性和软化的作用；蜡类占10%~25%，主要作用是增加胶基的可塑性；油脂、卵磷脂、单甘酯等起到软化、乳化胶基的作用；海藻酸钠、明胶等可用作胶基的胶凝剂；甘油、丙二醇用作润湿剂、抗氧化剂和防腐剂占胶基的0.1%~0.2%；作为填充剂的碳酸钙可适当地抑制胶姆糖的弹性，同时也可防止胶基的黏着（郝利平，2002）。

咀嚼用胶是不易分解的天然品或合成品，能提供持久的柔顺性能。合成的咀嚼胶是由一氧化碳、氢与催化剂通过Fischer-Tropsch法合成的，在除去小分子质量化合物之后加氢而生成合成胶。化学改性的咀嚼物质是将树脂（它们多数由二萜组成）经部分氢化后与季戊四醇或甘油发生酯化反应而制成。由乙烯、丁二烯或乙烯基单体等合成的合成橡胶等高聚物也可用作咀嚼物质。多数的咀嚼用胶直接来自植物树胶，它们经过加热、离心及过滤等深加工处理得到纯化胶。广泛使用的天然咀嚼糖胶有来自山榄科类的糖胶树脂及来自白莲的天然树胶等。各种天然树胶中的主要成分是糖胶树胶，有低毒和异味，口感差，基本已被淘汰。我国过去一直采用聚醋酸乙烯酯，但遇冷硬化、遇热和咀嚼过软，并产生一定量的挥发物，目前主要通过歧化、聚合等手段改性松香甘油酯以改善品质，其中氢化松香甘油酯的质量最好，我国松香资源丰富，是很有前途的一类胶基原料。

胶基糖果基础剂及其配料应由符合GB 29987—2014《食品安全国家标准　食品添加剂 胶基及其配料》所列的各项物质配合制成，各成分用量在GB 2760—2014中有规定者按规定执行，未规定者按生产需要适量使用。胶基允许使用的配料物质名单如表6-7所示。

表6-7　　胶基及其配料允许使用的物质名单

胶基中文名称/类别	胶基英文名称/类别
A1 天然橡胶	Natural gum
1 巴拉塔树胶	Massaranduba balata
2 节路顿胶	Jelutong
3 来开欧胶	Leche caspi（sorva）
4 芡茨棕树胶	Chiquibul
5 糖胶树胶	Chicle gum
6 天然橡胶（乳胶固形物）	Natural rubber（latex solids）

续表

胶基中文名称/类别	胶基英文名称/类别
A2 合成橡胶	Synthetic rubber
1 丁二烯-苯乙烯 75/25、50/50 橡胶（丁苯橡胶）	Butadiene-styrene rubber 75/25, 50/50 (SBR)
2 聚丁烯	Polybutylene
3 聚乙烯	Polyethylene
4 聚异丁烯	Polyisobutylene
5 异丁烯-异戊二烯共聚物（丁基橡胶）	Isobutylene-isoprene copolymer (butyl rubber)
A3 树脂	Resin
1 部分二聚松香（包括松香、木松香、妥尔松香）甘油酯	Glycerol ester of partially dimerized rosin (gum, wood, tall oil)
2 部分氢化松香（包括松香、木松香、妥尔松香）甘油酯	Glycerol ester of partially hydrogenated rosin (gum, wood, tall oil)
3 部分氢化松香（包括松香、木松香、妥尔松香）季戊四醇酯	Pentaerythritol ester of partially hydrogenatedrosin (gum, wood, tall oil)
4 部分氢化松香（包括松香、木松香、妥尔松香）甲酯	Methyl ester of partially hydrogenated rosin (gum, wood, tall oil)
5 醋酸乙烯酯-月桂酸乙烯酯共聚物	Vinyl acetate-vinyl laurate copolymer
6 合成树脂（包括萜烯树脂）	Synthetic resin (synthetic terpene resin)
7 聚醋酸乙烯酯	Polyvinyl acetate (PVA)
8 聚合松香（包括木松香、妥尔松香）甘油酯	Glycerol ester of polymerized rosin (gum, wood, tall oil)
9 木松香甘油酯	Glycerol ester of wood rosin
10 松香（包括松香、木松香、妥尔松香）季戊四醇酯	Pentaerythritol ester of rosin (gum, wood, tall oil)
11 松香甘油酯	Glycerol ester of gum rosin
12 妥尔松香甘油酯	Glycerol ester of tall oil rosin
A4 蜡类	Wax
1 巴西棕榈蜡	Carnauba wax
2 蜂蜡	Beeswax
3 聚乙烯蜡均聚物	Polyethylene-wax homopolymer
4 石蜡	Paraffin
5 石油石蜡（费-托合成法）	Paraffin wax, synthetic (Fischer-Tropsch)
6 微晶石蜡	Microcrystalline wax
7 小烛树蜡	Candelilla wax

续表

胶基中文名称/类别	胶基英文名称/类别
A5 乳化剂、软化剂	Emulsifier & softener
1 丙二醇	Propylene glycol
2 单、双甘油脂肪酸酯	Mono-and diglyceridesoffattyacids
3 甘油（丙三醇）	Glycerine（glycerol）
4 果胶	Pectin
5 海藻酸、海藻酸钠、海藻酸铵	Alginic acid, sodium alginate, ammonium alginate
6 磷脂	Phospholipid
7 明胶	Gelatin
8 三乙酸甘油酯	Triacetin
9 乙酰化单双甘油脂肪酸酯	Acetylated mono - and diglyceride（acetic and fatty acid esters of glycerol）
10 硬脂酸、硬脂酸钙、硬脂酸镁、硬脂酸钠、硬脂酸钾	Stearicacidandits calcium, magnesium, sodium & potassium salts
11 蔗糖脂肪酸酯	Sucrose esters of fatty acid
12 氢化植物油	Hydrogen vegetable oils
13 可可粉	Cocoa powder
A6 抗氧化剂、防腐剂	Antioxidant, preservative
1 苯甲酸钠	Benzoic acid, sodium benzoate
2 丁基羟基茴香醚（BHA）	Butylated hydroxyanisole
3 二丁基甲基甲苯（BHT）	Butylated hydroxy toluene
4 没食子酸丙酯（PG）	Propyl gallate
5 山梨酸钾	Sorbic acid, potassium sorbate
6 生育酚	Tocopherol
7 竹叶抗氧化物	Antioxidant of bamboo leaf
A7 填充剂	Filling agent
1 滑石粉	Talc
2 磷酸氢钙	Calcium hydrogen phosphate（dicalcium orthophosphate）
3 碳酸钙（包括轻质和重质碳酸钙）	Calcium carbonate（light, heavy）
4 碳酸镁	Magnesium carbonate

（一）天然树胶

1. 糖胶树胶（Chicle gum）

糖胶树胶主要是聚异戊二烯和三萜烯、固醇类组成的树脂，来源于山榄科，常温时为有弹性和可塑性的树胶状物质，软化点 32.2℃加热后为糖浆状黏稠体，不溶于水，可溶于大部分有机溶剂。

2. 节路顿胶（Jelutong）

节路顿胶为黑色块状树脂，加热至37℃时质地较软。主要成分是树脂和顺式橡胶，来源于夹竹桃科植物。

3. 天然橡胶（乳胶固形物）（Natural rubber）

天然橡胶是一种以异戊二烯为主要成分的天然高分子化合物，异戊二烯的含量在90%左右，另含蛋白质2%~3%，丙酮可溶性树脂和脂肪酸约1%，以及少量的糖和无机盐。分为栽培橡胶和野生橡胶两大类，前者包括三叶胶、银菊胶等；后者包括杜仲橡胶、印度榕树橡胶、木薯橡胶等。

其他天然树胶如芡茨棕树胶（Chiquibul）、巴拉塔树胶（Balata）、来开欧胶（Leche caspi）等的理化性质和糖胶树胶类似。

（二）合成橡胶

1. 丁苯橡胶（75%丁二烯-25%苯乙烯橡胶、50%丁二烯-50%苯乙烯橡胶）

丁苯橡胶即丁二烯-苯乙烯共聚物，按所含丁二烯和苯乙烯比例不同，分为75/25和50/50两种，分别称作BSR75/25、BSR50/50；不完全溶于汽油、苯、氯仿。极性小，黏附性差，耐磨性和耐老化性较好，耐酸碱，相对密度0.9~0.95，玻璃化温度（-70~-60℃）随苯乙烯含量的增加而增加。BSR75/25的pH为9.5~11.0，固形物含量26%~42%，BSR 50/50的pH为10.0~11.0，固形物含量41%~63%。

乳聚丁苯橡胶开发历史悠久，生产和加工工艺成熟，加之综合性能良好，应用广泛，所以是合成橡胶中最为通用的胶种，其生产能力、产量和消耗量在合成橡胶中均占首位。它的物理机械性能、加工性能和制品使用性能都接近于天然橡胶。

2. 丁基橡胶（乙丁烯-异戊二烯共聚物）

丁基橡胶是乙丁烯和异戊二烯共聚物，呈白色或浅灰色块状，无臭无味，相对密度0.92，玻璃化温度-69~-67℃，不溶于乙醇和丙酮。其使用范围和用量同丁苯橡胶。

3. 聚乙烯

聚乙烯为白色半透明，部分结晶及部分无定形的树脂，不溶于水，溶于热苯，在低温时能保持一定柔软度。

4. 聚异丁烯

聚异丁烯的相对分子质量10000~80000，无色至淡黄色黏稠状液体或具弹性的橡胶状半固体。低相对分子质量级产品柔软而黏，高相对分子质量坚韧而有弹性。无臭无味，溶于苯等，不溶于水和醇，可与聚乙酸乙烯酯、蜡等互溶。可使胶姆糖在低温下具有好的柔软性，在高温时有一定的可塑性。

5. 聚丁烯

聚丁烯相对分子质量500~5500，为无色至微黄色黏稠液体，无味或稍有特异气味，溶于苯、石油醚、氯仿、正庚烷、正己烷，几乎不溶于水、丙酮和乙醇，相对密度0.8~0.9，软化点60℃。

三、消　泡　剂

在食品加工过程中以及在进行原料发酵时，常会产生大量泡沫。泡沫是由液体薄膜或者固体薄膜隔离的气泡聚集体。啤酒、香槟、果汁、冷饮所形成的泡沫称为液体泡沫，面包、蛋糕、饼干形成的泡沫称为固体泡沫。

对于需要泡沫的食品，起泡性和气泡稳定性是一个很重要的衡量指标。但是，除了一些特定的工艺需要利用泡沫外，多数情况下泡沫会对生产造成困难，甚至严重影响生产。如在食品发酵工艺、或者添加高分子化合物的乳化剂时常产生大量泡沫，生产过程不需要的泡沫就必须进行控制和消除。泡沫的控制问题可以通过改良工艺、添加消泡剂或机械消泡等手段解决。但从消泡效果和经济角度综合考虑，消泡剂（Antifoaming agents）是较好的选择。我国在 20 世纪 60 年代初对消泡剂开始进行比较系统的研究，70 年代开发出聚醚型消泡剂，这表明在大量研究消泡问题的基础上，对泡沫性质已深入了解。随着食品工业的蓬勃发展，要求有新型、高效、无毒的食品消泡剂。

（一）消泡剂的消泡机理

泡沫是热力学不稳定系统，所以在纯液体中不会产生泡沫，而在含有表面活性剂的溶液中形成气泡时会因吸附表面活性物质而形成一层极薄表面膜，既降低了表面的自由焓，又因为表面膜具有一定弹性和存在表面电荷与表面黏度等原因在一定程度上阻碍了气泡的聚并，从而达到了相对稳定的状态。如果气泡聚并的速率小于泡沫生成速率时，随着时间的推移，泡沫就堆积起来。

当体系加入消泡剂后，其分子自由地分布于液体表面，抑制形成弹性膜，即终止泡沫的产生。当体系大量产生泡沫后，加入消泡剂，其分子立即分布于泡沫表面，快速铺展，形成很薄的双膜层，进一步扩散、渗透，层状入侵，从而取代原泡膜薄壁。由于其表面张力低，便流向产生泡沫的高表面张力的液体，这样低表面张力的消泡剂分子在气液界面间不断扩散、渗透，使其膜壁迅速变薄，泡沫同时又受到周围表面张力大的膜层强力牵引，这样，致使泡沫周围应力失衡，从而导致其“破泡”。不溶于体系的消泡剂分子，再重新进入另一个泡沫膜的表面，如此重复，所有泡沫全部破灭（黄宪章，黄登宇，2003）。

较早提出的罗斯假说认为：在溶液中呈溶解状态的溶质是稳定剂，呈不溶解状态的溶质，当其浸润系数与铺展系数均为正值时是消泡剂。然而进一步研究发现，浸润系数为正，铺展系数为负的溶质也可以消泡，甚至有一部分消泡作用是在溶解状态下进行的。

由于稳定泡沫的原因有很多种，因此消泡机理还有破坏泡沫的弹性、影响膜的电性质、促进液膜排液等几种假说。

（二）消泡剂的必备条件及分类

有效的消泡剂必须具备下列条件：①消泡力强，用量少；②具有比被加液体更低的表面张力；③扩散性、渗透性好；④在发泡系统中的溶解度小；⑤具有不活泼的化学性质，加入发泡系统后不影响其基本性质；⑥无残留物或气体；⑦符合食品安全要求（郝利平，2002）。

良好的消泡剂既能迅速破泡，又要在相当长的时间内防止泡沫形成。因此可以将消泡剂分为两大类，一类能消除已产生的气泡，这类消泡剂分子的亲液端与起泡液的亲和性较强，而且是在起泡液中分散较快的物质；另一类则能抑制气泡的形成如乳化硅油等，是在发泡前预先加入以阻止发泡的添加剂，其表面活性比助泡剂分子强，更易于吸附于泡膜上，但本身不能赋予泡膜弹性，不具有稳定作用，所以当液体发生气泡时，这类抑泡剂首先吸附到泡膜上，抑制了助泡剂的吸附，从而抑制了起泡。虽然有些消泡剂兼有破泡和抑泡的双重作用，但实际上并不存在上述两种性能都很好的物质，因而消除水性体系气泡的最佳方法是将抑泡效果好的消泡剂与消泡效果好的消泡剂复合使用。

（三）消泡剂各论

GB 2760—2014《食品添加剂使用标准》许可使用的消泡剂有高碳醇脂肪酸酯复合物、聚氧乙烯聚氧丙烯季戊四醇醚、聚氧乙烯聚氧丙烯胺醚、聚氧丙烯甘油醚、聚氧丙烯氧化乙烯甘油醚和聚二甲基硅氧烷（及其乳液）、丙二醇、吐温 20、吐温 40、吐温 60、吐温 80、白油、聚甘油脂肪酸酯、矿物油、蔗糖聚丙烯醚、蔗糖脂肪酸酯等。

1. 高碳醇脂肪酸酯复合物（Higher alcohol fatty acid easter complex，CNS 号：03. 002）

高碳醇脂肪酸酯复合物其主要成分为十八碳硬脂酸酯、液体石蜡、硬脂酸三乙醇胺和硬脂酸铝组成的混合物。为白色至淡黄色黏稠液体，相对密度 0. 78～0. 88，性能稳定，不挥发，无腐蚀性，流动性差，在-30～-25℃时黏度进一步增大。消泡率可达 96%～98%，属破泡型消泡剂。

高碳醇脂肪酸酯复合物 LD_{50} 为大鼠口服>15g/kg 体重，大鼠口服 5～9g/kg 体重（三乙醇胺）。GB 2760—2014《食品添加剂使用标准》规定：高碳醇脂肪酸酯复合物可以在发酵工艺、大豆蛋白加工工艺中使用。

2. 聚氧乙烯聚氧丙烯季戊四醇醚（Polyoxyethylene polyoxypropylene pentaohythnitol，PPE，CNS 号：03. 003）

聚氧乙烯聚氧丙烯季戊四醇醚为无色透明油状液体，难溶于水，能与低级脂肪醇、乙醚、丙酮、苯、甲苯、芳香族化合物等有机溶剂混溶，不溶于煤油等矿物油，与酸、碱不发生反应，热稳定性良好。其 LD_{50} 为大鼠口服 10. 8g/kg 体重（雌性）；14. 7g/kg 体重（雄性）；小鼠口服 12. 6g/kg 体重（雌性）；17. 1g/kg 体重（雄性）。GB 2760—2014《食品添加剂使用标准》规定：PPE 可应用于发酵工艺中，按生产需要适量使用。

3. 聚氧乙烯聚氧丙烯胺醚（Polyoxyethylene polyoxypropylene ether，BAPE，CNS 号：13. 004）

聚氧乙烯聚氧丙醇胺醚又称含氮聚醚，无色或黄色的非挥发性油状液体，溶于苯及其他芳香族溶剂，也溶于乙醚、乙醇、丙酮、四氯化碳等溶剂，在冷水中溶解度比在热水中大。GB 2760—2014《食品添加剂使用标准》规定：聚氧乙烯聚氧丙醇胺醚可应用于发酵工艺（如味精生产）中，按生产需要适量使用。

4. 聚氧丙烯甘油醚（Polyooxypropylene glycerol ether，GP，CNS 号：03. 005）

聚氧丙烯甘油醚为无色或淡黄色黏稠状液体，有苦味，难溶于水，可溶于乙醇和苯等有机溶剂，热稳定性好。注入发泡液中能迅速进入形成泡沫的物质当中，其分子能在泡沫表面伸展扩散。其 LD_{50} 为大鼠口服>10g/kg 体重。GB 2760—2014《食品添加剂使用标准》规定：聚氧丙烯甘油醚可按生产需要在发酵工艺中适量使用。

5. 聚氧丙烯氧化乙烯甘油醚（Polyoxypropylene oxyethylene glycerol ether，GPE，CNS 号：03. 006）

聚氧丙烯氧化乙烯甘油醚为无色至黄色透明液体，溶于水，常使用 30～50g/L 的水溶液，消泡效果比豆油高 25～30 倍。GB 2760—2014《食品添加剂使用标准》规定其在酵母和味精发酵时可按正常生产需要添加。

6. 聚二甲基硅氧烷及其乳液（Polydimethyl Siloxane and emulsion，CNS 号：03. 007，INS 号：900a）

聚二甲基硅氧烷又称二甲基硅油、硅油，无色透明的黏稠液体。相对分子质量 5000～

100000，黏度0.00065~60Pa·s，使用温度范围-50~180℃，在隔绝空气条件下或在惰性气体中可在200℃下长期使用。黏度系数0.31~0.61，表面张力0.016~0.022N/m，介电常数（23℃，100Hz）2.17~2.18，介质损耗角正切值（23℃，100Hz）0.00002~0.00004。介电强度13.7~17.7kV/mm。溶于乙酸、苯、甲苯、二甲苯，部分溶于丙酮、乙醇、丁醇，不溶于甲醇、环己醇、石蜡油、植物油、水。

GB 2760—2014《食品添加剂使用标准》规定：聚二甲基硅氧烷在经表面处理的鲜水果、新鲜蔬菜中最大使用量为0.0009 g/kg。

四、被膜剂

为了延长食品的新鲜度和保质期，保证食品的色、香、味、形，食品保鲜技术快速发展，目前常用的保鲜方法有化学保鲜法、低温冷藏法、气调贮藏法、薄膜保鲜法及辐射贮藏法等五大类。而化学保鲜法中的涂膜保鲜法由于简单、易操作、不需额外设备而广泛使用，被膜剂得到大力开发与推广。被膜剂（Coating agents）是指涂抹于食品外表，起保质、保鲜、上光、防止水分蒸发等作用的物质。

（一）被膜剂的工作原理

被膜剂主要是在食品的外表形成一层弹性的薄膜，隔离了食品与外界的联系，防止了微生物的再污染及营养成分的挥发损失，从而能够有效地延长食品的保质期。目前开发的可食用涂膜材料有些还具有杀菌作用，能杀死食品表面的腐败菌，使食品的品质进一步得到保证。

（二）被膜剂的分类

被膜剂根据其化学组成可分为多糖类、蛋白质类、脂质膜、蔗糖酯类和聚乙烯醇类等。

（三）被膜剂各论

1. 紫胶（虫胶，Shellac，CNS号：14.001，INS号：904）

紫胶为暗褐色透明薄片或粉末，脆而坚，无味，稍有特殊气味，熔点115~120℃，软化点70~80℃，相对密度1.02~1.12。溶于乙醇、乙醚，不溶于水，溶于碱性水溶液。漂白紫胶为白色无定形颗粒状树脂，微溶于醇，不溶于水，易溶于丙酮及乙醚。

使用时将虫胶溶解于酒精中配成100g/L浓度溶液作为水果的被膜剂。也用于糖果包衣。其LD_{50}为大鼠口服>15g/kg体重。为GRAS添加剂。紫胶的原料紫梗为天然的动物性药品，具有清热解毒功效，未发现有害作用，是天然的、安全性高的被膜剂。GB 2760—2014《食品添加剂使用标准》规定：在巧克力、威化饼干等食品中的最大使用量为0.2g/kg。

2. 白油（Mineral Oil，White Oil，Liquid Petroleum，CNS号：14.003，INS号：905a）

白油又称为白矿物油、液体石蜡，为无色半透明油状液体，无或几乎无荧光，冷时无臭、无味，加热时略有石油样气味，不溶于水、乙醇，溶于挥发油，混溶于多数非挥发性油（不包括蓖麻油），对光、热、酸等稳定，但长时间接触光和热会慢慢氧化。常用作被膜剂、润滑剂、脱膜剂和消泡剂。FAO/WHO（1994）规定：用于无核葡萄干，最大允许使用量为5g/kg。日本规定：面包中残留量应小于0.1%。也可用于面团切割机作防粘剂。成品面包中残留量也应小于0.1%。本品允许含有食用级抗氧化剂。GB 2760—2014《食品添加剂使用标准》规定：用于鲜蛋，最大使用量为5.0g/kg；在除胶基糖果以外的其他糖果中的最大使用量为5.0g/kg。

白油有一定的抑菌作用，可不被病原菌和霉菌污染，易乳化，有渗透性、软化性和可塑性。白油长期放置可被氧化，可加入抗氧化剂防止氧化。根据毒理学实验，高碳、高相对分子质量、高黏度的矿物油，食用安全性大，如 P100（H）油，其无作用剂量为 2000mg/kg 体重；中黏度一类矿物油如 P70（H）油，在给予 2%剂量 90d 后，可使大鼠淋巴结染色巨噬细胞增多。据 1995FAO/WHO 规定，高黏度矿物油的 ADI 值为 0~20mg/kg 体重。一类中或低黏度矿物油的 ADI 值为 0~1mg/kg 体重（暂订）；而二类、三类中或低黏度矿物油的 ADI 值为 0~0.01mg/kg 体重（暂订）。

3. 吗啉脂肪酸盐［果蜡，Morpholine fatty acid salt（Fruit wax），CNS 号：14.004］

吗啉脂肪酸盐又称 CFW 型果蜡，淡黄色至黄褐色油状或蜡状物质（视所连接脂肪基的碳链长度而异，高级脂肪酸为固体，低级脂肪酸为液体），微有氨臭，混溶于丙酮、苯和乙醇，可溶于水，在水中溶解较多时体系呈凝胶状。

吗啉脂肪酸盐仅供涂膜，不直接食用。可喷雾、可涂刷、浸渍，常用剂量为 1.0g/kg。具体使用方法：7500 个柑橘使用本品 5L，贮存（15~18℃）132d。果实饱满，色泽光亮，品质、风味良好，好果率为 99.34% 。应用吗啉脂肪酸盐所形成的半透气性膜可抑制果品呼吸，延缓衰老，防止蒸发，防止细菌侵入，减少腐烂和失重，并可改善外观，提高商品价值，延长保质期。

吗啉脂肪酸盐的 LD_{50}：大鼠口服 1600mg/kg 体重（吗啉）。属于 GRAS 添加剂。吗啉脂肪酸盐进入人体后可分解成吗啉（C_4H_9NO，相对分子质量 87.12）和相应的脂肪酸。GB 2760—2014《食品添加剂使用标准》规定：在经表面处理的鲜水果中可按生产需要适量使用。

4. 松香季戊四醇酯（Pentaerythritol ester of wood rosin，CNS 号：14.005）

松香季戊四醇酯为硬质浅琥珀色树脂，溶于丙酮、苯，不溶于水及乙醇。大鼠摄入含有 1%松香季戊四醇酯的饲料，经 90d 喂养未见毒性作用。属于 GRAS 添加剂。GB 2760—2014《食品添加剂使用标准》规定：可用作被膜剂和胶姆糖基础剂，在经表面处理的鲜水果和新鲜蔬菜中的最大使用量为 0.09g/kg。

5. 巴西棕榈蜡（Carnauba wax，Brazil wax，CNS 号：14.008，INS 号：903）

巴西棕榈蜡为浅棕色至浅黄色硬质脆性蜡，具有树脂状断面，微有气味，相对密度 0.997，熔点 80~86℃，碘值 13.5。不溶于水，部分溶于乙醇，溶于氯仿和乙醚及 40℃以上的脂肪，溶于碱性溶液。其 LD_{50}为小鼠口服 15g/kg 体重（广东省食品卫生监督检验所），微核试验阴性（广东省食品卫生监督检验所）；ADI 值为 0~7mg/kg 体重（FAO/WHO，1994）。GB 2760—2014《食品添加剂使用标准》规定：巴西棕榈蜡可作为被膜剂用于可可制品、巧克力和巧克力制品（包括代可可脂巧克力及制品）以及糖果，最大使用量为 0.6g/kg，用于新鲜水果时的最大使用量为 0.0004g/kg。

6. 硬脂酸（Stearic acid，Octadecanoic acid，CNS 号：14.009，INS 号：570）

硬脂酸，分子式 $CH_3(CH_2)_{16}COOH$，相对密度 $D_4^{80}=0.8390$，熔点 69.6℃，沸点 383℃，折射率 $n_D^{80}=1.4299$。不溶于水，1g 可溶于 20mL 乙醇或 3mL 乙醚或 2mL 氯仿。为白色至淡黄白色硬质固体，或为表面有光泽的块状结晶，或为白色至略带淡黄白色的粉末。有微弱的特殊香气和牛脂似的滋味。常用作被膜剂、胶姆糖基础剂。硬脂酸为天然脂肪酸，无毒。属于 GRAS 添加剂，其 LD_{50}为 21500mg/kg 体重（大鼠，经皮）。GB 2760—2014《食品添加剂使用标准》规定：在糖果制造加工中，可用于可可制品、巧克力和巧克力制品（包括代可可脂巧克力及制品）以及糖果，最大使用量为 1.2g/kg。

7. 蜂蜡（Beeswax，CNS 号：14.013，INS 号：901）

蜂蜡的主要成分包括脂肪酸酯、脂肪醇、碳氢化物、游离脂肪酸等几类，主要由二十六烷酸（蜡酸）和十六酸蜂花酯组成。商品蜂蜡有“白蜂蜡”与“黄蜂蜡”之分。蜂蜡的相对密度约 0.95，熔点 62~65℃，不溶于水，微溶于冷酒精。可完全溶于氯仿、乙醚、不挥发和可挥发的各种油中。

蜂蜡主要用于糖果的上光、上釉；面包和砂糖制品的防粘；干酪被膜剂；柑橘类表皮的涂膜剂；焙炒咖啡的上光增色剂等。GB 2760—2014《食品添加剂使用标准》规定：蜂蜡在糖果和巧克力制品包衣中按生产需要适量使用。蜂蜡属于 GRAS 添加剂。美国 FDA 规定：蜂蜡在软饮料中的用量不超过 0.50mg/kg，冷饮小于 2.0mg/kg，糖果及焙烤食品应低于 10mg/kg，而蜂蜜应低于 5.0mg/kg。

8. 聚乙二醇（Polyethylene glycol，CNS 号：14.012，INS 号：1521）

聚乙二醇分子式（C_2H_4O）$_n$$H_2O$，平均相对分子质量 200~9500，是聚环氧乙烷与水的加聚物。相对分子质量<700 者，在 20℃时为无色、无臭、不挥发、黏稠液体，略有吸水性；相对分子质量 700~900 者为半固体；相对分子质量≥1000 者为浅白色蜡状固体或粉末。聚乙二醇混溶于水，溶于许多有机溶剂，如醇、酮、氯仿、甘油酯和芳香烃等；不溶于大多数脂肪烃类和乙醚。随着分子质量的提高，其水溶性、蒸汽压、吸水性和有机溶剂的溶解度等相应下降，而凝固点、相对密度、闪点和黏度则相应提高。对热稳定、与许多有机化学品不起作用，不水解。聚乙二醇的 LD_{50} 为 33750mg/kg 体重（大鼠，经口），属于 GRAS 添加剂（FDA，2000），其 ADI 值不作特殊规定（FAO/WHO，2001）。GB 2760—2014《食品添加剂使用标准》规定：聚乙二醇可在糖果和巧克力制品包衣中按生产需要适量添加使用。

9. 聚乙烯醇（Polyvinyl alcohol，CNS 号：14.010，INS 号：1203）

聚乙烯醇，是由聚醋酸乙烯酯经碱催化醇解而得的，为白色到淡黄色的微粒状固体。聚乙烯醇的相对密度（D_4^{25}=）1.27~1.31（固体）。玻璃化温度 75~85℃。溶于水，水温越高则溶解度越大，加热到 65~75℃时可完全溶解；但几乎不溶于有机溶剂。溶解性随醇解度和聚合度而变化。聚乙烯醇水溶液具有很好的成膜性、乳化性。易成膜，其膜的机械性能优良，膜的拉伸强度随聚合度、醇解度升高而增强。GB 2760—2014《食品添加剂使用标准》规定：聚乙烯醇可在糖果和巧克力制品包衣中的最大使用量为 18.0g/kg。

10. 普鲁兰多糖（Pullulan，CNS 号：14.011，INS 号：1204）

普鲁兰多糖，中文也译为茁霉多糖、出芽短梗孢糖、普聚多糖或普鲁兰糖。它是出芽孢梗霉产生的胞外多糖，以 α-1,6-糖苷键结合麦芽糖构成同型多糖为主，即葡萄糖按 α-1,4-糖苷键结合成麦芽三糖，两端再以 α-1,6-糖苷键同另外的麦芽三糖结合，如此反复连接而成高分子多糖。α-1,4-糖苷键同 α-1,6-糖苷键的比例为 2∶1，聚合度（DP）100~5000。相对分子质量 4.8×10^4~2.2×10^6（商品普鲁兰糖平均相对分子质量 2×10^5，大约由 480 个麦芽三糖组成）。普鲁兰多糖可由淀粉水解物，蔗糖或其他糖类直接发酵生产。易溶于水，具有无毒安全性、耐热性、耐盐性、耐酸碱性、低黏度、可塑性强、薄膜性质等特点。

普鲁兰多糖在农产品保鲜方面起作用。此外，在食品的保存，开发低热量食品，点心或饮料原料以及食品品质改良，食品成型方面均有显著效果。GB 2760—2014《食品添加剂使用标准》规定：普鲁兰多糖可在糖果、巧克力制品包衣及复合调味料中的最大使用量为 50.0g/kg；在果蔬汁饮料中的最大使用量为 3.0g/kg；在膜片中可根据生产需要适量添加。

五、 脂肪替代物

脂肪对食品的外观、味道、口感、润滑度、质地和风味等都有影响，而且提供必需脂肪酸以及脂溶性维生素，在食品中发挥着重要的作用。饮食中的脂肪和油脂被认为是能量的主要来源，食品中脂肪的数量和种类决定了食品性质和消费者的接受程度。

已有研究表明高脂肪膳食能够引起肥胖以及心脑血管疾病的发生，也直接相关于患结肠癌的风险。近几年来，随着人们健康意识的提高，脂肪替代品也以极快的速度发展，而且在应用方面具有极其广泛的前景（唐晓婷，2014）。一种理想的脂肪替代物应安全且是生理惰性从而达到减少能量的摄入、保持高脂肪产品应有的功能和感官特性。

尽管许多推荐营养物还存在争议，但营养学家和食品科学家一致认为人们应该降低脂肪摄入量并改变饮食中脂肪的组成。大量的临床、流行病学、代谢和动物试验的研究已经证明脂肪和胆固醇与冠心病有着密切的关系。限制高脂肪食品是减少能量摄入的有效方法，与人们降低各种慢性病的健康目标相一致。通过合理使用脂肪替代品满足消费者对食品物性和热量两方面的要求，既提供与传统全能量食品相似的风味口感特性，又降低膳食脂肪的摄取量。这些替代物包括由碳水化合物、蛋白质制成的模拟脂肪、合成的替代脂肪及用化学法和酶法对天然油脂进行部分的分子改性得到的改性脂肪。

（一）碳水化合物型脂肪替代物

基于碳水化合物的脂肪替代物已有多年的应用历史，可以从大米、小麦、玉米、燕麦、木薯粉、马铃薯中获得，其主要成分有聚葡萄糖、变性多糖、淀粉衍生物、纤维素和胶等，可以取代50%~100%的食物脂肪。碳水化合物型脂肪替代物能结合大量的水，具有类似脂肪的流动性、口感和质构，可代替脂肪，并减少食品热量。它不能用于煎炸食品，也不能溶解油溶性风味物质，但它是食用最安全的脂肪替代品。

1. 淀粉类

淀粉类脂肪替代物有麦芽糊精类和改性淀粉类。麦芽糊精可由玉米淀粉、小麦淀粉或者马铃薯淀粉通过酸水解或α-淀粉酶水解得到。低DE值麦芽糊精有较强的形成胶体的能力，形成凝胶后黏度下降与脂肪近似，产生与脂肪相似的质地。改性淀粉通过酸或酶部分水解玉米、小麦、燕麦淀粉，通过降低淀粉的交联程度改变淀粉颗粒结构。热水糊化形成不可逆凝胶，具有良好的脂肪口感模拟性（荆晓飞，2013）。每克淀粉和糖含能量16.7kJ（4kcal），但是由于其通常使用的浓度远小于100%，实际含有的热量为2.1~8.4kJ/g（0.5~2kcal/g）。例如Lycadex是一种酶水解玉米淀粉得到的麦芽糊精，非凝胶状，常用浓度为20%，主要用在酱汁和沙拉酱中。此外常见的产品还包括：Maltrin M040、Paselli SA2、N-Oil、Amalean I、Sta-Slim、Stellar。

2. 纤维素和半纤维素类

纤维素和半纤维素来源十分广泛，如谷物、水果、豆类、坚果、蔬菜等，用作脂肪替代物的包括树胶、纤维素、半纤维素、果胶、β-葡聚糖、木质素等，其中树胶一般不直接用于脂肪替代物，而是在低浓度（0.1%~0.5%）下形成凝胶增加黏度。纤维素是经过物理或化学方法处理后制成纤维素粒子，在水中分散后形成球珠状胶体溶液，一定量的这种胶体溶液可以替代水包油溶液，产生类似脂肪的流变特性和口感。

纤维素衍生物产生的胶具有一些类似脂肪的特性和功能，它们在含水体系模拟脂肪中可以改善质构、口感、稠度、光泽、不透明度、油滑性和保水性。常用的纤维素衍生物包括α-纤维素、羧甲基纤维素、羟基纤维素、微晶纤维素、甲基纤维素等。

3. 胶体类

此类产品主要为卡拉胶、果胶、瓜尔胶等，卡拉胶与果胶皆为水溶性天然聚合物，需与钙离子配合使用，很少的用量就能达到满意的效果。卡拉胶是肉制品中应用最多的脂肪替代品，它能改善肉质，赋予产品多汁多肉的口感，有助于释放肉香，减少蒸煮损耗，提高产量。果胶脂肪替代物的代表产品为 Slevdid，其胶粒与脂肪球大小相近，且柔软，富有弹性。它还能使食品产生类似脂肪融化的现象。Slevdid 是冰淇淋、蛋糕、甜点、汤等的理想脂肪替代品。

（二）基于蛋白质的脂肪替代物

张铁华以乳清浓缩蛋白和乳清分离蛋白为主要原料制成了一种脂肪替代品。蛋白经热改性和高压均质过程，得到粒径在（647.9±291.7）nm 范围内的微粒，能够模拟脂肪产生类似的稠度和滑腻感，用其替代 75%的脂肪制作的低脂液态乳在黏度、流变性、感官性质等方面与全脂液态乳无显著性差异（张铁华，2015）。大部白质脂肪替代物具有相同的蛋白质基质，利用热和剪切，添加或不添加胶、稳定剂、乳化剂等将蛋白质处理成球形颗粒。蛋白质在此类脂肪替代物中含有能量 16.7kJ/g，亲水的微粒蛋白含 4.2~8.4kJ/g 的能量。蛋白质类脂肪替代物主要用于干酪蛋糕、布丁、调味汁、饼馅、酸干酪、干酪、蛋黄酱和冰淇淋。但这类替代物不适宜用于热加工产品，尤其是煎炸工艺。

（三）脂质合成物型脂肪替代物

1. 低热量脂质类

这类产品大多采用化学方式制备，它们以脂肪酸为基础经过酯化作用形成，起到降低食品热量的作用，由于特殊的结构，使它们与天然脂肪具有相似的物理性质，同时还能为食品提供特殊的风味和质构特性，在高温油炸和烘焙产品中具有独特的优越性。国外对于脂肪为基质的脂肪替代品的研究较为广泛，开发应用于冰淇淋的产品很多，目前代表产品有 Caprenin、Salatrim、Captrin、Sorbestrine、ODO、SFE（陈龙，2015；高向阳，2014）。

Caprenin 是由椰子油、棕榈仁油的辛酸、癸酸中链饱和脂肪酸与氢化菜籽油芥酸制得长链饱和山嵛酸所构成的重构脂质。由于山嵛酸单甘油酯和游离脂肪酸的熔点高，在小肠内难以微粒化，几乎不被吸收而排出体外，所以 Caprenin 的热量仅 20.928kJ/g，其消化、吸收和代谢的途径与其他三酰甘油酯一样。Caprenin 具有可可黄油的功能特性，能应用于特定糖果食品，还可在焙烤食品、乳制品、快餐食品中应用。

Salatrim 是另一种合成三酰甘油酯，品名是 Short and long acyl triglyceride molecules 首字母缩写而成，由长链脂肪酸（C16~C22）和短链脂肪酸如乙酸、丙酸、丁酸等混合后随机酯化的产品。Salatrim 的含热量仅约 20.928kJ/g，其低热量是由于短链脂肪酸低热值和长链脂肪酸如硬脂酸等低利用率所致，而且长链脂肪酸比例越高，热量越低。Salatrim 的应用范围和 caprenin 相同，而且其安全性高，已被 FDA 认证为 GRAS 物质（蔡秋声，1998）。

2. 无热量脂质类

无热量脂质类脂肪替代品为不具有油脂结构的合成物，不能在肠内水解或难以水解，故不会被人体所吸收，其热值为零或几乎为零。目前，P&G 公司生产的 Olestra 是蔗糖与可食用油脂中长链脂肪酸（≥C16）的酯化产物，主要为己、庚和辛酯的混合物（Ronald，2012）。其在体内不能被消化酶水解而释放脂肪酸，所以 Olestra 既无能量，也没有甜味。但它具有脂肪的口感和特性，能够在焙烤和煎炸等高温条件下应用。美国食品药物管理局1997年批准了蔗糖聚酯在高温油炸及焙烤类等食品中应用，而我国也于2010年批准蔗糖聚酯为新资源食品。

丙氧基甘油酯（EPG）是甘油与氧化丙烯制成聚醚多元醇甘油，然后经脂肪酸酯化，合适的脂肪酸碳原子数一般在14~18。得到的三酰甘油酯与天然脂肪的结构和功能相似，对热稳定且不易被消化。当添加环氧丙烷基团数目等于4时，该酯在体内不被消化。大鼠和小鼠喂养试验证明EPGs无毒性。

另外，其他正在开发研究的这类脂肪替代品主要有DDM（二烃基乙二基癸基丙二酸酯），TATCA（三烷氧基丙三羧酸酯），PDMS（苯基二甲基聚硅氧烷）等制品。

3. 烷基葡糖苷脂肪酸酯

烷基葡糖苷脂肪酸酯非解离、无毒、无味、可生物降解，具有乳化性质。直接酯化还原性糖如葡萄糖和半乳糖经常导致过量的糖降解和炭化。因此，烷基化对于将糖活性的异头碳C-1中心转化为非还原、不活泼的异头碳C-1中心十分必要。

烷基葡糖苷脂肪酸酯可用来取代煎炸油、意大利沙拉中的脂肪等。烷基配糖通过一种还原糖和一元醇反应得到。一般采用大豆、红花、花生、棉籽油等，因为它们含有C_{16}~C_{18}脂肪酸，在酯交换温度下不挥发。合适的烷基葡糖苷是葡萄糖、半乳糖、乳糖、麦芽糖与乙醇和丙醇的反应产物。合成的椰子脂肪酸甲基葡糖苷酯、甲基葡糖苷聚酯、甲基半乳糖苷聚酯、辛基葡糖苷聚酯等脂肪替代物可取代人造黄油、黄油、沙拉、食用油、蛋黄酱、沙拉酱、糖果衣、可见的油或含油种子、坚果、乳品及动物产品中的不可见油。

葡萄糖基含有1~50个烷基基团作为脂肪替代物能取代低热量沙拉油、蛋糕混合物、人造黄油、蛋黄酱等食品中10%~100%的脂肪（郑建仙，2003）。

（四）脂肪替代物的安全性

脂肪替代物是新型食品添加剂，关于其使用方法、功效和安全性还需深入研究。对于每一种新的脂肪替代物，必须经过独立的安全性评价，同时考虑其理化性质；与其他常量元素一样，无热量的脂肪替代物需要一个客观评价以说明它们的化学稳定性、可能的代谢产物无安全性隐患及不含潜在毒性杂质。

动物毒理学试验评价食品添加剂安全性时的实验剂量常是人们日常消费水平的许多倍，该举措的主要目的旨在发现添加剂的潜在毒性反应和建立安全系数。但脂肪替代物在人们饮食中的量较色素、香精等添加剂高很多，大剂量喂养会导致其他常量营养素摄入减少而产生膳食营养不平衡而影响实验结果。所以在脂肪替代物的毒理学研究中，虽然脂肪酸的潜在影响用标准的毒理学方法检测并不明显，但仍需考虑其具体的化学、物理性质及作用位置、作用机理等对生理的影响。同时也需要对正常人群和带有肥胖症或胃肠消化不良者或者对替代物可能引起异常的特殊人群进行确定的临床试验。对于不能被消化吸收的脂肪替代物，应考虑其对肠道上皮微环境、胆汁的酸性生理条件、胰脏的功能等因素的影响；对能够被消化吸收的替代物，应考虑其在体内的吸收、分布、代谢及清除等。另外，还应通过研究确定营养素与脂肪替代物之间的相互作用。在评价过程中，替代物应以在市场销售的食品中正常存在的形式以日常推荐量进行评价，避免其他营养素的消化吸收造成影响。

六、第22类添加剂

在GB 2760—2014中归类于第22类——其他类的食品添加剂包括：

1. 高锰酸钾（Potassium permanganate，CNS 号：00.001）

高锰酸钾化学式 $KMnO_4$，紫色粒状或针状结晶，有金属光泽，相对密度 2.703。溶于水成深紫红色溶液，微溶于甲醇、丙酮和硫酸。遇乙醇、过氧化氢则分解。加热至 240℃以上放出氧气。高锰酸钾是强氧化剂，在酸性介质中还原成 Mn^{2+}，碱性或中性介质中还原为二氧化锰，与有机物接触、摩擦、碰撞，因受热放出氧会引起燃烧。

GB 2760—2014《食品添加剂使用标准》规定：高锰酸钾在食用淀粉用作漂白剂、氧化剂、消毒剂、除臭剂，最大使用量为 0.5g/kg。

2. 异构化乳糖液（Isomerized lactose syrup，CNS 号：00.003）

异构化乳糖液是由乳糖经氢氧化钠异构化制得的淡黄色透明液体，进一步精制后可制成白色不规则结晶性粉末。可溶于水，有清爽的甜味。含有乳酮糖（即异构乳糖为主要成分）、乳糖、半乳糖和果糖 4 种成分。

GB 2760—2014《食品添加剂使用标准》规定：异构化乳糖液应用于乳粉（包括加糖乳粉）和奶油粉及其调制产品、饼干、婴幼儿配方食品、饮料类（除包装饮用水类外），最大使用量分别为 15.0，2.0，15.0，1.5g/kg。

3. 咖啡因（Caffeine，CNS 号：00.007）

咖啡因又称咖啡碱，白色晶体或粉末，无臭，味苦，有风化性。溶于水、乙醇、丙酮，微溶于石油醚。有兴奋大脑皮层的作用。咖啡因是茶叶、咖啡豆等所含的主要生物碱，可以从中提取。工业上现多采用人工合成方法——二甲基脲合成咖啡因法生产。咖啡因一般公认为安全（FDA），大鼠口服 LD_{50}为 192mg/kg 体重。GB 2760—2014《食品添加剂使用标准》规定：咖啡因用于可乐型碳酸饮料的最大使用量为 0.15g/kg。

4. 氯化钾（Potassium chloride，CNS 号：00.008，INS 号：508）

氯化钾为无色结晶或白色粉末，无臭，有咸味，易溶于水，微溶于乙醇，不溶于乙醚和丙酮。主要作为食盐的替代品用于降低钠含量过高而对机体带来的负面影响。其 ADI 值不作限制性规定。GB 2760—2014《食品添加剂使用标准》规定：氯化钾用在盐及代盐制品中的最大使用量为 350.0g/kg，其他类饮用水（自然来源饮用水除外）中按生产需要适量使用。

5. 月桂酸（Lauric acid，CNS 号：10.006）

月桂酸又称十二烷酸、十二酸，分子式 $C_{12}H_{24}O_2$，相对分子质量 200.32，白色或浅黄色结晶固体或粉末，有光泽和特殊气味，相对密度 0.8679，熔点 44℃，几乎不溶于乙醇、氯仿及乙醚。大鼠口服 LD_{50}为 15g/kg 体重，GRAS（FDA，§172.860）。GB 2760—2014《食品添加剂使用标准》规定：月桂酸可作为脱皮剂应用于加工水果和蔬菜，或作为乳化剂用于稀奶油、黄油和浓缩黄油、生湿面制品（如面条、饺子皮、馄饨皮、烧卖皮）、生干面制品、其他糖和糖浆、香辛料类、婴幼儿配方食品、婴幼儿辅助食品，在香辛料类中的最大使用量为 5.0g/kg。

6. 硫酸锌（Zinc sulfate，CNS 号：00.018）

一水硫酸锌外观为白色粉末，在空气中极易潮解，易溶于水，微溶于醇，不溶于丙酮。七水硫酸锌无色结晶，水溶液呈酸性，pH4.5。GB 2760—2014《食品添加剂使用标准》规定：硫酸锌应用于其他类饮用水（自然来源饮用水除外）的最大使用量为 0.006g/L，以 Zn 计 2.4mg/L。

思考题

1. 食品营养强化剂分为哪几类？营养强化剂使用有哪些注意事项？
2. 在哪些食品加工过程中易产生大量泡沫？起泡的原因是什么？如何消除？
3. 面粉处理剂有哪些特性？
4. 食品被膜剂主要应用于哪些食品类别？分别起什么作用？
5. 食品酶制剂在食品的中的应用有哪些方面？
6. α-淀粉酶活性与面粉糊的黏度有何关系？
7. 胶母糖基础剂在胶基糖果中起什么作用？

参考文献

[1] 艾宇薇. 和面工艺对面团品质影响的研究［D］. 郑州：河南工业大学，2013.

[2] 白小琼，孔德义. 牛磺酸研究进展［J］. 中国食物与营养，2011，17（5）：78-80.

[3] 蔡秋声. 脂肪替代品特性及其开发现状和前景［J］. 粮食与油脂，1998（3）：31-38.

[4] 曹红，尹逊慧，陈善林，等. 黄曲霉毒素解毒酶对岭南黄肉仔鸡日粮中黄曲霉毒素 B_1 解毒效果的研究［J］. 动物营养学报，2010，22（2）：424-430.

[5] 成进学. 纳米维生素矿物质保健饮料：中国［P］. CN201310194073. 4. 2013-8-21.

[6] 陈立军，孙曰圣. 偶氮二甲酰胺的改性探讨［J］. 江西化工，2002（4）：61-65.

[7] 陈龙，刘爱国，纪瑞庆，等. 脂肪替代品在冰淇淋中的应用研究进展［J］. 食品与机械，2015（3）：260-263.

[8] 董亮，何永志，王远亮，等. 超氧化物歧化酶（SOD）的应用研究进展［J］. 中国农业科技导报，2013，15（5）：53-58.

[9] 高鹏，李慧，杨建武. 水苏糖——饮料工业发展新动力［J］. 饮料工业，2013，16（4）：6-8.

[10] 高向阳. 低热量功能性油脂的制备与检测［D］. 哈尔滨：东北农业大学，2014.

[11] 龚玉雷. 纤维素酶和果胶酶复合体系在茶叶提取加工中的应用研究［D］. 杭州：浙江工业大学，2013.

[12] 光明乳业股份有限公司. 适用于婴幼儿配方食品的混合油脂组合物及其制备方法和应用：中国［P］. CN 102217753 A. 2011-10-19.

[13] 郭笑. 谷胱甘肽过氧化物酶突变体及其模拟物的表达与表征［D］. 长春：吉林大学，2015.

[14] 郝灵珍. 啤酒生产过程中淀粉酶系变化动态，淀粉酶系及蛋白酶系对糖化产物影响的研究［D］. 青岛：中国海洋大学，2012.

[15] 郝利平，夏延斌，陈永泉，廖小军. 食品添加剂［M］. 北京：中国农业大学出版社，2002.

[16] 郝瑞峰，霍江华，卢小敏，等. 酶制剂提高浓缩苹果清汁色值工艺研究［J］. 安徽

农业科学，2015，43（32）：178-180.

［17］黑龙江飞鹤乳业有限公司．一种适合孕产妇饮用的调制乳及其生产工艺：中国［P］．CN201110302217.4.2012-3-21.

［18］黑龙江飞鹤乳业有限公司．促进脂肪酸和钙吸收的配方奶粉及其制备方法：中国［P］．CN201110376479.5.2012-4-25.

［19］侯占群，康明丽．酶制剂在食品加工中的应用［J］．山西食品工业，2004（2）：11-14.

［20］黄山学院．一种富含有机硒的复合调味盐及其制备方法：中国［P］．CN201510846901.7.2016-3-23.

［21］黄文，蒋予箭，汪志君．食品添加剂［M］．北京：中国计量出版社，2006.

［22］黄宪章，黄登宇．有机硅消泡剂消泡机理，特性及用途研究［J］．科技情报开发与经济，2003，13（1）：161-163.

［23］湖南轻工研究院有限责任公司．食用微胶囊矿物质营养盐及其制备方法：中国［P］．CN200910042670.9.2009-7-22.

［24］江苏省农业科学院．一种强化叶黄素的甜玉米饮料及其制备方法：中国［P］．CN201010520413.4.2011-4-13.

［25］荆晓飞，王寅，崔波．碳水化合物基脂肪替代物的研究现状综述［J］．山东轻工业学院学报：自然科学版，2013（1）：19-22.

［26］卡夫食品集团公司．乳糖酸矿物质复合物及其在食品的矿物质营养强化领域的应用：中国［P］．CN200410033052.5.2004-9-8.

［27］李昌文．谈谈铁强化酱油［J］．中国调味品，2006（11）：9-10.

［28］林滉，黄建立，张青龄，等．小麦粉中偶氮甲酰胺应用及检测技术研究进展［J］．粮食与油脂，2016，29（2）：15-18.

［29］林小琼．基于 iTRAQ 技术的高效表达木聚糖酶重组毕赤酵母细胞的蛋白组学研究［D］．广州：华南理工大学，2013.

［30］刘晓晶，李田，翟增强．纤维素酶的研究现状及应用前景［J］．安徽农业科学，2011，39（4）：1920-1921+ 1924.

［31］李真．大麦粉对面团特性与面包焙烤品质的影响及其改良剂研究［D］．苏州：江苏大学，2014.

［32］马哲．帝斯曼：打造烘焙行业的“巨轮”——访帝斯曼烘焙酶制剂全球市场经理 Rossana Rodriguez 女士［J］．食品安全导刊，2011，5：026.

［33］南京农业大学．一种叶黄素微胶囊制剂及其制备方法：中国［P］．CN201110317699.0.2012-2-22.

［34］裴建军，薛业敏，邵蔚蓝．阿拉伯糖苷酶的研究进展［J］．微生物学通报，2003，30（4）：91-94.

［35］任顺成，马瑞萍，韩素云．木聚糖酶对冷冻面团和馒头品质的影响［J］．中国粮油学报，2013，28（12）：17-22.

［36］商圣哲．利用细菌人工染色体制备乳过氧化物酶小鼠乳腺反应器的研究［D］．北京：中国农业大学，2015.

［37］孙烈．一种正营养强化复合大米：中国［P］．CN201310275147. 7. 2014-12-31.

［38］孙颖恩，袁杨，杨晓泉．大豆蛋白/壳聚糖凝聚法制备微藻油乳液及其稳定性研究［J］．现代食品科技，2016（1）：70-76.

［39］唐晓婷，刘骞，孔保华，等．脂肪替代品的分类及在食品中应用的研究进展［J］．食品工业，2014，35（5）：190-195.

［40］天津天隆农业科技有限公司．一种复合强化多营养米及其加工方法：中国［P］．CN200910228708. 1. 2011-5-25.

［41］天津中瑞药业股份有限公司．一种添加肌醇烟酸酯营养强化剂的面粉：中国［P］．CN201410034553. 9. 2015-7-29.

［42］王皓，吴丽，朱小花，等．甲壳素脱乙酰酶的研究概况及展望［J］．中国生物工程杂志，2015（1）：96-103.

［43］王丽丹，钱秀珍，徐云龙．壳聚糖与溶菌酶复配体系的杀菌性能研究［J］．华东理工大学学报（自然科学版），2013（3）：284-288+295.

［44］王苏．蛋白酶水解扇贝裙边制备鲜味剂的研究［D］．保定：河北农业大学，2014.

［45］王庭，秦刚．脂肪酶及其在食品工业中的应用［J］．肉类研究，2010（1）：72-74.

［46］王稳航，刘婷，赵可，等．外源酶在肉品加工中的应用研究进展［J］．食品科学，2013，34（15）：318-323.

［47］夏祥．产壳聚糖酶/甲壳素酶菌株的选育、发酵及壳聚糖酶分离纯化与酶学性质研究［D］．武汉：湖北工业大学，2015.

［48］熊艳军．环糊精葡萄糖基转移酶合成 2-O-α-D-吡喃葡萄糖基抗坏血酸的研究［D］．无锡：江南大学，2015.

［49］许宏贤，段钢．小麦工业加工过程中新型酶制剂的应用［J］．粮食与食品工业，2012，19（1）：33-37.

［50］徐易．微胶囊鱼油在曲奇饼干研制中的应用研究［D］．舟山：浙江海洋学院，2015.

［51］姚晓琳，向圣萍，聂珂，等．阿拉伯胶乳液对共轭亚油酸的氧化保护和在模拟胃肠液中的释放研究［J］．现代食品科技，2016（3）：24-29.

［52］张会丰，王卫平．机体维生素 K 营养状况评价指标的研究进展［J］．中国儿童保健杂志，2001，9（4）：415-417.

［53］张铁华，姜楠，刘迪茹，等．乳清蛋白基质脂肪替代物的制备及其在低脂液态奶中的应用效果［J］．吉林大学学报：工学版，2015（3）：1024-1028.

［54］张娅楠，赵利，袁美兰，等．水产品加工中蛋白酶的应用进展［J］．食品安全质量检测学报，2014，11：3705-3710.

［55］张月蛟．酶水解鱼下脚料生产动物饲料的研究［D］．福州：福建农林大学，2015.

［56］赵发基．胶基糖（1）［J］．食品工业，2007，28（6）：47-50.

［57］赵红辉．类黄酮与胰蛋白酶相互作用特性的研究［D］．广州：华南理工大学，2012.

［58］浙江大学．一种连续化稳定维生素 A 微胶囊的制备方法：中国［P］．CN201010101199. 9. 2010-6-23.

［59］郑国金，陈惠，应希堂，等．管式磁微粒化学发光免疫分析法测定玉米样品中的黄曲霉毒素 B_1［J］．中国科学，2011（7）：1177-1183.

［60］郑建仙．现代新型蛋白和油脂食品开发［M］．北京：科学技术文献出版社，2003.

［61］周春海．小麦 β-淀粉酶生产啤酒用糖浆糖化工艺条件的优化［J］．现代食品科技，2012（3）：297-299，308.

［62］朱建军，王晓宇，胡萍，等．组织蛋白酶对腌肉制品风味的影响［J］．食品工程，2013（3）：4-6.

［63］朱中胜，李吕木．蛋氨酸研究进展［J］．饲料博览，2015（7）：11-17.

［64］AMFEP（Association of Manufacturers and Formulators of Enzyme Products）：*AMFEP List of Commercial Enzymes*（2001）.

［65］Ding B M, Zhang X M, Hayat K, et al. Preparation, characterization and the stability of ferrous glycinate nanoliposomes［J］. Journal of Food Engineering, 2011, 12（2）: 202-208.

［66］Jandacek R J. Review of the effects of dilution of dietary energy with olestra on energy intake［J］. Physiology & Behavior, 2012, 105（5）: 1124-31.

［67］Laaksonen O, Sandell M, Nordlund E, et al. The effect of enzymatic treatment on blackcurrant（Ribes nigrum）juice flavour and its stability［J］. Food Chemistry, 2012, 130（1）: 31-41.

［68］Larry Branen A, Michael Davidson P, Salminen S, et al. Food Additives（second edition）［M］. Mercel Dekker, INC, 2002.

［69］Lei F, Liu F, Yuan F, et al. Impact of chitosan-EGCG conjugates on physicochemical stability of β-carotene emulsion［J］. Food Hydrocolloids, 2014, 39: 163-170.

［70］Liu D L, Yao D S, Liang R, et al. Detoxification of aflatoxin B 1 by enzymes isolated from Armillariella tabescens［J］. Food and Chemical Toxicology, 1998, 36（7）: 563-574.

［71］Liu D L, Yao D S, Liang Y Q, et al. Production, purification, and characterization of an intracellular aflatoxin-detoxifizyme from Armillariella tabescens（E-20）［J］. Food and Chemical Toxicology, 2001, 39（5）: 461-466.

［72］Liu F, Tang C-H. Soy glycinin as food-grade Pickering stabilizers: Part. III. Fabrication of gel-like emulsions and their potential as sustained-release delivery systems for β-carotene［J］. Food Hydrocolloids, 2016, 56: 434-444.

［73］Liu W, Ye A, Liu W, et al. Stability during in vitro digestion of lactoferrin-loaded liposomes prepared from milk fat globule membrane-derived phospholipids［J］. Journal of Dairy Science, 2013, 96（4）: 2061-2070.

［74］Marsanasco M, Márquez A L, Wagner J R, et al. Liposomes as vehicles for vitamins E and C: An alternative to fortify orange juice and offer vitamin C protection after heat treatment［J］. Food Research International, 2011, 44（9）: 3039-3046.

［75］Miyagawa K, Sumida M, Nakao M, et al. Purification, characterization, and application of an acid urease from Arthrobacter mobilis［J］. Journal of Biotechnology, 1999, 68（2）: 227-236.

［76］Norsker M, Jensen M, Adler-Nissen J. Enzymatic gelation of sugar beet pectin in food products［J］. Food Hydrocolloids, 2000, 14（3）: 237-243.

［77］Ozturk B, Argin S, Ozilgen M, et al. Formation and stabilization of nanoemulsion-based vitamin E delivery systems using natural biopolymers: whey protein isolate and gum Arabic [J] . Food Chemistry, 2015, 188: 256-263.

[78] Park Y, Kelleher S D, McClements J D. Incorporation and stabilization of omega-3 fatty acids in surimi made from cod, Gudus morhua [J] . Journal of Agricultural and Food Chemistry, 2004, 52: 597-601.

[79] Robinson C, Kalsheker N A, Srinivasan N, et al. On the potential significance of the enzymatic activity of mite allergens to immunogenicity. Clues to structure and function revealed by molecular characterization [J] . Clinical & Experimental Allergy, 1997, 27 (1): 10-21.

[80] Romita D, Cheng Y L, Diosady L L. Microencapsulation of ferrous fumarate for the production of salt double fortified with iron and iodine [J] . International Journal of Food Engineering, 2011, 7 (3) .

[81] Schnürer M, Vogl K, Gössinger M. Prevention of conglomerate formation in not-from-concentrate single-cultivar cloudy apple juice by using different treatment methods [J] . Food Science and Technology International, 2013, 19 (1): 89-96.

[82] Spök A. Safety regulations of food enzymes [J] . Food Technol Biotechnol, 2006, 44 (2): 197-209.